Organische Chemie in Einzeldarstellungen

Band 15

AF293987

Herausgegeben von

Hellmut Bredereck   Klaus Hafner   Eugen Müller

Albert Gossauer

Die Chemie der

PYRROLE

Mit 17 Abbildungen

Springer-Verlag
Berlin Heidelberg New York 1974

Dr. *Albert Gossauer*

Institut für Organische Chemie der
Technischen Universität Braunschweig

ISBN 978-3-642-51119-6   ISBN 978-3-642-51118-9 (eBook)
DOI 10.1007/978-3-642-51118-9

Das Werk ist urheberrechtlich geschützt. Die dadurch begründeten Rechte, insbesondere die der Übersetzung, des Nachdrucks, der Entnahme von Abbildungen, der Funksendung, der Wiedergabe auf photomechanischem oder ähnlichem Wege und der Speicherung in Datenverarbeitungsanlagen bleiben, auch bei nur auszugsweiser Verwertung, vorbehalten. Bei Vervielfältigung für gewerbliche Zwecke ist gemäß § 54 UrhG eine Vergütung an den Verlag zu zahlen, deren Höhe mit dem Verlag zu vereinbaren ist. © by Springer-Verlag Berlin Heidelberg 1974. Softcover reprint of the hardcover 1st edition 1974

Library of Congress Catalog Card Number 74-4722.   Monophoto-Satz und Offsetdruck: Zechnersche Buchdruckerei, Speyer. Bindearbeiten: Konrad Triltsch, Graphischer Betrieb, Würzburg.

Die Wiedergabe von Gebrauchsnamen, Warenbezeichnungen usw. in diesem Werk berechtigt auch ohne besondere Kennzeichnung nicht zu der Annahme, daß solche Namen im Sinne der Warenzeichen- und Markenschutzgesetzgebung als frei zu betrachten wären und daher von jedermann benutzt werden dürften.

Meinem Lehrer
Herrn Professor Dr. Dr. h.c.

H. H. Inhoffen

in Verehrung und Dankbarkeit
gewidmet

Foreword

Pyrrol—that construct which flaunts its chemical versatility through having achieved the distinction of being the dominant sub-unit in the characteristic coloring matters of both the animal and plant kingdoms—is a fascinating entity. The determined skeptic will be well advised to keep his distance from this book, for only the most obdurate could fail to be captivated by the enormous wealth of detail collected, correlated, and presented here in eminently readable form.

It seems certain that this work will be the indispensable handmaiden of all who would essay to embellish the lovely garden of pyrrol chemistry for a generation, and I will hazard the surmise that it will stimulate many to join that group.

Inevitably, the appearance of this volume invites comparison with the great monograph on pyrrol chemistry given to the chemical community forty years ago by *Hans Fischer* and *Hans Orth*. That invaluable earlier work had a unique character; one cannot resist the temptation to express the opinion that that character was *Hans Fischer*, whose love for pyrrol and the superb array of substances related to it was his life. The book which he and *Orth* produced was essentially a detailed account of the ways in which pyrrols can be made—a practical and highly useful description of the state of synthetic art in 1934 in the special field to which *Fischer* himself had made such enormous contributions.

The present book in a sense reflects, and in a special field epitomizes, the tremendous efflorescence of an ever-effervescent chemistry during the past forty years. Almost every available physical tool has been mobilized in the study of pyrrols, and the fruits of these investigations are recorded here lucidly and effectively. Heroic attempts have been made to relate the facts of pyrrol chemistry to the prevalent general theoretical frameworks; those too are set forth here in a balanced and scholarly manner. The numerous advances in the synthetic art and practice in the field are presented in a logical and forceful way. Advances in the analytical area are here presented as a sophisticated discussion of physical properties and relevant chemical transformations. Mechanistic studies are given full and appreciative attention. Throughout the gamut from nomenclatural formalities to *ab initio* quantum mechanical calculations [is this really a gamut?], everything is here. Name it, and you will find it!

Dr. *Gossauer* cannot but have put an enormous effort—both scholarly and imaginative—into the preparation of this volume. I am certain that his work will not have been thankless.

Semper floreat pyrrolorum scientia!

R.B. Woodward

April 1974

Vorwort

„Die Chemie des Pyrrols" von *Hans Fischer* und *Hans Orth* stellt heute wie vor vierzig Jahren das unentbehrliche Nachschlagewerk für jeden auf dem Gebiet der präparativen Pyrrol-Chemie arbeitenden Chemiker dar. Nicht nur aufgrund der seitdem erzielten Fortschritte in der Methodik der Synthese von Pyrrol-Derivaten sondern auch der wachsenden Bedeutung der Anwendung quantenmechanischer Rechenverfahren auf größere Moleküle und der raschen Entwicklung physikalisch-analytischer — insbesondere spektroskopischer — Methoden während der letzten Jahrzehnte erschien es jedoch wünschenswert, die Chemie dieser interessanten Verbindungsklasse in modernerer Form zusammenzufassen.

Die vorliegende Monographie stellt eine Übersicht der seit 1934 erschienenen Literatur über das Pyrrol und seine Derivate, mit Ausnahme der Porphyrine und deren Abkömmlinge, dar. Bedingt durch die seitdem ständig wachsende Anzahl von Veröffentlichungen, die sich mit den physikalischen Eigenschaften dieser Verbindungsklasse befassen, weichen Konzeption sowie Gliederung dieses Buches von denjenigen des klassischen Werkes von *H. Fischer* und *H. Orth* grundsätzlich ab. Die Anwendung quantenmechanischer Rechenverfahren zur Deutung der Eigenschaften des Pyrrol-Moleküls wird im ersten Kapitel ausführlich erörtert. Die entscheidende Bedeutung der physikalischen Methoden zur Untersuchung der Konstitution und Reaktivität des Pyrrols und seiner Derivate ist durch zahlreiche tabellarisch geordnete Datenangaben, deren Interpretation im Text diskutiert wird, hervorgehoben. Dem präparativ arbeitenden Chemiker soll die Systematisierung der synthetischen Methoden bei der Suche nach einschlägiger Literatur helfen: Ringsynthesen sind nach dem Aufbaumodus des Heterocyclus, die Einführung von Substituenten nach funktionellen Gruppen klassifiziert und anhand von Schemata übersichtlich zusammengefaßt worden. Bei der Zusammenstellung der Abbildungen wurden neben trivialen Beispielen, die zum besseren Verständnis des Textes dienen, insbesondere Reaktionen ausgewählt, bei denen Pyrrole als Edukte zur Synthese anderer Heterocyclen (Indole, Pyrrolizine, Azepine, u.a.) Anwendung finden.

Besondere Sorgfalt gilt der Beschreibung von Reaktionsmechanismen, da insbesondere in der Pyrrol-Chemie mangels systematisch durchgeführter Experimente viele Reaktionsvorgänge auf spekulativer Basis rationalisiert werden.

Gewiß nehmen das Pyrrol und seine Derivate eine Sonderstellung unter den Heterocyclen ein. Vom theoretischen Standpunkt aus gesehen stellt das Pyrrol den Prototyp eines π-Überschuß-Heteroaromaten dar. Es ist daher nicht verwunderlich, daß die Eigenschaften dieser Verbindung sowohl mit Hilfe der modernen physikalischen Methoden immer wieder untersucht als auch nach den verschiedenen quantenmechanischen Rechenverfahren behandelt werden. In der Biochemie kommt einem Pyrrol-Derivat — dem Porphobilinogen — als Vorläufer von biologisch wichtigen Farbstoffen (Porphyrine — darunter Hämin und die Cytochrome —, Chlorophylle, Gallenfarbstoffe und Vitamin B_{12}) besondere Bedeutung zu. Darüber hinaus sind in der letzten Zeit mehrere einfache Pyrrol-Derivate aus Mikroorganismen isoliert worden, die antibiotische Eigenschaften aufweisen. Ihre Synthese sowie diejenige von zahlreichen künstlichen Pyrrol-Derivaten, die sich durch therapeutische Wirksamkeit auszeichnen, wird im Hinblick auf ihre pharmakologische Anwendung mit wachsendem Interesse untersucht. Auch einige Pheromone sind kürzlich mit einfachen Pyrrol-Derivaten identifiziert worden.

Es ist bestimmt nicht leicht, allen Anforderungen des sich daraus ergebenden, weiten Interessenten-Kreises gerecht zu werden. Um den Umfang des Buches in vertretbarem Maß zu halten, konnten viele Detailfragen nicht eingehend behandelt werden. Möge jedoch die vorliegende Monographie den meisten Lesern zumindest den Einstieg in die weitere Literaturrecherche erleichtern.

An dieser Stelle möchte ich allen danken, die zum Erscheinen dieses Buches beigetragen haben. Herrn Prof. Dr. *H. H. Inhoffen* bin ich sowohl für seine stete fördernde Unterstützung und die weitgehende Entlastung von Institutsverpflichtungen während der Abfassung des Manuskriptes, als auch für seine wertvollen Ratschläge und die Sorgfalt, mit der er bei der Durchsicht des Manuskriptes sowie der Fahnen- und Umbruchkorrekturen mitgewirkt hat, zu größtem Dank verpflichtet.

Den Herren Professoren *R. Bonnett, H. v. Dobeneck, A. Eschenmoser* und *G. W. Kenner* sowie den Herren Dr. *E. Brunner* (TU München) und Doz. Dr. *J.-H. Fuhrhop* (Gesellschaft für Molekularbiologische Forschung mbH. Braunschweig) möchte ich für das Durchlesen des Manuskriptes und ihre wichtigen Hinweise sehr herzlich danken. Herrn Prof. Dr. *R. B. Woodward* spreche ich meinen aufrichtigen Dank für sein Geleitwort aus, das er der Monographie mit auf den Weg gegeben hat.

Meine besondere Anerkennung gilt Frau *Renate Grunow* für ihre ständige uneingeschränkte Einsatzbereitschaft bei der Reinschrift des Manuskriptes und bei der Einrichtung der umfangreichen Kartothek, die zur Zusammenstellung der Literatur diente.

Dem Springer-Verlag, der keine Mühe scheute, das Buch von im Manuskript noch bestehenden Fehlern zu befreien und ihm eine ansprechende Gestalt zu geben, möchte ich für alle Bemühungen danken.

A. Gossauer

Braunschweig, am 22. April 1974

Inhaltsverzeichnis

3. Reaktivität der Pyrrole

4. Pyrrol-Metall-Derivate

5. Pyrrole als Naturprodukte

6. Pyrrol-Ringsynthesen

7. Synthetische Methoden

1. Struktur des Pyrrol-Moleküls

1.1. Geschichtliche Einleitung

Pyrrol, die 1834 von *F. F. Runge* [2032] entdeckte, bei der „Fichtenspan-Reaktion" (s. S. 35) farbgebende Komponente des Steinkohlenteers und der Produkte der trockenen Destillation von Knochen und Horn, wurde 1857 von *T. Anderson* [86, vgl. 87] aus dem Knochenöl isoliert und durch Überführung in das entspr. Kalium-Salz (S. 169) rein erhalten. Seine Synthese gelang *H. Schwanert* [2108] drei Jahre später – viel eher als die Konstitution des Moleküls bekannt wurde – durch Erhitzen von schleimsaurem Ammonium, eine Darstellungsmethode, die heute noch im Laboratoriumsmaßstab Anwendung findet (S. 244).

Die Konstitutionsformel *1.1.* wurde 1870 von *A. v. Baeyer* und *H. Emmerling* [146] vorgeschlagen und um die Jahrhundertwende von mehreren Forschern durch zahlreiche Arbeiten über die Reaktivität des Pyrrols und seiner Derivate bestätigt. Die wichtigsten Ergebnisse dieser grundlegenden Untersuchungen sind von *G. Ciamician* [484] sowie in der Monographie von *J. Schmidt* [2084] zusammengefaßt worden.

Erst in den zwanziger und dreißiger Jahren erfuhr die Pyrrol-Chemie durch die Arbeiten von *H. Fischer* und seiner Schule ihre entscheidende Entwicklung, die durch den Bedarf an zahlreichen Pyrrol-Derivaten als Ausgangsverbindungen zur Synthese biologisch wichtiger natürlicher Farbstoffe (Porphyrine – darunter Hämin – Chlorophyll a und Gallenfarbstoffe) angetrieben wurde.

Arbeitsvorschriften zur Darstellung fast aller bis Ende 1933 bekannten Pyrrol-Derivate sind Gegenstand des Werkes von *H. Fischer* und *H. Orth* [788]. Zusammenfassungen über die Chemie der Pyrrole von *T. S. Stevens* [2236], *A. H. Corwin* [541], *A. Treibs* [2387] und *K. Schofield* [2093] folgten. Synthetische Methoden und physikalische Eigenschaften der Pyrrole sind in den umfangreichen Übersichtsarbeiten von *E. Baltazzi* und *L. I. Krimen* [162] bzw. von *R. A. Jones* [1191] zusammengefaßt worden.

1.2. Bezifferung des Pyrrol-Ringes und Nomenklatur seiner Derivate

Die Bezifferung der Pyrrol-Ringatome ist in der Formel *1.1.* angegeben. Die ältere Bezeichnung der 2- und 5- bzw. 3- und 4-Positionen mit $\alpha(\alpha')$ und $\beta(\beta')$ ist im Sinne einer systematischen Nomenklatur abzulehnen, kann jedoch im allgemeinen Sprachgebrauch, um die dem Heteroatom benachbarten Ring-C-Atome oder ringständigen Substituenten von den entfernten zu unterscheiden, angewendet werden.

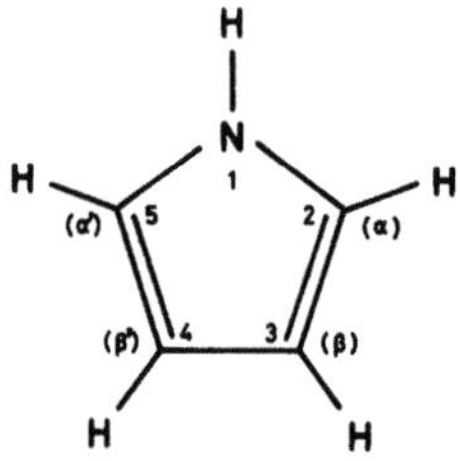

1.1.

Obwohl Formel *1.1.* die von den IUPAC-Nomenklatur-Regeln empfohlene Schreibweise wiedergibt, wird im folgenden der Übersichtlichkeit wegen auf die in der Literatur eingebürgerte Gepflogenheit, das Pyrrol-Molekül mit dem Stickstoffatom nach unten darzustellen, Rücksicht genommen.

Die von Pyrrol und seinen Derivaten abgeleiteten *Radikale* werden als Pyrryl- (besser: Pyrrol-x[1]-yl-) bezeichnet.

Zur Bezifferung substituierter Pyrrole sind die von der IUPAC gegebenen Regeln bezüglich der Zählrichtung unter Verwendung möglichst kleiner Zahlen, sowie der Priorität von funktionellen Gruppen zu berücksichtigen. Bei der Benennung der entspr. Derivate werden dann – gemäß der Empfehlung von den *Chemical Abstracts* – die Substituenten in alphabetischer Reihenfolge angeführt.

C-ringständige Formyl-, Nitril- und Carbon- oder Sulfonsäure-Gruppen, sowie die daraus abgeleiteten Funktionen (Oxime, Ester, Amide usw.) werden meist als Suffixe angegeben. Die entspr. Stammverbindungen und ihre Derivate werden somit als Pyrrol-x[1]-aldehyde, -nitrile und -carbonsäuren statt x-Formyl-, x-Cyan- bzw. x-Hydroxycarbonylpyrrole genannt. Bei den entspr. stickstoffsubstituierten Derivaten –

---

[1] x bedeutet die Ziffer der Ring-Position, an der die Verknüpfung mit dem Heterocyclus erfolgt.

x = 1 (oder N) – sind dagegen letztere Bezeichnungen vorzuziehen. α-(Pyrrol-x-yl)-essigsäure und β-(Pyrrol-x-yl)-propion- oder -acrylsäure sowie ihre Derivate werden als Pyrrol-x-essigsäuren, -propionsäuren bzw. -acrylsäuren genannt. Die systematischen Namen: x-(Hydroxycarbonylmethyl-), x-(2-Hydroxycarbonyläthyl)- bzw. x-(2-Hydroxycarbonylvinyl)-Pyrrol sollten jedoch in Gegenwart ringständiger Formyl-, Nitriloder/und Carbon- (bzw. Sulfon-)säure-Gruppen angewendet werden (vgl. S. 190).

Trivialnamen sind – mit Ausnahme des sog. Knorrschen Pyrrols (S. 210) und der vier beim reduktiven Abbau des Hämins, Chlorophylls und Bilirubins erhaltenen Alkyl-Derivate *1.2.* bis *1.5.*, in der Pyrrol-Reihe kaum gebräuchlich.

Die Bezeichnungen Xanthopyrrolcarbonsäure (2-Äthyl-4-methyl-pyrrol-3-propionsäure) sowie Opso-, Hämo-, Krypto- und Phyllopyrrolmono- und -dicarbonsäuren, bei denen es sich ebenfalls um keine *Pyrrolcarbonsäuren* im üblichen Sinne handelt, sondern um die von *1.2.* bis *1.5.*

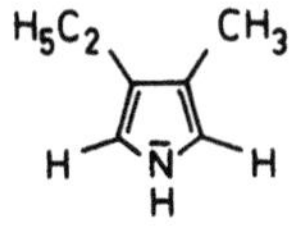

OPSOPYRROL

1.2.

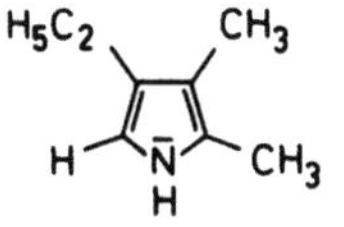

HÄMOPYRROL

1.3.

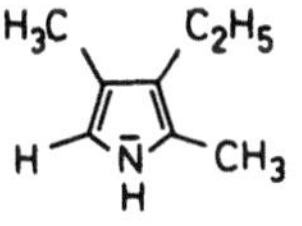

KRYPTOPYRROL

1.4.

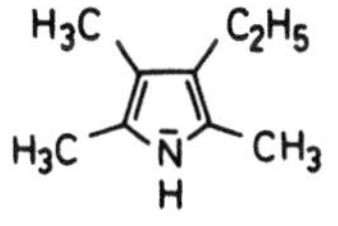

PHYLLOPYRROL

1.5.

durch formale Substitution der β-ständigen Äthyl-Gruppe durch einen Propionsäure-Rest bzw. der β-ständigen Äthyl- *und* Methyl-Gruppen durch Propion- resp. Essigsäure-Reste jeweils abgeleiteten Derivate, sind als irreführend anzusehen.

Der Name *Phonopyrrol* (die entspr. Verbindung erwies sich als Gemisch von 5-Äthyl-2,3-dimethyl- und 2,3,5-trimethylpyrrol [788a (dort S. 279)] hat lediglich historisches Interesse.

Die Konstitutionsformeln einiger in der Natur vorkommender Pyrrol-Derivate (Porphobilinogen, Pyrrolnitrin, Pyoluteorin u. a.) (5. Kap.)

sowie die Bezifferung von mehrkernigen Verbindungen: Dipyrryl-methane[2] (S.109), Tripyrrylmethane (S.329), Tri- und Tetrapyrrane (S.118), Bi- und Terpyrrole (S.293), Pyrroketone (S.286), Pyrokolle (S.318), Pyrrolizine (S.303) u.a. wird an den entsprechenden Stellen angegeben.

Die Pyrrol-Tautomere *1.6.* (2H-) und *1.7.* (3H-Pyrrol), auch α- bzw. β-*Pyrrolenin* genannt, wurden oft in der älteren Literatur als reaktive Formen des Pyrrol-Moleküls postuliert. Sie sind jedoch durch pysikali-sche Methoden bisher nicht nachgewiesen worden. Die entspr. am Stick-stoffatom protonierten Spezies liegen dagegen in sauren Lösungen von Pyrrol vor (S.132).

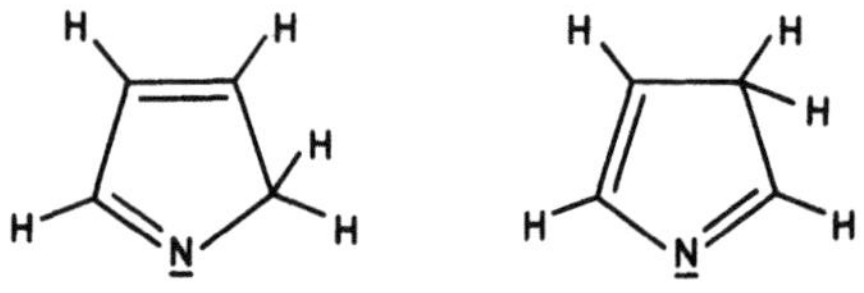

1.6.   **1.7.**

Einige nicht in Pyrrole tautomerisierbare α- sowie β-Pyrrolenin-Deri-vate sind bekannt (S.172). Die wichtigsten Pyrrolenin-Abkömmlinge sind jedoch die *(Di)-Pyrromethene* (Pyrrolyl-methylen-2H- bzw. -3H-Pyrrole), die zwar aufgrund ihrer Konstitution (S.115), aber weder wegen ihrer physikalischen (vgl. insbesondere S. 68) noch chemischen Eigen-schaften (Pyrromethene reagieren äußerst selten mit Elektrophilen) als Pyrrol-Derivate anzusehen sind. Tripyrrylmethene (= *ms*-Pyrrolyl-pyr-romethene; vgl. Formel *7.39.* auf S. 283) und Tripyrrene (S. 329) sind ebenfalls bekannt.

1.3. Makroskopische physikalische Konstanten

Pyrrol ist eine farblose, chloroformähnlich riechende Flüssigkeit, die sich an der Luft allmählich gelb, dann braun färbt (vgl. S.149). Es ist hygroskopisch und kann bis ca. 3 Gew.-% Wasser bei Raumtempera-

---

[2] Inkorrekterweise auch *Dipyrromethane* genannt.

tur aufnehmen. Seine Löslichkeit in Wasser ist gering (ca. 6%), in flüssigem Ammoniak dagegen relativ hoch [841]. Mit den meisten gebräuchlichen Lösungsmitteln ist es in beliebigen Verhältnissen mischbar. Pyrrol bildet azeotrope Gemische mit mehreren Verbindungen [1375].

Einige makroskopische physikalische Konstanten für das Pyrrol – die meisten an hochgereinigten Proben [1058] bestimmt – sind in Tabelle 1.1. zusammengefaßt. Die Übereinstimmung mit früher angegebenen Werten [2325] ist im allgemeinen gut. Weitere thermodynamische Daten sind von *D. W. Scott et al.* [2115] angegeben. Die Dampfdruck-Kurve des Pyrrols stellt Abb. *1.8.* dar. Siedetemperaturen von N-Methyl- und 2,5-Dimethylpyrrol bei Drucken zwischen 72 und 2026 Torr [1710] sowie die Verbrennungswärmen zahlreicher Pyrrol-Derivate sind ebenfalls gemessen worden [2023, 2230].

Die von *M. J. S. Dewar et al.* [604, 606, 1281] MO-theoretisch errechnete *atomare* Bildungswärme des Pyrrols (44, 40 – 44, 77 eV) stimmt

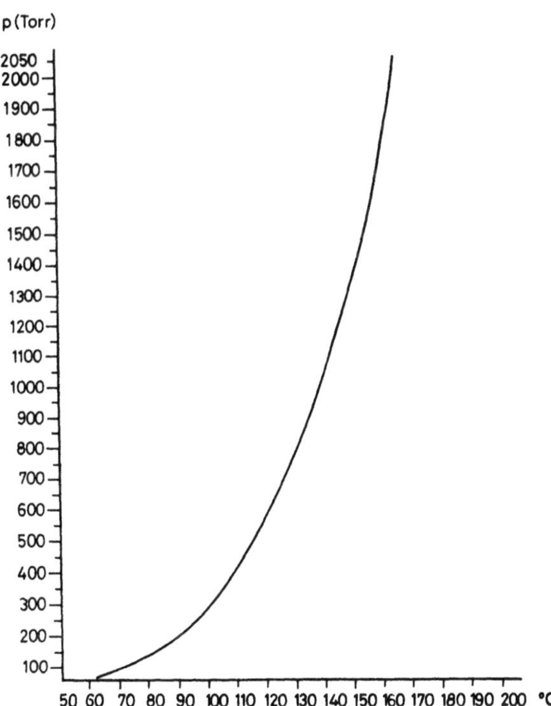

Abb. *1.8.* Dampfdruckkurve von Pyrrol

Tabelle 1.1. Makroskopische physikalische Konstanten von Pyrrol[a]

Smp. [1087, 2115] (°C)	Schmelzenthalpie [2115] (cal/Mol)	Kp(°C) [1058, 1087, 1710, 2115] bei 760 Torr	Verdampfungs- enthalpie [2115] (kcal/Mol) bei 25°C)	Tripelpunkt [1058, 2115] (°K)	krit. Temp. [445, 1087] (°K)	krit. Druck[d] [928] atm.	Molwärme [2115] (cal/Grad bei 0°C)
$-23,42 \pm 0,01$	$1890,0 \pm 0,3$	$129,76^b$	10,80	$249,74 \pm 0,05^c$	$639,7^c$	56	$29,04^e$

Verbrennungs- wärme[f] [2115] (kcal/Mol bei 25°C)	Bildungsenthalpie[g] [2115] ΔH^0 (kcal/Mol bei 25°C)	Bildungsentropie[g] [2115] ΔS^0 (cal/Grad·Mol bei 25°C)	freie Bildungs- enthalpie[g] [2115] ΔG^0 (kcal/Mol bei 25°C)	Dichte [1087] (g/ml) (°C)	Oberflächen- spannung [1087] (dyn/cm) (°C)	Parachor [1087] (bei 20°C)	Viskosität [1087] (centipoise) (°C)
$-561,63 \pm 0,08$	$15,08 \pm 0,10$ (F) $25,88 \pm 0,12$ (G)	$-68,95$ (F) $-41,68$ (G)	35,64 (F) 38,31 (G)	$0,96985\ (20)^h$ $0,96565\ (25)^h$ $0,96133\ (30)^h$	$37,61\ (20)^i$ $37,06\ (25)^i$ $36,51\ (30)^i$	171,3	$1,352\ (20)^j$ $1,233\ (25)^j$ $1,129\ (30)^j$

Adiabatische Kompressibi- lität[d] [2507] cm²/dyn bei 30°C	Brechungsindex[k] [1087]					Diamagnetische Molsuszeptibilität χ_M^d [839] (cm³/Mol)	Dielektrizitäts- konstante $(\varepsilon)^d$ [218] bei 25°C
$50,47 \cdot 10^{12}$	$n^{20}_{6562,8\,\text{Å}(H_2)}$ 1,50569	$n^{20}_{D\,(5892,6\,\text{Å})}$ 1,51015	$n^{20}_{5460,7\,\text{Å}(Hg)}$ 1,51406	$n^{20}_{4861,3\,\text{Å}(H_2)}$ 1,52147	$n^{20}_{4358,3\,\text{Å}(Hg)}$ 1,53075	$-48,58 \cdot 10^{-6}$ [l]	$7,672^m$

[a] Wenn nicht anders angegeben, gemessen an 99,994 (Mol-%) reinen Proben.

[b] Siedetemperaturen bei Drucken zwischen 72 und 2.026 Torr [1058, 1710, 2115] bzw. zwischen 1 und 50 atm [928] sind in der Literatur angegeben.

[c] $0°C = 273,15°K$.

[d] Reinheitsgrad des verwendeten Pyrrols nicht angegeben.

[e] Zwischen 250 und 365°K gilt: C_s (Flüss.) $= 12,699 + 0,059825\ T$ cal·Grad^{-1}Mol^{-1} mit einer max. Abweichung von $\pm 0,03$ cal·Grad^{-1}Mol^{-1}. Werte der Molwärme vom Pyrrol im festen und dampfförmigen Zustand bei mehreren Temperaturen sind ebenfalls angegeben.

[f] Für die Reaktion: C_4H_5N (Flüss.) $+ \frac{21}{4} O_2$ (Gas) $= 4CO_2$ (Gas) $+ \frac{5}{2} H_2O$ (Flüss.) $+ \frac{1}{2} N_2$ (Gas).

[g] Für die Reaktion: $4 C$ (Graphit) $+ \frac{5}{2} H_2$ (Gas) $+ \frac{1}{2} N_2$ (Gas) $= C_4H_5N$ (Flüssig (F) oder Gas (G)).

[h] $\pm 0,00005$ g·ml^{-1}.

[i] $\pm 0,08$ dyn/cm.

[j] $\pm 0,001$ centipoise. Werte der Viskosität zwischen $-20,5$ und 70,4°C sind von *R. K. Hind* [1087] angegeben.

[k] $\pm 0,00006$. Werte bei mehreren Temperaturen und anderen Wellenlängen sind in Lit. [1058] sowie [2325] angegeben.

[l] *G. B. Bonino* und *R. Manzoni-Ansidei* [286] geben $\chi_M^{20°} = -48,70 \cdot 10^{-6}$, *A. Pacault* [1730] $\chi_M = -47,6 \cdot 10^{-6}$ cm³·Mol^{-1} an.

[m] *L. Janelli* [1164] gibt $\varepsilon = 0,2488$ bei $25,00 \pm 0,02°C$, *P. Tuomikoski* [2433] $\varepsilon = 8,04$ bei 19,8°C an.

ausgezeichnet mit dem experimentellen Wert überein (vgl. Tabelle 1.1.). Zufriedenstellende Ergebnisse liefern die MINDO- [152, 929] und *ab initio* LCGTO- [1743] -SCF-MO-Methoden.

In den folgenden Abschnitten dieses Kapitels werden die Molekül-Eigenschaften des Grundzustandes vom Pyrrol behandelt. Die spektroskopischen Daten werden im 2. Kapitel diskutiert. Das chemische Verhalten des Pyrrols und seiner Derivate ist Gegenstand des 3. Kapitels. Eine hervorragende, sehr umfangreiche Zusammenfassung über die physikalischen und spektroskopischen Eigenschaften der Pyrrole mit Berücksichtigung der Literatur bis Mitte 1968 ist von *R. A. Jones* [1191] publiziert worden. Auf die Angabe zahlreicher dort zitierter Literaturstellen ist somit verzichtet worden.

1.4. Die Geometrie des Pyrrol-Moleküls

Die koplanare Anordnung aller Atome des Pyrrol-Moleküls geht aus der Analyse seines Mikrowellen-Spektrums hervor [2536]. Es gehört der Symmetrie-Gruppe C_{2v} an [vgl. 1425].

Da die N − H-Bindung in der Molekül-Ebene liegt, muß das Stickstoffatom sp^2-hybridisiert sein. Der aufgrund seiner empirischen Beziehung zur ^{15}N − H-Kopplungskonstante errechnete s-Charakter der betreffenden Bindung beträgt 34% [1910] und stimmt somit mit dem theoretischen Wert (0,333) sehr gut überein. *ab initio* − LCGTO-SCF-MO-Berechnungen, die unter Zugrundelegung der älteren, durch Elektronen-Beugung bestimmten geometrischen Parameter des Pyrrol-Moleküls (s. unten) durchgeführt wurden, ergaben einen Hybridisierungsgrad für das Stickstoffatom von $s^{1,37} p^{2,38}$ [493].

Die aus dem Rotationsspektrum von Pyrrol und seinen sechs mit Deuterium, ^{15}N und ^{13}C isotopisch monosubstituierten Derivaten neu ermittelten Bindungslängen und -winkel (Abb. *1.9.*) [1674] sind wesent-

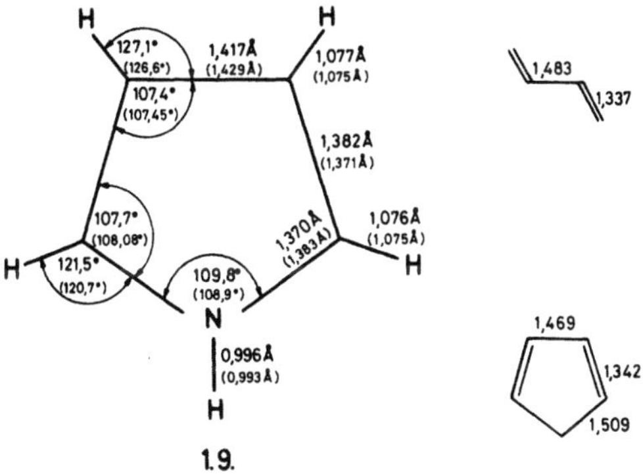

H
127,1°
(126,6°)
107,4°
(107,45°)
1,417Å
(1,429Å)
H
1,077Å
(1,075Å)
1,382Å
(1,371Å)
107,7°
(108,08°)
H
121,5°
(120,7°)
109,8°
(108,9°)
1,370Å
(1,383Å)
1,076Å
(1,075Å)
H
N
0,996Å
(0,993Å)
H
1,483
1,337
1,469
1,342
1,509

1.9.

lich genauer als die früher durch Elektronen-Beugung [2096] und Mikrowellen-Spektroskopie [154] bestimmten Werte.

Die Geometrie des Pyrrol-Moleküls wird durch *neun* im Prinzip voneinander unabhängige Parameter festgelegt, die aus den ungenügenden experimentellen Daten der ersten
durchgeführten Analysen der Mikrowellen-Spektren von Pyrrol und dessen deuterierten
Derivaten nicht eindeutig ermittelt werden konnten. Zur Bestimmung aller Bindungslängen
und -winkel wurden entweder die $C-H$-Bindungslängen angenommen und aufgrund
derer verschiedene Molekül-Modelle postuliert [154], oder empirische Beziehungen zwischen der $C-H$-Bindungslänge und dem Valenzwinkel[3] am C-Atom angewendet [564].

Die in Abb. *1.9.* in Klammern angegebenen Werte entsprechen dem
vor 1969 in der Literatur meist zitierten der von *B. Bak et al.* [154]
vorgeschlagenen Modelle für das Pyrrol-Molekül. Sie sind u.a. bei fast
allen unter Zugrundelegung der Geometrie des Pyrrol-Moleküls durchgeführten halbempirischen SCF-MO-Berechnungen verwendet worden
[15, 152, 238, 331, 402, 403, 465, 569, 809, 1209, 1590, 2192, 2284].
MO-theoretisch *errechnete* Bindungslängen [602, 604, 808, 929, 1281]
und -winkel [1716] stimmen mit den experimentellen Daten gut überein.
Die Tatsache, daß die $C_\alpha-C_\beta$-Bindungen beim Pyrrol *länger* als
die Doppelbindungen vom Butadien [67] und Cyclopentadien [2075]
sind (s. Abb. *1.9.*), während die C_3-C_4-Bindung *kürzer* ist als die entsprechenden Bindungen beider konjugierter Diene und sich dem „Benzol-
Wert" (1,397 Å) nähert, ist auf die Delokalisierung des N-ständigen
freien Elektronenpaares vom Pyrrol (d.h. auf die höhere Beteiligung
von Mesomerie-Grenz-Strukturen mit C_3-C_4-Doppel- und $C_\alpha-C_\beta$-
Einfachbindungen) zurückzuführen (S. 10). Die geometrischen Parameter des N-Methylpyrrol-Moleküls sind durch Elektronen-Beugung gemessen worden [2461].
Röntgenstrukturanalysen liegen bisher für das N-Benzyldithiocyan-
pyrrol (nur Kristallstruktur) [1799], für den 4-Acetyl-3-äthyl-5-methyl-
pyrrol-2-carbonsäureäthylester [297], für das 5,5'-Diäthoxycarbonyl-
3,3', 4,4'-tetraäthyl-dipyrrol-2-yl-methan [298], für einige pharmakologisch interessante Pyrrol-Derivate, nämlich Pyrrolnitrin (nur Kristallstruktur) [1601], 4'-Fluorpyrrolnitrin [1179] und Trimethylpyoluteorin
[2446] sowie für das aus dem Seebakterium *Pseudomonas bromoutilis*
isolierte 2-(3,5-Dibrom-2-hydroxyphenyl)-3,4,5-tribrompyrrol [1430]
vor.

---

[3] Auf den Unterschied zwischen Valenz- und Bindungs- (oder Struktur)-winkel sei jedoch
hingewiesen [vgl. 628].

1.5. Die Elektronen-Struktur des Pyrrol-Moleküls

Sowohl die Geometrie als auch die physikalischen und chemischen Eigenschaften eines Moleküls ergeben sich letztlich aus der Elektronen-Konfiguration des Zustandes, in dem sich das Molekül befindet. Während jedoch die räumliche Anordnung der *Atome*, die im wesentlichen durch *lokalisierte* σ-Bindungen festgelegt wird, zumindest im Grundzustand der direkten Beobachtung – z. B. durch Röntgenstruktur-Analyse – zugänglich ist, läßt sich die Verteilung *delokalisierter* π-Elektronen im Molekül-Gerüst nur mit Hilfe von Modellen darstellen. Diese Modell-Vorstellungen werden gegenwärtig im Rahmen der Theorie der chemischen Bindung nach zwei voneinander grundsätzlich verschiedenen Verfahren, nämlich der Valenzstruktur-(VB-[4]) und der Molekülorbital-(MO)-Methode, auf quantenmechanischer Basis behandelt.

Daß die „klassische" Konstitutionsformel des Pyrrols *1.1.* (S. 2) mit den meisten Eigenschaften dieser Verbindung nicht zu vereinbaren ist, läßt sich durch zahlreiche physikalische Daten (Bindungslängen (S. 7), Richtung des Dipolmomentes (S. 26), relativ hohe diamagnetische Suszeptibilität von Pyrrol (s. Tabelle 1.1.) und seinen Alkyl-Derivaten [286], Fehlen einer dem $n \rightarrow \pi^*$-Übergang zuzuordnenden Absorption (S. 52), geringe Basizität (S. 131) u.a.) sowie durch ihr chemisches Verhalten beweisen.

Obwohl Formel *1.1.* ein durch das Heteroatom verbrücktes „s-cis"-Butadien-Molekül darstellt, zeigt das Pyrrol mit wenigen Ausnahmen – Anlagerung von Carbenen (S. 126), Diels-Alder-Cycloaddition an starken Dienophilen (S. 123), Photooxydation (S. 163) – geringe Bereitschaft zu 1,2- oder 1,4-Additionen. Die Tendenz zu elektrophilen Substitutionsreaktionen ist dagegen sehr ausgeprägt.

Diese Tatsache wird dadurch interpretiert, daß das freie Elektronenpaar am Stickstoffatom an der Dien-Konjugation beteiligt ist, d. h. es ist zum Ring hin *delokalisiert*.

Im Sinne der VB-Methode wird die Delokalisierung des N-ständigen Elektronenpaares durch die Beteiligung von *polaren* Grenz-Strukturen am Mesomerie-Hybrid des Moleküls symbolisiert (s. unten); bei der MO-Methode durch Einsetzen eines Resonanz-Integrals $\beta_{CN} > 0$, das für einen partiellen Doppelbindungscharakter der CN-Bindungen im Pyrrol-Ring sorgt, ausgedrückt (s. S. 15).

---

[4] In der angelsächsischen Literatur Valence bond method genannt.

1.5.1. VB-Methode

Bei der VB-Methode werden Moleküle durch einen Satz von *hypothetischen* Grenz-Strukturen (z. B. *1.10.* bis *1.15.*) [1133, 1765], die sich *ausschließlich* durch die Anordnung ihrer Elektronen voneinander unterscheiden und deren Gesamtheit als Resonanz- oder Mesomerie-Hybrid bezeichnet wird, dargestellt.

1.10.	1.11.	1.12.	1.13.	1.14.	1.15.
62%	1%	29%		8%	

Zahlreiche physikalische (Bindungslängen, Richtung des Dipolmomentes, Elektronenanregungsenergien u. a.) sowie chemische (Bevorzugung bestimmter Positionen zum elektrophilen oder nukleophilen Angriff) Eigenschaften des Pyrrol-Moleküls im Grund- oder angeregten Zustand lassen sich in anschaulicher Weise durch die meist aus energetischen Gründen geschätzte prozentuale Beteiligung der einzelnen Grenzformeln an der Mesomerie desselben qualitativ deuten (vgl. S. 13). Die mit Hilfe der VB-Methode geschätzten Elektronen-Dichten an den α- und β-ständigen C-Atomen [1896, 2167] stehen mit der qualitativen Vorstellung im Einklang. Die quantitative Behandlung des Mesomerie-Modells ist jedoch wesentlich schwieriger als diejenige des MO-Modells (s. unten), worauf die vorrangige Entwicklung dieses in den letzten Jahrzehnten zurückzuführen ist.

Mit Hilfe halbempirischer Beziehungen zwischen Bindungslängen und der Anzahl von bindenden π-Elektronen sind die unter den Formeln *1.10.* bis *1.15.* angegebenen prozentualen Beteiligungen der entspr. Grenzstrukturen am Mesomerie-Hybrid des Pyrrols errechnet worden [153].

Frühere Schätzungen [2096] aufgrund der Beträge der Bindungslängen und des Dipolmoments hatten eine geringere (24 bzw. 23%) *Gesamtbeteiligung* der polaren Grenzstrukturen *(1.12.–1.15.)* ergeben.

In der VB-Theorie wird ferner postuliert, daß jede Grenz-Struktur einen höheren Energiegehalt als das Mesomerie-Hybrid (d. h. das tatsächlich vorkommende Molekül) aufweist. Die Differenz zwischen der errechneten Energie der energieärmsten Grenz-Struktur und dem experimentell zugänglichen Energie-Inhalt des betreffenden Moleküls wird dann als

Mesomerie- (oder Resonanz-)Energie, deren Wert mit zunehmender Beteiligung anderer Grenz-Strukturen steigt, definiert.

Aufgrund der von *H. Zimmermann* und *H. Geisenfelder* [2616, vgl. 2115] neubestimmten Verbrennungswärme des Pyrrols und der Bindungsenergie-Konstanten von verschiedenen Autoren sind die in Tabelle 1.2. angegebenen Werte für die Mesomerie-Energie dieser Verbindung errechnet worden.

Tabelle 1.2. Mesomerie-Energie des Pyrrols nach verschiedenen Autoren umgerechnet für eine Verbrennungswärme[a] des Dampfes von 571,6 kcal/Mol [2616] (vgl. Tabelle 1.1.)

Verbrennungswärme[a] der energieärmsten Valenz-Struktur (kcal/Mol)	599,1	593,7	589,0	599,6	602,5	592,0	ca. 587
Mesomerie-Energie (kcal/Mol)	28,5	22,1	17,4	28,0	30,9	20,4	ca. 15
Lit.	[1765]	[550]	[509]	[1276]	[842]	[961]	[553]

[a] Korrekterweise handelt es sich um Verbrennungsenthalpien, so daß zur Bestimmung der Mesomerie-Energien die entspr. Wärmen bei konstantem Volumen herangezogen werden sollten. Der Unterschied ist jedoch praktisch ohne Bedeutung und wird von der allgemein vorherrschenden Nomenklatur nicht berücksichtigt [vgl. 842].

Die Unterschiede zwischen diesen sog. „empirischen" Mesomerie-Energien untereinander sind z. T. darauf zurückzuführen, daß die entspr. Werte als Differenz großer Zahlen erhalten werden.

Bekanntlich handelt es sich bei der Mesomerie-Energie um eine fiktive, verschiedenartig definierte (vgl. Zitat [553] und dort zitierte Lit.) Größe, deren „empirischer" Wert von den zur Berechnung der Bildungsenergie der (hypothetischen) energieärmsten Grenz-Struktur eingesetzten Bindungsenergie-Konstanten abhängt. Darauf ist hauptsächlich die Streuung der in Tabelle 1.2. angegebenen Werte zurückzuführen.

Von größerer Bedeutung als der absolute Betrag der Mesomerie-Energie ist jedoch dessen Verhältnis zu demjenigen einer geeigneten Bezugsverbindung. So läßt sich z. B. aus den Daten der Tabelle 1.2. für die Mesomerie-Energie des Pyrrols ein Mittelwert von ca. 24 kcal/ Mol abschätzen, der mit dem nach der VB-Methode *errechneten* (24,7 kcal/Mol) [2167] sehr gut übereinstimmt und dessen Verhältnis zur Mesomerie-Energie des schlechthin „aromatischen" Benzols (meist angegebener Wert = 36 kcal/Mol) für einen relativ hohen Delokalisierungsgrad des N-ständigen Elektronenpaares des Pyrrols spricht.

1.5.2. MO-Methode

In der π-Elektronen-Annäherung besteht das MO-Modell des Pyrrol-Moleküls aus vier Kohlenstoffatomen und einem Stickstoffatom, alle sp^2-hybridisiert und koplanar angeordnet (Abb. *1.16.*), deren fünf senkrecht zur Molekül-Ebene stehenden p-Orbitale (ϕ_i) durch lineare Kombi-

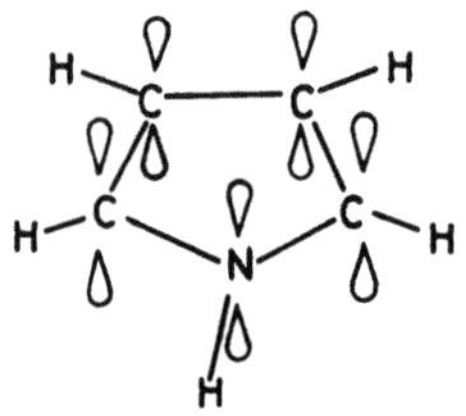

1.16.

nation (LCAO-Methode) zu ebenso vielen π-Molekül-Orbitalen (Ψ_μ) zusammengesetzt werden[5]:

$$\Psi_\mu = \sum_{i=1}^{5} c_{\mu i}\,\phi_i$$

Die Koeffizienten $c_{\mu i}$ und die Energien der Molekül-Orbitale, letztere als Funktionen von Atom-Parametern (in der einfachen HMO-Methode sog. Coulomb- (oder α-), Resonanz- (oder β-) und – meist vernachlässigten – Überlappungs-Integralen), werden durch Lösung der Schrödinger-Gleichung

$$H\Psi = E\Psi$$

bei minimaler Gesamtenergie des Systems (E) erhalten. Elektronendichten (q_i) an den in der Berechnung berücksichtigten Atomen sowie π-Bindungsordnungen (p_{ij}) lassen sich aus den Koeffizienten $c_{\mu i}$ ableiten:

$$q_i = \sum_{\mu=1}^{3} 2\,c_{\mu i}^2, \qquad p_{ij} = \sum_{\mu=1}^{3} 2\,c_{\mu i}\,c_{\mu j}.$$

Die thermodynamische Stabilisierung, die ein zur Mesomerie befähigtes System gegenüber der Struktur mit lokalisierten Doppelbindungen erfährt, läßt sich beim MO-Modell rein rechnerisch als *Delokalisierungsenergie* bestimmen. Deren Wert hängt jedoch bei den halbempirischen Verfahren von den eingesetzten Bindungs- und Atom-Parametern ab

---

[5] Verständlicherweise geht die Beschreibung der Methodik der MO-Theorie über den Rahmen vorliegender Monographie hinaus. Dem dafür interessierten Chemiker stehen mehrere ausgezeichnete Werke [603, 2249] für diesen Zweck zur Verfügung.

(s. S. 17). Nimmt man an, daß das Resonanz-Integral $\beta_{CC} = -18$ kcal/
Mol beträgt[6], so stimmen die nach der HMO-Methode berechneten
Delokalisierungsenergien vom Pyrrol (1,5 β [1728]; 1,39 β [601]; 1,00 β
[1618]; 1,24 β [462]) mit den in Tabelle 1.2. angegebenen Mesomerie-
Energien gut überein.

Damit im Einklang stehen ebenfalls größenordnungsmäßig die mittels
der PPP-SCF-MO-Methode je nach Rechenverfahren erhaltenen Mesomerie-Energien von ca. 31 bzw. 15,0 kcal/Mol [602]. Wesentlich kleinere
Werte (5, 3–8,5 kcal/Mol) – auch relativ zu der nach dieser Methode
errechneten Mesomerie-Energie des Benzols (20,04 kcal/Mol) – liefern
dagegen SCF-MO-Berechnungen nach der Variante von *M. J. S. Dewar
et al.* [605, 606, 1281].

Eine frappierende Diskrepanz zwischen den Ergebnissen der VB-
und MO-Methoden erscheint bei der theoretischen Beurteilung der chemischen Eigenschaften vom *Grundzustand* des Pyrrols:

Da die *polaren* Grenz-Strukturen *1.12.* und *1.13.* wegen der geringeren
Entfernung zwischen den Ladungen energetisch günstiger als *1.14.* bzw.
1.15. sind, ist anzunehmen, daß sie sich am Mesomerie-Hybrid des
Grundzustandes mit höherem Gewicht beteiligen. Die sich daraus ergebende größere π-Elektronen-Dichte an den α-ständigen C-Atomen steht
mit der experimentell beobachteten größeren Nukleophilie dieser Positionen (S.106) im Einklang.

Dagegen errechnet man nach dem einfachen HMO-Modell sowie
nach verschiedenen fortgeschrittenen Methoden – darunter nicht empirischen *ab-initio*-Verfahren [493, 1743] (vgl. Abb. *1.18.*) – eine höhere
Elektronen-Dichte an den β-Ring-Positionen (s. Tabelle 1.3.) (vgl. auch
[1065]).

Sowohl das MO- als auch das VB-Modell führen jedoch zum gleichen
Ergebnis, wenn man die Energie-Inhalte der Übergangszustände, deren
Konstitution nach dem Hammond-Postulat derjenigen der *Zwischenprodukte* der elektrophilen Substitution am Pyrrol-Ring ähnelt, betrachtet. In diesem Fall entspricht die sowohl nach der einfachen HMO-
Methode [329, 330, 584, 1817] als auch nach der MINDO/2- [929]
sowie EHT- und CNDO/2-Verfahren [1065] unter Berücksichtigung
sämtlicher Valenz-Elektronen errechnete *geringere* Lokalisierungs-Energie vom σ-Komplex mit α-Pyrrolenin-Konstitution der höheren Mesomerie-Stabilisierung desselben (s. S.107).

---

[6] Bei der einfachen HMO-Methode wird dieser Wert von der auf S. 11 angegebenen
„empirischen" Mesomerie-Energie des Benzols abgeleitet. Je nach zugrundeliegenden
physikalischen Meßdaten schwanken jedoch die in der Literatur angegebenen Werte
für das Resonanz-Integral zwischen −15 und −92 kcal/Mol (!) (vgl. *L. Salem:* The
molecular orbital theory of conjugated systems, S. 106, 141, 154. New York: W. A.
Benjamin, Inc. 1966).

Vom Standpunkt der MO-Theorie her ließe sich die geringe Lokalisierungs-Energie des σ-Komplexes in α-Stellung (bzw. die größere Polarisierbarkeit der α-ständigen C-Atome [1209]) mit der höheren Elektronen-Dichte an den β-ringständigen C-Atomen unter Verletzung der *"non-crossing"*-Regel vereinbaren [329] (vgl. Abb. *3.1.* auf S.106). Da sich Pyrrole jedoch im allgemeinen durch ihre hohe Reaktivität gegenüber Elektrophilen auszeichnen, ist bei den meisten Substitutionsreaktionen mit einem *eduktähnlichen* Übergangszustand zu rechnen, für dessen Entstehung aus dem Grundzustand des Substrats höchstwahrscheinlich die "non-crossing"-Regel gilt [330]. Theorie und Experiment stehen somit in diesen Fällen nicht im Einklang.

Um diese qualitative Diskrepanz zu beseitigen, ist vorgeschlagen worden:

1. Die Elektronen-Dichten an den α-Ring-Positionen durch Einführung von „Hilfsparametern", die das Coulomb-Potential der entspr. C-Atome erhöhen, zu steigern [2512] (s. unten).

2. Ausschließlich die Koeffizienten der Atom-Orbitale im obersten besetzten Molekül-Orbital statt der über alle besetzten Molekül-Orbitale definierten Elektronen-Dichten als ausschlaggebend für die Nukleophilie des Pyrrol-Moleküls zu betrachten (Grenzorbital-Methode) [407, 866, vgl. 1558].

In Anbetracht der prinzipiellen Beschränkungen aller z.Z. zur Verfügung stehenden MO-Methoden – insbesondere bei der Behandlung von heteroatomhaltigen Systemen – sowie der mangelnden Information über die Konstitution des Übergangszustandes der elektrophilen Substitution bei Heterocylen, erscheint die Bevorzugung einer der beiden voranstehenden Hypothesen völlig willkürlich.

Die Probleme bei der Anwendung der HMO-Methode auf Heterocyclen sind bekannt (vgl. Zitat [2249], dort 5. Kap.).

Zur Lösung der unter Vernachlässigung sämtlicher Zweizentren-Überlappungsintegrale sowie der Resonanz-Integrale zwischen nicht benachbarten Atomen[7] auf übliche Weise erhaltenen Säkulardeterminante für das Pyrrol-Molekül:

$$\begin{pmatrix} x+h_{\mathrm{N}} & k_{\mathrm{CN}}\sqrt{2} & 0 & & \\ k_{\mathrm{CN}}\sqrt{2} & x & 1 & & \\ 0 & 1 & x+1 & & \\ & & & x & 1 \\ & & & 1 & x-1 \end{pmatrix} = 0, \quad x \equiv \frac{\alpha - E}{\beta},$$

---

[7] In Anbetracht der Dimensionen des Pyrrol-Ringes (S. 7) ist die Vernachlässigung der Resonanz-Integrale zwischen nicht direkt miteinander verknüpften Atomen kritisiert worden [824, 1618].

müssen *zusätzliche* Korrekturparameter h_N und k_{CN} für das Coulomb-Integral des Heteroatoms:

$$\alpha_{\ddot{N}} = \alpha_C + h_{\ddot{N}} \, \beta_{CC}$$

bzw. für das Resonanz-Integral der Heterobindung:

$$\beta_{CN} = k_{CN} \, \beta_{CC}$$

eingeführt werden, deren numerische Werte – sowie überhaupt die Werte der Wechselwirkungsintegrale bei allen halbempirischen MO-Verfahren – aus experimentellen Daten zu erhalten sind.

Da in der einfachen HMO-Methode die Koeffizienten der Atom-Orbitale $c_{\mu i}$ zwar von den Korrekturparametern $h_{\ddot{N}}$ und k_{CN} (sowie von evtl. eingesetzten „Hilfsparametern"), nicht aber von den Beträgen der Coulomb- und Resonanz-Integrale abhängen, lassen sich die Heteroatom-Konstanten durch Vergleich sowohl der aus den Elektronen-Dichten

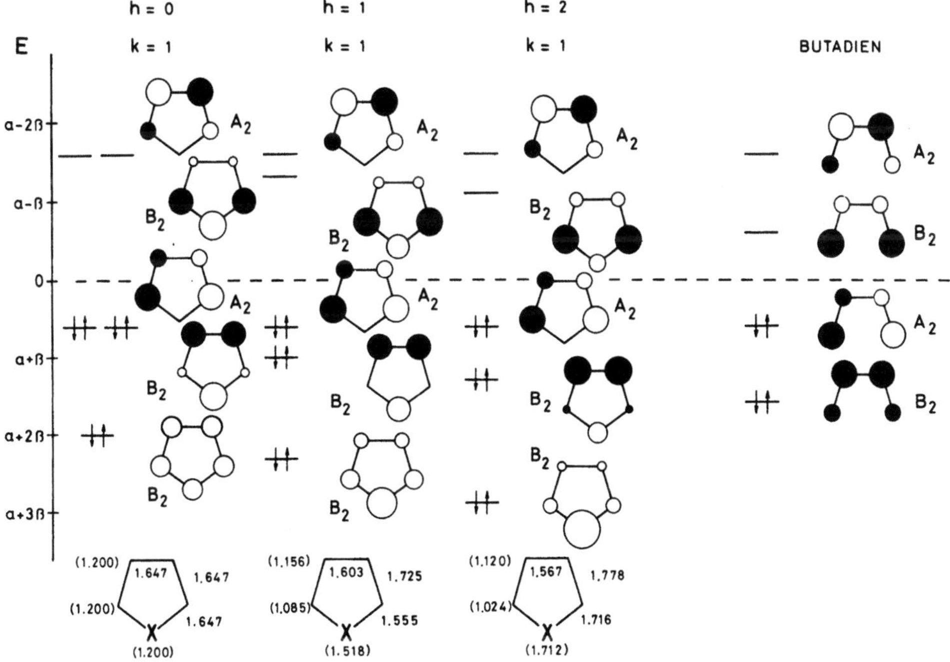

Abb. *1.17*. Abhängigkeit der Energien der π-Molekül-Orbitale sowie der Elektronendichten (Werte in Klammern) und Bindungsordnungen fünfgliedriger Heterocyclen von der Größe des Heteroatom-Parameters $h_{\ddot{X}}$ bei konstantem k_{CX} (s. Text)

errechneten Dipolmomente [1009] als auch der aus den Bindungsordnungen zugänglichen Bindungslängen [1419] mit den entspr. experimentellen Werten am zweckmäßigsten bestimmen.

Verzichtet man jedoch zunächst einmal auf quantitative Aussagen des Modells, so läßt sich die Abhängigkeit der Energien der Molekül-Orbitale sowie der Ladungsdichten und Bindungsordnungen von den Werten der Parameter $h_{\ddot{N}}$ und k_{CN} untersuchen [330]. Abb. *1.17.* stellt den Einfluß der Größe des Parameters $h_{\ddot{N}}$ bei konstantem $k_{CN}=1$ (meist angenommener Wert [vgl. 1003]) anschaulich dar. Für $h_{\ddot{N}}=0$ verhält sich das Heteroatom wie ein Kohlenstoffatom, und das Energieniveau-Schema sowie das Molekül-Diagramm entsprechen demjenigen des „Hückel-aromatischen" (4n+2-elektronenhaltigen) Cyclopentadienyl-Anions. Für hohe Werte von $h_{\ddot{N}}$ nimmt die Lokalisierung des p-Elektronenpaares – und somit die Elektronen-Dichte q_1 – am Heteroatom zu, und das System nähert sich dem Grenzfall eines s-cis-Butadien-Moleküls, das *nicht* in Wechselwirkung mit dem Stickstoffatom tritt.

Zwischen beiden Extremfällen läßt sich – entsprechend *S. Mullikens* Auffassung [1612] (vgl. S. 52) – durch Änderung des Heteroatom-Parameters eine abgestufte Dien-Heteroatom-Wechselwirkung, wie sie aufgrund der zunehmenden Elektronegativität des Heteroatoms bei den fünfgliedrigen Heterocyclen Thiophen, Pyrrol und Furan vorhanden ist, simulieren [vgl. dazu 1869]. Unter diesem Gesichtspunkt erscheinen für das Pyrrol die (meist angenommenen) $h_{\ddot{N}}$-Werte zwischen 1,5 und 2,0 als plausibel (vgl. Abb. *1.17.*).

Demgemäß soll die Erhöhung des Coulomb-Potentials des Heteroatoms beim Pyrrol – z.B. durch Substitution des N-ständigen Wasserstoffatoms durch elektronenziehende Substituenten – den Dien-Charakter des Moleküls steigern. Damit im Einklang steht die leichtere Hydrierbarkeit des 1-Äthoxy- (od. Methoxy-)carbonylpyrrols (S. 145) sowie seine größere Bereitschaft zur Bildung von Diels-Alder-Addukten (S. 125) und zur Anlagerung von Carbenen (S. 127).

Die vielfach angewendete [153, 330, 683, 1001, 1009, 1424, 1708, 1728, 2512, 2568] Einführung zusätzlicher „Hilfsparameter" h_{C_α}, die im Rahmen der π-Elektronen-Annäherung das durch die Nachbarschaft des Heteroatoms bedingte höhere Coulomb-Potential der α-ständigen C-Atome berücksichtigen[8]:

$$\alpha_{C_\alpha} = \alpha_C + h_{C_\alpha}\beta_{CC}$$

vermag zwar die errechneten Größen den experimentellen Daten anzupassen (vgl. S. 18), erhöht aber in keiner Weise die Aussagekraft der Methode.

---

[8] Zur physikalischen Interpretation der „Hilfsparameter" vgl. [331, 333].

Diese Einschränkung gilt auch in einem höheren Abstraktionsgrad für sämtliche halbempirische SCF-MO-Berechnungen, deren Ergebnisse – z. B. Reihenfolge der Molekül-Orbitale im Energieniveau-Schema (vgl. S. 48) – von der Wahl der numerischen Werte für die Ein- und Mehrzentren-Integrale in entscheidender Weise abhängen (!) [825].

Die Ergebnisse halbempirischer MO-Berechnungen dürfen somit nur dann miteinander verglichen werden, wenn sie sich jeweils entweder auf mehrere Verbindungen einer Reihe, bei der möglichst unveränderte Atom-Parameter anzunehmen sind, oder auf mehrere physikalische Daten einer einzigen Verbindung beziehen. Bisher gibt es jedoch keine „optimale" MO-Methode, nach der beliebig viele physikalische Konstanten mit *gleich guter* Übereinstimmung mit den experimentellen Werten errechnet werden können.

Außer Berechnungen mit Hilfe des Elektronengas-Modells [2568] und der Hückel-MO-Methode mit [1419, 1893] und ohne [153, 329, 330, 462, 683, 1001, 1009, 1424, 1618, 1708, 1728, 1817, 2130, 2512] Berücksichtigung der Überlappung von benachbarten Atom-Orbitalen sowie SC-HMO-Berechnungen unter Anwendung von Iterationsbeziehungen zwischen dem Coulomb-Integral und der Elektronen-Dichte am Stickstoffatom (ω- und ω'-Methoden) [989, 1265, 1619, 2094, 2248] oder zwischen den Resonanz-Integralen und den Bindungsordnungen der C–N-Bindungen [1048] bzw. von der Kombination beider Verfahren [397, 2095] sind zahlreiche fortgeschrittene MO-Verfahren, nämlich EHT- [1619], CNDO- [261, 586, 1125], MINDO- [152, 929], VESCF- [331, 569, 2284] sowie PPP- [238, 465, 602, 809, 824, 1349, 1621, 1869, 2192] und andere SCF-LCAO-Methoden [15, 132, 402, 808, 1014, 1209, 1210, 1389, 1558, 1997, 2051] zur Untersuchung der π-Elektronen-Struktur des Pyrrol-Moleküls angewendet worden.

Die in Tabelle 1.3 zusammengestellten π-Elektronen-Dichten und Bindungsordnungen lassen jedoch keinen Gang erkennen, der für eine Beziehung zum Abstraktionsgrad der angewendeten MO-Methoden spricht.

Bemerkenswerterweise ist der Einfluß der Polarisation der σ-Bindungen auf die Verteilung der π-Elektronen unerheblich (s. Tabelle 1.3.). Dies geht aus *Del Re* [1265, 1619, 1621], SCF-LCAO- [1996, 1997], PPP-SCF- [1590], CNDO/2- [488] und EHT- [12, 13] Berechnungen unter Berücksichtigung aller Valenz-Elektronen sowie aus den vom theoretischen Standpunkt her bislang anspruchsvollsten *ab-initio*-LCGTO-SCF-MO-Berechnungen des Pyrrol-Moleküls unter Einbezug *sämtlicher* Elektronen [493, 1743, 1744] (vgl. Abb. *1.18.*) hervor.

ab-initio-LCGTO-SCF-MO-Berechnungen liegen ebenfalls für das Pyrrol-Radikal-Kation und -Anion vor [1325].

Tabelle 1.3. Nach verschiedenen MO-Methoden berechnete π-Elektronen-Dichten (q) und π-Bindungsordnungen (p) für den Grundzustand des Pyrrol-Moleküls

q_N^π	q_α^π	q_β^π	p_{CN}	$p_{C_\alpha C_\beta}$	$p_{C_\beta C_\beta}$	MO-Methode	Literatur
1,712	1,024	1,120	0,716	0,778	0,567	HMO[a,c]	[2094] (vgl. Abb. *1.17.*)
1,692	1,096	1,058	0,454	0,768	0,588	HMO[a,d]	[2512, 1424]
1,745	1,060	1,068	0,41	0,85	0,45	HMO[a,e]	[1618]
1,763	1,031	1,087	—	—	—	ω-[a,f]	[2094]
1,744	1,086	1,042	—	—	—	ω'-[a,g]	[2094]
1,640	1,153	1,027	—	—	—	VESCF[a]	[331]
1,612	1,167	1,028	0,475	0,795	0,524	VESCF[a]	[569]
1,740	1,006	1,124	—	—	—	MINDO[a]	[152]
1,690	1,091	1,064	0,451	0,788	0,556	PPP-SCF[a]	[1621]
1,775	1,061	1,052-	0,374	0,874	0,412	PPP-SCF[a]	[2192]
1,656	1,072	1,099	0,472	0,790	0,541	PPP-SCF[a]	[809]
1,712	1,076	1,068	—	—	—	PPP-SCF[a,e]	[824]
1,636	1,110	1,072	0,488	0,749	0,604	PPP-SCF[a]	[407]
1,746	1,088	1,039	—	—	—	SCF-LCAO[a]	[132]
1,784	1,045	1,063	0,393	0,823	0,515	SCF-LCAO[a]	[1210]
1,823	1,036	1,052	—	—	—	SCF-LCAO[a]	[1389]
1,805	1,046	1,051	—	—	—	SCF-LCAO[a]	[1389]
1,818	1,003	1,088	—	—	—	SCF-LCAO[a]	[1209]
1,840	1,043	1,037	—	—	—	SCF-LCAO[a]	[1281]
1,811	1,055	1,040	—	—	—	SCF-ASP-LCAO[a]	[1558]
1,64	1,05	1,14	—	—	—	EHT[b]	[12]
1,655	1,085	1,085	—	—	—	CNDO/2[b]	[488]
1,710	1,043	1,102	—	—	—	MINDO/2[b]	[929]
1,725	1,087	1,050	0,427	0,797	0,550	PPP-SCF[b]	[1590]
1,54	1,12	1,12	—	—	—	SCF-LCAO[b]	[1996]
1,49	1,13	1,12	—	—	—	SCF-LCAO[b]	[1997]
1,659	1,075	1,095	—	—	—	ab initio[b] LCGTO-SCF	[493] (vgl. Abb. *1.18.*)

[a] π-Elektronen-Annäherung.
[b] σ-Elektronen mitberücksichtigt.
[c] Mit $h_N = 2{,}0$, ohne Hilfsparameter.
[d] Mit $h_N = 2{,}0$ und $h_{C_\alpha} = 0{,}25$.
[e] Unter Berücksichtigung der Resonanz-Integrale zwischen nicht benachbarten Atomen.
[f] Für $\omega = 1{,}4$ mit $h_N = 2{,}0$.
[g] Für $\omega = 1{,}4$ und $\omega' = 0{,}93$ mit $h_N = 2{,}0$.

Das Pyrrolat-Anion ist in der π-Annäherung mit Hilfe des VESF-MO-Verfahrens [332] sowie unter Berücksichtigung aller Valenz-Elektronen mittels der EHT- [12, 13] und CNDO/2- [488] Methoden untersucht worden.

Während aus der durch die erstgenannte Methode errechneten annähernd gleichmäßigen π-Elektronen-Verteilung über alle Zentren gefolgert wird, daß die Elektronegativität des negativ geladenen Stickstoffatoms *kleiner* ist als diejenige der Ring-C-Atome (d. h. $h_{\ddot{N}} < 0$) [332], ergibt sich aus der EHT-Berechnung – aufgrund der Orthogonalität der σ- und π-Orbitale – die gleiche π-Elektronen-Verteilung für das Pyrrolat-Anion wie für das ungeladene Pyrrol-Molekül [13]. Die Ergebnisse der CNDO/2-Methode sind vermutlich realistischer [488] (s. Abb. *1.19.*).

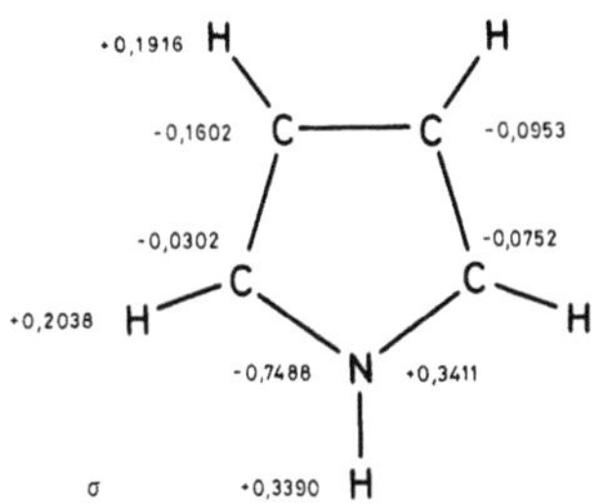

Abb. *1.18.* Nach der *ab-initio*-LCGTO-SCF-MO-Methode errechnete π- (rechts) und σ-Elektronendichten (links) an den Atomen des Pyrrol-Moleküls [493]

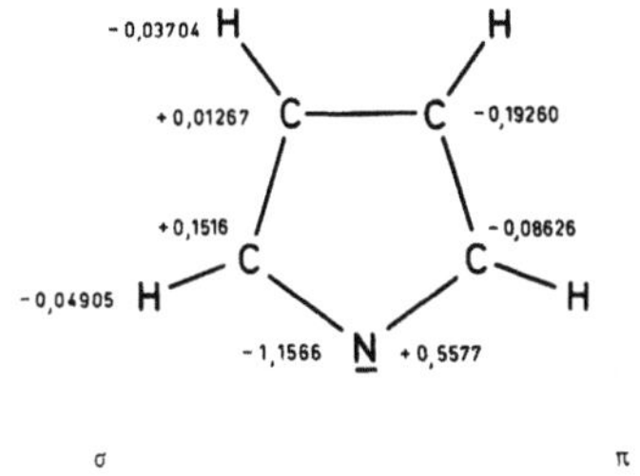

Abb. *1.19.* Nach der CNDO/2-Methode errechnete π- (rechts) und σ-Elektronendichten (links) für das Pyrrolat-Anion [488]

Sie stehen z. B. mit der experimentellen Tatsache im Einklang, daß sowohl die Reaktion von Pyrrol mit Formaldehyd (vgl. S. 113) als auch dessen Michael-Anlagerung an aktivierte Doppelbindungen (S. 262) in *basischem* Medium unter Bildung von N-substituierten Produkten stattfinden, während sie in Gegenwart von Säuren zu C-substituierten Derivaten führen.

Bildungsenergien für je am Stickstoff sowie am α- und β-ständigen Ring-C-Atom protonierte Pyrrol-Moleküle in der Dampf-Phase sind mit Hilfe der MINDO/2-Methode errechnet worden [929]. In Übereinstimmung mit den experimentellen Daten (S.132) sind die am Kohlenstoff protonierten Spezies thermodynamisch stabiler als diejenigen mit der Konstitution eines Ammonium-Ions. Einfache HMO-Berechnungen liegen leider nur für letztere [1001] sowie für beide möglichen *nicht protonierten* Pyrrolenine [1403], die experimentell bisher niemals nachgewiesen worden sind, vor.

Die physikalischen Eigenschaften einiger monosubstituierter Pyrrol-Derivate [334, 460, 461, 586, 1489, 1563, 1621] sowie die chemische Reaktivität der C-Pyrrolcarbonsäuren [587, 588] sind mit Hilfe verschiedener halbempirischer MO-Methoden untersucht worden.

1.6. Grundzustands-Eigenschaften

1.6.1. Dipolmoment

Das Dipolmoment des Pyrrol-Moleküls ist vielfach, hauptsächlich durch Messung der dielektrischen Polarisation, bestimmt worden (s. Tabelle 1.4.).

Die Streuung der Werte in einem gegebenen Lösungsmittel ist z.T. auf die jeweils zugrundegelegte theoretische Beziehung zwischen Dielektrizitätskonstante und Dipolmoment zurückzuführen (3. Spalte auf Tabelle 1.4.). Dennoch lassen sich Aggregatszustands- und Lösungsmittel-Effekte eindeutig erkennen.

Die Temperatur- [2433] und Konzentrationsabhängigkeit [1164, 1490] des Dipolmoments vom flüssigen bzw. in Benzol gelösten Pyrrol deuten auf Selbstassoziation der Moleküle hin (vgl. Kap. 2.5.5.). Ferner sprechen sowohl die *Erhöhung* des scheinbaren Dipolmoments bei steigender Temperatur bzw. zunehmender Verdünnung als auch die Tatsache, daß das kondensierte Pyrrol – im Gegensatz zu den meisten assoziierten Flüssigkeiten (z. B. Alkohole) – ein *kleineres* Dipolmoment als dessen Dampf bzw. dessen Lösungen in apolaren Lösungsmitteln aufweist (vgl. Tabelle 1.4.), für das Vorliegen von Dimeren mit zueinander antiparallel angeordneten Pyrrol-Molekülen (Abb. *2.40.* auf S. 71) [938, 1164, 1444, 2432, 2503]. Das hohe Dipolmoment des in polaren Lösungsmitteln mit Protonen-Akzeptor-Eigenschaften (z. B. Äther, Amine u. ä.) gelösten Pyrrols (vgl. Tabelle 1.4.) ist auf die Bildung wasserstoff-verbrückter Solvate (z. B. *1.20.*), bei denen die Polarisation

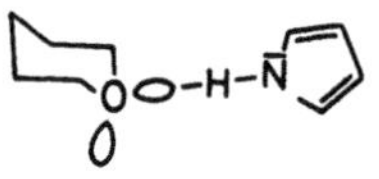

1.20.

der N–H-Bindung durch die N–H … p-Elektronen-Wechselwirkung erhöht wird, zurückzuführen [938, 939, 940, 941, 1444, 1491, 2460, vgl. 565].

Aus dem gleichen Grunde deutet der Befund, daß das Dipolmoment des in Benzol gelösten Pyrrols *größer* als in Cyclohexan ist (vgl. Tabelle 1.4.), auf das Vorliegen im erstgenannten Lösungsmittel von orthogonalen Komplexen (*2.42.* auf S. 74) mit N–H … π-Wechselwirkung hin [938] (vgl. jedoch S. 81).

Tabelle 1.4. Experimentell bestimmte Werte für das Dipolmoment des Pyrrols in verschiedenen Lösungsmitteln

Aggregatzustand bzw. Lösungsmittel	C	Methode[a]	$\mu(D)$	Literatur
Dampf	—	MW	$1{,}74 \pm 0{,}02$	[1674]
Dampf	—	P	$1{,}84 \pm 0{,}08$	[344]
Flüssig	$25 \pm 0{,}02$	MRS	$1{,}54_3$	[1164]
Flüssig	25	O	1,56	[2434]
Flüssig	25,0	O	1,52	[217, 218]
Flüssig	25	O	1,58	[938]
Cyclohexan	32,75	HK	1,79	[939]
Cyclohexan	25	DR	1,7	[2426]
Cyclohexan	25	O	1,74	[217, vgl. 218]
Cyclohexan	25	HK	$1{,}75 \pm 0{,}02$	[938, 1443]
CCl_4	25	HK	$1{,}76 \pm 0{,}02$	[937]
CCl_4	25	—	1,78	[1380]
CCl_4	32,75	HK	1,76	[939]
CCl_4	25	O	1,77	[217, vgl. 218]
CCl_4	25	HK	$1{,}76 \pm 0{,}02$	[938, 1443]
CS_2	25	O	1,66	[217]
Benzol	20	—	1,83	[552]
Benzol	20,0	H	$1{,}80 \pm 0{,}01$	[600]
Benzol	20–23	—	$2{,}2 - 1{,}7$	[1109]
Benzol	25	HK	$1{,}80 \pm 0{,}01$	[1304]
Benzol	25	—	$1{,}80 \pm 0{,}07$	[344]
Benzol	$25 \pm 0{,}02$	MRS	$1{,}77_5 - 1{,}54_3{}^{b}$	[1164]
Benzol	$20 \pm 0{,}1$	HU	1,74	[1491]
Benzol	25,0	RF	1,82	[565]
Benzol	25	O	1,84	[217, vgl. 218]
Benzol	25	HK	$1{,}83 \pm 0{,}02$	[938, 1443]
Tetrahydropyran	—	HK	1,87	[941]
Dioxan	$20 \pm 0{,}1$	HU	$1{,}97^{c}$	[1491]
Dioxan	25	HK	$2{,}15 \pm 0{,}02$	[938, 1443]
Dioxan	25	O	2,09	[217]
Dioxan	25	D	2,05	[218]
Dioxan	25,0	RF	2,13	[565]
Triäthylamin	25	O	2,98	[217]
N-Methylpyrrol	25	O	1,22	[217]

[a] Meßmethode bzw. zugrundegelegte Gleichung zur Berechnung des Dipolmoments aus der Dielektrizitätskonstante.
P = Polarisationsmessungen, MW = Mikrowellen-Spektroskopie, DR = Dielektrische Relaxation, RF = Messungen im Radiofrequenz-Bereich, D = Debye, H = Hedestrand, HK = Halverstadt-Kumler, HU = Hassel-Uhl, MRS = Mecke-Reuter-Schuppe, O = Onsager.

[b] Je nach Konzentration zwischen 3,7 und 100 Mol-%. Auf unendliche Verdünnung extrapolierter Wert $= 1{,}78_7$ D.

[c] Umberechnet nach der Gleichung von *I. F. Halverstadt* und *W. D. Kumler* $= 2{,}05$ D [938, 1443].

Tabelle 1.5. Experimentell bestimmte Dipolmomente von Pyrrolderivaten

| Bruttoformel | N | Substituenten | | | | $\overset{+\longrightarrow}{\mu(D)}$ | L. M.[a] | °C | Methode[b] | Lit. |
		2	3	4	5					
C_4HJ_4N	—	J	J	J	J	$2,52 \pm 0,04$	B	25	P	[1304]
C_4HJ_4N	—	J	J	J	J	2,54	B	25,0	RF	[556]
C_4HJ_4N	—	J	J	J	J	3,07	D	25,0	RF	[556]
$C_4H_4N_2O_2$	—	NO_2	—	—	—	4,33	B	25,0	RF	[556]
$C_4H_4N_2O_2$	—	NO_2	—	—	—	4,57	D	25,0	RF	[556]
$C_5H_4N_2$	—	CN	—	—	—	3,76	B	25	P	[218]
$C_5H_4N_2O_3$	—	CHO	—	NO_2	—	4,20	D	25	P	[218]
C_5H_5NO	—	CHO	—	—	—	1,95	flüssig	51,1	P	[218]
C_5H_5NO	—	CHO	—	—	—	1,30	C	25	P	[218]
C_5H_5NO	—	CHO	—	—	—	1,59	T	25	P	[218]
C_5H_5NO	—	CHO	—	—	—	1,88	B	$20 \pm 0,1$	P	[1490]
C_5H_5NO	—	CHO	—	—	—	2,18	B	25,0	RF	[556]
C_5H_5NO	—	CHO	—	—	—	2,20	B	25	P	[218]
C_5H_5NO	—	CHO	—	—	—	2,42	D	$20 \pm 0,1$	P	[1490]
C_5H_5NO	—	CHO	—	—	—	2,67	DP	25	P	[218]
C_5H_5NO	—	CHO	—	—	—	2,57	D	25	P	[218]
C_5H_5NO	—	CHO	—	—	—	2,55	D	25,0	RF	[556]
C_5H_5NO	—	—	CHO	—	—	4,96	B	25	P	[218]
C_5H_5NO	—	—	CHO	—	—	5,59	D	25	P	[218]
$C_5H_6N_2O_2$	Me	NO_2	—	—	—	4,67	B	25	P	[1445]
$C_5H_6N_2O_2$	Me	—	NO_2	—	—	6,15	B	25	P	[1445]
C_5H_7N	Me	—	—	—	—	2,11	Dampf[c]	25	P	[938]
C_5H_7N	Me	—	—	—	—	$2,12 \pm 0,02$	Dampf	—	MW	[112]
C_5H_7N	Me	—	—	—	—	1,73	flüssig	25	P	[938]
C_5H_7N	Me	—	—	—	—	1,70	flüssig	25	P	[217]
C_5H_7N	Me	—	—	—	—	$1,96 \pm 0,02$	C	25	P	[938]
C_5H_7N	Me	—	—	—	—	$1,92 \pm 0,02$	T	25	P	[938]

C_5H_7N	Me	—	—	—	—	$1,92\pm0,02$	B	25	P	[1304]
C_5H_7N	Me	—	—	—	—	$1,98\pm0,02$	B	25	P	[938]
C_5H_7N	Me	—	—	—	—	1,96	B	25,0	RF	[556]
C_5H_7N	Me	—	—	—	—	$2,03\pm0,02$	D	25	P	[938]
C_5H_7N	Me	—	—	—	—	2,02	D	25,0	RF	[556]
C_5H_7N	Me	—	—	—	—	2,03–1,42	versch. Äther	—	P	[941]
C_5H_7N	—	Me	—	—	—	1,89	B	25	P	[994]
C_5H_7N	—	Me	—	—	—	1,95	B	25,0	RF	[556]
C_5H_7N	—	Me	—	—	—	2,25	D	25,0	RF	[556]
$C_6H_7J_2N$	—	Me	J	J	Me	$4,00\pm0,01$	B	25	P	[1304]
C_6H_7NO	Ac	—	—	—	—	2,58	B	25	P	[994]
C_6H_7NO	Ac	—	—	—	—	2,44	B	20	P	[1492]
C_6H_7NO	Ac	—	—	—	—	2,52	D	20	P	[1492]
C_6H_7NO	—	Ac	—	—	—	1,82	B	25,0	RF	[556]
C_6H_7NO	—	Ac	—	—	—	1,79	D	$20\pm0,1$	P	[1490]
C_6H_7NO	—	Ac	—	—	—	2,16	D	25	P	[218]
C_6H_7NO	—	Ac	—	—	—	1,98	D	25,0	RF	[556]
C_6H_7NO	—	—	Ac	—	—	5,03	B	25,0	RF	[556]
C_6H_7NO	—	—	Ac	—	—	5,21	D	25,0	RF	[556]
C_6H_7NO	Me	CHO	—	—	—	2,84	B	25,0	RF	[556]
$C_6H_7NO_2$	—	COOMe	—	—	—	1,70	B	25	P	[1163]
$C_6H_7NO_2$	—	COOMe	—	—	—	1,77	B	25,0	RF	[556]
$C_6H_7NO_2$	—	COOMe	—	—	—	1,92	D	25,0	RF	[556]
$C_6H_7NO_2$	—	—	COOMe	—	—	3,63	B	25	P	[1163]
$C_6H_7NO_2$	—	—	COOMe	—	—	3,60	B	25,0	RF	[556]
$C_6H_7NO_2$	—	—	COOMe	—	—	3,83	D	25,0	RF	[556]
C_6H_9N	—	Me	—	Me	—	1,75	B	25	P	[994]
C_6H_9N	—	Me	—	—	Me	2,06	C	25	P	[1620]
C_6H_9N	—	Me	—	—	Me	2,03	B	25	P	[994]
C_6H_9N	—	Me	—	—	Me	$2,08\pm0,03$	B	25	P	[1304]
$C_7H_{10}N_2O$	—	CONMe$_2$	—	—	—	2,07	B	25,0	RF	[556]

Tabelle 1.5 (Fortsetzung)

Bruttoformel	N	Substituenten 2	3	4	5	$\overrightarrow{\mu(D)}$	L. M.[a]	°C	Methode[b]	Lit.
$C_7H_{10}N_2O$	—	$CONMe_2$	—	—	—	2,25	D	25,0	RF	[556]
$C_7H_{11}N$	Me	Me	—	—	Me	$2,07 \pm 0,01$	B	25	P	[1304]
$C_7H_{11}N$	Me	Me	—	—	Me	2,08	B	25	P	[994]
$C_7H_{13}NSi$	$SiMe_3$	—	—	—	—	2,22	C	25	P	[1620]
$C_8H_9NO_2$	—	Ac	—	—	Ac	3,93	D	$20 \pm 0,1$	P	[1490]
$C_8H_{11}NO_2$	—	Me	COOÄ	—	—	3,43	B	25	P	[1163]
$C_8H_{11}NO_2$	—	—	COOÄ	—	Me	3,84	B	25	P	[1163]
$C_8H_{13}N$	CMe_3	—	—	—	—	1,83	C	25	P	[1620]
$C_{10}H_8ClN$	p-Chlorphenyl	—	—	—	—	ca. 0,03	B	25	P	[1304]
$C_{10}H_9N$	Ph	—	—	—	—	1,61	B	25	P	[994]
$C_{10}H_9N$	Ph	—	—	—	—	$1,32 \pm 0,04$	B	25	P	[1304]
$C_{10}H_9N$	Ph	—	—	—	—	1,36	B	25,0	RF	[556]
$C_{10}H_9N$	Ph	—	—	—	—	1,39	D	25,0	RF	[556]
$C_{10}H_9N$	—	Ph	—	—	—	1,66	B	25,0	RF	[556]
$C_{10}H_9N$	—	Ph	—	—	—	1,92	D	25,0	RF	[556]
$C_{10}H_{13}NO_4$	—	—	COOÄ	COOÄ	—	4,08	B	25	P	[1163]
$C_{11}H_9NO$	—	CO—Ph	—	—	—	1,81	B	25,0	RF	[556]
$C_{11}H_9NO$	—	CO—Ph	—	—	—	1,91	D	25,0	RF	[556]
$C_{11}H_{10}N_2$	—	—CH=N—Phenyl				0,87	B	?	P	[1564]
$C_{11}H_{10}N_2O$	—	—CH=N—(o-Hydroxyphenyl)				2,04	B	?	P	[1564]
$C_{11}H_{10}N_2O$	—	—CO—CH=CH—(Pyrrol-2-yl)				2,93	D	$25 \pm 0,01$	P	[2424]
$C_{11}H_{11}N$	Ph	Me	—	—	—	1,94	B	25	P	[994]
$C_{11}H_{11}N$	p-Tolyl-	—	—	—	—	$1,79 \pm 0,04$	B	25	P	[1304]
$C_{12}H_{12}BrN$	p-Bromphenyl	Me	—	—	Me	$0,54 \pm 0,03$	B	25	P	[1304]
$C_{12}H_{12}ClN$	p-Chlorphenyl	Me	—	—	Me	$0,50 \pm 0,04$	B	25	P	[1304]
$C_{12}H_{12}N_2$	—	—CH=N—(p-Tolyl)				0,91	B	?	P	[1564]
$C_{12}H_{12}N_2O_2$	p-Nitrophenyl	Me	—	—	Me	$2,48 \pm 0,02$	B	25	P	[1304]
$C_{12}H_{12}N_2O_2$	p-Nitrophenyl	Me	—	—	Me	2,50	B	25	P	[994]

$C_{12}H_{13}N$	Ph	Me	—	—	Me	1,99	B	25	P	[994]
$C_{12}H_{13}N$	Ph	Me	—	—	Me	$2,00 \pm 0,04$	B	25	P	[1304]
$C_{13}H_{10}BrNO$	—	$-CO-CH=CH-$(p-Bromphenyl)				2,52	D	$25 \pm 0,01$	P	[2424]
$C_{13}H_{10}BrNO$	—	$-CH=CH-CO-$(p-Bromphenyl)				4,13	D	$25 \pm 0,01$	P	[2424]
$C_{13}H_{10}ClNO$	—	$-CO-CH=CH-$(p-Chlorphenyl)				2,65	D	$25 \pm 0,01$	P	[2424]
$C_{13}H_{10}ClNO$	—	$-CH=CH-CO-$(p-Chlorphenyl)				4,02	D	$25 \pm 0,01$	P	[2424]
$C_{13}H_{10}N_2O_3$	—	$-CO-CH=CH-$(p-Nitrophenyl)				4,77	D	$25 \pm 0,01$	P	[2424]
$C_{13}H_{10}N_2O_3$	—	$-CH=CH-CO-$(p-Nitrophenyl)				5,32	D	$25 \pm 0,01$	P	[2424]
$C_{13}H_{11}NO$	—	$-CO-CH=CH-$Phenyl				2,21	D	$25 \pm 0,01$	P	[2424]
$C_{13}H_{11}NO$	—	$-CH=CH-CO-$Phenyl				3,90	D	$25 \pm 0,01$	P	[2424]
$C_{13}H_{15}N$	p-Tolyl	Me	—	—	Me	$2,34 \pm 0,02$	B	25	P	[1304]
$C_{14}H_{13}NO$	Me	$-CO-CH=CH-$Phenyl				2,30	D	$25 \pm 0,01$	P	[2424]
$C_{14}H_{13}NO$	Me	$-CH=CH-CO-$Phenyl				3,14	D	$25 \pm 0,01$	P	[2424]
$C_{14}H_{13}NO$	—	$-CO-CH=CH-$(p-Tolyl)				2,44	D	$25 \pm 0,01$	P	[2424]
$C_{14}H_{13}NO$	—	$-CH=CH-CO-$(p-Tolyl)				4,12	D	$25 \pm 0,01$	P	[2424]
$C_{14}H_{13}NO_2$	—	$-CO-CH=CH-$(p-Methoxyphenyl)				2,64	D	$25 \pm 0,01$	P	[2424]
$C_{14}H_{13}NO_2$	—	$-CH=CH-CO-$(p-Methoxyphenyl)				4,21	D	$25 \pm 0,01$	P	[2424]
$C_{14}H_{17}N$	2,5-Dimethyl-phenyl	Me	—	—	Me	$2,07 \pm 0,02$	B	25	P	[1304]
$C_{15}H_{16}N_2O$	—	$-CO-CH=CH-$(p-Dimethylaminophenyl)				3,70	D	$25 \pm 0,01$	P	[2424]
$C_{15}H_{16}N_2O$	—	$-CH=CH-CO-$(p-Dimethylaminophenyl)				5,13	D	$25 \pm 0,01$	P	[2424]
$C_{15}H_{19}N$	2,4,6-Tri-methylphenyl	Me	—	—	Me	$2,06 \pm 0,04$	B	25	P	[1304]
$C_{18}H_{20}N_2$	p-(2,5-Dimethyl-pyrrol-1-yl)-phenyl	Me	—	—	Me	$0,77 \pm 0,03$	B	25	P	[1304]
$C_{28}H_{21}N$	—	Ph	Ph	Ph	Ph	1,61	B	25,0	RF	[556]
$C_{28}H_{21}N$	—	Ph	Ph	Ph	Ph	2,00	D	25,0	RF	[556]
$C_{28}H_{21}N$	Ph	Ph	Ph	—	Ph	2,04	B	25,0	RF	[556]

[a] Lösungsmittel: B = Benzol, C = Cyclohexan, D = Dioxan, T = Tetrachlorkohlenstoff, DP = 2,5-Dimethylpyrazin.

[b] Meßmethode: P = Polarisations-Messungen; RF = Messungen im Radiofrequenz-Bereich; MW = aus mikrowellenspektroskopischen Daten.

[c] Berechnet aus dem Dipolmoment in Cyclohexan mittels der Barclay-LeFèvre-Gleichung.

Die aufgrund von Dipolmoment-Messungen vorgeschlagenen Strukturen für die Pyrrol-Assoziate mit Ketonen [217], Nitrilen [217, 939, 1444] (vgl. S. 82) und Pyridin [937, 939, 1444] (vgl. S. 76) stehen mit anderen physikalischen Daten im Einklang. Dagegen deutet die Größe vom scheinbaren Dipolmoment des Pyrrol-2,4,6-Trimethyl-pyridin-Komplexes auf das Vorliegen von $N-H \ldots \pi$-Wechselwirkungen des Typs vom Pyrrol-Benzol-Assoziat hin [937, 939, vgl. jedoch 217].

Von großer theoretischer Bedeutung im Zusammenhang mit der Elektronen-Struktur des Pyrrols ist die *Richtung* des Dipolmoment-Vektors im Bezug auf die Lage der Atome im Molekül. Nimmt man an, daß das stickstoffständige p-Elektronenpaar vom Pyrrol weitgehend in den Ring delokalisiert ist (S. 9), so fällt das dadurch hervorgerufene π-Dipolmoment mit der zweizähligen Symmetrie-Achse des Moleküls zusammen und hat das Stickstoffatom als positives Ende [12, 331, 1494].

Das π-Moment, das höchstwahrscheinlich den Hauptbeitrag zum Gesamtdipolmoment des Pyrrol-Moleküls leistet, ist somit dem $N-H$-Bindungsmoment gleich-, der Resultante der *polarisierten* σ-Ring-Bindungen entgegengerichtet [2273].

Diese Annahme wird durch den Befund gestützt, daß sowohl das 1-Methyl- als auch das 2,5-Dimethylpyrrol, bei denen der induktive Effekt der N- bzw. α-ständigen Methyl-Gruppe(n) zum Ring hin gerichtet ist, größere Dipolmomente (vgl. Tabelle 1.5.) als das unsubstituierte Pyrrol aufweisen [1304, vgl. 154].

In der Punktladungsannäherung läßt sich das Dipolmoment eines Moleküls bekannter Geometrie aus den Ladungsdichten[9] an den verschiedenen Atomen leicht berechnen.

So stimmt z. B. das mit Hilfe der von *G. W. Wheland* und *L. Pauling* [2512] angegebenen π-Elektronen-Dichten (Tabelle 1.3. auf S. 18) unter Zugrundelegung einer vereinfachten Geometrie des Moleküls (reguläres Fünfeck von 1,4 Å Seitenabstand [1304]) berechnete Dipolmoment für das Pyrrol (1,96 D) mit dem experimentellen Wert (Tabelle 1.4.) überraschend (und zufällig) gut überein.

In der π-Elektronen-Annäherung ist jedoch zu berücksichtigen, daß nur der Anteil vom Dipolmoment, der auf die Verteilung dieser Elektronen im Molekül zurückgeht, errechnet wird. Die experimentell bestimmten Dipolmomente hängen jedoch in erster Näherung sowohl von der Polarisation der π- und σ-Bindungen als auch von der Atom-Polarisation,

---

[9] Die Ladungsdichte an einem Atom wird definiert durch die Differenz: Anzahl der im *neutralen Atom für die Berechnung berücksichtigten* Elektronen minus der errechneten Elektronen-Dichte an demselben (q_i) (s. S. 12).

die bei Heteroatomen das meist beträchtliche Moment der freien Elektronenpaare enthält, ab. Da beim Pyrrol das 2p-Elektronenpaar vom Stickstoffatom delokalisiert ist, wird der Beitrag der Atom-Polarisation zum Gesamtdipolmoment dieser Verbindung meist nicht berücksichtigt[10] [331, 488].

Im Rahmen der halbempirischen MO-Verfahren ist die Polarisation der σ-Bindungen entweder ganz vernachlässigt [334, 402, 465, 569, 1210], oder durch Addition von Bindungsmomenten geschätzt [462, 565, 1304, 1708, 2621] bzw. aus den nach verschiedenen MO-Methoden unter Berücksichtigung aller Valenz-Elektronen zugänglichen σ-Ladungsdichten errechnet worden (Tabelle 1.6.).

ab-initio-LCGTO-Berechnungen unter Berücksichtigung sämtlicher Elektronen deuten auf eine beträchtliche Polarisation der σ-Bindungen im Pyrrol-Molekül hin [493]. Das errechnete Dipolmoment (s. Tabelle 1.6.) stimmt – in Anbetracht des hohen Abstraktionsgrades dieser Methode – sehr gut mit dem experimentellen Wert überein [1743].

Bei den halbempirischen MO-Methoden ist die mit einer Ausnahme [1312] stets gefundene Übereinstimmung der *Richtung* berechneter π-Dipolmomente mit der aufgrund empirischer Argumente angegebenen (S. 26) von größerer Bedeutung als deren absoluter Betrag, der ohnehin nicht gesondert vom Gesamtdipolmoment experimentell bestimmt werden kann.

Von den halbempirischen MO-Verfahren, die sämtliche Valenz-Elektronen berücksichtigen, liefert die CNDO/2-Methode unter Einbezug

Tabelle 1.6. Nach verschiedenen MO-Methoden errechnete Werte für das Dipolmoment des Pyrrols

$\vec{\mu_\pi}$(D)	$\vec{\mu_\sigma}$ (D)	$\vec{\mu_{Ges.}}$ (D)	MO-Methode	Literatur
1,33	—		HMO[a, c]	[1618]
1,32	0,48[d]	1,80	HMO[a, e]	[2130]
	0,32[d]	1,64		
2,61	—		HMO[a, f]	[2094]
2,7	0,3[d]		HMO[a, g]	[1708]
1,99	—		ω-HMO[a, h]	[2094]
1,50	—		ω'-HMO[a, i]	[2094]
1,52	−0,08[j]	1,44	ω-HMO[a]	[1265]
2,09	0,10[j]	2,19	EHT[a]	[1619]

[10] Dessen theoretisch *errechneter* Wert ist aber relativ hoch (max. 0,8 D) [261, 919, 1125].

Tabelle 1.6 (Fortsetzung)

$\vec{\mu}_\pi$(D)	$\vec{\mu}_\sigma$(D)	$\vec{\mu}_{Ges.}$(D)	MO-Methode	Literatur
3,82	−0,65	3,17	EHT[b]	[12]
1,59–2,12[k]	vernachl.	1,59–2,12	VESCF[a]	[331]
1,79–2,15[k]	vernachl.	1,79–2,15	VESCF[a]	[334]
1,84	vernachl.	1,84	VESCF[a]	[569]
2,53	—		PPP-SCF[a]	[1869]
2,35	—		PPP-SCF[a]	[407]
1,40	—	—	PPP-SCF[a]	[1389]
1,53	—		PPP-SCF[a]	[2192]
2,55	—		PPP-SCF[a]	[809]
2,54	—		PPP-SCF[a]	[238]
1,69	0,04	1,73	PPP-SCF[b]	[1590]
1,98	0,10[j]	2,08	PPP-SCF[a]	[1621]
1,33	—	—	SCF-LCAO[a]	[1389]
1,60	−0,30	1,60	SCF-LCAO[b]	[1996]
3,36	−0,15	3,21	SCF-LCAO[b]	[1997]
1,7	vernachl.	1,7	„verbesserte"[a] SCF-LCAO	[402]
1,8	vernachl.	1,8	„verbesserte"[a] SCF-LCAO	[1209]
1,6	vernachl.	1,6	„verbesserte"[a] SCF-LCAO	[1210]
—	—	1,53	CNDO/2[b]	[488]
—	—	2,11	CNDO/2[b]	[580]
—	—	1,69	CNDO/2[b]	[1125]
2,62	−1,42	2,00[l]	CNDO/2[b]	[261]
2,43	−1,43	1,00	CNDO/2[b]	[919]
—	—	1,28	MINDO[b]	[152]
—	—	1,71	MINDO/2[b]	[929]
—	—	2,49[m]	ab initio[b] LCGTO-SCF	[1743]
		2,30		
—	—	2,01	ab initio[b] LGCTO-SCF	[1744]

[a] π-Elektronen-Annäherung.
[b] σ-Elektronen mitberücksichtigt.
[c] Unter Berücksichtigung der Resonanzintegrale zwischen nicht benachbarten Zentren.
[d] Aus Bindungsmomenten.
[e] Mit $h_N = 0,430$ und $k_{CN} = 0,297$.
[f] Mit $h_N = 2,0$.
[g] Mit $h_N = 2,0$ und $h_{C_\alpha} = 0,1$.
[h] Für $\omega = 1,4$ mit $h_N = 2,0$.
[i] Für $\omega = 1,4$ und $\omega' = 0,93$ mit $h_N = 2,0$.
[j] Nach DelRe-Methode berechnete σ-Momente [vgl. 1620].
[k] Je nach Verfahren zur Berechnung der Rumpfintegrale.
[l] Atom-Polarisation mitberücksichtigt.
[m] Je nach der Geometrie des Moleküls.

von Atompolarisationstermen die besten Ergebnisse [261, 398, 580, 919, 1125] (s. Tabelle 1.6.). Werden jedoch bei der CNDO/2-Methode außer Einzentrum- auch Zweizentren-Integrale mitberücksichtigt, so ist die Übereinstimmung mit dem Experiment – vermutlich infolge der Überschätzung der Polarisation der $C-H-\sigma$-Bindungen – wesentlich schlechter [919].

MO-Berechnungen der Dipolmomente von Pyrrol-Derivaten liegen bisher nicht vor. Experimentell bestimmte Werte sind in Tabelle 1.5. zusammengefaßt.

Die durch vektorielle Addition von Gruppenmomenten errechneten Dipolmomente für die Konformationen *1.21.* und *1.22.* des α-Formyl- bzw. α-Acetylpyrrols stimmen mit den entspr. experimentellen Werten besser überein als diejenigen der Konformeren *1.23.* bzw. *1.24.* [218, 1491]. Dieses Ergebnis, das durch IR- (S. 66) und PMR-spektroskopische (S. 84) sowie dielektrische Relaxationsmessungen [565] bestätigt wird, läßt sich am plausibelsten durch elektrostatische Dipol-Dipol-Wechselwirkung erklären. Demnach sind die Konformeren mit geringerem Gesamtdipolmoment (*1.21.* und *1.22.*) energieärmer als die entspr. *1.23.* bzw. *1.24.* [1190, vgl. 1516].

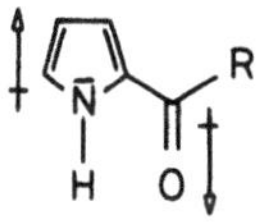

1.21. R = H

1.22. R = CH₃

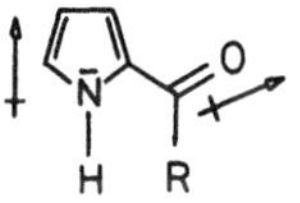

1.23. R = H

1.24. R = CH₃

Darüber hinaus deutet die Konzentrationsabhängigkeit des Dipolmoments vom α-Pyrrolaldehyd auf die Bildung *cyclischer Dimere* (*2.37.* auf S. 70) hin [1493, vgl. 218]. In der flüssigen Phase liegen vermutlich Polymere vor [218].

Bei β-Pyrrol-aldehyden sprechen PMR- [2016] und Dipolmoment-Daten [218] für die Bevorzugung der s-E-Konformeren (*1.25.*). β-Ständi-

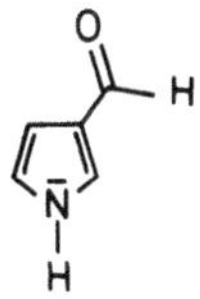

1.25.

ge Acetyl- und Methoxycarbonyl-Gruppen sind dagegen laut Messungen der dielektrischen Relaxation frei drehbar [565].

Der Vergleich der Dipolmomente von N-Arylpyrrolen mit den unter Berücksichtigung der Substituenten am Phenyl-Ring bzw. der sterischen Hinderung der Koplanarität beider Ringe durch α- oder ortho-ständige Substituenten aufgrund von Gruppenmomenten errechneten Werten deutet auf *mesomere* Wechselwirkung zwischen den Aryl- und Pyrrol-1-yl-Resten hin [565, 1304] (vgl. S. 56 und 94).

Bemerkenswerterweise weist das p-*bis*(2,5-Dimethylpyrrol-1-yl)benzol, bei welchem unter Voraussetzung der Kolinearität der Teilmomente beider Pyrrol-Ringe Aufhebung derselben zu erwarten wäre, ein Dipolmoment von 0,77 D auf [1304].

1.6.2. Ionisationspotentiale

Die nach verschiedenen Verfahren experimentell bestimmten Werte für das erste und zweite Ionisationspotential des Pyrrols sind in Tabelle 1.7. zusammengestellt. Zum Vergleich sind auch die Ionisationspotentiale der konstitutiv verwandten (S. 52) Heterocyclen Furan, Thiophen und Selenophen sowie diejenigen von Cyclopentadien und Butadien angegeben.

Beim Vergleich der Werte für jede Verbindung untereinander ist zu berücksichtigen, daß sowohl aus der Konvergenz der Frequenzen der Rydberg-Banden (spektroskopische Methode) als auch durch Photoionisation *adiabatische* Ionisationspotentiale erhalten werden, während die Elektronenstoß-Methode die (höheren) vertikalen (Franck-Condon-)Werte liefert. Im Photoelektronen-Spektrum können oft beide Ionisationspotentiale bestimmt werden.

Bekanntlich läßt sich in *erster Näherung* das erste vertikale Ionisationspotential eines π-elektronenhaltigen Systems aufgrund des Koopmanschen Theorems der Energie vom obersten besetzten Molekül-Orbital des Grundzustandes gleichsetzen.

Wegen der mehrmals erwähnten Unzulänglichkeit der halbempirischen MO-Methode, *absolute* Beträge für die Energien der Molekül-Orbitale zu liefern, sind jedoch berechnete Werte für das erste Ionisationspotential einzelner Verbindungen (Tabelle 1.8.) nur im Zusammenhang mit anderen physikalischen Daten (Dipolmoment, Elektronenspektrum u. a.) signifikant.

Lediglich innerhalb einer Verbindungsreihe, für die konstante Atom-Parameter anzunehmen sind, lassen sich durch geeignete Wahl dieser meist gute lineare Beziehungen zwischen den experimentell bestimmten Ionisationspotentialen und den berechneten Molekül-Orbital-Energien erhalten [683, 1349]. Dagegen kommt der Analyse der verschiedenen,

Tabelle 1.7. Erste und zweite Ionisationspotentiale fünfgliedriger Heterocyclen und deren konstitutiv verwandter Diolefine Cyclopentadien und Butadien, gemessen nach verschiedenen Methoden

Meßmethode	Selenophen	Thiophen		Pyrrol		Furan		Cyclopentadien		Butadien		Lit.
Spektr.[a]	–	$8,91 \pm 0,02$	–	ca. 8,9	–	$9,01 \pm 0,01$	–	8,58	–	$(9,07)^{b}$	–	[1890]
	–	$10,0 \pm 0,2$	–	$9,2 \pm 0,2$	–	$9,5 \pm 0,2$	–	$8,9 \pm 0,2$	–	–	–	[1093]
$e^{\ominus}$-Stoß[c]	–	$9,10 \pm 0,20$	–	$8,97 \pm 0,05$	–	$9,0 \pm 0,1$	–	–	–	$(9,24)^{b}$	–	[134]
	9,01	9,12	–	8,40	–	8,99	–	–	–	–	–	[1406]
Photoionis.[a]	–	$8,860 \pm 0,005$	–	$8,20 \pm 0,01$	–	$8,89 \pm 0,01$	–	–	–	$9,07 \pm 0,01$	–	[2491]
	–	$8,86 \pm 0,01$	–	$8,20 \pm 0,01$	$9,08 \pm 0,03$	$8,90 \pm 0,01$	$10,3 \pm 0,1$	–	–	–	–	[1872, 1873]
	–	–	–	8,22	9,03	8,77	10,21	–	–	–	–	[2427]
	–	$8,87^{c}$	$9,49^{c}$	$8,20^{c}$	$9,16^{c}$	$8,90^{c}$	$10,32^{c}$	–	–	$9,09^{c}$	$11,55^{c}$	[683]
PES	–	$8,80 \pm 0,05$	$9,44 \pm 0,05$	$8,22 \pm 0,05$	$9,22 \pm 0,05$	$8,89 \pm 0,05$	$10,30 \pm 0,05^{a}$	8,61	$10,60^{a}$	$9,09^{c}$	$11,5^{c}$	[156]
	–	$8,872^{a}$	9,3	$8,209^{a}$	9,2	$8,883^{a}$	$10,308^{a}$	$8,566^{a}$	$10,620^{a}$	–	–	[596]

[a] Adiabatisch.
[b] Werte aus Lit. [2249 (dort S. 195)].
[c] Vertikal.

Tabelle 1.8. Nach verschiedenen MO-Methoden berechnete Werte für das erste vertikale Ionisationspotential des Pyrrols

I. P. (eV)	MO-Methode	Literatur
8,23[b]	HMO[a]	[683]
8,61	ω-HMO[c]	[2248]
8,72	ω-HMO[c]	[676]
14,49	VESCF	[569]
7,88–8,72[d]	VESCF	[331]
9,96	CNDO/2	[488]
11,86	CNDO/2	[261]
11,65	PPP-SCF	[2192]
8,23[e]	PPP-SCF	[809]
8,90	PPP-SCF[f]	[824]
8,69	PPP-SCF	[1349]
8,83	SCF-LCAO	[132]
8,29	SCF-LCAO	[15]
8,72	SCF-LCAO	[808]
9,10[g]	SCF-LCAO	[1281]
8,7	SCF-LCAO	[402, 1209]
8,7	SCF-LCAO	[1014]
8,3	ab initio-LCGTO-SCF	[1887]

[a] Für $h_{\text{N}} = 1$, $h_{\text{C}_\alpha} = 0,1$.
[b] Berechnetes 2. und 3. Ionisationspotential $= 9,07$ bzw. $12,68$ eV.
[c] Mit $\omega = 1,4$.
[d] Je nach Verfahren zur Wertbestimmung der Rumpf-Integrale.
[e] Berechnetes 2. und 3. Ionisationspotential $= 9,08$ bzw. $12,27$ eV.
[f] Unter Berücksichtigung aller Resonanz-Integrale zwischen nicht benachbarten Zentren.
[g] Berechnetes *adiabatisches* erstes Ionisationspotential $= 8,90$ eV.

durch Photoionisation im Massenspektrometer [1872] oder insbesondere mit Hilfe der Photoelektronenspektroskopie (PES) zugänglichen Ionisationspotentiale der π- und σ-Elektronen des Pyrrol-Moleküls in Verbindung mit MO-Berechnungen unter Berücksichtigung aller Valenz-Elektronen [595, vgl. 1743] wegen der größeren Zahl der zur Verfügung stehenden Vergleichswerte besondere theoretische Bedeutung zu.

Das PE-Spektrum vom Pyrrol (Abb. *1.26.*) ist mehrfach beschrieben worden [156, 595, 683, 2437]. Eine weitgehende Zuordnung der Banden wurde kürzlich von *P. J. Derrick et al.* [595] getroffen. Die Maxima bei 8,2 und 9,2 eV (Abb. *1.26.*) zeigen gut aufgelöste Schwingungsfeinstruktur [596] und werden der Abtrennung je eines Elektrons aus dem obersten besetzten bzw. dem darunterliegenden π-Molekül-Orbital (ψ_3 bzw. ψ_2) zugeordnet [595, 683]. Abtrennung der π-ψ_1- sowie der σ-Elektronen findet oberhalb von 12 eV statt (s. Abb. *1.26.*) und wird von Fragmentierung des Moleküls begleitet [1872] (vgl. S. 94).

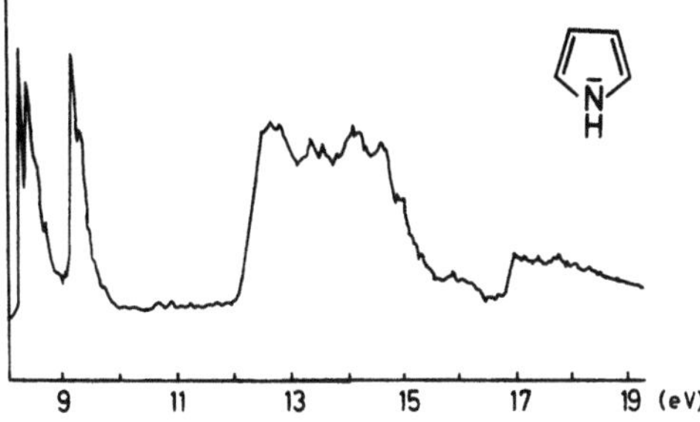

Abb. *1.26.* Photoelektronen-Spektrum von Pyrrol

Es sei an dieser Stelle darauf hingewiesen, daß der Betrag des ersten Ionisationspotentials vom Pyrrol keinen Schluß über den Delokalisierungsgrad des stickstoffständigen p-Elektronenpaares dieser Verbindung zuläßt (s. unten). Die entspr. Werte für Pyrrolidin (9,2 eV) [1093] sowie andere niedermolekulare sek. Amine [2491, vgl. 515], bei denen das freie p-Elektronenpaar am Stickstoffatom *lokalisiert* ist, weichen von demjenigen des Pyrrols kaum ab.

Die Zuordnung des ersten bzw. zweiten Ionisationspotentials vom Pyrrol zum obersten und zweitobersten besetzten π-Molekül-Orbital wird durch die nachstehenden Beobachtungen gestützt. Die sich daraus ergebende energetische Reihenfolge der π-Molekül-Orbitale stimmt mit der nach dem einfachen Hückel-Modell errechneten überein (s. Abb. *1.17.* auf S.15).

Da das oberste besetzte Molekül-Orbital des Pyrrols eine Knoten-Ebene durch das Heteroatom aufweist, ist dessen Energie unabhängig von den Coulomb- und Resonanz-Integralen für das entspr. Zentrum und folglich dieselbe für *alle* in Tabelle 1.7. angegebenen Verbindungen. Die Forderungen des Koopmanschen Theorems, daß die entspr. ersten Ionisationspotentiale denselben Wert haben sollten, wird durch die experimentellen Daten befriedigend erfüllt (s. Tabelle 1.7.). Auch das erste Ionisationspotential des N-Methylpyrrols (s. Tabelle 1.9.) unterscheidet sich von demjenigen des Pyrrols nur geringfügig.

Das niedrigere erste Ionisationspotential des 2-Methylpyrrols (s. Tabelle 1.9.) ist darauf zurückzuführen, daß die elektronengebende Methyl-Gruppe an der Ring-Position gebunden ist, die im obersten besetzten Molekül-Orbital die größte Elektronen-Dichte aufweist und dadurch eine Erhöhung der Energie desselben bedingt.

Aus dem gleichen Grund weist unter den Monomethyl-pyrrolen das in 3-Stellung substituierte Derivat das bezogen auf Pyrrol niedrigste *zweite* Ionisationspotential auf (s. Tabelle 1.9.). Dieses entspricht der Abtrennung eines Elektrons aus dem Molekül-Orbital ψ_2, bei welchem

Tabelle 1.9. Erste und zweite Ionisationspotentiale einiger Pyrrol-Derivate

Pyrrol-Derivate	1. I. P. (eV)	2. I. P. (eV)	Meßmethode	Lit.
2,4-Dimethyl-	$7{,}54 \pm 0{,}02$	$8{,}52 \pm 0{,}03$	Photoionis.	[1872]
2-Methyl-	$7{,}78 \pm 0{,}01$	$8{,}88 \pm 0{,}03$	Photoionis.	[1872]
2-Methyl-	8,01	—	$e^{\ominus}$-Stoß	[1406]
1-n-Butyl-	$7{,}87 \pm 0{,}02$	—	Photoionis.	[1872]
3-Methyl-	$7{,}90 \pm 0{,}02$	$8{,}62 \pm 0{,}03$	Photoionis.	[1872]
2-t-Butyl-	7,95	—	$e^{\ominus}$-Stoß	[1406]
2-Äthyl-	7,97	—	$e^{\ominus}$-Stoß	[1406]
1-Methyl-	$8{,}09 \pm 0{,}01$	$8{,}83 \pm 0{,}03$	Photoionis.	[1872]
1-Methyl-	$7{,}95 \pm 0{,}05$	$8{,}80 \pm 0{,}05$	PES	[156]
2-Methoxycarbonyl-	8,65	—	$e^{\ominus}$-Stoß	[1406]
2-Acetyl-	8,72	—	$e^{\ominus}$-Stoß	[1406]
2-Formyl-	8,93	—	$e^{\ominus}$-Stoß	[1406]
2-Trifluoracetyl-	9,18	—	$e^{\ominus}$-Stoß	[1406]
2-Nitro-	9,30	—	$e^{\ominus}$-Stoß	[1406]

die Elektronen-Dichte an den β-Positionen am größten ist [1872]. Darüber hinaus zeigen die zweiten Ionisationspotentiale der in Tabelle 1.7. angegebenen Heterocyclen einen deutlichen Gang, der im Zusammenhang mit der in Abb. *1.17.* (S. 15) dargestellten Abhängigkeit der Energie des Molekül-Orbitals ψ_2 mit dem Heteroatom-Parameter $h_{\ddot{N}}$ für eine weitgehende Delokalisierung des stickstoffständigen p-Elektronenpaares vom Pyrrol – und somit für einen relativ hohen „Hückel-Charakter" dieser Verbindung – spricht (S. 93). Der Vergleich mit Thiophen ist jedoch wegen der Beteiligung der 3d-Orbitale des Schwefelatoms etwas problematischer [vgl. 156].

Die Nukleophilie substituierter Pyrrol-Derivate läßt sich mit den entspr. ersten Ionisationspotentialen korrelieren (vgl. Tabelle 1.9.) [1406].

2. Analytische Methoden

2.1. Farbreaktionen

Obwohl die bisher bekannten Farbreaktionen des Pyrrols und seiner Derivate unspezifisch sind, finden sie Anwendung bei der Anfärbung von Chromatogrammen und – unter standardisierten Bedingungen – zur quantitativen Bestimmung einiger Pyrrole.

Die rote Färbung, die das Pyrrol – worauf dessen Name (= Rotöl) zurückgeht [2032] – und viele seiner Abkömmlinge in dampfförmigem Zustand einem mit Salzsäure befeuchteten Fichtenholzspan verleihen – ist auf deren säurekatalysierte Kondensation (s. unten) mit den aldehydischen Bestandteilen des Lignins (insb. Coniferylaldehyd) zurückzuführen [706, 1421, 1854, 1855, 1856, 1857]. Diese nicht-spezifische [1949] Reaktion hat heutzutage lediglich historisches Interesse.

2.1.1. Ehrlich-Reaktion

Die charakteristischste Nachweisreaktion der Pyrrole ist die Umsetzung mit Ehrlich-Reagenz (p-Dimethylaminobenzaldehyd).

Das Reagenz wird durch Lösen von 0,5 g des Aldehyds in 75 ml konz. Salzsäure und Verdünnen mit 75 ml Wasser hergestellt. Zur Ausführung der Probe löst man das jeweilige Pyrrol in der genügenden Menge Alkohol und fügt dann einige Tropfen der Aldehyd-Lösung zu. Die Aldehyd-Lösung kann auch als Sprühreagenz für Chromatogramme angewendet werden [vgl. 1228], bessere Ergebnisse liefert jedoch zu diesem Zweck der p-Dimethylamino-zimtaldehyd [1606, 2252]. In Gegenwart von Ketonen reagieren α-unsubstituierte Pyrrole mit dem Ehrlich-Reagenz unter Bildung blauer Trimethincyanin-Farbstoffe [520]. Die experimentellen Bedingungen zur kolorimetrischen Bestimmung von Pyrrol [2227] und von Porphobilinogen [723 (dort S. 160)] (s. S. 202) mit Hilfe der Ehrlich-Reaktion sind standardisiert worden.

Je nach den Versuchsbedingungen, Mol-Verhältnis der Reaktionspartner und Art der Substituenten am Pyrrol-Ring kann sie jedoch in zwei Richtungen verlaufen: Führt man die Reaktion mit Alkylpyrrolen im äquimolekularen Verhältnis durch, so bilden sich – insbesondere bei Verwendung von $HClO_4$ – meist *rote* Benzyliden-Pyrrolenin-Derivate *2.1.* [417, 2253, 2357]. Liegen aber negativ substituierte α- oder β-freie Pyrrol-Derivate im Überschuß (2 Mol) und in Gegenwart von Chlor- oder Bromwasserstoffsäure sowie $KHSO_4$ vor, so können farblose ms-arylsubstituierte Dipyrrylmethane *2.2.* entstehen [2253, 2357], die mittels Eisen(III)-chlorid – manchmal auch spontan [1600] – in die entspr. Pyrromethene (vgl. Fußnote 3 auf S. 109) übergehen.

Als Produkt der Reaktion von Nicotyrin (2-(3-Pyridyl)-1-methylpyrrol) mit Ehrlich-schem Reagenz ist je nach Molverhältnis beider Reaktionspartner außer dem *hellgelben* Perchlorat des *2.2.* entspr. Dipyrrylmethans das *orangegelbe* Perchlorat eines Dipyrryl-bis-methan-Derivats (vgl. S. 117) isoliert und charakterisiert worden [133].

Die Ehrlichsche Reaktion ist bei fast allen Pyrrolen mit freier α-Stellung[1] positiv, mit freier β-Stellung in vielen Fällen in der Kälte, manchmal jedoch erst in der Hitze. Beim Erwärmen reagieren auch Pyrrole mit labilen α-ständigen funktionellen Gruppen (z. B. α-Pyrrolcarbonsäuren und deren Ester) unter Abspaltung derselben. Bemerkenswerterweise ist die Ehrlichsche Reaktion mit 2,3,4,5-Tetramethylpyrrol nach kurzem Stehenlassen positiv [2351]. „Hydroxypyrrole" geben im Gegensatz zu den echten Pyrrolen intensiv *gelbe* Kondensationsprodukte (S. 344).

---

[1] Ausnahmen sind einige Nitro-Derivate [899, 1008].

Überraschenderweise reagieren Vinyl-pyrrole an der Seitenkette unter Bildung von *blauen* Pyrrolenin-Farbstoffen *(2.3.)* [2372].

Die Ehrlich-Reaktion ist jedoch, wie bereits erwähnt, nicht spezifisch für Pyrrole und läßt sich in Gegenwart von Indol-Derivaten (z. B. Indican) [2282] sowie Pyrrolin [853] oder Polyphenolen (Resorcin, Phloroglucin o. ä.) nicht anwenden. Bei Verwendung von p-Dimethylaminozimtaldehyd lassen sich die Kondensationsprodukte mit Pyrrolen von den Indol-Farbstoffen elektronenspektroskopisch unterscheiden [1606].

2.1.2. Montignie-Reaktion

Zur Anfärbung von Dünnschichtchromatogrammen eignet sich insbesondere die hochempfindliche (Nachweisbarkeitsgrenze für Pyrrol $= 40\,\gamma$) Reaktion nach *E. Montignie* [1592]:

Selendioxid (1 g) wird in 10 ml konz. HNO_3 gelöst und diese Lösung mittels eines Zerstäubers auf das Chromatogramm gesprüht. Die DS-Platte wird 10 min bei 90–100 °C getrocknet: Stark ausgeprägte rotorange bis violette Flecken zeigen die Position der Pyrrole an. Durch Zugabe von Phosphorsäure (D = 1,70) wird die Empfindlichkeit der Reaktion erhöht [1484].

Indole reagieren ebenfalls positiv.

2.1.3. Diazo-Kupplung

Die Bereitschaft des Pyrrols, mit diazotierten aromatischen Aminen zu kuppeln, erkannten erstmals *O. Fischer* und *E. Hepp* [810]. Als extrem starkes Kupplungsreagenz hat sich 5-Nitrosamino-3-phenyl-1,2,4-thiodiazol, das in Eisessig-Schwefelsäure als Diazoniumsalz vorliegt, bewährt [2351].

Mit Ausnahme des N-Äthoxycarbonylpyrrols [1931, 2370] sowie von Pyrrol-Derivaten, die durch mehrere oder stark elektronenziehende Substituenten desaktiviert sind [141, 2370], kuppeln allgemein Pyrrole, die mindestens eine freie Ring-Position besitzen, mit Diazonium-Salzen in saurer oder alkalischer Lösung unter Bildung von orangegelben α- oder β-Arylazopyrrolen [788a (dort S. 116), vgl. 1335] (z. B. *2.5.*). Oft

2.4.   2.5.

findet jedoch die Kupplungsreaktion – wie andere elektrophile Substitutionen in der Pyrrol-Reihe (vgl. S.105) – unter Verdrängung ringständiger Substituenten (Carboxy-Gruppen oder Halogenatome [2375] u. a.) statt. Sogar 2,3,4,5-Tetramethyl- und Phyllopyrrol vermögen mit Diazonium-Salzen zu reagieren [2351]. Dipyrrylmethane und deren Abkömmlinge (z. B. Bilirubin) kuppeln mit *2 Mol* Diazonium-Salz unter Spaltung an der Methylen-Brücke (vgl. S.113) [2351, 2370]. Vinylpyrrole, Di- und Tripyrryläthylene [2372] sowie Pyrrolpolymethinfarbstoffe [2379] kuppeln *in der Vinyl- bzw. Polymethin-Kette* (vgl. S. 37) zu meist nicht isolierbaren Azo-Derivaten. Die Diazo-Kupplung stellt somit eine ziemlich allgemeine relativ empfindliche Nachweisreaktion für Pyrrol-Derivate dar, die sich zur Anfärbung von Papier- und Dünnschichtchromatogrammen besonders gut eignet (S. 39, 41). Sie ist ebenfalls zur Abschätzung der relativen Reaktionsfähigkeit unbesetzter Ring-Positionen bei Pyrrol-Derivaten in Abhängigkeit von der Substitution benützt worden [141, 2370].

Durch *intramolekulare* Kupplungsreaktion des Diazonium-Salzes vom N-(o-Aminophenyl)-pyrrol ist das Pyrrolo[1,2-c]-1,2,4-benzotriazin in über 90proz. Ausbeute zugänglich [986].

2.1.4. „Pyrrolblau"

Durch Reaktion von Pyrrol mit Isatin in Gegenwart von Säuren entsteht das sog. „Pyrrolblau" ($\lambda_{max}=685\,\mathrm{nm}$ [854]), dessen mutmaßliche Konstitution *2.6.* bisher nicht einwandfrei aufgeklärt worden ist [vgl. 1884].

2.6.

Zahlreiche Pyrrol-Derivate – jedoch nicht N-substituierte oder 2,5-disubstituierte – reagieren ebenfalls unter Bildung intensiv blauer Kondensationsprodukte [788b (dort S. 431), 1606, 1884]. Unter standardisierten Bedingungen dient diese Reaktion zur kolorimetrischen Bestimmung des Pyrrols [853, 855, 856, 991].

2.1.5. Sonstige Farbreaktionen

Außer Isatin rufen andere Dicarbonyl-Verbindungen wie Dehydroascorbinsäure [1297, 1298, 1299, 1300, 1697, 2327], Ninhydrin, Alloxan, Perinaphthenon, 1,3-Indandion [2373] und 2-Brom-2-nitro-1,3-indandion [2449] ebenfalls unter Säure-Katalyse mit Pyrrol *charakteristische* Farbreaktionen hervor, die als Nachweisreaktionen angewendet werden können. Durch ihre hohe Empfindlichkeit zeichnen sich die Reaktionen von Pyrrol mit $AuCl_3$ (Nachweisbarkeitsgrenze $= 0{,}69\,\gamma$) [2038] und mit p-Bromphenylazoxyformamid [2006] aus.

2.2. Chromatographische Analyse

2.2.1. Papierchromatographie

Die Papierchromatographie ist für die qualitative Analyse der durch oxydativen Abbau verschiedener Naturprodukte erhaltenen Gemische von C-Pyrrolcarbonsäuren vielfach angewendet worden [121, 240, 453, 1645, 1648, 1651, 1652, 1653, 1654, 1655, 1656, 1658, 1659, 1803, 2071]. *Absolute* R_F-Werte auf Whatman No. 1-Papier sind für 61 Pyrrolcarbonsäuren von *V. Dovinola* [654] zusammengestellt worden (vgl. Tabelle 7.3. auf S. 310–311).

Arbeitsvorschrift [654, 1645]: Für die eindimensionale *absteigende* Chromatographie werden ca. 40 cm lange Filterpapier-Streifen (Whatman No. 1), deren Breite der Anzahl der zu analysierenden Proben angemessen sein soll, verwendet. Auf die mit Bleistift gezeichnete Startlinie des Chromatogramms trägt man 5 bis $10\,\gamma^2$ der in 50proz. Äthanol (bei unlöslichen Derivaten in sehr verd. wäßr. Ammoniak-Lösung) gelösten Pyrrolcarbonsäure auf. Anschließend und vor Beginn der chromatographischen Trennung wird der Papierstreifen in dem mit Laufmittel-Dampf gesättigten Trennkammer-Raum ca. 2 h hängen gelassen und danach dessen oberes Ende in das Laufmittel eingetaucht. Nach 12 bis 14 h beträgt die Laufstrecke der Front ca. 30 cm, und die Chromatographie kann beendet werden. Die nach 2 h[3] bei Raumtemperatur luftgetrockneten Chromatogramme werden durch Besprühen mit verd. diazotierter Sulfanilsäure-Lösung[4] und 2–3 min später

---

[2] Für größere Probemengen empfiehlt sich die Verwendung von Papier Whatman No. 3 MM [452].

[3] Bei Verwendung von n-butanolhaltigen Laufmitteln sind 24 h erforderlich [452].

[4] 5 g Sulfanilsäure werden in 30 ml 1-n-Natronlauge gelöst und die eisgekühlte Lösung mit 20 ml 10proz. Natriumnitrit-Lösung versetzt. Das Gemisch wird dann unter Rühren in 30 ml eisgekühlte 2n Salzsäure langsam eingetropft, so daß die Temperatur nicht über 8 °C steigt. Die erhaltene Lösung wird schließlich mit Eiswasser auf 750 ml verdünnt und ist im Kühlschrank mehrere Monate haltbar.

mit 0,5–0,8 n Natronlauge entwickelt. Pyrrol*mono*carbonsäuren erscheinen – im Gegensatz zu den -polycarbonsäuren – bereits in saurem Medium als gelbe bis rote Flecken. Im alkalischen Medium geben sämtliche Pyrrolcarbonsäuren, die keine α-ständigen Alkyl-Substituenten tragen, intensive violette Färbungen, während α-alkylsubstituierte als orange bis gelbgrüne Flecken erscheinen [1649]. Pyrrolcarbonsäuren können auch mit ges. wäßr. 2,6-Dichlorphenolindophenol-Lösung auf dem Papierchromatogramm sichtbar gemacht werden [837].

Als gebräuchlichstes Elutionsmittel dient ein Gemisch von n-Butanol, Eisessig und Wasser im Verhältnis 4:1:5 (vgl. Tabelle 7.3. auf S. 311). Ferner sind Gemische von Äthanol- oder n-Propanol–33proz. Ammoniak-Lösung–Wasser (80:4:16 bzw. 60:30:10), Butanol–2nNH$_4$OH (1:1), Butanol–Äthanol-33proz. Ammoniak-Lösung–Wasser (10:10:1:4) sowie n-Butanol–Äthanol–Pyridin–Wasser (3:1:1:1) [837] und i-Propanol- oder Aceton–konz. Ammoniak-Lösung–Wasser (20:1:4 bzw. 16:3:1), u.a. [452, 456] als Laufmittel verwendet worden.

Da sich jedoch mit keinem der erprobten Laufmittel die Koinzidenz zweier oder mehrerer R_F-Werte vermeiden läßt, empfiehlt sich bei der Analyse von komponentenreichen Gemischen die zweidimensionale Papierchromatographie mit zwei verschiedenen Elutionsmitteln [121, 240, 452, 453, 456, 1652]. Bessere Reproduzierbarkeit der R_F-Werte erzielt man außerdem, wenn man sie auf einen langsam laufenden inneren Standard (z. B. 2,3,5-Pyrroltricarbonsäure) bezieht [1645, 1647].

2.2.2. Dünnschichtchromatographie

Zur qualitativen Analyse von Reaktionsgemischen, die Pyrrol-Derivate enthalten, kommt im allgemeinen in der Labor-Praxis der Dünnschichtchromatographie größere Bedeutung als der Papierchromatographie zu. Da jedoch die Reproduzierbarkeit der R_F-Werte wegen deren Abhängigkeit von der Zusammensetzung des analysierten Gemisches bei der erstgenannten Technik nicht so gut wie bei der Papierchromatographie ist, sind bisher kaum systematische Untersuchungen des adsorptionschromatographischen Verhaltens der Pyrrole durchgeführt worden. Einige R_F-Werte auf Kieselgel für Pyrrolcarbonsäuren [240] – Laufmittel: Chloroform + 96proz. Essigsäure (1:1) oder Benzol + Methanol + Eisessig (45:8:4) – und methylsubstituierte Pyrrolcarbonsäureester [2014] – Laufmittel: Äther + 2proz. Essigsäure in Hexan (1:1) – sind in der Literatur angegeben. Mit Hilfe des zweidimensionalen Elutionsverfahrens lassen sich sämtliche C-Pyrrolcarbonsäuren dünnschichtchromatographisch voneinander trennen [455]. Alkylpyrrole werden zweckmäßig auf hydrazinhaltigen (0,1 %) Kieselgel G (E. Merck, Darmstadt) mit Benzol als Laufmittel DS-chromatographiert [1228].

Die pyrrolischen Komponenten können durch Besprühen des Chromatogramms mit Ehrlich- oder Montignie-Reagenz (S. 37) sowie mit diazotierter Sulfanilsäure-Lösung und 5proz. Natronlauge [455] oder durch Bestrahlung mit UV-Licht [240] sichtbar gemacht werden. Dipyrrylmethane lassen sich mit Brom-Dampf anfärben [504].

2.2.3. Gaschromatographie

Optimale Bedingungen zur gaschromatographischen Analyse der Gemische von Pyrrol und dessen Alkyl- [72, 185, 325, 440, 935, 966, 1228, 2040] und Formyl-Derivaten [690], Pyrrolnitrin und seine Analoga [1011] sowie von *sämtlichen* C-Pyrrolmono- und polycarbonsäuremethylestern [454, 458] sind eingehend untersucht worden. Die Methode ist zur *quantitativen* Analyse von Pyrrolcarbonsäureestern, die aus den durch oxydativen Abbau einiger Naturprodukte (z. B. Gallenfarbstoffen) erhaltenen Gemischen stammen (vgl. S. 39), besonders geeignet [2328].

Konstitutionsisomere Alkylpyrrole lassen sich bis 190 °C Betriebstemperatur mit SE-30-Silikongummi [440, 1228], 30proz. UCON HB 2000 bzw. 30proz. Polyäthylen auf Chromosorb, 15proz. Diäthylenglykolsuccinat auf Chromosorb W oder DC-550-Silikonöl [1228] sowie mit Carbowax 20 M [743], Tide® [185] und vorzugsweise mit Cyan-Silicon XE-60 oder Diäthylenglykolterephthalat [2040], ohne daß nachweisbare thermische Isomerisierungen auftreten, gaschromatographisch trennen.

Die Retentionszeiten des 2- und 3-Methylpyrrols in den erwähnten stationären Phasen sind jedoch identisch [185, 440, 1228]. Sie lassen sich in 30proz. Carbowax 20 M auf Chromosorb P (60–80 mesh) trennen [966, vgl. 1089].

Vermutlich wegen des sterisch gehinderten Sorptionsvorganges der N–H-Gruppe bei α-Alkylpyrrolen weisen in der Regel deren entspr. β-Isomere längere Retentionszeiten auf. Damit im Einklang stehen die verhältnismäßig kurzen Retentionszeiten der N-Alkyl-Derivate [185, 415, 1228, 2040, vgl. 743]. Zur quantitativen Analyse der Gemische von Pyrrolcarbonsäuremethylestern empfiehlt sich die Verwendung von Glassäulen, welche mit Dichlormethylsilan vorbehandelt und mit 20proz. Äthylenglykolsuccinat auf sauergewaschenem Chromosorb W (60–80 mesh) gefüllt werden [454, 458].

Tabelle 2.1. Polarographische Oxydations- und Reduktions-Halbstufenpotentiale von Pyrrolderivaten

1	2	3	4	5	pH	°C	Medium[a]	$E_{1/2}$ (V)	n	Literatur
—	Me	SO₃H	Me	Me	—	—	0,5 n KCl-3·10^{-3} n HCl	+0,052	—	[2309]
Ph	—	SO₃H	—	—	—	—	0,5 n KCl-3·10^{-3} n HCl	+0,052	—	[2309]
p-Nitrophenyl	—	SO₃H	—	—	—	—	0,5 n KCl-3·10^{-3} n HCl	+0,050	—	[2309]
Me	Me	SO₃H	—	Me	—	—	0,5 n KCl-3·10^{-3} n HCl	+0,044	—	[2309]
Ph	SO₃H	—	—	—	—	—	0,5 n KCl-3·10^{-3} n HCl	+0,026	—	[2309]
o-Tolyl-	SO₃H	—	—	—	—	—	0,5 n KCl-3·10^{-3} n HCl	+0,024	—	[2309]
—	SO₃H	—	—	—	—	—	0,5 n KCl-3·10^{-3} n HCl	+0,022	—	[2309]
p-Nitrophenyl	SO₃H	—	—	—	—	—	0,5 n KCl-3·10^{-3} n HCl	+0,019	—	[2309]
Ph	SO₃H	—	—	Me	—	—	0,5 n KCl-3·10^{-3} n HCl	+0,019	—	[2309]
Me	SO₃H	—	—	—	—	—	0,5 n KCl-3·10^{-3} n HCl	+0,018	—	[2309]
—	SO₃H	Me	—	Me	—	—	0,5 n KCl-3·10^{-3} n HCl	+0,015	—	[2309]
—	NO₂	—	—	NO₂	2	—	PW	−0,07	—	[2332]
Me	NO₂	—	—	NO₂	3,1	—	PW	−0,08	4	[2332]
—	CH=NOH	—	NO₂	—	1,99	—	—	−0,11	—	[2330]
—	CH=NOH	—	NO₂	—	4,21	—	—	−0,14	—	[2330]
—	CHO	—	—	NO₂	2	—	PW	−0,15	4	[2332]
—	CH=NOH	—	—	NO₂	4,21	—	—	−0,17	—	[2330]
—	NO₂	—	NO₂	—	2	—	PW	−0,18	4	[2332]
—	—CH=N-[4-(o-Tolylazo)-o-tolyl]-				4	—	0,1 n NH₄Cl + HCl in 96 proz. Ä	−0,21; −0,57; −1,17; −1,57	—	[615]
—	CHO	—	—	NO₂	3,10	—	—	−0,23	4	[830]
—	CN	—	—	NO₂	2	—	PW	−0,23	4	[2332]
—	Ac	—	—	NO₂	3,1	—	PW	−0,24	4	[2332]
Me	NO₂	—	NO₂	—	3,1	—	PW	−0,25	4	[2332]
Me	COOH	—	—	NO₂	3,1	—	PW	−0,25	4	[2332]
—	CH=NOH	—	—	NO₂	1,99	—	—	−0,29	—	[2330]
—	COOH	—	—	NO₂	3,1	—	PW	−0,31	4	[2332]
Me	CN	—	—	NO₂	5,2	—	PW	−0,37	4	[2332]
—	NO₂	—	—	—	2	—	—	−0,46	—	[2329]
—	COOÄ	—	—	CHO	—	—	BR-Ä (1:1)	−0,49	—	[1886]

—	CHO	—	NO₂	—	2	—	PW	−0,50	4	[2332]
—	Ac	—	NO₂	—	3,1	—	PW	−0,51	4	[2332]
—	CN	—	NO₂	—	2	—	PW	−0,52	4	[2332]
Me	COOH	—	NO₂	—	3,1	—	PW	−0,52	4	[2332]
Me	CN	—	NO₂	—	5,2	—	PW	−0,53	4	[2332]
—	CHO	—	NO₂	—	3,10	—	—	−0,53	4	[830]
—	NO₂	—	—	—	3,1	—	PW	−0,54	4	[2332]
Me	CHO	—	—	NO₂	10,2	—	PW	−0,55	4	[2332]
Me	NO₂	—	—	—	5,4	—	PW	−0,59	4	[2332]
Me	Ac	—	—	NO₂	10,2	—	PW	−0,60	4	[2332]
—	COOH	—	NO₂	—	3,1	—	PW	−0,60	4	[2332]
—	—	NO₂	—	—	2,0	—	—	−0,62	—	[2329]
—	—	NO₂	—	—	3,1	—	PW	−0,67	4	[2332]
Me	—	NO₂	—	—	5,4	—	PW	−0,68	4	[2332]
—	NO₂	—	—	—	7,9	—	PW	−0,74	—	[2329]
Me	CHO	—	NO₂	—	10,2	—	PW	−0,76	4	[2332]
Me	Ac	—	NO₂	—	10,2	—	PW	−0,80	4	[2332]
—	—CH=N—NH—CSNH₂				2	—	—	−0,81; −0,92	—	[2329]
—	COOH	—	—	CHO	—	—	BR-Ä (1:1)	−0,83	—	[1886]
—	CHO	Ä	Me	CHO	—	R.T.	0,1 n NH₄Cl-Ä (10:1)	−0,84 (−1,51)	—	[612]
—	—	NO₂	—	—	7,9	—	—	−0,84	—	[2329]
—	—CH=N-(p-Tolyl)				6	—	0,1 n NH₄Cl in 96 proz. Ä	−0,86; −1,30; −1,53	—	[615]
—	COOH	Me	COOÄ	CHO	—	R.T.	0,1 n NH₄Cl-Ä (10:1)	−0,86; −1,35	—	[612]
—	—CH=N-p-(Pyrimidin-2-yl-aminosulfonyl)-phenyl				6	—	0,1 n NH₄Cl in 96 proz. Ä	−0,89; −1,15; −1,51	—	[615]
—	—CH=N-(p-Methoxyphenyl)				6	—	0,1 n NH₄Cl in 96 proz. Ä	−0,91; −1,38; −1,53	—	[615]
—	CHO	COOÄ	Me	COOÄ	—	18−20	0,1 n NH₄Cl in 50 proz. Ä	−0,935	—	[287, 2067]
—	—CH=N-Phenyl				7	—	0,1 n NH₄Cl + NH₄OH in 96 proz. Ä	−0,94; −1,38; −1,55	—	[615]
—	COOH	Me	Ä	CHO	—	R.T.	0,1 n NH₄Cl-Ä (10:1)	−0,99; −1,50	—	[612]
—	Ac	—	—	Ac	—	18−20	0,1 n NH₄Cl in 50 proz. Ä	−1,031; −1,650	—	[285, 2064]
—	—CH=N—NH-Isonicotinoyl				—	20±2	NH₄Cl – 96 proz. Ä	−1,05; −1,20	—	[264, 615]
Me	Ac	—	—	Ac	—	18−20	0,1 n NH₄Cl in 50 proz. Ä	−1,053; −1,685	—	[285, 2068]
—	CHO	Ä	Me	Br	—	R.T.	0,1 n NH₄Cl-Ä (10:1)	−1,15; −1,49	—	[612]
Me	CHO	—	—	—	—	—	Br-Ä (1:1)	−1,15	—	[1886]
—	CHO	COOÄ	Me	COOÄ	7,1	25±0,1	BR—NMe₄OH	−1,19	—	[388]
—	COOÄ	Me	Ac	CHO	—	—	0,1 n KCl in 50 proz. Ä	−1,20	—	[1520]

Tabelle 2.1 (Fortsetzung)

1	2	3	4	5	pH	°C	Medium[a]	$E_{1/2}$ (V)	n	Literatur
Prodigiosin					6,0	25	McI-Methanol (1:1)	−1,25; −1,43; −1,51	—	[2520]
—	CHO	Me	Ä	Br	—	R.T.	0,1 n NH$_4$Cl-Ä (10:1)	−1,26; −1,53	—	[612]
—	—CH=N—NH—CO]$_2$=CH$_2$				—	20±2	NH$_4$Cl – 96 proz. Ä	−1,30	—	[264]
—	—CH=N—NH—CO—CHOH—]$_2$				—	20±2	NH$_4$Cl – 96 proz. Ä	−1,32	—	[264]
—	—CH=N—NH-Salicyloyl				—	20±2	NH$_4$Cl – 96 proz. Ä	−1,32; −1,63	—	[264]
—	—CH=N-(3-Hydroxy-4-carboxy-phenyl)				6	—	0,1 n NH$_4$Cl – 96 proz. Ä	−1,33; −1,56	—	[615]
—	—CH=N—NH-(p-Hydroxy-benzoyl)				—	20±2	NH$_4$Cl – 96 proz. Ä	−1,34; −1,65	—	[264]
—	—CH=N—NH—CHO				—	20±2	NH$_4$Cl – 96 proz. Ä	−1,35	—	[264]
—	—CH=N—NH-Benzoyl				—	20±2	NH$_4$Cl – 96 proz. Ä	−1,35; −1,66	—	[264]
—	CHO	Me	P[b]	Me	—	R.T.	0,1 n NH$_4$Cl-Ä (10:1)	−1,35; −1,71	—	[612]
—	—CH=N—NH—Ac				—	20±2	NH$_4$Cl – 96 proz. Ä	−1,37	—	[264]
Me	CHO	—	—	—	—	18—20	0,1 n NH$_4$Cl – 50 proz. Ä	−1,420	—	[285, 2065]
—	CHO	Me	COOÄ	Me	—	R.T.	0,1 n NH$_4$Cl-Ä (10:1)	−1,44	—	[612]
—	CHO	—	—	—	—	18—20	0,1 n NH$_4$Cl in 50 proz. Ä	−1,452	—	c
—	—CO-(Pyrrol-2-yl)				—	—	0,1 n NH$_4$Cl in 50 proz. Ä	−1,456	—	[907]
—	CHO	Ä	Me	—	—	R.T.	0,1 n NH$_4$Cl-Ä (10:1)	−1,48	—	[612]
—	COOÄ	Me	Ac	CH$_2$Cl	—	—	0,1 n KCl in 50 proz. Ä	−1,48	—	[1520]
—	CHO	Me	Ä	—	—	R.T.	0,1 n NH$_4$Cl-Ä (10:1)	−1,50	—	[612]
—	COOÄ	Me	CHO	Me	—	18—20	0,1 n NH$_4$Cl in 50 proz. Ä	−1,524	—	[285, 612, 2067]
Me	Me	CHO	CHO	Me	8,0	25±0,1	BR—NMe$_4$OH	−1,53; −1,61	—	[388]
—	CHO	Me	Me	Me	—	18—20	0,1 n NH$_4$Cl in 50 proz. Ä	−1,534	—	[283, 285]
—	CHO	Ä	Ä	Me	—	18—20	0,1 n NH$_4$Cl in 50 proz. Ä	−1,536	—	[283, 285]
—	CHO	Me	Ä	Me	—	18—20	0,1 n NH$_4$Cl in 50 proz. Ä	−1,538	—	[283, 285]
—	—CH=N-(p-Aminophenyl)				6	50	0,1 n NH$_4$Cl in 96 proz. Ä	−1,55	—	[615]
Me	Me	CHO	CHO	Me	5,8	25±0,1	BR + NMe$_4$OH	−1,56	—	[388]
Me	Me	CHO	CHO	Me	7,1	25±0,1	BR + NMe$_4$OH	−1,56; −1,74	—	[388]
—	CHO	—	—	—	3,6	25±0,1	BR + NMe$_4$OH in 50 proz. D	−1,57	—	[386, 387]
Me	CHO	Me	CHO	Me	5,8	25±0,1	BR + NMe$_4$OH	−1,58	—	[388]
Me	CHO	Me	CHO	Me	8,0	25±0,1	BR + NMe$_4$OH	−1,58; −1,66	—	[388]
Me	CHO	—	—	—	3,6	25±0,1	BR + NMe$_4$OH in 50 proz. D	−1,59	—	[386]
—	R[d]	Me	—	Ä	—	18—20	0,1 n NH$_4$Cl in 50 proz. Ä	−1,618	—	[285, 907, 2066]
—	R[e]	Ä	—	Me	—	18—20	0,1 n NH$_4$Cl in 50 proz. Ä	−1,640	—	[285, 907, 2066]

					p_H	°C	Bedingungen[a]	$-E_{1/2}$		Lit.
—	Ac	—	—	—	—	18−20	0,1 n NH$_4$Cl in 50 proz. Ä	−1,646	—	[285, 2066]
—	CHO	Me	CHO	Me	7,1	25±0,1	BR+NMe$_4$OH	−1,65	—	[388]
—	CHO	Me	—	Me	7,1	25±0,1	BR+NMe$_4$OH	−1,65	—	[388]
Me	CHO	Me	CHO	Me	7,1	25±0,1	BR+NMe$_4$OH	−1,67	—	[388]
Me	CHO	Me	CHO	Me	7,1	25±0,1	BR+NMe$_4$OH	−1,67; −1,85	—	[388]
—	R[f]	Me	Pr	Me	—	18−20	0,1 n NH$_4$Cl in 50 proz. Ä	−1,680	—	[285, 907, 2066]
—	Me	CHO	CHO	Me	7,1	25±0,1	BR+NMe$_4$OH	−1,68	—	[388]
Me	Ac	—	—	—	—	18−20	0,1 n NH$_4$Cl in 50 proz. Ä	−1,700	—	[285, 2066]
Me	CHO	—	—	—	7,7	25±0,1	BR+NMe$_4$OH+50 proz. D	−1,73	—	[386]
Me	CHO	—	—	—	9,4	25±0,1	BR+NMe$_4$OH+50 proz. D	−1,73	—	[386]
—	CHO	—	—	—	8,6	25±0,1	BR+NMe$_4$OH+50 proz. D	−1,74	—	[387]
—	CHO	—	—	—	9,4	25±0,1	BR+NMe$_4$OH+50 proz. D	−1,76	—	[386]
—	CHO	Me	COOÄ	Me	7,1	25±0,1	BR+NMe$_4$OH	−1,79	—	[388]
	anti									
—	CH=NOH	—	—	—	—	—	0,1 n wäßr. NMe$_4$J	−1,91	—	[2439]
—	CHO	Me	Ä	Me	7,1	25±0,1	BR+NH$_4$OH	−1,93	—	[388]
—	CHO	Me	Me	Me	7,1	25±0,1	BR+NH$_4$OH	−1,95	—	[388]
—	CHO	Me	—	Me	7,1	25±0,1	BR+NH$_4$OH	−1,96	—	[388]
—	COOÄ	Me	CHO	Me	7,4	—	BR+NMe$_4$OH+50 proz. D	−2,00	—	[612]
—	COOMe	Me	—	Me	—	R.T.	0,1 n NH$_4$Cl-Ä (10:1)	über −2,09	—	[612]
NH$_2$	Me	COOÄ	COOÄ	Me	—	R.T.	0,1 n NH$_4$Cl-Ä (10:1)	über −2,09	—	[612]
—	COOÄ	Me	Ac	Me	—	18−20	0,1 n NH$_4$Cl in 50 proz. Ä	über −2,09	—	[285, 2063]
—	Me	Ac	Me	Me	—	18−20	0,1 n NH$_4$Cl in 50 proz. Ä	über −2,09	—	[285, 2063]
Ac	—	—	—	—	—	18−20	0,1 n NH$_4$Cl in 50 proz. Ä	über −2,09	—	[285, 2063]
—	Me	CHO	Me	—	7,4	—	BR+NMe$_4$OH+50 proz. D	−2,16	—	[389]
—	Me	Ac	Me	Me	7,4	—	BR+NMe$_4$OH+50 proz. D	über −2,40	—	[389]
Me	Me	CHO	—	Me	7,4	—	BR+NMe$_4$OH+50 proz. D	über −2,40	—	[389]
—	Me	CHO	—	Me	7,4	—	BR+NMe$_4$OH+50 proz. D	über −2,40	—	[389]

[a] Pufferlösungen: BR = Britton-Robinson; McI = McIlvaine; PW = Prideaux-Ward.
Lösungsmittel: Ä = Äthanol; D = Dioxan.

[b] P=(CH$_2$)$_2$—COOH.

[c] Die polarographische Reduktion von α-Pyrrol-aldehyd ist von mehreren Autoren unter verschiedenen Bedingungen untersucht worden [284, 285, 385, 390, 391, 612, 615, 671, 1372, 1625].

[d] R=(5-Äthyl-3-methyl-pyrrol-2-yl)-carbonyl-.

[e] R=(3-Äthyl-5-methyl-pyrrol-2-yl)-carbonyl-.

[f] R=(3,5-Dimethyl-4-i-propyl-pyrrol-2-yl)-carbonyl.

2.3. Polarographische Analyse

2.3.1. Reduktion an der Kathode

Pyrrol und seine Alkyl-Derivate lassen sich unterhalb des Elektrolyse-Potentials der üblichen Elektrolyten polarographisch nicht reduzieren [287, 612, 2069]. Das früher [612] für das 2,3,4,5-Tetramethylpyrrol angegebene Reduktionspotential wurde an einer mit Tetramethylpyrazin verunreinigten Probe gemessen [287]. Polarographische Daten für Pyrrol-Derivate sind in Tabelle 2.1. angegeben. Im Gegensatz zu Formyl- oder Acyl-Gruppen lassen sich ringständige Alkyl-Ester-Gruppen nicht reduzieren [612, 2067, 2069]. Die im Vergleich zu aliphatischen Carbonyl-Verbindungen leichte Reduzierbarkeit der Aldehyde und Ketone der Pyrrol-Reihe ist aufgrund der Erniedrigung der Energie des untersten unbesetzten Molekül-Orbitals durch Konjugation mit dem Heterocyclus verständlich. Da α-ständige Carbonylfunktionen stärker an der Konjugation beteiligt sind (s. S. 69), ist deren Reduktionspotential niedriger als dasjenige der β-ständigen (vgl. Tabelle 2.1.). Das polarographische Verhalten des N-Acetylpyrrols, das sich – ebenso wie Aceton – unterhalb des Reduktionspotentials der Ammonium-Ionen nicht reduzieren läßt (Tabelle 2.1.), steht mit dem geringen Amid-Charakter dieser Verbindung (vgl. S. 68 und S. 85) völlig im Einklang. Bemerkenswerterweise weisen die Polarogramme des 2,5-Diacetylpyrrols und dessen N-Methyl-Derivats zwei Reduktionsstufen auf (vgl. Tabelle 2.1.), welche für die – höchstwahrscheinlich konformativ bedingte (s. S. 67) – Nicht-Äquivalenz der beiden Acetyl-Reste sprechen.

Die polarographische *Reduktion* von Nitropyrrolen *(2.7.)* findet nach dem üblichen Mechanismus der Reduktion organischer Nitro-Verbin-

dungen statt: Das erste Halbstufenpotential entspricht der Aufnahme von vier Elektronen und somit der Umwandlung der Nitro- in die Hydroxylamino-Gruppe *(2.8.)*. Da die Halbstufenpotentiale der Nitropyrrole charakteristisch für die Konstitution und Lage anderer sich im Molekül befindenden Substituenten sind (vgl. Tabelle 2.1.), stellt die polarographische Analyse eine brauchbare Methode sowohl zur Konstitutionsaufklärung isomerer Nitropyrrole [830] als auch zur quantitativen Analyse ihrer Gemische [2332] dar. Je nach experimentellen Bedingungen sind jedoch manchmal Anomalien beobachtet worden, welche auf die pH-Abhängigkeit der Reduktionspotentiale [1775, vgl. 389] sowie auf Inhibitions-Effekte durch die kompetitive Adsorption der Bestandteile der Pufferlösungen an der Kathode [1773, 1775] oder der bereits reduzierten Nitropyrrole [1774] zurückzuführen sind.

Im allgemeinen lassen sich die Halbstufenpotentiale mit den Hammett-Taft-Parametern der Substituenten am Pyrrol-Ring durch einfache, quantitative Beziehungen korrelieren [2330, 2331, 2332, 2618].

2.3.2. Anodische Oxydation

Pyrrolsulfonsäuren werden elektrolytisch nicht reduziert, in saurem Medium dagegen lassen sie sich an der Anode leicht oxidieren [2309]. α- und β-Isomere unterscheiden sich durch die entspr. Oxydationspotentiale deutlich voneinander (Tabelle 2.1.), so daß ihre Gemische polarographisch analysiert werden können.

Die anodische Oxydation des 2,3,4,5-Tetraphenylpyrrols *(2.9.)* findet in zwei Stufen statt, die *vermutlich* der Bildung des Radikal-Kations *2.10.* bzw. des Dikations *2.11.* entsprechen [1398]. Beide Ionen sind sehr labil, und *2.11.* reagiert mit dem Lösungsmittel je nach experimentellen Bedingungen zu verschiedenen Verbindungen, die mit einigen der Produkte der chemischen Oxydation von *2.9.* identisch sind (s. S. 164). Dagegen entstehen bei der anodischen Oxydation der Pentaphenylpyrrole *2.12.–2.14.* in Acetonitril relativ beständige Radikal-Kationen [420] (vgl. S. 166).

In methanolischer Lösung läßt sich 1-Methylpyrrol *(2.15.)* in 1-Methyl-2,2,5,5-tetramethoxypyrrolin *(2.16.)* elektrochemisch überführen [2502].

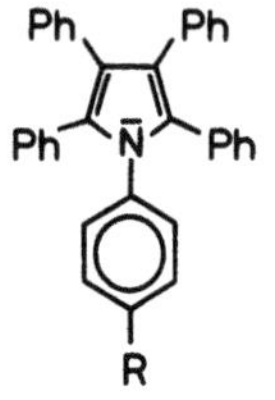

2.12. R = H
2.13. R = CH₃
2.14. R = OCH₃

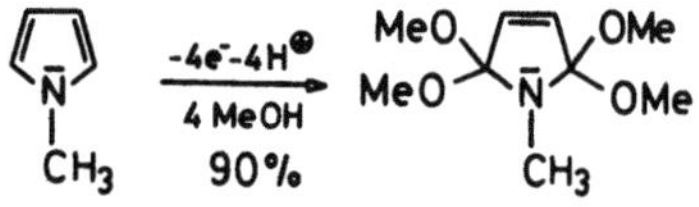

2.15.

2.16.

Die in den Abschnitten 2.1. bis 2.3. behandelten analytischen Methoden dienen hauptsächlich zur Identifizierung von Pyrrol-Derivaten mit bereits bekannten Vergleichspräparaten; sie sind zur Konstitutionsaufklärung neuer Verbindungen – abgesehen von einigen beobachteten Regelmäßigkeiten bezüglich der Position von funktionellen Gruppen – nicht geeignet. Zu diesem Zweck kommen insbesondere spektroskopische Methoden in Frage.

2.4. Elektronenspektren

2.4.1. Pyrrol

Die vier energieärmeren Singulett-Singulett-π-Elektronenübergänge des Pyrrol-Moleküls sind unter Angabe der Elektronenkonfigurationen der entspr. Anregungszustände in der Reihenfolge, *die sich aus dem auf S. 15 skizzierten einfachen HMO-Diagramm ergibt*, im Termschema *2.17.* symbolisiert. Diese Reihenfolge, die allerdings mit den Daten des Photoelektronenspektrums vom Pyrrol im Einklang steht (S. 33), kann sich bei Berücksichtigung der Konfigurationswechselwirkung im SCF-Verfahren je nach den für die Mehrzentren-Integrale eingesetzten Werten ändern [716, 717] (vgl. Tabelle 2.2.).

Die Übereinstimmung zwischen den experimentellen (s. unten) und den mit Hilfe fortgeschrittener halbempirischer MO-Methoden errechneten Werten ist meist ausgezeichnet (Tabelle 2.2.). Die Zuordnung zu den experimentell beobachteten Absorptionsbanden ist jedoch durch die geringe Auflösung des Spektrums vom Pyrrol (Abb. *2.18.*) und der Ungewißheit bei der Festlegung der längstwelligen Absorption [1610] erschwert.

Tabelle 2.2. Nach verschiedenen MO-Methoden errechnete Anregungsenergien (in eV) und Oszillatoren-Stärken (f in Klammern) für das Pyrrol-Molekül

MO-Methode	CI-VESCF[a]	SCF-LCAO-MO-CI[a]	PPP-SCF[a]	SCF-LCAO[a]	LCAO-SCF[a]	SCF-LCAO[b]	CNDO[b]
5,88[c]	5,670 [B_1]	5,98 [A_1] (0,135)	5,98 [B_1]	5,58 [B_2] (0,15)	5,867 [B_1] (0,34)	5,81 [B_2] (0,38)	5,0 [B_2] (0,080)
6,77	6,134 [A_1]	6,74 [B_1] (0,255)	6,56 [A_1]	5,79 [A_1] (0,05)	6,799 [A_1] (0,53)	6,71 [A_1] (0,46)	5,4 [A_1] (0,006)
7,21	7,308 [B_1]	7,33 [B_1] (0,347)	7,19 [B_1]	7,55 [B_2] (0,55)	7,176 [A_1] (0,44)	7,71 [A_1] (0,46)	7,0 [B_2] (0,129)
—	7,791 [A_1]	8,20 [A_1] (0,979)	7,64 [A_1]	7,80 [A_1] (0,95)	7,452 [B_1] (0,14)	7,96 [B_2] (0,16)	7,0 [A_1] (0,479)
Lit.	[331]	[569]	[2192]	[808]	[465]	[1210]	[586]

MO-Methode	PPP-SCF	SCF-LCAO-MO	LCAO-SCF-MO-CI[b]	VESCF-CI	PPP-SCF-SECI[a d]	PPP-SCF-DECI[a e]	SCF-LCAO
5,88[c]	5,71 (0,23)	5,84 (0,00)	5,80 [B_2] (0,30)	5,85 (0,004)	5,92 [B_1]	5,80 [A_1]	5,84
6,77	5,91 (0,08)	6,66 (0,151)	6,23 [A_1] (0,10)	6,69 (0,090)	6,46 [A_1]	6,51 [B_1]	6,56
7,21	7,30 (0,39)	7,21 (0,726)	8,41 [A_1] (0,90)	7,86 (0,633)	7,43 [A_1]	7,35 [B_1]	7,64
—	—	7,56 (0,796)	8,59 [A_1] (0,08)	—	7,94 [B_1]	7,83 [A_1]	7,88
Lit.	[238]	[15]	[132]	[2284]	[1092]	[1092]	[1281]

[a] In eckigen Klammern: Symmetrie-Rasse des entspr. Anregungszustandes in der Symmetrie-Gruppe C_{2v} mit σ_v als Molekülebene.
[b] $\sigma_{v'}$ als Molekülebene.
[c] Experimentelle ΔE-Werte in eV [1810].
[d] Nur einfach angeregte Konfigurationen berücksichtigt.
[e] Auch zweifach angeregte Konfigurationen mitberücksichtigt.

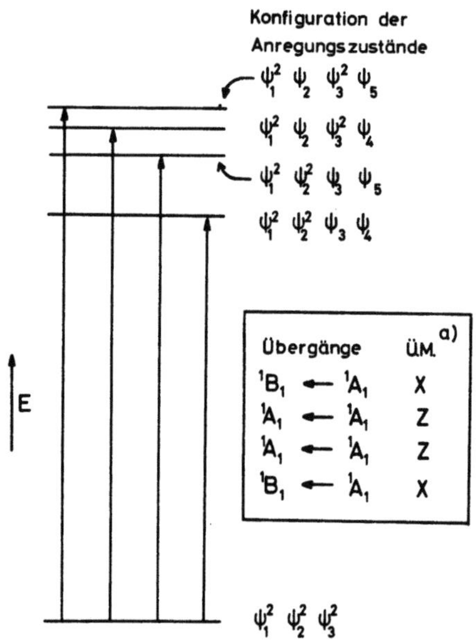

Abb. *2.17.* Termschema für das Pyrrol-Molekül (^{a} Polarisationsrichtung des Übergangs-momentes).

In der Gasphase besteht das Elektronenspektrum des Pyrrols im Schumann-Gebiet aus drei Absorptionsbanden, deren den 0-0-Übergängen entsprechende Maxima bei 172 (7,21), 183 (6,77) und 211 nm (5,88 eV) angegeben werden [1545, 1547, 1548, 1554, 1810, 1890, 2076].

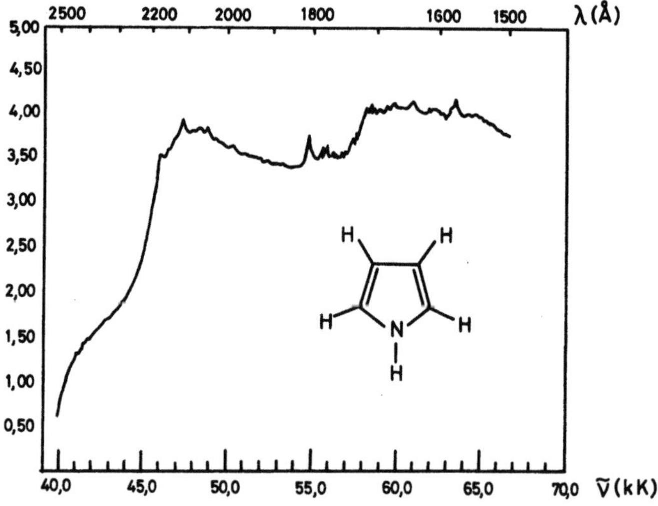

Abb. *2.18.* Vakuum-UV-Absorption dampfförmigen Pyrrols

Zuverlässige Zuordnungen der Absorptionsbanden der Rydberg-Reihe sind erst neuerdings [595] anhand des Photoelektronenspektrums vom Pyrrol getroffen worden.

Im fernen UV-Bereich weisen Hexan-Lösungen sorgfältig gereinigten Pyrrols das längstwellige Absorptionsmaximum bei 207,5 nm auf (Tabelle 2.3.), so daß die früher angegebene Bande bei 240 nm ($\varepsilon_{max}300=$ L/Mol·cm) [1529] auf Verunreinigungen zurückgeführt werden soll[5] [1105]. Spätere Untersuchungen haben jedoch gezeigt, daß *dampfförmiges* Pyrrol bei ca. 238 nm eine sehr schwache ($\varepsilon_{max}\sim 30$ L/Mol·cm) Absorption aufweist [1610].

Tabelle 2.3. Längstwellige Absorption fünfgliedriger Heterocyclen und deren konstitutiv verwandter Diolefine, Cyclopentadien und Butadien

	λ^a_{max} (nm)	lg ε^a_{max}	ΔE^b (eV) bzw. (nm)	Lit.
Butadien	217	4,32	5,71 (217)	[299]
Cyclopentadien	241	3,42	4,82 (257)	[1809]
Furan	215,5	3,70	5,88 (211)	[1105]
Pyrrol	207,5[c]	3,88	5,87 (211)	[1105]
Thiophen	231	3,77	5,15 (241)	[1105]

[a] In n-Hexan.
[b] In der Dampf-Phase. Werte aus Lit. [1590].
[c] In 95 proz. Äthanol: $\lambda_{max}=208$ nm ($\varepsilon_{max}=7300$) [448].

Das Emissionsspektrum des N-Methylpyrrols wurde von *G. Milazzo* [1549, 1550, 1551, 1552] in der Schülerschen Entladungsröhre untersucht. Unter gleichen Bedingungen tritt bei Pyrrol Fragmentierung des Moleküls ein.

Die π-Elektronen-Struktur des Pyrrol-Moleküls im ersten angeregten Singulett- und Triplett-Zustand ist mit Hilfe der CI-PPP-SCF-MO-Methode errechnet worden [2440].

Mit der möglichen Ausnahme einer sehr schwachen ($\varepsilon < 0,1$) Absorptionsbande bei $\lambda_{max}=285$ nm [vgl. 465] sind Elektronenübergänge, bei denen Triplett-Zustände beteiligt sind, bisher nicht experimentell nachgewiesen worden.

---

[5] Man hatte zwar bereits früher beobachtet [522], daß Alkylpyrrole, die ringsynthetisch dargestellt worden waren und somit nicht gleiche Verunreinigungen wie das unsubstituierte Pyrrol enthielten, keine Absorption um 240 nm aufwiesen. Dieser Befund wurde jedoch damals falsch interpretiert.

Im Gegensatz zu den *Pyrromethenen* und Porphyrinen [2231] ist beim Pyrrol weder Fluoreszenz [747, 748, 868] noch Phosphoreszenz [1047] beobachtet worden. Die große Effektivität des Pyrrols und dessen N-Methyl-Derivats bei der Löschung der Fluoreszenz anderer Verbindungen (z. B. Naphthalin) ist dagegen wohl bekannt [1255, 1454, 1504]. Auch polyarylsubstituierte Pyrrole – mit Ausnahme des relativ starren o,o'-Biphenylen-Derivats *2.19.*, das leuchtende himmelblaue Fluoreszenz zeigt [1344] – fluoreszieren nicht[6]. Hämopyrrol [vgl. 1139] und mehrere Pyrrolcarbonsäuren [240] fluoreszieren auf Papier- oder Kieselgelchromatogrammen bei Bestrahlung mit UV-Licht.

2.19.

Die Frage, ob die längstwellige Absorptionsbande des Pyrrol-Spektrums einem n→π*- oder einem π→π*-Übergang zuzuordnen ist, die letztlich mit dem Delokalisierungsgrad des freien p-Elektronenpaares am Stickstoffatom zusammenhängt, läßt sich wegen Mangel an geeigneten Referenzverbindungen durch Vergleich des Pyrrol-Spektrums mit denjenigen von analogen π-Elektronen-Systemen (Tabelle 2.3.) nicht beantworten.

Die aufgrund der abnehmenden Elektronegativität des Heteroatoms zu erwartende Abstufung der Energien des längstwelligen Absorptions- maximums in der Reihenfolge: Cyclopentadien (bzw. Butadien), Furan, Pyrrol, Thiophen und Cyclopentadienyl-Anion (vgl. S. 16) wird nicht beobachtet: Während zwischen den Elektronenspektren von Butadien, Furan und Pyrrol eine gewisse Analogie besteht, ähnelt das Elektronen- spektrum des Thiophens demjenigen des Cyclopentadiens [1105] (vgl. Tabelle 2.3.), und trotz zusätzlicher Hypothesen, welche die experimentel- len Fakten erklären sollen, ist bisher keine übereinstimmende Meinung erzielt worden. Da Butadien hauptsächlich in der s-trans-Konformation vorliegt [124], bietet es sich nicht als geeignete Modell-Verbindung für das konjugierte Dien-System der hier betrachteten fünfgliedrigen Heterocyclen an. Cyclopentadien, dessen Konjugationssystem demjeni- gen des s-cis-Butadiens (und somit des Pyrrols mit *lokalisiertem* p-Elek- tronenpaar am Stickstoffatom) entspräche, zeichnet sich durch seine

---

[6] Kürzlich [1906] ist jedoch die Quantenausbeute der Fluoreszenz von Pentaphenylpyrrol in Benzol bei Bestrahlung mit Licht der $\lambda_{max} = 320$ nm mit $\Phi = 0{,}23$ angegeben.

langwellige Absorption aus (Tabelle 2.3.), die sowohl auf einen energiereichen Grundzustand [1890] – wofür allerdings das etwas geringere Ionisationspotential dieser Verbindung spricht (S. 31) – als auch auf Hyperkonjugation[7] der Methylen-Gruppe [1612] zurückgeführt worden ist.

Führt man die bezogen auf Cyclopentadien hypsochrome Verschiebung des längstwelligen Absorptionsmaximums auf Stabilisierung des Grundzustandes – und nicht auf Erhöhung der Energie der Anregungszustände – zurück, so ergibt sich für das Thiophen, dem jedoch allgemein „aromatischer" Charakter zugeschrieben wird, eine *geringere* homocyclische Konjugation als für das Pyrrol [1590]. Der Vergleich beider Heterocyclen miteinander ist jedoch wegen der möglichen Beteiligung der 3d-Orbitale des Schwefelatoms an der Konjugation problematisch.

Mit Ausnahme älterer Arbeiten von *G. Korschun* [1316, 1317, 1318], *G. H. Cookson* [522] und *U. Eisner* [681] liegen systematische Untersuchungen der Substituenten-Effekte auf die Elektronen-Spektren von Pyrrol-Derivaten nicht vor. Nachstehende empirische Regeln lassen sich aus den in der Literatur angegebenen, meist unvollständigen Daten ableiten:

2.4.2. Alkyl-Pyrrole

Das Elektronenspektrum dampfförmigen N-Methylpyrrols im nahen [1546] und fernen [1553, 1555] UV-Bereich ist von *G. Milazzo* untersucht worden.

In *qualitativer* Übereinstimmung mit der Theorie [2053] ruft die formale Substitution N-, α- oder β-pyrrolringständiger Wasserstoffatome durch Methyl-Gruppen eine *bathochrome* Verschiebung des Absorptionsmaximums bei 205 nm um ca. 3–8 nm hervor[8] [1089]. Die *entsprechende Absorption* negativ substituierter Pyrrole im Bereich 230–260 nm (s. unten) wird um den gleichen Betrag ebenfalls bathochrom verschoben, während der Effekt der Methyl-Substitution auf die „K-Bande" (s. unten)

---

[7] Obwohl die Bedeutung der Hyperkonjugation in diesem Zusammenhang in Frage gestellt worden ist [1890, vgl. 1590], wird sie durch neuerdings durchgeführte CNDO-MO-Berechnungen gestützt [586].

[8] Da Wellenlänge-Inkremente der Energie der absorbierten Strahlung nicht proportional sind, stehen sie in keiner direkten Beziehung zu molekularen Parametern des absorbierenden Systems. Die Gepflogenheit, Substituenteneffekte auf die Elektronenspektren mit solchen Inkrementen zu korrelieren, ist, wenn überhaupt, lediglich für *rein qualitative* Deutungen zulässig und wird nur der Übersichtlichkeit wegen in diesem Kapitel beibehalten.

nicht nennenswert ist [90, 289, 290, 1189]. Entgegen der früheren Meinung [522, 681] ist jedoch nur bei N- und β-Methyl-Substitution die bathochrome Verschiebung mit einem hypochromen Effekt verbunden. Bei den α-Methyl-Derivaten tritt Erhöhung der Extinktion auf [1089]. Ausnahmen zu dieser Regel sind dennoch bekannt [1189].

2.4.3. Pyrrol-Carbonyl-Derivate und -nitrile

Einführung elektronenziehender Substituenten (Formyl [289, 290, 1256, 2123], Acyl- [1256, 1753, 2123], β-Arylacryloyl- [2421, 2422], Hydroximino- [1918, 1919], Carbamoyl- [90], Carboxy- [2119, 2121] und Alkoxycarbonyl- [90, 522, 681, 1318, 2121, 2123] oder Cyano-Gruppen [698, 2123]) in den Pyrrol-Ring hat eine *bathochrome* Verschiebung der Absorption bei 205 nm um 30–60 nm sowie das Erscheinen einer intensiven Bande (in der älteren Literatur [681] als K-Bande bezeichnet) im Bereich 260–300 nm [9] zur Folge. Der Extinktionskoeffizient letztgenannter Absorptionsbande beträgt bei den *α-substituierten* Derivaten meist $\varepsilon > 10000$, die kürzerwellige Bande (sog. B-Bande [681]) ist schwächer und kann oft sogar fehlen. Bei N- [90] und β-negativ-substituierten Pyrrolen ist es umgekehrt: Die kürzerwellige Bande ist intensiver als die längerwellige, so daß dadurch eine Möglichkeit zur elektronenspektroskopischen Unterscheidung von konstitutionsisomeren Verbindungen gegeben ist.

Die Absorptionsbande im Bereich 260–300 nm ist sehr wahrscheinlich dem Elektronenübergang zwischen dem Grundzustand und Anregungszuständen, die sich nach dem Mesomerie-Modell *hauptsächlich* durch die polaren Resonanz-Strukturen *2.20.* bzw. *2.21.* beschreiben lassen, zuzuordnen [90, 522, 681, 1753]. Da aufgrund der geringeren Entfernung zwischen den Ladungen *2.20.* energetisch günstiger als *2.21.* ist, soll das entsprechende Energieniveau bei den α-substituierten Derivaten tiefer als bei den β-Isomeren liegen. Im Einklang mit dieser Modellvor-

2.20.   2.21.

---

[9] Für *Pyrrolnitrile* gelten entsprechend die Bereiche: 218–260 bzw. 250–270 nm.

stellung absorbieren 2-negativsubstituierte Pyrrole längerwellig (um 15–20 nm) als die entsprechenden 3-substituierten Derivate.

Zum selben qualitativen Ergebnis führen MO-Berechnungen der π-π^*-Übergangsenergien bei einfachen monosubstituierten Pyrrol-Derivaten nach der ω-Methode [1489] sowie beim α-Pyrrolaldehyd nach dem CNDO-Verfahren [586].

Ferner entspricht die Reihenfolge der Substituenten bezüglich der bathochromen Verschiebung des langwelligen Absorptionsmaximums:

$$-CO-COOR > -CHO > -COR > -CH=N-OH > -COOR$$
$$> -CONH_2 > -COOH > -CN \qquad\qquad (R = Alkyl),$$

derjenigen der entsprechenden mesomeren Effekte [90, 1489, 2124].

Allgemein beobachtet man, daß die Extinktionskoeffizienten hauptsächlich von der Position und weniger vom Typ des Substituenten abhängen.

Bei polyfunktionellen Pyrrol-Derivaten ist die Aufstellung allgemein gültiger Regeln etwas problematischer. *A priori* kann man annehmen, daß bei den disubstituierten Verbindungen die beiden elektronenanziehenden Gruppen nicht konjugativ miteinander in Wechselwirkung treten, so daß die Absorption in der Reihenfolge:

2,5-> 2,4- bzw. 2,3-> 2-> 3,4-> 3-Substitution

bathochrom verschoben werden sollte. Mit Ausnahme des 2,3-disubstituierten Isomeren, das die längstwellige Absorption aller untersuchten Verbindungen aufweist, stimmt diese Reihenfolge mit den für Pyrrolcarbonsäuren zur Verfügung stehenden experimentellen Daten überein [2119].

2.4.4. Aryl-Pyrrole

Einen mit der eben erwähnten Veränderung des Pyrrol-Spektrums durch elektronenziehende Substituenten vergleichbaren Effekt hat die formale Einführung von Aryl-Resten in den Heterocyclus. Sowohl α- als auch β-monosubstituierte Derivate absorbieren um 220 *und* um 290 nm (vgl. 2-Phenylpyrrol auf Tabelle 7.2., S. 276), wobei ganz allgemein – und zwar unabhängig von der Anwesenheit anderer Chromophore (Ester- oder Acyl-Gruppen) der energieärmere Elektronenübergang bei α-Aryl-pyrrolen längerwellig gegenüber demjenigen der entspr. β-Isomeren stattfindet [2444d]. Die längstwellige Absorption von Polyaryl-Derivaten mit *nicht benachbarten* Phenyl-Substituenten ist entsprechend bathochrom verschoben (z. B. 2,5-Diphenylpyrrol: $\lambda_{max}^{\text{ÄOH}}=329\,\text{nm}$; 2,4-Diphenylpyrrol: $\lambda_{max}^{\text{ÄOH}}=305\,\text{nm}$ [1000]). Befinden sich die Aryl-Reste an benachbarten Ring-Positionen, so tritt sterische Hinderung der Mesomerie unter Abschwächung des bathochromen Effekts der Phenyl-Substitution auf (s. Zitat [100] sowie Lit. Angaben auf Tabelle 7.2., S. 276–277).

Wesentlich geringer ist der bathochrome Effekt N-ständiger Aryl-Substituenten. Das Elektronenspektrum des 1-Phenylpyrrols weist eine intensive ($\varepsilon=11\,300$) Absorptionsbande bei $\lambda_{max}^{\text{ÄOH}}=248\,\text{nm}$ auf. Das Verschwinden dieser Absorption in Anwesenheit von α- oder/und ortho-ständiger Substituenten am Pyrrol- bzw. Phenyl-Ring – vermutlich durch sterische Hinderung der Mesomerie [448, 582, 958, 1508, 2558] – sowie die eindeutige Zunahme der bathochromen Verschiebung des entsprechenden Absorptionsmaximums mit steigender Elektronegativität der funktionellen Gruppen am N-ständigen Aryl-Rest [1508] oder mit der Anzahl der Alkyl-Substituenten am Pyrrol-Ring bei N-p-Nitrophenyl-Derivaten[10] [745] lassen in Übereinstimmung mit Dipolmoment-Messungen (S. 30), aber im Gegensatz zu diesbezüglichen Protonenresonanzuntersuchungen (S. 94) – auf Konjugation zwischen dem Pyrrol- und dem Phenyl-Ring schließen.

Dagegen deuten EHT-MO-Berechnungen darauf hin, daß die *nicht planare* Konformation des N-Phenylpyrrols mit einem Diederwinkel von ca. 40° energetisch begünstigt sein soll, während bei den 2- bzw. 3-substituierten Isomeren die durch Verdrillung des Phenyl-Ringes aus der Molekül-Ebene aufgehobene Pitzer-Spannung den Verlust an Delokalisierungsenergie nicht kompensiert [879].

2.4.5. Vinyl-Pyrrole

Bei α-Carbonyl- und α-Aryl-Derivaten des Pyrrols hat die Verlängerung des konjugierten Systems um eine Vinyl-Gruppe eine *bathochrome* Verschiebung des längstwelligen Absorptionsmaximums („K-Bande") um ca. 50–70 nm sowie eine Erhöhung der Extinktion um 50 bis 100% zur Folge [1184, 1188, 2421]. Es ist bemerkenswert, daß auch bei Derivaten, die außer dem Heterocyclus keine anderen Chromophore aufweisen, ebenfalls die längstwellige $\pi\rightarrow\pi^{*}$-Absorption um etwa den gleichen Betrag bathochrom verschoben wird (Tabelle 2.4.).

Die Tatsache, daß cis-Konfiguration an der exocyclischen Doppelbindung der 2-Styryl-pyrrole sterische Hinderung der Mesomerie in bekannter Weise hervorruft (vgl. Tabelle 2.4.), spricht für die koplanare Anord-

---

[10] Bei denen der Chromophor der aromatische Ring ist.

Tabelle 2.4. UV-Absorption einiger α-substituierter Pyrrole und deren Vinyloge

λ_{max} (nm)	lg ε_{max}	R	λ_{max} (nm)	lg ε_{max}	$\Delta \lambda_{K-max}$
208[a] [448]	3,86	H	274 [1184]	4,16	66
208[c] [1089]	3,85	CH$_3$	270[a] [1073]	3,05	62
(230)[a] [1000]	3,90		229[d] [1184]	4,05	
			320	4,09	33
		C$_6$H$_5$	236[a,e] [1188]	4,03	
287	4,31		333	4,49	46
234[a] [75]	3,72		262[e] [1184]	3,38	
266	4,21	COOMe(Ä)	331	4,41	65
237[b] [1256, vgl. 681]	3,83		208[e] [1184]	3,76	
286	4,22	COCH$_3$	353	4,37	67
239[b] [1256]	4,01		262[a] [681, vgl. 2421]	3,97	
307	4,20	COC$_6$H$_5$	386	4,39	79

[a] In Äthanol.
[b] In Methanol.
[c] In Wasser.
[d] Cis-.
[e] Trans-.

nung der beiden Ringe bei den trans-Isomeren. Bei deren aza-analogen N-Aryl-formimidoyl-pyrrolen *(2.22.)*, die ähnliche UV-Absorption aufweisen, deutet der Einfluß phenylringständiger Substituenten auf die Bandenlage und -Intensität ebenfalls auf das Vorliegen der planaren anti-Konfiguration hin [1181].

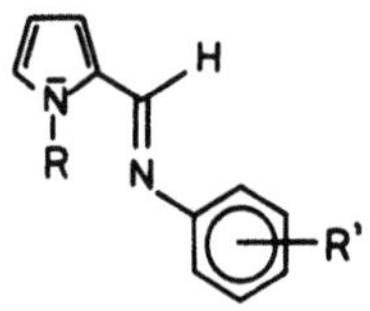

$$R = H \text{ od. } CH_3$$

2.22.

2.4.6. Halogen- und Nitro-Pyrrole

Pyrrolringständige Halogenatome [1096] und Nitro-Gruppen [1670, 2123] verschieben das längstwellige Absorptionsmaximum *bathochrom*. Der Effekt ist bei den ersteren (um ca. 6–8 nm) nicht sehr ausgeprägt, dagegen liegt die längstwellige Absorption von β- und α-Nitropyrrolen um 280 bzw. um 330 nm und läßt somit zwischen den beiden Konstitutionsisomeren elektronenspektroskopisch unterscheiden [1670, 2598, vgl. 2425]. Elektronenspektroskopische Daten einiger 3,4-Dihalogenpyrrole sind in Zitat [1605] angegeben.

2.4.7. Hydroxy- und Amino-Pyrrole

Die Elektronenspektren einiger α- [975, 976] und β-Hydroxy- [469, 582] sowie α-Aminopyrrole [979] sind, insbesondere im Zusammenhang mit der Tautomerie dieser Verbindungen, untersucht worden (s. S. 337, 347 bzw. 335).

Die Elektronenspektren von N-Hydroxy-pyrrolen [vgl. 2216] stimmen im wesentlichen mit denjenigen der entspr. N-unsubstituierten Derivate überein. Bei den ersteren tritt jedoch in basischem Medium *meist* bathochrome Verschiebung der Absorptionsmaxima infolge der Bildung des dazugehörigen Anions auf [1922].

Ebenso haben N-ständige Amino-Gruppen – im Gegensatz zu Ureido-Gruppen, die eine hypsochrome Verschiebung des Absorptionsmaximums hervorrufen – keinen nennenswerten Einfluß auf die Bandenlage [1317].

2.4.8. Dipyrrylmethane

Dipyrrylmethane absorbieren um 5–6 nm längerwellig als die entspr. Methylpyrrole [681]. Dafür kann ein Homokonjugationseffekt [vgl. 741] verantwortlich gemacht werden.

2.4.9. Pyrromethene

Die Elektronenspektren zahlreicher alkyl- [997] sowie phenylsubstituierter [1000] Pyrromethene und Pyrromethencarbonsäureäthylester sind – insbesondere im Zusammenhang mit dem sterischen Einfluß der Substituenten auf die Planarität des konjugierten Systems – von *R. W. Guy* und *R. A. Jones* untersucht worden. Die charakteristische intensive Absorption der Pyrromethene liegt meist im Bereich 430–470 nm [639]. Durch Protonierung verschiebt sie sich bathochrom um 20–40 nm. Dieser Effekt ist bei *meso*-substituierten Derivaten besonders ausgeprägt [1168] (vgl. Fußnote 9 auf S. 115!).

2.4.10. "Charge-Transfer"-Komplexe

Mit den üblichen "charge-transfer"-Komplex-Acceptoren (Jod [1359], Tetracyanäthylen [524, 1507, 2596], Chinone [1507, 2508, 2596], Pikrinsäure, Trinitrobenzol, Triphenylmethan u.a.) bilden zahlreiche Pyrrole Molekül-Verbindungen, die entweder kristallin isoliert [2338] oder durch Bildung von Eutektika [607, 608], refraktometrisch [585, 2469] oder meist spektralphotometrisch (s. Tabelle 2.5.) [2596] nachgewiesen werden können.

Die *isolierbaren* "charge-transfer"-Komplexe des 2,4- und 2,5-Diphenylpyrrols mit 2-Alkylthio-1,3-dithiolanylium-Salzen isomerisieren thermisch leicht zu Heterofulvalen-Derivaten [2506] (vgl. S.116).

Tabelle 2.5. Elektronenspektroskopische Eigenschaften und Assoziationskonstanten (bei 20–21 °C) einiger "charge-transfer"-Komplexe von Pyrrol und dessen N-methyl-Derivat

		Tetracyanäthylen[a]	Chloranil[a]	Maleinsäureanhydrid[b]	Jod[c]
Pyrrol	λ_{max} (nm)	540, 400	505, 390	—	360, 285
N-Methylpyrrol	λ_{max} (nm)	540, 425	510, 425	345	360, 310
	ε_{max} (L/Mol·cm)	—	1780, 1420	1470	7050, 5300
	K (L/Mol)	—	$1,04 \pm 0,06$	$0,15 \pm 0,01$	6,50
Literatur		[2596]	[2596]	[2596]	[1359]

[a] In CCl_4.
[b] In $CHCl_3$.
[c] In n-Heptan.

Beim relativ stabilen Molekül-Komplex vom N-Methylpyrrol mit Jod (vgl. Tabelle 2.5.) betragen die Bildungsenthalpie bzw. -entropie $\Delta H^0 = -4{,}5 \pm 0{,}1$ kcal/mol und $\Delta S^0 = -12{,}6 \pm 0{,}8$ cal/grad Mol [1359].

Aus der annähernd linearen Beziehung zwischen der dem Maximum der "charge-transfer"-Bande entspr. Frequenz (ν_{CT}) und dem Ionisationspotential (I_D) des π-Elektronen-Donators:

$$h\nu_{CT} = a I_D + b \qquad (a \text{ und } b: \text{Konstanten})$$

lassen sich Ionisationspotentiale errechnen, die in guter Übereinstimmung mit den experimentellen Werten (vgl. S. 31) stehen [524, 1359].

Einige Komplexe weisen *zwei* "charge-transfer"-Absorptionsbanden auf (s. Tabelle 2.5.), die den Übergängen vom obersten bzw. zweitobersten besetzten Molekül-Orbital der Pyrrol-Moleküle zugeordnet worden sind [1359, 2596].

Pyrrol bildet mit Sauerstoff einen Komplex, höchstwahrscheinlich vom "charge-transfer"-Typ, mit charakteristischer Absorption bei 296,5 nm [714, 2416].

2.5. IR-Spektren

2.5.1. Normalschwingungen des Pyrrol-Moleküls

Das Schwingungsspektrum des Pyrrols (Abb. *2.23.*) ist mit Hilfe von Raman- [281, 463, 2043, 2151; vgl.[11]] und IR-Techniken eingehend untersucht worden. Normalkoordinatenanalyse und Berechnungen der

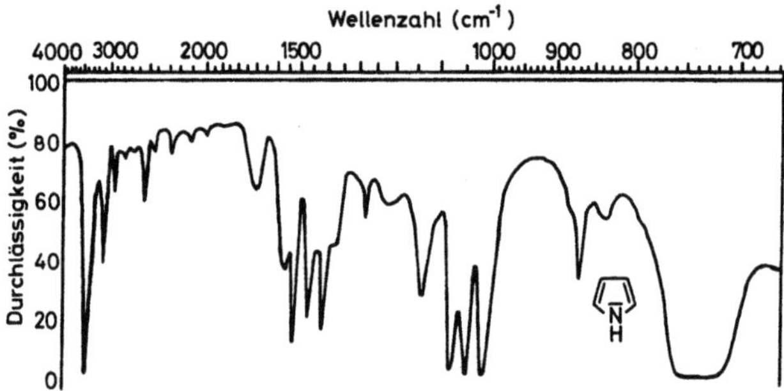

Abb. *2.23.* IR-Spektrum von Pyrrol.

---

[11] Für ausführliche Literaturangaben über Raman-spektroskopische Untersuchungen an Pyrrol und seinen Derivaten s. Zitat [1195 (dort S. 443 bzw. 451)].

Tabelle 2.6. Normalschwingungen des Pyrrol-Moleküls (Numerierung nach Lit. [1425])

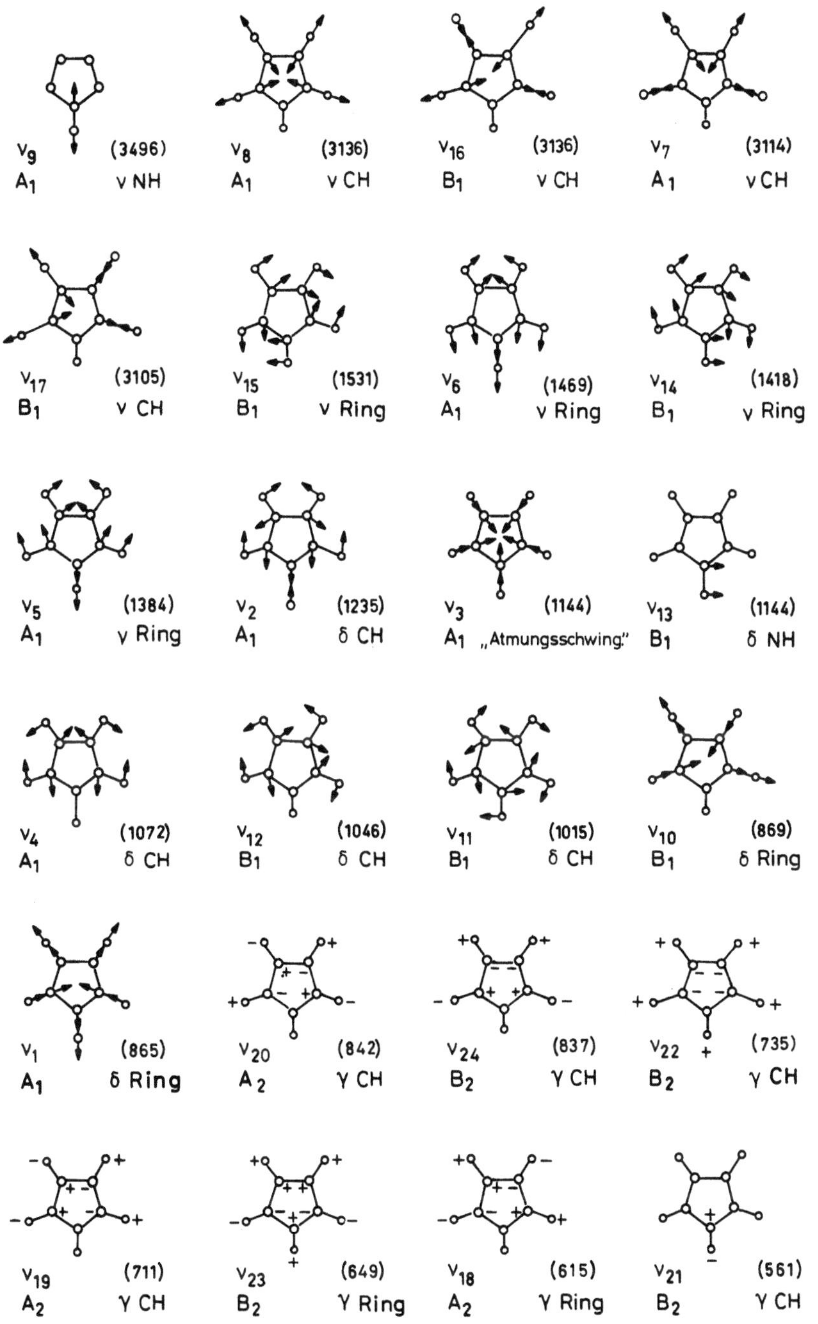

ν_9 (3496) A$_1$ ν NH	ν_8 (3136) A$_1$ ν CH	ν_{16} (3136) B$_1$ ν CH	ν_7 (3114) A$_1$ ν CH
ν_{17} (3105) B$_1$ ν CH	ν_{15} (1531) B$_1$ ν Ring	ν_6 (1469) A$_1$ ν Ring	ν_{14} (1418) B$_1$ ν Ring
ν_5 (1384) A$_1$ ν Ring	ν_2 (1235) A$_1$ δ CH	ν_3 (1144) A$_1$ „Atmungsschwing."	ν_{13} (1144) B$_1$ δ NH
ν_4 (1072) A$_1$ δ CH	ν_{12} (1046) B$_1$ δ CH	ν_{11} (1015) B$_1$ δ CH	ν_{10} (869) B$_1$ δ Ring
ν_1 (865) A$_1$ δ Ring	ν_{20} (842) A$_2$ γ CH	ν_{24} (837) B$_2$ γ CH	ν_{22} (735) B$_2$ γ CH
ν_{19} (711) A$_2$ γ CH	ν_{23} (649) B$_2$ γ Ring	ν_{18} (615) A$_2$ γ Ring	ν_{21} (561) B$_2$ γ CH

Bindungskraftkonstanten liegen ebenfalls vor [234, 349, 566, 1891, 2052, 2116]. Die im wesentlichen von *R. C. Lord* und *F. A. Miller* [1425] aufgrund von IR- und Raman-Messungen an Pyrrol und dessen N-, tetra- und penta-deuterierten Derivaten durchgeführte Zuordnung aller 24 möglichen Normalschwingungen des Pyrrol-Moleküls ist unter Berücksichtigung von späteren geringfügigen Korrekturen [1370, 1376, 1420, 1569, 1571, 1595] – darunter einige für die Schwingungen der Symmetrie-Rasse A_1, die aufgrund der Feinstruktur des Photoelektronenspektrums eingeführt werden müssen [596] – auf Tabelle 2.6. wiedergegeben. Einige Zuordnungen sind trotzdem immer noch unsicher.

Ein Absorptionsmaximum im Bereich der sog. „Atmungsschwingung" (v_3) des Heterocyclus, die für das unsubstituierte Pyrrol der Raman-intensiven Bande bei $1144\,\mathrm{cm}^{-1}$ zugeordnet worden ist (s. Tabelle 2.6.), ist zwar in den IR-Spektren von α-substituierten Pyrrolen vorhanden [1180], fehlt aber sowohl bei den 1-substituierten [1185] und 1,2-disubstituierten Derivaten [1186, vgl. 1334] als auch beim Natrium-Salz des α-Pyrrolaldehyds [288]. Da diese Schwingung des annähernd D_{5h}-symmetrischen Pyrrol-Moleküls eine schwache IR-Absorption hervorrufen soll, ist eine Verwechslung mit der im gleichen Bereich auftretenden Bande der "in plane"-Deformationsschwingung der N–H-Bindung (v_{13}) möglich.

Bei vorausgesetzter C_{2v}-Symmetrie (vgl. S. 7) sind die Schwingungen der Rasse A_2 IR-inaktiv. Im Raman-Spektrum sind alle Grundschwingungen aktiv, wobei diejenigen der Rasse A_1 polarisiert, die anderen depolarisiert sind.

Die Absorption der N–H-Valenzschwingung von Pyrrol und seinen Derivaten ist besonders im Zusammenhang mit deren Bereitschaft zur Wasserstoffbrückenbildung von zahlreichen Autoren sorgfältig untersucht worden (S.71ff.).

Extinktionsmessungen der Absorption von C–H-Valenzschwingungen des Pyrrols und dessen 2,5-Dimethyl-Derivats sind von *R. Mecke u. Mitarb.* [1170] durchgeführt worden.

Die in bezug auf das Cyclopentadien geringere Intensität der entspr. IR-Banden läßt sich sowohl auf den größeren s-Charakter der Kohlenstoff-Hybridorbitale des Pyrrol-Moleküls als auch auf die durch die höhere Elektronegativität des Heteroatoms bedingte Verringerung der Polarität der C–H-Bindungen [vgl. 1374] zurückführen.

2.5.2. Pyrrol-Derivate

Einige IR-Absorptionsbanden von Aryl- [1194, 1334] und Alkylpyrrolen [1194, 1229], Pyrrolcarbonsäuren [1806] und -estern [1194], Pyrrolaldehyden [292, 1194, 1569] und deren Derivaten [1194], 3,4-Dihalogen-

[1605], 2-(β-Acyl-vinyl)- und 2-(β-Aryl-acryloyl)-pyrrolen [1194, 2423], 2-substituierten 1-Methylpyrrolen [1186] sowie von N- [1185] und α-monosubstituierten Pyrrolen [1180] sind – hauptsächlich aufgrund der Daten in Tabelle 2.6. – den entspr. Schwingungen zugeordnet worden.

Die meisten 1-unsubstituierten Pyrrol-Derivate weisen ein IR-Absorptionsmaximum im Bereich 943–973 cm^{-1} auf, das sehr wahrscheinlich der Oberschwingung der NH "out of plane"-Deformationsschwingung zuzuordnen ist [1180, 1334]. Bei den Spektren der entspr. N-deuterierten Verbindungen ist sie schwächer oder gar abwesend.

Die Anzahl und Lage der Absorptionsmaxima der "in- und "out of plane"-CH-Deformationsschwingungen hängt von der Anzahl und relativen Position C-ständiger Substituenten ab (Tabelle 2.7.). Analog wie bei Benzol-Derivaten kann sie als wertvolles Kriterium zur Konstitutionsaufklärung von Pyrrolen dienen.

Tabelle 2.7. Absorptionsbanden der "in-"(δ) und "out-of-plane"(γ)-CH-Deformationsschwingungen C-substituierter Pyrrol-Derivate

Substitutions-Typ	δ_{C-H}(cm^{-1})		γ_{C-H}(cm^{-1})	
Vier CH	1069 ± 6	1027 ± 9	926 ± 4	722 ± 2
Drei benachbarte CH	1090 ± 30	1056 ± 3	892 ± 7	—
Zwei benachbarte CH	—	1035 ± 4	973 ± 6	754 ± 4
Zwei nicht benachbarte CH	—	1054 ± 3	934 ± 2	771 ± 8

·Einzelne IR-Daten für verschiedene alkylsubstituierte Pyrrole sind in der Literatur angegeben [186, 415, 2124, 2169] (vgl. Tabelle 7.1. auf S. 268 ff.). Charakteristisch für die Lage des Alkyl-Restes in *mono*-substituierten Derivaten ist der Bereich der "in plane"-Deformationsschwingungen der ringständigen C−H-Bindungen: Man beobachtet *zwei* starke bis mittelstarke Absorptionsbanden (bei 1092[12] und 1064 cm^{-1}) bei N-alkylsubstituierten Pyrrolen, *drei* (1117, 1095 und 1023 cm^{-1}) bei α-substituierten und nur *eine* (1066 cm^{-1}) für β-substituierte [415].

N-ständige Methyl-Gruppen absorbieren um 3000 cm^{-1} [1568, 1769]. Bei der Absorptionsbande des 1-Methylpyrrols bei 2811 ± 1 cm^{-1} [314, 1086] handelt es sich vermutlich um eine Ober- oder Kombinationsschwingung [1769].

---

[12] Bei den angegebenen Frequenzen handelt es sich um Mittelwerte. Abweichungen von den experimentellen Daten sind selten größer als ± 5 cm^{-1}.

Die IR-Spektren von Pyrromethenen weisen eine charakteristische, nicht zugeordnete, intensive Absorptionsbande (sog. „Methenbande") bei 1600–1680 cm^{-1} auf [1580].

2.5.3. N–H-Valenzschwingung

Die N–H-Absorption *nicht assoziierter* Pyrrol-Moleküle findet bei 3496 cm^{-1} (in CCl$_4$) statt [870, 1574][13]. Sogar in sehr verdünnten Lösungen weisen hochaufgelöste IR-Spektren vom Pyrrol neben der Absorptionsbande der N–H-Valenzschwingung eine um ca. 20 cm^{-1} längerwellig verschobene Schulter auf, deren Intensität mit steigender Temperatur

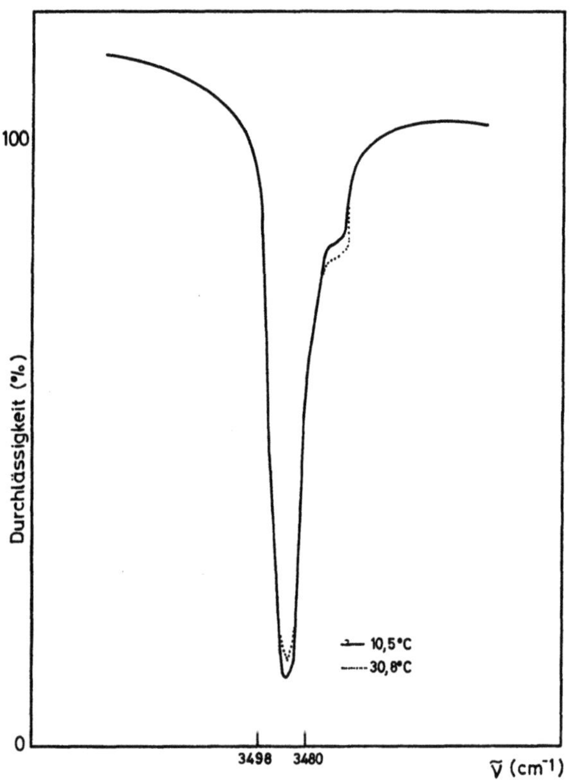

Abb. *2.24.* IR-Absorption der NH-Valenzschwingung von Pyrrol (0,00584 m in CCl$_4$) nach *R. H. Linnell* [1411]

---

[13] *R. A. Jones* und *A. G. Moritz* [1183] geben 3495 cm^{-1} an, *R. J. Abraham et al.* [2] 3497, *R. H. Linnell* [1410] 3498 cm^{-1} (s. Abb. *2.24.*). Die N–H-Valenzschwingung dampfförmigen Pyrrols absorbiert bei 3530±3 cm^{-1} [1203].

zunimmt (s. Abb. *2.24.*). Sie ist von *R. H. Linnell* [1410] der N−H-Valenzschwingung von Molekülen, die sich in einem gegenüber dem Grundzustand energiereicheren (vermutlich in dem der "out of plane"-Deformationsschwingung der N−H-Bindung entsprechenden Niveau) befinden, zugeordnet worden.

Derartige „heiße Übergänge"[14] sind bei Pyrrol-Derivaten ebenfalls beobachtet worden [998, 999, 1183]. Ihre Intensität beträgt 1/20 bis 1/15 der N−H-Bande.

Analog läßt sich die Multiplizität der N−H-Absorptionsbanden im Bereich der ersten [2034, 2572, 2612] und zweiten [843, 844, 845, 2612, 2619] Oberschwingung (bei $6856\,cm^{-1}$ bzw. $10076\,cm^{-1}$ in CCl_4 [826] erklären [215, 2619, vgl. 869].

Die Rotationsfeinstruktur der N−H-Valenzgrundschwingungsbande des Pyrrols ist bei höchster Auflösung analysiert worden. Das Bandenzentrum liegt bei $\tilde{\nu}_{(NH)0} = 3530,520\ cm^{-1}$ [696] (vgl. Fußnote 13 auf S. 64).

Zufriedenstellende Übereinstimmung mit den experimentellen Daten erzielt man bei der theoretischen Behandlung der N−H-Valenzschwingung des Pyrrols mit der Vorstellung eines „Zweiteilchen"-Oszillators X−H (wobei $X \equiv$ Pyrrol-1-yl) [827, 2034]. Die mechanische Anharmonizitätskonstante für die entspr. Schwingung beträgt $X_e = 1{,}89 \cdot 10^{-2}$ [2034, vgl. 2115]. Die Lösungsmittel-Abhängigkeit der Anharmonizität der N−H-Valenzschwingung von Pyrrol ist von *A. Foldes* und *C. Sandorfy* [826] untersucht worden.

In der *Gasphase* – jedoch nicht in Lösungen (vgl. S. 72) – stimmt z.B. das Verhältnis der N−H- zu N−D-Valenzschwingungsfrequenzen vom Pyrrol ($\tilde{\nu}_{NH} = 3529 \pm 3\ cm^{-1}$ (vgl. oben) und Pyrrol-1-d ($\tilde{\nu}_{ND} = 2606 \pm 2\ cm^{-1}$) mit dem für einen Zweiteilchen-Oszillator errechneten Wert ($= 1{,}37$) gut überein [1122, vgl. 2431].

Aufgrund des größeren polaren Charakters der N−H-Bindung des Pyrrols ist die Intensität der entspr. Valenzschwingungsabsorption [1396, 2033] wesentlich höher ($\varepsilon_{max} = 273 \pm 14\ L/Mol \cdot cm$) [827] als bei gesättigten sekundären Aminen. Ihre Lösungsmittel-Abhängigkeit steht mit der Buckinghamschen Beziehung zur Dielektrizitätskonstante und zum Brechungsindex des Solvens im Einklang [1396].

Der Einfluß ringständiger Substituenten auf die N−H-Valenzschwingungsfrequenz bei Pyrrol-Derivaten ist von mehreren Autoren erforscht worden [970, 1245, 1256, 1574, 1576, 1582, 2119, 2121, 2122, 2123]. Zwischen der Acidität des stickstoffständigen Wasserstoffatoms und der Frequenz der entspr. NH-Valenzschwingung besteht eine lineare Beziehung [2120]. Systematische Untersuchungen von *R. J. Abraham et al.*

---

[14] In der angelsächsischen Literatur sog. "hot bands".

[2] an Methylpyrrolen sowie von *R. Alan Jones u. Mitarb.* an Pyrrolcarbonsäureäthylestern [1183], Pyrrolnitrilen [698], Aryl- [998] und Acyl-Pyrrolen [999] zeigen, daß sich der quantitative Substituenten-Effekt auf die N−H-Schwingungsfrequenz aus Inkrementen ($\Delta \tilde{v}_i$) zusammensetzt, die *voneinander unabhängig sind und sich additiv verhalten.* In CCl₄-Lösung wird die Lage der entspr. Absorptionsbande des jeweiligen *nicht intermolekular assoziierten* Pyrrol-Derivats durch die Gleichung:

$$\tilde{v}_{NH} = 3496 + \sum_i n_i \Delta \tilde{v}_i \,(\mathrm{cm}^{-1})$$

angegeben, wobei n_i die Anzahl der Substituenten gleicher Art und $\Delta \tilde{v}_i$ die in der Tabelle 2.8. zusammengefaßten, empirisch ermittelten Inkrementen-Werte darstellen. Abweichungen von den experimentell bestimmten Frequenzen sind selten größer als $\pm 2\,\mathrm{cm}^{-1}$.

Tabelle 2.8. Auf Pyrrol bezogene Verschiebungen der NH-Valenzschwingungsfrequenz ($\Delta \tilde{v}_i$) substituierter Pyrrol-Derivate

Substituent	α-ständig	β-ständig
−CH₃	− 9[a]	+ 2
−Ph	−12	− 7
−COCH₃	−45	−18
−CO−Ph	−42	−18
−COOÄ	−31[b]	−13
	−14[c]	
−CHO[d]	−36	−18
−CN	−22	−12
−NO₂[e]	−49	−29

[a] Modifizierter Wert aus Lit. [2].
[b] Für Konformeres 2.25.
[c] Für Konformeres 2.26.
[d] Aus den Daten in Lit. [1574] errechnete Werte.
[e] In Lit. [2196a] angegeben.

Die verhältnismäßig hohen Verschiebungen der N−H-Absorptionslage bei Pyrrol-Derivaten mit α-ständigen Carbonyl- (Tabelle 2.8) oder Nitro- [2598] Substituenten sind auf das Vorliegen intramolekularer Wasserstoff-Brücken bei der energetisch günstigen Konformation *1.21.* od. *1.22.* (S. 29) zurückzuführen.

Intermolekulare Assoziation, die sowohl bei Pyrrolaldehyden und -ketonen als auch bei Pyrrolcarbonsäureestern stark ausgeprägt ist (S.

70), hat wesentlich größere Erniedrigungen (um $117-199\,cm^{-1}$) der N−H-Schwingungsfrequenz zur Folge [969, 970].

α-Pyrrolcarbonsäureester weisen im Gegensatz zu den Acyl- und Formylpyrrolen *zwei* konzentrationsunabhängige Absorptionsbanden etwa gleicher Intensität auf, die den beiden möglichen energetisch günstigen Konformeren *2.25.* und *2.26.* zuzuordnen sind [1183]. Damit im Einklang beobachtet man bei α,α′-Pyrroldicarbonsäuredialkylestern und bei 5-Acylpyrrol-2-carbonsäureestern, bei denen drei bzw. zwei bevorzugte Konformere möglich sind, *drei* resp. *zwei* Absorptionsbanden im Bereich der N−H-Valenzschwingungen. Das 2,5-Diacetylpyrrol, welches hauptsächlich in der Konformation *2.27.* vorliegt [1426, 1491], weist dagegen nur ein Maximum bei $3424\,cm^{-1}$ auf [999]. In solchen Fällen ist jedoch die Übereinstimmung der berechneten Werte mit den experimentellen etwas schlechter.

2.25. 2.26. 2.27.

Ganz analog lassen sich die IR-Spektren von Bipyrrol- [969] und Dipyrrylmethan-Derivaten [136, 1576] im Bereich der N−H-Valenzschwingungen deuten. Bei den entspr. 3,3′-Dicarbonsäureestern ist die Konformation *2.28.* durch zwei intramolekulare Wasserstoffbrücken energetisch sehr begünstigt [1340], und das Absorptionsmaximum der N−H-Valenzschwingungen liegt bei $3390-3401\,cm^{-1}$.

Erwartungsgemäß weisen Dipyrrylmethan-Derivate mit nur *einer* 3ständigen Ester-Gruppe zwei konzentrationsunabhängige Absorptionsbanden auf.

Die Valenzschwingung der *intramolekular* assoziierten [413] N−H-Bindung bei Pyrromethenen absorbiert im Bereich $3220-3310\,cm^{-1}$ in

2.28.

Tetrachlorkohlenstoff oder Chloroform [136, 997, 1000, 1340, 1580, 2459]. Da der N−H ··· N-Winkel bei den s-Z-Konformeren *2.29.* (bzw. *2.30.*) lediglich 117° beträgt, läßt sich die erhebliche Verschiebung der N−H-Schwingungsfrequenz nicht nur aufgrund der intramolekularen Wasserstoffbrückenbindung erklären[15]. Sie kann entweder auf die durch Konjugation mit dem „π-Mangel"-Pyrrolenin-Ring bedingte geringere Elektronen-Dichte am pyrrolischen Stickstoffatom [vgl. 993] oder auf Protonen-Mesomerie[16] zwischen den beiden valenztautomeren Formen *2.29.* und *2.30.* [vgl. 2037 sowie 2617] zurückgeführt werden. Für eine *schnelle* Umwandlung beider Formen ineinander sprechen die unkomplizierten Protonenresonanzspektren von symmetrisch substituierten Pyrromethenen (s. S.89).

$$\text{2.29.} \qquad \rightleftharpoons \qquad \text{2.30.}$$

2.5.4. CO-Valenzschwingung bei Carbonyl-Derivaten des Pyrrols

In der Pyrrol-Reihe deutet die relativ hohe Valenzschwingungsfrequenz der $>$C$=$O-Bindung N-ständiger Acyl- oder Alkoxycarbonyl-Gruppen *(2.31.)*, die im übrigen auch keinerlei amid- bzw. urethan-ähnliche Eigenschaften aufweisen, auf die geringe Wechselwirkung des π-Orbitals der Carbonyl-Gruppe mit dem weitgehend in den Pyrrol-Ring delokalisierten p-Orbital des Stickstoffatoms hin [192, 1257, 1719, 2318] (vgl. S. 85). Aufgrund der Beteiligung der mesomeren Strukturen *2.33.* bzw. *2.35.* am Resonanzhybrid des Grundzustandes von Pyrrol-Carbonyl-Derivaten absorbiert dagegen die $>$C$=$O-Valenzschwingung der entspr. α- oder β-ringständigen Oxo-Gruppen bei verhältnismäßig niedrigen Frequenzen (vgl. Tabelle 2.9.) [682, 1256, 1576]. Im Einklang mit dem

---

[15] Bildung von starken *linearen* intermolekularen Wasserstoffbrücken beobachtet man bei Pyrrol-Pyridin-Assoziaten (S. 76). Die Verschiebung der N−H-Valenzschwingungsfrequenz beträgt dort 245 cm^{-1}.

[16] Die synonyme Bezeichnung „Protonen-Resonanz" für die der bekannten (Elektronen)-Mesomerie analoge „Delokalisierung" von Protonen erscheint wegen der Verwechslungsmöglichkeit mit der auf das magnetische Kernmoment zurückzuführenden Eigenschaft der Wasserstoffatome weniger geeignet.

größeren Energiegehalt (d. h. geringerer Beteiligung) der Struktur *2.35.* findet die $>C=O$-Absorption von 3-Formyl- [1574] und 3-Acylpyrrolen [999] bei ca. $30\ cm^{-1}$ höheren Wellenzahlen gegenüber den entspr. α-substituierten Isomeren statt.

Tabelle 2.9. Valenzschwingungsfrequenz der $>C=O$-Bindung bei Carbonyl-Derivaten des Pyrrols

	2.31.	2.32.	2.33.	2.34.	2.35.
R	$\tilde{v}_{CO}\ (cm^{-1})$	$\tilde{v}_{CO}\ (cm^{-1})$		$\tilde{v}_{CO}\ (cm^{-1})$	
H	—	1667(CCl$_4$)[1189,1215,1256]		1683(CCl$_4$)[1258]	
Me	1732(CCl$_4$)[1719]	1658(CCl$_4$)[1256]		1628(KBr)[184, vgl.414]	
OMe	1753(CCl$_4$)[1257]	1700 / 1716 (CCl$_4$)[1257]		1711 / 1732 (CCl$_4$)[1257]	
Ph	1691(CHCl$_3$)[1185]	1629(CCl$_4$)[1256, vgl. 1914]		—	
Pyrrol-2-yl	1660(CHCl$_3$)[79]	1597(CHCl$_3$)[1934]		1608(CHCl$_3$)[1934]	

Dementsprechend lassen sich im Prinzip α- von konstitutionsisomeren β-Pyrrolnitrilen IR-spektroskopisch unterscheiden. Hier beträgt die Differenz der entspr. $C\equiv N$-Valenzschwingungsfrequenzen jedoch nur maximal ca. $8\ cm^{-1}$ [698, vgl. 682].

Ebenfalls absorbiert die *nicht assoziierte* (s. unten) Carbonyl-Gruppe des α-Pyrrolcarbonsäuremethylesters bei niedrigerer Frequenz als diejenige des β-Isomeren [1257] (vgl. Tabelle 2.9.).

Dagegen liegt der Absorptions-Bereich ($1732-1710\ cm^{-1}$) der α-ständigen Carbonyl-Funktion von *substituierten* Pyrrolcarbonsäureestern gegenüber demjenigen der β-ständigen ($1711-1701\ cm^{-1}$) kürzerwellig verschoben [970, 1245], so daß für die Energie der $>C=O$-Valenzschwingung nicht nur der elektronische Faktor maßgebend sein kann. Von Bedeutung ist das Vorkommen energetisch bevorzugter Konformere der α-carbonylsubstituierten Pyrrol-Moleküle. Bei α-Pyrrolaldehyden ist die Konformation *1.21.* (S. 29) aufgrund der Dipol-Dipol-Wechselwirkung energetisch bevorzugt, und zwar auch dann, wenn sich keine intramolekulare Wasserstoffbrücke bilden kann [1189]. Pyrrol-2-carbonsäureester können in zwei energetisch günstigen Konformationen vorliegen (vgl. S. 67), und man beobachtet außer der IR-Bande der *intermolekular* assoziierten Carbonyl-Gruppe ($\tilde{v}_{CO} = 1701\text{--}1666\ cm^{-1}$) (s. unten) *zwei* Absorptionsmaxima, die den $>C=O$-Valenzschwingungen der *intramolekular* assoziierten ($\tilde{v}_{CO} = 1713\text{--}1683\ cm^{-1}$, bei *2.25.*) bzw. der freien Carbonyl-Gruppe ($\tilde{v}_{CO} = 1732\text{--}1710\ cm^{-1}$ bei *2.26.*) zuzuordnen sind [970]. Bei β-Pyrrolcarbonsäureestern beobachtet man nur je eine IR-Absorptionsbande für die freie bzw. intermolekular assoziierte Carbonyl-Gruppe.

Bei den konformativ fixierten Oxocycloalkano [a]-Pyrrolen *(2.36.)* hängt die Schwingungsfrequenz der $>C=O$-Bindung von der Ringgröße ab [1753].

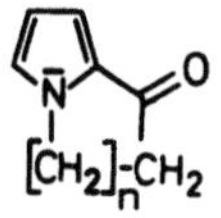

2.36. 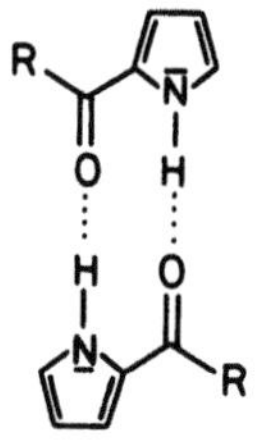   2.37. 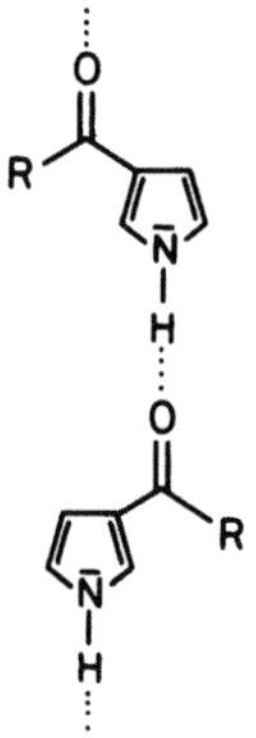   2.38.

Die Effekte anderer Substituenten am Pyrrol-Ring auf die $>C=O$-Valenzschwingungsfrequenz *α-ständiger* Ester-Gruppen verhalten sich additiv und stehen in linearer Beziehung zu den entsprechenden Hammettschen Parametern [1245].

Wegen der starken intermolekularen Assoziation der α-carbonylsubstituierten Pyrrol-Derivate sind IR-Messungen in festem Zustand zur Konstitutionsaufklärung nicht geeignet [vgl. 1573]. Als Lösungsmittel ist allgemein Tetrachlorkohlenstoff gegenüber Chloroform vorzuziehen [970, vgl. 682]. Die Bildung von bimolekularen Assoziaten des Typs *2.37.* ist außer IR-spektroskopisch[17] [1215, 2602] durch verschiedene physikalische Methoden nachgewiesen worden. Beim α-Pyrrolaldehyd betragen die in Tetrachlorkohlenstoff IR-spektroskopisch ermittelten Dimerisierungsenthalpie und -entropie: $\Delta H^0 = 7{,}05 \pm 0{,}10\ kcal/Mol$ bzw. $\Delta S^0 = -15{,}2 \pm 0{,}6\ cal/grad\ Mol$ [424].

---

[17] Für ältere Literaturangaben s. Zitat [1191 (dort S. 405)].

Bei den β-carbonylsubstituierten Pyrrol-Derivaten ist die intermolekulare Assoziation unter Bildung von Polymeren *(2.38.)* sehr wahrscheinlich.

2.5.5. N – H-Assoziation

Einige physikalische Eigenschaften N-unsubstituierter Pyrrol-Derivate, insbesondere aber die verhältnismäßig hohe Siedetemperatur des Pyrrols ($Kp_{760} = 130\,°C$; vgl. Tabelle 1.1. auf S. 6) im Vergleich mit derjenigen vom Furan ($Kp_{758} = 32°$), Thiophen ($Kp = 84\,°C$) und N-Methylpyrrol ($Kp_{760} = 113\,°C$ [1710]) deuten auf die Bildung von Assoziaten unter Beteiligung des stickstoffständigen Wasserstoffatoms hin.

Die Selbstassoziation des Pyrrols in der flüssigen Phase und in relativ konzentrierten Lösungen ist mit Hilfe mehrerer physikalischer Methoden untersucht worden. Die Bildung von Polymeren [1567] bei höheren Konzentrationen, die IR-spektroskopisch [215, 653, 1427, 1428], durch Debye-Dipolresonanz [730] und insbesondere durch kryoskopische Messungen [653, 1205, 1206, 2054] nachgewiesen worden ist, läßt sich am besten mit dem Vorkommen „offener" Assoziate *(2.39.)* interpretieren, während die Ergebnisse von Dipolmoment- (s. S. 20) und Protonenresonanz- [1020, 1770, vgl. jedoch 446] Messungen mit einer „geschlossenen" Struktur *2.40.* besser zu vereinbaren sind.

2.39.   2.40.   2.41.

Daß aber in jedem Fall Wasserstoffbrücken-Bildung bei der Selbstassoziation des Pyrrols eine Rolle spielt, beweisen sowohl die Konzentrationsabhängigkeit der ^{14}N-chemischen Verschiebung [2044] als auch diejenige der Valenzschwingungsfrequenz der N – H-Bindung: Die IR- [870, 1566, 2612, vgl. 1570] und Raman- [1371] Spektren verhältnismäßig konzentrierter Pyrrol-Lösungen in CCl_4 zeigen *zwei* Absorptionsmaxima im Bereich der N – H-Valenzschwingungen. *M.-L. Josien* und *N. Fuson*

[870, 1203] ordneten die scharfe (Halbwertsbreite 11–14 cm^{-1} [1895, 2033]) Bande bei 3496 ± 1 cm^{-1} der Valenzschwingung der freien, die breite Bande bei ca. 3395 cm^{-1} derjenigen der intermolekular assoziierten N–H-Gruppe zu. Die relative Intensität beider Banden ist konzentrationsabhängig [870]. In verdünnten Lösungen ist nur die kürzerwellige Absorption vorhanden (vgl. S. 64).

Statische elektrische Felder an der Oberfläche der zur Messung von IR-Spektren verwendeten Küvettenfenster haben ferner eine nicht unbeträchtliche Abhängigkeit des Assoziations-Grades des Pyrrols vom Fenster-Material und von der Schichtdicke zur Folge [1521, 1522, 1523, 1524, 1525, 1526, 1527].

Während die Lage der Assoziationsbande weitgehend lösungsmittelunabhängig ist [194, 1203], hängt die Valenzschwingungsfrequenz *nicht assoziierter* N–H-Bindungen deutlich vom Lösungsmittel ab. Die in bezug auf den in der Dampfphase gemessenen Wert ($\tilde{v}_{max} = 3530 \pm 3$ cm^{-1} [1203]) beobachtete Verschiebung ($\Delta \tilde{v}$) des Absorptionsmaximums in *apolaren, nicht aromatischen* Lösungsmitteln erfüllt zwar die Kirkwood-Bauer-Magat-Beziehung[18] zur Dielektrizitätskonstante (ε) des jeweiligen Lösungsmittels [871, 1203, 1208, 1384, 2430], kann aber auch auf die Bildung von schwachen Pyrrol-Solvens-Assoziaten zurückgeführt werden [191, 193, 194]. Beide Hypothesen sind jedoch von *A. Allerhand* und *P. v. R. Schleyer* [65] kritisiert worden [vgl. 1122].

Lösungsmitteleffekte auf die "out of plane" N–H-Deformationsschwingung des Pyrrols sind von *P. Mirone* und *G. F. Fabbri* [1572] untersucht worden.

Die Gleichgewichtskonstante für die Bildung des Pyrrol-Dimeren wird sowohl aus Messungen der dielektrischen Polarisation [938, 1164, 1490] als auch aus den IR- [938] oder PMR-Daten [1020, vgl. 446] unter Voraussetzung einer gegebenen Geometrie für das Pyrrol-Dimere bestimmt[19] (vgl. Tabelle 2.10.).

Höchstwahrscheinlich stellen die beiden Assoziationstypen *2.39.* und *2.40.* Extremfälle der tatsächlichen Situation dar. Bei der „offenen" Struktur *2.39.* werden die beiden Moleküle des Dimeren durch eine aufgrund ihrer linearen Anordnung [1435, 1436] relativ stärkere Wasserstoffbrückenbindung zusammengehalten. Bei der geschlossenen Struktur *2.40.* ist dagegen mit einer starken Dipol-Dipol-Wechselwirkung, jedoch mit einer sehr schwachen Wasserstoffbrücke zu rechnen. Struktur *2.41.* schließt einen Kompromiß zwischen beiden entgegengesetzten energetischen Faktoren. Ob es sich bei der Wasserstoffbrückenbindung um eine N–H···N- [870, 1203, 1204, 1448, 1566, 1567] oder um eine N–H···π-Elektro-

---

[18] $\Delta \tilde{v}/\tilde{v}_{Dampf} = C(\varepsilon - 1/2\varepsilon + 1)$ [vgl. 1204!].
[19] Ohne diese Voraussetzung ist eine Gleichgewichtskonstante von 0,79 L/Mol errechnet worden [2503].

nen-Wechselwirkung [1020, 2432, 2434] handelt, hängt vom Grad der Delokalisierung des p-Elektronenpaares am Stickstoffatom ab, so daß der „Ansatzpunkt" der Wasserstoffbrücke derjenige im Ring sein wird, wo die π-Elektronendichte am größten ist.

Tabelle 2.10. Dissoziationskonstanten für das Pyrrol-Dimere (K in Liter·Mol^{-1}) nach verschiedenen Methoden

Modell	Dielektrische Polarisation	IR	PMR
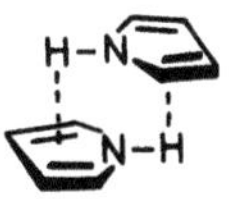	$0{,}14^a$	$0{,}20 \pm 0{,}06^b$	$0{,}34^c$
		$0{,}40 \pm 0{,}12^b$	$0{,}34^c$

[a] In Cyclohexan bei 25 °C [938].
[b] In Tetrachlorkohlenstoff bei 21° ± 1 °C [938].
[c] In Cyclohexan bei 33 °C [1020] (umgerechneter Wert [vgl. 1409]).

Für das Vorliegen von Dimeren des Typs *2.40.* mit antiparallel angeordneten Pyrrol-Ringen sprechen sowohl die Tatsache, daß das kondensierte Pyrrol – im Gegensatz zu den meisten assoziierten Flüssigkeiten (z. B. Alkohole) – ein *kleineres* Dipolmoment als dessen Dampf aufweist (S. 21), als auch die Differenz zwischen den freien Enthalpien der Dimere von Pyrrol und dessen N-Methyl-Derivat von lediglich ca. 0,6 kcal/Mol, die sich aus den Werten der Gleichgewichtskonstanten für die Dimerisierung beider Verbindungen ergibt [77, 938] und die auf die zusätzliche Bindungsenergie einer (sehr schwachen) Wasserstoffbrücke beim Pyrrol zurückgeführt werden kann.

Auch die gegenüber Pyrrol geringere Assoziationsentropie des Pyrrolidins, das nur zu N−H ··· N-Bindungen befähigt ist, steht mit einer höher geordneten Dimer-Struktur – wie *2.40.* – beim ersteren im Einklang [1409].

Die mit Hilfe der Pullin-Werner-Gleichung (S. 76) errechnete freie Bildungsenthalpie der *Wasserstoffbrücken* bei der Dimerisierung von Pyrrol in Tetrachlorkohlenstoff ($\Delta \tilde{\nu} = 101\ \mathrm{cm}^{-1}$; $\Delta G = -0{,}51$ kcal/Mol) stimmt mit dem oben angegebenen Wert gut überein.

Der kleine Wert für die Assoziationsenergie des Pyrrols steht mit der gemessenen Verdünnungswärme dieser Verbindung (2,1 ± 0,1 oder 3,7 ± 0,1 kcal/Mol in Tetrachlorkohlenstoff[20] bzw. Cyclohexan) im Einklang [1673].

Kryoskopische [1162] und IR-spektroskopische Messungen deuten darauf hin, daß in den Lösungen von Pyrrol in *aromatischen* Kohlenwasserstoffen die Selbstassoziation des ersteren mit der Bildung von Solvaten konkurriert. Die breite IR-Absorptionsbande letzterer im Bereich der N−H-Valenzschwingung weist manchmal eine Schulter bei kleineren Frequenzen auf, die den Pyrrol-Dimeren zuzuordnen ist [191, 872, 1203, 1207]. Aufgrund von IR-spektroskopischen Messungen errechneten *N. Fuson et al.* [873] für die Dissoziationskonstante des 1:1-Assoziats von Pyrrol mit Benzol bei 20° den Wert $K = 0,30 \pm 0,03$ L/Mol. Der Befund, daß das Dipolmoment des in Benzol gelösten Pyrrols größer ist als in Cyclohexan, deutet auf das Vorliegen von "charge transfer"-Komplexen [321, 2279] der Form *2.42.*, bei denen die Polarisation der N−H-Bindung durch die N−H⋯π-Wechselwirkung erhöht wird [938] (vgl. S. 20).

Die *negative* Differenz zwischen den molaren Kerr-Konstanten des Pyrrols in Benzol ($mK = -4,9 \cdot 10^{-12}$) und in Tetrachlorkohlenstoff ($mK = +44,6 \cdot 10^{-12}$ [1380]) oder Cyclohexan ($mK = +47,3 \cdot 10^{-12}$) spricht für das Vorliegen orthogonaler Komplexe *(2.42.)* im erstgenannten Lösungsmittel [1382]. Dagegen läßt sich die beobachtete diamagnetische Verschiebung der PMR-Signale der α-ständigen bzw. die paramagnetische der β-ständigen Ring-Protonen vom Pyrrol in benzolischer Lösung mit einem nicht ebenen Kollisionskomplex *2.43.* besser vereinbaren [2005]. Um beide experimentelle Fakten in Einklang zu

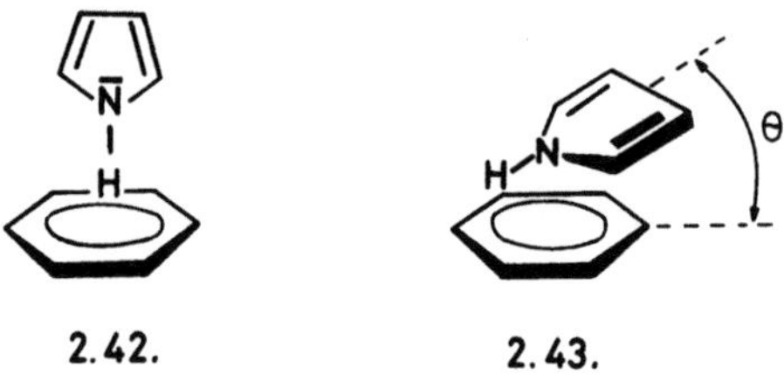

2.42.   2.43.

bringen, ist vorgeschlagen worden [1382], daß der orthogonale Komplex *2.42.* zusätzlich noch ein oder zwei Benzol-Molekül(e) in der für *2.43.* angegebenen räumlichen Anordnung anlagern kann. Die nicht ebene Struktur *2.43.* ($\theta = 35,3°$) ist aufgrund der Lösungsmittelunabhängigkeit (Benzol oder Tetrachlorkohlenstoff) der molaren Kerr-Konstante des zu Wasserstoffbrückenbildung nicht befähigten N-Methylpyrrols für dessen Assoziationskomplex mit Benzol postuliert worden [1382].

---

[20] Durch Extrapolation wurde früher [2462] ein kleinerer Wert (1,4 ± 0,1 kcal/Mol) erhalten.

In den meisten Lösungsmitteln mit Protonenacceptor-Eigenschaften wie Äther [191, 194, 951, 1103, 1112, 1449], Alkoxisilane und Siloxane [1103], Amine [194, 216, 594, 1112], Nitrile [194, 1444, 1583], Amide [1895, 1925] oder Carbonyl-Derivate [194, 195, 446, 1203, 1367, 1449, 1895, 2612] dominiert die Assoziation mit den Lösungsmittel-Molekülen, und nur ein IR-Absorptionsmaximum ist vorhanden, das der N – H-Valenzschwingung des Pyrrols in den Mischassoziaten zuzuordnen ist. Gleichgewichtskonstanten sowie Bildungsenthalpien und -entropien sind für einige dieser Assoziate ermittelt worden (Tabelle 2.11.). In Systemen mit drei Komponenten hängt der Wert der Gleichgewichtskonstante vom verwendeten „inerten" Verdünnungsmittel ab [1365].

Tabelle 2.11. Experimentell gemessene Bildungsenthalpien und -entropien verschiedener Pyrrol-Assoziate

Pyrrol-Assoziat mit	$-\Delta H$ (kcal/Mol)	$-\Delta S$ (cal/grad Mol)	Methode	Lit.
Triäthylamin	5,9 ± 0,2 [a]	—	Kalorim.	[1673]
Pyridin	5,0 ± 0,3 [a]	—	Kalorim.	[1673]
Pyridin	4,3	8,0	PMR	[1020]
Pyridin	3,8 ± 0,2	—	Kalorim.	[2462]
Pyridin	3,6	5,7	IR	[561]
Pyridin	3,2	8,9	IR	[2546]
α-Picolin	3,8	10,8	IR	[2546]
2,6-Lutidin	3,4	9,2	IR	[2546]
Aceton	4,0 ± 0,4	—	PMR	[446]
Dimethylsulfoxid	4,2 ± 0,1 [a]	—	Kalorim.	[1673]
Dimethylsulfoxid	3,6 ± 0,4	2,2	IR	[561]
Dimethylsulfoxid	3,0 ± 0,5	5,6 ± 2,0	PMR	[1871]
Tetrahydrofuran	3,1	4,6	IR	[561]
Triäthylphosphin	3,0	10	IR	[468]
Triäthylarsin	2,5	10	IR	[468]
Cyclohexanon	2,6	2	IR	[561]
Acetonitril	1,92 ± 0,29	—	IR	[1583]
Pyrrol	ca. 1,6	—	PMR	[1770]

[a] Korrigiert für die Verdünnungswärme des Pyrrols (s. Text).

Die Analyse der dielektrischen Polarisation der Gemische zeigt, daß die Mischassoziate eine bevorzugte Geometrie aufweisen: Bei Äthern [940, 2460], Ketonen [217, 916] und Aminen [217, 939] fallen die zweizählige Symmetrie-Achse des Pyrrol-Moleküls und die Symmetrie-Achse des nicht bindenden p-Orbitals am Protonen-Akzeptor zusammen (s. z.B. Abb. *1.20.* auf S. 20). Dagegen überwiegen bei Nitrilen die

N−H···π-Komplexe vom Typ *2.48.* (S. 82), wie aus den Dipolmoment-[217, 939] und Protonenresonanz-Messungen [2254] hervorgeht. Die Festigkeit der Wasserstoffbrückenbindung bei den letztgenannten Komplexen ist geringer als diejenige anderer Pyrrol-Assoziate (vgl. Tabelle 2.11.).

Wasserstoffbrückenbildung zwischen Pyrrol und Triäthylphosphin, -arsin- und -stibin in n-Heptan-Lösungen ist kürzlich von *J. Chojnowski* [468] IR-spektroskopisch untersucht worden (vgl. Tabelle 2.11.).

Eine einfache Beziehung zwischen der freien Bildungsenthalpie (ΔG) von *intermolekularen* Wasserstoffbrücken und der dadurch bedingten Änderung der N−H-Valenzschwingungsfrequenz ($\Delta \tilde{v} = \tilde{v}_{NH\,assoz.} - 3497\,cm^{-1}$) fanden *J. A. Pullin* und *R. L. Werner* [1895] bei der Untersuchung der Assoziation von Pyrrol mit einer Reihe von Carbonyl-Verbindungen (Ketone, Carbonsäureester und -amide), demnach:

$$\Delta G = -3,2\,lg\,\Delta\tilde{v} + 5,9\,kcal/Mol.$$

Die thermodynamisch stabilsten Komplexe entstehen durch Wasserstoffbrückenbildung zwischen Pyrrol und Aminen[21] (Die Verschiebung der Lage der IR-Absorptionsbande der N−H-Valenzschwingung beträgt mit Triäthylamin in CCl_4 $\Delta\tilde{v} = 331 \pm 5\,cm^{-1}$ [1673], (vgl. Tabelle 2.11.)). Insbesondere das Pyrrol-Pyridin-Assoziat *(2.44.)* [937, 1020, 2427] ist mit Hilfe zahlreicher physikalischer Methoden (Viskositäts- [609, 610,

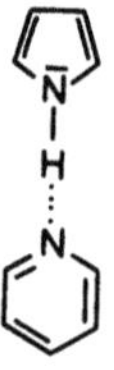

2.44.

611], Oberflächenspannungs- [376], Dielektrizitätskonstanten- [1368, 2427] und Dipolmoment- [937, 939]-Bestimmungen sowie kryoskopische [464] und kalorimetrische [1673] bzw. Raman- [463], IR- [136, 194, 367, 873, 936, 1124, 1203, 1365, 1366, 1367, 1407, 1571, 2462, 2546,

---

[21] Intermolekulare Assoziation von Pyrrol und dessen 2,5-Dimethyl-Derivat mit Trimethylamin ist bei magnetischen Suszeptibilitäts- [216] bzw. Dampfdruck-Messungen [594] ebenfalls nachgewiesen worden.

2612], Protonenresonanz- [846, 1020] und ^{14}N-kernquadrupolresonanz-
spektroskopische [1002] Messungen) untersucht worden.

Nach der PPP-Methode durchgeführte LCAO-SCF-MO-Berechnun-
gen stehen mit einer *linearen* Wasserstoffbrückenbindung, deren Poten-
tial-Kurve ein asymmetrisches Doppelminimum aufweist, im Einklang
[2037].

Die Dissoziationskonstante ($K = 2,9 \pm 0,4$ l/Mol in Tetrachlorkohlenstoff bei 20° [1366, vgl. 872, 873, 939, 1020, 2462] des Pyrrol-Pyridin-Asso-
ziats, dessen Bildungsenthalpie, die ca. -4 kcal/Mol beträgt (vgl. Tabelle
2.11.), sowie die Erniedrigung der N–H-Valenzschwingungsfrequenz
des Pyrrols um 245 cm^{-1} [136, 561, 872] sprechen für eine relativ starke
Wasserstoffbrücke.

Die Solvatisierung der Pyrrol-Moleküle ist jedoch nicht nur auf
die Bildung von Wasserstoffbrücken zurückzuführen; diese können sogar
in schwachen Protonen-Akzeptoren gegenüber intermolekularen elektro-
statischen Wechselwirkungen eine untergeordnete Rolle spielen. Letztere
stehen sowohl mit protonenresonanzspektroskopischen Messungen in
Benzol (s. S. 81) als auch mit der Lösungsmittelabhängigkeit der "out
of plane"-Deformations-Schwingungen der C–H-Bindungen vom N-
Methylpyrrol [652] im Einklang.

2.6. Kernresonanzspektren

2.6.1. ^{1}H-Kernresonanz-Spektren

Das Protonenspektrum reinen Pyrrols (Abb. *2.45a.*) besteht aus zwei
dicht aneinander liegenden Multipletts von verhältnismäßig breiten Banden und aus einem sehr breiten, kaum wahrnehmbaren Signal für das
N-ständige Wasserstoff-Atom [1, 429, 981, 1020, 1945].

Durch Vergleich mit den Protonenresonanzspektren 2,5-disubsti-
tuierter Pyrrole wurde das bei tieferer Feldstärke ($\delta = 6,33$ ppm)[22] liegen-
de Multiplett den α-ständigen, das bei höherer ($\delta = 6,14$ ppm) den β-stän-
digen Ring-H-Atomen zugeordnet [1].

Man merke, daß die geringere chemische Verschiebung der β-ständigen Protonen
mit der nach verschiedenen MO-Methoden berechneten *höheren* Elektronen-Dichte an
den entspr. C-Atomen (vgl. S. 18) im Einklang steht [251, 1065].

---

[22] Sämtliche chemische Verschiebungen sind in diesem Kapitel als δ-Werte bezogen
auf Tetramethylsilan angegeben.

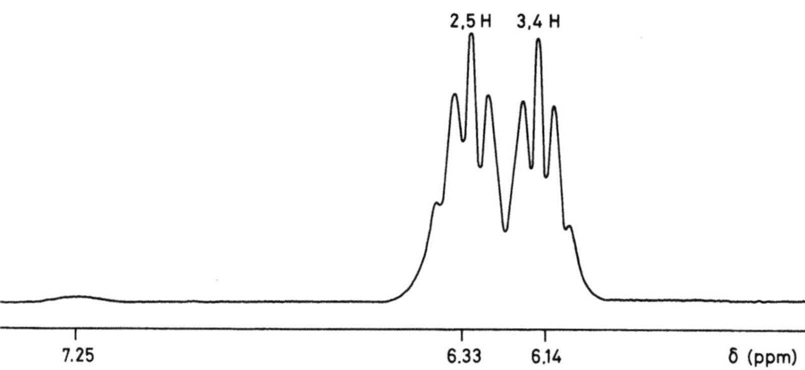

Abb. *2.45a.* PMR-Spektrum des flüssigen Pyrrols

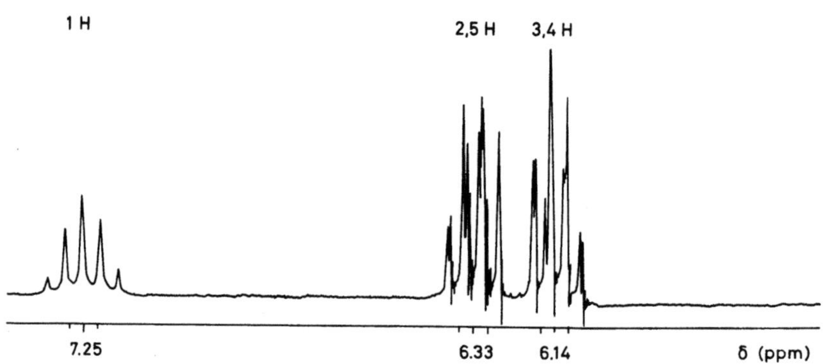

Abb. *2.45b.* PMR-Spektrum des flüssigen Pyrrols bei heteronuklearer Doppelresonanz-Entkopplung

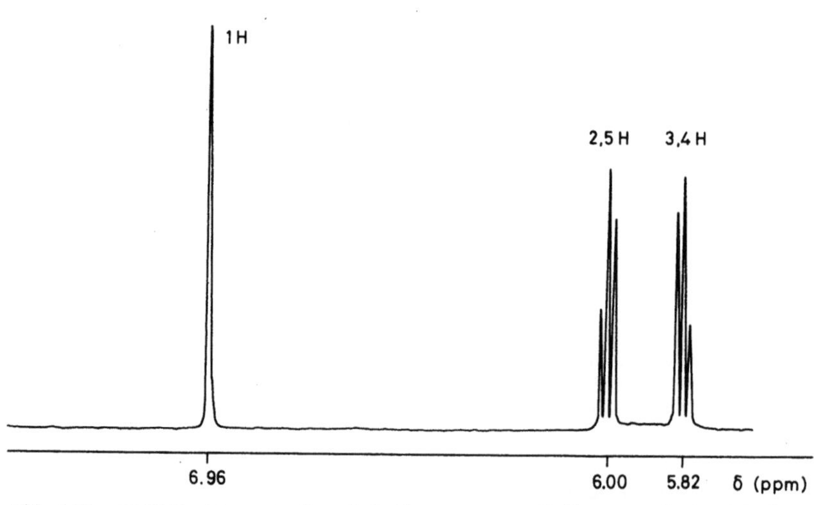

Abb. *2.45c.* PMR-Spektrum des Pyrrols in Gegenwart von Kalium-pyrrolat (> 0,1 m)

Die Verbreiterung des dem N-ständigen Proton zugeordneten Signals bei $\delta = 7{,}25$ ppm ist aufgrund der reziproken Beziehung der Banden-Breite mit der Temperatur auf die durch schnelle elektrische Quadrupol-Relaxation des ^{14}N-Kerns gestörte Spin-Spin-Kopplung (s. S. 85) beider Atome miteinander und nicht auf den mit der Resonanzfrequenz synchron stattfindenden Austausch des N-ständigen Protons zurückzuführen [1986].

^{14}N-Kernquadrupol-Kopplungskonstanten sind durch quadrupolresonanzspektroskopische Messungen an kristallinem Pyrrol bei 77 °K [992, 1713, 2078] sowie aus den Rotationsspektren des Pyrrols [1674] bzw. dessen N-Methyl-Derivats [112] und aus den Daten der Messung des Zeeman-Effektes im Mikrowellen-Bereich [2272] bestimmt worden. Die für das Pyrrol experimentell ermittelten Kopplungskonstanten [1674]: $\chi_{xx} = 1{,}45 \pm 0{,}02$, $\chi_{yy} = 1{,}21 \pm 0{,}02$, $\chi_{zz} = -2{,}66 \pm 0{,}02$ MHz^{23} sind *kleiner* als die nach CNDO/2 [580] oder *ab initio*-Methoden [1296, 2079] errechneten Werte. Bessere Ergebnisse liefert die IEHT-Methode [687].

Die oft störende Kopplung des N-ständigen H-Atoms mit den Ring-Protonen, die hauptsächlich für die schlechte Auflösung der Signale letzterer verantwortlich ist, kann nach mehreren Methoden beseitigt werden, und zwar durch

1. schnellen Austausch des am Stickstoffatom gebundenen Protons [981, 1198];
2. Substitution desselben durch Deuterium^{24} [1];
3. heteronukleare Doppelresonanz-Entkopplung [864, 1236, 2191];
4. Messungen an ^{15}N-angereichertem Pyrrol (s. S. 85).

Für die systematische Untersuchung von Konzentrations-, Substituenten- und Lösungsmitteleffekten empfiehlt sich die Doppelresonanzmethode. Sie erlaubt ferner die Bestimmung der Kopplungskonstanten der C-Ringprotonen mit dem N-ständigen Wasserstoffatom (s. Tabelle 2.15.), dessen Resonanzsignal unter diesen Bedingungen als gut aufgelöstes Quintuplett erscheint [864, 2191] (Abb. *2.45b*.).

Für die Strukturaufklärung substituierter Pyrrole, bei der es weniger auf die Kenntnis der genauen chemischen Verschiebungen, die von der verwendeten Base abhängig sind, ankommt, ist das Verfahren des Protonenaustausches wegen seiner experimentellen Einfachheit vorzuziehen. Bei genügend aciden negativ substituierten Pyrrolen findet bereits in Dimethylformamid oder -sulfoxid schneller Austausch des N-ständigen Protons statt. In den meisten Fällen jedoch ist die Katalyse durch

---

^{23} Molekülebene ist die xy-Ebene. Zweizählige Symmetrie-Achse ist die x-Achse.

^{24} Sowohl das elektrische Quadrupolmoment des Deuterons als auch dessen magnetische Kopplungskonstante mit den α- und β-pyrrolringständigen H-Atomen sind sehr klein und führen nur zu einer schwachen Verbreiterung der Protonen-Signale.

Tabelle 2.12. Lösungsmittel-Abhängigkeit der chemischen Verschiebungen der ringständigen Protonen von Pyrrol

Lösungsmittel	Konz.	$\delta_{NH}{}^a$	$\delta_{H_\alpha}{}^a$	$\delta_{H_\beta}{}^a$	$\delta_{H_\alpha}-\delta_{H_\beta}$	Lit.
Aceton	5[b]	—	6,58	5,89	0,69	[2074]
CCl$_4$	—	7,7	6,62	6,05	0,57	[1089]
Dioxan	34[c]	—	6,73	6,17	0,56	[981]
CDCl$_3$	ca. 7[c]	ca. 8,0	6,68	6,22	0,46	[2454]
Hexan	5[b]	—	6,32	5,94	0,38	[2074]
Cyclohexan	4,25[b]	7,54	6,51	6,11	0,40	[1020]
keins	—	—	6,32	6,14	0,18	[627]
Benzol	5[b]	—	5,85	5,80	0,05	[2074]

[a] In ppm bezogen auf TMS.
[b] Mol-%.
[c] g/100 ml.

eine Base (Piperidin) erforderlich. Beim Pyrrol und dessen Alkyl-Derivaten wird erst durch Zusatz des entspr. Kalium-pyrrolats eine große Verschärfung der Signale *aller* Protonen erzielt (Abb. *2.45c.*) [1198].

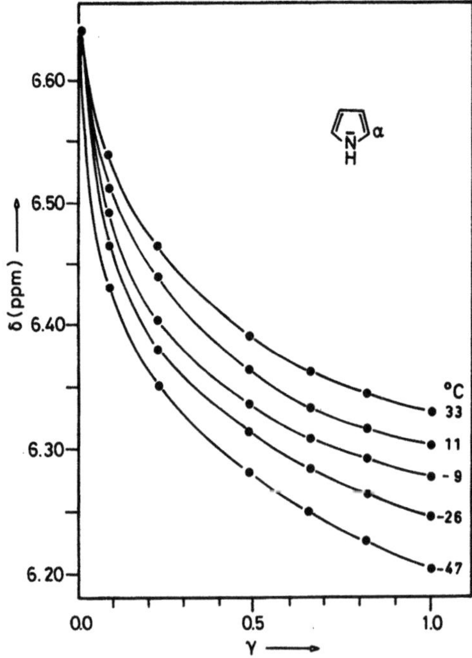

Abb. *2.46.* Konzentrations- und Temperatur-Abhängigkeit der chemischen Verschiebung des Signals des α-ständigen Protons vom Pyrrol in Tetrachlorkohlenstoff (aus Lit. [1770])

Die ausgeprägte Konzentrations- und Temperatur- (Abb. *2.46.*) [1770] sowie Lösungsmittel-Abhängigkeit [2074] (Tabelle 2.12.) der chemischen Verschiebungen ringständiger Protonen vom Pyrrol und seinen Derivaten [vgl. 2083] rührt sowohl von deren Tendenz zur Bildung von Dimeren als auch von der Assoziation mit den Solvens-Molekülen her (s. S. 71 ff.). In apolaren *nicht aromatischen* Lösungsmitteln hat die Verdünnung der Lösung eine Verschiebung aller Signale nach tieferem Feld – und zwar das vom N-ständigen Proton am stärksten, die von den Ring-Protonen in β-Stellung am schwächsten – zur Folge [446, 1020]. Diese Verschiebung geht also in umgekehrte Richtung wie bei aliphatischen Aminen. Nimmt man an, daß bei höheren Konzentrationen Dimere vom Typ *2.40.* vorliegen (S. 71), so befindet sich im Assoziat das N-ständige Proton von einem Molekül oberhalb der Ringebene des anderen Moleküls und das entspr. Signal wird infolge des Ringstromes (s. S. 93) diamagnetisch verschoben. Die α- und β-Protonen sind weiter von der Ringmitte entfernt, und ihre Verschiebung ist daher geringer. Beim Verdünnen dissoziieren die Kollisions-Komplexe, die Wirkung des Ringstromes wird abgeschwächt, und die Signale werden nach tieferem Feld verschoben. Aufgrund der Beziehung zwischen den chemischen Verschiebungen und der Konzentration [1020] bzw. der Temperatur [1770] sind die Gleichgewichtskonstante der Dimerisierung (S. 73) und die Assoziationsenthalpien des Pyrrols (S. 75) und des N-Methylpyrrols ermittelt worden.

Assoziation des Pyrrols mit Tetrachlorkohlenstoff scheint ebenfalls vorzukommen [446].

In Benzol ist die Differenz zwischen den chemischen Verschiebungen der α- und β-ständigen Ring-Protonen des Pyrrols erheblich geringer als in anderen apolaren Lösungsmitteln (Tabelle 2.12.). Bezogen auf Tetrachlorkohlenstoff ist die Absorption der α-ständigen Ring-Protonen um 0,30 ppm diamagnetisch, diejenige der β-ständigen dagegen um 0,28 ppm paramagnetisch verschoben. Dieser Sachverhalt läßt auf das Vorliegen von nicht ebenen Kollisions-Komplexen *2.43.* (s. S. 74), bei denen sich ein Benzol-Molekül am *positiven Ende* des elektrischen Dipols des Pyrrol-Moleküls anlagert [25], schließen [2005].

Analoge Komplexe bilden sich mit Alkyl-Pyrrolen. Die Spezifität der Benzol-Solvatisierung erlaubt α- von β-ständigen Substituenten

---

[25] Für eine vorwiegend elektrostatische Wechselwirkung zwischen den beiden Molekülen spricht der Zusammenhang der bezogen auf Pyrrol größeren benzol-induzierten paramagnetischen Verschiebung der β-ständigen Ring-Protonen des N-Methylpyrrols [1451, 2005] mit dessen größerem Dipolmoment (S. 22–23). Vermutlich spielt jedoch bei der Bildung von π-Komplexen zwischen Pyrrol- und Benzol-Molekülen die Acidität des N-ständigen Wasserstoffatoms außerdem eine Rolle [1377] (s. S. 77).

durch Wechsel des Lösungsmittels kernresonanzspektroskopisch zu unterscheiden und kann somit zur Konstitutionsaufklärung nützlich gemacht werden.

In polaren Lösungsmitteln mit Protonen-Akzeptor-Eigenschaften (Pyridin, Dioxan, Aceton u. a.) erfahren die α-ständigen Ring-Protonen aufgrund der Bildung wasserstoffverbrückter Assoziate (vgl. S. 75) größere *paramagnetische* Verschiebungen als die β-ständigen (Tabelle 2.12.) [846]. Zwischen der chemischen Verschiebung des N-ständigen Protons von Pyrrol und den pK_s-Werten verschiedener basischer Lösungsmittel besteht eine lineare Beziehung [2254].

Nitrile sind sowohl zur Bildung von (sp) ··· H- *(2.47.)* als auch π ··· H-gebundenen Assoziaten *(2.48.)* befähigt, wobei höchstwahrscheinlich letztere überwiegen [2254].

2.47.   2.48.   2.49.

Die π-Donator-Eigenschaften des Pyrrolringes gegenüber H-aciden Verbindungen wie Trihalogenmethanen [1742, 2043, 2270], Phenol [2595] und 1-Alkinen [1123, 1795] sind durch Protonenresonanz- [1742, 1795, 2270], Raman- [2043] und IR- [1123, 2595] spektroskopische Messungen nachgewiesen worden. Die entspr. Assoziate (z. B. *2.49.*) können nach *R. S. Mulliken* als "charge transfer"-Komplexe angesehen werden (vgl. S. 59).

2.6.2. Kopplungs-Konstanten

2.6.2.1. H – H-Kopplung

Die Bestimmung sämtlicher Proton-Proton-Kopplungskonstanten von Pyrrol [864], dessen 3-Methyl-Derivat [865] sowie α-Pyrrolaldehyd und α-Pyrrolcarbonsäure [2138] ist kürzlich mit Hilfe der simultanen ^{14}N- und ^{1}H-Entkopplung durchgeführt worden. Die Übereinstimmung mit früheren nach verschiedenen Methoden für das Pyrrol erhaltenen Werten

(Tabelle 2.13.) ist sehr gut. Die aus der Analyse des 100-MHz-Spektrums vom ^{15}N-Pyrrol erhaltenen Proton-Proton-Kopplungskonstanten stimmen jedoch mit den von *G. F. Katekar* und *A. Moritz* (s. Tabelle) angegebenen Werten am besten überein [1913].

Tabelle 2.13. Kopplungskonstanten ringständiger Protonen beim Pyrrol, nach verschiedenen Methoden ermittelt

J_{HH} (Hz)	^{14}N-Pyrrol			^{15}N-Pyrrol
	Methode[a]	[b]	[c]	[d]
$J_{1,2}=J_{1,5}$	$2,6\pm0,2$	$2,60\pm0,07$	$2,59\pm0,02$	2,53 (2,58)
$J_{1,3}=J_{1,4}$	$2,3\pm0,2$	$2,45\pm0,05$	$2,53\pm0,02$	2,45 (2,46)
$J_{2,3}=J_{4,5}$	$2,7\pm0,2$	$2,69\pm0,05$	$2,73\pm0,02$	2,71 (2,70)
$J_{2,4}=J_{3,5}$	$1,3\pm0,2$	$1,44\pm0,03$	$1,37\pm0,02$	1,41 (1,44)
$J_{2,5}$	$2,1\pm0,2$	$1,87\pm0,05$	$1,86\pm0,05$	1,98 (1,87)
$J_{3,4}$	$3,7\pm0,2$	$3,34\pm0,05$	$3,63\pm0,05$	3,56 (3,35)

[a] Direkte Feinstruktur-Analyse des Protonenresonanzspektrums [627, 629].
[b] Simultane ^{14}N- und ^{2}H-Entkopplung bei statistisch deuteriertem Pyrrol [1236].
[c] Simultane ^{14}N- und ^{1}H-Entkopplung mit Spektrum-Simulierung [864].
[d] Analyse des 60-MHz- [1911] bzw. (Werte in Klammern) des 100-MHz-Spektrums [1912, 1913] vom ^{15}N-Pyrrol.

Alle Kopplungskonstanten der *Ring-Protonen* miteinander haben sowohl beim Pyrrol [864] und dessen 3-Methyl-Derivat [865] als auch beim α-Pyrrolaldehyd [2138] und bei der entspr. Carbonsäure [512, 2138] dasselbe Vorzeichen.

Vicinale Proton-Proton-Kopplungskonstanten sind für Pyrrol sowie α-Pyrrolaldehyd und -nitril nach der INDO-MO-Methode berechnet worden [1469]. Sie stimmen mit den experimentellen Werten ziemlich gut überein.

Die verhältnismäßig unkomplizierte „Quartett"-Struktur der Banden der α- und β-ständigen Protonen (Abb. *2.45b.*) rührt daher, daß diese mit dem N-ständigen Proton koppeln und die Werte der entspr. Konstanten $J_{1,2}$, $J_{1,3}$ und $J_{2,3}$ etwa gleich groß sind [2191] (vgl. Tabelle 2.13.). Damit im Einklang erscheinen die entspr. Signale bei schnellem Austausch des N-gebundenen Protons (Abb. *2.45c.*) bzw. im Spektrum des N-Deuteropyrrols [1] als zwei Tripletts mit den relativen Intensitäten 1:2:1.

Bei Pyrrol-Derivaten sind die Werte der Kopplungskonstanten der ringständigen Protonen für die relative Lage der Substituenten charakteristisch (Tabelle 2.14.) [1, 3, 512, 570, 981, 2514] und stellen daher ein brauchbares, oft angewendetes [690, 757, 1258, 1423, 1700, 1735, 1737, 2320] Kriterium zur Konstitutionsaufklärung isomerer Verbindungen dar. Schwache allylische und homoallylische Kopplungen ($J_{H-H} = 0{,}5$ bis 1,1 Hz) finden zwischen pyrrol-ringständigen Methyl-Gruppen und den Ring-Protonen statt [981, 2011].

Tabelle 2.14. Größenordnung von den Kopplungskonstanten ringständiger Protonen bei Pyrrol-Derivaten

J_{HH}	Hz
$J_{1,2}$	2,3–3,2
$J_{1,3}$	2,2–3,0
$J_{2,4}$	1,35–1,94
$J_{2,5}$	1,95–2,20
$J_{2,3}$	2,26–3,20
$J_{3,4}$	2,80–4,07

Proton-Proton-Weitbereichskopplungen sind bei α- sowie β- [2016] Pyrrolaldehyden beobachtet worden und deuten auf das Vorliegen einer bevorzugten Konformation der Formyl-Gruppe hin. Bekanntlich läßt sich der partielle Doppelbindungscharakter der $N-CO$-Bindung von Amiden protonenresonanzspektroskopisch nachweisen [995]. Faßt man α-Formyl- bzw. α-Acyl-pyrrole als dienyloge Amide auf, so ist aufgrund der starken Beteiligung der zwitterionischen Grenzstrukturen *2.50b.* und *2.51b.* am Grundzustand der Moleküle die Drehung um die Ring-CO-Bindung behindert, so daß zwei energetisch begünstigte Konformere (*2.50.* und *2.51.*) möglich sind [1190]. Bei α-Formylpyrrolen beträgt die Kopplungskonstante zwischen dem aldehydischen H-Atom und dem 5ständigen Ring-Proton 1,0 bis 1,2 Hz [3, 109, 981, 1189, 1232, 2138]. Da Proton-Proton-Kopplungskonstanten über fünf Bindungen hinweg nur bei einer anti-anti-koplanaren Anordnung der beteiligten Atome eine meßbare Größe haben („Zick-Zack"-Regel) [2232], muß in Übereinstimmung mit den Dipolmoment- (S. 29) und IR-spektroskopischen Daten (S. 69) Konformation *2.50.* im Gleichgewicht überwiegen[26].

---

[26] Die entspr. Weitbereichskopplung sollte beim Konformeren *2.51.* mit dem 4-ständigen Ring-Proton stattfinden. Tatsächlich wird sie beim N-Äthoxycarbonylpyrrol-2-aldehyd, der hauptsächlich in der *2.51.* entspr. Konformation vorliegt, beobachtet ($J_{HH} = 0{,}70$ Hz) [2016]. Bei N-unsubstituierten oder N-Alkyl-Pyrrolen ist sie – wenn überhaupt vorhanden [1190] – sehr gering, und bisher nur beim 1-Methylpyrrol-2-aldehyd *angenommen* worden [59].

Die Werte der Proton-Proton-Weitbereichskopplungskonstanten in verschiedenen N-alkylsubstituierten Pyrrolen [1189] sowie die Temperatur-Abhängigkeit des Overhauser-Effektes beim N-Methyl-4-brompyrrol-2-aldehyd [2016] deuten darauf hin, daß Konformeres *2.50.* ebenfalls in Abwesenheit des stickstoffständigen Wasserstoffatoms bevorzugt ist [vgl. jedoch 109].

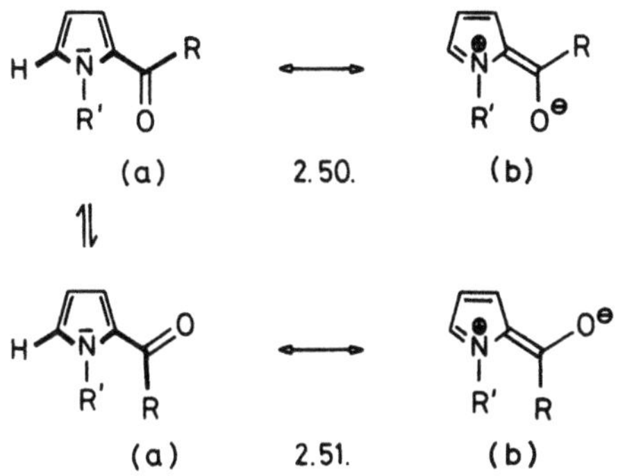

(a)   2.50.   (b)

(a)   2.51.   (b)

Dagegen spricht die relativ niedrige, protonenresonanzspektroskopisch bestimmte Energiebarriere (12–14 kcal/Mol bei Raumtemperatur) der freien Drehbarkeit um die N−CO-Bindung stickstoffständiger Formyl- und Acyl-Gruppen [570, 1485, 1509] für einen sehr geringen Doppelbindungscharakter dieser Bindung (vgl. S. 68) und somit für die Delokalisierung des p-Elektronenpaares am Stickstoff zum Pyrrolring hin.

2.6.2.2. N−H-Kopplung

Die wegen der Quadrupol-Relaxation des ^{14}N-Kernes schwer zu bestimmende Kopplungskonstante mit dem N-ständigen Proton ist für das Pyrrol und dessen C-tetradeuteriertes Derivat auf Tabelle 2.15. angegeben [1910]. ^{15}N−H-Kopplungskonstanten sind für sämtliche Ring-Protonen an ^{15}N-angereichertem (über 96%) Pyrrol [1911, 1913] und 2,5-Ditert.butyl-pyrrol [878] bestimmt worden (Tabelle 2.15.). Sie haben alle dasselbe Vorzeichen [1911] und sind höchstwahrscheinlich negativ [878, 1911].

2.6.2.3. C−H-Kopplung

^{13}C−H-Kopplungskonstanten für das Pyrrol (Tabelle 2.16.) und einige seiner Alkyl-Derivate [934, 1741, 1921, 2336] sind sowohl anhand der

Tabelle 2.15. Stickstoff-Proton-Kopplungskonstanten (in Hz) für das Pyrrol und zwei seiner Derivate

N-Isotop	Pyrrol-Derivat	J_{N-H_1}	J_{N-H_2}	J_{N-H_3}	Lit.
^{14}N	Pyrrol	$69,5 \pm 1$	—	—	[1910]
	Pyrrol-d$_4$	$68,6 \pm 1$	—	—	[1910]
^{15}N	Pyrrol	$-96,53$	$-4,52$	$-5,39$	[1913]
	2,5-Di-tert.butyl-pyrrol	$91,5$	—	$5,2$	[878]

Satelliten-Banden im Protonenresonanzspektrum als auch ^{13}C-kernresonanzspektroskopisch ermittelt worden.

In Abwesenheit von Lösungsmittel- und Assoziations-Effekten ist ein enger Zusammenhang zwischen den $^{13}C-H$-Kopplungskonstanten und den entspr. ^1H-chemischen Verschiebungen zu erwarten. Abweichungen einer linearen Beziehung gegenüber geeigneten Standardwerten werden von *J. H. Goldstein* und *G. S. Reddy* [934] als ein empirisches

Tabelle 2.16. Nach verschiedenen experimentellen Methoden ermittelte $^{13}C-H$-Kopplungskonstanten für das Pyrrol

J (Hz)	Satelliten	Satelliten	^{13}C Spektr.	Satelliten
$^{13}C_\beta-H$	169,8	171	170	169,58
$^{13}C_\alpha-H$	184,0	184	182	184,12
Lit.	[2336]	[628]	[1741]	[1236]

Maß für diamagnetische Anisotropie-Effekte beim Pyrrol und einigen seiner Methyl-Derivate interpretiert. Die Ergebnisse bestätigen noch einmal, daß der „Ringstrom"-Effekt beim Pyrrol (und Furan) wesentlich kleiner ist als beim Thiophen, und daß die bei den zwei erstgenannten Heterocyclen beobachteten Anisotropie-Effekte weitgehend auf dem Heteroatom lokalisiert sind (vgl. S. 93).

Nach theoretischen Überlegungen [1611] sollten die $^{13}C-H$-Kopplungskonstanten in erster Näherung proportional zum s-Anteil des mit dem Wasserstoffatom überlappenden Kohlenstoff-Hybridorbitals sein. Aufgrund dessen lassen sich mit Hilfe von verschiedenen halbempirischen Ansätzen und durch Einführung eines „Heteroeffekt"-Parameters die

Valenzwinkel (die nicht mit den Strukturwinkeln identisch sind) sowie sämtliche s-Anteile der sp^2-hybridisierten C-Atom-Orbitale im Pyrrol-Gerüst errechnen [628]. Ein Versuch, die $^{13}C-H$-Kopplungskonstanten mit EHT-MO-Parametern zu korrelieren, ist gemacht worden [2592].

2.6.3. Einkernige Pyrrol-Derivate

Die Substituenten-Effekte auf die Protonenresonanz-Absorption der Pyrrole lassen sich mit Hilfe der herkömmlichen Vorstellungen über die elektronischen Effekte der funktionellen Gruppen zumindest qualitativ interpretieren. Aus den bisher vorhandenen empirischen Daten lassen sich folgende Gesetzmäßigkeiten ableiten:

2.6.3.1. Alkyl-Pyrrole (vgl. Tabelle 7.1. auf S. 268–271)

N-ständige Methyl-Gruppen absorbieren bei *niedrigerer* Feldstärke ($\delta = 3{,}60 - 3{,}05$ ppm) [438, 981, 1089, 1451, 1786, 2257, vgl. 2548] als α- oder β-ringständige ($\delta = 2{,}63 - 1{,}80$ ppm) [1089, 1786, 2011].

In der Regel werden den α-ständigen Protonen sowie Methyl-Gruppen größere chemische Verschiebungen (auf TMS bezogen) als den β-ständigen [1089, 2011] zugeordnet. Diese Zuordnung ist jedoch außerhalb einer Homologen-Reihe problematisch [vgl. 1096].

Tabelle 2.17. Inkremente der chemischen Verschiebungen der Ringprotonen ($\Delta\delta \equiv \delta_{Der.} - \delta_{Pyrrol}$ in ppm) von monomethylsubstituierten Pyrrolen in CCl_4 [1089]

| $\Delta\delta$ | Me-Gruppe am | | |
am	N	C_2	C_3
C_2-H	$-0{,}25$	—	$-0{,}34$
C_3-H	$-0{,}13$	$-0{,}33$	—
C_4-H	$-0{,}13$	$-0{,}16$	$-0{,}20$
C_5-H	$-0{,}25$	$-0{,}26$	$-0{,}20$

Die formale Einführung von Methyl-Gruppen in den Pyrrolring hat eine *diamagnetische* Verschiebung *aller* Ring-Protonen-Signale zur Folge [1945]. *Die für monomethylsubstituierte Derivate errechneten Inkremente* (Tabelle 2.17.) *verhalten sich weitgehend additiv* (max. Abweichung $\pm 5\%$) [vgl. 1089].

2.6.3.2. Pyrrol-Carbonyl-Derivate und -nitrile

Einführung einer elektronenziehenden funktionellen Gruppe in den Pyrrolring ruft stets die *paramagnetische* Verschiebung der Signale *aller* Ring-Protonen hervor [3, 981, 1938, 2011], wobei im Falle der Substitution am

$$N: \quad \Delta\delta_{H_\alpha} > \Delta\delta_{H_\beta} \qquad \text{(Tabelle 2.18.)}$$

$$C_2: \quad \Delta\delta_{H_3} > \Delta\delta_{H_5} > \Delta\delta_{H_4}$$

$$\text{und am } C_3: \quad \Delta\delta_{H_2} > \Delta\delta_{H_4} > \Delta\delta_{H_5} \qquad \text{(Tabelle 2.19.)}$$

Tabelle 2.18. Inkremente der chemischen Verschiebungen der Ringprotonen ($\Delta\delta \equiv \delta_{\text{Derivat}} - \delta_{\text{Pyrrol}}$ in ppm) von negativ N-substituierten Pyrrol-Derivaten

N–R	$\Delta\delta_\alpha$	$\Delta\delta_\beta$	Lit.
–CHO[a]	+0,59	+0,18	[1509]
–COPh[b]	+0,54	+0,14	[1187]
–COCH$_3$[b]	+0,53	+0,08	[1187]
–COOCH$_3$[b]	+0,51	+0,05	[1187]
–Ph[b]	+0,30	+0,10	[1187]

[a] In CDCl$_3$.
[b] In CCl$_4$.

Tabelle 2.19. Inkremente der chemischen Verschiebungen der Ringprotonen ($\Delta\delta \equiv \delta_{\text{Derivat}} - \delta_{\text{Pyrrol}}$ in ppm) von negativ C-monosubstituierten Pyrrol-Derivaten

Substituent	$\Delta\delta_{H_2}$	$\Delta\delta_{H_3}$	$\Delta\delta_{H_4}$	$\Delta\delta_{H_5}$	Lit.
2-CHO[a]	—	+0,89	+0,19	+0,46	[3]
2-CHO[b]	—	+0,76	+0,09	+0,40	[981]
2-CN[a]	—	+0,75	+0,14	+0,33	[3]
2-CO–CH$_3$[b]	—	+0,73	+0,02	+0,29	[981]
3-COOÄ[b]	+0,71	—	+0,40	+0,03	[981]

[a] In Aceton-d$_6$.
[b] In Dioxan-d$_8$.

2.6.3.3. Halogen-Pyrrole

Einführung eines Chlor- oder Brom-Atoms in den Pyrrolring hat keinen bedeutenden Einfluß auf die Lage der Protonenresonanz-Signale [76, 1096, 1605].

2.6.4. Pyrromethene

Protonenresonanzspektroskopische Daten für Pyrromethene sind in der Literatur selten angegeben. Ihre charakteristischste Absorption ist das dem Methin-Proton zuzuordnende Singulett bei $\delta = 6{,}6{-}7{,}9$ ppm [1487, 1496, vgl. 1837]. Protonierung der freien Pyrromethen-Base oder Bildung von diamagnetischen Metall-Chelaten hat eine Verschiebung dieses Signals um ca. 0,5 ppm nach tieferer Feldstärke zur Folge [1487].

Die unkomplizierten Protonenresonanzspektren symmetrisch substituierter Pyrromethene deuten auf eine – in bezug auf die PMR-Zeitskala – schnelle Tautomerie zwischen dem Pyrrol- und dem Pyrrolenin-Ring hin (vgl. S. 68).

2.6.5. ^{13}C-Kernresonanzspektren

Die ^{13}C-Kernresonanzspektren von Pyrrol [1741, 2501] und dessen Anion [1894] sowie von einigen Methyl- [1412, 1741], β-Phenyl- [1501] und Nitro-Derivaten [1412] sind untersucht worden (Tabelle 2.20.).

Durch formale Substitution 2ringständiger Wasserstoffatome durch Methyl-Gruppen wird das Signal vom entspr. Kohlenstoff-Atom um 9,4 ppm *paramagnetisch*, diejenigen der 3- und 5ständigen um 1,9 bzw. 1,2 ppm *diamagnetisch* verschoben. Nach den bisher wenigen experimentellen Daten verhalten sich diese Inkremente additiv (Abb. 2.52.) [1741]. Vermutlich wegen des mesomeren Effektes der Substituenten ist die Übereinstimmung von experimentellen und aus Inkrementen zusammengesetzten Werten bei Nitropyrrolen nicht so gut [1412].

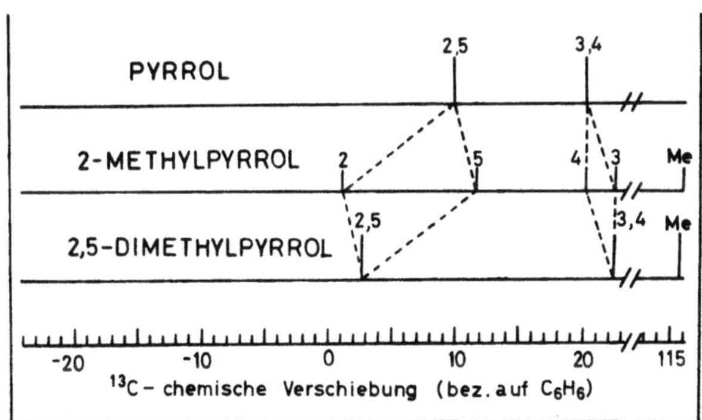

Abb. *2.52.* Additivität der durch Methyl-Substitution hervorgerufenen Inkremente der ^{13}C-chemischen Verschiebungen der Signale ringständiger C-Atome von Pyrrol

Tabelle 2.20. ^{13}C-Chemische Verschiebungen (in ppm) und ^{13}C-^{1}H-Kopplungskonstanten (in Hz) für das Pyrrol und einige seiner Derivate

Verbindung	C-2	C-3	C-4	C-5	CH$_3$	$J_{C2\text{-}H}$	$J_{C3\text{-}H}$	$J_{C4\text{-}H}$	$J_{C5\text{-}H}$	J_{CH_3}	Literatur
Pyrrol	− 74,4[a]	− 84,8	− 84,8	− 74,4	—	182[c]	170[c]	170[c]	182[c]	—	[1741]
Pyrrol	118,0[b]	107,9	107,9	118,0	—	182[c]	168[c]	168[c]	182[c]	—	[1412a]
Li-Pyrrolat[d]	− 66,3[a]	− 86,9	− 86,9	− 66,3	—	—	—	—	—	—	[1894]
1-Methylpyrrol	− 72[a]	− 84	− 84	− 72	—	182	169	169	182	—	[1411]
1-Methylpyrrol	122,0[b]	108,6	108,6	122,0	35,6	182	168,5	168,5	182	—	[1412a]
2-Methylpyrrol	− 65,0[a]	− 86,7	− 84,5	− 75,6	−181,0	—	158	166	177	128	[1741]
2,5-Dimethylpyrrol	− 66,6[a]	− 86,2	− 86,2	− 66,6	−179,6	—	171	171	—	127	[1741]
3-Phenylpyrrol	114,5[b]	123,8	105,6	118,8	[e]	—	—	—	—	—	[1501]
2-Nitropyrrol	137,3[b]	110,4	110,4	124,2	—	—	180	180	192	—	[1412a]
2-Nitropyrrol (Na-Salz)[f]	145,7[b]	118,3	117,9	143,7	—	—	—	—	—	—	[1412b]
1-Methyl-2-nitropyrrol	138,1[b]	113,6	108,0	130,7	37,2	—	—	—	—	—	[1412a]
3-Nitropyrrol	119,8[b]	137,3	104,0	119,2	—	—	—	—	—	—	[1412a]
3-Nitropyrrol (Na-Salz)[f]	135,9[b]	136,2	106,6	132,1	—	—	—	—	—	—	[1412b]
2,4-Dinitropyrrol	136,1[b]	104,1	136,1	122,1	—	—	190	—	202	—	[1412a]
2,4-Dinitropyrrol (Na-Salz)[f]	146,2[b]	108,1	137,2	134,0	—	—	—	—	—	—	[1412b]
1-Methyl-2,4-dinitropyrrol	136,7[b]	107,0	133,8	127,6	39,5	—	188	—	200	—	[1412a]
2,5-Dinitropyrrol	137,1[b]	108,7	108,7	137,1	—	—	186	186	—	—	[1412a]
2,5-Dinitropyrrol (Na-Salz)[f]	146,7[b]	112,2	112,2	146,7	—	—	—	—	—	—	[1412b]

[a] Bezogen auf CS$_2$ (δ_{CS_2} = 193,1 ppm, bez. auf TMS).
[b] Bezogen auf Tetramethylsilan ($\pm$0,3 ppm).
[c] Vgl. Tabelle 2.16. (S. 86).
[d] In Tetrahydrofuran.
[e] Chemische Verschiebungen der Phenyl-C-Atome: $\delta_{C\text{-}1}$ = 135,5, δ_{C_o} = 124,9, δ_{C_m} = 128,4, δ_{C_p} = 124,5.
[f] 20–30proz. wäßr. Lösungen.

^{13}C-kernresonanzspektroskopisch bestimmte ^{13}C$-^{1}$H-Kopplungs-konstanten sind in Tabelle 2.20. angegeben (vgl. Tabelle 2.16. auf S. 86). ^{13}C$-^{1}$H-Kopplungskonstanten zwischen über mehr als eine Bindung hinweg entfernten Atomen sind an hochaufgelösten ^{13}C-Kernresonanzspektren mit Hilfe der automatischen Spektren-Speicherung für das Pyrrol und dessen 2,5-Dimethyl-Derivat ermittelt worden [2501]. Sie sind wesentlich kleiner (4,6–7,8 Hz) als diejenigen von miteinander gebundenen ^{13}C- und ^{1}H-Atomen und für die α-ständigen Kohlenstoffatome infolge der auf die Kopplung mit dem benachbarten ^{14}N-Kern zurückzuführenden Signal-Verbreiterung schwer zu bestimmen.

Die annähernd lineare Beziehung, die zwischen den chemischen Verschiebungen miteinander gebundener ^{13}C- und ^{1}H-Atome besteht [1741], spricht dafür, daß im Prinzip beide Kerne gleichen Abschirmungseffekten unterliegen. Besondere theoretische Bedeutung kommt jedoch den ^{13}C-kernresonanzspektroskopischen Untersuchungen dadurch zu, daß die Mehrzahl der quantenmechanischen Rechenverfahren primär die Elektronen-Verteilung an den Kohlenstoffatomen und nicht an den Protonen liefern, so daß die für die ersteren errechneten chemischen Verschiebungen mit den entspr. gemessenen Werten leichter zu korrelieren sein sollten. Allerdings hängt hierbei die Übereinstimmung zwischen errechneten und empirischen Werten nicht nur von der realen physikalischen Bedeutung der MO-Parameter, sondern auch von der zugrundeliegenden Theorie der chemischen Verschiebungen ab. Zur Zeit jedoch scheitert die Berechnung von ^{13}C-chemischen Verschiebungen hauptsächlich an den meist drastischen Vereinfachungen der zur Verfügung stehenden MO-Methoden (vgl. S.17).

Bei Pyrrol und dessen Anion läßt sich eine lineare Beziehung zwischen den experimentellen ^{13}C-chemischen Verschiebungen und den nach der EHT-MO-Methode errechneten gesamten $(\sigma+\pi)$-Elektronen-Dichten feststellen [13].

Werden bei der Berechnung von ^{13}C-chemischen Verschiebungen Bindungsordnungen mitberücksichtigt, so führt die CNDO-MO-Metho-

Tabelle 2.21. Nach verschiedenen MO-Methoden berechnete Werte für die ^{13}C-chemischen Verschiebungen der Ring-C-Atome des Pyrrols

^{13}C-δ (bez. auf Benzol)[a]	Exp. [1741]	CNDO/SCF [261]	CNDO/SCF [1894]	EHT [14]
C$_\beta$	+20,3	+7,30	+15,4	+23,95
C$_\alpha$	+10,0	+1,86	+15,7	+ 9,00

[a] Für das Benzol: $\delta_{13c} = +64,8$ ppm (bez. auf CS$_2$).

de, bei der diese infolge der Vernachlässigung der differentialen Überlappung zwischen benachbarten Atom-Orbitalen überschätzt werden, zu großen Abweichungen mit den experimentellen Werten (Tabelle 2.21.). Die bisher beste Übereinstimmung zwischen errechneten und gemessenen ^{13}C-chemischen Verschiebungen ist mit Hilfe der Karplus-Das-Gleichung für den paramagnetischen Anteil der Abschirmungskonstante unter Anwendung orthonormierter EHT-Wellenfunktionen erzielt worden [14] (s. Tabelle 2.21.).

2.6.6. ^{14}N-Kernresonanzspektren

^{14}N-kernresonanzspektroskopische Messungen werden durch die elektrische Quadrupol-Relaxation des ^{14}N-Kerns, die eine beträchtliche Verbreiterung der Signale hervorruft (vgl. S. 79), erschwert. Werte für ^{14}N-chemische Verschiebungen liegen für das Pyrrol und einige seiner Derivate vor (Tabelle 2.22.); sie sind kaum abhängig von den ringständi-

Tabelle 2.22. ^{14}N-chemische Verschiebungen bei Pyrrol und einigen seiner Derivate

	δ (ppm)	Literatur
Pyrrol	-227[a]	[307, vgl. 2044]
Pyrrol	-230[a]	[1064]
Pyrrol	-235[b]	[2551]
Pyrrol	-229 ± 2[b]	[1412a]
Lithium-Pyrrolat	-205 ± 5[b]	[1412b]
1-Methylpyrrol	-227[a]	[1064]
1-Methylpyrrol	-231[b]	[2551, vgl. 1412a]
1,2,5-Trimethylpyrrol	-230[a]	[1064]
2-Acetylpyrrol	$-226,0\pm0,5$[c]	[2044]
2,5-Diacetylpyrrol	$-232,2\pm0,5$[c]	[2044]
1-Methylpyrrol-2-carbonsäuremethylester	-225[a]	[1064]
2-Nitropyrrol	-227 ± 5[b]	[1412a]
2-Nitropyrrol (Na-Salz)	-123 ± 8[b]	[1412b]
1-Methyl-2-nitropyrrol	-228 ± 5[b]	[1412a]
2,4-Dinitropyrrol	$-227+5$[b]	[1412a]
2,4-Dinitropyrrol (Na-Salz)	-130 ± 20[b]	[1412b]
1-Methyl-2,4-dinitropyrrol	-225 ± 5[b]	[1412a]
2,5-Dinitropyrrol	-236 ± 5[b]	[1412a]
2,5-Dinitropyrrol (Na-Salz)	-128 ± 10[b]	[1412b]

[a] Bezogen auf das NO_3^--Ion.
[b] Bezogen auf Nitromethan als innerer Standard.
[c] Bezogen auf das NO_3^--Ion in CDCl$_3$-Lösung. (Aus dem Protonenresonanz-Spektrum durch heteronukleare Doppelresonanz erhaltene Werte.)

gen Substituenten, ändern sich jedoch paramagnetisch durch Deprotonierung des Moleküls [1412b].

Die Lösungsmittel-Abhängigkeit der ^{14}N-chemischen Verschiebungen bei Pyrrol und dessen 2-Acetyl- und 2,5-Diacetyl-Derivaten, die
auf die Bildung von wasserstoffverbrückten Solvaten zurückzuführen
ist (vgl. S. 71), ist mit Hilfe der heteronuklearen Doppelresonanz-Entkopplung im Protonenresonanzspektrum untersucht worden [2044]. Die
^{14}N-chemischen Verschiebungen beim Pyrrol und dessen N-Methyl-Derivat sind mit den nach der SCF-PPP-MO-Methode berechneten π-La-
dungsdichten am Heteroatom korreliert worden [2551].

2.6.7. Zur „Aromatizität" des Pyrrols

Die chemischen Verschiebungen von Protonen cyclisch konjugierter
π-Elektronen-Systeme, bei denen ein diamagnetischer Ringstrom indu-
ziert werden kann, sind als Maß für den „aromatischen" bzw. Hückel-
[vgl. 1414] Charakter dieser Systeme vorgeschlagen worden [700]. Der
aus den Werten der entspr. Cotton-Mouton-Konstanten geschätzte Ringstrom vom Pyrrol beträgt 37% desjenigen vom Benzol [1381]. Einen
wesentlich höheren „Aromatizitäts-Grad" (59% bezogen auf Benzol)
errechnete *J. A. Elvidge* [701] aus den Abweichungen von der chemischen
Verschiebung der Protonen der CH$_3$-Gruppe des 2-Methylpyrrols gegenüber endständigen Methyl-Gruppen offenkettiger Polyene. Letzterer
Wert ist kleiner als das Verhältnis der „empirischen" Mesomerie-Energi-
en von Pyrrol und Benzol (24 bzw. 36 kcal/Mol) (s. S. 11), stimmt
jedoch mit Schätzungen des Ringstrom-Effektes aufgrund von SCF-
[579, 918] und BJ-VESCF- [251] -MO-Berechnungen gut überein. Seine
quantitative Bedeutung ist jedoch wegen Mangel an einem geeigneten
Bezugssystem schwer zu beurteilen. Obwohl dem Pyrrolringsystem dia-
troper Charakter zugeschrieben wird [1187, vgl. 2272], deutet der naheliegende Vergleich der chemischen Verschiebungen der C-ringständigen
Protonen von Pyrrol ($\delta_{H_\alpha}^{CCl_4} = 6{,}62$, $\delta_{H_\beta}^{CCl_4} = 6{,}05$ ppm) mit denjenigen der
vinylischen Protonen von Cyclopentadien ($\delta^{CCl_4} = 6{,}42$ ppm [2269]), bei
dem die cyclische Konjugation der Doppelbindungen durch eine Methylen-Gruppe unterbrochen ist, vielmehr auf einen – wenn überhaupt
– sehr geringen „Ringstrom"-Effekt beim Pyrrol hin (vgl. jedoch S.
81). Damit im Einklang steht, daß die beim N-(p-Nitrophenyl)-pyrrol auf
Entschirmung durch den Pyrrolring zurückzuführende paramagnetische
Verschiebung der Signale von den o-ständigen Aryl-Protonen wesentlich
kleiner (0,08 ppm) ist, als sie im Falle eines sechsgliedrigen Aromaten zu
erwarten wäre (ca. 0,50 ppm) [691].

Bei einer Reihe p-substituierter N-Phenylpyrrole und deren 2,5- bzw. 3,4-Dimethyl-Derivate stellten *R. A. Jones et al.* [1187] eine lineare Beziehung zwischen den Hammettschen σ_p-Parametern der Aryl-Substituenten und den chemischen Verschiebungen sowohl der α- und β-ständigen Pyrrol-Ringprotonen als auch der Protonen der Methyl-Gruppen fest. Da die beobachteten Änderungen der chemischen Verschiebungen weitgehend unabhängig von der Raumbeanspruchung der α-ständigen Substituenten (Methyl oder Wasserstoff) am Pyrrolring sind, wurde daraus gefolgert, daß der Aryl-Rest hauptsächlich einen *induktiven* Effekt auf die Elektronen-Dichte des Pyrrolringes, jedoch keinen wesentlichen konjugativen Einfluß auf den „Ringstrom" (falls dieser überhaupt vorhanden ist) ausübt (s. jedoch S. 30 und 56).

Die intuitive Einstufung des Pyrrols bezüglich seiner „Aromatizität" zwischen Furan und Thiophen aufgrund dessen chemischen Verhaltens (vgl. S. 16) wird durch die magnetischen Eigenschaften (Diamagnetismus, Faraday-Effekt), die mit dem diatropen Charakter des Heterocyclus zusammenhängen, bestätigt [598].

2.7. Massenspektren

2.7.1. Pyrrol

Die fünfgliedrigen Heterocyclen – Furan, Thiophen und Pyrrol – zeigen ein sehr ähnliches Fragmentierungsmuster. Das unsubstituierte Pyrrol weist außer dem intensivsten Molekülpeak ($m/e = 67$ M. E.) vier wichtige Fragmente bei $m/e = 41$, 40, 39 und 28 M. E. auf [346, 1169], deren Entstehung sich am plausibelsten mit der Annahme rationalisieren läßt, daß die positive Ladung des primär gebildeten Molekül-Radikalions (s. Abb. *2.53.*) am Heteroatom lokalisiert ist [346]. Die günstigste Spaltung betrifft dann die $C-N$-Bindung (Abb. *2.53.*).

Der intensive Peak bei $m/e = 40$ M. E. ist den beiden Fragmenten $C_3H_4^{\oplus}$ und $C_2H_2N^{\oplus}$ (im Verhältnis 4,5 zu 1) zugeordnet worden [346]. Das $C_3H_4^{\oplus}$-Fragment stammt aus dem Molekülion durch Abspaltung von Cyanwasserstoff [346, 1169]. Das $C_2H_2N^{\oplus}$-Fragment ist wahrscheinlich das Azirin-Kation (s. Abb. *2.53.*).

Da Ringaufspaltung erst beim Beschuß des Pyrrol-Moleküls mit positiven Ionen der kinetischen Energie 12 eV auftritt [595], ist sie vermutlich mit der adiabatischen Ausstoßung eines Elektrons vom untersten besetzten π-Molekül-Orbital (entspr. Ionisationspotential $= 11,5$ eV [vgl. 1872]) verbunden.

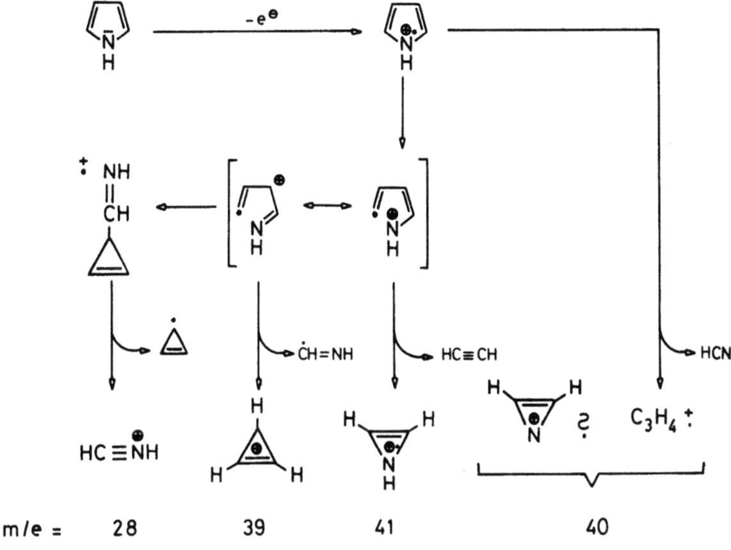

m/e =   28   39   41   40

Abb. 2.53. Fragmentierung des Pyrrol-Molekülions im Massenspektrometer

Negativ geladene Ionen von Pyrrol, die durch Elektroneneinfang
und darauffolgende Abtrennung von Wasserstoff-Atomen oder durch
Ringaufspaltung entstehen, sind ebenfalls massenspektrometrisch nachgewiesen worden [1264].

Neben dem oben angegebenen Fragmentierungsmuster treten bei
Pyrrol-Derivaten charakteristische Fragmente auf, die von der Art der
Substituenten abhängen und die das „Ringmuster" völlig verschwinden
lassen können:

2.7.2. N-Alkyl-Pyrrole

Die wichtigsten Fragmente aus dem Molekül-Ion von N-alkylsubstituierten Pyrrolen entstehen durch:

a) Homolytische Spaltung der Stickstoff-C-Alkyl-Bindung unter Bildung
   des resonanzstabilisierten Pyrryl-Radikals 2.55. und eines Alkyl-Ka-
   tions.
b) α-Spaltung[27] eines Wasserstoffatoms (bei N-Methyl-Derivaten) bzw.
   eines Alkyl-Radikals aus dem stickstoffständigen Substituenten, unter

---

[27] Bezogen auf das Heteroatom.

Bildung eines Immonium-Ions *2.56.* oder noch wahrscheinlicher dessen isomeren Pyridium-Ions *2.57.* [1503].

Abspaltung eines Wasserstoff-Atoms aus dem Molekül-Ion vom N-Methylpyrrol findet bei Anregungsenergien oberhalb des vierten Ionisationspotentials (11,1 eV) statt, das vermutlich der Abtrennung eines Elektrons vom untersten besetzten π-Molekül-Orbital (ψ_1), bei dem das Stickstoffatom die höchste Elektronen-Dichte aufweist (vgl. Abb. *1.17.* auf S. 15), entspricht [1872].

Meist dominiert die zweite Fragmentierung. Die Bildung des Pyrryl-Radikals wird gegenüber der α-Spaltung begünstigt, wenn dabei ein stabiles Ion – wie z. B. bei 1-Benzylpyrrol (*2.54.*, $R = C_6H_5$) das Benzyl-(bzw. Tropylium-)-Kation ($m/e = 91$) – entsteht.

Die Fragmentierungen von N-n-Butyl- und N-n-Pentylpyrrol sind mit Hilfe von Hochauflösungsmessungen an verschiedenen deuterierten Derivaten untersucht worden [660]. Die Hauptmaxima sind dem Immonium-Ion *2.56.* und einem ihm analogen Fragment mit $m/e = 81$ (Basispeak), das durch Wanderung eines Wasserstoffatoms aus der N-ständigen Kette gebildet wird, zuzuordnen.

Wasserstoff-Wanderung aus dem N-ständigen Substituenten findet wahrscheinlich auch bei der Fragmentierung des Molekül-Ions von N-tert-Butyl-2,4-diphenylpyrrol (*2.58.*) unter Verlust von Isobutylen und Bildung des Hauptfragments *2.59.* [1736] sowie bei 2-Vinyl- und 2-Äthyl-1,5-dimethylpyrrol (*2.60.* bzw. *2.61.*) unter Abspaltung des 2-ständigen Substituenten und Bildung des Methyl-immonium-Ions *2.62.* statt [346].

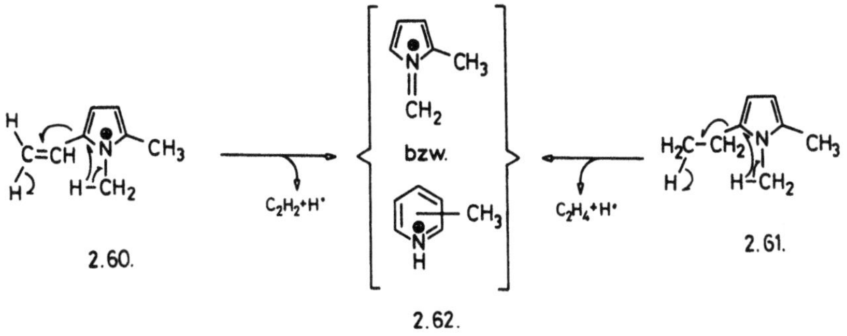

$$2.60. \qquad 2.62. \qquad 2.61.$$

2.7.3. C-Alkyl-Pyrrole [345, 987]

Das wichtigste, meist dem Basispeak zuzuordnende Fragment bei α- oder β-alkyl-substituierten Pyrrolen, die keine anderen funktionellen Gruppen tragen, entsteht durch β-Spaltung[28] eines Wasserstoffatoms (bei Methyl-Derivaten) oder eines Alkyl-Radikals der Seitenkette unter Bildung der relativ stabilen Azafulven-Kationen *2.63.* bzw. *2.64.* (vgl. S. 111) oder evtl. deren isomeren Pyridinium-Ions *(2.57.)*.

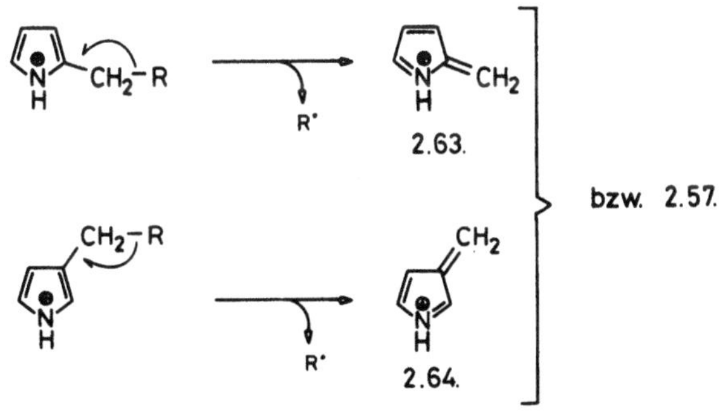

$$2.63. \qquad 2.64. \qquad \text{bzw. } 2.57.$$

Beim 2-Methylpyrrol tritt Abspaltung eines Wasserstoffatoms aus dem Molekül-Ion bei Anregungsenergien im Bereich des dritten Ionisationspotentials (10,2 eV) auf, das vermutlich der Abtrennung eines Elektrons vom obersten besetzten σ-Orbital entspricht [1872].

Die restlichen Fragmente entsprechen denjenigen von Pyrrol (s. 2.4.1.). α- oder β-ständige Seitenketten, die funktionelle Gruppen tragen (z. B.

---

[28] Bezogen auf den Pyrrolring.

Propionsäure-Reste), werden analog den Alkyl-Substituenten durch β-Spaltung abgebaut.

Im Gegensatz zu den N-Benzyl-pyrrolen (vgl. 2.4.2.) ist bei den entspr. C-Derivaten die Abspaltung eines Phenyl-Radikals unter Bildung des Azafulven-Kations ein sehr günstiger Fragmentierungsprozeß [988].

Bei α-Halogenmethylpyrrol-Derivaten (S. 112) findet Abspaltung von Halogenwasserstoff oder von einem Halogenmethyl-Radikal sehr leicht statt, so daß in der Regel kein Molekül-Peak beobachtet wird [vgl. 1149].

2.7.4. Aryl-Pyrrole

Arylsubstituierte Pyrrole sind bisher nicht systematisch untersucht worden. Die Massenspektren von 1-Phenylpyrrol [1169] und einigen hauptsächlich chlorhaltigen Derivaten [667] sowie des α-Phenylpentabrom-Derivats *5.14.* (S. 193) [1018] sind für diese Verbindungsklasse wenig repräsentativ.

2.7.5. Pyrrol-aldehyde und -ketone

Bei der Fragmentierung des Molekül-Ions von Formyl- und Acylpyrrolen sowie Pyrrolcarbonsäureestern (s. 2.7.6.) ist die Tendenz zur Bildung von Acylium-Ionen *(2.66.)* unter Abspaltung eines Wasserstoff-Atoms oder eines Alkyl- bzw. Alkoxy-Radikals stark ausgeprägt [345].

Das zweitgrößte Maximum bei *α-substituierten Derivaten* entspricht meist dem Verlust der funktionellen Gruppe unter Bildung des Ions *2.67.*, das vermutlich durch 1,2-Wasserstoff-Wanderung in das resonanzstabilisierte Pyrrylium-Ion *(2.68.)* übergeht. Bei β-substituierten Derivaten ist das entsprechende $(M^{\oplus}$-Acyl)-Fragment relativ schwächer vertreten.

Metastabile Peaks in den Massenspektren einiger Acetylpyrrole weisen darauf hin, daß der eben erwähnte pauschale Verlust der funktionellen Gruppe ein zweistufiger Prozeß ist.

Bei der Fragmentierung des Molekül-Ions vom 2-Benzoylpyrrol tritt ein ($M^{\oplus}$-CO)-Fragment geringer Intensität (8 %) auf, das nur bei Annahme einer Skelett-Umlagerung unter Wanderung des Phenyl-Restes gedeutet werden kann. Da scheinbar eine der Voraussetzungen für den Ablauf derartiger Umlagerungen die Lokalisierung der positiven Ladung des Radikal-Ions am Stickstoff-Atom ist, kann das Auftreten solcher Fragmente dazu dienen, α-substituierte Derivate von deren β-Konstitutionsisomeren massenspektrometrisch zu unterscheiden [1638].

Bei alkylsubstituierten Acylpyrrolen überwiegt im allgemeinen die Fragmentierung der Alkyl-Kette (s. 2.7.3.), so daß die für die Acyl-Gruppe charakteristischen Fragmente meist nur schwach vertreten sind.

Sowohl bei 1,2′- [1417] als auch 2,2′- [1149] Dipyrrylketonen ist die Acyl-Spaltung ebenfalls ein günstiger Fragmentierungsprozeß. Charakteristisch für die Massenspektren dieser Derivate ist jedoch das Auftreten mehrerer Fragmente, die durch intramolekulare Wanderung eines Wasserstoffatoms während des Fragmentierungsvorganges entstehen. Fragmentierung der Seitenketten scheint nur bei unsymmetrisch substituierten 2,2′-Dipyrrolketonen begünstigt zu sein.

Die Hauptmaxima in den Massenspektren von Dihydropyrrolizinonen vom Typ 7.36. (S. 281) entsprechen dem Molekül-Ion sowie dem ($M^{\oplus}$-28)-(Verlust von CO oder Äthylen) und ($M^{\oplus}$-56)-(Verlust von CO *und* Äthylen)-Fragmenten [1515].

2.7.6. Pyrrolcarbonsäuren und -ester [345]

Wegen der leichten Decarboxylierbarkeit der Pyrrolcarbonsäuren weisen ihre Massenspektren, wenn überhaupt, meist nur schwache Molekül-Ion-Peaks auf.

Die Hauptfragmentierungsprozesse bei Pyrrolcarbonsäureestern geben Abb. *2.65.–2.79.* wieder. Bildung der Acylium-Ionen *2.66.* bzw. *2.70.* findet bei α- und β-Estern mit etwa gleicher Wahrscheinlichkeit statt, sie ist jedoch in einigen Fällen bei den letzteren bevorzugt [vgl. 988]. Dieses Verhalten erinnert an die vermutlich ebenfalls über Acylium-Ionen verlaufende selektive saure Hydrolyse β-ständiger Ester-Gruppen (S. 309). Das Radikal-Ion *2.72.* ist für Alkylester mit mindestens einem β-ständigen Wasserstoffatom in der Alkoxy-Kette *2.71.* charakteristisch.

Abspaltung von CO und Wasser (entspr. der Fragmentierung von *2.73.*) spielt bei der Fragmentierung des Molekül-Ions der Pyrrol-2-carbonsäure eine nicht unbedeutende Rolle (48 %).

Erwartungsgemäß ist der Basispeak bei Benzylestern dem Tropylium-Ion ($m/e = 91$) zuzuordnen.

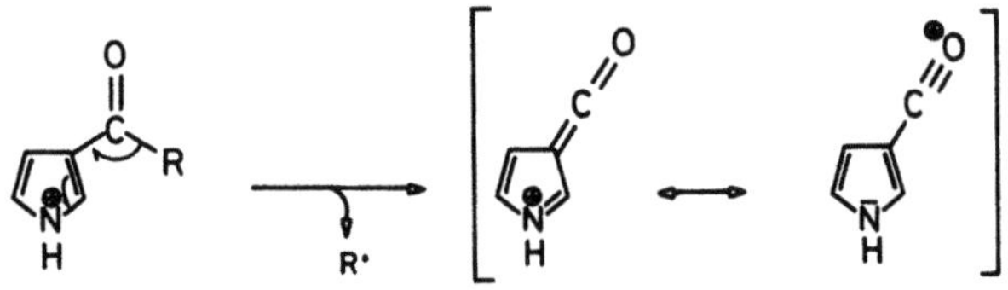

2.69.

R= H, Alkyl oder Alkoxy-

2.70.

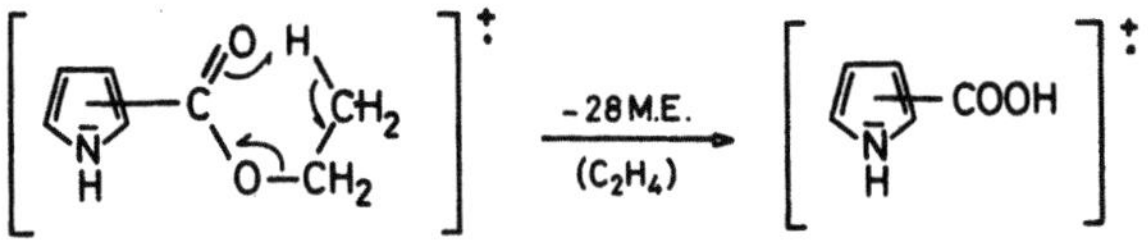

2.71.

$-28\,\text{M.E.}$
(C_2H_4)

2.72.

2.73.

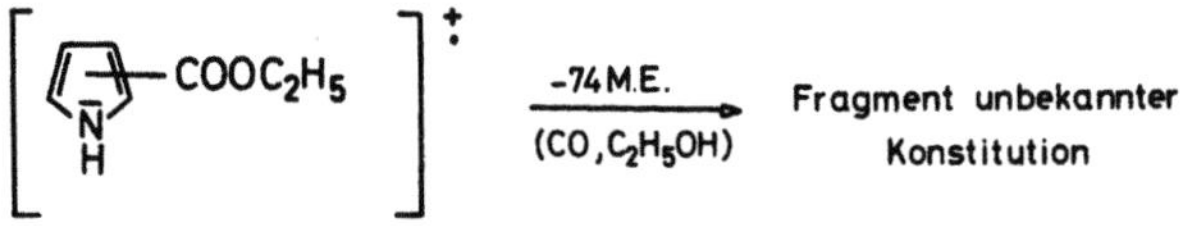

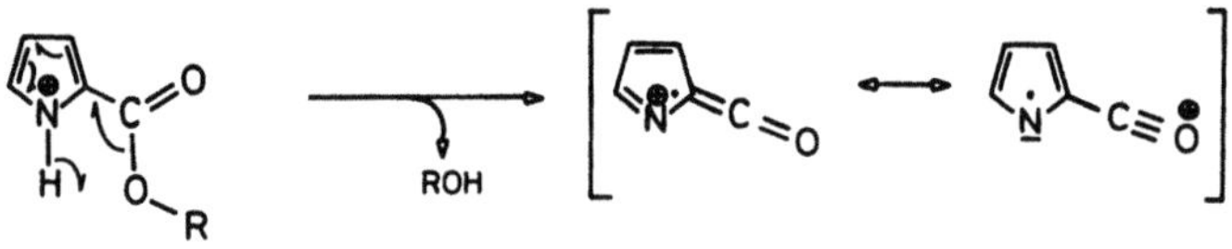

$-74\,\text{M.E.}$
(CO, C_2H_5OH)

Fragment unbekannter Konstitution

2.74.

ROH

2.75.

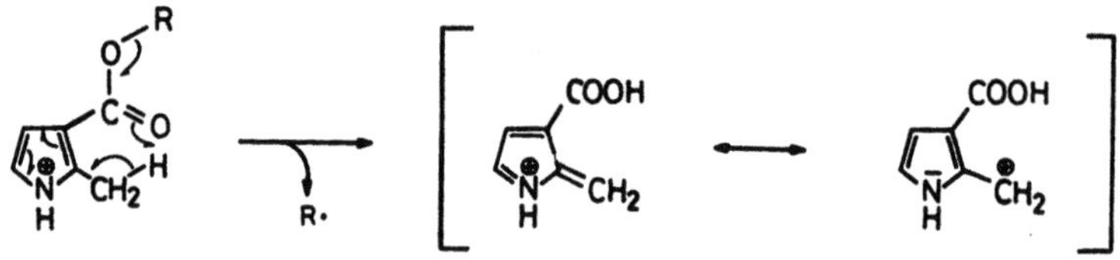

2.76.

R·

2.77.

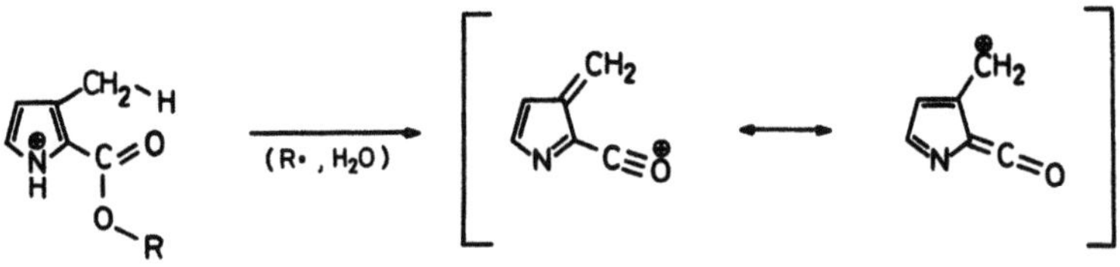

2.78.

$(R·, H_2O)$

2.79.

Die Lage der Ester-Gruppe am Pyrrolring hat im allgemeinen keinen großen Einfluß auf das Fragmentierungsmuster. Mindestens drei Fragmentierungsprozesse erlauben jedoch α- und β-Pyrrolcarbonsäureester massenspektrometrisch voneinander zu unterscheiden:

1. Analog den Acylpyrrolen (s. 2.7.5.) tritt die Bildung des Pyrrylium-Ions *2.68.* bevorzugt bei den α-Estern auf.

2. Verlust eines Alkohol-Moleküls unter Bildung des Radikal-Ions *2.75.* ist bei α-Pyrrolcarbonsäureestern *2.74.* ein günstigerer Prozeß als bei den entspr. β-Isomeren, und wird daher bei den ersteren auf die Abstraktion des N-ständigen Wasserstoffatoms zurückgeführt.

Dafür spricht außerdem, daß das entspr. Fragment bei N-Methyl-Derivaten nicht vorkommt.

3. Bei β-Estern, *die eine benachbarte α-ständige Alkyl-Gruppe tragen (2.76.),* überwiegt die Bildung des Ions *2.77.* gegenüber den entspr. α-Pyrrolcarbonsäureestern *(2.78.),* bei denen dagegen – wahrscheinlich in einem zweistufigen Prozeß – das um 18 M.E. leichtere Fragment *2.79.* bevorzugt gebildet wird.

Ringständige Äthyl-Gruppen ändern das Fragmentierungsmuster dramatisch. Spaltung eines Methyl-Radikals wird meist zum Hauptprozeß, und aus dem entstandenen Ion laufen weitere Fragmentierungen ab.

2.7.7. Alkoxy- und Selenocyan-Pyrrole

Pyrrolringständige *Methoxy*-Gruppen verlieren bei der Fragmentierung des Molekül-Ions ein Methyl-Radikal. Im übrigen gleicht das Fragmentierungsmuster methoxysubstituierter Pyrrole demjenigen der Alkylpyrrole mit Ausnahme einiger Prozesse, die blockiert sind [345].

Die Hauptfragmente bei 2-Methyl- und 2,5-Dimethyl-3-selenocyanpyrrol stammen aus dem Molekül-Ion durch Abspaltung des Cyanid-Radikals ($M^{\oplus}$-26), des Selenatoms ($M^{\oplus}$-80) und vermutlich von Selenwasserstoff ($M^{\oplus}$-81) sowie durch die zweistufige Abspaltung der gesamten funktionellen Gruppe ($M^{\oplus}$-106) [24].

2.7.8. Polyfunktionelle Pyrrole

Die Fragmentierungen von Pyrrol-Derivaten mit mehreren ringständigen funktionellen Gruppen lassen sich meist anhand der angegebenen Regeln deuten. Im allgemeinen sind Fragmentierungsprozesse, bei denen Ionen entstehen, die durch Delokalisierung der positiven Ladung zwischen 2- und 4ständigen Substituenten stabilisiert sind, begünstigt.

Bei der Deutung von mehrstufigen Fragmentierungsprozessen muß man jedoch darauf achten, daß eine Spezies mit *gerader* Elektronenzahl, d. h. ein Fragment, das durch Abspaltung eines Radikals aus dem Molekül-Ion entstanden ist, nur Fragmente mit *gerader* Elektronenzahl *unter Erhaltung seiner Parität* abstoßen wird, während eine Spezies mit *ungerader* Elektronenzahl (das Molekül-Ion oder die Fragmente, die durch Abspaltung neutraler Moleküle daraus entstehen) sowohl Fragmente mit gerader als auch ungerader Elektronenzahl verlieren kann [345]. Diese Regel gilt jedoch nicht für mehrkernige Pyrrol-Derivate, insbesondere nicht für die resonanzstabilisierten Pyrromethene [1149].

2.7.9. Dipyrrylmethane [1149]

Spaltung des Radikal-Ions *(2.80.)* an der Methylen-Brücke der Dipyrryl-methane findet mit *(2.81.)* oder ohne *(2.82.)* Wanderung eines Wasser-stoffatoms oft als Hauptfragmentierungsprozeß statt, obwohl manchmal – insbesondere bei Derivaten mit mehreren Carbonyl-Gruppen – die Substituenten-Fragmentierung überwiegen kann.

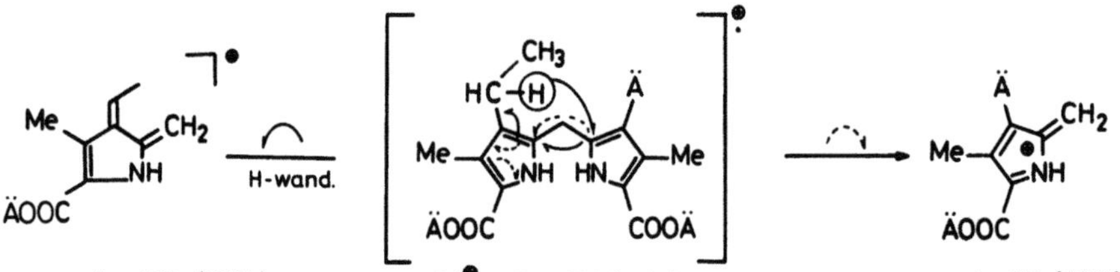

m/e = 193 (100%)   M$^{\oplus}$ m/e = 374 (88%)   m/e = 194 (32%)

2.81.   2.80.   2.82.

Die Fragmentierungen der Seitenketten von Dipyrrylmethanen gleichen denjenigen der einkernigen Pyrrol-Derivate.

Bemerkenswert ist die homolytische α-*Spaltung* ringständiger Alkyl-Reste, die vermutlich von der Wanderung eines Wasserstoffatoms der Methylen-Brücke unter Bildung eines stabilen Pyrromethen-Kations *(2.84.)* begleitet wird. Wie bereits erwähnt (s. 2.7.3.), findet bei Alkylpyr-rolen dagegen hauptsächlich β-Spaltung statt.

2.83. m/e = 462 (100%)   2.84. m/e = 375 (87%)

Bei ms-alkylsubstituierten Dipyrrylmethanen tritt vorwiegend homolytische Spaltung der ms-ständigen Alkyl-Gruppe unter Bildung des entspr. Pyrromethen-Kations auf, wobei Analogie zu der höchstwahrscheinlich auch radikalisch verlaufenden Oxydation dieser Verbindungen besteht (S. 110).

2.85. $M^{\oplus}$ m/e = 462 (19%)   2.86. m/e = 389 (4%)   2.87. m/e = 343 (90%)

Ein charakteristischer Fragmentierungsprozeß tritt bei α,α'- oder β,β'-Dipyrrylmethanen auf, die an beiden der Methylen-Brücke benachbarten Ring-Positionen Carbonyl-Gruppen tragen. Bildung des stabilen tricyclischen Ions 2.87. kommt in diesen Fällen meist mit großer Intensität vor.

2.7.10. Pyrromethene [1149]

Das charakteristischste Merkmal für die Massenspektren von Pyrromethenen (mit Ausnahme der halogen-substituierten) ist die hohe Intensität des Molekül-Peaks. Aufgrund der Stabilität dieser konjugierten Systeme ist die Spaltung der Methin-Brücke ein unwahrscheinlicher Prozeß, und die Fragmentierung an den Seitenketten dominiert. Die bei den einkernigen Pyrrolen kaum beobachtete α-Spaltung ringständiger Alkyl-Gruppen (s. 2.7.3.) tritt bei den Pyrromethenen häufig auf.

3. Reaktivität der Pyrrole

3.1. Elektrophile Substitution

3.1.1. Allgemeines

Pyrrol stellt den Prototyp eines „π-Überschuß"-Heterocyclus dar (S. 9).
Infolgedessen spielen in der Pyrrol-Reihe *elektrophile* Substitutionsreaktionen ringständiger Atome oder Liganden weitab die Hauptrolle[1]; sie
werden durch folgendes Verhalten charakterisiert:

1. Die meisten Substitutionsreaktionen an den Ring-C-Atomen werden durch Säuren katalysiert; nur wenige Umsetzungen sind bekannt
(z. B. die Kupplung mit Diazonium-Salzen [vgl. 2370]), die auch in
alkalischem Medium verlaufen. In stark basischem Medium jedoch –
wo das Pyrrolat-Anion vorliegt – beobachtet man oft Reaktion am
Stickstoffatom (S. 170, 262 sowie Fußnote 6 auf S. 113.).

2. Substituenten-Effekte sind außerordentlich ausgeprägt (S. 119).

3. Reaktion findet *hauptsächlich* in den α-Positionen statt. Allgemein
nimmt bei N-methyl- [73, 74, 408, 709, 2332] und N-benzyl-substituierten
[80, 2271] Pyrrolen der Anteil an β-Substitution zu. Elektrophile Substitution ausschließlich an den β-Positionen tritt nur dann auf, wenn beide
α-Positionen besetzt sind oder in einigen Fällen, wenn eine α-ständige
elektronenziehende funktionelle Gruppe vorhanden ist (s. S. 121).

Lediglich drei Ausnahmen zu dieser Regel sind bekannt, nämlich die Nitrosierung
von Pyrrol mit Amylnitrit [2206] [vgl. 788a (dort S. 104)], die Reaktion von Pyrrol
mit Tosylisocyanat in Dioxan [2127] und die Umsetzung von 2-Methylpyrrol mit Selenocyanogen [23]. Da die Konstitution des Reaktionsprodukts im erstgenannten Fall der
Nachprüfung bedarf [vgl. 1598] bzw. die Ausbeute (11,5% d. Th.) der *isolierten* Verbindung
bei der Einführung der Selenocyanat-Gruppe zu gering ist, um ausschließen zu dürfen,
daß das α-substituierte Isomere als Hauptprodukt zwar entstanden, jedoch seiner evtl.
höheren Reaktivität zum Opfer gefallen ist, läßt sich keine der genannten Reaktionen
als Gegenbeispiel anführen.

---

[1] Intramolekulare *nukleophile* Substitution von α-ständigen *Nitro-Gruppen* ist kürzlich
beschrieben worden [2455] (S. 323).

Die höhere Reaktivität der α-Positionen des Pyrrol-Ringes gegenüber Elektrophilen läßt sich mit Hilfe des Mesomerie-Modells qualitativ leicht begründen, steht jedoch meist im Widerspruch zu den MO-er-
rechneten Werten der Ladungsdichten im Molekül (S. 13). Abgesehen
von der Fragwürdigkeit *quantitativer* Daten bei der theoretischen
Behandlung von Heterocyclen (S. 14) ist hier zu berücksichtigen,
daß sich die MO-Berechnungen auf den Grundzustand des Moleküls
beziehen, während die der Mesomerie-Modellvorstellung zugrundeliegenden Überlegungen auch für die in der üblichen Form[2] postulierten
Übergangszustände der elektrophilen Substitution gültig sind. Demnach findet elektrophile Substitution an den α-Positionen bei Reaktionen statt, die über einen Übergangszustand verlaufen, der dem Zwischenprodukt mit der höheren Mesomerie-Stabilisierung, nämlich *3.2.*,
ähnelt (s. Abb. *3.1.*).

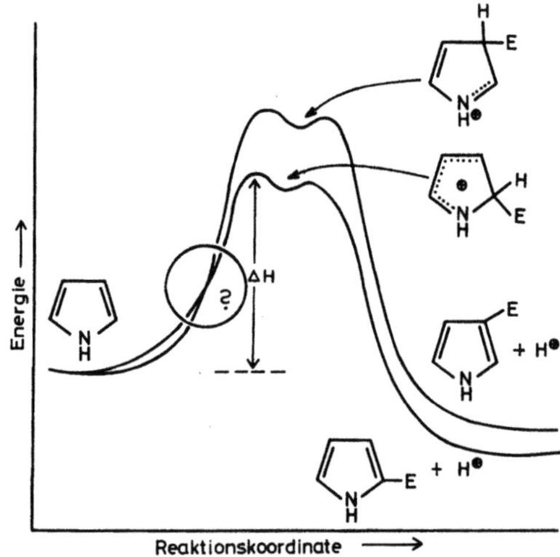

Abb. *3.1.* Energie-Diagramm für die elektrophile Substitution an den α- und β-Positionen
des Pyrrol-Moleküls

Die höhere Mesomerie-Stabilisierung von *3.2.* gegenüber *3.3.* rührt
von der größeren Zahl der für *3.2.* formulierbaren Grenz-Strukturen
her.

---

[2] Bei mangelnder Information über die Übergangszustände miteinander konkurrieren-
der Reaktionen werden die relativen Energiegehalte der entspr. Whelandschen
Übergangskomplexe, die man nach dem Hammond-Postulat analog den Zwischenprodukten der aromatischen Substitution formuliert (Abb. *3.1.*), diskutiert.

Nur dann, wenn die sog. "non crossing"-Regel gilt [328], führt jedoch die Schlußfolgerung aus der Übergangszustandstheorie zum selben Ergebnis wie die Betrachtung der Ladungsverteilung im Grundzustand [vgl. 78]. In den übrigen Fällen kann – unabhängig davon, ob die Reaktion thermodynamisch oder kinetisch kontrolliert ist – der Angriff

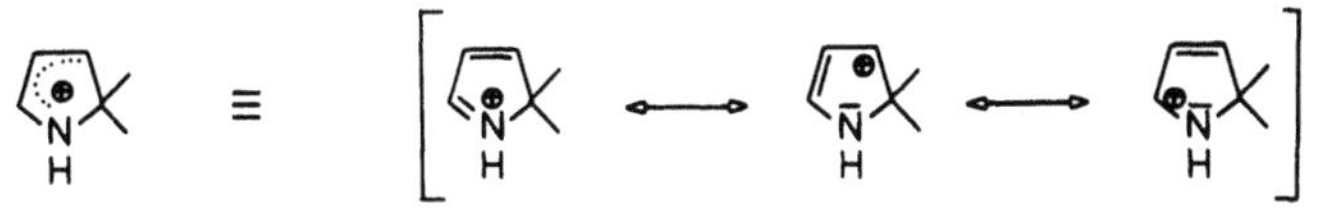

des Elektrophils an den β-Positionen bevorzugt sein, wenn der Substitutionsprozeß über einen *edukt-ähnlichen* Übergangszustand verläuft, während Substitution an den α-Ringpositionen dann beobachtet wird, wenn die Möglichkeit zur Bildung eines *zwischenprodukt-ähnlichen* (und thermodynamisch günstigeren) σ-Komplexes mit α-Pyrrolenin-Struktur gegeben ist.

Kinetische Messungen der Protonierungsgeschwindigkeit von Pyrrol-Derivaten (S. 132) stehen mit dieser Vorstellung im Einklang. Für die überwiegende Mehrzahl der elektrophilen Substitutionsreaktionen wie Halogenierung, Nitrierung (S. 321), Sulfonierung (S. 352), Rhodanierung (S. 350), Friedel-Crafts- (S. 282) und Hoesch-Acylierung (S. 281), Gattermann- (S. 291) und Vilsmeier-Formylierung (S. 292), Diazo-Kupplung (S. 37), Kondensation mit Xanthydrol [1127], Anlagerung von Acridin und Acylpyridinium-halogenide [2386, vgl. 1839] u.a. scheint jedoch die Bildung eines „zwischenproduktähnlichen" σ-Komplexes die Konstitution der Reaktionsprodukte zu bestimmen (s. jedoch S. 14).

Charakteristisch für die hohe Nukleophilie der Pyrrole sind *säurekatalysierte* Kondensationsreaktionen mit Carbonyl-Verbindungen, die zu einer Vielzahl von interessanten Derivaten führen (s. Tabelle 3.1.) und bei denen die Bildung des resonanzstabilisierten Azafulven-Kations (*3.14.* od. *3.12.* auf S. 112) als Zwischenprodukt vermutlich die entscheidende Rolle spielt.

Tabelle 3.1. Produkte der säurekatalysierten Kondensation von Pyrrol-Derivaten mit Carbonyl-Verbindungen

	R—CHO (R = H, Alkyl)	Aryl-CHO	R—CO—R' (R,R' = Alkyl)	Cyclische Ketone	R—CH= CH—CHO	R—CH= CH—COR'	Glyoxal	1,3-Dialdehyde oder 1,3-Diketone
C-trisubstituierte Pyrrole mit wenigstens einer elektronenziehenden funktionellen Gruppe	Dipyrryl-methane	Dipyrryl-methane	Dipyrryl-methane	Dipyrryl-cyclotri-methin-farbstoffe [2352]	Dipyrryl-trimethin-farbstoffe [2355] oder Pyrrolenin-Derivate[a]	Dipyrryl-trimethin-farbstoffe [2355]	Tetra-pyrryl-äthane [2364]	Dipyrryl-trimethin-farbstoffe [2344, 2352]
C-alkyltri- oder 2,4-dialkylsubstituierte Pyrrole	Oxydations-empfindliche Dipyrryl-methane	Dipyrryl-methane [650, 2408]	Spirobis-dihydropyrro-lizine[b]	Dipyrryl-cyclotri-methin-farbstoffe [2352]	Dipyrryl-polymethin-farbstoffe[a]	—	—	Dipyrryl-trimethin-farbstoffe[c] [2352, 2355]
3,4- oder 4,5-diunsubstituierte Pyrrole	Dipyrryl-methane oder Dipyrrylbis- bzw. Tripyrryltris-methane[d]	Dipyrryl-methane oder Dipyrrylbis-methane [2398]	Dipyrryl-methane oder Spiro-Verbin-dungen [2408, 2517]	Dipyrryl-cyclotri-methin-farbstoffe [2352]	—	—	—	—
2,5-diunsubstituierte Pyrrole	Porphyrine	Porphyrine	Porphyrino-gene[c]	Porphyrino-gene[c] [2352]	—	Michael-Addukte[c] [343]	—	—

[a] Nur mit ω-N-Methylanilino-acrolein oder -pentadienal [2250].
[b] Nur bei α-unsubstituierten Pyrrol-Derivaten [2408].
[c] Auch aus 2,3,4,5-Tetramethylpyrrol [2351].
[d] Nur mit Formaldehyd [2398].
[e] Bisher nur von Pyrrol bekannt.

3.1.2. Dipyrrylmethan-Synthese

Das einfachste Beispiel derartiger Umsetzungen stellt die Reaktion von C-tri-substituierten Pyrrolen – oder auch von den entspr. Jodpyrrolen [2375] –, die mindestens *eine* elektronenziehende Gruppe enthalten[3], mit aromatischen [788a (dort S. 352), 2139], heterocyclischen [2253] oder aliphatischen Aldehyden [143, 788a (dort S. 350), vgl. 357] – darunter Formaldehyd [533] – sowie Ketonen [788a (dort S. 352ff.)] und α-Ketocarbonsäuren [1283] dar. Man erhält symmetrisch substituierte α,α'- oder β,β'-*Dipyrrylmethane* (*3.5.* bzw. *3.6*).

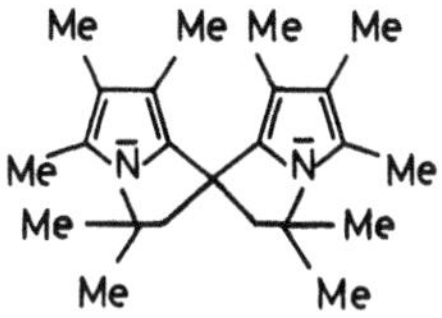

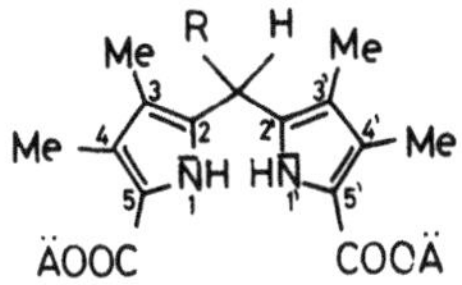

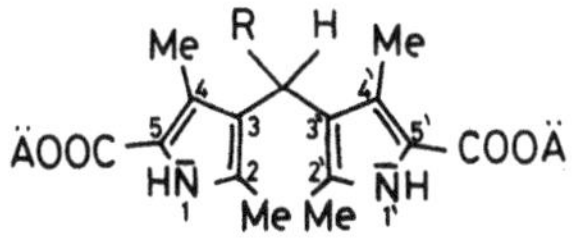

3. 4.   3.5. (R = H, Alkyl od. Aryl)   3.6.

In *basischem* Medium reagieren dagegen α-*Acetylpyrrole* als Methylen-Komponente sowohl bei der Aldol-Kondensation mit aromatischen oder heterocyclischen Aldehyden [2419, 2420] als auch bei der Claisen-Kondensation mit Trifluoressigester [1361] unter Bildung der entspr. 2-(β-Arylacryloyl-)- bzw. 2-Trifluoracetoacetyl-Derivate.

Analog bildet Glyoxal mit negativ substituierten Pyrrolen unter Säurekatalyse *Tetrapyrryläthane* [788a (dort S. 389), 801], die durch Säuren zu Tripyrryläthylen-Derivaten und Pyrrolen gespalten werden (vgl. S. 329), bzw. durch Oxydation leicht in zwei Pyrromethen-Moleküle zerfallen. Tetrapyrryläthylene, deren Bildung früher bei der letztgenannten Reaktion angenommen wurde, sind somit aus der Literatur zu streichen [2364].

Allgemein können α,α'-Dipyrrylmethane – mit Ausnahme einiger 5,5'-Dialkoxycarbonyl-Derivate, die durch Oxydation mit Eisentrichlorid in *Tetrapyrryläthane* übergehen [788b (dort S. 6)] – mit Brom [338, 339, 535], *tert*-Butylhypochlorit [160], N-Bromsuccin-

---

[3] Sind *nur* Alkyl-Substituenten vorhanden, so entstehen bei der Reaktion mit Ketonen Spirobisdihydropyrrolizine (z. B. *3.4.*) [2408], mit Aldehyden äußerst luftempfindliche Dipyrrylmethane [143, 2346], deren Oxydationsprodukte zwar hauptsächlich aus Pyrromethenen bestehen, aber wegen der Bildung von Nebenprodukten präparativ meist nicht verwendbar sind. Auch nach anderen Methoden – insbesondere durch Reduktion von Pyrromethenen mit Natriumborhydrid [649, vgl. 160] – dargestellte Dipyrrylmethane ohne ringständige, elektronenziehende Substituenten sind nur selten [113, 499, 1577] rein isoliert worden.

imid, Eisentrichlorid sowie Bleidioxid bzw. -tetraacetat [2140] oder vorzugsweise mit Jodmonochlorid in warmem Methanol [2375] glatt in Pyrromethene (S. 115) übergeführt werden. In der *meso*-Stellung *alkyl-* (jedoch nicht *aryl-* [650]) substituierte Dipyrrylmethane spalten bei der Oxydation zu Pyrromethenen den *meso*-ständigen Substituenten ab [2364]. Ebenfalls lassen sich 1,2-*bis*-(Pyrrol-2-yl)-äthylene entweder durch Brom-Oxydation der entspr. Dipyrryläthane (z. B. *3.8.*), die aus Brommethylpyrrolen und Hydrazinhydrat unter intermediärer Bildung von 1,1-*bis*-(Pyrrol-2-yl)-hydrazin-Derivaten *(3.7.)* und darauffolgender Kupfer(II)-induzierter Stickstoff-Abspaltung zugänglich sind [765], oder durch basenkatalysierte Kondensation zweier Moleküle einiger α-(Pyridiniummethyl)-pyrrole darstellen [1042]. 1,2-*bis*-(Pyrrol-2-yl)-äthylene können katalytisch zu den entspr. Dipyrryläthanen hydriert werden.

Bei der Reaktion mit α,β-ungesättigten Aldehyden und Ketonen findet außer Kondensation mit der Carbonyl-Gruppe Michael-Anlagerung an die konjugierte Doppelbindung (vgl. S. 266) und anschließende Oxydation zu *Dipyrryltrimethin-Farbstoffen* (z. B. *3.9.*) statt [2355].

Dipyrryltrimethin-Farbstoffe sind ferner durch Reaktion von 1,3-Dialdehyden oder Diketonen mit Pyrrolen [2344, 2352, 2355], bei der Acylierung von Pyrrol-Derivaten mit Acylchloriden [2356] sowie bei der Reaktion von α-freien Pyrrolen mit Ketonen in Gegenwart von Orthoameisensäuretriäthylester [519] (vgl. Fußnote 11 auf S. 116) erhalten worden (vgl. S. 283). Dipyrryl*poly*methin-Farbstoffe sind durch Umsetzung von *alkylsubstituierten* Pyrrolen mit ω-(N-Methylanilino)-propenal oder -pentadienal zugänglich [2250].

Überraschenderweise entstehen bei der Reaktion von α-freien Pyrrolen mit *cyclischen* Ketonen [2352] oder mit Quadratsäure (3,4-Dihydroxy-cyclobutendion) [2389, 2391, 2407] Dipyrryltrimethin-Farbstoffe des Typs *3.10.* bzw. *3.11a.* (oder *3.11b.* [2207]).

3.10. n = 2,3,4,5

3.11a.   3.11b.

Als Primärprodukte aller dieser Reaktionen entstehen sehr wahrscheinlich die in saurem Medium äußerst instabilen, gelegentlich isolierten [767, vgl. 2364] Pyrrylcarbinole *3.13.*[4], die unter Wasserabspaltung in mesomerie-stabilisierte Azafulvenium-Ionen *3.14.* übergehen. Diese greifen ein zweites Pyrrol-Molekül elektrophil an unter Bildung von *3.15.*, das schließlich zum Dipyrrylmethan *3.16.* deprotoniert.

Da das Azafulvenium-Kation nicht nur aus den (meist hypothetischen) Pyrrylcarbinolen *3.13.* gebildet werden kann, sondern allgemein aus Pyrrol-Derivaten des Typs *3.17.*, wobei Y eine *basische* Abgangsgruppe darstellt, läßt sich u.a. die Bildung von sowohl symmetrisch als auch *unsymmetrisch* substituierten sowie α,β'- (z.B. *3.19.*) [788a (dort

---

[4] Der Übersichtlichkeit halber werden im folgenden nur Reaktionen an der α-Position des Pyrrol-Ringes erörtert, obwohl sinngemäß entspr. Umsetzungen an den β-Stellungen, die unter Bildung der reaktiven Spezies *3.12.* verlaufen, möglich sind (vgl. dazu Lit. [788a (dort S. 347 ff.)]).

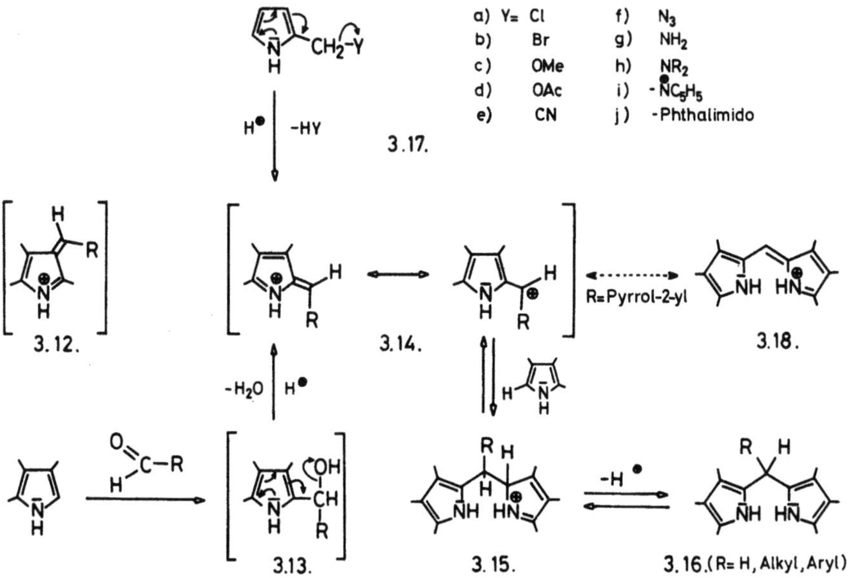

a) Y= Cl   f) N$_3$
b) Br   g) NH$_2$
c) OMe   h) NR$_2$
d) OAc   i) -$\overset{\oplus}{N}$C$_5$H$_5$
e) CN   j) -Phthalimido

3.17.

3.12.   3.14.   R=Pyrrol-2-yl   3.18.

3.13.   3.15.   3.16.(R= H, Alkyl, Aryl)

S. 349)] Dipyrrylmethanen durch Reaktion von α- (bzw. β-) freien Pyrrolen mit α-Acetoxymethyl *(3.17d.)* [504, 575] oder α-Halogenmethyl-pyrrolen *(3.17a,b.)* [749, 752, 788a (dort S. 333), 1575, 1602, 1902, 2298] u.a. anhand desselben Schemas deuten[5].

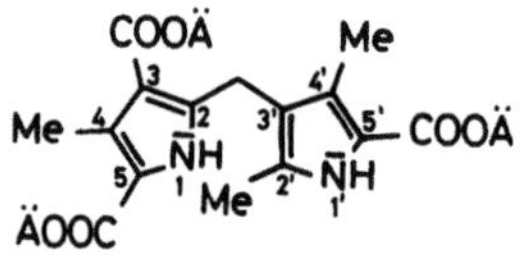

3.19.

Pyrrol-Derivate vom Typ *3.17.* sind durch Halogenierung (a und b, s. S. 327 bzw. 328) bzw. Acetoxylierung (d) mit Bleitetraacetat in Eisessig [1041, 1173, 2158] von α-ständigen Methyl-Gruppen sowie durch Mannich Reaktion (h, s. S. 266) von α-unsubstituierten Pyrrolen leicht zugänglich. Tosyloxymethylsubstituierte Pyrrol-Derivate sind bisher nicht bekannt. Sogar das N-Methyl-2-(tosyloxymethyl)-pyrrol, bei dem Bildung des entspr. Azafulvenium-Ions unter Abspaltung von p-Toluolsulfonsäure nicht möglich ist, zerfällt bereits bei Raumtemperatur [1278].

---

[5] Die gelegentlich geringen Ausbeuten dieser Dipyrrylmethan-Synthese lassen sich wahrscheinlich durch die Eigenschaft chlormethylsubstituierter Pyrrole Dipyrrylmethane zu Pyrromethenen zu *oxydieren* [1520], erklären.

Durch Reaktion der Methjodide von Pyrrol-Mannich-Basen mit Natriumcyanid sind einige α-(Pyrrol-2-yl)-essigsäure-nitrile *(3.17e.)* synthetisiert worden [1071, 1072, 1074] (vgl. S. 267).

Aus den Brommethyl-Derivaten *(3.17b.)* lassen sich durch Umsetzung mit Natriumazid, Dialkylaminen, Pyridin, Kaliumphthalimid oder Methanol *3.17f.* [2400], *3.17h.* [160], *3.17i.* [1042], *3.17j.* [1042] bzw. *3.17c.* [763, 1041] darstellen. Letztere können auch durch Methanolyse der entspr. α-Acetoxymethyl-Derivate [1041] oder durch säurekatalysierte Verätherung von Hydroxymethylpyrrolen [2196b] erhalten werden. α-Aminomethyl-substituierte Pyrrole *(3.17g.)* sind außer durch Hydrierung von α-Pyrrolaldehydoximen [114] (vgl. S. 203) durch Hydrazinolyse von α-Phthalimidomethylpyrrolen *(3.17j.)* [1042] oder durch Reaktion von α-Brommethyl-pyrrol-Derivaten *(3.17b.)* mit flüssigem Ammoniak [2377] (vgl. S. 332) erhältlich.

α- oder β-Hydroxymethylpyrrole („Pyrrolmethanole", vgl. *3.13.*, R = H) sind hauptsächlich durch Reduktion von Pyrrolaldehyden mittels Zink-Eisessig [45], Natriumamalgam [2283] oder vorzugsweise Natriumborhydrid [2196b] zugänglich. Ferner lassen sie sich durch katalytische Hydrierung von Pyrrolthiolcarbonsäureestern an Raney-Nickel [356, 988, 1415] sowie durch Umsetzung der Methjodide von Pyrrol-Mannich-Basen mit 10-proz. wäßr. Natronlauge [212], durch Hydrolyse der entspr. α-Chlor- *(3.17a.)* [720] oder α-Acetoxymethyl-Derivate *(3.17d.)* [1867, 1868, vgl. jedoch 1041] oder durch säurekatalysierte Reaktion von α- oder β-unsubstituierten Pyrrolen – darunter 1,2-Dihydropyrrolizin [1860] – mit Formaldehyd darstellen[6].

Sowohl bei der Synthese von unsymmetrisch substituierten Dipyrryl-methanen oder bei deren Behandlung mit Säuren [88, 531a, 2367, 2370, 2376] als auch bei der Brom-Oxydation derselben zu Pyrromethenen [535] beobachtet man oft die unerwartete Entstehung von Gemischen, die auf Austausch von Pyrrol-Ringen zurückzuführen ist. Auch die Alkyliden-Brücke von *meso*substituierten Dipyrrylmethanen ist gegen eine Methylen-Gruppe mittels Formaldehyd in Gegenwart von Säure austauschbar [2376, 2398].

Derartige Prozesse lassen sich aufgrund der postulierten Reversibilität der beiden letzten Reaktionsschritte *(3.14⇌3.16.)* in dem Schema auf S. 112 zwangsläufig interpretieren.

Ferner ist die Tatsache von Bedeutung, daß der elektrophile Angriff des Azafulvenium-Ions *3.14.* nicht auf unbesetzte Ring-Positionen des Pyrrol-Moleküls beschränkt ist. Eine präparativ sehr brauchbare Darstellungsmethode für *symmetrisch* substituierte Dipyrrylmethane besteht in der Kondensation zweier Moleküle eines α-halogenmethyl- [113, 514, 694, 1577, 1602, 2298] oder α-acetoxymethylsubstituierten [1173] Pyrrols. Bei der Reaktion wird einer der beiden YCH_2-Substituenten, dessen Methylen-Gruppe in Formaldehyd umgewandelt wird [2370, 2377], abgespalten. Als Beispiel sei die Umsetzung des α-Acetoxymethyl-pyrrol-Derivats *3.20.* angeführt: Entsprechend *3.13.→3.16.* entsteht durch Angriff des aus *3.20.* primär gebildeten Azafulvenium-Ions an

---

[6] In *basischem* Medium findet dagegen *reversible* Anlagerung einiger Pyrrole an Formaldehyd unter Bildung der entspr. N-Hydroxymethyl-Derivate [212] statt.

das *substituierte* C-5-Atom des Eduktes das 2H-Pyrrol-Derivat *3.21.*, das unter Eliminierung der Acetoxymethyl-Gruppe in das Dipyrrylmethan *3.5.* (R = H) [1173] übergeht. Auch die Verdrängbarkeit α-ringständiger Alkyl-Gruppen von tetraalkylsubstituierten Pyrrolen durch Elektrophile [2351] läßt sich aufgrund desselben Reaktionsmechanismus plausibel erklären.

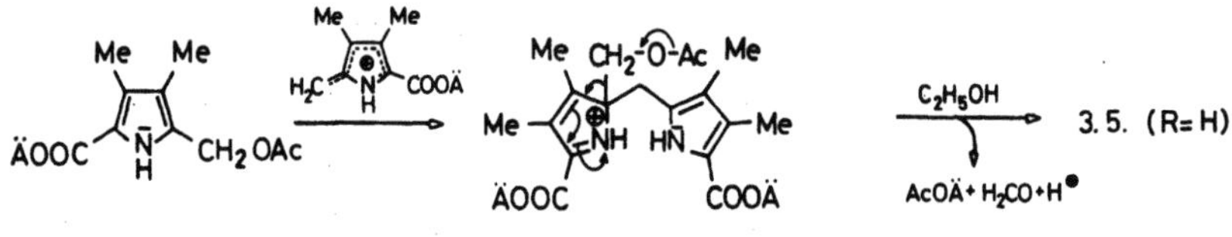

3. 20.   3. 21.

Analog kann die oft beobachtete decarboxylative Bildung von Dipyrrylmethanen aus Brommethyl-Pyrrol-Derivaten *(3.17b.)* und Pyrrolcarbonsäuren mechanistisch rationalisiert werden. Die alternative Möglichkeit, daß unter den jeweiligen Reaktionsbedingungen Decarboxylierung der betreffenden Pyrrolcarbonsäure vorausgeht und anschließend die „übliche" elektrophile Substitution an der freigewordenen Position des Pyrrol-Ringes stattfindet, läßt sich jedoch allgemein nicht ausschließen. Daß prinzipiell die *decarboxylative Substitution* (d. h. die Reaktion unter primärer Bildung von *3.24.*) möglich ist, beweist die Reaktion des Brommethyl-pyrrol-carbonsäurebenzylesters *3.22.* mit Kryptopyrrol *(3.23a.)* bzw. dessen Hydroxycarbonyl-Derivat *3.23b.* Unter gleichen Bedingungen ist die Ausbeute an Dipyrrylmethan *3.25.* wesentlich höher, wenn

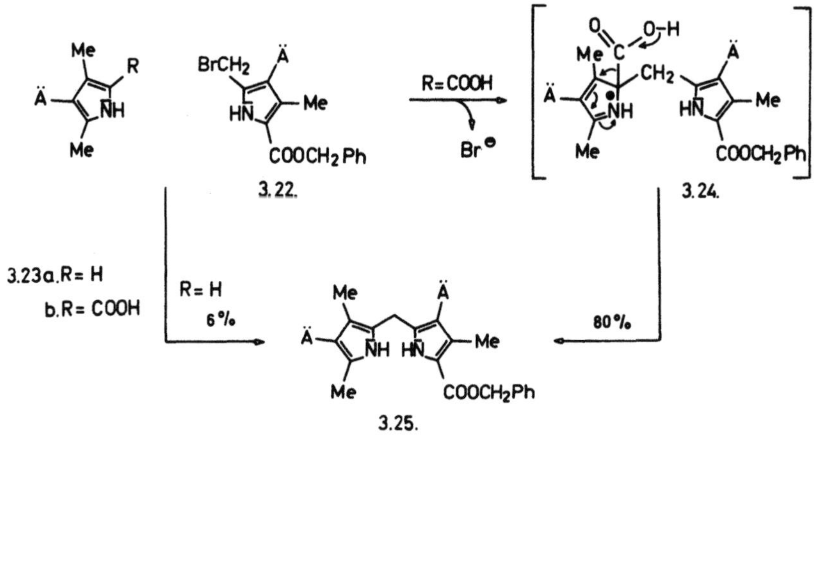

3.22.   3.24.

3.23a. R = H
    b. R = COOH   R = H   80%
                         6%

3.25.

man von der Pyrrolcarbonsäure ausgeht, als aus dem (α-unsubstituierten) Kryptopyrrol [1041]. Damit im Einklang steht die leichte Bildung von Dipyrrylmethanen[7] durch Reaktion der *Lithium-Salze* von Pyrrolcarbonsäuren und Pyridiniummethyl-pyrrol-Derivaten *(3.17i.)* [514, 694, 812, 1041, 1148, 1151].

3.1.3. Pyrromethen-Synthese[8]

In den Fällen, bei denen zusätzliche Möglichkeiten zur Mesomerie-Stabilisierung von *3.14.* – bzw. von *3.12.* – gegeben sind, stellt dieses das isolierbare Endprodukt der Reaktion dar. Bestbekannte Beispiele dafür sind die säurekatalysierte Kondensation von α- bzw. β-unsubstituierten Pyrrolen (oder auch Pyrrolcarbonsäuren) mit Pyrrolaldehyden oder -ketonen[9] sowie mit p-Dimethylaminobenzaldehyd (Ehrlichsches Reagenz), wobei die gebildeten Pyrromethen-Salze *3.18.*[10] bzw. 2H-Pyrrol-Farbstoffe *2.1.* (S. 36) als Azafulven-Derivate anzusehen sind.

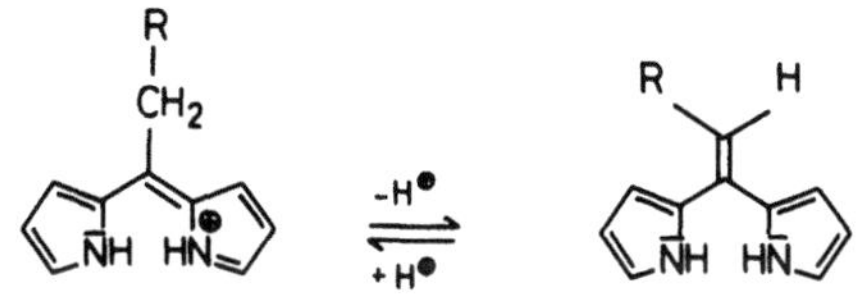

3.26.   3.27.

Resonanzstabilisierte Derivate von *3.14.* und *3.12.* sind ferner sowohl bei der Behandlung einiger Pyrrol-2-yl- [760, 1006] bzw. Pyrrol-3-yl-phenylcarbinole [2196b] mit starken Säuren als auch durch säurekatalysierte Kondensation von α- oder β-unsubstituierten

---

[7] Als Konkurrenzreaktion ist in seltenen Fällen Bildung von Pyrrolcarbonsäurepyrrylmethylestern beobachtet worden [1151].

[8] Eine alternative Darstellungsmethode für Pyrromethene ist auf S. 328 angegeben.

[9] Die durch Kondensation von Acylpyrrolen mit Pyrrolen zugänglichen *meso*alkylsubstituierten Pyrromethen-Salze *3.26.* [750, 751, 794, 1581, 2356] entstehen auch oft bei der Acylierung von Pyrrolen mit Acetanhydrid/Bortrifluorid-ätherat [2393]. Sie können in Abhängigkeit sowohl der ringständigen als auch des *meso*-ständigen Substituenten als 1,1-Dipyrryläthylen-Derivate *(3.27.)* vorkommen [1579, 1580, 1581, 2361, 2371, 2372, 2374]. *Meso*-substituierte β,β'- und α,β'-Pyrromethene liegen als *freie* Basen hauptsächlich in der entspr. Dipyrryläthylen-Form vor.

[10] Die entspr. freien Basen – sog. (Di)Pyrromethene (= 2-(Pyrrol-2-yl-methylen)-2H-pyrrole) lassen sich durch Behandlung der Salze mit wäßr. Ammoniak freisetzen. Sie sind – insbesondere wenn sie nur Alkyl-Substituenten tragen – weniger beständig als deren protonierte Spezies.
β,β'- und α,β'-Pyrromethene sind entspr. *3.6.* bzw. *3.19.* zu formulieren und zu beziffern.

Pyrrolen mit Diphenylcyclopropenon [175, 1085], 2-Alkylthio-1,3-dithiolanylium-Salzen [947, 2506], Ferrocen- [23] und Azulenaldehyden [2383] sowie mit Vinylen-Homologen des N-Methylformanilids [2250], des Furfurols [2251] und des 3-Formylguajazulens [2383] erhalten worden.

In Übereinstimmung mit dieser Auffassung steht die Tatsache, daß Pyrromethene – insbesondere die negativ substituierten – entsprechend Reaktion *3.14.⇌3.15.* zahlreiche Nucleophile, u. a. Wasser [339], Alkohole [338, 339, 531b, 2393], Brom [339], Ammoniak [2388], Natriumhydrogensulfit [2388], Blausäure [2395], Triäthylphosphit [2395], Methylmagnesiumbromid [302], Cyanessigsäure [1160], Methylketone[11] und Malonitril [164] an die *exocyclische Doppelbindung reversibel* zu addieren vermögen[12]. Auch α-unsubstituierte Pyrrole [531b, 544, 1732, 2361] und Dipyrrylmethane [vgl. 694] bzw. deren entspr. α-Carbonsäuren [vgl. 1153] werden auf diese Weise unter Bildung von Tripyrrylmethanen angelagert (s. S. 329).

Michael-Anlagerung von α- oder β-unsubstituierten Pyrrol-Derivaten findet nicht nur an der exocyclischen Doppelbindung der Pyrromethene, sondern auch an derjenigen von β-Pyrrolylacrylsäure- [801] oder von Pyrrolylmethylen-malonsäure-Derivaten [1283] unter Bildung *meso*-hydroxycarbonylmethylsubstituierter Dipyrrylmethane statt.

Als geeignetstes Kondensationsmittel zur Darstellung von Pyrromethenen aus Pyrrolaldehyden bzw. -ketonen und Pyrrolen, die säureempfindliche Substituenten enthalten, bietet sich Phosphoroxychlorid in Dichlormethan an [812].

Die Kondensation von α- oder β-unsubstituierten Pyrrolen bzw. deren entspr. Carbonsäuren mit Ameisensäure [788b (dort S. 4)] oder Orthoameisensäureester [519, 2361] zu symmetrisch substituierten Pyrromethenen können als Spezialfälle der eben erwähnten Reaktion aufgefaßt werden, da höchstwahrscheinlich Pyrrolaldehyde als Zwischenprodukte auftreten (vgl. S. 295). Nach *A. Treibs* [2361, 2363] ist die Reaktion reversibel, so daß die Kondensation *zweier* Moleküle eines Pyrrolaldehyds [761] unter Bildung eines Pyrromethens und Verlust einer Formyl-Gruppe (als Ameisensäure) dadurch zu erklären ist [vgl. 417].

---

[11] Unter den Reaktionsbedingungen lagern die primär gebildeten *meso*-Acylmethylpyrromethene quantitativ in Dipyrryltrimethinfarbstoffe um [164].

[12] Im Gegensatz zu Pyrrolen gehen Pyrromethene sehr selten elektrophile Substitutionen ein. Lediglich die glatte Reaktion von α-unsubstituierten Derivaten mit α-Brommethylpyrromethenen unter den Bedingungen der Friedel-Crafts-Alkylierung (Zinntetrachlorid) ist von praktischer Bedeutung [1027].

3.1.4. Porphyrin-Synthese

Pyrrole, die mehr als eine unsubstituierte α- oder β-Position aufweisen, kondensieren je nach ihrer Reaktivität und Anordnung der Substituenten mit Aldehyden zu Dipyrrylmethanen (vgl. oben), Dipyrrylbismethanen *(3.28.* oder *3.29.* bzw. *3.30.)*, Trypyrryltrismethanen (z. B. *3.31.*) oder höhermolekularen Produkten [2398]. *Alkyl-* [2408] oder *aryl-* [2517] *substituierte* Pyrrole mit zwei benachbarten unbesetzten C-Ring-Positionen reagieren mit *Aceton* unter Bildung verschiedenartiger Spiro-Verbindungen.

3.28.　　　oder (2)　　　3.29.

3.30.　　　3.31.

Sind dagegen *beide α-Positionen* unbesetzt, tritt oft Kondensation zu makrocyclischen Verbindungen auf. So reagiert *Pyrrol* mit Formaldehyd [189, 2024] sowie aliphatischen [2024, 2392] und aromatischen [20, 142, 576, 1422, 2025, 2317, 2392] Aldehyden unter Bildung von Porphin *(3.35 a)* bzw. dessen *meso*-Tetraalkyl- und meso-Tetraaryl- (z. B. *3.35 b.)* Derivaten [13]. Insbesondere letztere lassen sich durch diese einfache Methode leicht darstellen; dagegen sind die Ausbeuten bei Verwendung von aliphatischen Aldehyden sehr gering. Bessere Ergebnisse werden jedoch bei der Reaktion von Formaldehyd mit 3,4-disubstituierten Pyrrolen – bis 78proz. Ausbeute bei der Darstellung des Octamethylporphins – erzielt [2392].

---

[13] Mit Phenylglyoxal und einigen seiner Analoga dagegen reagiert Pyrrol in neutralen Lösungen unter Bildung von 1-Hydroxy-1-(pyrrol-2-yl)-aryl-ketonen [2613].

Als Zwischenprodukte sind Dipyrrylmethane, Polypyrrane *(3.32.)* und Porphyrinogene *(3.33.)*, die mit Luft-Sauerstoff zu den entspr. Porphyrinen oxydiert werden, anzunehmen [19, 21, 142, 2392].

3.35. a) R= H
          b) R= C_6H_5

3.33. R'= H
3.34. R'= R = CH_3

Aufgrund ihrer Labilität gegenüber Sauerstoff und Säuren [1151, 1511, 1512] sind Tetrapyrrane (= 1,19-Didesoxybilane: *3.32.* *n* = 3) mit Ausnahme des Derivats *3.36.* [542] bisher nicht rein isoliert worden. Tripyrrane (*3.32.* *n* = 2) sind dagegen nach verschiedenen synthetischen Methoden zugänglich [160, 504, 575, 1148, 1151, 1712].

Das peripher octamethylsubstituierte Derivat von *3.33.* (R = C_6H_5) läßt sich – vermutlich wegen seines durch sterische Wechselwirkungen bedingten höheren Oxydationspotentials – bei der Reaktion von 3,4-Dimethylpyrrol mit Benzaldehyd isolieren und nachträglich in das entspr. Porphyrin überführen [650]. Die Oxydation findet über das (als Zink-Salz isolierbare) Didehydro-Zwischenprodukt (Porphodimethen) statt.

3.36.

meso-unsubstituierte Porphyrinogene sind durch Cyclotetramerisation von alkylsubstituierten 5freien 2-Aminomethylpyrrolen [2519] bzw. 5-Hydroxymethyl-2-carbonsäuren [1867, 1868] unter Sauerstoff-Ausschluß ebenfalls in guten Ausbeuten dargestellt worden (vgl. Porphobilinogen auf S. 206). Sie zeichnen sich durch die leichte Austauschbarkeit ihrer meso-ständigen Wasserstoffatome gegen Deuteronen in saurem Medium aus [2519].

Interessanterweise reagiert Pyrrol mit Aceton (bzw. mit Cyclohexanon [335, 2352]) unter Bildung des als *3.34.* charakterisierten [546, vgl. 2393] „Acetonpyrrols" [2026] in sehr guter Ausbeute (88% d. Th.).

3.1.5. Substituenten-Effekte

Neben dem auf S. 105 erwähnten, stets α-dirigierenden „Heteroatom-Effekt" spielen für die Regioselektivität der elektrophilen Substitution bei Pyrrol-Derivaten die Effekte ringständiger Substituenten eine entscheidende Rolle, insbesondere dann, wenn es sich dabei um die in der Benzol-Reihe sogenannten „meta-dirigierenden" funktionellen Gruppen handelt, da diese den Heteroatom-Effekt z. T. oder vollständig aufheben können.

Tabelle 3.2. Relative Zusammensetzung der Produktgemische von Reaktionen des 3-Methylpyrrols mit verschiedenen Elektrophilen

Elektrophil	Produkt	3 Me	4 Me	Lit.
$H^\oplus$	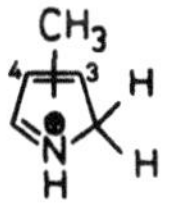	15	1	[447]
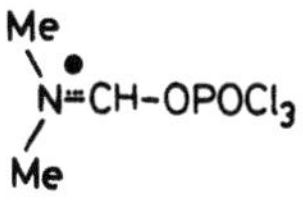 $Me-N{=}CH-OPOCl_3$ (N,N-dimethyl)	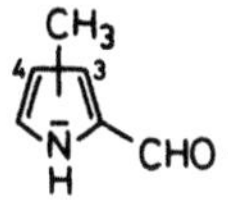	4	1	[1089] [690]
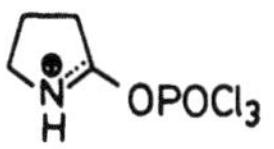 (Pyrrolidinon)$-OPOCl_3$	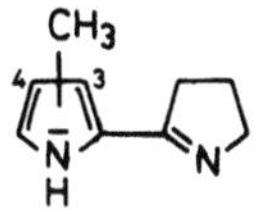	1	1	[1938]
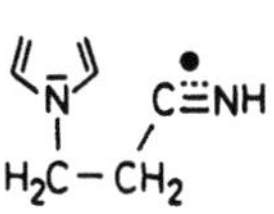 (Pyridine)$-C{\equiv}NH$	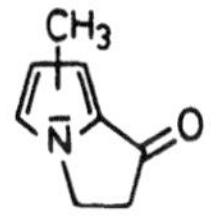	1	0	[1515]

Im wesentlichen lassen sich die von *A. Treibs* und *G. Fritz* [2370] aufgestellten „Substitutionsregeln" folgendermaßen zusammenfassen (vgl. Abb. *3.37.*):

1. β-ständige elektronengebende Gruppen orientieren die elektrophile Substitution in die benachbarte (Abb. 3.37a), elektronenziehende in die gegenüberliegende unbesetzte α-Position (Abb. 3.37d.).

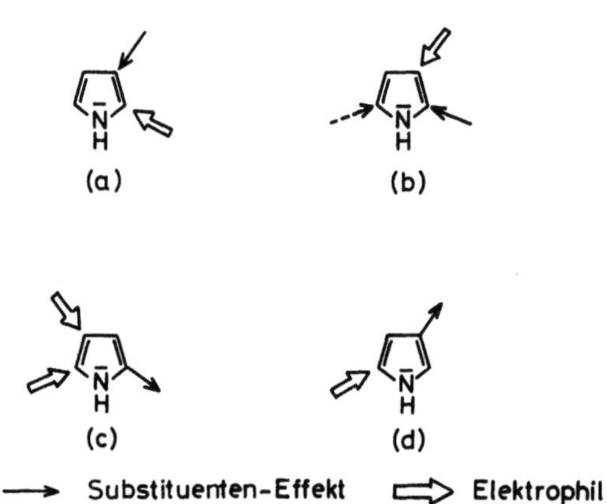

Abb. *3.37.* Orientierung bei der elektrophilen Substitution an den Pyrrolring-C-Atomen

Die Gültigkeit dieser Regel, die mit zahlreichen Beispielen belegt ist [73, 79, 728, 1968], sei durch die Bromierung [543, 1282] bzw. Formylierung [536, 769] des 4-Methylpyrrol-3-carbonsäureesters *(3.38.)* illustriert. Unter dem Einfluß von sterischen Effekten kann jedoch die Regioselektivität der Reaktion beeinträchtigt werden, wie die Umsetzung des 3-Methylpyrrols mit Elektrophilen zunehmender Raumbeanspruchung demonstriert (Tabelle 3.2.).

2. Sind beide β- (oder α-)Positionen durch elektronengebende Gruppen besetzt, so findet Substitution an jener freien α- (bzw. β-)-Stellung statt, die dem Substituenten mit dem stärkeren +I-Effekt benachbart ist (Abb. 3.37b.).

CH₃ COOÄ   CH₃ COOÄ   CH₃ COOÄ

Br   ←── Br₂ ──   ── HCN/HCl →   OCH

3.38.

Bemerkenswerterweise machen sich dabei geringfügige Unterschiede stark bemerkbar. So z. B. wird das 3-Äthyl-4-methylpyrrol bei der Gattermannschen Formylierung (S. 291) hauptsächlich [788a (dort S. 156)] zum entspr. 2-Aldehyd umgesetzt (größerer + I-Effekt der Äthyl- gegenüber der Methyl-Gruppe). Bei der Synthese des Pheromons 5.55. (S. 207) findet intramolekulare Hoesch-Reaktion ausschließlich mit der 2-Position (s. Tabelle 3.2.) statt. Ebenfalls ist als Reaktionsprodukt der Gattermann-Formylierung des β-(4-Methylpyrrol-3-yl)-propionsäureesters (Opsopyrrolcarbonsäureester) nur der entspr. 5-Aldehyd isoliert worden[14] [788a (dort S. 171, 2566)].

3. *α-ständige elektronenziehende Gruppen desaktivieren hauptsächlich die benachbarte β-Stellung. Elektrophile Substitution findet dann, wenn möglich, an den gegenüberliegenden α- und/oder β-Positionen statt,* wobei bevorzugter Angriff letzterer – insbesondere bei N-substituierten Pyrrolen (S. 105) – vielfach beobachtet wird (Abb. *3.37c.*, vgl. Tabelle 3.3.). Eine Interpretation der bisher zur Verfügung stehenden Daten erscheint jedoch, insbesondere aufgrund der Ergebnisse der von mehreren Autoren [76, 1096, 1405] unter verschiedenen Reaktionsbedingungen untersuchten Halogenierung von Pyrrol-2-carbonsäureestern, nicht zwangsläufig. Die größte Selektivität für die 5-Stellung zeigt die sehr wahrscheinlich homolytisch verlaufende Chlorierung mit tert-Butylhypochlorit in Tetrachlorkohlenstoff [1096], und für die 4-Stellung die Bromierung mit Pyridiniumbromid-perbromid [76] (Tabelle 3.3.).

Substitution durch ein *zweites* Halogenatom führt hauptsächlich zu 4,5-disubstituierten Produkten [76, 244, 667, 1096, 1969]. Unter Verwendung von 2 Mol tert-butylhypochlorit erhält man jedoch aus Pyrrol-2-carbonsäuremethylester das 3,5-Dichlor-Derivat in 82proz. Ausbeute [1096].

Gegen die naheliegende Annahme, daß die Konstitution der Halogenierungsprodukte lediglich mit der Beteiligung von Radikalen bzw. Ionen an der Substitutionsreaktion zusammenhängt [vgl. 1096], spricht jedoch die geringe Regioselektivität der Nitrierungsreaktionen (s. Tabelle 3.3.) sowie des aus Brom und Silberperchlorat in Perchlorsäure freigesetzten Bromonium-Ions [76]. Substituenten-Effekte scheinen bei der Vilsmeier-Reaktion eine untergeordnete Rolle zu spielen (s. Tabelle 3.2.) (vgl. S. 293). Bei der Jodierung des Pyrrol-2-aldehyds entsteht neben Di- und Trijod-Derivaten ausschließlich das 4-monojodierte Produkt [728]. In der Regel ist der dirigierende Effekt ringständiger Formyl-Gruppen nicht stark ausgeprägt. Durch Bildung von Aluminiumchlorid-Komple-

---

[14] Für eine Diskussion über die Größe der induktiven Effekte in Abhängigkeit von der Länge der Kohlenstoff-Kette siehe *E. S. Gould:* „Mechanismus und Struktur in der Organischen Chemie", Üb. G. Koch 2. Aufl. S. 242, Verlag Chemie GmbH., Weinheim/Bergstr. 1964.

Tabelle 3.3. Optimale Verhältnisse der 4- zu 5-Substitution bei elektrophilen Substitutionsreaktionen an einigen Pyrrol-2-yl-Derivaten

	—CHO	—CH=$\overset{\oplus}{N}$	—COCH$_3$	—COOR	—COSÄ	—CN	—NO$_2$
Bromierung	97:3[a,d]	99,5:0,5[a] [2197]	100:0[c,e]	96:4 (R=Me)[a,f]	—	—	—
Sulfonierung	—	—	100:0[c]	—	—	—	—
Nitrierung	59:41[b]	67:33[a] [2197]	57:43[b]	55:45 (R=H)[b] 45:55 (R=Me)[c] [1965]	—	42:58[b] [vgl. 74]	67:33[b] [vgl. 1965]
Formylierung	—	100:0[a,h] [2197]	—	27:73 (R=Ä)[a,g] 99:1 (R=Me)[a,h] [2198]	ca. 100:0[c,h] [1415]	—	—
Friedel-Crafts-Acetylierung	100:0[c] [79]	98:2[a] [2197]	—	91:9 (R=Me)[c] [79]	100:0[c] [1415]	100:0[c] [79]	—
Friedel-Crafts-Alkylierung	100:0[a,i]	—	98:2[a,i]	90:10 (R=Me)[a,i] [vgl. 75] 62:38 (R=Me)[a,j] [vgl. 82]		98:2[a,j]	—

[a] Gaschromatographische Analyse.
[b] Polarographische Analyse [2332].
[c] Isoliert aus dem Reaktionsgemisch.
[d] Brom in CCl$_4$ bei 0° [76].
[e] Brom in Eisessig [1199].
[f] Pyridiniumbromid-perbromid bei Raumtemperatur [76].
[g] Nach *Vilsmeier* [581, vgl. 1258].
[h] Mittels Dichlormethyl-methyl-äther/AlCl$_3$.
[i] Mittels *iso*-Propylchlorid/AlCl$_3$ [78].
[j] Mittels *tert.*-Butylchlorid/GaCl$_3$ [987].

xen *(3.39.)* [78, 1166] (vgl. Tabelle 3.3.) oder durch Überführung in die entspr. tertiären Immonium-Salze *3.40.* [2197] kann jedoch ausschließliche Substitution in der 4-Stellung erzielt werden (vgl. Tabelle 3.3.).

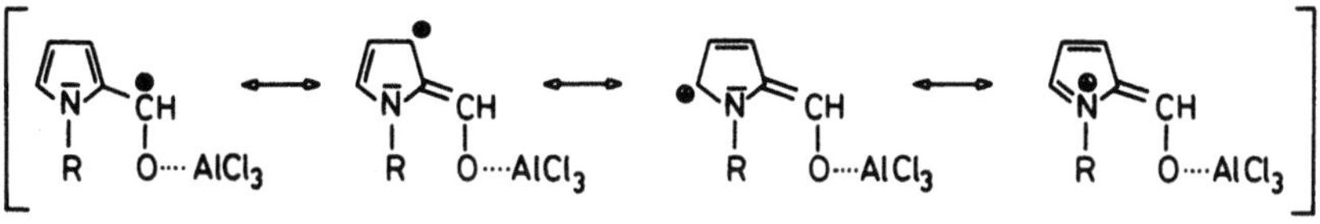

3.39.

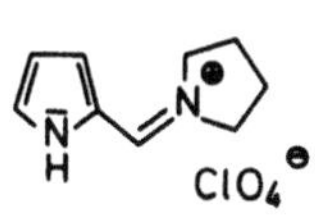

3.40.

Aufgrund der leichten Eliminierbarkeit der 2-ständigen funktionellen Gruppe sind Reaktionen mit Pyrrol-2-thiolcarbonsäureäthylestern von besonderer präparativer Bedeutung zur Darstellung von α-freien β-substituierten Pyrrolen (S. 260).

3.2. Diels-Alder-Reaktion

Die Reaktivität der Pyrrole gegenüber Dienophilen ist oft als Kriterium für den „Delokalisierungsgrad" des p-Elektronenpaares am Stickstoffatom herangezogen worden (S. 16). In der Regel reagieren Pyrrole mit Dienophilen (Fumar- und Maleinsäure [620] sowie Acetylen- [621] und Azodicarbonsäurediäthylester [2015] u. a. [801 vgl. 342]) nicht im Sinne einer $[_\pi 4\text{-}_\pi 2]$-Cycloaddition, sondern vielmehr unter Bildung von Produkten (z. B. *3.48.*) der Michael-Anlagerung an die elektronenarme Mehrfachbindung des Dienophils.

Der Michael-Anlagerung von Pyrrolen – und zwar auch von C-tetraalkylsubstituierten [807] – an Chinone oder Tetracyanäthylen folgt Oxydation bzw. Abspaltung von Cyanwasserstoff unter Bildung von Pyrrol-2-yl- [1350] und *bis*-Pyrrol-2-yl-chinonen [352, 807] bzw. von α-(Tricyanvinyl)-pyrrolen [2057].

Je nach Konstitution des Pyrrol-Derivats bzw. des Dienophils lassen sich manchmal 1:2- (s. unten) oder 2:1-Addukte isolieren [6, 621, 622].

An unbesetzten β-Ringpositionen findet ebenfalls Michael-Anlagerung von Pyrrol-Derivaten an die aktivierte Mehrfachbindung des Dienophils statt [293, 786].

Aufgrund dieser Befunde wurde in der älteren Literatur allgemein angenommen, daß das Diensystem des Pyrrols, eben wegen des „aromatischen Charakters" des Heterocyclus, nicht zu Cycloadditionen befähigt sein sollte.

Erst 1957 fanden *L. Mandell* und *W. A. Blanchard* [1481], daß bei der Reaktion des N-Benzylpyrrols *(3.41.)* mit Acetylendicarbonsäure neben den beiden Michael-Addukten das Cycloadditionsprodukt *3.42.* in ca. 9proz. Ausbeute entsteht. Die Autoren führten zunächst den größeren Dien-Charakter des N-Benzylpyrrols gegenüber den früher untersuchten Pyrrol-Derivaten auf die durch sterische Wechselwirkung der Benzyl-Gruppe mit den α-ringständigen Wasserstoffatomen aufgehobene Planarität des Moleküls zurück, die einen größeren sp³-Hybridisierungscharakter des freien p-Orbitals am Stickstoff und somit eine geringere Delokalisierung des entspr. Elektronenpaares in den Ring bedingt. Experimentell ließ sich jedoch diese Hypothese widerlegen [1482].

Diels-Alder-Addukte sind bei der Reaktion verschiedener Pyrrole mit Acetylendicarbonsäuredimethylester [5, 875], Dehydrobenzol [2554, 2555, 2558, 2559, 2560] und Hexafluorthioaceton [1544] postuliert, jedoch nicht isoliert worden.

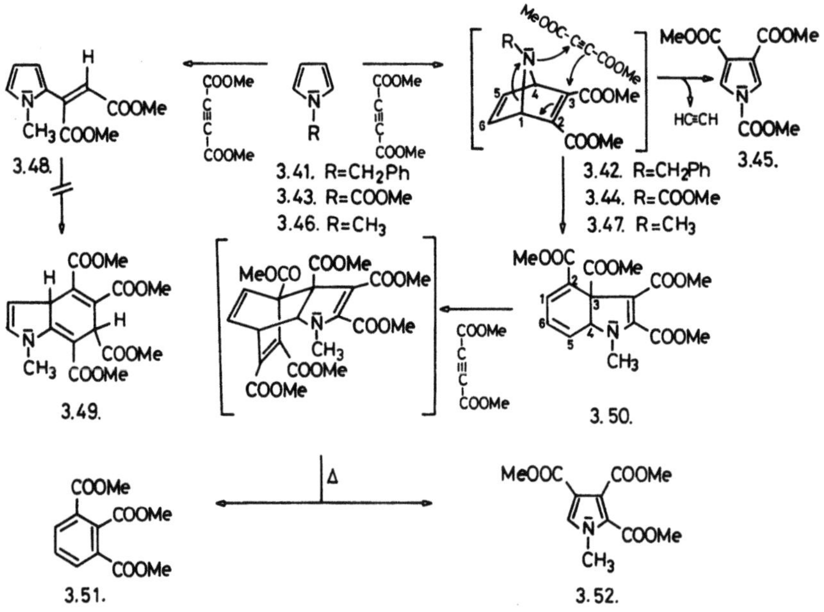

Oft gelingt die Isolierung des primär gebildeten Diels-Alder-Adduktes infolge Retro-Diels-Alder-Reaktion[15] *(3.43.→3.45.)* [5, 875] oder wegen seiner weiteren Umsetzung mit dem Dienophil nicht. So z. B. kommt dem bei der Reaktion des N-Methylpyrrols *(3.46.)* mit Acetylendicarbonsäuredimethylester in geringer Menge isolierten 2:1-Addukt *3.50.* nicht die früher angenommene, vom Hauptreaktionsprodukt *3.48.* abgeleitete Konstitution *3.49.* [621], sondern diejenige eines Folgeprodukts vom Diels-Alder-Addukt *3.47.* zu [4]. Auch die Entstehung der beiden Nebenprodukte *3.51.* und *3.52.* spricht für das Vorkommen von *3.50.*

Wird der Dien-Charakter des Pyrrol-Ringes durch N-ständige Elektronen-Acceptoren hervorgehoben, so lassen sich mit relativ starken Dienophilen (Acetylendicarbonsäure oder -ester) Cycloadditionsprodukte – 7-Azanorbornadien-Derivate *(3.53.)* – isolieren [7, 1275]. Aluminiumtrichlorid wirkt als Katalysator [167].

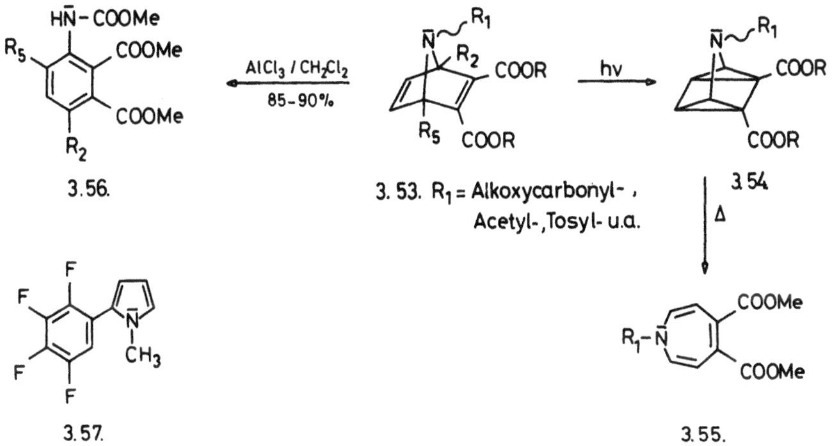

3.56.

3.53. R₁ = Alkoxycarbonyl-, Acetyl-,Tosyl- u.a.

3.57.

3.55.

Über die photochemisch zugänglichen Valenzisomere *3.54.* lassen sich 7-Azanorbornadien-Derivate in Azepine *(3.55.)* überführen [1892, vgl. 1239] (vgl. S. 159). Aluminiumtrichlorid katalysiert ihre Umwandlung in 3-Aminophthalsäure-Derivate *3.56.* [167, vgl. 2558, 2559, 1239]. 1-Methyl-2-(2,3,4,5-tetrafluorphenyl)-pyrrol *(3.57.)* ist durch thermische Umlagerung (160°) des entspr. 7-Azabenzonorbornadien-Derivats erhalten worden [510].

Die Ausbeuten sind bei N-*alkyl*substituierten Pyrrolen mit geringerem Dien-Charakter entsprechend niedriger [1275]. Sowohl N-alkyl- als auch N-negativ-substituierte Pyrrole reagieren jedoch mit starken

---

[15] Die Retro-Diels-Alder-Reaktion stellt eine präparativ brauchbare Methode zur Darstellung von Derivaten der Pyrrol-3,4-dicarbonsäure mit leicht abspaltbaren N-ständigen Substituenten dar [988] (s. Tabelle 7.5. auf S. 317).

Dienophilen (Dehydrobenzol) [405, 1239, 2559, 2560], Tetrachlor- [965] oder Tetrafluordehydrobenzol [377, 378] zu stabilen 7-Azabenzonorbornadienen. Das äußerst starke Dienophil Hexafluorbicyclo[2,2,0]-hexa-2,5-dien (Hexafluor-Dewarbenzol) addiert sich sogar an das unsubstituierte Pyrrol unter Bildung der Addukte *3.58.* (58% d. Th.) und *3.59.* (5% d. Th.) [169].

Gegenüber 2,2-Dimethylcyclopropanon fungiert das Dien-System des N-Methylpyrrols als Dipolarophil. Das bei der Reaktion beider Verbindungen entstehende Tropinon-Derivat *3.60.* isomerisiert thermisch leicht in ein Gemisch der beiden Pyrrole *3.61.* und *3.62.* [2438].

Erst kürzlich [2028] ist die dipolare $[_\pi 3 + _\pi 2]$-Cycloaddition von N-Phenyl-brenztraubensäurenitril-imid an N-Methylpyrrol beschrieben worden.

3.3. Reaktionen mit Carbenen

Im Gegensatz zu Furan und Thiophen, bei denen die übliche 1,2-Addition von Carbenen beobachtet wird, reagieren Pyrrol [1483, 1631] und seine Alkyl- [498, 1373, 1631, 1807, 1080, 2189] – darunter 1,2-Dihydropyrrolizine [2178] – Phenyl- [259, 1423] und 3-Alkoxycarbonyl- [235, 237, 2275] Derivate sowie α-(Pyrrol-2-yl)-essigsäureäthylester [144] bei der kupferkatalysierten Zersetzung von Diazoessigester in der Regel unter Bildung der Produkte der normalen elektrophilen Substitution an α- *oder β-unbesetzten* Ring-Positionen, wobei erstere bevorzugt angegriffen werden (vgl. *3.64.*).

Unter gleichen Bedingungen reagieren Diazodesoxybenzoin und α-Diazoacetessigester – offensichtlich erst nach Umlagerung in die entspr. Keten-Derivate – unter Bildung von α-acylierten Pyrrolen [1631] (vgl. S. 283), während Diazoaceton [236, 2200] sowie Diazobrenztraubensäureäthylester, γ-Diazo-acetessigsäureäthylester und δ-Diazo-lävulinsäureäthylester [1939] sich zu den nach anderen Methoden schwer zugänglichen Acetonylpyrrol-Derivaten in guten Ausbeuten umsetzen lassen.

Die Frage, ob es sich bei diesen Reaktionen um Carben-Anlagerungen an eine Doppelbindung des Pyrrol-Systems mit anschließender Aufspaltung des primär gebildeten Cyclopropan-Ringes oder um Carben-Einschiebungen in die ringständigen C−H-Bindungen handelt, kann im Prinzip durch die kürzlich gelungene Isolierung einiger *Homopyrrole* und ihre nachträgliche Überführung in die üblichen Substitutionsprodukte [237] zugunsten der ersten Möglichkeit beantwortet werden.

Auch die Reaktion des Anthronylidencarbens mit N-Methylpyrrol läßt sich durch den Additions-Umlagerungs-Mechanismus am plausibelsten deuten [421].

Aus N-alkoxycarbonylsubstituierten Pyrrolen *(3.65.)* lassen sich – vermutlich aufgrund ihres ausgeprägteren Dien-Charakters – die Produkte der 1,2-Addition von Äthoxycarbonylcarben [237, 834] und von Carben [835], nämlich die Homo- *(3.66.)* und Bishomopyrrol-Derivate *(3.67. bzw. 3.68.)* gewinnen.

Homopyrrole, deren Konstitution sowohl aufgrund spektroskopischer (insbesondere PMR-)Daten als auch durch Bildung von Diels-Alder-Addukten mit Acetylendicarbonsäuredimethylester und N-Phenylmaleinimid bewiesen worden ist [836], lagern thermisch (260–285°C) fast quantitativ in 1,2-Dihydropyridin-Derivate um [237, 835].

Aus Ameisensäureäthylesterazid pyrolytisch (ca. 130°C) erzeugtes *Äthoxycarbonylnitren* reagiert mit Pyrrol zu 1-Äthoxycarbonyl-2-aminopyrrol *(3.71.)* [1005]. Obwohl die Entstehung von *3.71.* – sowie diejenige der entspr. Produkte aus Thiophen (S. 251) und Furan (S. 342) – sich durch 2,5-Addition des Nitrens an den Heterocyclus zwangsläufig erklären läßt, ist die primäre Bildung eines 2,3-Adduktes *(3.69.)* mit anschließender Isomerisierung zu *3.70.* reaktionsmechanistisch nicht ausgeschlossen.

Durch Umsetzung von Pyrrol *(3.72.;* $R_2 = R_5 = H$) mit Chloroform (oder Bromoform) in Gegenwart starker Basen sind je nach den Reaktionsbedingungen entweder Pyrrol-2-aldehyd *(3.75.)* [163, 777] oder 3-Halogenpyridine [472, 473, 479] erhalten worden. Da unter den Reaktionsbedingungen Bildung eines Dihalogencarbens angenommen werden darf [1088], erscheint die Entstehung eines Dihalogenhomopyrrols *(3.73.)* als Primärprodukt *beider* Reaktionswege sehr plausibel.

Auch bei substituierten Pyrrolen sind sowohl Aldehyd-Derivate [909, 1824, 1831] als auch die Produkte der Ringerweiterung [266, 1831] isoliert worden. Methylenjodid [590], Benzalchlorid [481] und Tetrachlorkohlenstoff [473] führen unter gleichen Bedingungen zu Pyridin bzw. dessen 3-Phenyl- und 3-Chlor-Derivaten. Im letztgenannten Falle ist es jedoch sehr fraglich, ob ein Carben als reaktive Spezies fungiert [1305].

Die Ausbeuten an Pyridin-Derivaten sind in der Regel gering. Die optimale Ausbeute an 3-Chlorpyridin erhält man aus Lithium-pyrrolat und beträgt 13% d. Th. [58]. In *neutralem* Medium (Natriumtrichloracetat-Pyrolyse) lassen sich einige alkyl- und phenyl-

3.72. ICX_2 3.73. X = Cl od. Br   wäßr. KOH, $-R_2(=H)$ 3.74.   3.75.

$\sim H^{\oplus}$ $R_2 = CH_3$ Äther od. Äthanol

3.76. $R_5 = CH_3$ 3.77. $R_5 = t\text{-Bu}$ Bu-Li $0-20°$ 3.78.

C-3-Wand.   3.79.   N-Wand.   3.80.

$Äo^{\ominus}$ $H^{\oplus}$

3.81. R = H   3.82. R = CH_3 3.83.   3.84. Y = H   3.85. OÄ   3.86. Cl   3.87. OAc

substituierte Pyrrole zu 55 bis 90% d. Th. in die entspr. 3-Chlorpyridine umsetzen [1195]. Unter Bedingungen, bei denen aus CH_2Cl_2 mit Methyllithium Monochlorcarben gebildet wird, wurde aus Pyrrol Pyridin in 32proz. Ausbeute erhalten [508].

In der Gasphase bei 550°C reagieren Pyrrol und $CHCl_3$ – höchstwahrscheinlich auch über das durch Pyrolyse des Chloroforms entstandene Dichlorcarben – unter Bildung von 3-Chlorpyridin neben variablen Mengen 2-Chlorpyridin, das jedoch *nicht* als Intermediäres fungiert [1960]. Die optimale Ausbeute an Gemisch beträgt 86% d. Th. [158].

Von besonderem Interesse im Zusammenhang mit dem Mechanismus der Ringerweiterungsreaktion ist die Isolierung des sog. Plancherschen Pyrrolenins *(3.76.)* [1831], das als Produkt der „anomalen" Reimer-Tiemann-Reaktion [vgl. 2574] angesehen werden kann.

Eine analoge Verbindung *(3.88.)* wurde bei der Bestrahlung einer Chloroform-Lösung des 3,3',4,4'-Tetramethyl- (bzw. 3,3'-Diäthyl-4,4'-dimethyl)-2,2'-bipyrrol-5,5'-dicarbonsäurediäthylesters erhalten [648].

3.88. (R = Me od. Ä)

Die Auffassung Planchers [1832], daß das 2-Dichlormethyl-2,5-dimethylpyrrolenin *(3.76.)* Zwischenprodukt bei der Pyrrol-Ringerweiterung zu *3.79.* ist, mußte später widerlegt werden. Planchersches Pyrrolenin *3.76.* geht *unter den angewandten Reaktionsbedingungen* nicht in das 3-Chlor-pyridin *3.79.* über [1196, 1661]. *Beide Produkte entstehen also nebeneinander auf verschiedenen Reaktionswegen.*

Dennoch lassen sich 2-Dichlormethyl-2H-pyrrole (z. B. *3.76.*) mit starken Basen zu Pyridin-Derivaten umsetzen, und zwar mit Butyllithium bei 0–20 °C oder Natriummethylat in *Toluol* bei 220–240 °C unter Bildung

Tabelle 3.4. Ionisationskonstanten des N-ständigen Protons von Pyrrol und einigen seiner Derivate

2	3	4	5	pK_{s_2}	Lit.
—	—	—	—	$17,51 \pm 0,05$	[2577]
$-COOÄ$	Me	$-COOÄ$	Me	$13,4^a$	[2120]
$-COOÄ$	Me	$-COOÄ$	—	13,1	[2120]
NO_2	—	—	—	10,60	[1670]
$-COOÄ$	Me	$-COOÄ$	Br	10,5	[2120]
$-COOÄ$	Me	$-COOÄ$	Cl	10,2	[2120]
$-COOÄ$	—	Br	Br	ca. 10,0	[1096]
$-COOÄ$	Br	Br	Br	ca. 10,0	[1096]
$-CHO$	—	NO_2	—	9,30	[829]
$-COOÄ$	Cl	Cl	Cl	ca. 9,0	[1096]
$-COOMe$	—	NO_2	—	7,70	[849]
$-COOMe$	—	—	NO_2	7,48	[849]
$-CHO$	—	—	NO_2	6,85	[829]
NO_2	—	NO_2	—	6,15	[1670]
NO_2	—	—	NO_2	3,60	[1670]

[a] Früherer Wert: $pK_{s_2} = 16,5$ [1466].

der gleichen 3-Chlor-pyridine[16] *3.79.*, die aus *3.72.* entstehen [881] und mit Natriumhydrid oder Natriumalkolaten der halogenfreien Pyridine *3.84.* bzw. *3.85.*

Die bei der Entstehung letzterer vorgeschlagene [1196] Zwischenverbindung *3.83.* muß ein Folgeprodukt des von *R. Nicoletti* und *M. L. Forcellese* [1662, 1664] *isolierten* 4-Äthoxy-2,5-dimethyl-6-chlor-1-azabicyclo-[3.1.0]-hex-2-ens *(3.81.)* sein und kann nicht als Primärprodukt entstehen, in Anbetracht der Tatsache, daß das entspr. tert-Butyl-Derivat *3.82.*, bei dem eine weitere Umsetzung gemäß *3.81.*→*3.83.* ausgeschlossen ist, als Produkt der Reaktion des 5-tert-Butylpyrrolenins *3.77.* isoliert wurde [1665]. Bei der Behandlung mit Säuren (YH = HCl oder AcOH) geht *3.81.* teilweise in das Ausgangsprodukt *3.76.* zurück und teilweise in die Pyridin-Derivate *3.86.* bzw. *3.87.* über [1664].

3.4. Säure-Base-Eigenschaften

Pyrrol und seine Derivate können sowohl als Säuren *(3.89.)* als auch als Basen *(3.90.)* ionisiert werden. Infolge der Delokalisierung des 2p-Elektronenpaares am Stickstoff ist jedoch das Pyrrol eine stärkere Säure (s. Tabelle 3.4.) als das Pyrrolidin, während dieses eine viel stärkere Base ($pK_s^{25°} = 11{,}305$ [1084, 1771, 2125]) als das Pyrrol ($pK_{s_1} \approx -4{,}0$, s. unten) ist. Dennoch bilden Pyrrole mit Säuren ganz allgemein Salze, die z. T. stabil sind und umkristallisiert werden können [351, 1461, 1882, 2228, 2363].

$$\left[\text{\raisebox{0pt}{pyrrol-2H$^+$}}\right]^{\oplus} \underset{}{\overset{K_{s_1}}{\rightleftharpoons}} \text{\raisebox{0pt}{pyrrol}} \underset{}{\overset{K_{s_2}}{\rightleftharpoons}} \text{\raisebox{0pt}{pyrrolyl}}^{-} + \text{H}^{\oplus}$$

3.90.   *3.89.*

Die Bestimmung von Dissoziationskonstanten sehr schwacher neutraler Basen (bzw. Säuren) – wie Pyrrol – ist nicht unproblematisch. In zu schwach sauren Lösungen ist die Protonierung der Base zu gering, um überhaupt nachgewiesen werden zu können, während in stark sauren Medien die Ionisation der Base vollständig ist und dadurch

---

[16] Möglicherweise verläuft die Reaktion über 2H-Pyrrol-2-yl-chlorcarbene *(3.78.)*. Bei der Ringerweiterung des 2-Dichlormethyltetramethyl-α-pyrrolenins entsteht neben 3-Chlor- auch 2-Chlor-tetramethylpyridin (entspr. *3.79.* bzw. *3.80.*) [881].

nicht quantitativ erfaßbar [vgl. 1466]. Das Problem wird in den günstigen Fällen durch Messung der optischen Absorption in Lösungsmittelgemischen zunehmender Acidität z. T. gelöst, wobei ein Parameter definiert werden muß (sog. Aciditätsfunktion), das ein Maß für die Tendenz des Mediums der schwachen Base ein Proton abzugeben darstellt. Leider wird die ursprünglich für die Aciditätsfunktion H gestellte Forderung, daß sie von der gelösten Base unabhängig sein soll [1013], in zahlreichen Fällen nicht erfüllt [111], so daß die nach der Hammettschen Gleichung:

$$pK_s = H_0 - \lg(c_B/c_{BH^\oplus})$$

ermittelten pK_s-Werte von der gewählten H-Skala abhängen. Aufgrund der unterschiedlichen UV-Absorption des Pyrroleninium- und des Pyrrol-Chromophors (Protonierung des Pyrrol-Ringes hat eine *bathochrome* Verschiebung sowie eine Intensitätserniedrigung des Absorptionsmaximums zur Folge) kann durch spektralphotometrische Messungen der Quotient $c_B/c_{BH^\oplus}$ bestimmt werden, und so sind pK_{s_1}-Werte für Pyrrol [447, 1628], dessen Methyl- [2, 351, 447, 2513] und N-Phenyl- [448]Derivate sowie für das 2-Pyrrolamid [2590] gemessen worden.

Da bei hohen Protonen-Konzentrationen 1. die Neigung zur Polymerisation *geringer* und 2. die langwellige Absorption der Pyrroleninium-Kationen (bei 240–260 nm) sichtbar ist, sind die neuerdings für das Pyrrol gemessenen Werte ($pK_s = -3,8$ in der H_0-Skala [447] bzw. $pK_s = -4,4$ in der H'_R-Skala [448]) gegenüber dem früher angegebenen Wert von $pK_s = -0,27$ [1628] als genauer anzusehen.

Durch PMR-spektroskopische Messungen ist eindeutig nachgewiesen worden, daß die *Protonierung* des Pyrrol-Ringes an den C-Atomen und nicht am Stickstoff stattfindet[17] [2, 447, vgl. 2380].

Infolgedessen lassen sich sämtliche ringständigen Wasserstoffatome des Pyrrols [1306] und dessen N-Methyl-Derivats [1307] relativ leicht durch Deuterium austauschen: Bei pH $\geq$ 2 wird – aufgrund seiner Acidität – *nur* das N-ständige H-Atom des ersteren ausgetauscht, während bei pH = 1 Substitution *aller* ringständigen Wasserstoffatome, ohne bedeutende Verluste durch Polymerisation (s. später), stattfindet.

Diese qualitativen Befunde sind durch kinetische Messungen des Isotopenaustausches der N- [198] und C-ständigen Wasserstoff- (oder Deuterium-) Atome bestätigt worden. Durch letztere konnte ferner die verschiedene Austauschgeschwindigkeit der α- und β-ringständigen H-Atome von Pyrrol und einigen seiner Methyl-Derivate sowohl in saurem [2113] als auch in basischem Medium [2605, 2606] nachgewiesen werden.

Die erwähnte Darstellung von Pyrrol-1-d ist der kostspieligeren Umsetzung von Kaliumpyrrolat mit D_2O überlegen. Analog läßt sich das symm. Pyrrol-d_4 aus Pyrrol-d_5 durch D–H-Austausch leicht gewinnen [1556].

---

[17] Für *am Stickstoff protoniertes* Pyrrol wird ein pK_{s_1}-Wert von ca. -10 geschätzt [443]. Dennoch deuten die IR-Spektren einiger kristallisierter Alkylpyrrol-Salze darauf hin, daß in der *festen Phase* am Stickstoff protonierte Moleküle vorliegen [351].

Darüber hinaus läßt sich bei der PMR-spektroskopisch verfolgten Reaktion feststellen, daß in *relativ schwach* sauren Lösungen die α-ständigen Wasserstoffatome des Pyrrols [187] und dessen N-Methyl-Derivats [187, 447] schneller durch Deuterium ausgetauscht werden als die β-ständigen. In *konzentrierten* Säure-Lösungen, bei denen die Rückbildung der freien Base aus der konjugierten Säure verlangsamt wird, beobachtet man dagegen, daß die β-ständigen C-Atome (vgl. *3.91.*) schneller deuteriert werden als die α-ständigen (vgl. *3.92.*) [447, 2114, 2513]. Protonierung der α-Positionen ist somit *thermodynamisch* begünstigt und bei der Bildung eines „produktähnlichen" Übergangszustandes bevorzugt, während diejenige der β-Positionen bei Durchlaufen eines „eduktähnlichen" Übergangszustandes vorrangig stattfindet (vgl. S. 107).

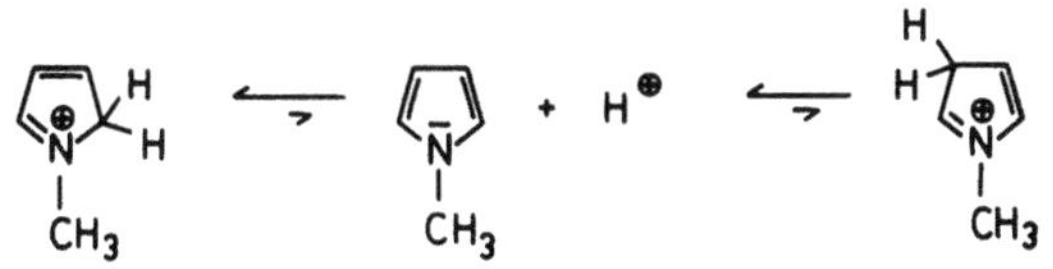

3.92.   3.91.

α-ständige Methyl-Gruppen orientieren die Protonierung in die *gegenüberliegende*, β-ständige in die *benachbarte* α-Position [1519, 2513]. Sind beide α-Positionen besetzt, so nimmt der Anteil an β-protonierten Molekülen zu (vgl. S. 120).

Allgemein erhöhen elektronenziehende Substituenten die Acidität des Pyrrol-Ringes (vgl. Tabelle 3.4.) und setzen seine Basizität herab. Pyrrolaldehyde und -ketone bilden jedoch sehr leicht meist stabile Salze, denen höchstwahrscheinlich die Hydroxymethylenpyrrolenin-Konstitution *3.93.* (oder *3.94.*) zukommt [1519, 2171, 2173, 2363, vgl. jedoch 288].

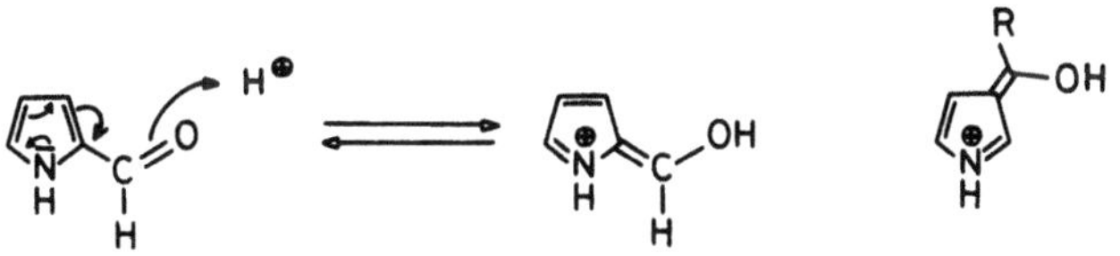

3.93.   3.94.

Auch α-Pyrrolcarbonsäurenitrile reagieren mit Chlor- oder Bromwasserstoff in aprotischen Lösungsmitteln unter Bildung isolierbarer Salze, für die aufgrund IR-spektroskopischer Daten Konstitution *3.95.* vorge-

3.95.   X = Cl od. Br

schlagen worden ist [2176]. Auf die Delokalisierung der positiven Ladung von *3.95.* ist vermutlich das Versagen der Stephenschen Aldehyd-Synthese bei Verwendung von Pyrrolnitrilen zurückzuführen.

Im Gegensatz zur herrschenden Meinung sind somit Pyrrole säurebeständig. Bei den bekannten Polymerisationsreaktionen handelt es sich hauptsächlich um säurekatalysierte Autoxydations- (s. S. 149) und Kondensationsvorgänge (s. unten), die in Abwesenheit von Sauerstoff oder bei hohen Protonen-Konzentrationen kaum auftreten[18]. In ungenügend sauren Lösungen sind nicht protonierte Moleküle imstande, mit den bereits protonierten zu reagieren. So tritt bei der Einwirkung von Mineralsäuren auf Pyrrol nach einiger Zeit Rotfärbung ein unter Bildung von Polymeren (sog. „Pyrrolrot" [87]), aus deren Masse beim vorzeitigen Abbrechen der Reaktion lediglich ein farbloses, kristallines Trimeres definierter Zusammensetzung in 14proz. Ausbeute isoliert werden kann [591, 593], dessen von *A. Pieroni* und *A. Moggi* [1815] vorgeschlagene Konstitution *3.98.* später von *H. A. Potts* und *G. F. Smith* [1874] bewiesen wurde. Die Bildung von *3.98.* findet sehr wahrscheinlich durch

3.96.   **3.97.**

3.98. λ_{max} = 219nm (ε = 17.500)

---

[18] Bildung von Polymeren kann bei manchen säurekatalysierten Pyrrol-Reaktionen durch Zugabe von Bortrifluorid-ätherat unterdrückt werden [876].

elektrophilen Angriff von nicht-protonierten Pyrrol-Molekülen an das β-Pyrroleninium-Kation *(3.96.)* statt. Thermisch entstehen aus dem „Tripyrrol" Indol, Pyrrol und Ammoniak [593, 1874].

Verständlicherweise bleibt die Reaktion bei 2-alkyl- [301], 2,3-dialkyl- [592] und 2,3,4-trialkylsubstituierten Pyrrolen [125, 759] auf der Stufe der 5-(Pyrrol-2-yl-)-Δ^1-pyrroline *(3.97.)* stehen [61], die thermisch meist wieder in die Edukte dissoziieren, in manchen Fällen jedoch bei vermindertem Druck unzersetzt destilliert werden können.

Durch Einwirkung von Schwefelsäure entstehen unter etwas kräftigeren Bedingungen aus den *3,3'-di-unsubstituierten* 5-Pyrrol-2-yl)-Δ^1-pyrrolinen (z. B. *3.99.*) 2,4- oder 2,3,4,5-substituierte Indole unter Verlust von Ammoniak [62, 301].

Dagegen cyclisieren die vermutlich beim Erhitzen von 2,4- (z. B. *3.100.)* [2059] oder 3,4-Dialkylpyrrolen [209, 295] in Eisessig in Gegenwart von Zink-acetat gebildeten 5-(Pyrrol-2-yl)-Δ^1-pyrroline (z. B. *3.101.*) unter Bildung von 1,3,5,7- (z. B. *3.102.*) bzw. 1,2,6,7-tetraalkylsubstituierten Indolizinen (≡ Pyrrocolinen). Unter milderen Reaktionsbedingungen (6-n-Salzsäure bei 0 °C) läßt sich aus 3,4-Dimethylpyrrol das entspr. 2-(Pyrrol-2-yl)-Δ^3-pyrrolin *3.103.* isolieren, das möglicherweise als Zwischenprodukt bei der Entstehung des Indolizins fungiert [209].

Sind schließlich *beide* α-Stellungen beim Ausgangspyrrol durch Alkyl-Reste besetzt – wie z. B. beim 2,5-Dimethylpyrrol *(3.104.)* –, so bildet sich bei der Behandlung mit Säure ein unbeständiges Zwischenprodukt, das sich jedoch mit Zink oder Zinn zu einer als Gemisch der beiden geometrischen isomeren 1,3,4,5-Tetramethylisoindoline *(3.107.)* charakterisierten Base *in situ* reduzieren läßt [293]. Ein plausibler Mechanismus, bei dem der unstabilen Zwischenverbindung die Konstitution eines Isoindol-Derivats *3.106.* zugeordnet wird, beruht auf der leichten Ringöffnung des 2,5-Dimethylpyrrols unter sauren Bedingungen zu Acetonylaceton *(3.105.)* und Ammoniak.

3.104.   3.105.   3.106.   3.107.

Damit im Einklang steht die Bildung von Isoindol-Derivaten (z. B. *3.106.*) sowohl durch Selbstkondensation von 2,5-Dimethylpyrrol beim Erhitzen in Essigsäure-Lösung [210] als auch durch säurekatalysierte Kondensation von 1,4-Diketonen mit 2,5-disubstituierten Pyrrolen [210, 813].

Unter gleichen Bedingungen reagiert Acetonylaceton mit *Pyrrol* in Eisessig in Gegenwart von Zink-acetat zu 4,7-Dimethylindol und 5,8-Dimethylindolizin als Hauptprodukte (Ausb.: 28 bzw. 13% d. Th.) [210, 573].

3.5. Radikal-Reaktionen

Über homolytische Reaktionen von Pyrrolen liegen bisher wenige Untersuchungen vor.

Für die thermische Umlagerung von Cycloalkano[a]pyrrolen (S. 143) schlugen *J. M. Patterson et al.* [1755] primäre homolytische Spaltung der Stickstoff-Kohlenstoff-Bindung vor. Da die Konstitution der Umlagerungsprodukte jedoch später revidiert werden mußte [1757], ist der Radikal-Mechanismus völlig spekulativ. Dagegen treten bei der Nebenbildung von *Zersetzungsprodukten* während der thermischen Umlagerung des N-Isopropylpyrrols vermutlich freie Radikale auf [1159].

Die Reaktivität von Pyrrol gegenüber den bei der Radiolyse des
Wassers erzeugten hydratisierten Elektronen [2281] bzw. mit den unter
Verwendung von N_2O-gesättigten Lösungen gebildeten OH-Radikalen
[1402] ist untersucht worden. Im letztgenannten Fall wird Anlagerung
des OH-Radikals an eine Doppelbindung unter Bildung von *3.108.*,
das nach Aufnahme eines Protons Ringaufspaltung erleidet, angenommen.

Dagegen gehört die Umsetzung von Pyrrol mit Triphenylmethyl-Ra-
dikalen zu den weniger bekannten Reaktionen, bei denen das Molekül
als konjugiertes Dien fungiert (vgl. S. 126 und 163). Es entsteht das
Δ^3-Pyrrolin *3.109.* [517].
Substitution findet bei der Reaktion von N-Phenylpyrrol mit Diazo-
aminobenzol bei 150 °C unter Bildung geringer Mengen eines Gemisches
der 2- und 3-Anilino-Derivate im Verhältnis 20 zu 3 sowie bei der
Umsetzung einiger N-substituierter Pyrrole mit Benzoylperoxid bei 80°
zu den entspr. 2-Benzoyloxy-Derivaten [2458] statt.

tert-Butoxy-Radikale reagieren mit Pyrrol und dessen N-Methyl-Derivat unter Wasserstoff-Abstraktion [974]. Aus N-Methylpyrrol entstehen Pyrrylmethyl-Radikale *(3.110.)*, die entweder zu *3.111.* dimerisieren,
oder sich mit dem Edukt zum β-substituierten[19] Derivat *3.112.* umsetzen.

---

[19] Die Entstehung des β-Substitutionsproduktes, dessen Konstitution allerdings nicht
durch Synthese bewiesen wurde, führen die Autoren auf den *nucleophilen* Charakter
des Radikals *3.110.* zurück.

Beim Pyrrol findet Abstraktion eines ringständigen H-Atoms statt, und das daraus resultierende Pyrryl-Radikal greift vermutlich infolge seines *elektrophilen* Charakters die α-Position des Eduktes an. Aus dem Reaktionsgemisch wurde 2-(1-Pyrrolin-2-yl)-pyrrol *(3.113.)* isoliert, und dessen Konstitution durch unabhängige Synthese bewiesen.

3.113.

Aufgrund seiner „benzylartigen" Konstitution ist jedoch für das Pyrrylmethyl-Radikal wesentlich längere Lebensdauer als für das unsubstituierte Pyrryl-Radikal zu erwarten (vgl. S. 95).

Verhältnismäßig stabile Pyrryl-Radikale gelang erstmalig *R. Kuhn* und *H. Kainer* bei der Oxydation von 2,3,4,5-Tetraphenylpyrrol mit Bleidioxid in Benzol nachzuweisen [1345] bzw. durch Versetzen einer ätherischen jodhaltigen Pentaphenylpyrrol-Lösung mit Silberperchlorat als ca. 90proz. reines dunkelblaues (Lösungsfarbe $\lambda_{max}^{CHCl_3} = 670$ nm) Salz zu isolieren [1344]. Beide Radikale sind außerordentlich sauerstoff- und lichtempfindlich (s. S. 167). Pentaphenylpyrryl- sowie einige N-Aryltetraphenylpyrryl-Radikale sind ebenfalls durch polarographische Oxydation der entspr. Pyrrole erhalten worden [420].

3.114.

Benzolische Lösungen des Tetraphenylpyrryl-Radikals *(3.114.)* sind bei Raumtemperatur tiefrot ($\lambda_{max} = 563$ nm) und entfärben sich beim Abkühlen. Bei anschließender Erwärmung bzw. durch UV-Bestrahlung steigt die Radikal-Konzentration an, die im Dunkeln bis zum ursprünglichen Wert wieder abnimmt. Elektronen- und ESR-spektroskopisch [260] durchgeführte kinetische Messungen deuten auf einen reversiblen Dimerisierungs-Vorgang hin, bei dem das intensiv gefärbte Tetraphenylpyrryl-Radikal mit dessen farblosen Dimeren, das offenbar durch Bestrahlung oder thermisch homolytisch dissoziieren kann, im Gleichgewicht steht. Aus der Abhängigkeit der Extinktion der langwelligen Radikal-Absorptionsbande von der Konzentration der auf unabhängigem

Wege (Umsetzung von Kalium-tetraarylpyrrolaten mit Brom) dargestellten, in einigen Fällen isolierbaren „Radikal-Dimere", bzw. von der Temperatur konnten sowohl die Gleichgewichtskonstante als auch die Dissoziationsenthalpie und -entropie der Reaktion ermittelt werden [2082]. Für das Tetraphenylpyrryl-Radikal betragen: $K = 1{,}02 \cdot 10^{-3}$ (in Toluol bei 20 °C) $\Delta H = 15$ kcal/Mol und $\Delta S = 37$ cal/grad Mol.

Obwohl die Radikal-Dimere konventionell als 1,1-Bipyrryl-Derivate formuliert werden, ließ sich kürzlich feststellen, daß je nach dem verwendeten Oxydationsmittel (Bleidioxid oder Kaliumhexacyanoferrat(III) zwei Typen von Verbindungen gebildet werden [1474]. Bei einem liegt vermutlich $C-N$-Verknüpfung vor, während es sich beim anderen um α-Pyrrolenin-Derivate des Typs *3.115.* handelt, wie sie für die durch Oxydation von 3-Acyl-4,5-diaryl-2-methylpyrrolen mit Kaliumhexacyanoferrat(III) erhaltenen Dimere aufgrund spektroskopischer Daten nachgewiesen worden sind [2334, 2335].

X CH3 R =O Y N N H3C Y O= R X

3.115.

In erster Annäherung läßt sich die Hyperfeinstruktur der ESR-Spektren von radikalhaltigen Lösungen mit der Annahme erklären, daß der Elektronenspin nur mit den Kern-Spins der o- und p-ständigen Protonen der α-gebundenen Phenyl-Ringe koppelt, während Wechselwirkung mit dem Kern-Spin des Stickstoffatoms sowie dem der H-Atome der β-ständigen Phenyl-Ringe, die aus sterischen Gründen wahrscheinlich aus der Molekül-Ebene herausgedreht sind, nicht stattfindet [260]. Darüber hinaus ergibt sich aus HMO-Berechnungen, daß die Spin-Dichte im Tetraphenylpyrryl-Radikal am Stickstoffatom gleich Null, an den β-Positionen etwa halb so groß wie an den α-Positionen ist [1474].

Experimentell läßt sich nachweisen, daß die Stabilität C-tetraarylsubstituierter Pyrryl-Radikale in Anwesenheit von *elektronengebenden* p-ständigen Substituenten an den α-gebundenen Phenyl-Ringen zunimmt [2296, 2297].

Im Gegensatz zum Tetraphenylpyrryl-Radikal weisen die ESR-Spektren der entspr. N-Aryl-Derivate – mit Ausnahme desjenigen vom N-(p-Dimethylaminophenyl)-tetraphenylpyrrol, bei dem sehr wahrscheinlich das einsame Elektron hauptsächlich im N-ständigen Aryl-Substituenten delokalisiert ist – keine Hyperfeinstruktur auf [420].

3.116.

Luftstabile Pyrrol-1-yl-oxyl-Radikale *(3.116.)* sind durch Oxydation (Bleidioxid) des N-Hydroxytetraphenylpyrrols [1923, 1976] bzw. des N-Hydroxy-2,5-dimethylpyrrol-3,4-dicarbonsäuremonoäthylesters [2027, vgl. jedoch 1922] sowie einiger 2,5-Di-tert-butylpyrrole [1922] erhalten worden.

3.6. Umlagerungs-Reaktionen

Mit Ausnahme von thermisch induzierten Wanderungen einiger ringständiger Substituenten bei Pyrrolen und Pyrroleninen (vgl. S. 172) sowie von der Ringerweiterung letzterer (S. 130) sind in der Pyrrol-Chemie kaum Umlagerungs-Reaktionen untersucht worden. Einige Photoisomerisierungen sind auf S. 161ff. beschrieben. Die Beckmann- und Curtius-Umlagerungen sind zur Darstellung von Aminopyrrolen (S. 335) nur von untergeordneter Bedeutung. Interessanterweise jedoch läßt sich das *syn-* und das *anti-*konfigurierte Oxim des 1-Methyl-4-oxo-4,5,6,7-tetrahydroindols durch Beckmann-Umlagerung der entspr. Tosylate in 1-Methyl-4-oxo-1,4,5,6,7,8-hexahydropyrrolo[3,2-c]-azepin   *(3.117.)* bzw. in 1-Methyl-5-oxo-1,4,5,6,7,8-hexahydropyrrolo[3,2-b]-azepin *(3.118.)* überführen [2237, 2411].

Sommelet-Reaktion von Trimethylammonio-methyl-Derivaten ist zwischen benachbarten α- und β-Positionen (z. B. bei *3.119.* und *3.120.*) – nicht aber zwischen β-Positionen – beobachtet worden [1764].

Die Willgerodt-Kindler-Umlagerung eignet sich zur Überführung von Acetyl-Derivaten in die entspr. als Ausgangsverbindungen zur Synthese einiger natürlicher Pyrrol-Farbstoffe (s. S. 190) wichtigen Pyrrol-

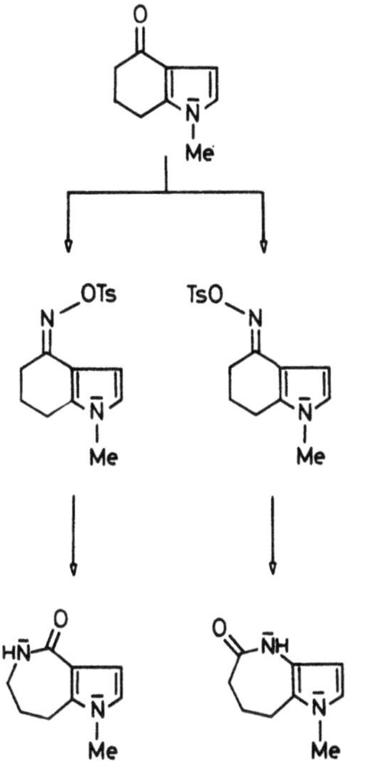

3.117.   3.118.

essigsäuren nicht[20]. Nach den bisher publizierten Ergebnissen [2436] gelingt es zwar, das dem gewünschten Produkt entspr. Thiomorpholid zu isolieren, das zum 2-Morpholino-äthyl-Derivat hydriert wurde, seine Hydrolyse konnte jedoch nicht erzielt werden.

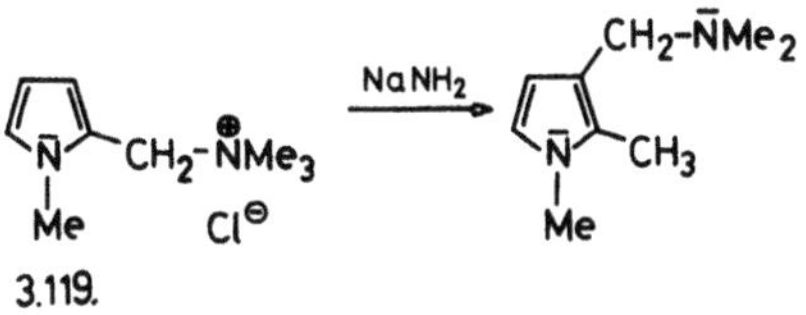

3.119.

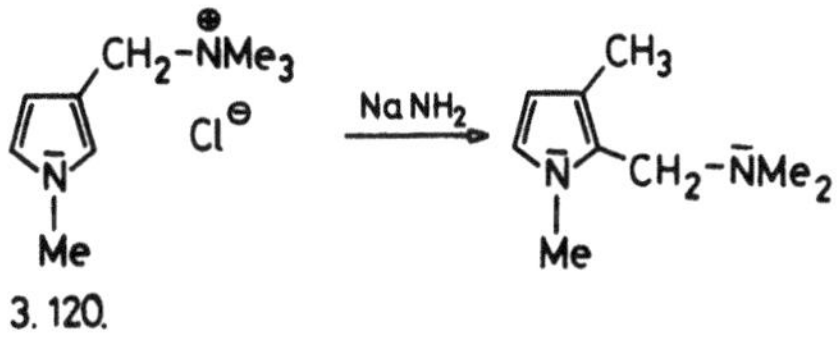

3.120.

---

[20] Zu diesem Zweck ist neuerdings die Thallium(III)-nitrat-induzierte Umlagerung [vgl. 1470] von β-Acetylpyrrol-Derivaten mit Erfolg angewendet worden [1253].

Thermische Umlagerungen N-substituierter Pyrrole in die entspr. C-substituierten Isomere sind zwar in der Literatur vielfach erwähnt worden, finden aber entgegen der früheren Meinung nicht unter den üblichen Reaktionsbedingungen statt.

Oft sind sie beispielsweise für die Bildung α-substituierter Produkte bei der Alkylierung bzw. Acylierung von Alkalimetall-pyrrolaten (s. S. 171) fälschlich verantwortlich gemacht worden (s. Zitat [484 (dort S. 4225)] sowie Zitat [1354]).

Wanderung des N-ständigen Substituenten beim 1-Acetylpyrrol in die α-Position [482] konnte bei 250–280°C von *G. Ciamician* und *P. Magnaghi* [480] erstmalig beobachtet werden. Nach 5 h findet jedoch bei 250°C Umlagerung zu nur 18% statt [1354]. Erst zwischen 500 und 600°C isomerisieren N-Alkyl- [1157, 1158, 1159, 1812], N-Benzyl- [1756, 1826] und N-Aryl-pyrrole [925, 1759, 1811, 1812, 2528] meist zu Gemischen der entspr. 2- und 3substituierten Derivate. Chirale Substituenten wandern unter ca. 70–80proz. Retention der Konfiguration [1756, 1760].

Bei der thermischen Umlagerung des N-Methylpyrrols entstehen neben 2-Methylpyrrol und Pyridin[21] [1812, vgl. 1813] auch Pyrrol [1754]. Der Einfluß der Temperatur auf die Zusammensetzung des Pyrolysats wurde von *J. M. Patterson* und *P. Drenchko* [1754] untersucht: Bei 650°C ist 2-Methylpyrrol das Hauptprodukt (85%). Daneben entstehen geringe Mengen Pyrrol (3%) und Pyridin (1,6%). Bei höheren Temperaturen (745°C) entstehen sowohl aus N-Methyl- als auch aus 2-Methylpyrrol neben Verkohlungsprodukten 54 bzw. 49% d. Th. Pyridin und 31 bzw. 34% d. Th. Pyrrol. 2-Methylpyrrol ist nur zu 2–7% d. Th. vorhanden. Oberhalb 575°C tritt jedoch beträchtliche Zersetzung des 1-Methylpyrrols ein [1157]. Bei 850°C findet pyrolytische Zerstörung des Pyrrol-Ringes statt [1758].

Aufgrund kinetischer Messungen ließ sich nachweisen, daß es sich bei der thermischen Umlagerung N-alkylsubstituierter Pyrrole *(3.121.)* um einen homogenen monomolekularen Prozeß handelt, bei dem das 2-Isomere *(3.122.)* aus dem N-substituierten Edukt *irreversibel* gebildet

3.121.   3.122.   3.123.

---

[21] Pyridin bzw. dessen 3-Phenyl-Derivat sind auch durch Pyrolyse von N-Äthoxycarbonylmethylpyrrol [2188] bzw. von N-Benzylpyrrol [1813] erhalten worden.

wird, während das 3-Isomere *(3.123.)* im Gleichgewicht mit *3.122.* steht [1157, 1158, 1159] (vgl. S. 254).

Dieser Mechanismus steht mit früheren Befunden bei der thermischen Umlagerung von N-(2-Pyridyl-)-[1705, 2521, 2522], N-(3-Pyridyl-)-[2204, 2527] und N-(4-Pyridyl-)-pyrrol [1724] im Einklang, und zwar während nach kürzeren Reaktionszeiten sowohl α- als auch β-substituierte Produkte erhalten wurden, ließen sich bei längeren nur die α-Isomeren isolieren [1705].

In Übereinstimmung mit dem eben erwähnten Reaktionsmechanismus sollten thermische Umlagerungen 1,2,5-trisubstituierter Pyrrole über α-Pyrrolenin-Derivate *(3.125.)* verlaufen. Tatsächlich entstehen aus Pyrrol-Derivaten *3.124.*, bei denen der Substituent am Stickstoff verschieden von den α-ständigen Alkyl-Resten ist, Gemische isomerer 2,3,5-trisubstituierter Reaktionsprodukte *(3.127.* und *3.128.).* Ferner erhält man durch

3.124. R $\neq$ Me   3.125. R $\neq$ Me   3.127.   3.128.
3.126. R = CH$_2$Ph

thermische Isomerisierung (350°) des synthetisch dargestellten α-Pyrrolenins *3.126.* ein Reaktionsgemisch gleicher Zusammensetzung wie aus 1-Benzyl-2,5-dimethylpyrrol, so daß höchstwahrscheinlich *3.126.* als Zwischenprodukt fungiert [1759]. Ebenfalls steht die Beobachtung, daß

3.129. n = 3,4,5   3.130.

bei der Pyrolyse (600°) einiger Cycloalkano[a]-pyrrole *(3.129.)* Wanderung des N-gebundenen Kohlenstoffatoms in die 3-Position *bei ausreichender Ring-Größe* (n = 4 oder 5) der Hauptprozeß ist, mit dem postulierten Pyrrolenin-Zwischenprodukt *3.130.* im Einklang [1757].

3.7. Hydrierung von Pyrrolen

Der Pyrrol-Ring gehört zu den besonders schwer hydrierbaren cyclischen Systemen. Aufgrund dessen können sowohl ringständige Substituenten meist ohne Komplikationen zu Alkyl-Gruppen reduziert (s. S. 262), als auch bei C-Pyridyl- [1679, vgl. 102] und C-Phenyl- [17] pyrrolen *katalytisch* (Platin bzw. Kupferchromit) die entspr. aromatischen Sechsringe selektiv hydriert werden (vgl. S. 147). Ebenfalls lassen sich Pyrrocolin (≡ Indolizin: *3.131*. [880]) und seine Derivate [149, 304, 2476] unter Erhaltung des Pyrrol-Ringes leicht hydrieren.

3.131.

Bei der Alkali-Metall-Reduktion von 1-Arylpyrrolen in flüssigem Ammoniak *in Gegenwart von Methanol* findet ausschließlich Dihydrierung des N-ständigen aromatischen Ringes statt [242], während Pyrrole allgemein nicht reagieren [1676]. Unter gleichen Bedingungen lassen sich Indol und seine Derivate in 4,7-Dihydro (z. B. *3.132*.) oder/und 4,5,6,7-Tetrahydroindole (z. B. *3.133*.) in guten Ausbeuten überführen [1676, 1952, vgl. 1992]. Nach anderen Methoden werden jedoch Indole

3.134.   3.132. (57%)   3.133.(31%)

mit sehr wenigen Ausnahmen [2600] zu Derivaten des Indolins (2,3-Dihydroindol: *3.134*.) hydriert [1992].

Auch *Isoindole* lassen sich selten [646] zu 3,4-Tetramethylenpyrrolen hydrieren.

3.7.1. Katalytische Hydrierung

Die katalytische Hydrierung von Pyrrol zu Pyrrolidin *(3.135.)* gelingt mit Hilfe von Platin- [89, 1081, 1197, 2543, 2544], Palladium- [2610] und Raney-Nickel- [2161]-Katalysatoren. Optimale Ausbeuten werden jedoch durch Rhodium- [159] und Ruthenium- [1863, 2035]-Katalyse erzielt.

$$\text{Pyrrol} \xrightarrow[\ 99\%\ ]{\ H_2/\ Rh\ Al_2O_3\ 40° \ } \text{Pyrrolidin}$$

3.135.

Als Zwischenprodukt bei der Hydrierung an Rhodium-Aluminiumoxid entsteht das sehr reaktive Δ^1-Pyrrolin, das unter kontrollierten Bedingungen mit Pyrrol zum *isolierbaren* 2-(Pyrrolidin-2-yl)-pyrrol weiterreagiert [860, vgl. 294].

Bei der katalytischen Hydrierung von Pyrrol und seinen Derivaten handelt es sich um einen reversiblen Prozeß. Im oberen Temperatur-Bereich (in Gegenwart von Palladium oder Platin zwischen 200 und 350 °C) ist das Gleichgewicht zugunsten der Pyrrole verschoben, während bei niedrigeren Temperaturen die Bildung von Pyrrolidinen überwiegt [2524, 2609, 2610]. Im allgemeinen findet Hydrierung des Pyrrol-Ringes in saurem Medium leichter statt [2363].

Während zahlreiche alkyl- oder phenylsubstituierte Pyrrole an Palladium- [1216], Platin- [498, 900, 1081, 1102, 1197, 1326, 1373, 1932, 2198, 2200], Rhodium- [1483, 1720], Raney-Nickel- [1452, 2496] oder Kupferchromit-Katalysatoren [1388] zu den entspr. Pyrrolidinen hydriert worden sind, zeichnen sich Acyl-Derivate sowie Pyrrolcarbonsäureester durch schwere Hydrierbarkeit aus [89, 2161], und der Heterocyclus wird erst unter Bedingungen angegriffen, bei denen die funktionellen Gruppen zu Alkyl-Resten umgesetzt werden[22] [1715].

Im Gegensatz dazu lassen sich analog substituierte N-Phenyl- und insbesondere *N-Äthoxycarbonyl-pyrrole* an Raney-Nickel- (oder Platin-Katalysatoren) in sehr guten Ausbeuten zu den entspr. Pyrrolidinen leicht hydrieren [17, 1917]. Durch vorübergehende Einführung der stickstoffständigen Ester-Gruppe sind dl-Prolin aus Pyrrol mit 57proz. Gesamtausbeute [2162] sowie verschiedene substituierte α-Pyrrolidincar-

---

[22] Unter Verwendung eines Rhodium-Aluminiumoxid-Katalysators ist dennoch glatte Hydrierung vom 5-(2-Äthoxycarbonyläthyl)-pyrrol-2-carbonsäureäthylester zum entspr. Pyrrolidin-Derivat beschrieben worden [581].

bonsäuren [1585, 1587, 2194, 2442, 2587] dargestellt worden. Je nach den vorhandenen Substituenten konnten in einigen Fällen statt der Pyrrolidin-Derivate die entspr. Δ^3-Pyrroline (s. unten) isoliert werden [2587].

3.7.2. Säure-Metall-Reduktion

Die Anlagerung von *einem* Mol Wasserstoff bei der Reduktion des Pyrrols mit Zink-Eisessig wurde erstmalig von *G. Ciamician* und *M. Dennstedt* [474, 476] beobachtet. Die neue Verbindung wurde „Pyrrolin" genannt und aufgrund der Thieleschen Valenztheorie als 2,5-Dihydropyrrol (Δ^3-Pyrrolin: *3.138.*) formuliert [483]. Der Beweis für diese Konstitution wurde erst später von *A. Treibs* und *D. Dinelli* durch Ozonolyse des Pyrrolins zu Iminodiessigsäure erbracht [2340]. Nach dem Verfahren von *L. Knorr* und *P. Rabe* [1292] kann Δ^3-Pyrrolin in 56proz. Ausbeute aus Pyrrol dargestellt werden [89]. Durch gaschromatographische und PMR-spektroskopische Analyse konnte nachgewiesen werden, daß als Nebenprodukt variable Mengen (ca. 15%) des durch Destillation untrennbaren Pyrrolidins *(3.135)* entstehen [1107]. Da bei der Behandlung von Δ^3-Pyrrolin mit Zink/Salzsäure kein Pyrrolidin gebildet wird, müssen beide Hydrierungsprodukte aus Pyrrol bzw. aus dessen konjugierten Säuren (S.133) stammen [1107, vgl. 2525], und zwar das Hauptprodukt *(3.138.)* aus dem thermodynamisch bevorzugten α-Pyrroleninium-Kation *(3.136.)* durch Wasserstoff-Anlagerung an die Azomethinium-Bindung bzw. das Pyrrolidin – vermutlich über das intermediär gebildete Enamin *3.139.* – aus dem β-Pyrroleninium-Kation *(3.137.)*.

Δ^3-Pyrrolin- und Pyrrolidin-Bildung konkurrieren ebenfalls miteinander bei der Hydrierung mit Zink/Salzsäure von 1-Methylpyrrol [1440,

1441] und dessen 2-(2-Pyridyl)- und 2-(3-Pyridyl)-Derivaten (sog. α-
bzw. β-Nicotyrin) sowie von 2,5-Diphenylpyrrol [1722].

Die *Zusammensetzung* des Reaktionsgemisches hängt in manchen
Fällen mit der Konstitution des Eduktes zusammen; so entsteht aus
β-Nicotyrin neben Dihydronicotyrin (wahrscheinlich 1-Methyl-2-(3-pyri-
dyl)-Δ^3-pyrrolin) [vgl. 2530] *dl*-Nicotin (70 bzw. 12% d. Th.) [1706,
2525], während aus dem isomeren α-Nicotyrin *dl*-α-Nicotin als Hauptprodukt isoliert wurde [1707, 2526]. Auch beim N-Phenylpyrrol *(3.140.)*
findet vermutlich hauptsächlich Hydrierung über das entspr. Δ^2-Pyrrolin
(3.141.) statt. Unter den Reaktionsprodukten wurden 1-Phenylpyrroli-
din *(3.142.)* und N-(2-Butenyl-)-anilin *(3.143.)* charakterisiert [96].

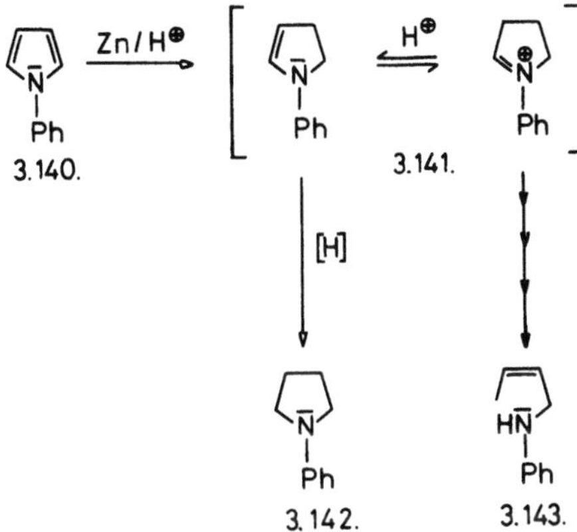

Mit Ausnahme jener, die gleichzeitig eine Phenyl-Gruppe tragen[23]
[618, 925, 926, 2193, 2528], entstehen bei der Reduktion von *methylsubsti-*
tuierten Pyrrolen mit Zink/Salzsäure stets die entspr. Δ^3-Pyrroline als
Hauptprodukte [715, 1089, 1386, vgl. 2045]. Im Falle des 2,5-Dimethyl-
pyrrols *(3.144.)* wurden neben geringen Mengen des entspr. Δ^1-Pyrrolins
[715] beide diastereomeren cis- *(3.145.)* und trans-2,5-Dimethyl-Δ^3-pyr-

---

[23] *A. Sonn* und *J. P. Wibaut* formulierten die Hydrierungsprodukte C-phenylsubstituierter
Pyrrole aufgrund deren Identität mit den auf anderen Wegen dargestellten Präparaten
als Δ^2-Pyrroline. Da diese infolge ihrer Enamin-Konstitution höchstwahrscheinlich
instabiler als ihre iminartigen Δ^1-Isomere sind, wird letztere Formulierung in der
modernen Literatur allgemein bevorzugt [358, vgl. 53]. Darüber hinaus kann es sich
bei manchen der früher irrtümlicherweise als Δ^2-Pyrroline formulierten Verbindungen
in Wirklichkeit um die entspr. Δ^3-Isomere handeln, wie es für das 2-Phenylpyrrolin
durch Ozonolyse bewiesen worden ist [1268].

roline *(3.146.)* im Verhältnis 1 zu 3,5 charakterisiert [1386]. Letztere lassen sich mittels Nitrohydroxylamin *stereospezifisch* in trans-trans-*(3.147.)* bzw. cis-trans-2,4-Hexadien *(3.148.)* überführen [1386].

3.7.3. Umsetzungen mit anderen Reduktionsmitteln

Die Einwirkung von Jodwasserstoff sowie Natriumhydrogensulfit auf Pyrrole ist ebenfalls untersucht worden.

Im allgemeinen ist Jodwasserstoff als Reduktionsmittel für Pyrrole nicht geeignet. Lediglich das Pyrrol-2-carbonsäureamid ist mit Phosphoniumjodid und rauchender Jodwasserstoffsäure in das entspr. Δ^3-Pyrrolin *3.150.* in guter Ausbeute, die allerdings von den Reaktionsbedingungen stark abhängt, überführt worden [758, 1987]. Auch hier (vgl. 3.7.2.) läßt sich die Reaktion durch Wasserstoff-Anlagerung an die $C=N$-Bindung des α-Pyrroleninium-Kations *3.149.* am plausibelsten erklären. Das Phosphoniumjodid entfernt frei gewordenes Jod und vermeidet dessen elektrophilen Angriff an das nicht umgesetzte Edukt (vgl. S. 329). Die im Reaktionsgemisch als Nebenprodukt vorhandene Δ^3-Pyrrolin-2-carbonsäure *(3.151.)* stammt möglicherweise aus dem entspr. Amid durch Hydrolyse im sauren Medium.

Durch längeres Erhitzen bei 100 °C im Bombenrohr lagert *Pyrrol* 2 Moleküle Natriumhydrogensulfit an. Die gebildete Verbindung, die als 2,5-Pyrrolidindisulfonsäure formuliert worden ist [2388], kann als Dinatrium-Salz isoliert werden, sie erleidet aber leicht sowohl durch Säuren als auch Alkalien Ring-Aufspaltung.

3.8. Oxydation

Die Luftempfindlichkeit des Pyrrols und seiner α-unsubstituierten Derivate, insbesondere derjenigen, die keine elektronenziehenden Substituenten tragen, ist wohl bekannt [1408]. Besonders in Gegenwart starker Basen (Kalium-tert-butylat) findet rasche Reaktion mit Sauerstoff unter Bildung dunkelfarbiger Oxydationsprodukte statt [172]. Auf die Autoxydation von pyrrolischen Komponenten ist z. T. sowohl die Verfärbung von Erdöl-Verarbeitungsprodukten [1165, 1486, 1696, 1717, 2319] sowie von Schiefer- [626] und trocknenden Ölen [1702] als auch das Vergilben von Polyamid-Fasern [1488] zurückzuführen.

Bei der Oxydation des Pyrrols mit Peressigsäure entsteht ein in fast allen gebräuchlichen Lösungsmitteln unlösliches, jedoch in Alkali lösliches feines bräunlichschwarzes Pulver – sog. *Pyrrolschwarz* – unbekannter Konstitution. Die zahlreichen Bemühungen [1883, 1903] um die Klärung der Struktur dieser polymeren Verbindung, deren Bedeutung z. T. auf der von *A. Angeli* [91] angenommenen konstitutiven Beziehung zu den natürlichen *Melaninen* über mehrere Jahrzehnte beruht hat [vgl. 1805, 240], sind erfolglos geblieben. Es gelang lediglich die Isolierung von zwei niedermolekularen Produkten der Zusammensetzung: $C_8H_{10}N_2O$ [94, 1814, 1816] und $C_{12}H_{17}N_3O_3$ [92, 93], deren Konstitutionen *3.154.* [457] bzw. *3.155.* [267] erst neuerdings aufgeklärt werden konnten.

3.152.   3.153.

$(C_{12}H_{15}N_3O_2 \cdot H_2O)$ $(C_8H_{10}N_2O)$
3.155.   3.154.

Sehr wahrscheinlich sind jedoch beide Verbindungen *keine* primären Zwischenprodukte bei der Bildung vom Pyrrolschwarz. Viel eher handelt es sich um Folgeprodukte der ebenfalls aus dem Oxydationsgemisch isolierten [270] isomeren Pyrrolin-2-one *3.152.* und *3.153.*, die möglicherweise in saurem Medium im Tautomeren-Gleichgewicht vorliegen (vgl. S. 338). Die Bildung von *3.154.* (und *3.155.*) läßt sich dann am plausibelsten durch nukleophile Anlagerung von Pyrrol an die Doppelbindung von *3.153.* deuten [vgl. 268].

Auch die Entstehung von *Succinimid* bei der Darstellung von Pyrrolschwarz könnte aus *3.154.* und nicht durch *direkte* Oxydation vom eingesetzten Pyrrol erklärt werden [457], obwohl die Oxydation von N-Methylpyrrol mit *Perbenzoesäure* N-Methylsuccinimid in 92proz. Ausbeute liefert [1617] (vgl. S. 152).

In *neutralem* Medium dagegen isoliert man als Oxydationsprodukt des N-Methylpyrrols mit 30proz. Wasserstoffperoxid 1-Methyl-Δ^3-pyrrolin-2-on (*3.167.* auf S. 153) in 27proz. Ausbeute [897]. Dementsprechend wird Pyrrol zu einem Gemisch der tautomeren Δ^3-Pyrrolinone *3.152.* und *3.153.* (Gesamtausb. = 30%) [268, 894a], 3-Methylpyrrol zu 3-Methyl-Δ^3-pyrrolin-2-on (53%) [894b, 897] und 2,3-Dimethylpyrrol zu 4,5-Dimethyl-Δ^4-pyrrolin-2-on oxydiert [897].

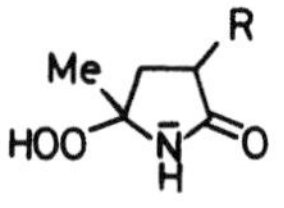

3.156.

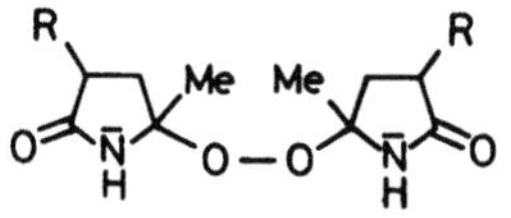

3.157.

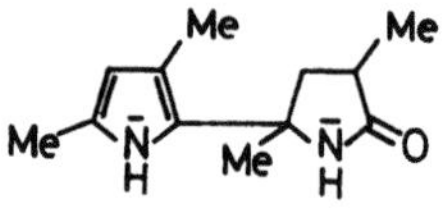

3.158.

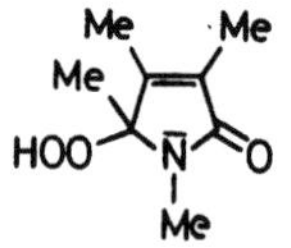

3.159.

2-Methyl- und 2,4-Dimethylpyrrol werden durch äquivalente Mengen Wasserstoffperoxid in die Hydroperoxide *3.156.* (R = H bzw. R = Me) in 42- bzw. 53proz. Ausbeute übergeführt, während bei Verwendung von 2 Molen desselben das Peroxid *3.157.* (R = H, 22%) bzw. ein Gemisch aus *3.157.* (R = Me), *3.158.* und *3.166.* (S. 152) entsteht [897].

Überraschenderweise erhält man unter analogen Bedingungen aus Pentamethylpyrrol das Hydroperoxid *3.159.* [2126].

Eine präparativ wichtige Darstellungsmethode für α-Hydroxypyrrole – bzw. deren tautomere Pyrrolin-2-one (s. S. 337) – besteht in der Oxydation mittels Wasserstoffperoxid in *Pyridin* von α- und α,α'-unsubstituierten Pyrrolen sowie (unter Abspaltung der Formyl-Gruppe) von β-alkylsubstituierten α-Pyrrolaldehyden (S. 342). Pyrrol-2-aldehyd wird jedoch unter gleichen Bedingungen zu Succinimid oxidiert [2073]. Auch Dipyrrylmethane (z. B. *3.160.*) lassen sich so umsetzen [126].

3.160.

Bei der Oxydation zahlreicher Pyrromethene – sowie Hämine [634] und Gallenfarbstoffe – mit Wasserstoffperoxid in *alkalischer* Lösung bilden sich farblose Produkte – die Derivate des sog. Propentdyopents *(3.161.)*, die anschließend in Gegenwart eines Reduktionsmittels (z. B. Dithionit) in durch ihre Absorptionsmaxima um 525 nm charakterisierte rote Pigmente *(3.163.)* – worauf der Name *Pentdyopent*-Derivate zurückgeht – übergeführt werden (sog. *indirekte* PDP- oder Stokvis-Reaktion).

3.163.
λ_{max} um 525

3.161.
$\lambda_{max} = 360$ und 425

3.162.
$\lambda_{max} = 270{-}280$

(R = OH, NH$_2$, SH od. CH-acide Verbindung)

Nach den hauptsächlich von *H. v. Dobeneck u. Mitarb.* durchgeführten Untersuchungen [631, 632, 633, 635, 640, 645, 796] werden bei der Reduktion der Propentdyopente, die als Derivate des 5,5'-Dioxo-5,5'-dihydro-1-H-pyrromethens (2,2') *(3.161.)* charakterisiert worden sind [636] bzw. deren sich leicht bildenden Addukte *3.162.* [296, 638, 644], drei Zwischenstufen durchlaufen. Bei der zweiten konnten ESR-spektroskopisch freie Radikale nachgewiesen werden [643, vgl. 641].

Als Nebenprodukte der Oxydation einiger 2,3,4-trialkyl-substituierter Pyrrole mit Wasserstoffperoxid in Pyridin sind Verbindungen isoliert worden [126, 785], deren Identität mit den Produkten der Luft-Oxydation derselben Pyrrole in indifferenten *nicht absolut wasserfreien* Lösungsmitteln in einem Fall [1536] nachgewiesen wurde. Die spektroskopischen Daten dieser Verbindungen stehen mit den früher vorgeschlagenen Konstitutionsformeln [126, 1536, 2126] nicht im Einklang, sie sprechen eindeutig für das Vorliegen von Dimeren des Typs *3.165.* [1097].

3.164.
$\lambda_{max} = 215\,nm$
$(\varepsilon = 27.600)$

3.165.
$\lambda_{max} = 214\,nm$
$(\varepsilon = 27.200)$

3.166.

Bei der Autoxydation des 2,3,5-Trimethylpyrrols bildet sich außerdem das Pyrrolyl-pyrrolinon *3.164.* [1097]. Bemerkenswerterweise verhält sich das 2,4-Dimethylpyrrol anders: Man isoliert ausschließlich das Hydroxypyrrolinon *3.166.* [1098] (vgl. S. 150). Dagegen entstehen bei der Autoxydation von N-substituierten Pyrrolen, die wesentlich langsamer als diejenige der C-Analoga verläuft, neben Polymeren Oxydationsprodukte, die denjenigen der Oxydation des Pyrrols mit Persäuren (S. 149) entsprechen. Durch Oxydation des N-Methylpyrrols mit Sauerstoff bei 50 °C wurden neben N-Methylsuccinimid (vgl. S. 150) 1-Methyl-Δ^3-pyrrolin-2-on *(3.167.)* und die beiden Pyrrolyl-pyrrolidinone *3.168.* und *3.169.* erhalten [2180]. Die kinetische Untersuchung der Reaktion deutet darauf hin, daß *3.167.* und N-Methylsuccinimid die primären faßbaren Oxydationsprodukte sind. Dieser Befund steht mit der hohen Ausbeute der Perbenzoesäure-Oxydation des 1-Methylpyrrols im Einklang und widerspricht der Auffassung *Chiericis* über die Entstehung von Succinimid bei der Oxydation von Pyrrol mit Peressigsäure (S. 150). Die Oxydation von Pyrrol mit Chromschwefel- oder -essigsäure liefert Maleinimid [1829, 1830]. Bei Pyrrol-Derivaten werden α-ständige Substituenten – außer Aryl – (S. 164) oxydativ entfernt, β-ständige Alkyl-

[778, 783, 1827, 1828, 2303] oder Äthoxycarbonyl-Gruppen [1339] dagegen bleiben erhalten, so daß dieser Reaktion wenn auch kaum präparative, doch analytische Bedeutung zukommt. Als Zwischenprodukte entstehen möglicherweise 2-Hydroxy-α-pyrrolenine (s. S. 166). Konstitution *3.170.* ist für die durch Oxydation des „Knorrschen Pyrrols" (*6.1.* auf S. 210) mit Chromtrioxid in Eisessig erhaltene Verbindung [774], vorgeschlagen worden [2380].

3. 167.   3. 168.   3. 169.   3.170.

Analog verläuft die Oxydation mit Salpetrigsäure (vgl. S. 324), wobei die *Monoxime* der entspr. Maleinimide entstehen [1818, 1819].

Sind beide α-Stellungen *alkyl*-substituiert, so ist außer Maleinimid-Bildung [1235] Ringöffnung zu 1,4-Diketon-Derivaten *ohne Verlust der α-ständigen Substituenten* beobachtet worden [1819]. Letztere Umsetzung erinnert an die Aufspaltung des Pyrrol-Ringes mit Hydroxylamin-„hemichlorid", bei der in glatter Reaktion 1,4-Dioxime *(3.171.)* gebildet werden [753, 343] (vgl. S. 136).

3. 171. R= H (52% d. Th.)

R= CH$_3$ (über 86% d. Th.)

Pyrrole können:

1. Durch Umsetzung mit Natriumpermanganat bei 10 °C [2170, vgl. 1657] oder
2. Durch Ozonolyse bei −60 °C in Chloroform [2529, 2531, 2533] oxydativ abgebaut werden. Für die Konstitution der bei der Ozonolyse erhaltenen Spaltprodukte (z. B. *3.173.* und *3.174.*) sind sowohl die Beteiligung von polaren Grenzstrukturen am Mesomerie-Hybrid des Moleküls

[2529, 2532, 2533] als auch die mit der üblichen 1,2- konkurrierenden 1,4-Addition von Ozon an den Pyrrol-Ring unter Bildung des „Molozonids" *3.172.*[24] (vgl. S. 163) verantwortlich gemacht worden [151].

OCH-CHO $\xrightarrow[\text{1,2-Add.}]{O_3}$ ... $\xrightarrow{O_3}$ ... $\longrightarrow$ ... $\xrightarrow{O_3}$ R-CO-CHO

3.173.   *3.172.*   *3.174.* R= CH$_3$

(ca. 18% d. Th.)   (ca.13% d.Th.)

3.9. Photochemie

3.9.1. Photosynthesen

Lichtinduzierte Bildung von Pyrrol-Derivaten ist beobachtet worden:
– Durch sensibilisierte Photodehydrierung von Δ^3-Pyrrolin-Derivaten [1243].
– Unter Ringverengung sechsgliedriger Heterocyclen.
– Durch Heteroatom-Austausch bei Thiophenen und Furan.
– Durch Umlagerung von Kleinring-Verbindungen.

Zahlreiche Beispiele sind für die drei letztgenannten Reaktionstypen bekannt:

3.9.1.1. Photochemische Ringverengung sechsgliedriger Heterocyclen

Die 2,4,6-Trimethyl-pyridin-3,5-dicarbonsäureester *3.175.* setzen sich bei Bestrahlung in ein Gemisch aus dem Pyrrol-Derivat *3.176.* (11–16% d. Th.) und dem 1,4-Dihydropyridin-Derivat *3.177.* (25–30% d. Th.)

3.175. R = Me , Ä   *3.176.*   *3.177.*

---

[24] Oder eines entspr. Primärproduktes [vgl. 2240].

um [1250]. Da unter den Versuchsbedingungen *3.177.* photostabil ist, kann es nicht als Vorstufe bei der Pyrrol-Bildung auftreten (vgl. S. 253).

Durch Photolyse von 3-Diazo-3H-pyridin-2-onen *(3.178.)* bzw. -4-onen *(3.180.)* erhält man Pyrrol-2- *(3.179.)* oder Pyrrol-3-carbonsäuren (z. B. *3.182.*, R=H, 25% d. Th. [2258, 2259]). Die Reaktion kann am plausibelsten als Wolff-Umlagerung primär gebildeter α-Oxocarbene – *3.181.* – gedeutet werden.

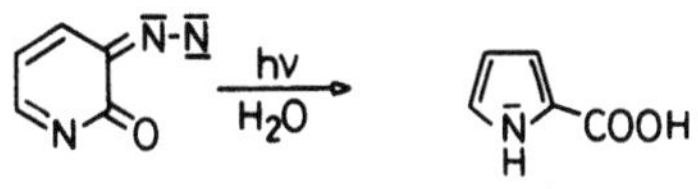

3.178.   3.179.

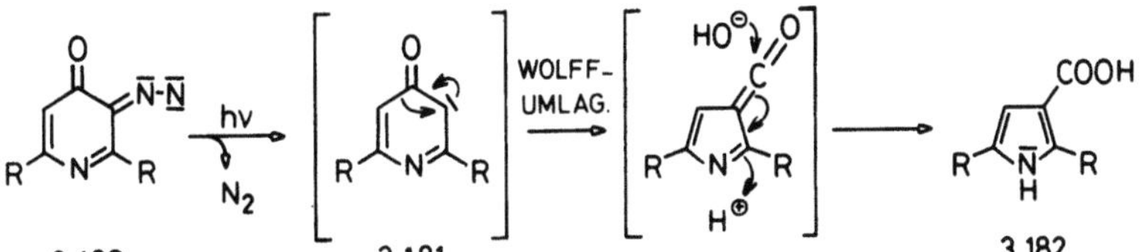

3.180.   3.181.   3.182.

Bei der Photoumlagerung von Pyridin-N-oxiden *(3.183.)* entstehen, *neben anderen Reaktionsprodukten*, Pyrrole [2242, 2243, 2244]. Das primäre Produkt der Reaktion ist wahrscheinlich ein Oxaziridin *(3.184.)*

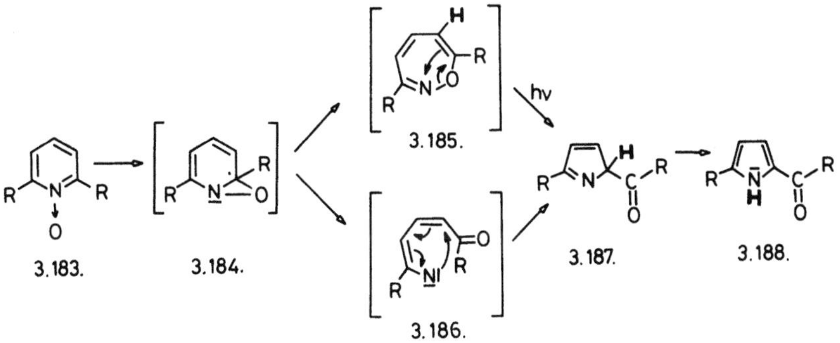

3.185.

3.183.   3.184.   3.186.   3.187.   3.188.

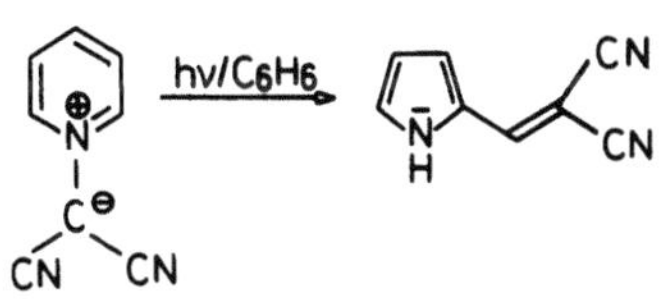

3.189.   3.190.

[60, 2205, 2242], das entweder in dessen valenztautomeres 1,2-Oxazepin *3.185.* [1141, 2242, 2247] oder in das Nitren *3.186.* [1348] isomerisieren kann. Aus beiden Zwischenprodukten läßt sich die Bildung des Pyrrols *3.188.* plausibel formulieren[25].

Formal analog verläuft die Bildung des α-Dicyanvinylpyrrols *3.190.* durch Photoisomerisierung des Pyridin-Ylids *3.189.* [2245, 2246].

Das 1,2-Dihydropyridazin *3.191.* geht bei Bestrahlung mit einer Hochdruck-Quecksilberlampe in ein Gemisch aus *3.194.* und *3.195.* über [71]. Während das Hauptprodukt *(3.195.)* durch disrotatorische Cyclo-isomerisierung des Eduktes entsteht, findet die Bildung des Pyrrol-Deri-vats *3.194.* vermutlich unter Ringöffnung des Dihydropyridazin-Ringes nach dem Mechanismus der Hetero-Cope-Umlagerung und anschließender Photocyclisierung von *3.192.* zum Azahomopyrrol *3.193.* statt.

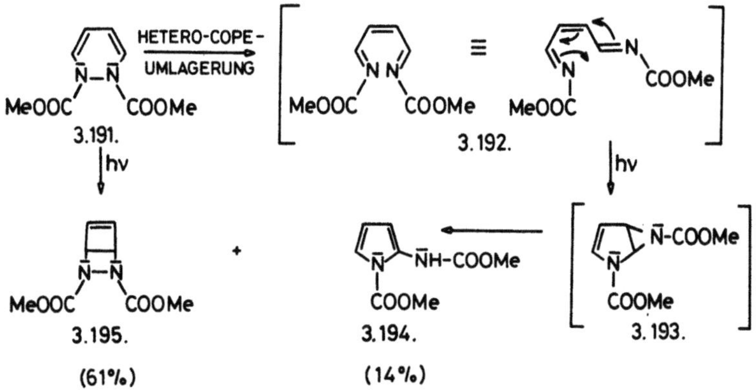

2-Arylsubstituierte Dihydro-1,2-oxazine *(3.196.)* lassen sich photo-chemisch in N-Arylpyrrol-Derivate überführen [2077]. Wegen der hohen Ausbeuten (68–90% d. Th. in den meisten untersuchten Fällen) und der leichten Zugänglichkeit der Edukte aus Nitrosobenzol und Butadien-Derivaten kommt dieser Photosynthese im Gegensatz zu den meisten hier diskutierten Reaktionen präparative Bedeutung zu. Die Pyrrol-Bildung erfolgt sehr wahrscheinlich durch lichtinduzierte homolytische Spaltung der N–O-Bindung des Dihydro-oxazins und anschließende Abstraktion des allylischen Wasserstoffatoms am C_6 durch das Imino-Radikal *3.197.* unter Bildung eines γ-Amino-cis-α,β-ungesättigten Ke-

---

[25] Bei der Umsetzung *3.185.→3.187.* handelt es sich um eine [1,3]-sigmatrope *suprafaciale* Umlagerung, die *photochemisch* erlaubt ist.

tons, das spontan (vgl. S. 238) zum Pyrrol *3.199.* cyclisiert. Durch Photolyse von *3.196.* bei $-180\,°C$ konnte das Keton *3.198.* IR-spektroskopisch ($v_{CO} = 1695\,cm^{-1}$) nachgewiesen werden.

3.196. $\lambda_{max}^{ÄOH} = 243–245\,nm$ *3.197.*

3.199.   *3.198.*

3.200.   *3.201.*   *3.202.*

Die photochemische Umwandlung des N-Phenylpulegon-Sultams *(3.200.)* in das 4,5,6,7-Tetrahydroindol-Derivat *3.202.* (Ausb. = 61 % d. Th.) findet wahrscheinlich unter intermediärer Bildung des Sulfens *3.201.* statt [669].

3.9.1.2. Lichtinduzierter Heteroatom-Austausch bei Thiophenen und Furanen

Bei der Bestrahlung von Thiophen und seinen Methyl-Homologen (z. B. *3.203.*) in Gegenwart von primären Aminen entstehen unter Abspaltung von Schwefelwasserstoff Pyrrole *(3.206.)* in geringen Ausbeuten (ca. 5 % d. Th.). Eine analoge Reaktion ist mit *Furan* beobachtet worden [1356].

Als wahrscheinlichste Primärprodukte dieser reaktionsmechanistisch sehr interessanten Umsetzungen sind Cyclopropenyl-thioaldehyde *3.204.* (oder -thio-ketone [vgl. 1251]), die mit dem vorhandenen Amin zu den entspr. Iminen *3.205.* (vgl. S. 159) reagieren, vorgeschlagen worden [551].

3.203.

3.204.

3.205.

3.206.

3.9.1.3. Photochemische Umlagerung von Kleinring-Verbindungen

Bei der Photolyse des Cyclopropenyl-essigsäureazids *3.207.* entsteht – höchstwahrscheinlich unter primärer Bildung des Nitrens *3.208.* – neben anderen Produkten 2,5-Diphenylpyrrol *(3.210.)* zu 6% d. Th. [410]. Die vorgeschlagene Bildung des tricyclischen Zwischenproduktes *3.209.* und dessen anschließende Umwandlung in das Pyrrol-Derivat *3.210.* sind der erwähnten Umlagerung des Cyclopropenylimins *3.205.* gewissermaßen analog.

3.207.

3.208.

3.209.

3.210.

Die lichtinduzierte Ringerweiterung von 3-Acylazetidinen führt in sehr guten Ausbeuten zu Pyrrolen [444, 1737, 1739]. Interessanterweise hängt bei 2-arylsubstituierten Derivaten (z. B. *3.211.* bzw. *3.212.*) die

3.211.
trans

3.213. (33%)

3.212. cis

3.214. (67%)

Konstitution der Reaktionsprodukte *(3.213.* und *3.214.)* von der Stereochemie der Edukte ab. Ein Reaktionsmechanismus ist vorgeschlagen worden [1738, 1739].

3.9.2. Photoreaktionen der Pyrrole

Über photochemische Umsetzungen von Pyrrolen ist in der modernen Literatur oft berichtet worden, systematische Untersuchungen liegen bisher aber nicht vor.

3.9.2.1. Photolyse

Photolytische Prozesse sind bisher lediglich beim unsubstituierten Pyrrol untersucht worden. In der Dampfphase konnten als primäre stabile Produkte Methylacetylen *(3.216.)*, Allen *(3.217.)*, Äthylen, Acetylen und Wasserstoff nachgewiesen werden [2572]. Die Bildung beider C_3-Fragmente neben vermutlich auch primär entstehendem Cyanwasserstoff läßt sich aus dem bei der Photoumwandlung von Thiophenen in Pyrrole bereits postulierten Cyclopropenimin *3.215.* (S. 157) plausibel deuten. Die damit konkurrierende Bildung von Acetylen kann man aufgrund der Beteiligung von polaren Pyrrolenin-Grenzstrukturen am Resonanz-Hybrid (S. 10) im photoangeregten Pyrrol interpretieren.

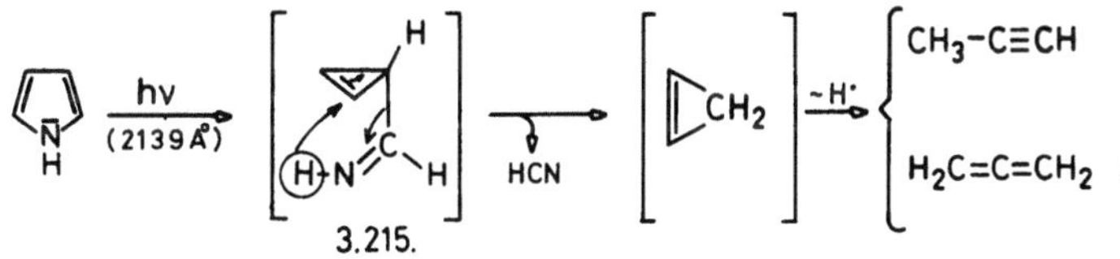

3.9.2.2. Photoreaktionen

Lichtinduzierte *Additions-Reaktionen* von Pyrrol an Acetylendicarbonsäureester und an aromatische Kohlenwasserstoffe sind bekannt. Im erstgenannten Falle entsteht – vermutlich über das Produkt einer $[\pi2\text{-}\pi2]$-Cycloaddition *3.218.* – das Azepin-Derivat *3.219.* [882] (vgl. S. 125).

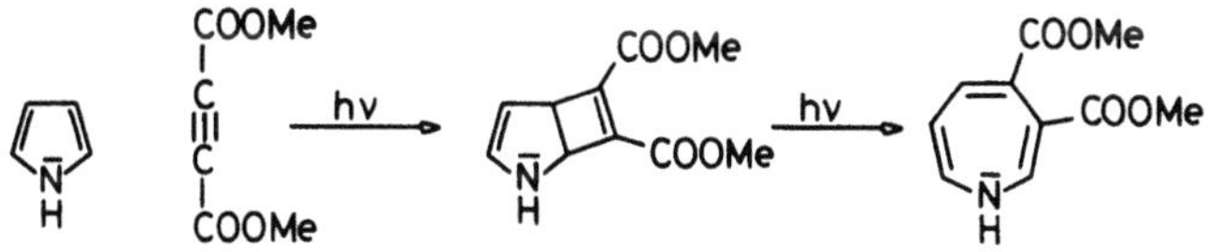

Die Photoanlagerung an Benzol [196, 340] und an Naphthalin [1453, 1454] führt dagegen unter Erhaltung des Pyrrol-Ringes zu den Produkten *3.220.* bzw. *3.222a.* und *3.222b.*

3.220.   3.221.   3.222.a   3.222.b

Kinetische Messungen der Löschung der Fluoreszenz von Naphthalin deuten darauf hin, daß es sich beim primären Photoprodukt um einen "charge transfer"-Komplex des singulett-angeregten Aromaten mit Pyrrol handelt, der durch Wanderung des N-ständigen Protons in den aromatischen Ring in die ionische Vorstufe *(3.221.)* der Reaktionsprodukte übergeht. Die Tatsache, daß das N-Methylpyrrol zwar die Naphthalin-Fluoreszenz löscht, jedoch kein Addukt bildet, sowie die Deuterium-Verteilung in den Reaktionsprodukten von Pyrrol-1-d sprechen für den vorgeschlagenen Mechanismus.

Durch Bestrahlung reagiert das 2-Acetyl-1-methylpyrrol *(3.223.)* mit 2,3-Dimethyl-2-buten – im Gegensatz zu entspr. *aromatischen* Aryl-ketonen, bei denen Anlagerung an die Carbonyl-Doppelbindung stattfindet – unter Bildung des $[_\pi 2\text{-}_\pi 2]$-Cycloadditionsproduktes *3.224.* [384].

3.223.   3.224.

1-Amino-tetraphenylpyrrol läßt sich photolytisch desaminieren [1978].

Bei der Photolyse von 3-Diazo-2,4,5-triphenylpyrrol *3.225.* entstehen je nach dem verwendeten Lösungsmittel Tetraphenylpyrrol *(3.226.)* oder 2,3,5-Triphenylpyrrol *(3.227.)* [171]. Vermutlich reagiert das primär entstandene Azacyclopentadienyliden mit Benzol unter $C-H$-Einschie-

bung bzw. mit Methanol unter Wasserstoff-Abstraktion [26] zu den angegebenen Produkten.

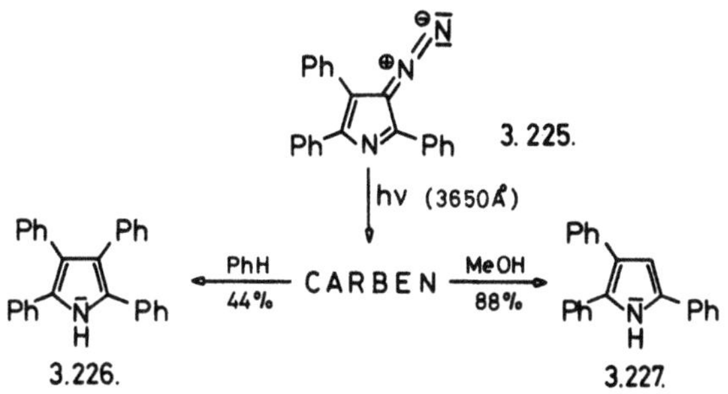

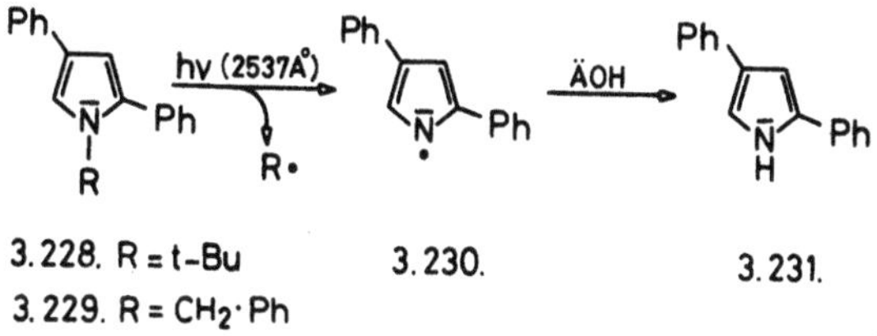

Bestrahlung des N-tert-Butyl- *(3.228.)* und N-Benzyl-2,4-diphenyl-
pyrrols *(3.229.)* in verd. Äthanol-Lösung führt innerhalb kurzer Zeit
(60 bzw. 30 min) in hohen Ausbeuten (95 bzw. 80% d. Th.) zum 2,4-Diphe-
nylpyrrol *(3.231.)* als einzigem Reaktionsprodukt [1736]. Aus der Pho-
tostabilität der entspr. N-Cyclohexyl- und N-Phenäthyl-Derivate wird
geschlossen, daß es sich in den genannten Fällen um eine homolytische
Abspaltung der C−N-Bindung und darauffolgende Stabilisierung des
Diphenylpyrryl-*Radikals (3.230.)* durch Wasserstoff-Abstraktion vom
Lösungsmittel handelt.

3.9.2.3. Photoumlagerungen

Bei N-Benzyl-Derivaten des *Pyrrols (3.232.)* und des 2,5-Dimethylpyr-
rols *(3.235.)* findet unter analogen Bedingungen Wanderung des stick-
stoff-ständigen Substituenten statt. Es entstehen Gemische aus den
entspr. 3-substituierten Produkten *(3.234.* bzw. *3.237.)* und dessen 2-Iso-
meren *3.233.* bzw. dem α-Pyrrolenin *3.236.* [1761]. Optisch aktive Reste
wandern unter partieller Erhaltung der Konfiguration.

---

[26] Wasserstoff-Abstraktion aus Alkoholen durch Carbene ist allerdings nicht sehr geläufig,
meist konkurriert damit die Bildung von Äthern.

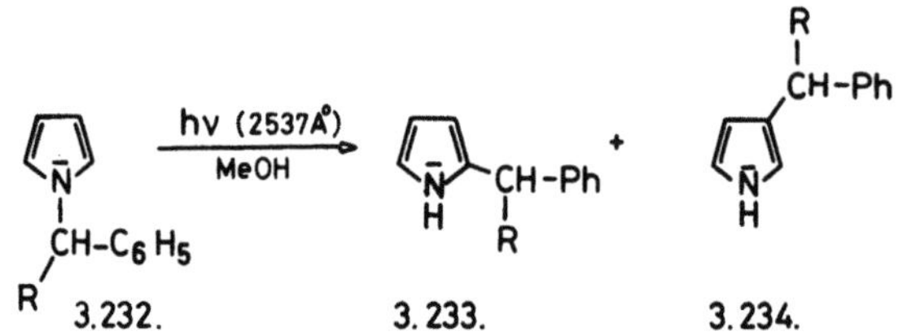

3.232. 3.233. 3.234.

R = H 28% 10%

R = Me 20% 7%

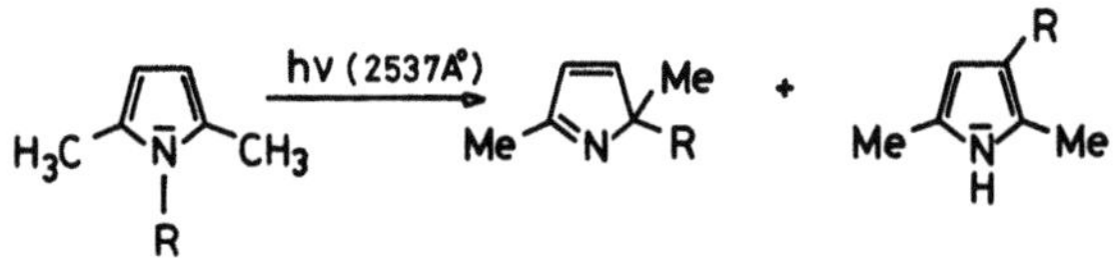

3.235. 3.236. 3.237.

R = 1-Ph-äthyl 12% 5%

Im Gegensatz zu den thermischen Umlagerungen (s. S. 142) können weder *3.233.* noch *3.236.* in *3.234.* bzw. *3.237.* photochemisch isomerisiert werden, so daß für die Bildung der 3-substituierten Produkte entweder eine *direkte* lichtinduzierte N→3-Wanderung oder eine thermische 2→3-Umlagerung verantwortlich gemacht werden muß.

Durch Bestrahlung (λ_{max}=2537 Å) des N-Acetylpyrrols findet *ohne* primäre homolytische Spaltung der Stickstoff-Acetyl-Bindung Umlagerung ausschließlich in das 2-Isomere statt [2145].

Die Wanderung eines α-ständigen Substituenten in die β-Position ist bei Bestrahlung von 2-Cyanpyrrol *(3.238.)* [1090] und dessen N-Methyl-Derivat *(3.239.)* [1091] beobachtet worden. Neben 2-Pyrrolaldehyd (5 % d. Th.) bzw. 2-Cyan-2-methyl-α-Pyrrolenin werden die 3-Cyanpyrrole *3.240.* bzw. *3.242.* als Hauptprodukte isoliert. Die Konstitution des primären Photoprodukts ließ sich bei Ausführung der Reaktion in Methanol durch die Isolierung des Adduktes *3.241.*, das thermisch unter Abspaltung von Methanol in *3.242.* übergeht, aufklären. 3-Cyan-pyrrol konnte durch Bestrahlung *nicht* in das 2-Isomere überführt werden.

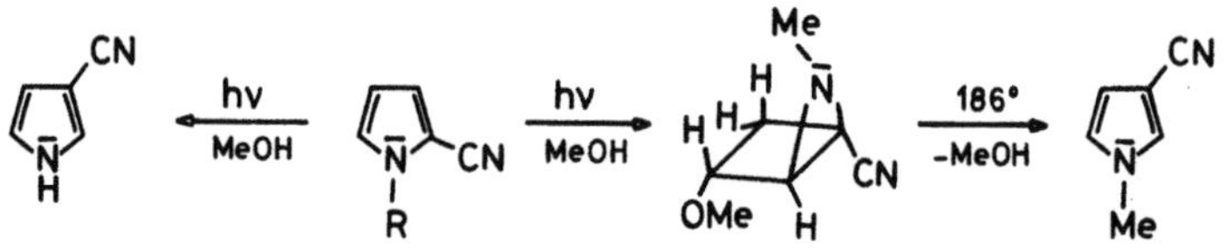

3.240. (55%)

3.238. R = H

3.239. R = CH_3

3.241.

3.242.

Abschließend sei die Photoisomerisierung von 2-Nitropyrrol *(3.243.)* erwähnt, bei der zu 15 % d. Th. 3-Hydroximino-Δ^4-pyrrolin-2-on *(3.245.)* entsteht [1120]. Intermediäre Bildung eines α-Oxypyrrol-Radikals *(3.244.)* ist zur Rationalisierung des Reaktionsverlaufes vorgeschlagen worden.

3.243.   3.244.   3.245.

3.9.2.4. Photooxydation

Die bisher meist untersuchte Photoreaktion der Pyrrole ist deren durch Licht induzierte Oxydation.

Bei der *sensibilisierten* Photooxydation von 2-mono- und 2,4-di- [1400] sowie 2,5-di- [1431], 2,3,4-tri- [1905] und 2,3,4,5-tetraalkylsubstituierten [1401] Pyrrolen in Methanol werden neben hauptsächlich 5-Hydroxy- (bzw. -Methoxy-)-Δ^3-Pyrrolin-2-onen *(3.248.* und/oder *3.249.)* u.a. interessanten Nebenprodukten [vgl. 1431] Maleinimide *(3.247.)* in variablen Mengen gebildet. Letztere entstehen in relativ guter Ausbeute bei der Photooxydation von 3,4-dialkylsubstituierten Pyrrolen [1904]. Aus Pyrrol [589, 1904] und dessen N-Methyl- [589] und N-Aryl- [838] Derivaten werden – vermutlich infolge der unter den Reaktionsbedingungen stattfindenden Photolyse der entspr. β-unsubstituierten Maleinimide

3.247. R_1= H

3.246.

3.248. R= H

3.249. R= CH_3

– je nach dem verwendeten Lösungsmittel hauptsächlich *3.249.* ($R_1=R_3=R_4=R_5=H$) bzw. ausschließlich *3.248.* ($R_3=R_4=R_5=H$; $R_1=H$, Me oder Aryl) isoliert. Es ist erwähnenswert, daß sich das mit *3.248.* ($R_1=R_3=R_4=R_5=H$, Smp. 102°) [589] isomere Succinimid (Smp. 125–6°) mit einer von *G. Ciamician* und *P. Silber* [485] durch Sonnenlicht-Bestrahlung des in Wasser suspendierten Pyrrols erhaltenen kristallinen Verbindung als *identisch* erwiesen hatte.

Sehr wahrscheinlich findet die Photooxydation durch primäre Anlagerung des bei den Bestrahlungsbedingungen im Singulett-Zustand vorhandenen Sauerstoffes an das pyrrolische Dien-System unter Bildung des endo-Peroxids *3.246.* statt [589]. Dafür spricht u. a. die bei der sensibilisierten Photooxydation des Pentaphenylpyrrols bei tieferer Temperatur nachgewiesene reversible Bildung eines Sauerstoff-Adduktes, vermutlich des Typs *3.252.* [661] (vgl. S. 163).

Relativ beständige *Hydroperoxide* (z. B. *3.250.*) sind kürzlich als Produkte der sensibilisierten (Methylenblau) Photooxydation von 2,5-Di- und 2,3,5-Tri-tert-Butylpyrrol in Methylenchlorid isoliert worden [1924] (vgl. Abb. *3.253.*).

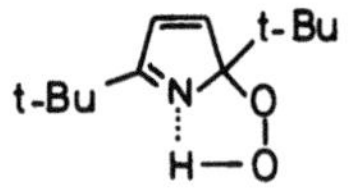

t-Bu   t-Bu   N   O   H—O

3. 250.

In der Reihe der Polyphenylpyrrole deutet die Tatsache, daß sowohl bei der anodischen Oxydation des Tetraphenylpyrrols [1398] als auch bei dessen Umsetzung mit Oxydationsmitteln [1450] sowie bei der sensibilisierten Photooxydation verschiedener phenyl-substituierter Pyrrole z. T. dieselben bzw. analoge Produkte erhalten werden, darauf hin, daß alle diese Oxydationsprozesse gemeinsame Zwischenprodukte aufweisen.

Folgende auf S. 165 dargestellte Verbindungen sind isoliert und charakterisiert worden:

1. *Hydroperoxid 3.253.* bei der Oxydation von *3.251a.* mit Wasserstoffperoxid [1979] bzw. mit Singulett-Sauerstoff, der durch Bestrahlung in Gegenwart eines Sensibilisators oder durch Reaktion von Natriumhypochlorit mit Wasserstoffperoxid [vgl. 838] erzeugt wurde [1977]. Durch Erhitzen in Methanol läßt sich *3.253.* in ein Gemisch aus *3.263a.* und *3.264a.*, durch Reduktion mittels Kaliumjodid in verdünnter Essigsäure oder durch Protolyse mittels Salzsäure in *3.254.* bzw. dessen Hydrochlorid überführen [1977].

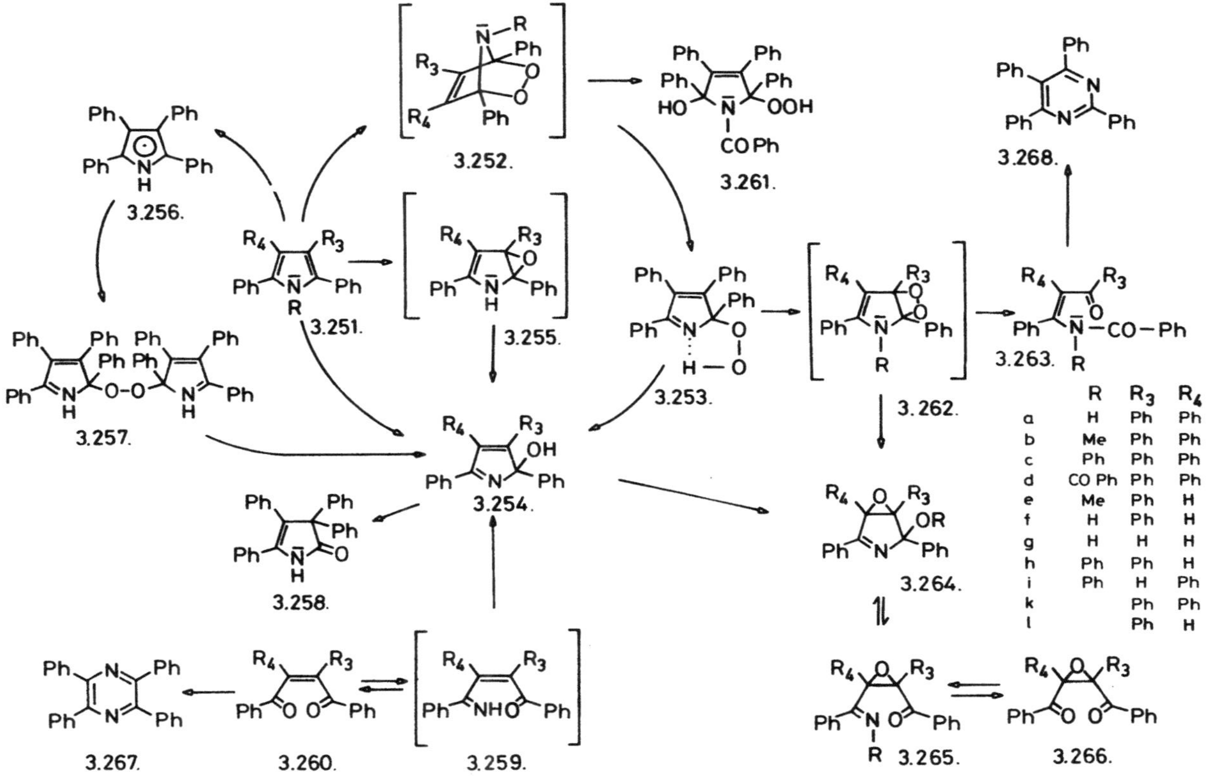
3.252.
3.261.
3.256.
3.268.
3.251.
3.255.
3.253.
3.262.
3.263.
3.257.
3.254.
3.264.
3.258.
3.267.
3.260.
3.259.
3.265.
3.266.
R   R₃   R₄
a   H   Ph   Ph
b   Me   Ph   Ph
c   Ph   Ph   Ph
d   CO Ph Ph   Ph
e   Me   Ph   H
f   H   Ph   H
g   H   H   H
h   Ph   Ph   H
i   Ph   H   Ph
k   Ph   Ph
l   Ph   H

2. *2-Hydroxy-α-pyrrolenin 3.254k.* sowohl bei der Oxydation von *3.251a.* mit Chromtrioxid-Essigsäure bei 55 °C, Bleitetraacetat in Eisessig bei Raumtemperatur[27], Phosphorpentachlorid oder salpetriger Säure unter milden Bedingungen [1450] als auch bei der anodischen Oxydation von *3.251a.* in Nitromethan oder Acetonitril (Ausb.: 60 % d. Th.) [1398]. Bei Durchführung der Elektrolyse in Methanol oder Äthanol entstehen die entspr. Methyl- bzw. Äthyläther von *3.254k.* [1398b]. *3.254k.* läßt sich durch Säuren sowie Basen in das Pyrrolinon *3.258.* glatt umlagern [1450].

3. *Peroxid 3.257.* (als Diastereomeren-Gemisch) durch Reaktion von *3.251a.* mit Bleidioxid in Benzol unter Einleitung von Luft [1974, 1975] oder durch anodische Oxydation von *3.251a.* in Gegenwart von Natriumcarbonat *ohne* Luftausschluß (Ausb. 20 % d. Th.) [1398b]. *3.257.* läßt sich durch Reduktion (J⁻/AcOH) oder saure Hydrolyse in *3.254.* überführen.

4. *Pyrrolin-2-on 3.258.* als einziges Reaktionsprodukt bei der Oxydation von *3.251a.* mit Chromtrioxid-Essigsäure bei der Siedetemperatur [1450] sowie bei der sensibilisierten (Methylenblau) Photooxydation von *3.251a.* in basischem Medium [2481] oder bei der polarographischen Oxydation von *3.251a.* in Nitromethan oder Acetonitril in Gegenwart von Natriumcarbonat oberhalb von 40 °C (Ausb.: 40 % d. Th.) [1398a].

5. *cis-Dibenzoylstilben (3.260k.)* bei der Oxydation von *3.251a.* mit Salpetersäure [1450] bzw. cis-Dibenzoylstyrol *(3.260l.)* bei der Reaktion von *3.251f.* mit Peressigsäure [1464, vgl. 2208] oder dessen N-Phenyl-, N-Methyl-, N-Benzyl-, 2-Hydroxyäthyl- und 2-Alkyl-Derivaten mit Chromtrioxid-Essigsäure [2209] oder Peressigsäure [2211]. Ferner entsteht *3.260k.* in 5proz. Ausbeute bei der polarographischen Oxydation von *3.251a.* in Nitromethan oberhalb von 40 °C [1398a].

6. *Hydroxy-hydroperoxid 3.261.* bei der sensibilisierten Photooxydation von *3.251d.* in *saurem* Medium [1927]. Analoge Hydroperoxide sind als Zwischenprodukte bei der Photooxydation von tri- [1905] und tetraalkylsubstituierten [1401] Pyrrolen vorgeschlagen worden (S. 163).

7. *Epoxi-Δ¹-pyrrolin 3.264b.* als Hauptprodukt bei der sensibilisierten Photooxydation von *3.251a.* in Methanol [2481].

8. *Epoxide 3.265d.* bzw. *3.265h.* und *3.265i.* bei den sensibilisierten Photooxydationen von *3.251d.* [1927] und *3.251h.* in Methylenchlorid [2485].

9. *Epoxi-γ-diketon 3.266k.* bei der Oxydation von *3.251a.* oder *3.251b.* mit Peressigsäure sowie von *3.251b.* mit Chromtrioxid-Essigsäure (!)

---

[27] In siedendem Chloroform entsteht Tetraphenylpyrazin *(3.267.),* das vermutlich durch Reaktion von *3.260k.* mit aus zerfallenem Pyrrol *3.251a.* stammendem Ammoniak gebildet wird [1343].

[1450]. *3.266k.* und *3.266l.* bei der sensibilisierten Photooxydation von *3.251c.* in Chloroform [661] bzw. *3.251e.* in Methylenchlorid [2485].

10. *Benzamido-chalkone 3.263a.* und *3.263b.* als Nebenprodukte bei der Oxydation von *3.251a.* bzw. *3.251b.* mit Peressigsäure [1450] sowie *3.263f.* (R = Acetyl, Propionyl oder Benzoyl statt H) bei der Oxydation von *3.251f.* (R = Acyl statt H) mit Chromtrioxid-Essigsäure [46, 913]. Ferner *3.263c.* und *3.263a.* als Nebenprodukte bei der sensibilisierten Photooxydation von *3.251c.* in Chloroform [661] bzw. *3.251a.* in Methanol [2481]. Durch sensibilisierte Photooxydation von 1-Aminotetraphenylpyrrol in Äther erhält man statt *3.263.* ($R_3 = R_4 = C_6H_5 R = NH_2$) hauptsächlich dessen Folgeprodukt, das 1-Benzoyl-triphenylpyrazol [1978].

Da Benzamido-chalkone des Typs *3.263.* unter Bildung von Benzamid hydrolisiert werden können bzw. mit Ammoniak zu Pyrimidin-Derivaten *(3.268.)* reagieren [vgl. 1974], lassen sich ebenfalls mit dem auf S. 165 angegebenen Reaktionsschema die in der früheren Literatur mitgeteilten Ergebnisse von mehrmonatiger Einwirkung des Sonnenlichtes auf ammoniakalische Äthanol-Lösungen von 2,4,5-Triphenylpyrrol [394] und dessen 3-Nitroso- [393], 3-Formyl- [396] sowie N-Methyl- und N-Aryl-Derivaten [395] zum Teil deuten. Allerdings handelt es sich bei der Bildung aller auf S. 165 wiedergegebenen Produkte, die sich z. T. auch „chemisch" ineinander überführen lassen, um Dunkelreaktionen, die nichts mit dem eigentlichen photochemischen Prozeß zu tun haben.

Ungeklärt bleibt die Frage nach der Konstitution der *primären* Reaktionsprodukte, da es sich dabei mit Sicherheit um verschiedene Spezies je nach Art der Umsetzung handelt: Bei Verwendung von Bleitetraacetat oder -dioxid entsteht primär höchstwahrscheinlich ein Pyrryl-Radikal *3.256.* [1345] (S. 138), das mit Sauerstoff zum *isolierbaren* Peroxid *3.257.* weiterreagieren kann [1974, 1975, vgl. 1040]. Dagegen findet die Bildung von *3.254.* auf „chemischem" Wege vermutlich durch elektrophilen Angriff an der α-Stellung des Pyrrol-Ringes statt [vgl. 1450]. Bei der Oxydation von N-unsubstituierten Phenyl-pyrrolen mit Persäuren ist das Epoxid *3.255.* als Primärprodukt vorgeschlagen worden, das durch Wasserstoff-Wanderung in das 2-Hydroxy-α-pyrrolenin-Derivat *3.254.* übergehen könnte [1343]. Wie erwähnt, verlaufen die photochemischen Umsetzungen vermutlich unter primärer Bildung von endo-Peroxiden des Typs *3.252.*, wie sie bei der Photooxydation von Pyrrol- und dessen Alkyl-Homologen (S. 163) sowie Polyphenyl-pyrrolen [1977, 2485, 2489] vorgeschlagen worden sind. *Primäre* Bildung eines Epidioxids vom Typ *3.262.* ist bei der Photooxydation des 3,4-Diäthyl-2,5-dimethylpyrrols in Gegenwart eines Singulett-Sauerstoff-Sensibilisators (Bengalrosa) postuliert worden [1401].

4. Pyrrol-Metall-Derivate

4.1. Alkalimetall-Salze und Magnesyl-Derivate der Pyrrole

Eine mit der bereits erwähnten (S.131) Acidität des stickstoffständigen Wasserstoffatoms eng zusammenhängende Eigenschaft der Pyrrole ist ihre Fähigkeit zur Bildung von Alkalimetall-Salzen sowie Magnesiumhalogenid-Verbindungen, denen sowohl zur Einführung von funktionellen Gruppen in den Pyrrol-Ring (7. Kap.) als auch zur Synthese zahlreicher Derivate der Übergangs- und der Nichtmetalle (S. 176 bzw. 184) große präparative Bedeutung zukommt.

Kaliumpyrrolat läßt sich aus Pyrrol und Kalium in einem inerten Lösungsmittel (Benzol [1142], Toluol [2378], Petroleumbenzin [1957], Dimethoxyäthan [963], n-Dibutyläther [2277] u. a.) oder in flüssigem Ammoniak [2378] glatt darstellen [1]. Analog kann Natriumpyrrolat in Tetrahydrofuran erhalten werden [2324], obwohl die Reaktion wesentlich langsamer stattfindet. Lithium reagiert überhaupt nicht. Zweckmäßiger ist die Darstellung der Natrium-Salze durch Reaktion der Pyrrole mit Triphenylmethylnatrium [534], Natriumamid [1335, 1914] oder -hydrid [237, 404, 516]. Pyrrolaldehyde und andere *negativ* substituierte Pyrrol-Derivate können mit Kalium-tert-butylat [1792] oder Natriumalkoholaten [2363], ja sogar mit Natronlauge [530] in die entspr. Salze übergeführt werden. Lithium-Salze des Pyrrols und seiner Derivate werden durch Reaktion mit metallischem Lithium in flüssigem Ammoniak [2378] oder mit Phenyl- [58] oder Butyl-lithium [2144, 2323, 2378] in Äthern erhalten. Mit Butyl-lithium werden N-Phenyl- und N-Methylpyrrol in α-*Stellung* metalliert [2144]. Vom letzteren ist dann durch Austausch des Metallatoms das sehr reaktionsfähige 1-Methylpyrrol-2-yl-Kupfer(I) leicht zugänglich [927].

Dagegen bildet das N-Methylpyrrol keine Magnesiumhalogenid-Verbindung, wie das Ausbleiben der Reaktion mit Kohlendioxid zur entspr. Pyrrolcarbonsäure beweist [1077, 1690, 1691].

---

[1] Besonders schonend ist die Darstellung der Kalium-Salze von substituierten Pyrrolen mittels Benzophenon-Kalium [2082].

Pyrrylmagnesiumhalogenide werden allgemein durch Ummetallierung von niedermolekularen Grignard-Verbindungen (Äthyl- oder Butylmagnesiumbromid) mit Pyrrolen (auch mit Pyrrolcarbonsäureestern [784]) dargestellt [1682, vgl. 79, 967]. Die frühere Literatur über Reaktionen der Pyrrylmagnesiumhalogenide ist von *Q. Mingoia* zusammengefaßt worden [1562].

Bezüglich ihres Reaktionsverhaltens bestehen zwischen den Alkalimetall-Pyrrolaten und den Pyrrylmagnesium-Derivaten keine wesentlichen Unterschiede. Jedoch findet mit wenigen Ausnahmen[2] [383, 1748, 2603] bei der Reaktion von Kalium-, Natrium- und insbesondere Thallium(I)- [379, 381] Salzen mit den verschiedensten Alkyl- (S. 261) oder Acylhalogeniden (S. 278), Alkyltosylaten [497, 516, 1755, 2169] sowie Epoxiden [1140] Substitution am Stickstoff statt, während bei Lithium- und Magnesiumhalogenid-Derivaten Reaktion am Kohlenstoff beobachtet wird (s. Zitate [1094, 2378] und jeweils dort zit. Lit.).

Bei den Umsetzungen von Pyrryl-Grignard-Verbindungen werden meist Gemische der 2- und 3-substituierten Reaktionsprodukte isoliert, in denen das α-Isomere überwiegt [414, 415, 184, 1326, 1635]. Die Zusammensetzung des Reaktionsproduktes kann jedoch vom Lösungsmittel abhängig sein (vgl. z. B. Zitat [1589] mit Zitat [418]). Die größte Regioselektivität weisen die Acylierungen mit Carbonsäureestern [184] oder Thiolessigsäureäthylester [1416] auf, bei denen fast ausschließlich α-substituierte Derivate gebildet werden. N-Substitutionsprodukte sind in der Regel nur in sehr geringen Mengen vorhanden, sie bilden jedoch einen nicht unbeträchtlichen Teil des Reaktionsgemisches aus Chlorameisensäureester und Pyrrylmagnesiumbromid [79, 1685, 2162] und können sogar in einigen Fällen als Hauptprodukt entstehen [743, 1416, 1746, 1747, 2283, vgl. 1561].

Obwohl die Konstitution dieser Pyrryl-Metall-Derivate bisher nicht völlig aufgeklärt worden ist, lassen sich die experimentellen Ergebnisse mit Hilfe der vereinfachten Vorstellung eines assoziierten Ionen-Paares

---

[2] Zu diesen Ausnahmen zählt auch die Reaktion von Natriumpyrrolat *(4.1.)* mit aromatischen Aldehyden, wobei Substitution am α-ständigen Kohlenstoffatom stattfindet. Überraschenderweise werden als Produkte Aryl-pyrrolylketone *(4.3.)*, die höchstwahrscheinlich durch Oppenauer-Oxydation der intermediär gebildeten Alkoholate *(4.2.)* entstehen, isoliert [1914].

4.4. am einfachsten deuten [1094]. Demnach führt die Reaktion des *assoziierten* Pyrrolyl-Metall-Komplexes *4.5.* zu (hauptsächlich) 2-substituierten Produkten *4.7.*, diejenige des *dissoziierten* Pyrrolat-Anions *(4.8.)* zu 1-substituierten *(4.9.)*. Mit der Konstitution *4.4.* [921] stehen außerdem IR- und Protonenresonanz-Messungen der in Äther oder Tetrahydrofuran gelösten Pyrrylmagnesiumhalogenide im Einklang [415, 1950].

Experimentell läßt sich nachweisen, daß *Alkylierung am (elektronegativeren) Stickstoffatom mit zunehmendem Solvatisierungsvermögen des Mediums und mit abnehmender Koordinationsfähigkeit des Metall-Ions bevorzugt wird.* Beide Effekte lassen sich aufgrund *zunehmender* Dissoziation des Pyrrolyl-Metallion-Paares erklären, die N-Alkylierung begünstigt. In *nicht polaren* Lösungsmitteln nimmt die Assoziation der Pyrrylmetall-Derivate in der Reihenfolge:

$$XMg^{\oplus} > Li^{\oplus} > Na^{\oplus} > K^{\oplus} > (CH_3)_3N^{\oplus} - C_6H_5$$

ab, so daß die größere Tendenz zur C-Substitution der Grignard- und Lithium-Verbindungen gegenüber den Natrium-, Kalium- und Trimethylphenylammonium-Derivaten plausibel erscheint. Dagegen findet im stark kationen-komplexbildenden Hexamethylphosphorsäuretriamid sogar beim Pyrrylmagnesiumbromid hauptsächlich N-Alkylierung statt [409].

Somit findet die Reaktion mit Pyrryl-Grignard-Verbindungen entgegen der früheren Auffassung [1682] *nicht* durch Wanderung des Halogenmagnesyl-Restes vom Stickstoff- zum α-ständigen Kohlenstoffatom statt (vgl. S. 142) [s.a. 1417].

Ebenfalls läßt sich auf diese Weise deuten, daß optimale Ausbeuten an N-substituierten Produkten durch langsame Zugabe des Pyrrol-Salzes *in* die Lösung des Alkylhalogenids erzielt werden (Zunahme der Dissoziation bei größerer Verdünnung) [1094, 1748]. Auch die größere Tendenz der Allylhalogenide zur C-Substitution [383, 1748, vgl. 409] läßt sich durch die erhöhte Polarisierbarkeit ihrer Kohlenstoff-Halogen-Bindung, die den Übergangszustand *4.6.* begünstigt, erklären. Damit im Einklang steht die Reaktivitäts-Reihenfolge der Alkylhalogenide gegenüber Pyrrylmagnesiumbromid:

$$\text{Neopentyl} < \text{Methyl} < \text{Äthyl} < \text{n-Propyl} < \text{s-Butyl} < \text{i-Propyl} \ll \text{Allyl} \approx \text{t-Butyl} \; [183].$$

Darüber hinaus spricht die Tatsache, daß Alkylierung an den 2- und 3-Positionen des Pyrrylmagnesiumbromids mit optisch aktiven Alkylhalogeniden *unter totaler Konfigurationsinversion* stattfindet [2170], für eine nach dem S_N2-Mechanismus ablaufende Substitution des Halogenatoms.

Die Untersuchung der Alkylierungsreaktion von Pyrrylmagnesiumbromid hat ferner gezeigt, daß neben Pyrrol als Hauptprodukt 2- und 3-Alkylpyrrole [415, 1326] sowie Polyalkylpyrrole entstehen [186, 966, 2169]. Unter den nicht identifizierten Reaktionsprodukten befinden sich vermutlich Pyrrolenine [186] (s. unten).

Der verhältnismäßig hohe Anteil an polyalkyl-substituierten Derivaten, deren Bildung auf Metall-Austausch zwischen nicht umgesetztem Pyrrylmagnesiumhalogenid *(4.10.)* und dem gebildeten Alkylpyrrol *4.11.* zurückzuführen ist [1094], läßt auf die höhere Nukleophilie des alkylsubstituierten Pyrrolat-Anions schließen, dessen Gleichgewichtskonzentration – wie das Experiment bestätigt [1094] – aufgrund der geringeren Acidität alkylsubstituierter Pyrrole *(4.11.)* nur gering sein kann [186].

Magnesyl-Verbindungen von 2,5-di- [1759, 1762], tri- und tetra-C-alkylsubstituierten Pyrrolen reagieren mit Alkylhalogeniden zu 2H- und 3H-Pyrrol-Derivaten – sog. α- bzw. β-Pyrrolenine – (z. B. *4.12.* bzw. *4.13.* [2563]). Letztere lassen sich thermisch in die α-Isomeren *irreversibel* und quantitativ umlagern [2564].

4.12. $\lambda^{\ddot{A}OH}_{max} = 240\,nm$ 4.13. $\lambda^{\ddot{A}OH}_{max} = 262\,nm$

$\lambda^{H^{\oplus}}_{max} = 264\,nm$ $\lambda^{H^{\oplus}}_{max} = 283\,nm$

4.14. $\lambda^{\ddot{A}OH}_{max} = ca.\,235\,nm$

$\lambda^{H^{\oplus}}_{max} = ca.\,254\,nm$

4.15. $\lambda^{\ddot{A}OH}_{max} = 250\,nm$ 4.16.   4.17.

$\lambda^{H^{\oplus}}_{max} = 272\,nm$

Bei der *Bildung* der α-Isomeren findet Alkylierung an der bereits besetzten α-Stellung des Pyrrol-Ringes, und zwar ausschließlich an jener, die sich *neben* einer substituierten β-Stellung befindet (vgl. S. 120), statt [300, 301, 302]. Es entstehen also außer Pentaalkyl-α-pyrroleninen (z. B. *4.12.*), 2,2,3,5- *(4.14.)* und 2,2,3,4-Tetraalkyl-2H-pyrrole *(4.15.)*. Im letztgenannten Fall konkurriert die Bildung des α-Pyrrolenins nicht nur mit derjenigen des β-Isomeren *(4.16.)* sondern auch des entspr. 2,3,4,5-Tetraalkylpyrrols *(4.17.)* [2563], und die Zusammensetzung des Reaktionsgemisches hängt stark von den Substituenten am Pyrrol-Ring ab [300]. Analog zu der Umsetzung des 2,3,4,5-Tetramethylpyrrols reagiert das Octahydrocarbazol *4.18.* unter Bildung von *4.19.* [1990].

4.18.   4.19.

Die in der Pyrrol-Chemie sehr ausgeprägte Substituenten-Abhängigkeit des Reaktionsverlaufs kommt bei dem verschiedenen Verhalten der Pyrryl-Grignard-Verbindungen *4.20 (a–e).* gegenüber γ-Chlorbutyronitril noch einmal deutlich zum Ausdruck. Kaliumpyrrolat reagiert unter Bildung von nur 6% d. Th. des entspr. N-Substitutionsproduktes [1076].

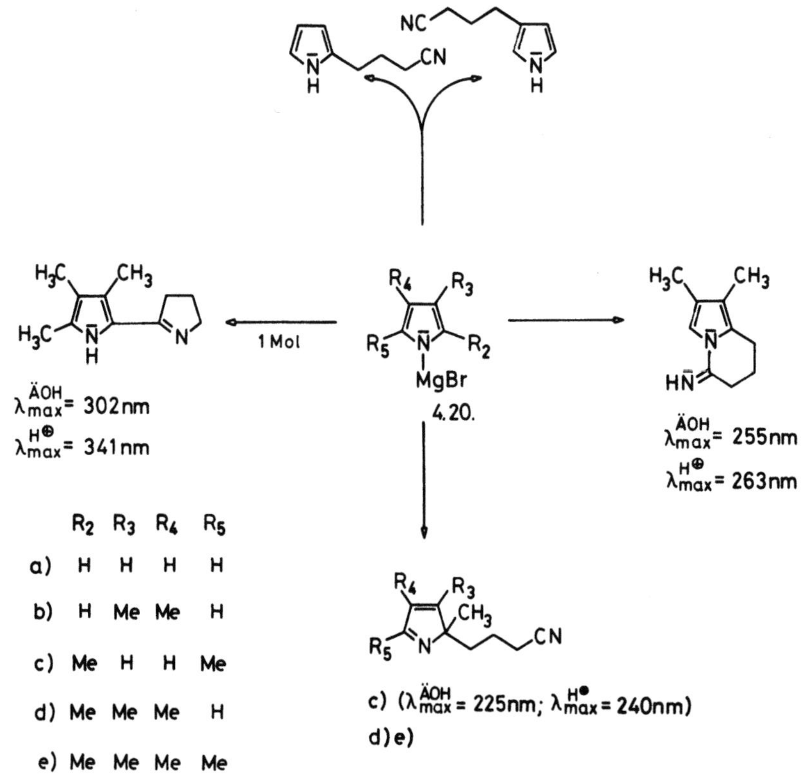

$\lambda_{max}^{\ddot{A}OH} = 302\,nm$

$\lambda_{max}^{H^{\oplus}} = 341\,nm$

4.20.

$\lambda_{max}^{\ddot{A}OH} = 255\,nm$

$\lambda_{max}^{H^{\oplus}} = 263\,nm$

1 Mol

	R_2	R_3	R_4	R_5
a)	H	H	H	H
b)	H	Me	Me	H
c)	Me	H	H	Me
d)	Me	Me	Me	H
e)	Me	Me	Me	Me

c) ($\lambda_{max}^{\ddot{A}OH} = 225\,nm$; $\lambda_{max}^{H^{\oplus}} = 240\,nm$)

d) e)

4.2. π-Komplexe der Übergangsmetalle

Wie erwähnt (S. 16) ist das π-Elektronen-System des Pyrrols isokonjugiert mit demjenigen des Cyclopentadienyl-Anions, so daß prinzipiell die Bildung von ferrocen-artigen Derivaten auch beim ersteren zu erwarten wäre. Das Diaza-Analogon des Ferrocens ist jedoch bisher nicht bekannt, was vermutlich auf das Bestreben des Stickstoffatoms als einzähniger Ligand bei σ-Komplexen zu fungieren (s. unten), zurückzuführen ist [2128]. π-Pyrrolat-Eisen-Komplexe des Typs 4.21. („Azaferrocen") sind sowohl aus Pyrrol [1202, 1269, 2128] als auch aus dessen Methyl- [1202, 1765] und Acetyl-Derivaten [1765] dargestellt worden. Als Primärprodukte bei der Bildung von 4.21. können Pyrrol-1-yl-σ-Komplexe des Typs 4.22. postuliert werden; sie sind unter milden Reaktionsbedingungen – besonders aber in Anwesenheit von elektronenziehenden Substituenten am Pyrrol-Ring – isolierbar und lassen sich in die entspr. Monoazaferrocene überführen [1766].

Stabile π-Komplexe des Pyrrols *(4.23.)* [1201, 1202, 1270] und einiger seiner Methyl-Derivate [1202] mit Mangan-tricarbonyl sind ebenfalls synthetisiert worden. ^{55}Mn-Kernquadrupolresonanz-Messungen deuten darauf hin, daß die Bindung Mangan-Heterocyclus im Komplex *4.23a.* verzerrt ist: Sie kann gleichzeitig als Vierelektronen- (Metall-Azaallyl) und Zweielektronen- (Metall-Äthylen)-Bindung aufgefaßt werden [731]. Im Massenspektrometer fragmentiert das Molekül-Ion von *4.23a.* unter sukzessiver Abspaltung der drei Carbonyl-Gruppen. Aus dem daraus resultierenden $[C_4H_4NMn]^+$-Ion entstehen einige der für den Heterocyclus charakteristischen Fragmente [1271].

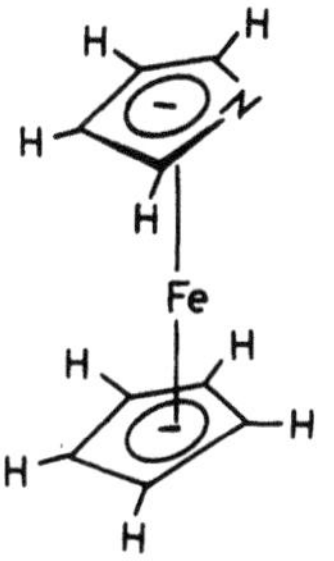

4.21.

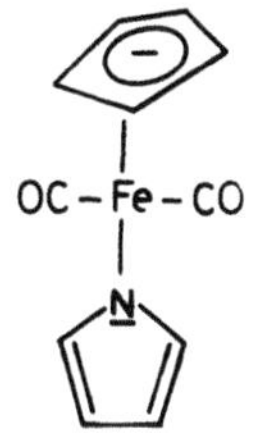

4.22.

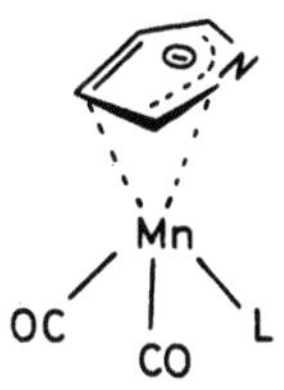

4.23.

a) L = CO

b) L = PPh$_3$, AsPh$_3$, SbPh$_3$

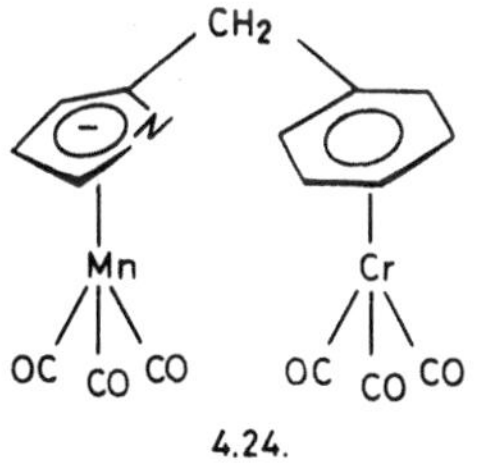

4.24.

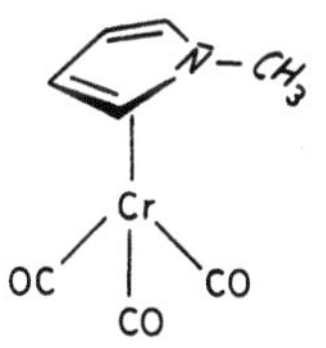

4.25.

Der Pyrrolat-Ligand zeigt dagegen eine sehr geringe Tendenz zur Bildung von Chromtricarbonyl-Komplexen. Die größere relative Affinität für das Mangan kommt bei der Bildung des bis-π-Komplexes *4.24.* durch Umsetzung des 2-Benzylpyrrols mit einem Gemisch von $Cr(CO)_6$ und $Mn_2(CO)_{10}$ deutlich zum Ausdruck [513].

Auch Chromtricarbonyl-Komplexe von Pyrrol und einigen seiner Derivate [1695] zeichnen sich durch ihre geringe Stabilität aus. Die mit Hilfe der Einkristall-Röntgenbeugungsanalyse bestimmte Molekül-Struktur von *4.25.* spricht für eine nur schwache Wechselwirkung zwischen dem Heterocyclus und dem Metallatom [1126].

π-Komplexe des Titanocen-Typs entstehen *vermutlich* bei der Reaktion:

$$Ti(NR_2)_4 + Pyrrol \text{ (bzw. 2,5-Dimethylpyrrol)}$$
$$\rightarrow [Pyrryl]_2 Ti(NR_2)_2 + 2\,HNR_2 \quad (R = Me, Ä, n\text{-Pr}, n\text{-Bu}).$$

Sie sind hoch reaktive, sehr unbeständige Flüssigkeiten, die nur im Vakuum destilliert werden können [312].

4.3. σ-Komplexe der Übergangsmetalle

ESR- [1254], IR- und Dipolmoment-Messungen lassen andererseits bei den relativ luftbeständigen Reaktionsprodukten von Kaliumpyrrolat mit bis-(π-Cyclopentadienyl)-titan-dichlorid bzw. -zirkonium-dibromid auf Komplexe mit σ-gebundenen Pyrrolat-Liganden des Typs *4.26.* schließen [1143].

M

N

N

M = Ti, Zr.

4. 26.

N — Zn — N

4.27.

Metall-Stickstoff-σ-Bindungen mit mehr oder weniger ionischem Charakter (vgl. S. 170 ff.) liegen ebenfalls sowohl bei Di-(Pyrrol-1-yl)-zink *(4.27.)* [2316] als auch bei verschiedenen Titan- [2323] und Nickel(II)- [2323, 2509] -pyrrolyl-Komplexen sowie bei mehreren farbigen, kristallinen Pyrrolyl-Verbindungen des zwei- und dreiwertigen Chroms [2324] vor. Außer den N-Pyrrolyl-Chrom-Verbindungen sind einige C-Chrom-Derivate des 1-Methylpyrrols synthetisiert worden [2324].

In der früheren Literatur sind ferner eine Silber-Verbindung: $Ag(C_4H_4N)\cdot NH_3$ [841] und ein anionischer Eisen(II)-Komplex – vermutlich $[Fe(C_4H_4N)_4]K_2$ [2089] – erwähnt worden. Beide wurden in flüssigem Ammoniak, worin das Pyrrol deutlich Säureeigenschaften aufweist, erhalten.

4.4. Additions-Verbindungen

Außer Metall-Komplexen vom Pyrrol und seinen Derivaten sind in der Literatur einige übergangsmetallhaltige Additionsverbindungen unbekannter Konstitution beschrieben worden [vgl. 2328]: Durch Reaktion von Pyrrol mit $Fe(CO)_4J_2$, Zinn- oder Vanadin-tetrachlorid werden Produkte mit den Zusammensetzungen: $(C_4H_5N)_2FeJ_2$ [2128], $(C_4H_5N)_2SnCl_4$ [2088] bzw. $(C_4H_5N)_2VCl_4$ [1880] erhalten. Mit zweiwertigem Quecksilberchlorid, -cyanat und -acetat bildet Pyrrol wasserunlösliche Verbindungen, für die aufgrund der Daten der Verbrennungsanalyse die Zusammensetzungen: $(C_4H_5N)\cdot(HgCl_2)_2$ [1303] oder $(C_4H_5N)_2Hg(HgCl_2)_4$ [768], $(C_4H_3N)(HgOCN)_2$ [2186] bzw. $(C_4HN)(HgOAc)_4$ [487] angegeben worden sind. Die Beobachtung *Willstätters* [2542], daß das tetra-C-substituierte Phyllopyrrol (S. 3) mit Hg(II)-Salzen nicht reagiert, während das N-Methylpyrrol eine Fällung gibt, legt die Vermutung nahe, daß es sich dabei nicht um am Stickstoff, sondern um am Kohlenstoff substituierte Produkte handelt. Aufgrund der im IR-Spektrum vom Tetraacetoxymercuripyrrol vorhandenen N–H-Absorptionsbande ist für diese Verbindung die Konstitution *4.28.* vorgeschlagen worden [487, 1681].

4.28.

Da nicht nur das Pyrrol, sondern auch zahlreiche seiner Derivate mit Quecksilber(II)-chlorid weiße Präzipitate bilden, die z. T. charakteristische Schmelzpunkte besitzen und aus denen die Ausgangspyrrole durch Einleiten von Schwefelwasserstoff wieder freigesetzt werden können, sind diese Metall-Verbindungen zur Charakterisierung, Isolierung und Reinigung von Pyrrol-Derivaten gut geeignet (vgl. S. 203).

4.5. Metall-Chelate

Die Bildung einer Koordinations-σ-Bindung mit dem pyrrolischen Stickstoffatom ist dann besonders begünstigt, wenn Möglichkeit zur Entstehung eines Metall-Chelats gegeben ist.

Die Bereitschaft einiger Pyrrol-Derivate zur Bildung von Metall-Chelaten hängt mit dem Vorhandensein eines verfügbaren Elektronenpaares in der Ebene des Pyrrol-Ringes an einem durch 2 oder 3 Bindungen von der α-Position desselben getrennten Heteroatoms einer *meist*[3] zum Pyrrol-Ring konjugierten funktionellen Gruppe zusammen. Die bekanntesten dieser Chelate sind die Pyrromethen-Metallkomplexe (S. 180).

4.5.1. Pyrrol-Chelate

Ferner sind Metall-Chelate sowohl vom α-Formyl- [704, 1772] und α-Acetylpyrrol [1772] und deren *E-konfigurierten* Oximen *(4.29.)* [2308], als auch von Arylazo- [1798, 2058], 2-(1-Pyrrolin-2-yl)- [1772], 2-(α-Pyridyl)- [703, 704, 1772], 2,5-Di-(α-pyridyl)-pyrrol [1050] und dessen 3,4-Diäthoxycarbonyl-Derivat [1049] sowie von zahlreichen α-Pyrrolaldiminen [1177, 1178, 1789, 2294, 2295, 2579, 2591] beschrieben worden.

Bei den Metallkomplexen der α-Pyrrolaldimine *(4.30.–4.32.)* handelt es sich um wasserunlösliche, in aprotischen Lösungsmitteln lösliche, meist sehr stabile, intensiv farbige Chelate. Das 2,2′-[Äthylen-bis-(nitrilomethylidin)]dipyrrol *(4.31 a.,* n = 2) ist ein sehr empfindliches *Nickelreagens* [2494].

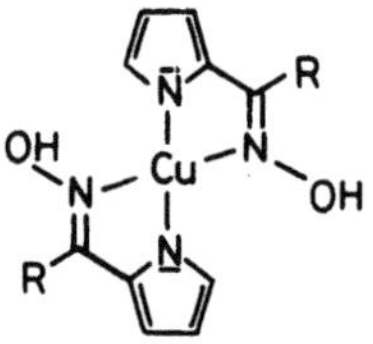

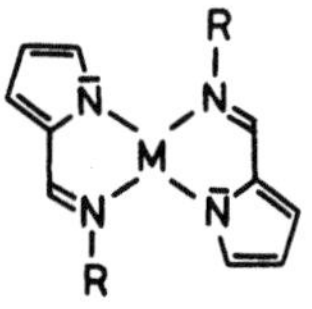

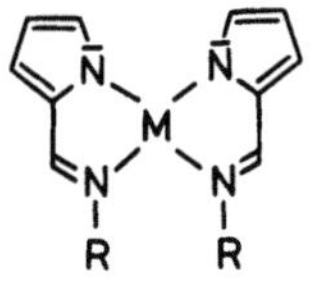

Die Elektronenübergänge, bei denen die d-Orbitale des Zentralatoms beteiligt sind, finden im Bereich von 500 bis 670 nm statt. Eine Zuordnung der Absorptionsbande(n) zu den einzelnen d→d- und/oder "charge transfer"-Übergängen ist jedoch allgemein sehr schwierig [427, 1101].

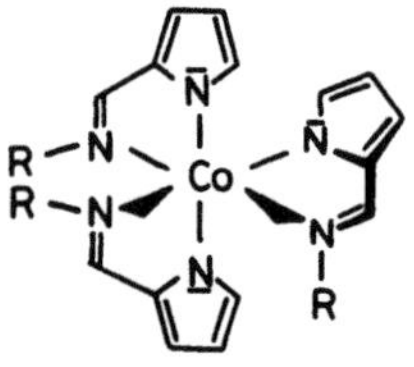

---

[3] Eine Ausnahme ist das 2-Aminomethylpyrrol, das sowohl als einzähniger Ligand bei Komplexen der Zusammensetzung [(Cu(2-Aminomethylpyrryl)₂Cl₂] als auch als zweizähniger bei planar-quadratischen Kupfer(II)-, Nickel(II)- und Kobalt(II)-Chelaten fungieren kann [1061].

Prinzipiell können die Metallchelate der *mono*-Pyrrolaldimine tetraedrisch oder planarquadratisch sein. Für die *planaren* Komplexe bestehen außerdem die Möglichkeiten einer trans- *(4.30.)* oder einer cis-Anordnung *(4.31.)* der Liganden, wobei in allen bisher untersuchten Fällen nur *eine* Verbindung isoliert worden ist.

Die trans-Konfiguration *(4.30.)* ist beim wahrscheinlich planaren 2-Formimido-yl-pyrrol durch Röntgenstrukturanalyse bewiesen worden [2225].

Der Einfluß der Raumbeanspruchung des Restes R auf die Planarität der Chelate des Typs *4.30.* ist mit Hilfe von Dipolmoment-, magnetischen Suszeptibilitäts- und elektronen- sowie PMR-resonanzspektroskopischen Messungen untersucht worden [1101, 1565, 2456]. Im allgemeinen hat zunehmende Größe des Restes R eine Stabilisierung der tetraedrischen Anordnung zur Folge: Beim Kupfer(II)-Komplex der R = tert-Butyl-Verbindung ist die planare Anordnung verdrillt; der entspr. Nickel-(II)-Komplex ist pseudotetraedrisch [1107]. Dagegen sind *planare* Kupfer(II)- und Nickel(II)-R = *Aryl*-Chelate durch o-ständige Substituenten am Phenyl-Ring begünstigt [1565, 1456].

Bei Substitution durch kleinere Alkyl-Reste (Äthyl, n-Propyl) sind die Nickel(II)-Komplexe *diamagnetisch* planar. Der Zink(II)- und der Kobalt(II)-Komplex der R = tert-Butyl-Verbindung sind tetraedrisch. Sind die Substituenten kleiner, so gehen die Chelate vom letztgenannten Metall durch Luft-Oxydation in die entspr. Kobalt(III)-*tris*-pyrrolaldiminin-Komplexe *(4.32.)* über.

Kupfer- und Kobalt-Komplexe von *4.30.* (R = CH_3) wurden erstmalig von *B. Emmert* [704] dargestellt. Elektronen- [426] und Protonenresonanzspektren [425] von *4.32.* und einigen seiner Homologen sind von *A. Chakravorty* diskutiert worden. Aus den PMR-Daten wurde die dissymmetrische trans-Anordnung geschlossen.

Bei den Komplexen von vierzähnigen Liganden *(4.31 a, b.)* ist die cis-Anordnung der Pyrrol-Ringe zwangsweise festgelegt. Bei kurzer Verbrückung der Iminstickstoffatome (z. B. *4.31 a.* (n = 2) oder *4.31 b.*) muß das Chelat-Molekül außerdem planar sein. Mit zunehmender Kettenlänge ist die Möglichkeit zur Bildung von tetraedrischen oder dimeren Komplexen gegeben. Sogar bei n = 4 und 5 deuten jedoch die Molekulargewichtsbestimmungen sowohl beim Nickel(II)- [2499] als auch beim Kupfer(II)-Komplex [490] auf die für diese Ringgröße ungewöhnliche monomere Struktur *4.31 a.* und der *Diamagnetismus* der Nickel(II)-Komplexe auf die *planare* Konfiguration derselben [2499] hin.

Auch CD-Messungen an Kupfer(II)- [655] und Nickel(II)- [656] Komplexen von optisch aktiven bis-2-Pyrrolaldiminen zeigen, daß keine nennenswerten sterischen Wechselwirkungen bei der planaren Anordnung der Liganden auftreten [vgl. 1178].

Das elektrochemische Verhalten einiger Nickel(II)-Chelate des Typs
4.31a,b. ist kürzlich untersucht worden [1178]. In den meisten Fällen
finden jedoch irreversible Umsetzungen an der Elektrode statt.

Die Schiffsche Base des α-Pyrrolaldehyds mit 3-Aminopropan-1-ol
fungiert als dreizähniger Ligand bei der Bildung eines durch die Sauer-
stoffatome verbrückten dimeren Kupfer(II)-Komplexes der Zusammensetzung: $[Cu(C_8H_{10}N_2O)]_2$. Die Liganden um die Kupferatome sind
planarquadratisch angeordnet [219].

4.5.2. Pyrromethen-Chelate

Die Eigenschaft der α,α′-Pyrromethene[4], in Gegenwart einer Base (Ammoniak, Natriumacetat [739]) Metallionen zu komplexieren, wurde erstmalig von *H. Fischer* und *M. Schubert* [764] erkannt.

Mehrere *bivalente* Kationen, nämlich Kupfer, Nickel, Zink und Kobalt [739, 763, 766, 772, 773, 781, 1604, 2002] sowie Eisen [770, 773],
Palladium [1487, 1870], Cadmium [781, 1870] und Mangan [781, 1604]
sind als Zentralatome verwendet worden. Quecksilber(II)-Komplexe sind
aus äquimolaren Mengen Pyrromethen und Quecksilber(II)-*nitrat* in
Wasser–Äthanol zugänglich [1870]. Mit Quecksilber(II)-*chlorid* entstehen 1:1-Komplexe des Typs *4.33.* [1870, vgl. 772]. Metall-Austausch-
Versuche [vgl. 1604] bei Kupfer(II)-Chelaten sprechen für zunehmende
Stabilisierung der Pyrromethen-Komplexe durch elektronenziehende
Substituenten. Magnesium- [545] und Calcium- [1604] -Komplexe sind
von Pyrromethenen bekannt, die kernständige Äthoxycarbonyl-Gruppen
tragen. Mit Bortrifluorid bilden Pyrromethene stabile stark fluoreszieren-
de Difluorboryl-Komplexe, die bei Anwesenheit elektronenziehender
Substituenten farblose Alkalimetall-Salze reversibel bilden können. Ana-

Me   Me
ÄOOC   COOÄ
N   N
Me   Hg   Me
Cl
4.33.

Me   Ä
Me   Me
NH   N
O
HN
HO   Ä
O   Me
4.34.

---

[4] Mit Ausnahme der „α-Hydroxy"-pyrromethene, die als 5(1H)-Pyrromethenone vorliegen
(S. 302), und der α-Aminopyrromethene [797]. Dagegen bilden 5,5′-Dioxopyrromethene
des Propentdyopent-Typs (s. S. 151) *paramagnetische* Zink- und Kupfer(II)-Komplexe
[638, 641].

loge Aluminium-Komplexe lassen sich wegen ihrer leichten Hydrolysierbarkeit nicht isolieren [2393].

Selbstverständlich sind Tripyrrylmethene (ms-Pyrrolylpyrromethene) ebenfalls zur Bildung von Metall-Chelaten befähigt [2362, 2393]. Außer 1:1-Komplexen der „Oxotripyrren-α-carbonsäure" *4.34.* mit den zweiwertigen Zink-, Cadmium-, Quecksilber-, Kupfer- und Kobalt-Kationen, bei denen an der Chelat-Bildung die Carboxy-Gruppe beteiligt ist, sind auch *wasserunlösliche* chloroformlösliche Komplexe derselben mit Alkali- und Erdalkalimetall- sowie Ammonium- und Uranyl-Ionen erhalten worden [1849].

Die intensivsten Absorptionsbanden in den Elektronenspektren der Pyrromethen-Chelate befinden sich im Bereich von 450 bis 500 nm und sind aufgrund ihrer Extinktionswerte ($\varepsilon \sim 10^5$) und deren vom Metall-Ion weitgehend unabhängigen Lage dem $\pi \rightarrow \pi^*$-Übergang des Liganden-Chromophors zuzuordnen. "Charge transfer"-Absorption – vermutlich durch Metall→Ligand-Übergänge – findet um 360 nm ($\varepsilon \sim 10^3$–10^4) statt. Die Liganden-Feld-Banden sind schwach (ε_{max} bis 670) und liegen in einem Bereich (500 bis 970 nm), der meist durch die starke Absorption der $\pi \rightarrow \pi^*$-Bande überdeckt wird [742, 1487, 1613].

Im Gegensatz zu den Pyrrolaldimin-Chelaten (S. 178) macht die sterische Wechselwirkung zwischen den Substituenten an den 5- und 5′-Positionen – sogar wenn *beide* Wasserstoffatome sind – die planarquadratische Anordnung der Liganden bei den Pyrromethen-Metallkomplexen sehr unwahrscheinlich [1870]. Die Werte der magnetischen Suszeptibilität, die Pulver-Röntgendiagramme sowie IR-, Elektronen- und Elektronenspinresonanz-[173, 1615] Spektren von Pyrromethen-Metallkomplexen mit verschiedenen Substituenten in den 5- und 5′-Stellungen deuten auf eine tetraedrische Anordnung der Liganden um das Zentralatom bei den Chelaten von bivalenten Kobalt-, Zink-, Cadmium- und Quecksilber-Ionen und auf zunehmende Abweichung von dieser Geometrie bei den entspr. Nickel- und Kupfer-Derivaten hin [739, 742, 1487, 1528, 1604, 1613, 1614]. Ebenso lassen sich die in den PMR-Spektren von Nickel(II)- und Kobalt(II)-Chelaten beobachteten Fermi-Kontaktverschiebungen mit einer Delokalisierung der d-Elektronen des Zentralatoms in das unterste unbesetzte π-Orbital der *tetraedrisch* angeordneten Liganden interpretieren [673]. In der Kristallphase spricht die Röntgenstrukturanalyse vom *bis*-(3,3′·5,5′-Tetramethylpyrromethenato)Nickel-(II) für eine etwas abgeflachte Tetraeder-Struktur (Diederwinkel zwischen den Liganden-Ebenen = 76,3°) [549], die vermutlich auch bei 5- und 5,5′-unsubstituierten Pyrromethen-Nickel(II)-Komplexen in Pyridin-Lösungen vorliegt [739]. Kupfer(II)-Chelate sind pseudotetraedrisch [742]. Damit im Einklang stehen elektrische Leitfähigkeitsmessungen [688] und die Röntgenstrukturanalyse des 4,4′-Diäthoxycarbonyl-

3,3′,5,5′-tetramethyl-pyrromethen-Derivats *(4.35.)*, bei dem der Diederwinkel zwischen den Liganden-Ebenen 66° beträgt [686]. Bei Palladium-Komplexen (röntgenographisch untersucht wurde das 4,4′-Diäthoxycarbonyl-3,3′,5,5′-tetramethyl-Derivat [1487]) befinden sich die vier Stickstoffatome und das Zentralatom in einer Ebene, mit der die beiden zueinander parallel angeordneten Liganden-Ebenen Diederwinkel von + 136° bzw. − 136° bilden, so daß eine „sesselähnliche" zentrosymmetrische Struktur entsteht.

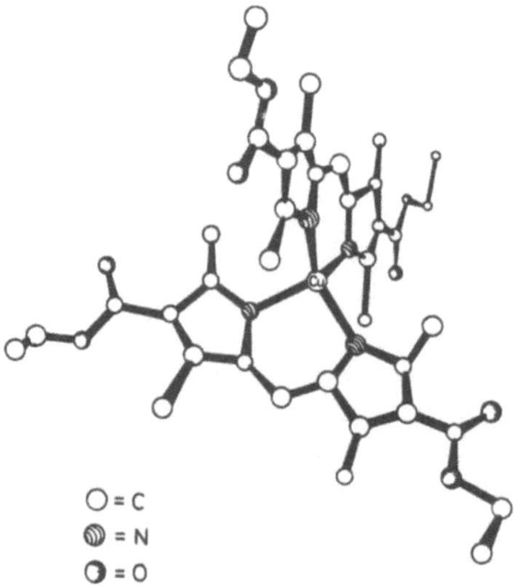

O = C
= N
= O

Abb. *4.35.* (Aus Lit. [686]).

Neben den eben erwähnten Metall-Chelaten sind Pyrromethene befähigt, als *einzähnige* Liganden mit verschiedenen Metall-Ionen Koordinationskomplexe zu bilden: Durch Umsetzung mit Zinntetrachlorid ist

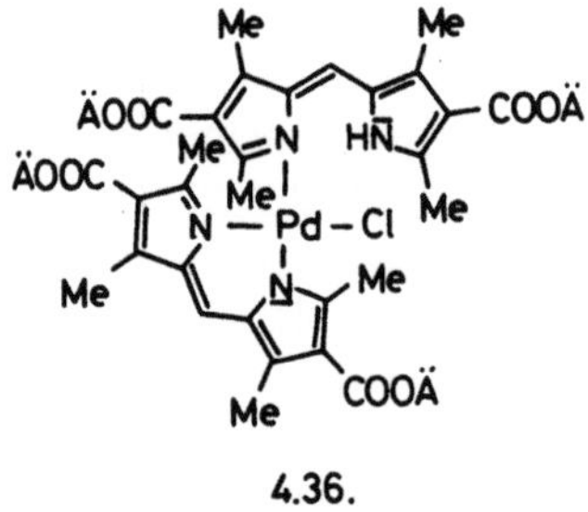

4.36.

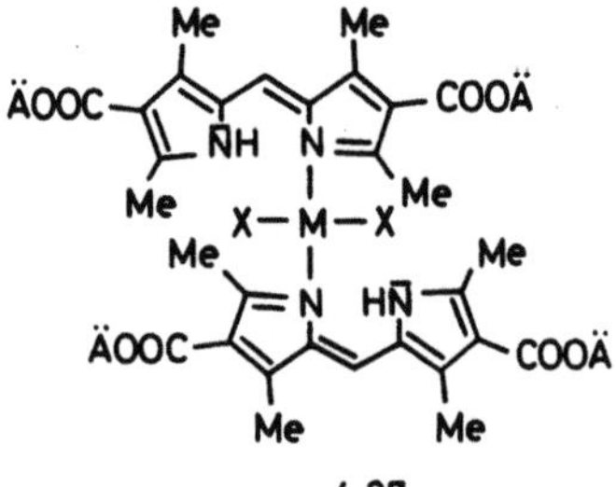

4.37.

ein 1:1-Komplex isoliert worden [2088], mit K_2PdCl_4 eine Verbindung mit der Konstitution *4.36.* [1870], mit den zweiwertigen Kationen: Kupfer [vgl. 2139], Kobalt, Nickel, Zink und Cadmium in *Abwesenheit von Basen*, die in organischen Lösungsmitteln wenig löslichen, nicht sehr stabilen Komplexe der Form *4.37.*, bei denen die $N-H$-Bindungen IR-spektroskopisch nachgewiesen wurden [740].

4.6. Pyrrol-Clathrate

Schüttelt man Pyrrol mit einer ammoniakalischen Lösung von Nickel(II)-cyanid, so bildet sich ein kristalliner Niederschlag mit der Bruttozusammensetzung: $Ni_2(NH_3)_2(CN)_4(C_4H_5N)_2$. Es handelt sich dabei um eine Einschlußverbindung. Ihre Kristallstruktur [226, 1146, 1622, 1944], die derjenigen des von *K. A. Hofmann* erstmalig isolierten analogen Benzol-Clathrats entspricht, ist in Abb. *4.38.* wiedergegeben.

Die Elementarzelle enthält *zwei Sorten* von Nickel(II)-Ionen [658], nämlich diejenigen, die sich im Mittelpunkt von vier planarquadratisch angeordneten Cyano-Liganden befinden, und diejenigen, die von vier Cyano- und zwei Amino-Liganden in oktaedrischer Anordnung umgeben sind. Letztere Nickel(II)-Ionen besitzen die "high spin"-Konfiguration,

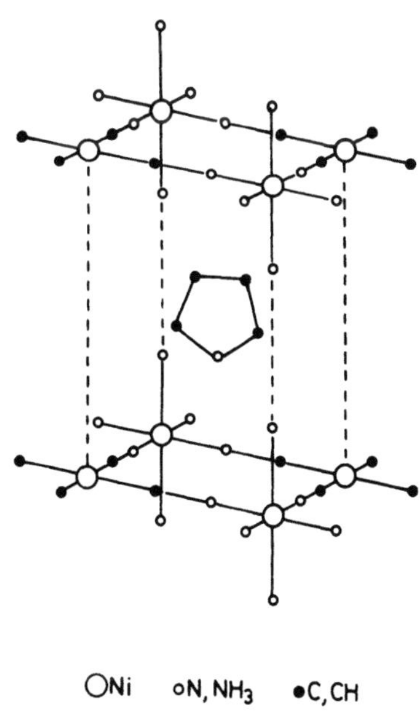

4.38.

und darauf ist der Paramagnetismus (ESR-spektroskopisch bestimmter g-Wert = 2,14 [225]) des Clathrats zurückzuführen. Sie können ferner bei der Bildung des Clathrats durch Kupfer(II)- oder Cadmium(II)-Ionen ersetzt werden [1146].

Sowohl der Wert des magnetischen Moments [228] als auch IR-Messungen [230, 231, 232, 233] sprechen dafür, daß das eingeschlossene Pyrrol-Molekül lediglich durch Wechselwirkungen des van der Waalschen Typs im Kristallgitter festgehalten wird. Darüber hinaus deuten Protonenresonanz-Messungen auf eine bei Raumtemperatur weitgehend fixierte Lage desselben hin [229, 1584, 1622].

Beim Erreichen seiner Siedetemperatur verläßt Pyrrol das Clathrat, während die Käfigstruktur des Kristallgitters bis ca. 250 °C erhalten bleibt [1383]. Das Pyrrol-Molekül kann auch im Vakuum entfernt werden [227]. Aufgrund dieser Eigenschaften läßt sich die Clathrat-Bildung zur Reinigung von Pyrrol anwenden [1942].

4.7. Pyrrol-Derivate mit Halb- und Nichtmetallen

Mit den Halb- und Nichtmetallen der dritten, vierten und fünften Hauptgruppe des Periodensystems einschließlich Zinn liegen Pyrrol-Derivate mit *kovalenten* σ-Bindungen zwischen dem Zentralatom und dem Pyrrolyl-Ligand vor.

4.7.1. Bor-Derivate des Pyrrols

Alkyl-pyrrol-1-yl-borane *(4.39.)* [188, 197, 1301, 1302], Trimethylaminopyrrolylborane [1137] und Pyrrol-1-yl-borate *(4.40.)* [2060, 2061, 2277] sind nach mehreren Methoden leicht zugänglich.

Pyrrol-1-yl-boran *(4.39a.)* ist durch Reaktion von Triäthylaminboran mit Pyrrol erhältlich. Mit überschüssigem Pyrrol entsteht Tripyrrol-1-yl-boran *(4.39c.)* [1301], das auch durch Reaktion von Bortrifluorid, -trichlorid oder Diboran mit Kaliumpyrrolat zugänglich ist [2278]. Sowohl ihr chemisches Verhalten, das eher demjenigen der Alkyl-borane als dem der Amino-borane ähnelt, als auch die relativ geringe Schwingungsfrequenz der Bor-Stickstoff-Bindung beim Dimethyl-(pyrrol-1-yl)-boran ($\tilde{v} = 1343\ \mathrm{cm}^{-1}$) lassen auf relativ geringe Beteiligung von π_{BN}-Rückbindung an der σ_{BN}-Bindung bei Pyrrol-1-yl-boranen schließen [188].

Pyrrolyl-borane werden bei Raumtemperatur ähnlich wie Trialkylborane und im Gegensatz zu Dialkyl-dialkylamino-boranen von Sauerstoff leicht oxydiert. Offensichtlich können sich die Pyrrolylborane wegen der geringen Basizität des Stickstoffatoms nicht durch Dimerisierung stabilisieren. Im Gegensatz zu den Aminoboranen bilden sowohl das

4.39.

a) R= H
b) R= CH_3, C_2H_5, n-C_3H_7
c) R= Pyrrol-1-yl

4.40.

R= Alkyl-, Aryl-, Pyrrol-1-yl-
oder H

4.41.

4.42.

Pyrrol-1-yl-boran als auch dessen Dialkyl-Derivate stabile, unzersetzt destillierbare Additionsverbindungen mit tertiären Aminen (bes. Pyridin), aus denen die Edukte mit BF_3-Ätherat wieder freigesetzt werden können [197, 1301]. Analog zu den Alkyldiboranen lagert sich das Pyrrol-1-yl-boran an olefinische Doppelbindungen regiospezifisch an [1302].

Im Gegensatz zu Acetoacetylpyrrolen, die mit BF_3-Ätherat in Benzol Komplexe des Typs *4.41.* bilden [2007], entsteht bei der Reaktion des 2-Acetyl-3,5-dimethylpyrrols unter gleichen Bedingungen nicht das entspr. fünfgliedrige Chelat unter Deprotonierung des Stickstoffatoms, sondern das kristalline Addukt *4.42.* [2008].

4.7.2. Silicium-, Germanium- und Zinn-Derivate

Bereits 1909 stellte *E. Reynolds* aus Kaliumpyrrolat und $SiCl_4$ bzw. $SiHCl_3$ Tetra(pyrrol-1-yl)-silan *(4.43a.)* [1957] bzw. Dichlorpyrrylsilan *(4.43c.)* neben (wahrscheinlich) Tripyrrylsilan *(4.43b)* [1958] dar. N-(Trimethylsilyl)-pyrrol *(4.43e.)* [245, 850] wurde erstmals 1956 von

K. C. Frisch und *R. M. Kary* dargestellt, jedoch fälschlich als 2-Trimethyl-silyl-Derivat formuliert. Die richtige Konstitution *(4.43e.)* wurde von *R. Fessenden* und *D. F. Crowe* aufgeklärt [743]. C-Silyl-Derivate sind bisher nur vom N-Methylpyrrol bekannt [122]. Erst neuerdings sind 1-(Trimethylsilyl)-2,5-dimethylpyrrol [1620], N-Silylpyrrol *(4.43f.)* [930] und N-(Trichlorsilyl)-pyrrol *(4.43g.)* [349] synthetisiert worden. IR- [349, 743], Raman- [349] und Elektronen-Spektren [1620] sowie Dipolmomente (s. Tabelle 1.5. auf S. 24) einiger N-Silyl-pyrrole sind in der Literatur angegeben. Mit Ausnahme von *4.43a.* (Smp. 173,4°) handelt es sich um flüssige, im Vakuum destillierbare Verbindungen, die sich durch ihre relativ zu den aliphatischen Silazanen geringere Hydrolysierbarkeit der Stickstoff-Silicium-Bindung auszeichnen. Dieses demjenigen der überraschend relativ wasserbeständigen N-Tributyl- *(4.44a.)* und N-Triphenylgermyl-pyrrole *(4.44b.)* [1963] analoge Verhalten läßt sich mit der Delokalisierung des freien Elektronenpaares des Stickstoffatoms im Pyrrol-Ring am plausibelsten interpretieren. Da höchstwahrscheinlich der entscheidende Schritt bei der Solvolyse der elektrophile Angriff am Stickstoffatom ist, soll deren Geschwindigkeit von der Verfügbarkeit der entspr. p-Elektronen abhängen. Eine Stabilisierung der Stickstoff-Silicium-Bindung durch d_π-p_π-Überlappung erscheint weniger wahrscheinlich. Der quantenmechanisch errechnete Wert (0,156) für die π-Bindungsordnung der Si—N-Bindung spricht ebenfalls für eine sehr schwache Wechselwirkung zwischen den d-Orbitalen des Silicium-Atoms und dem p-Orbital des Stickstoffatoms [1619, 1620].

PMR-spektroskopisch läßt sich eine ebenfalls geringe d_π-p_π-Wechselwirkung bei einem *(4.45., R = Me)* der bisher wenigen bekannten, nicht sehr beständigen Pyrrol-1-yl-Zinn-Derivate *(4.45.)* [1437] nachweisen [1322].

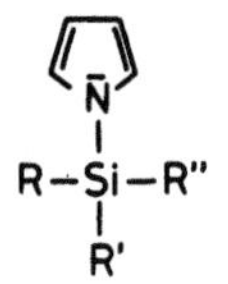

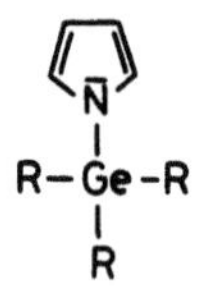

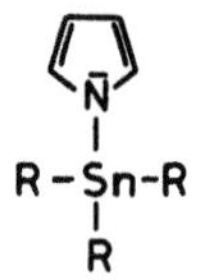

4.43.	R	R'	R''
a)	C_4H_4N	C_4H_4N	C_4H_4N
b)	C_4H_4N	C_4H_4N	H
c)	Cl	Cl	H
d)	Cl	Cl	CH_3
e)	CH_3	CH_3	CH_3
f)	H	H	H
g)	Cl	Cl	Cl

4.44. R = C_4H_9
R = C_6H_5

4.45. (R = Me, Bu, Ph)

Durch Reaktion von Kaliumpyrrolat mit Chlormethylstannanen oder -silanen sind Pyrrol-1-yl-methyl-Zinn- [1320, 1321] bzw. Silicium- [122] Derivate dargestellt worden. Letztere lassen sich thermisch (bei 550°C) in die entspr. α-(Silylmethyl)-pyrrole umlagern [122].

PMR-, IR-, Mössbauer- und Massenspektren der Zinn-Verbindungen haben *V. I. Gol'danskii u. Mitarb.* angegeben [1263].

4.7.3. Phosphor-Derivate

Bisher sind kaum Pyrrol-Derivate mit ringgebundenen Phosphoratomen bekannt. Aus der Reaktion von Kalium-pyrrolat mit Phosphortrichlorid in Äther isolierten *K. Issleib* und *A. Brack* [1142] ein *Tripyrrylphosphin* vom Smp. 45°C, dem aufgrund seiner Löslichkeitseigenschaften und Hydrolysebeständigkeit die Konstitution des Tris(pyrrol-2-yl)-phosphins sehr wahrscheinlich zukommt. Die Komplexbildungstendenz des isolierten Tripyrrylphosphins ist relativ gering. Es vermag jedoch als dreizähniger Ligand sehr stabile *monomere* Kupfer(I)-Komplexe der Zusammensetzung:

$$(C_4H_4N)_3P \cdot CuCl \text{ (oder Br)}$$

zu bilden.

Die Überführung des *tris*-(Pyrrol-2-yl)-phosphins in das entspr. Oxid gelang vermutlich wegen der überhaupt leichten Oxydierbarkeit der Pyrryl-Liganden (S. 149) nicht. *Tris*-(pyrrol-2-yl)- und *tris*-(1-Methylpyrrol-2-yl)-phosphinoxid *(4.46a. bzw. b)* sind dagegen durch Reaktion von Pyrrylmagnesiumbromid bzw. 1-Methylpyrrol-2-yl-lithium (S. 169) mit Phosphoroxychlorid leicht zugänglich [967].

Das bis-(Pyrrol-1-yl)-phosphin-oxid *4.47.* [963] sowie das N-Phosphinopyrrol-Derivat *4.48.* [360] und dessen o-Phenylen-Analogon [361] sind aus Phenyldichlorphosphinoxid bzw. aus Äthylen- (oder o-Phenylen-)-dioxy-chlorphosphin dargestellt worden.

5. Pyrrole als Naturprodukte

5.1. Pyrrol-Farbstoffe

Die bekanntesten in der Natur vorkommenden Pyrrol-Abkömmlinge sind zweifelsohne die Porphyrine[1], Chlorophylle und Gallenfarbstoffe. Dabei – sowie bei den bisher nur synthetisch zugänglichen Corrolen [1175] und Tetradehydrocorrinen [489, 649] – handelt es sich jedoch um Verbindungen von eigenem Konstitutionstyp, deren physikalische und chemische Eigenschaften sehr wenig mit denjenigen der eigentlichen Pyrrol-Derivate zu tun haben; ihre Beziehung zu diesen rührt vielmehr von der spezifischen Überführbarkeit letzterer in Pyrrol-Farbstoffe her.

Zahlreiche aus Naturprodukten isolierte Porphin-Derivate, nämlich
Protoporphyrin-IX [406, 721, 779, 973],
Koproporphyrin-I [776, 1150b] und -III [350, 1150b, 1152, 1602],
Uroporphyrine-I [1459] und -III [2298, 2377],
Rhodo- und Pyrroporphyrin-XV [165],
Cytodeutero- [1499], Pempto- [166, 973, 1150a] und Spirographis-(Chlorocruoro-)-porphyrin [166, 1150a] sowie
Chlorin e_6 [2566, 2567] und die
Gallenfarbstoffe: Bilirubin [802, 1851] und Biliverdin [802], Urobilin-IX,α- [1846, 2153] Stercobilin-IX,α [1841, 1845], Mesobilirubin-IX,α [2154], Mesobiliverdin-IX,α [2158] und Mesobiliviolin-IX,α, [2156, vgl. 1850] sowie Phycocyanobilin [954]
sind aus Pyrrolen synthetisiert worden.

Da das Substitutionsmuster aller dieser Farbstoffe sehr ähnlich ist, wird für ihre Synthese, neben anderen für jede der genannten Verbindungen spezifischen Bausteinen, mindestens eins der Pyrrol-Derivate
5.1. [788 (dort S. 289), 1041, 1460, 1602, 1843],
5.2. [350, 788 (dort S. 275), 806, 1041, 1151, 1171, 1173, 1284, 1602, 1648],
5.3. [1460, 1843, 2377] und
5.4. [1457, 2377]

---

[1] Die Konstitution der Grundverbindung – Porphin – ist auf S. 118 dargestellt.

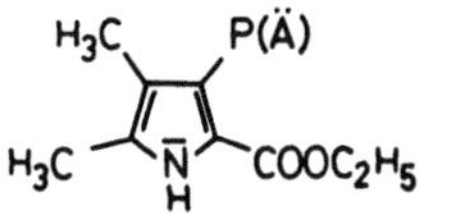

E(Ä) = CH$_2$-COOC$_2$H$_5$

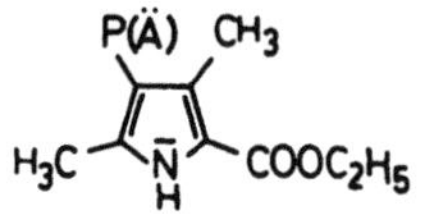

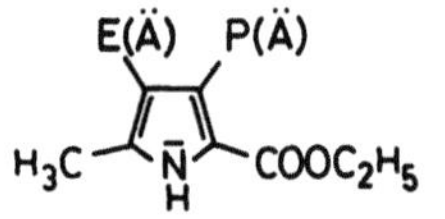

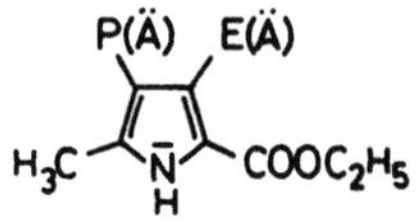

P(Ä) = CH$_2$-CH$_2$-COOC$_2$H$_5$

stets benötigt. Sie sind durch herkömmliche Methoden der präparativen Pyrrol-Chemie leicht zugänglich.

Die Chemie der Gallenfarbstoffe [788b (dort S. 621ff.), 962, 1387, 2029, 2155, 2552] sowie der

Porphyrine und damit verwandter Makrocyclen [723, 788b (dort S. 158ff.), 1028, 1136, 1154, 2182]

ist Gegenstand mehrerer Monographien und Zusammenfassungen gewesen und wird hier nicht behandelt. Vorliegendes Kapitel soll einen Überblick über *einfache* Pyrrol-Derivate, die in der Natur als solche vorkommen, geben.

5.2. Pyrrol-Antibiotika aus Mikroorganismen

Außer dem lange bekannten Prodigiosin (s. S. 199) sind erst im letzten Jahrzehnt mehrere Naturprodukte aus Mikroorganismen isoliert worden, die sich als einfache substituierte Pyrrole erwiesen, und die z. T. aufgrund ihrer bemerkenswerten antibiotischen Eigenschaften große Bedeutung erlangt haben.

Die bisher bekannten Pyrrol-Antibiotika lassen sich in vier Gruppen einteilen:

Halogenierte Phenyl-Derivate des Pyrrols (Pyrrolnitrin, Pyoluteorin u. a.)

Verrucarin E

Pyrrolamid-Derivate (Netropsin = Congocidin, Distamicin A, Coumermycine)
Prodigiosine.

5.2.1. Pyrrolnitrin

Aus den Kulturen von *Pseudomonas pyrrocinia* [1131] isolierten *K. Arima u. Mitarb.* [105, 106] ein neues Antibiotikum, das aufgrund der spektroskopischen Daten sowie des oxidativen Abbaus als 4-(2-Nitro-3-chlorphenyl)-3-chlorpyrrol *(5.10.)* charakterisiert wurde [1132]. Die neue Verbindung wurde Pyrrolnitrin genannt. Dasselbe Antibiotikum konnte später aus verschiedenen *Pseudomonas*-Arten wie *P. aeruginosa* [107], *P. aureofaciens* [1413], *P. pyrrolnitrica* [108], *P. multivorans* [684] und *P. fluorescens* [685] u. a. [861] isoliert werden. Die für das Pyrrolnitrin vorgeschlagene Konstitution wurde sowohl durch seine Totalsynthese [1624, 2444] als auch durch Röntgenstrukturanalyse [1601] bestätigt. Der durch die Ebenen des Phenyl- und des Pyrrol-Ringes definierte Diederwinkel beträgt 52°, die Nitrogruppe steht fast senkrecht (Diederwinkel 88°) zum Phenylring.

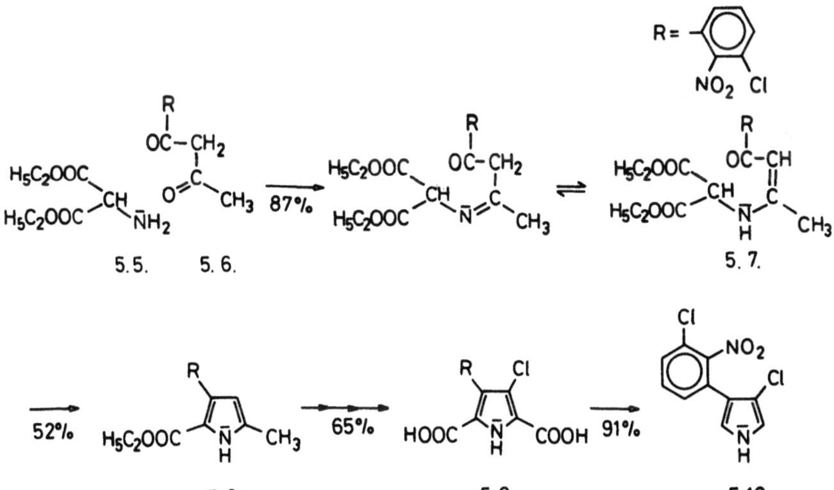

Die Schlüsselverbindung bei der *Totalsynthese* des Pyrrolnitrins ist die Pyrroldicarbonsäure *5.9.*, die auf verschiedenen voneinander unabhängigen Wegen dargestellt und in das Pyrrolnitrin übergeführt worden ist. Die Einführung des β-ständigen Chloratoms muß wegen der höheren

Nucleophilie unbesetzter α-Positionen am Pyrrol-Ring bei einem Pyrrol-Derivat erfolgen, bei dem die beiden α-Positionen blockiert sind (s. S. 105). Zu diesem Zweck eigneten sich sowohl Methyl- als auch Äthoxy-carbonyl-Gruppen, die sich nachträglich nach herkömmlichen Methoden abbauen ließen.

Die Reaktionsfolge *5.7.→5.10.* gibt eine der in den Laboratorien der Fujisawa Pharmaceutical Co. Ltd. Osaka für das Pyrrolnitrin und dessen Analoga ausgearbeiteten Synthesen wieder: Aus der Reaktion des Aminomalonesters *(5.5.)* mit dem α-Acetyl-3-chlor-2-nitro-acetophenon *(5.6.)* wurde statt des zu erwartenden Pyrrol-Derivats *5.8.* das Enamin *5.7.* isoliert, das sich nachträglich in Gegenwart von Polyphosphorsäureäthylester in *5.8.* überführen ließ.

Umsetzung von *5.8.* mit Sulfurylchlorid (4 Mol) zum 4-Chlor-5-trichlor-methyl-Derivat, anschließende Hydrolyse der Trichlormethyl-Gruppe und darauffolgende Verseifung der Ester-Gruppe lieferten die Pyrroldicarbonsäure *5.9.*, die in kochendem Dimethylanilin zum Pyrrolnitrin decarboxyliert wurde.

Eine alternative Synthese für *5.8.* hat *J. Gosteli* [955] ausgearbeitet.

Die Pharmakologie [1347] und die Toxikologie [2492] des Pyrrolnitrins und dessen Analoga sind untersucht worden. Das Pyrrolnitrin zeigt eine besonders starke fungistatische Wirksamkeit [950, 1667], die jedoch *in vivo* infolge seiner metabolischen Umwandlung in inaktive Derivate sehr schnell abnimmt [1616]. Gegen Gram-positive Bakterien ist es mäßig aktiv und gegen Gram-negative unwirksam [949]. Es ist bisher bekannt, daß Pyrrolnitrin das Zerreißen der Zellwand durch Reaktion mit den dort enthaltenen Phospholipoiden bewirkt [1668], und daß es die Elektronenübertragung in der Atmungskette – vermutlich zwischen den Cytochromen und den Dehydrogenasen – blockiert [1357, 2410, 2561, 2562]. Die fungistatische Aktivität des Pyrrolnitrins scheint durch das Vorhandensein der freien α-Stellungen im Pyrrol-Ring bedingt zu sein. Höchstens eine α-Position darf durch eine Methyl-Gruppe substituiert sein. N-methylsubstituierte oder Carbonsäureester-Analoga sind inaktiv. Das Fehlen des 3ständigen Chloratoms hat eine Abnahme der Aktivität zur Folge. Dagegen ist die Nitro-Gruppe am Phenyl-Ring entbehrlich. Die Desnitro-Verbindungen haben in der Tat eine höhere Aktivität und ein breiteres Wirkungsspektrum als das Pyrrolnitrin selbst [2445].

Die Untersuchungen von *M. Gorman u. Mitarb.* über die Biosynthese des Pyrrolnitrins an *P. aureofaciens* zeigten, daß es sich dabei um ein Metabolit des *d*-Tryptophans *(5.11.)* handelt [952, 1010, 1012]. Als Zwischenprodukt scheint die dem Pyrrolnitrin entsprechende Amino-Verbindung *5.12.* zu entstehen. ^{13}C-kernresonanzspektroskopisch ist nachgewiesen worden, daß das C-3-Atom des Pyrrolnitrins vom β-ständigen Kohlenstoffatom der Alanin-Seitenkette des Triptophans stammt [1501].

Durch Zugabe von *dl*-7-Methyltryptophan in die *P. aureofaciens*-Kulturen läßt sich 3-Chlor-4-(2-nitro-3-methylphenyl)-pyrrol, durch Zugabe von *dl*-6-Fluortryptophan 4'-Fluorpyrrolnitrin, dessen Konstitution durch Röntgenstrukturanalyse eindeutig nachgewiesen wurde [1179], isolieren [953].

Aus *P. pyrrolnitrica*, das in einem NH_4Br enthaltenden Medium kultiviert wurde, konnte neben anderen bromhaltigen Pyrrolnitrin-Analoga die dem Pyrrolnitrin entsprechende Dibrom-Verbindung isoliert werden [52].

Neben dem Pyrrolnitrin konnten aus den *Pseudomonas*-Kulturen das Isopyrrolnitrin *5.13*. [1033], das 6'-Hydroxy-pyrrolnitrin (Oxypyrrolnitrin) [1034] und das 3'-Deschloro-pyrrolnitrin [1035] als Begleitmetaboliten in geringen Mengen isoliert werden. N-Phenyl-pyrrolnitrin-Analoga [115, 118] sowie einige pyrrolnitrinähnlich substituierte 1,3-Diarylmaleinimide [120] sind von *M. Artico et al.* synthetisiert worden.

Konstitutiv verwandt mit dem Pyrrolnitrin sind sowohl das aus dem Seebakterium *Pseudomonas bromoutilis* isolierte [363] Pyrrol-Derivat *5.14.*, dessen Konstitution durch Röntgenstrukturanalyse aufgeklärt [1430] und durch Totalsynthese [1018] bestätigt wurde, als auch das Pyoluteorin.

5.2.2. Pyoluteorin

Das Antibiotikum Pyoluteorin wurde erstmalig von *R. Takeda* aus den Kulturen von *Pseudomonas aeruginosa* isoliert [2287]. Aufgrund analytischer Daten wurde die Konstitutionsformel *5.15.* vorgeschlagen [241, 2288, 2290], die durch mehrere Synthesen des Pyoluteorins oder seiner

Derivate [241, 243, 693] und in jüngster Zeit durch Röntgenstrukturanalyse des O,O,N-Trimethyl-Derivats [2446] bestätigt worden ist.

Folgende Totalsynthesen sind für das Pyoluteorin beschrieben worden:

5.15.

5.16.   5.17.   5.18.

5.19.   5.20. a) R = CH$_3$ 5.21.

       b) R = H

       c) R = CO-CH$_3$

1. Thermische Umsetzung des Natriumsalzes der 4,5-Dichlor-2-pyrrolcarbonsäure mit 2,6-Dimethoxybenzoylchlorid, die in mäßiger Ausbeute zum O,O-Dimethyl-pyoluteorin führt [150, 668].

2. Dasselbe Pyoluteorin-Derivat erhält man durch α-Acylierung des aus der eben erwähnten Carbonsäure leicht zugänglichen 2,3-Dichlorpyrrols mit 2,6-Dimethoxybenzoylchlorid unter den Bedingungen der Friedel-Crafts-Reaktion (SnCl$_4$) [243].

Beide Methoden führen zum O,O-Dimethyl-Derivat, das durch Behandlung mit BCl$_3$ in Methylenchlorid in guter Ausbeute (>50% d. Th.) in das Pyoluteorin übergeführt werden kann.

3. Cyclisierung des aus Pyrrol dargestellten 4,5-Dichlor-2-pyrrolcarbonsäurechlorids (5.16.) zum Pyrokoll 5.17., das durch Umsetzung mit 2,6-bis-(Tetrahydropyranyloxy)-phenyl-lithium und anschließende Behandlung mit Säure zum N-acylierten Pyoluteorin 5.18. führt, aus dem unter milden Bedingungen das Pyoluteorin freigesetzt werden kann. Die Gesamtausbeute bezogen auf die Ausgangsverbindung Pyrrol beträgt 9% d. Th. [147].

4. Bessere Gesamtausbeute (13% bez. auf Pyrrylmagnesiumbromid (5.19.) erzielt man durch nachträglichen Einbau der Chloratome. Der aus 5.19. und 2,6-Dimethoxyben-

zoylchlorid erhaltene Dimethyläther *5.20a.* wird mit $AlCl_3$ in Benzol in das entspr. Dide-chlorpyoluteorin-Derivat *5.20b.* übergeführt und sofort mit Ac_2O in Benzol acetyliert.

Chlorierung des so gewonnenen O,O-Diacetats *5.20c.* führt glatt zum O,O-Diacetyl-pyoluteorin *(5.21.)* [578], aus dem das Pyoluteorin in 72proz. Ausbeute [2289] freigesetzt werden kann.

5.2.3. Verrucarin E

Das Verrucarin E, eines der aus der Schimmelpilzart *Myrothecium Verrucaria* von *C. Tamm u. Mitarb.* isolierten [1004], cytostatisch wirksamen Stoffwechselprodukte, sondert sich konstitutionell von den anderen Vertretern des Antibiotica-Komplexes der Verrucarine und Roridine ab. Aufgrund spektroskopischer Daten und insbes. der Identität des aus Verrucarin E durch Acetylierung und anschließende Hydrogenolyse erhaltenen Reaktionsproduktes [746] mit synthetisch dargestelltem 3-Acetyl-4-methylpyrrol wurde die Konstitutionsformel *5.23.* vorgeschlagen [1796].

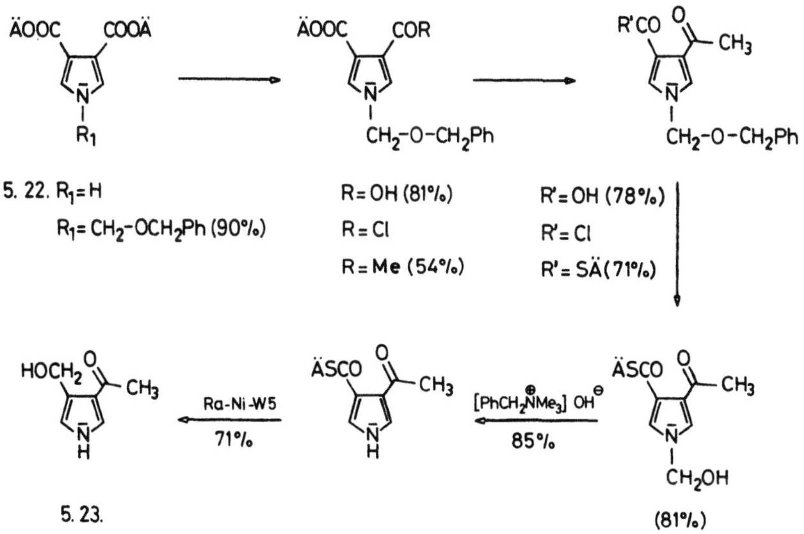

ÄOOC
COOÄ
N
R1
ÄOOC
COR
N
CH2-O-CH2Ph
R'CO
O
CH3
N
CH2-O-CH2Ph
5. 22. R1=H
R1= CH2-OCH2Ph (90%)
R=OH (81%)
R=Cl
R=Me (54%)
R'=OH (78%)
R'=Cl
R'=SÄ(71%)
HOCH2
O
CH3
N
H
Ra-Ni-W5
71%
ÄSCO
O
CH3
N
H
[PhCH2NMe3] OH
85%
ÄSCO
O
CH3
N
CH2OH
(81%)
5. 23.

Synthetisches Verrucarin E, das erstmalig als Nebenprodukt der Reaktion von 3-Acetylpyrrol mit Formaldehyd in wäßr. Na_2CO_3-Lösung in 3proz. Ausbeute isoliert wurde [1796], ist erst kürzlich ausgehend von Pyrrol-3,4-dicarbonsäurediäthylester *(5.22.)* dargestellt worden [988].

^{14}C-Markierungsversuche zeigten, daß bei der Biosynthese des Verrucarins E das C-Gerüst aus vier Acetateinheiten unter Verlust einer Carboxyl-Gruppe aufgebaut wird [1797]. Die Herkunft des Stickstoffatoms ist unbekannt. Am plausibelsten erscheint das noch hypothetische Aufbauschema *5.24.* Demnach verläuft die Biosynthese des Verrucarins E weder über den Weg der üblichen Porphobilinogen-Synthese (s. S. 204) noch der aus Prolin oder Glutaminsäure aufgebauten Metaboliten.

5.24.

Da eine verzweigte Kette vorliegt, wird das Verrucarin E vom biogenetischen Standpunkt aus insofern bemerkenswert, als es zwar aus Essigsäure, aber nicht nach dem üblichen Prinzip durchgehender Kopf-Schwanz-Kondensation der Polyketid-Synthese aufgebaut wird [1797].

5.2.4. Netropsin und Distamicin A

Aus *Streptomyces*-Kulturen sind zwei von der N-Methyl-4-aminopyrrol-2-carbonsäure abgeleitete Oligopeptide, Netropsin (= Congocidin) *(5.25.)* und Distamicin A *(5.27.)* gewonnen worden, die antibiotische Eigenschaften aufweisen.

Netropsin wurde 1951 von *A. C. Finlay et al.* [755] aus den Kulturen des Actinomycetes *Streptomyces netropsis* isoliert. Später wurden Sinamomycin [2490] und das sog. Antibiotikum T 1384 [2504], die sich als identisch mit dem Netropsin erwiesen, von anderen Arbeitsgruppen isoliert.

Die ersten Untersuchungen zur Aufklärung der Konstitution des Netropsins wurden von *E. E. van Tamelen u. Mitarb.* [2452, 2453] unternommen und die richtige Bruttoformel mit $C_{18}H_{26}N_{10}O_3$ angegeben. Die von *C. W. Waller u. Mitarb.* [2474] für das Netropsin vorgeschlagene Struktur wurde später aufgrund seiner Identität mit dem von *C. Cosar et al.* [547] isolierten Congocidin *(5.25.)* modifiziert [1211, 1212, 1213]. Im Einklang mit der Konstitution *5.25.* steht ebenfalls der hohe pK_s-Wert (ca. 11,5) des Netropsins [1623].

Beim kontrollierten Abbau von *5.25.* läßt sich sowohl unter alkalischen (1 n NaOH, 20 °C) als auch sauren Bedingungen (HCl in Äthanol unter Rückfluß) der Guanidino-acetyl-Rest als Guanidinoessigsäure bzw. Iminohydantoin leicht abspalten. Die leichte Abspaltbarkeit dieses Restes ist auf die Beteiligung der benachbarten Amidin-Funktion zurückzuführen (s. Pfeile). Die Hydrolyse von *5.25.* mit einem Äquivalent Bariumhydroxid bei Zimmertemperatur führt unter Abspaltung von Ammoniak zu *5.26.*, dessen Konstitution durch Synthese bewiesen worden ist [2505]. Die Totalsynthese des Congocidins (= Netropsins) ist ebenfalls gelungen [1212, 1213].

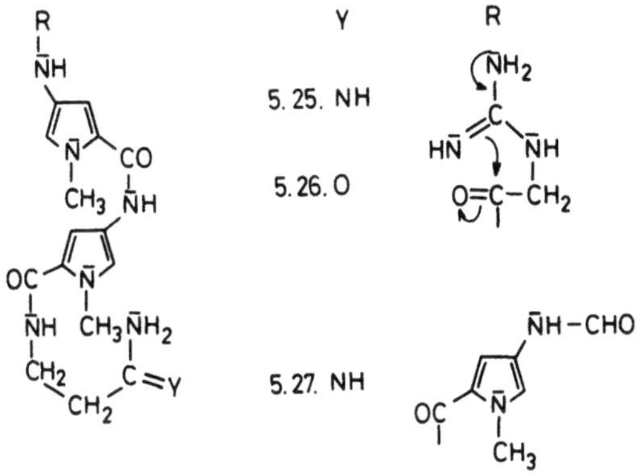

	Y	
	5.25. NH	
	5.26. O	
	5.27. NH	

Das Netropsin ist wirksam gegen Gram-positive und Gram-negative Mikroorganismen. Es zeigt eine spezifische Wirksamkeit gegen *Trypanosoma congolense* – worauf der Name Congocidin zurückgeht – eine Spirochaeten-Art, die sich durch ihre Widerstandsfähigkeit gegenüber anderen Antibiotika auszeichnet.

Über die Biosynthese des Netropsins weiß man bisher nur wenig. ^{14}C-Markierungsversuche [2537] deuten darauf hin, daß das α-Kohlenstoffatom des Glycins sowohl in die Pyrrol-Ringe als auch in den Glycyamyl-Rest (R in Formel *5.25.*), dessen Guanidin-Teil jedoch aus Arginin höchstwahrscheinlich unter Wirkung einer Transamidinase stammt, eingebaut wird.

Bei dem aus *Streptomyces distallicus* isolierten [98] Distamicin A (*5.27.*) handelt es sich ebenfalls um ein Oligopeptid, dessen dem Netropsin analoge Konstitution durch Totalsynthese bewiesen wurde [97, 1768]. Die antibiotischen Eigenschaften einiger synthetischer Distamicin A-Analoga sind untersucht worden [99, 100].

Sowohl das Netropsin als auch das Distamicin A sind spezifische Inhibitoren der DNS-Polymerase, worauf ihre viruzide Wirkung zurückzuführen ist [432, 433, 434, 1897, 1898, 1899, 2614, 2615].

5.2.5. Coumermycine

In den Laboratorien der Fa. F. Hoffmann-La Roche & Co. AG Basel wurde aus *Streptomyces hazeliensis*-Kulturen ein Gemisch von acht Antibiotika, sog. Sugordomycine I bis VIII *(5.28.)* gewonnen [1099, vgl. 1234]. Sugordomycine I und IV sind mit den von *H. Kawaguchi et al.* aus *Streptomyces rishiriensis* isolierten Coumermycin A_1 [1240, 1241] bzw. A_2 [1242] identisch. Coumermycin A_1 kommt ferner in *Streptomyces spinicoumarensis*- und *S. spinichromogenes*-Kulturen vor [2441]. Bei den bisherigen Untersuchungen über seine Biosynthese konnte nachgewiesen werden, daß die im Molekül vorhandenen Pyrrol-Ringe aus L-Prolin stammen [2062].

5. 28.

	I	II	III	IV	V	VI	VII	VIII
R	P_1	P_2	P_1	P_2	P_1	P_1	P_2	H
R'	P_1	P_1	P_2	P_2	H	P_1	H	P_2

Coumermycin A_1 ist ein hochaktives Antibiotikum u. a. gegen *Mycobacterium tuberculosis* [663], *Staphylococcus aureus* [732, 1539], *Neisseria meningitidis* [599, 990], *Diplococcus pneumoniae* und *Haemophilus influenzae* [1538]. Zahlreiche Analoga sind aus dem natürlichen Coumermycin A_1, das auch durch Synthese zugänglich ist [867, 2515], durch Umacylierung an der coumarinringständigen Amido-Gruppe mittels *mono*-Carbonsäure-Derivaten dargestellt worden [1247, 1248, 1888, 2087]. Sie sind mit dem aus *Streptomyces hygroscopicus*-Kulturen isolierten Antibiotikum 18 631 RP [1480] konstitutiv verwandt und weisen z. T. höhere Aktivität und geringere Toxizität als die Stammverbindung auf [1889]. Zur Pharmakologie des Coumermycins A_1 vgl. [1231, 1640, 1641].

5.2.6. Prodigiosine

Der aus *Bacillus prodigiosus* (= *Serratia Marcescens*) extrahierte rote Farbstoff wurde von *E. Kraft* [1324] Prodigiosin genannt. Umfangreiche Literatur-Zusammenfassungen über diesen interessanten Naturstoff sind von *R. P. Williams* und *W. P. Hearn* [2539] sowie *E. P. Feofilowa* [738] publiziert worden. Die Isolierung des Prodigiosins[2] gelang *F. Wrede* und *O. Hettche* [2569]. Anhand der beim chemischen Abbau erhaltenen Produkte schlugen *F. Wrede* und *A. Rothhaas* [2570] die sich schließlich als richtig erwiesene Konstitution *5.35.* als mögliche Strukturformel vor. Später jedoch [2571] hielten sie – ohne experimentelle Begründung – die alternative 4-Methoxy-5'-methyl-4'-pentyl-2,2',2''-tripyrrylmethen-Struktur für wahrscheinlicher. Einen entscheidenden Beitrag zur Aufklärung der Konstitution leistete die Isolierung eines biologischen Prodigiosin-Vorläufers [2050], dessen angenommene [2480, 2482] Konstitution *5.34.* durch die elegante Totalsynthese von *H. Rapoport* und *K. G. Holden* [1935] bestätigt wurde, aus der Mutante 9-3-3 von *S. marcescens*.

5.29. 5.30. 5.31. 5.32.

5.33. 5.34. 5.35.

Das aus dem Natriumsalz des N-Äthoxycarbonylglycinesters *(5.30.)* und Äthoxymethylenmalonester *(5.29.)* erhaltene β-Hydroxypyrrol-Derivat *5.31.* wurde nach Verätherung mit Diazomethan und anschließender selektiver Verseifung der β-ständigen Ester-Gruppe mit Schwefelsäure zum 3-Methoxy-2-pyrrolcarbonsäureäthylester *(5.32.)* decarbolyliert,

---

[2] Optimale Inkubationsbedingungen zur Gewinnung des Farbstoffes sind von *R. P. Williams et al.* [2540] angegeben.

dessen nukleophile Addition an die $C=N$-Bindung des Δ^1-Pyrrolins das α-(Pyrrolidin-2-yl)-pyrrol-Derivat *5.33.* lieferte. Dehydrierung mit Pd und anschließende Umwandlung der α-ständigen Ester-Gruppe über das entspr. Tosylhydrazid in eine Aldehydgruppe (Mac-Fadyen-Stevens-Verfahren) führte zu *5.34.*, das sich mit dem aus der *S. marcescens*-Mutante isolierten Metabolit als identisch erwies. Durch säurekatalysierte Kondensation von *5.34.* mit 2-Methyl-3-pentyl-pyrrol wurde schließlich das Prodigiosin *(5.35.)* erhalten.

Elektronen- [1106, 1597], IR- [411, 2381], protonenresonanz- [2482] sowie massenspektroskopische [1149] Daten für das Prodigiosin sind in der Literatur zu finden.

Im Einklang mit der Pyrromethen-Struktur des Prodigiosins ist seine Farbe pH-abhängig [1106, 1597]. Saure Lösungen sind rot $(\lambda_{max}=537\,nm)$ und alkalische gelborange $(\lambda_{max}=470\,nm)$. Für die Farbänderung ist jedoch nicht nur die Protonenkonzentration in der Lösung [1045] sondern auch die Selbstassoziation der Farbstoff-Moleküle [624] verantwortlich.

Das Grundgerüst des Prodigiosins, das 5-(Pyrrol-2-yl)-2,2'-pyrromethen *(5.36.)* haben *W. R. Hearn u. Mitarb.* [1046] synthetisiert. Sie schlagen für *5.36.* den Trivialnamen „Prodigiosen" vor. Demnach ist das Prodigiosin als 2-Methyl-3-pentyl-6-methoxy-prodigiosen zu bezeichnen.

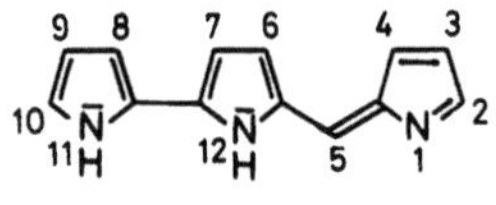

5. 36. 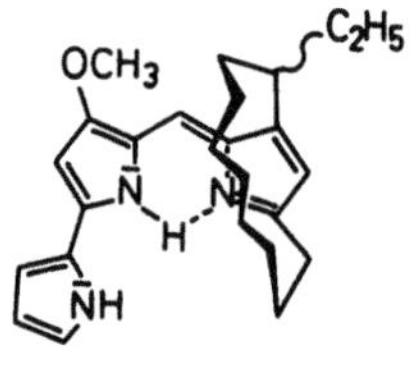　　　　　5. 37. 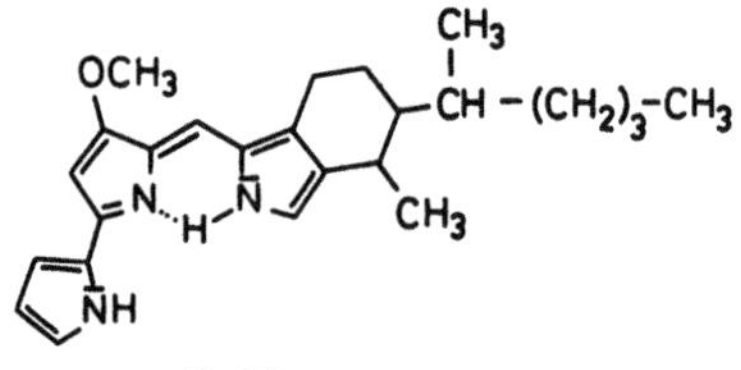　　　　　5. 38.

Eine interessante chemische Eigenschaft der Prodigiosene ist ihre leichte Disproportionierung zu 5,5'-Di-(pyrrol-2-yl)-pyrromethenen [1046], da sie eine mögliche Erklärung für die Bildung der aus Prodigiosin-Extrakten gelegentlich isolierten (s. unten) blauen oder violetten Farbstoffe bieten könnte. Außer einigen synthetisch dargestellten oder „künstlich" biosynthetisierten Prodigiosen-Derivaten [2482] sind mehrere natürliche Prodigiosin-Abkömmlinge isoliert worden.

Serratin kommt neben dem Prodigiosin als violetter Begleitfarbstoff unbekannter Konstitution in *S. marcescens* vor [2381].

Aus *S. marcescens*-Mutanten sind Norprodigiosin (2-Methyl-3-pentyl-6-hydroxyprodigiosen) [1044] und ein blauer Farbstoff, der als 5,5'-

Di-(pyrrol-2-yl)-3,3′-dimethoxy-pyrromethen charakterisiert wurde [2484], isoliert worden. Prodigiosin-ähnliche Farbstoffe kommen in Seebakterien [1397] und in verschiedenen Actinomyceten-Gattungen (*Streptomyces, Nocardia* u. a.) vor.

Aus *Streptomyces longisporus ruber*-Kulturen sind das Prodigiosin-25C, das als „Undecylprodigiosin" (6-Methoxy-2-undecylprodigiosen) charakterisiert wurde [1021, 2483], und das Metacycloprodigiosin *(5.37.)* [2486] isoliert worden. Beide Strukturen wurden durch Synthese bewiesen.

Für das aus *Actinomyces aureoverticillatus* isolierte, mit dem Metacycloprodigiosin isomere Vitamycin A ist die Konstitutionsformel *5.38.* vorgeschlagen worden [1262]. Ferner sind die aus *Actinomadura* (= *Nocardia*) *madurae*-Kulturen isolierten Prodigiosin-Analoga als „Nonylprodigiosin" (6-Methoxy-2-nonylprodigiosen) [902] und als 2,10-Nonamethylen-6-methoxyprodigiosen [903] aufgrund spektroskopischer Daten charakterisiert worden.

In *Actinomadura pelletieri*-Kulturen kommen das „Undecylprodigiosin" (s. oben) und das 2,10-(1′-Methyldecamethylen)-6-methoxy-prodigiosen vor [904].

In der Zellmembran ist Prodigiosin Bestandteil eines hochmolekularen, im Gegensatz zum freien Farbstoff nicht fluoreszierenden [2022] Komplexes, der vermutlich ein Glycoprotein enthält [562, 2412, 2593].

Prodigiosin besitzt sowohl antibiotische [306] als auch fungistatische [416] Eigenschaften. Beim Menschen zeigt es keine Toxizität außer einer starken sklerotischen Wirkung, die seine pharmakologische Anwendung ausschließt.

Die Biosynthese des Prodigiosins ist insbesondere an *S. marcescens*-Mutanten untersucht worden. Nach den bisherigen Ergebnissen werden der Bipyrrol-Teil des Moleküls und der 2-Methyl-3-pentyl-pyrrol-Ring, an dessen biosynthetischem Aufbau höchstwahrscheinlich Thiamin beteiligt ist [933], auf verschiedenen Wegen biosynthetisiert und beide schließlich enzymatisch miteinander kondensiert. Mit Hilfe der ^{13}C-Fourier-Transform-Kernresonanzspektroskopie ließ sich zeigen, daß die Pentyl-Kohlenstoff-Kette sowie *einige* Ringatome vom Pyrromethen-Teil des Prodigiosin-Moleküls – nicht aber der äußere Bipyrrol-Ring – aus Acetat-Fragmenten biosynthetisiert werden [567]. Frühere ^{14}C-Markierungsversuche hatten ergeben, daß sowohl Glutaminsäure, Prolin und Ornithin [1498, 2148] als auch Asparaginsäure, Alanin [2541] und Methionin [1901], nicht aber δ-Aminolävulinsäure an der Biosynthese der Pyrrol-Ringe des Prodigiosins beteiligt sind. Aus diesem Befund ist zu schließen, daß das Prodigiosin sowie alle bisher bekannten Pyrrol-Derivate mikrobakterieller Herkunft nicht analog zum Porphobilinogen (s. S. 204) biosynthetisiert werden.

5.3. Pyrrole aus höheren Pflanzen

Einfache Pyrrol-Derivate – am häufigsten 2-Acetylpyrrol – befinden sich unter den flüchtigen Komponenten vom schwarzen Tee [318], japanischen Hopfen [1629] und von Tabak-Blättern [1703, 1704] sowie von gerösteten Kakao- [1495, 2450] und Kaffeebohnen [915, 2238], über ihr Vorkommen als solche in den lebenden Pflanzen ist bisher jedoch nichts bekannt. 2-Acetylpyrrol ist ferner in den Extrakten der Arzneibaldriane nachgewiesen worden [486, 2280, vgl. 2048].

5.39.   5.40.   5.41.

Vier Pflanzenalkaloide, nämlich das aus *Ryania speciosa* (Fam. *Flacourtiaceae*) isolierte [2000], insektizid wirksame Ryanodin *5.39.* [1252, 2535], das in den *Leguminosae*-Arten *Virgilia oroboides* [905] und *Calpurnia subdecandra* [948] vorkommende Calpurnin (= Oroboidin: *5.40.*), sowie das O-(Pyrrol-2-yl-carbonyl)-virgilin *(5.41.)* und dessen 2,3-Dehydro-Derivat, die aus *Readea Membranaceae* (Fam. *Rubiaceae*) gewonnen wurden [1479], sind Ester der Pyrrol-2-carbonsäure. *5.41.* kommt auch in *Virgilia oroboides* vor [2516].

5.4. Pyrrole aus dem menschlichen und tierischen Organismus

5.4.1. Pyrrol-Metabolite

5.4.1.1. Porphobilinogen [vgl. 723 (dort S. 157)]

1931 entdeckte *P. Sachs* [2039], daß sich der Harn von an akuter Porphyrie erkrankten Patienten mit dem für α-freie Pyrrol-Derivate charakteristischen Ehrlich-Reagenz (s. S. 35) intensiv färbte. Das dafür verantwortliche Porphobilinogen (PBG) wurde erst 1952 von *R. G. We-*

stall [2511] kristallin isoliert, und dessen Konstitution *5.42.* von *G. H. Cookson* und *C. Rimington* [523] aufgeklärt. Die Lage der Substituenten wurde insbesondere durch die Bildung zweier Derivate vom PBG, nämlich eines δ-Lactams *5.43.* und dessen Tetrahydrocyclopenta-[b]-pyrrol-oxo-Derivat *5.44.* eindeutig nachgewiesen.

PPS = Polyphophorsäure

Der Lactam-Ring von *5.43.* läßt sich unter alkalischen Bedingungen wieder öffnen [1147], so daß das PBG-Lactam aufgrund seiner geringeren Neigung zur Polymerisation die Schlüsselverbindung bei der Totalsynthese vom PBG darstellt.

Charakteristisch für die PMR-Spektren des PBG-Lactams und seiner Derivate ist die homoallylische Kopplung zwischen den Methylen-H-Atomen des Dihydropyridon-Ringes [859, 1266]. Sie ist im PMR-Spektrum des Porphobilinogens nicht vorhanden [1608].

Wegen seiner drei ionisierbaren Gruppen ist das PBG wasserlöslich und unlöslich in organischen Lösungsmitteln. Aus den wäßrigen Lösungen kann es bei einer seinem isoelektrischen Punkt (pH = 4,3 [959]) entspr. Protonenkonzentration mit Hg(II)-Ionen als Quecksilbersalz quantitativ ausgefällt und aus diesem mit Schwefelwasserstoff wieder freigesetzt werden.

PBG ist aus dem 3-(2-Äthoxycarbonyläthyl)-4-äthoxycarbonyl-methyl-5-methyl-2-pyrrolcarbonsäure-äthylester *(5.45.)*, dessen Darstellung kürzlich auf zwei voneinander unabhängigen Wegen erheblich vereinfacht worden ist [1253, 1843], synthetisiert worden [114, 1147, 1879, 1964]. Beim besten Verfahren *(5.45.→5.42.)* betrug die Gesamtausbeute über vier Stufen 25% d. Th. [114].

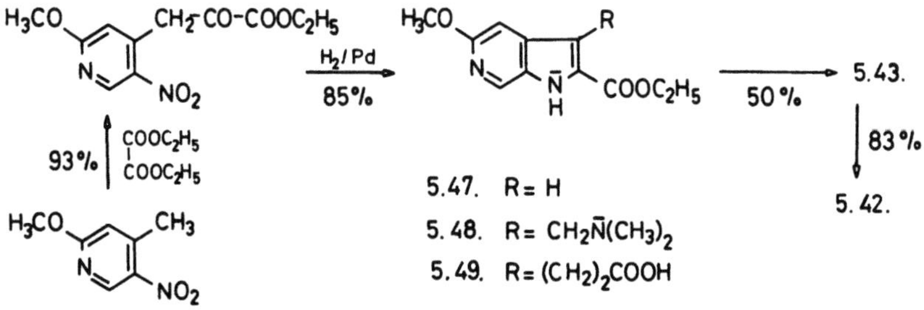

Eine alternative Totalsynthese [857] besteht in der Überführung des 6-Azaindol-Derivats *5.47.* in das PBG-Lactam *5.43.*

Die 3-ständige Propionsäure-Kette bei *5.49.* wurde durch Umsetzung der aus *5.47.* leicht zugänglichen Mannich-Base *5.48.* mit dem Natriumsalz des Malonesters und anschließende Verseifung und Decarboxylierung eingeführt. Spaltung der Methyläther-Gruppe mit Bromwasserstoffsäure, anschließende katalytische Hydrierung des Pyridon-Ringes und Decarboxylierung des erhaltenen Carboxy-PBG-lactams führte zu *5.43.*, das schließlich zum PBG hydrolysiert wurde. Die Gesamtausbeute bezogen auf 2-Methoxy-4-methyl-5-nitropyridin *(5.46.)* betrug 19% d. Th.

Zur Gewinnung von PBG sind jedoch dessen Isolierung sowohl aus dem Harn von an akuter Porphyrie erkrankten Patienten [523, 2511] als auch aus dem Urin von mit Porphyrie induzierenden Verbindungen [932] behandelten Kaninchen und insbesondere dessen enzymatische Darstellung aus δ-Aminolävulinsäure mit Hilfe von Rinderleberextrakten (Ausb. >60%) [2046, 2047] oder *Propionibacterium shermanii*-Kulturen (Ausb. = 21%) [1607] von größerer praktischer Bedeutung als die synthetischen Methoden.

Durch Markierungsversuche konnte gezeigt werden, daß PBG aus Glycin *(5.51.)* und Succinyl-Coenzym A *(5.50.)*, das über den Citronensäure-Zyklus aus Acetat-Fragmenten stammt, biosynthetisiert wird [1636, 2135, 2136]. Die eingehend untersuchte [1627] enzymatische Kondensation zweier Moleküle δ-Aminolävulinsäure *(5.52.)* zum PBG ist mit Hilfe von Gewebe-Homogenisaten [572, 659, 1472, 2457], Zellsuspensionen [1607] und insbesondere von u.a. aus Leber [917] und aus *Rhodopseudomonas spheroides-* [1626] oder *Mycobacterium phlei-* [2588] Kulturen an δ-Aminolävulinsäure-Dehydratase angereicherten (270-, 350- bzw. 160fach[3]) Enzym-Präparationen vielfach nachgewiesen worden.

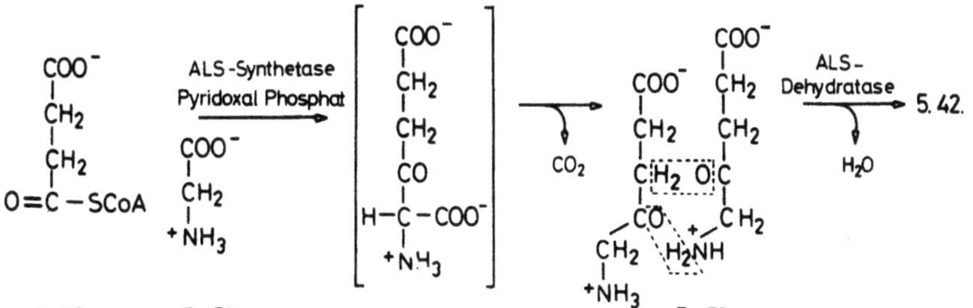

Auch chemisch läßt sich die δ-Aminolävulinsäure durch Basen-Katalyse in 3proz. Ausbeute zu PBG umsetzen [2118].

Bekanntlich ist das PBG der biologische „Baustein" des Häms [365, 960, 1363, 2285], der Chlorophylle [280, 365, 960] und des Vitamins B_{12} [2109, 2114], wobei Uroporphyrinogen III *(5.53.)* als Vorläufer

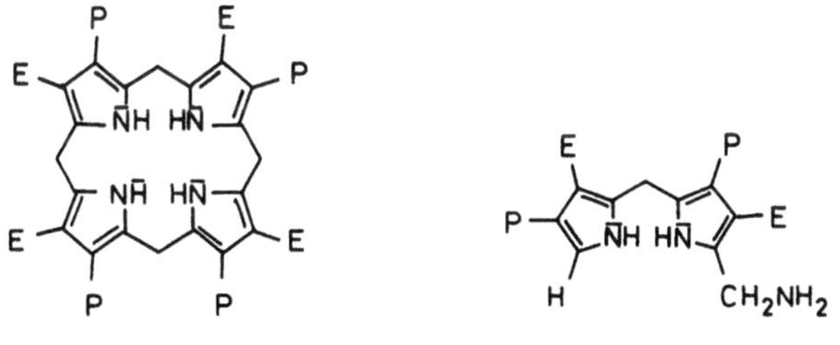

5. 53. E = CH₂-COOH
      P = CH₂-CH₂-COOH

5. 54. E = CH₂-COOH
      P = CH₂-CH₂-COOH

fungiert [279c, 1639, 2114] (vgl. S. 118). An der Biosynthese von *5.53.* sind zwei Enzyme beteiligt, nämlich die Uroporphyrinogen I-Synthetase (= PBG-Desaminase) [279a], welche die Tetramerisation vom PBG zum mit *5.53.* isomeren Uroporphyrinogen I katalysiert, und die Uropor-

---

[3] Die bisher reinste (1300fach) Präparation von δ-Aminolävulinsäure-Synthetase ist aus *Rhodopseudomonas spheroides* in 10proz. Ausbeute erhalten worden [2477].

phyrinogen III-Cosynthetase [279 b], unter deren Mitwirkung *5.53.* statt Uroporphyrinogen I entsteht. Nur das erste Enzym verwendet PBG als Substrat.

Dipyrrylmethane [1852, 2299] und Tetrapyrane [1908] sind zwar als Zwischenprodukte der Uroporphyrinogen-Biosynthese charakterisiert worden, sie werden jedoch nicht von der PBG-Desaminase als Substrate verwendet [858, 1852].

Von Bedeutung ist ferner die Beobachtung, daß das *synthetisch dargestellte* Dipyrrylmethan *5.54.* [858, 1712], obwohl es formal ein Kondensationszwischenprodukt der PBG-Polymerisation darstellt, *nur* in Gegenwart von PBG in das Uroporphyrinogen I – dagegen nicht in das Uroporphyrinogen III (!) – enzymatisch eingebaut wird.

Porphobilinogen läßt sich, analog zu anderen Pyrryl-Mannich-Basen und sonstigen YCH_2-substituierten Pyrrolen, die unter Bildung von Azafulven-Derivaten als Primärprodukte reagieren (S. 111), in basischem Medium unter Substitution der Amino-Gruppe mit Nukleophilen (prim. und sek. Amine, Cyanid-Ionen, CH-acide Verbindungen, etc.) umsetzen [1608]. Als Konkurrenzreaktion erfolgt dabei stets die *in-vitro*-Kondensation von PBG zu Uroporphyrinogenen.

Bei der säurekatalysierten Polymerisation des Porphobilinogens kann sowohl an der freien 5-Stellung des Pyrrol-Ringes als auch an der besetzten 2-Stellung unter Eliminierung der Aminomethyl-Gruppe elektrophiler Angriff erfolgen (vgl. S. 113). Letzterer Prozeß ist im Falle des Porphobilinogens kinetisch bevorzugt [859]. Bei der Reaktion entsteht in sehr guter Ausbeute ein Gemisch der vier möglichen isomeren Uroporphyrine [324, 2473, 2511], in dem das *5.53.* entspr. Uroporphyrin III statistisch überwiegen soll [523]. Unter Sauerstoffausschluß beobachtet man die *reversible* [1511] Bildung von Uroporphyrinogenen [1512].

5.4.1.2. Andere Pyrrol-Metabolite

Die diagnostische Bedeutung des Porphobilinogens wurde bereits auf S. 202 erwähnt. Der spezifische Zusammenhang zwischen bestimmten organischen Störungen und dem Vorkommen von Pyrrolen im menschlichen Harn ist in letzter Zeit bei zwei weiteren Derivaten erkannt worden, nämlich beim sog. "mauve factor", ein bei Psychosen auftretender anomaler Metabolit, der mit Kryptopyrrol identifiziert werden konnte [1138, 1139, 2190], und beim Pyrrol-1,2-dicarbonsäureimid, das aus dem Harn von an Polyarthritis chronisch erkrankten Patienten isoliert worden ist [2580, 2581]. Pyrrol-2-carbonsäure ist der wichtigste, aus dem Harn isolierte Metabolit des Prolins und des Hydroxyprolins [1392, 2556, vgl. 1907].

5.4.2. Pheromone

Zu den bisher bekannten Pheromonen gehören erstaunlich einfache Pyrrol-Derivate, nämlich das Dihydropyrrolizinon *5.55.* [675, 1515, 1516, 1517] sowie der entspr. Aldehyd *5.56.* und dessen 1-Hydroxy-Analogon [675], die mit den Sexuallockstoffen einiger Gattungen von Schmetterlingen der Unterfamilie der *Danainae* identifiziert worden sind, und der Methylester der 4-Methylpyrrol-2-carbonsäure *(5.57.)*, der in dem Sekret, mit dem die Arbeiterinnen der Blattschneider-Ameise *Atta texana*

5.55. R= CH₃
5.56. R= CHO   5. 57.   5. 58.

(Buckley) ihre „Straßen" markieren, enthalten ist [2428, 2429]. Bei der letztgenannten Verbindung handelt es sich um einen hochaktiven Stoff, von dem 0,33 mg ausreichen würden, um eine für die Insekten erkennbare Spur rund um den Erdball zu legen(!). Das synthetische Präparat ist ausgehend von Pyrrol in 63proz. Gesamtausbeute zugänglich [2198].

5.4.3. Oroidin

Für das aus dem Mittelmeer-Schwamm *Agelas oroides* isolierte Oroidin [828] ist kürzlich die Konstitution *5.58.* neu formuliert und durch Synthese des entspr. N-Acetyl-dihydro-Derivats bewiesen worden [884].

5.4.4. Batrachotoxin

Das aus dem Hautsekret der mittel- und südamerikanischen Frösche der Gattung *Phyllobates* isolierte, hochgiftige ($LD_{50} = 2\gamma/kg^4$) Batrachotoxin *(5.59.)* und seine Analoga können insofern als Pyrrol-Derivate betrachtet werden, da ihre Toxizität stark von den Substituenten am

---

[4] Subkutan, bei der Maus. Zum Vergleich: LD_{50} für Natriumcyanid beträgt: $10000\,\gamma/kg$.

5.59. R = H

5.60. R = CH$_3$

Pyrrol-Ring abhängt: Für das Batrachotoxin-Homolog *5.60.* beträgt LD$_{50}$ = 1 γ/kg; das entspr. Tetramethylpyrryl-Derivat dagegen ist weniger toxisch (LD$_{50}$ > 1000) als das pyrrolfreie Steroid-Alkaloid, das Batrachotoxinin A (LD$_{50}$ = 1000) [57, 2553].

6. Pyrrol-Ringsynthesen

Es sind zahlreiche Reaktionen bekannt, die unter Bildung des Pyrrol-Ringsystems verlaufen, jedoch praktisch keine, die zur Darstellung beliebig substituierter Pyrrol-Derivate allgemein anwendbar ist. Aus diesem Grunde wird die Mehrzahl dieser durch Kombination von Ringsynthese und Umwandlung der Substituenten hergestellt. Gegenstand dieses Kapitels werden somit die Methoden sein, die zur Bildung des Pyrrol-Ringes dienen; die Einführung von funktionellen Gruppen und deren gegenseitige Umwandlung werden anschließend im 7. Kapitel behandelt.

In Anbetracht der Mannigfaltigkeit der zum größten Teil noch ungeklärten Reaktionsmechanismen scheint die in Abb. 6.1. angegebene, rein formale Klassifizierung nach dem Aufbau-Modus des Heterocyclus der Übersichtlichkeit am besten gerecht zu werden.

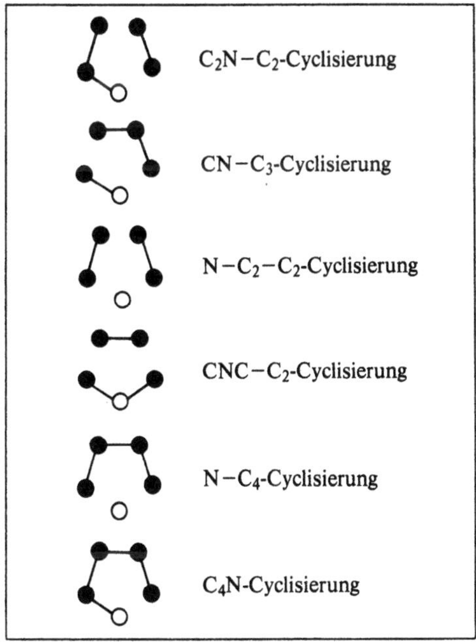

Abb. *6.1.* Typen der Pyrrolringsynthese

Zahlreiche ringsynthetische Methoden zur Darstellung von Pyrrol-Derivaten sind in den Zusammenfassungen von *E. Baltazzi* und *L. I. Krimen* [162] sowie von *A. P. Terent'ev* und *L. A. Yanovskaya* [2311] aufgeführt.

6.1. $C_2N - C_2$-Cyclisierung

6.1.1. Knorrsche Synthese

Trotz der ständig wachsenden Zahl der bekannten Cyclisierungsmethoden zur Darstellung von Pyrrol-Derivaten stellt das Verfahren nach dem Prinzip der Knorrschen Kondensation die variationsfähigste, in der Chemie der pyrrolischen Naturstoffe meist angewandte Pyrrol-Ringsynthese dar.

In ihrer ursprünglichen Auffassung [1293] besteht die Knorrsche Pyrrol-Synthese in der cyclisierenden Kondensation einer 1,3-Di-carbonyl-Verbindung mit einem α-Aminoketon in Eisessig bei 60–80°, wobei das α-Aminoketon üblicherweise durch Hydrierung eines eingesetzten Isonitrosoketons durch Zugabe von Zinkstaub *in situ* gebildet wird. Das klassische Beispiel stellt die Ringsynthese des sog. Knorrschen Pyrrols *(6.1.)* dar [790a].

Die Ausbeuten der Knorrschen Reaktion liegen in der Regel über 50 % d. Th. Besonders bei größeren Ansätzen mit längerem Zeitbedarf können die Ausbeuten infolge der Zersetzbarkeit der Isonitroso-ketone wie auch der 1,3-Dicarbonyl-Derivate in heißem Eisessig wesentlich niedriger liegen und es empfiehlt sich die Einhaltung besonderer Arbeitsvorschriften [2342]. Insbesondere durch Zugabe der Isonitroso-Verbindung in die zinkhaltige essigsaure Lösung der 1,3-Dicarbonyl-Komponente sowie durch Beimischung von Natriumacetat, welches das gebildete Zinkacetat durch Komplexbildung in Lösung bringt, kann die Ausbeute oft wesentlich gesteigert werden [530, 679].

Statt der Isonitroso-Verbindungen können direkt α-Aminoketon-Salze eingesetzt werden [1822] (vgl. Lit. [1677, 2582, 2583, 2584, 2585]), und dies erlaubt es, die Kondensation auch in alkalischem Medium durchzuführen. Isonitrosoketone können außerdem katalytisch [1678, 1680, 2342], mit Natriumamalgam [1294, 1338] oder mit Dithionit [2359] zu den entspr. Aminoketonen hydriert werden, so daß die Reaktion unter den verschiedensten Bedingungen ausgeführt werden kann.

Bei der Arbeitsweise mit Zink-Eisessig können anstelle der Isonitroso-Derivate die Benzolazo-Derivate der β-Dicarbonyl-Verbindungen verwendet werden. Benzolazoacetessigester ist z. B. im Gegensatz zur Isonitroso-Verbindung sehr leicht isolierbar und konnte glatt (60proz. Ausb.) in *6.1.* übergeführt werden [2359].

Pyrrole mit je 2,4- und 3,5-ständigen gleichen Substituenten (z. B. *6.1.*) können durch direkte Aminierung von 1,3-Dicarbonyl-Verbindungen mit Hydroxylamin-O-sulfonsäure dargestellt werden [2086, 2291].

Die Mindestforderungen, denen im allgemeinen die Reaktionspartner der Knorrschen Synthese genügen müssen, geben Formeln *6.2.* und *6.3.* wieder.

Als Amin-Komponente *6.2.* reagieren sowohl aliphatische als auch alicyclische [2366] – letztere unter Bildung von 2,3-Polymethylenpyrrolen (z. B. 4,5,6,7-Tetrahydroindol-Derivate) [2339, 2341] – oder aromatische α-Amino-ketone, α,β′-Diaminoketone (!) [1709], α-Amino-β-keto-carbonsäureester und deren Nitrile, sowie α-Aminosäureester (Glycinester u. a.) und Aminohexose [888, 889, 891, 893, 942, 943, 944, 945, 946]. Aus N-Alkyl- (od. N-Aryl-)-α-Amino-ketonen sind N-substituierte Pyrrole erhältlich [69, 70]. Wegen ihrer großen Neigung zur Selbstkondensation lassen sich α-Amino-aldehyde (*6.2.*, R$_4$ = H) bzw. deren Acetale [2292] nur in schlechten bis mäßigen Ausbeuten zu β-*freien* Pyrrolen umsetzen [1258, 1967, 1968, 2275, 2333].

Als Carbonyl-Komponente *(6.3.)* eignen sich sowohl offenkettige oder cyclische (wobei 4,5,6,7-Tetrahydroindol-4-on-Derivate entstehen [1036, 1037, 1362, 2020]), aliphatische als auch aromatische 1,3-Diketone, β-Ketocarbonsäureester bzw. deren Amide [677] oder Nitrile sowie β-Acylbrenztraubensäureester (vgl. S. 215) und Oxalessigester [1821].

β-Ketoaldehyde (*6.3.*, R$_2$ = H) (bzw. deren tautomere α-Hydroxymethylen-ketone) und ihre Acetale lassen sich zwar verwenden (s. S. 214), sie sind aber selten benutzt worden [345, 500] (vgl. S. 219).

Einige sowohl offenkettige als auch alicyclische *Monoketone* der allgemeinen Formel R$_2$—CO—CH$_2$—R$_3$ reagieren ebenfalls unter den Knorrschen Bedingungen mit α-Amino-Carbonyl-Verbindungen [1037, 2019, 2339], so daß in diesen Fällen sogar die aktivierende Wirkung der —COR-Gruppe (vgl. *6.3.*) entbehrlich ist. Mit Desylamin und Desylanilin (2-Amino- bzw. 2-Anilino-2-phenylacetophenon) entstehen 2,3-Diphenyl- bzw. 1,2,3-Triphenylpyrrole und deren 4,5-Polymethylen-Derivate (4,5,6,7-Tetrahydroindole u. a.) [577, 2019]. Bei der Selbstkondensation des N-Acetylaminoacetons bildet sich ein Gemisch von 2-(N-Ace-

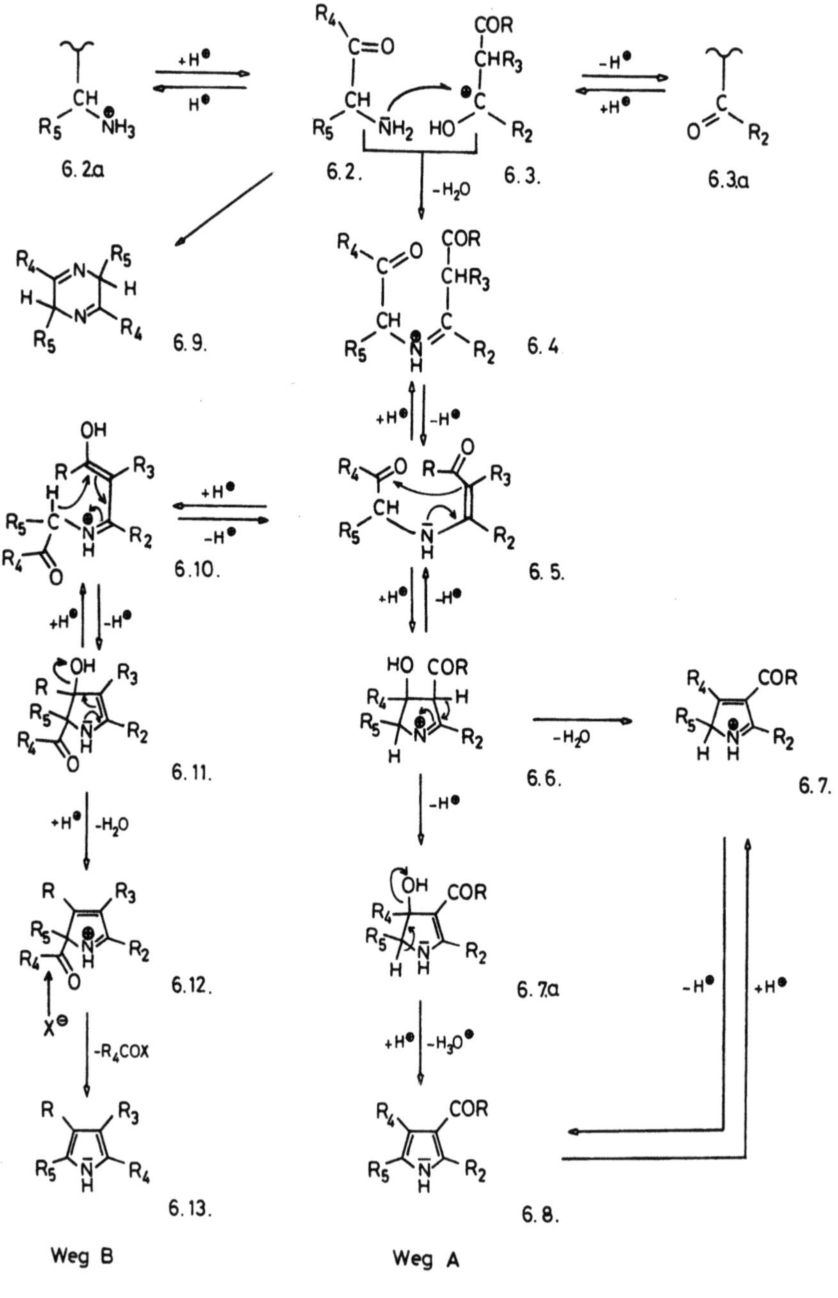

6.2a
6.2.
6.3.
6.3a
+H⊕
H⊕
−H⊕
+H⊕
−H₂O
6.9.
6.4.
+H⊕
−H⊕
6.10.
+H⊕
−H⊕
6.5.
+H⊕
−H⊕
+H⊕
−H⊕
6.11.
6.6.
−H₂O
6.7.
−H⊕
6.7.a
−H⊕
+H⊕
+H⊕
−H₂O
6.12.
X⊖
−R₄COX
6.7.a
+H⊕
−H₃O⊕
6.13.
6.8.
Weg B
Weg A

tylaminomethyl)-4-methylpyrrol und dessen 1-Acetyl-Derivat in 40proz. Gesamtausbeute [2707]. Der Mechanismus der Knorrschen Synthese ist infolge mehrerer zu durchlaufenden Zwischenstufen bis zum Endprodukt *(6.8.)* recht kompliziert und bisher systematisch kaum untersucht worden. Bei der üblichen Arbeitsweise spielt der Luftsauerstoff eine entscheidende, bisher nicht aufgeklärte Rolle. In Gegenwart eines Edelgases findet Denitrosierung des Isonitroso-Ketons statt [419].

Ein wesentlicher Beitrag zur *Rationalisierung* des vorhandenen experimentellen Tatbestandes ist im Rahmen der Totalsynthese des Antibiotikums Pyrrolnitrin (S. 191) geleistet worden [2444].

Der erste Schritt der Synthese besteht aller Wahrscheinlichkeit nach in der Reaktion der Amino-Gruppe des α-Amino-ketons *(6.2.)* mit *einer* Keto-Gruppe der β-Dicarbonyl-Verbindung *(6.3.)* unter Bildung eines Imins *(6.4.)* bzw. dessen tautomeren Enamins *(6.5.)*. Entgegen der früheren Auffassung [1060] handelt es sich bei der anschließenden Cyclisierung *(6.5.→6.6.) nicht* um eine Kondensation vom Aldol-Typ, sondern höchstwahrscheinlich um den nucleophilen Angriff der Enamin-Doppelbindung an die Carbonyl-Gruppe der ursprünglichen α-Amino-keton-Komponente [1295].

Besonders durch die Arbeiten von *J. B. Hendrickson* [1059], *J. M. Bobbit* [265] sowie *R. W. Franck* [847] und schließlich durch die Tatsache, daß die in einigen Fällen isolierbaren Enamine [2444a, vgl. 946] zu Pyrrol-Derivaten umgesetzt werden können, ist die angegebene Cyclisierungsmöglichkeit von Verbindungen des Typs *6.5.* zu Pyrrolen bestens belegt.

Da sämtliche Reaktionsschritte im Schema auf S. 212, nämlich:

1. Bildung des Imins *6.4.*
2. Einstellung des tautomeren Gleichgewichts Imin-Enamin *(6.4.⇌6.5.)*
3. Intramolekulare Cyclisierung des Enamins *6.5.*
4. Wasserabspaltung aus dem Pyrrolin *6.6.* bzw. *6.7a.* (vgl. S. 220)

säurekatalysiert sind, hängt der Gesamtverlauf der Knorrschen Kondensation vom pH des Mediums folgendermaßen ab:

1. Während hohe Protonen-Konzentrationen die Aktivierung der Carbonyl-Gruppe der 1,3-Dicarbonyl-Verbindung begünstigen *(6.3a.⇌6.3.)* wird die Nucleophilie der Amin-Komponente dadurch herabgesetzt *(6.2.⇌6.2a.)*. Daraus ergibt sich bekannterweise ein optimaler pH-Wert für die Bildung des Imins *6.4.*

Darüber hinaus muß die Konzentration an *freiem* α-Amino-keton *(6.2.)* im Reaktionsmedium wegen dessen großer Tendenz zur Dimerisierung unter Bildung von Dihydropyrazin-Derivaten *(6.9.)* [1885] gering gehalten werden, und aus diesem Grund wird bei der üblichen Durchführung der Knorrschen Pyrrol-Synthese das Isonitroso-keton erst *in Gegenwart* der 1,3-Dicarbonyl-Komponente hydriert.

2. β-Carbonyl-enamine des Typs *6.5.* können sowohl am β-Kohlenstoff- als auch am Sauerstoffatom protoniert werden [518], so daß neben *6.5.* nicht nur *6.4.* sondern auch *6.10.*, das vermutlich eine entscheidende Rolle beim „anomalen" Verlauf der Knorrschen Reaktion (Weg B) spielt (s. S. 215), am tautomeren Gleichgewicht beteiligt sein können.

3. Nicht nur von der Konzentration des Enamins *6.5.* im Reaktionsmedium, sondern auch von der Aktivierung der nicht konjugierten Carbonyl-Gruppe durch Protonen hängt die Reaktionsgeschwindigkeit der intramolekularen Cyclisierung zu *6.6.* ab. Substituenten R_4, welche die Polarisierbarkeit der benachbarten $C=O$-Bindung verringern, sollen eine größere Protonen-Konzentration erforderlich machen. Diese Annahme wird durch den Vergleich der Ergebnisse von *C. A. C. Haley* [1008] und *S. Umio et al.* [2444a] bei der Knorrschen Synthese der Arylpyrrole *6.14.* bzw. *6.15.* in anschaulicher Weise bestätigt.

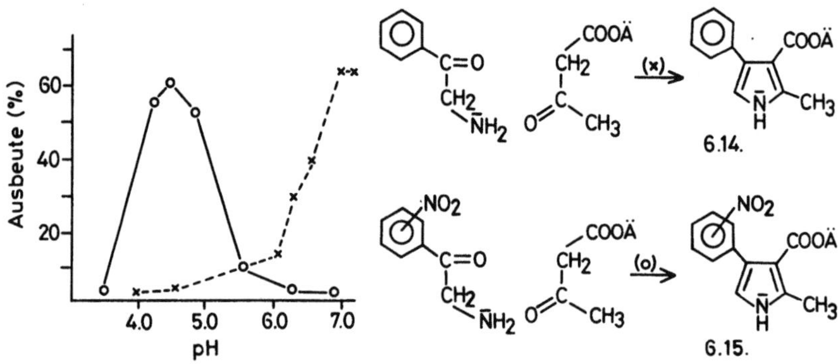

Sind die Substituenten R und R_2 eines *β-Diketons* (z. B. *6.16.* [784]) verschieden, so können bereits im ersten Reaktionsschritt zwei konstitutionsisomere Imine (bzw. Enamine) entstehen, die zu verschiedenen Pyrrol-Derivaten *(6.17.* bzw. *6.18.)* führen. Da konstitutiv verschiedene Reste R und R_2 meist verschiedene Reaktivität der beiden benachbarten Carbonyl-Funktionen bedingen, kann in diesen Fällen die *Konstitution* des Reaktionsproduktes pH-abhängig sein. Dennoch zeigen einige Beispiele, daß auch Umsetzungen mit unsymmetrischen β-Diketonen präparativ anwendbar sind, da man oft die bevorzugte Bildung eines der beiden möglichen Reaktionsprodukte beobachtet [1843, 2444d].

Das Pyrrol-Derivat *6.17.* ist nach der üblichen Formulierung der Knorrschen Synthese ein unerwartetes Reaktionsprodukt.

Der Befund von *H. Fischer* und *E. Fink*, daß bei der Kondensation des Acetals des Acetessigaldehyds *(6.19.)* mit 2-Oximinoacetessigester

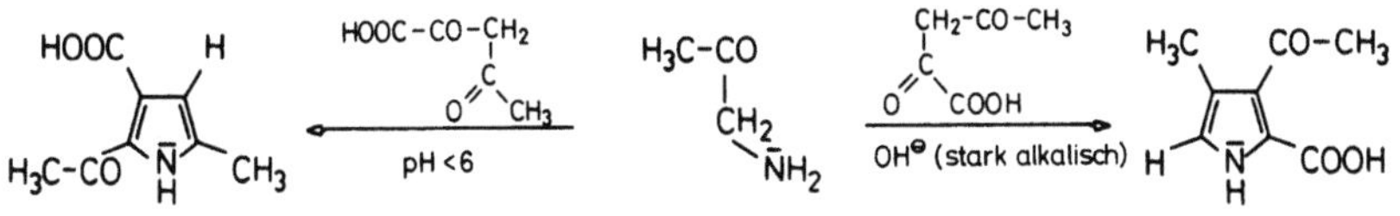

(6.20.) in Eisessig in Gegenwart von Zink statt des zu erwartenden Pyrrol-aldehyds *6.21.* der 5-Methyl-2-pyrrolcarbonsäureäthylester *(6.22.)* unter Eliminierung der Acetyl-Gruppe der Acetessigester-Komponente entstanden war[1] [805a, b], legte die Vermutung nahe, daß unter den Bedingungen der Knorrschen Synthese neben dem auf S. 213ff. erörterten Ringschluß eine zweite – „anomale" – Cyclisierungsmöglichkeit für das intermediäre Enamin-keton *6.5.* (Schema auf S. 212) gegeben ist.

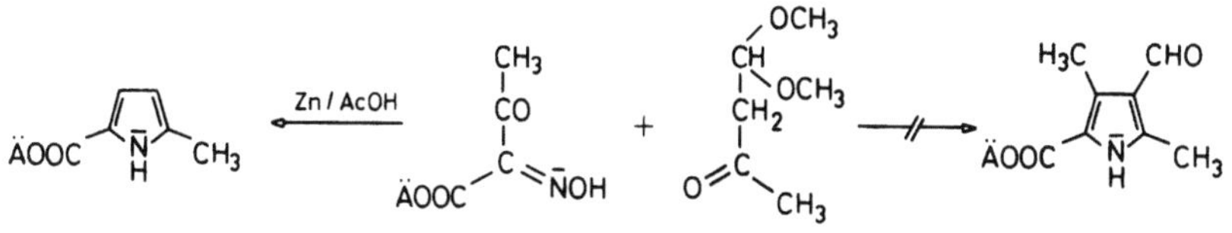

G. G. Kleinspehn [1284] konnte zeigen, daß die Reaktion von Aminomalonester *(6.23.)* mit 1,3-Diketonen unter Knorrschen Bedingungen zu substituierten Pyrrol-2-carbonsäureestern *6.25.* führt. Aus β-Ketocarbonsäureestern erhält man β-Hydroxypyrrole [2443]. In beiden Fällen wird formal eine Äthoxycarbonyl-Gruppe eliminiert. Als Zwischenprodukte entstehen N-bis-(Äthoxycarbonyl)-methyl-imin-ketone bzw. deren tautomere Enamine *(6.24.)*, die in zahlreichen Fällen isoliert und in die entsprechenden Pyrrol-Derivate übergeführt worden sind [2444c, d; 2445; 2534]. Die Isolierung des intermediär auftretenden 2H-Pyrrol-Derivats *6.12.* ($R_4 = O\ddot{A}$, $R_5 = COO\ddot{A}$) ist bisher in einem Fall gelungen [2444c] und spricht für die im Schema auf S. 212 angegebene Reaktionsfolge.

Die Aminomalonester-Variante der Knorrschen Synthese hat sich als eine sehr brauchbare und allgemein anwendbare Darstellungsmetho-

---

[1] Ein Mechanismus für die Fischer-Fink-Pyrrol-Ringsynthese, die sowohl sauer als auch alkalisch – d.h. ohne vorgeschaltete Hydrolyse des Acetals – eintritt, ist von *A. Treibs* und *A. Ohorodnik* postuliert worden [2368].

de für zahlreiche Pyrrol-Derivate erwiesen, da sie sich in der Regel durch gute Ausbeuten auszeichnet. Nur selten [2444c] wird sie von der dem „normalen" Verlauf der Knorrschen Kondensation entsprechenden Nebenreaktion, die zur Bildung eines β-Hydroxypyrrol-Derivats führt, begleitet.

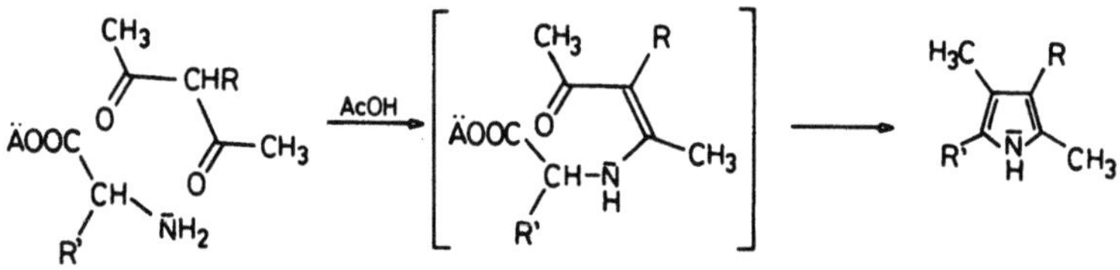

6. 23. R'= COOÄ

6. 24.

6.25. R'= COOÄ
R = H (60% d. Th.)
R = Ä (65%)
R = CH$_2$CH$_2$COOH (59%)

6. 26. R'= CN

6.27. R'= CN
R = H
R = Ä

Als Amin-Komponente können nicht nur Aminomalonester und dessen Homologe [350], sondern auch Glycinester [1008], 2-Hydroximino-β-ketoester und -β-Diketone [1285, 2174] sowie Aminocyanessigester *(6.26.)* [1284] unter Bildung von 2-Pyrrolcarbonsäureestern, 2-Acylpyrrolen bzw. 2-Pyrrolnitrilen *(6.27.)*, eingesetzt werden. Im letztgenannten Fall kann jedoch die Abspaltung der Cyano-Gruppe mit derjenigen der Äthoxycarbonyl-Gruppe konkurrieren, so daß die erhaltenen Pyrrolnitrile meist mit den entsprechenden Carbonsäureestern verunreinigt sind. Reine Cyanpyrrole erhält man durch Verwendung von Aminomalonsäuredinitril [2175].

Als Carbonyl-Komponente lassen sich sowohl symmetrisch als auch – wie bereits erwähnt (S. 214) – unsymmetrisch substituierte β-Diketone sowie β-Ketoaldehyde [752] verwenden, wobei oft nur ein Hauptreaktionsprodukt entsteht [1843, 2368, 2444c, d]. Bei der kürzlich von *H. Plieninger* beschriebenen Variante der Kleinspehn-Methode wird die Bildung eines einzigen Reaktionsproduktes erzielt, indem man zunächst eine Keto-Verbindung (z. B. *6.28.*) mit dem Aminomalonester zu einem N-bis-(Äthoxycarbonyl)-vinylamin *6.29.* kondensiert, das dann mit einem Säurechlorid elektrophil β-acyliert wird, und das hieraus entstandene Zwischenprodukt *6.30.* mit Zinkchlorid zum Pyrrol-Derivat *(6.31.)* cyclisiert [1848].

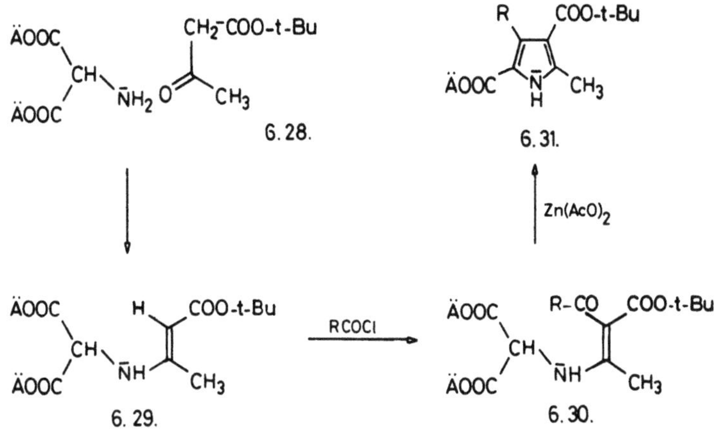

Die Pyrrol-Synthese nach Kleinspehn stellt einen Sonderfall der auf S. 215 erwähnten „anomalen" Knorrschen Kondensation dar (Reaktionsweg B), bei dem aufgrund der Konstitution des Aminomalonesters und dessen Analoga der „normale" Reaktionsverlauf (Weg A) äußerst selten [2444c] vorkommt. Daß grundsätzlich aber *beide* Reaktionswege bei der Durchführung der Knorrschen Synthese miteinander konkurrieren, beweisen u. a. folgende Ergebnisse:

1. Bei der Ringsynthese des 3-Acetyl-2-methyl-4-phenyl-pyrrols *(6.34.)* isolierte *G. K. Almström* [69] das Nebenprodukt der „anomalen"

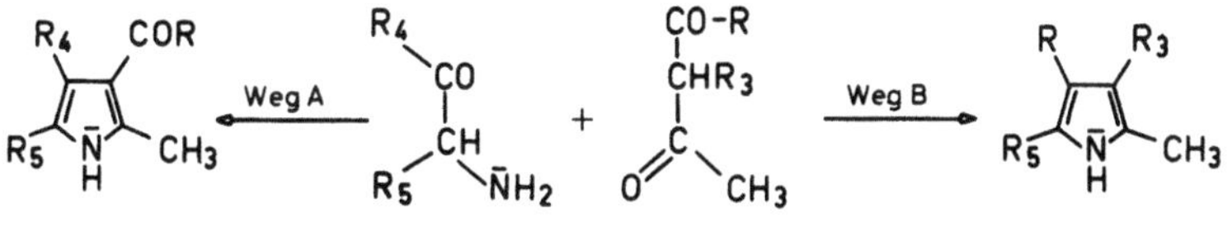

	%d.Th.	R$_5$	R$_4$		R	R$_3$	%d.Th.	
6.34.	34	H	Ph	a	Me	H	5	6.35. (R$_5$=CO-Ph)
6.36.	3,5	COOÄ	Me	b	COOÄ	H	16	6.37.
6.38.	—	COOÄ	P(Ä)	c	Me	Me	40	6.39.
6.40.	—	COPh	Ph	d	Me	Ä	11	6.41.
6.42.	55-60	COOÄ	Me	e	Me	H	0,3	6.43.

Knorrschen Kondensation *6.35.*, dessen Konstitution später in Frage gestellt wurde [2343], sich jedoch schließlich als richtig erwiesen hat [1155].

2. Dagegen überwiegt bei der Reaktion von α-Oximino-acetessigester mit β-Acetylbrenztraubensäureäthylester *(6.33 b.)* das Produkt der „anomalen" Cyclisierung *6.37.* gegenüber dem zu erwartenden Pyrrol-Derivat *6.36.* [522].

Im allgemeinen jedoch zeigen *meso*-unsubstituierte 1,3-Dicarbonyl-Verbindungen (*6.3.*, $R_3 = H$) größere Tendenz zum „normalen" Ringschluß, während bei Derivaten mit $R_3 \neq H$ meist das Produkt der „anomalen" Kondensation gebildet wird.

So erhält man durch Umsetzung von 3-Methylacetylaceton mit 2-Amino-3-oxo-adipinsäurediäthylester (unter Verlust der β-Äthoxycarbonylpropionyl-Gruppe des letzteren[2]) den 3,4,5-Trimethylpyrrol-2-carbonsäureäthylester *(6.39.)* [350], und durch Kondensation von 3-Äthylacetylaceton mit Aminodibenzoylmethan 4-Äthyl-2-benzoyl-3,5-dimethylpyrrol *(6.41.)* [1285] (anstatt *6.38.* bzw. *6.40.*). Ebenfalls liefert die Cyclisierung des Enamins *6.44.* den 3-Hydroxy-pyrrol-2-carbonsäureester *6.46.* und nicht *6.45.* [469].

Dagegen entsteht bei der Kondensation von 2-Amino-acetessigester mit Acetylaceton fast ausschließlich 4-Acetyl-3,5-dimethylpyrrol-2-carbonsäureester *(6.42.)* [798], wobei sich allerdings die Bildung des in geringer Menge auftretenden Nebenprodukts *6.43.* [805a] sowohl durch den „anomalen" Cyclisierungsmechanismus als auch durch Spaltung der Acetyl-Gruppe von *6.33 e.* nach der Bildung des Zwischenproduktes *6.6.* der „normalen" Knorrschen Synthese erklären läßt. In diesem Falle sowie bei manchen Synthesen, bei denen die Konstitution der Reaktionsprodukte (z. B. *6.47.* [1172] und *6.48.* [350]) nicht auf den Reaktionsverlauf schließen läßt, wird analog zu den angeführten Beispielen der „an-

---

[2] Selektive Abspaltung der Acyl-Gruppe gegenüber der Äthoxycarbonyl-Gruppe im Zwischenprodukt *6.12.* ist aufgrund der größeren Bereitschaft für einen nucleophilen Angriff bei der ersteren durchaus verständlich [1022].

omale" Cyclisierungsmechanismus postuliert. Dies trifft für 6.49. mit Sicherheit zu, wie ^{14}C-Markierungsversuche beweisen [1022].

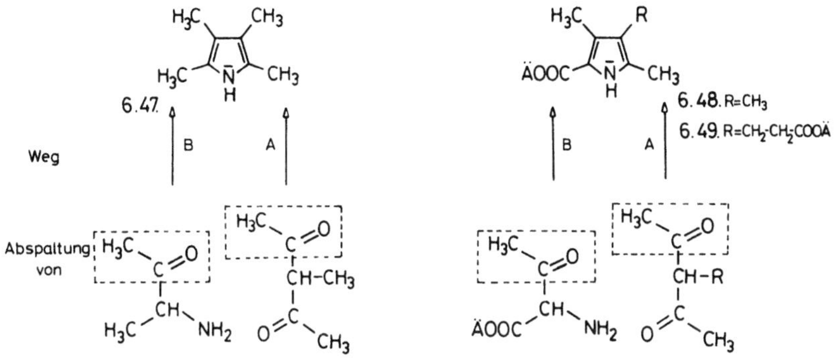

Für die grundsätzliche Möglichkeit der „normalen" Ringschluß-Reaktion auch bei *meso*-alkylsubstituierten 1,3-Dicarbonyl-Verbindungen spricht jedoch die Bildung von schwankenden Mengen (10–30% des Reaktionsproduktes) des 3,4,5-Trimethylpyrrol-2-carbonsäureäthylesters 6.51. [500, 559, 2010], der unter Abspaltung der Formyl-Gruppe von 6.50. entstanden sein muß, bei der Fischer-Fink-Synthese von 6.52. [805b].

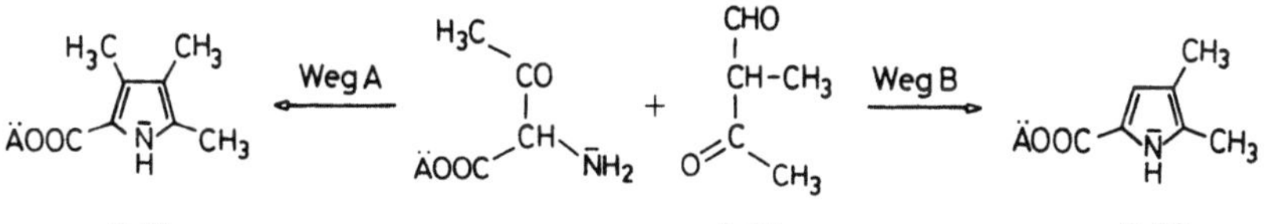

Anhand der bisher zur Verfügung stehenden empirischen Daten lassen sich die hier diskutierten Beispiele für die Mannigfaltigkeit der Knorrschen Synthese mit Hilfe eines einfachen Reaktionsschemas nicht rationalisieren, zumal der Reaktionsverlauf nicht nur von der Konstitution der Reaktionspartner, sondern, wie erwähnt, auch von den Reaktionsbedingungen abhängt.

Besonders eindrucksvoll ist in diesem Zusammenhang der Einfluß vom Lösungsmittel bei der Cyclisierung des Enamins 6.53. in alkalischem Medium [2368] zu den Produkten 6.54.^{3} und 6.55. Überraschenderweise

---

^{3} Wegen der Formulierung von 6.54. als Δ^2-Pyrrolin-4-on-Derivat s. S. 348.

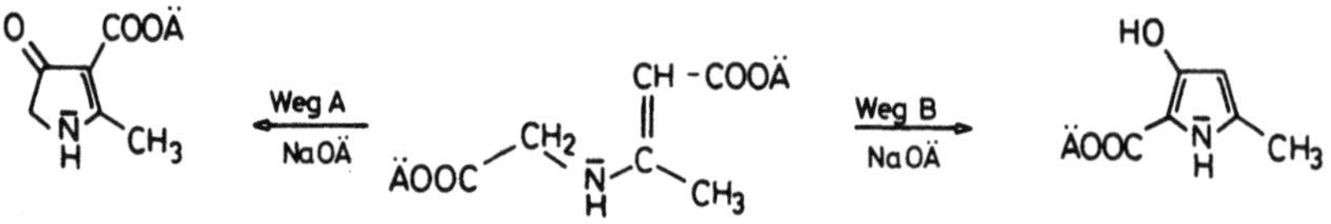

reagiert das analoge Edukt *6.56.* sowohl im sauren [805b] als auch im basischen Medium [1008, 2368] ausschließlich unter Bildung des Produktes der „anomalen" Knorrschen Synthese *6.57.*

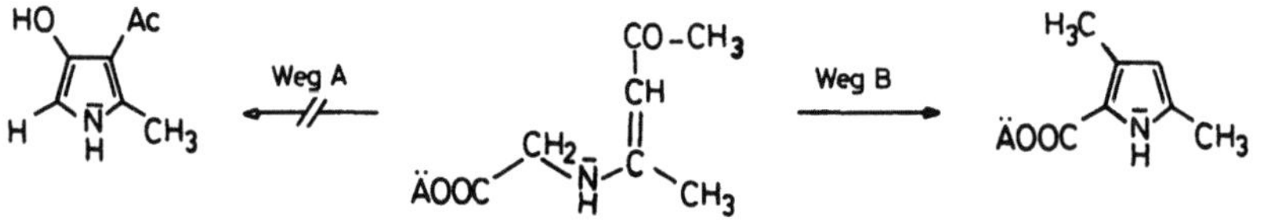

6.1.2. Anlagerung von α-Aminoketonen an Acetylen-Derivate

Für den auf S. 212 skizzierten Mechanismus der Knorrschen Reaktion spricht weiterhin die Synthese von substituierten Pyrrol-2,3-dicarbonsäureestern durch Michael-Addition von α-Amino [1059] und α-Aryl-aminoketonen [1161, 1260, 1261] an aktivierte Acetylen-Derivate (z. B. *6.58.*). Aufgrund der Isolierung der Zwischenprodukte *6.59.* [1260, 1261] und *6.60.* [1059] (entspr. *6.5.* bzw. *6.7 a.* auf S. 212) erscheint der Reaktionsverlauf *6.58.→6.61.* sehr plausibel.

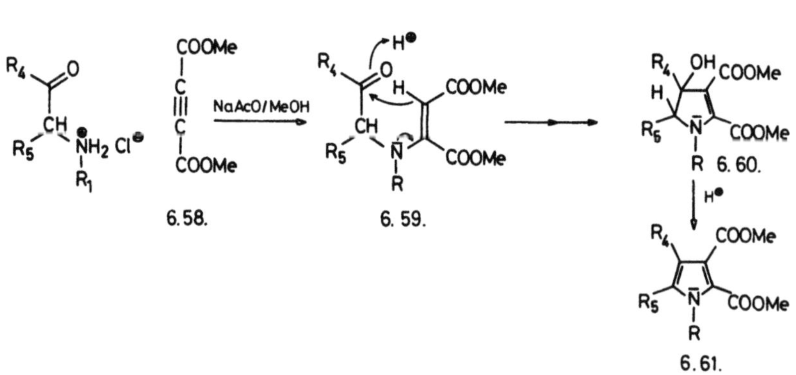

Durch Anlagerung cyclischer α-Aminoketone an Acetylendicarbonsäuredimethylester sind 4,5-Cycloalkano-pyrrol-Derivate (z. B. 4,5,6,7-Tetrahydroindol-2,3-dicarbonsäureester) zugänglich [1745].

α-(N-Dialkylamino)-ketone [2548] und -carbonsäureester [2549] reagieren ebenfalls mit aktivierten Dreifachbindungen in Dimethylsulfoxid unter Abspaltung einer der beiden N-ständigen Alkyl-Gruppen zu N-substituierten Pyrrolen bzw. N-substituierten 3-Hydroxy-pyrrolen. Letztere werden jedoch unter den angewandten Reaktionsbedingungen als (Pyrrol-3-yl-oxy)-maleinester-Derivate isoliert [2549].

6.1.3. Cyclisierung von O-Vinyloximen

Die Synthese von 2,3-Dialkoxycarbonylpyrrolen aus Acetylendicarbonsäureester ist gegenüber der Knorrschen Reaktion mit Oxalessigester nach *O. Piloty* [1821] präparativ vorteilhafter. O-Vinyloxime *(6.63.)*, die durch Michael-Anlagerung von Ketoximen (z. B. *6.62.*) an aktivierte Dreifachbindungen zugänglich sind, setzen sich thermisch – sehr wahrscheinlich über das Produkt der Hetero-Claisen-Umlagerung *6.64.* – zu Pyrrolen um (z. B. *6.65.*) [2137]. Aus Cyclohexanon-oxim ist 4,5,6,7-Tetrahydroindol-2,3-dicarbonsäureester erhältlich.

6.1.4. Reaktion von Azirinen mit Carbanionen

Zum Ringaufbau-Modus der Knorrschen Synthese gehört *formal* die Bildung von 2,4-Diphenylpyrrol durch Reaktion von 2-Phenylazirin *(6.66.)* mit dem Phenacyl-Anion [2056].

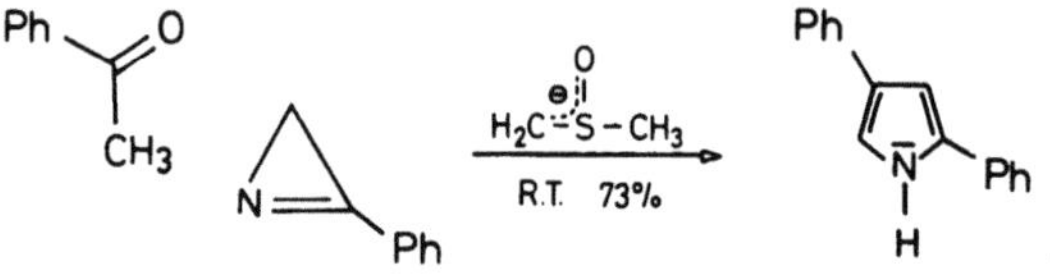

6. 66.

Das dabei wahrscheinlich intermediär auftretende α-Styryl-nitren ist vermutlich auch die reaktive Spezies bei der Bildung von 2,5-Diphenyl-pyrrol durch Dimerisierung von α-Styryl-azid [310, vgl. 2184]. Beide Reaktionen haben bisher keine präparative Bedeutung.

6.2. CN – C₃-Cyclisierung

Zu diesem Synthese-Typ gehören außer der auf S. 215 ff. erläuterten „anomalen" Knorrschen Reaktion noch die drei nachstehenden Darstellungsmethoden für Pyrrole:

6.2.1. Miller-Plöchl-Synthese

Die von *A. Treibs* und *R. Derra* [2349] untersuchte Miller-Plöchl-Synthese [1559] von *1,2-Diaryl*-pyrrolen *(6.69.)* besteht in der Umsetzung sowohl aliphatischer als auch aromatischer α,β-ungesättigter Aldehyde oder Ketone *(6.67.)* mit α-(Aryl-amino)-arylacetonitrilen *(6.68.)*.

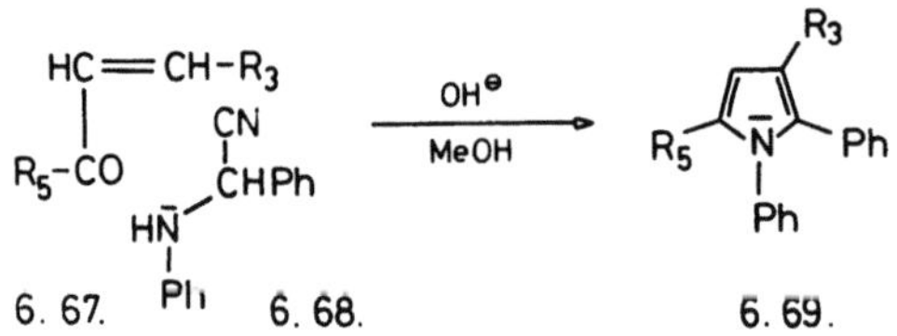

6. 67.   6. 68.   6. 69.

6.2.2. Anlagerung von N-Tosylglycinester an Vinyl-Ketone

Analog zu der Pyrrolidin-3-on-Synthese nach *R. Kuhn* und *G. Osswald* (S. 346) reagieren Alkyl-vinyl-ketone *(6.70.)* mit N-Tosylglycinester

(6.71.) unter Bildung der Hydroxypyrrolidinen *6.72.*, die durch nachträgliche Eliminierung von Wasser und p-Toluolsulfinsäure [1988] in 5-unsubstituierte Pyrrol-2-carbonsäureester *6.73.* übergeführt werden können

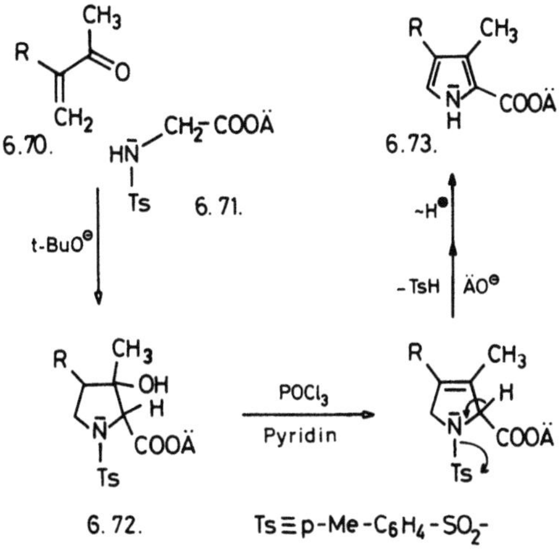

[2315]. Bei Verwendung des N-Äthoxycarbonyl-glycinesters anstelle von *6.71.* erhält man 3-Acylpyrrolidin-4-one, die sich nicht in Pyrrole überführen lassen [692].

6.2.3. Reaktion von 2-Chlorvinyl-Carbonyl-Derivaten mit Sarkosinester

Durch Umsetzung der leicht zugänglichen α,β-disubstituierten 2-Chlorvinylaldehyde *(6.74.)* [1038] oder -ketone *(6.75.)* [1039] mit Sarkosinäthylester sind einige (1-Methylpyrrol)-Derivate *(6.76.)* erhältlich. Aus Cyclopentanon und Acenaphthenon lassen sich die entsprechenden 2,3-Trimethylen- bzw. Acenaphtho-[1,2-b]-1-methylpyrrol-5-carbonsäureäthylester darstellen.

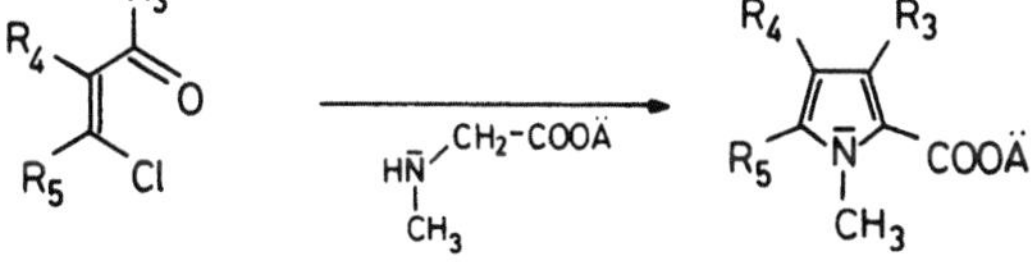

6.74. R_3 = H

6.75. R_3 = Aryl

6.76.

6.3. $N-C_2-C_2$-Cyclisierung

6.3.1. Hantzsch-Synthese

Die cyclisierende Kondensation von α-Halogen-ketonen mit 3-Oxocarbonsäureestern *(6.77.)* – evtl. auch -nitrilen [1063] – in Gegenwart von Ammoniak oder prim. Aminen [246, 459, 1596, 2143] ist als Hantzschsche Pyrrol-Synthese bekannt [1019].

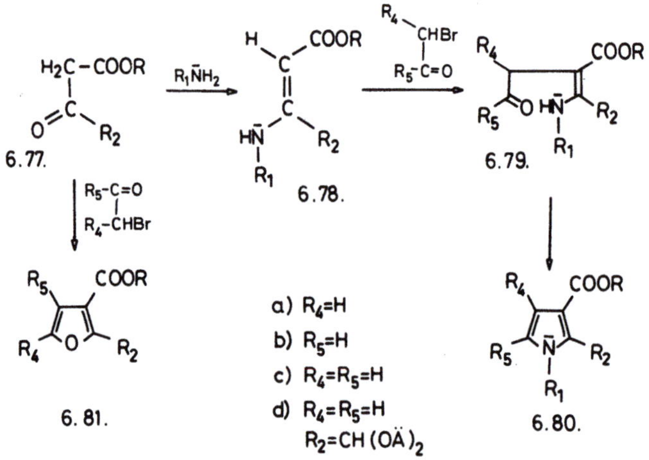

a) $R_4 = H$
b) $R_5 = H$
c) $R_4 = R_5 = H$
d) $R_4 = R_5 = H$
  $R_2 = CH(O\ddot{A})_2$

Bei der Reaktion konkurriert oft die Bildung von Furan-Derivaten *(6.81.)* nach Feist-Benary [204, 734, 735], bei denen sich die Substituenten R_4 und R_5 in der Regel vertauscht befinden. Mit tert. Aminen (Pyridin) entstehen ausschließlich Furan-Derivate [2117]. Vermutlich findet bei der Pyrrol-Synthese β-Alkylierung des primär gebildeten Enamins 6.78. statt [1751], während bei der Bildung von Furan-Derivaten die Ketol-Kondensation beider Reaktionspartner wahrscheinlicher erscheint als die früher postulierte O-Alkylierung des 3-Oxoesters durch das α-Halogenketon [664].

Bei der Hantzsch-Synthese ist jedoch manchmal die Bildung von Pyrrolen mit vertauschten Substituenten R_4 und R_5 (vgl. *6.80.*) beobachtet worden [1310]; sie hängt in einigen Fällen von den Reaktionsbedingungen ab [459].

In ihrer ursprünglichen Form eignet sich die Hantzsch-Ringsynthese zur Darstellung von 2,4,5-tri- *(6.80.)* und 2,5-dialkyl- *(6.80a.)* substituierten Pyrrol-3-carbonsäureestern [1314b, c]. Aus 2-Chlor- [2341] oder 2-Bromcyclohexanon [2149] lassen sich 4,5,6,7-Tetrahydroindol-Derivate gewinnen.

Präparativ interessanter sind jedoch die Umsetzungen mit freien [2010] oder potentiellen α-Halogen-aldehyden wie Dichloräther (1,2-Dichloräthyläthyläther) [204, 246] oder Vinylacetatdibromid (Essigsäure-1,2-dibromäthylester) [247, 2143, 2377], da sie in befriedigenden Ausbeuten den ringsynthetischen Zugang zu 5- *(6.80b.)* bzw. 4,5-unsubstituierten *(6.80c.)* 2-Alkyl- [246] und sogar 2-Formyl- (als Acetale: *6.80d.)* [247])-pyrrol-3-carbonsäureestern, -nitrilen [2241] oder -ketonen erlauben, die meist nur durch nachträglichen Abbau von Substituenten zugänglich sind.

Als Zwischenprodukt der Hantzsch-Pyrrol-Synthese schlug *G. Korschun* [1315] die Verbindung *6.79.* vor. Ein solches Enamin-keton wurde später als kristallines 2:1-Addukt von Acetylendicarbonsäuredimethylester und N-Phenylhydroxylamin erhalten [1121] und als Pyrrol-Vorläufer einwandfrei charakterisiert [2550].

6.3.2. Feist-Pyrrol-Synthese

Anstelle der α-Halogenketone reagieren *Acyloine* mit β-Aminocrotonsäureestern ebenfalls unter Bildung von Pyrrolen (Feist-Pyrrol-Synthese) [736, 1471, 1632]. Aus Enaminen cyclischer β-Dicarbonyl-Verbindungen sind 4,5,6,7-Tetrahydroindol-4-on-Derivate erhältlich [2021].

6.82.

Bei Verwendung unsymmetrischer Acyloine *(6.82.)* ist die Anordnung der Substituenten am Pyrrol-Ring die gleiche wie in den Produkten der Hantzsch-Synthese, so daß beide Reaktionen mindestens *formal* analog sind [1471]. Auf gleiche Weise reagieren auch bis-(Trimethylsiloxy)-alkene mit β-Amino-crotonsäureestern unter Bildung von Pyrrol-Derivaten [2030].

6.3.3. Pyrrol-Synthese nach C. A. Grob

Primärprodukte des Typs *6.79.* entstehen ferner durch Michael-Anlagerung von β-Alkylaminocrotonsäureestern *(6.83.)* an Nitropropen[4] (isoliert wurde das N-Benzyl-Derivat *6.84.*, $R = CH_2 - C_6H_5$ [980]) und vermutlich auch an α-Chloracrylnitril [1473]. Während die Addukte *6.84.* in der Regel unter außerordentlich milden Bedingungen spontan zu den entspr. Pyrrolen cyclisieren (Grobsche Ringsynthese [978, 980]), läßt sich als Produkt der Reaktion von *6.83.* ($R = Me$) mit α-Chloracrylnitril das Δ^2-Pyrrolin *6.85.* isolieren, das thermisch unter Abspaltung von Cyanwasserstoff in das entspr. Pyrrol-Derivat übergeführt werden kann.

Dementsprechend ist aus dem Adukt des Cyclohexanonenamins *6.86.* und α-Chloracrylnitril das N-substituierte 4,5,6,7-Tetrahydroindol *6.87.* zugänglich [1473].

---

[4] Statt des labilen Nitropropens läßt sich 1-Nitro-2-acetoxypropan in die Reaktion einsetzen.

Die Pyrrol-Ringsynthese nach *C. A. Grob et al.* eignet sich nicht zur Darstellung N-unsubstituierter Derivate. Diese können jedoch in einigen Fällen durch Hydrogenolyse N-ständiger Benzyl-Gruppen erhalten werden [980].

6.3.4. Piloty-Synthese

1910 entdeckte *O. Piloty* [1820] die durch Zinkchlorid katalysierte Umsetzung des Diäthylketazins (*6.88.*, R = Ä, R′ = Me) in 2,5-Diäthyl-3,4-dimethyl-pyrrol. Später wiesen *G. M. Robinson* und *R. Robinson* [1993] auf die Analogie dieser Reaktion zu der E. Fischerschen Indol-Synthese (vgl. *6.88.→6.89.* [1991]) hin. Die Umlagerung von Azinen findet unter milder Säurekatalyse statt[5] und eignet sich sowohl zur Darstellung von symmetrisch substituierten α,α′- oder β,β′-Di- sowie Tetraalkyl-pyrrolen [1267, 1989, 2226] als auch (durch Verwendung von N-Methyl- [437, 439, 851] oder N,N′-Dimethyl-hydrazin [438, 851, 2257]) von deren entsprechenden N-Methyl-Derivaten.

Aus Cyclohexanon erhält man 1,2,3,4,5,6,7,8-Octahydrocarbazol (*6.90a.*) [1319, 1990] bzw. dessen N-Methyl-Derivat *6.90b.* [438, 439, 851, 2085, 2257], aus polycyclischen Ketonen entspr. Octahydrocarbazol-Derivate [438, 851, 2257].

Mit der Bildung von Pyrrolen aus Azinen konkurriert diejenige von Δ^2-Pyrazolinen [438, 851, 1993]. Die Spezifität der Reaktion hängt

---

[5] Die höchstwahrscheinlich über freie Radikale verlaufende *Pyrolyse* von Ketazinen [2427, 2428] ist zur Darstellung von Pyrrol-Derivaten weniger geeignet.

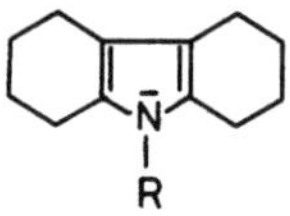

$$6.90.$$
$$a) R = H,$$
$$b) R = CH_3$$

von der Azinstruktur ab: Allgemein liefern Acetaldazin und Azine von *Methyl*-alkyl-ketonen ausschließlich Δ^2-Pyrazoline, höhere homologe Pyrrole als Hauptprodukte [2226].

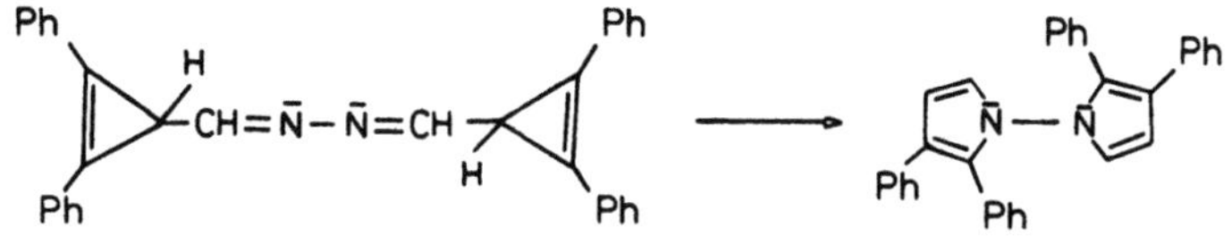

$$6.91. \qquad 6.92.$$

Überraschenderweise lagert das Azin *6.91.* durch Erwärmen in Gegenwart von Cu(I)stearat zum 1,1-Dipyrrol-Derivat *6.92.* um [1309].

6.4. CNC – C_2-Cyclisierung

6.4.1. [$_\pi2,_\pi3$]-Dipolare Cycloaddition

Die von *R. Huisgen u. Mitarb.* erarbeitete Methode der dipolaren [$_\pi2,_\pi3$]-Cycloaddition ist in letzter Zeit zu einer brauchbaren und variationsfähigen Pyrrol-Ringsynthese entwickelt worden.

Pyrrole sind entweder direkt oder über Pyrrolin-Derivate durch dipolare Cycloaddition von Nitril- oder Azomethin-Yliden bzw. mesoionischen Verbindungen, die formal das Bindungssystem der Azomethin-Ylide enthalten, nämlich Oxazolium- [957, 1119] oder Thiazolium-oxide (vgl. *6.106.*) [1875] sowie Imidazolium-imine, (vgl. *6.107.*) [1877] an Dipolarophile zugänglich.

Die Addition von Nitril-Yliden (vgl. *6.101.*) [1115, 1117] oder Azlactonen (vgl. *6.104.*) [1118] an aktivierte Doppelbindungen führt zu Δ^1-Pyrrolinen, die nachträglich leicht mit Chloranil, Palladium oder Selendioxid [1698] zu Pyrrolen [48 bis 92% d. Th.) dehydriert werden können. Ebenso lassen sich die durch Anlagerung der reaktionsfreudigen 3substi-

tuierten Azlacton-Derivate (vgl. *6.103.*) – sog. Münchnone (s. unten)
– an Alkene erhaltenen Δ^2-Pyrroline in Pyrrol-Derivate überführen [956].

Aus Aziridinen (z. B. *6.93.*), die durch thermisch- oder lichtinduzierte
[116, 1698] elektrocyclische Ringöffnung in Azomethin-Ylide übergehen,

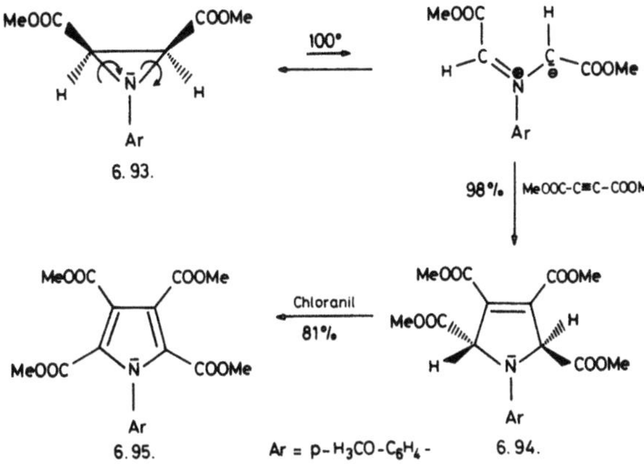

sind durch 1,3-dipolare Cycloaddition an Alkine (darunter Acetylen
[1117]) oder an 2,3-Diphenylcyclopropenon *(6.96.)* [1432] und nachträgliche Oxydation der erhaltenen Δ^3- (selten Δ^2-)-Pyrroline (z. B. *6.94.*
oder *6.97.*) mehrere 1,2,5-Triaryl- [1051] sowie N-*unsubstituierte* und

N-Alkyl-2-aroyl-5-aryl-[1052, 1733, 1734], 1-Aryl-2,5-diäthoxycarbonyl-
(z. B. *6.95.*) [1116, 1117], 1-Alkyl-5-aryl-2-äthoxycarbonyl- [2557] und
2-(2-Thienyl)-5-aroyl-[1433, 1434] substituierte Pyrrole dargestellt worden. Aus dem Aziridin-Abkömmling *6.98.* sind substituierte 3,3-Dimethyl-2-aza-3H-pyrrolizin-Derivate *(6.99.)* zugänglich [1052].

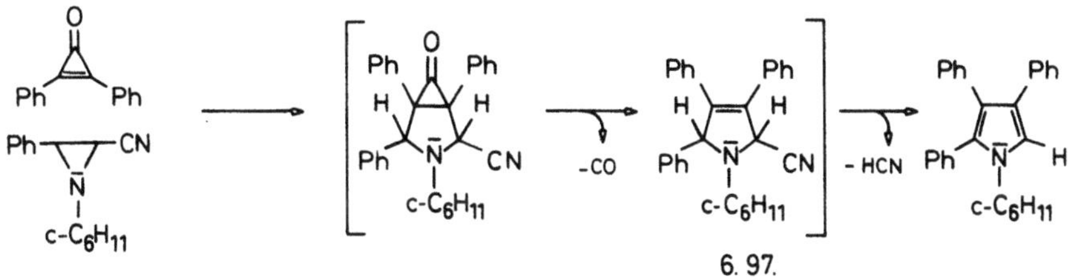

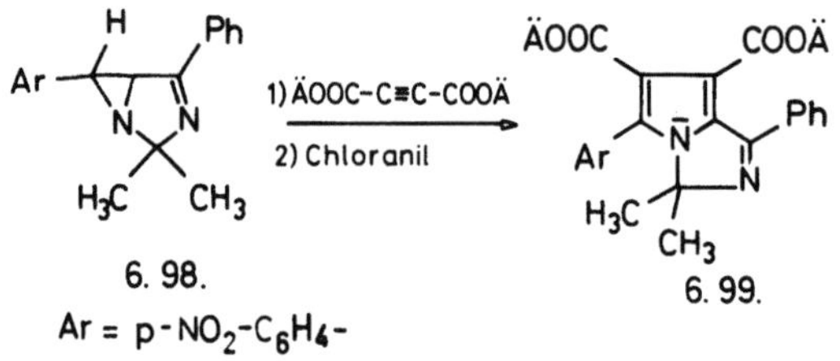

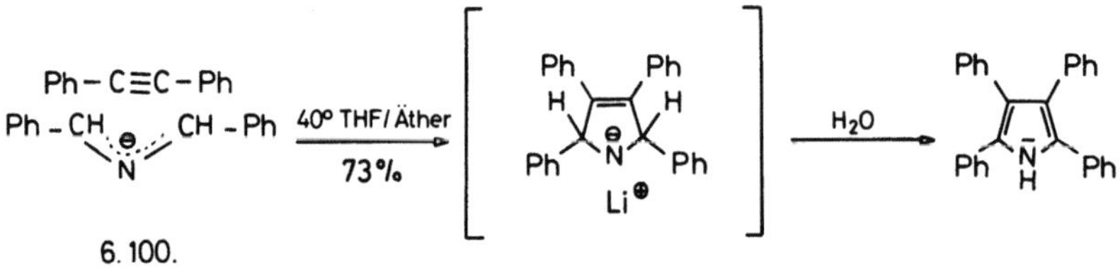

6. 98.

Ar = p-NO$_2$-C$_6$H$_4$-

6. 99.

6. 100.

Spontane Oxydation der primär gebildeten Pyrroline zu Pyrrolen ist gelegentlich bei der Cycloaddition von Azomethin-Yliden [1733, 1734] sowie bei der wahrscheinlich mechanistisch analogen Reaktion des 2-Aza-allyl-Anions *6.100.* mit Tolan [1238] beobachtet worden. Die Bereitschaft für die Cyclisierung zum Pyrrolin-Derivat hängt jedoch sehr eng mit der Art der Substituenten am Aziridinring zusammen; u. U. können analog substituierte Aziridine unter gleichen experimentellen Bedingungen konstitutiv ganz verschiedene Reaktionsprodukte ergeben [1432, 1733, 1734].

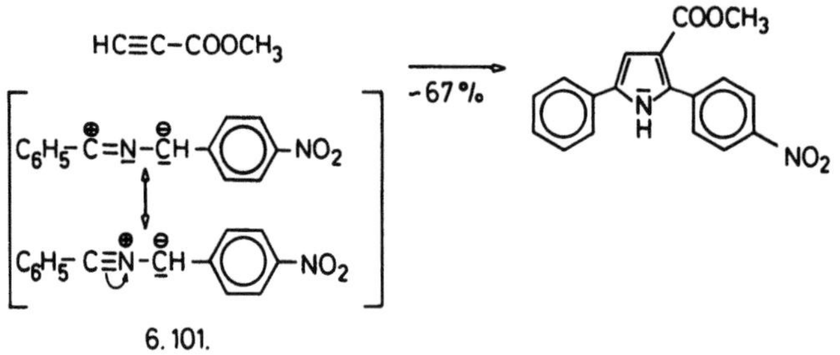

6. 101.

Direkt lassen sich Pyrrol-Derivate durch Cycloaddition von Nitril-Yliden (z. B. *6.101.*) [1115, 1117] oder Azlactonen u. ä. (s. unten) an Dreifachbindungen gewinnen.

Bei der Bildung von α-(Isoquinol-1-yl)-pyrrol-Derivaten durch säure-katalysierte Reaktion von Reissert-Verbindungen mit Acrylnitril [713], 1,1-Diphenyläthylen [1464, vgl. 1465] oder Vinyl-pyridinen [924] handelt es sich wahrscheinlich auch um [$_\pi$2,$_\pi$3]-Dipolare Cycloadditionen intermediär auftretender mesoionischer Zwischenprodukte [713].

Die aus α-Aminosäuren leicht zugänglichen arylsubstituierten Δ^2-Oxazolin-5-one (Azlactone) *(6.104.)* reagieren über die mesoionischen tautomeren Oxazolium-5-oxide *(6.102.)*, die das Bindungssystem eines Azomethin-Ylids enthalten, mit Acetylendicarbonsäuredimethylester zu 3,4-Pyrroldicarbonsäureestern *(6.105 a.)* [182, 1052, 1733]. Die 1,3-dipolare Cycloaddition von *6.104.* an Propiolsäuremethylester führt zu 2,5-disubstituierten Pyrrol-3-carbonsäuremethylestern mit unbesetzter 3-Ringstellung *(6.105 b.)*, wobei jedoch die Addition von Azlactonen mit *verschiedenen* Substituenten (R$_2$ ≠ R$_5$) in der Regel *nicht* regiospezifisch ist [182].

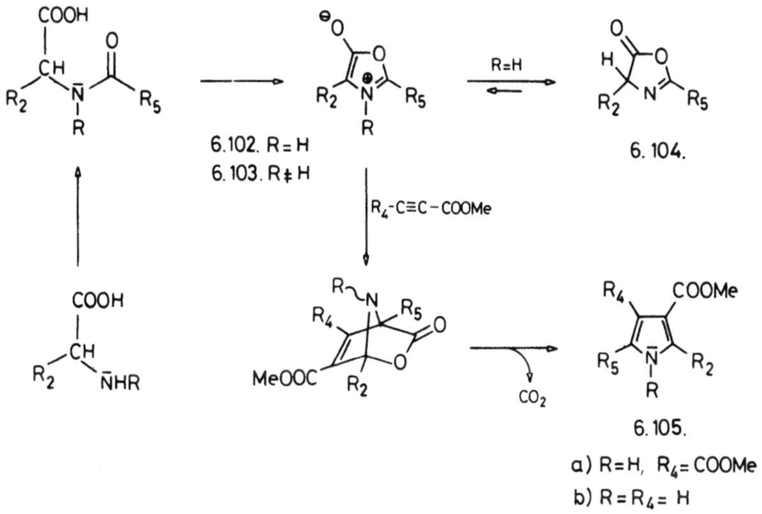

Daß Azlactone unter Beteiligung des dipolaren Tautomeren *6.102.* reagieren, wird durch die hohe Reaktivität der mesoionischen „Münchnone" (3-substituierte 2,4-Diaryl-oxazolium-5-oxide) *(6.103.)* bestätigt. Diese setzen sich bei 0–130 °C mit Alkinen (Acetylen und dessen Alkyl-, Aryl- oder Acyl-Derivaten sowie Acetylendicarbonsäureestern) glatt zu N-substituierten Pyrrolen *(6.105.)* um [308, 957, 1119].

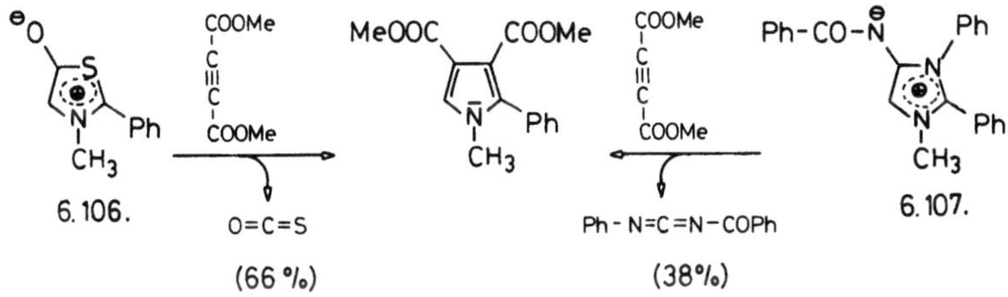

Zahlreiche N-Acyl-α-aminosäuren, bei denen die Isolierung des Oxazolium-5-oxids nicht gelingt, lassen sich *in situ* an Alkine zu den entsprechenden Pyrrol-Derivaten cycloaddieren, wenn man sie mit Acetanhydrid in Gegenwart des Dipolarophils behandelt [1119, 1876].

Nach demselben Mechanismus verläuft die Pyrrol-Synthese durch 1,3-dipolare Cycloaddition von Thiazolium-oxiden *(6.106.)* [1875] oder Imidazolium-iminen *(6.107.)* an Acetylendicarbonsäureester unter Abspaltung von Carbonylsulfid bzw. N,N'-substituierten Carbodiimiden.

6.4.2. Pyrrole aus α-Diketonen

Bei der Kondensation von α-Diketonen mit Aminen des Typs *6.108.*, die zwei aktivierte Methylen-Gruppen tragen, in Gegenwart von Kalium-tert-Butylat [625] oder Natriummethylat [848] entstehen *penta-substituierte* Pyrrol-Derivate.

$$6.108.\ a)\ R_2 = R_5 = COOR$$
$$b)\ R_2 = R_5 = CN$$

Die Wahl der Substituenten unterliegt folgenden Einschränkungen:

1. Um die Bildung von Isomeren-Gemischen zu vermeiden, muß mindestens *ein* Reaktionspartner symmetrisch substituiert sein.

2. Die Reaktion ist bisher nur mit Benzil und einigen substituierten Benzilen sowie Oxalsäureester durchgeführt worden [625, 848]. Aliphatische α-Diketone lassen sich nicht in die entsprechenden Pyrrole überführen [848]. Oxalsäuredimethyl- (od. diäthyl-)ester reagiert unter Bildung von 3,4-Dihydroxypyrrolen (S. 348) in guten Ausbeuten.

3. In die Reaktion können neben N-Alkyl- und N-Aryl-aminen auch N-Acyl-Derivate eingesetzt werden. Methylenkomponenten, bei denen eine freie NH-Gruppe vorliegt, erwiesen sich als ungeeignet. N-freie Pyrrole sind jedoch aus den nach diesem Verfahren darstellbaren N-Acyl-Derivaten durch nachträgliche Hydrolyse der Acyl-Gruppe zugänglich (vgl. S. 260).

4. Als aktivierende Gruppen für die Methylen-Komponente eignen sich Carbonsäureester, Cyan- oder Benzoyl-Gruppen. Ein Nachteil bei der Anwendung von Amino-diessigestern *(6.108a.)* in Gegenwart von Kalium-tert-Butylat besteht jedoch darin, daß *während* der Bildung des Pyrrol-Ringes Hydrolyse und Umesterung sowie Decarboxylierung eintritt, so daß stets mehrere Pyrrol-Derivate nebeneinander entstehen. Bei Verwendung von bis-(Cyanmethyl)-aminen *(6.108b.)* erhält man meist die entspr. 2-Cyan-pyrrol-5-carbonsäureamide in 60- bis 80% Ausbeute [625].

Diese Befunde deuten darauf hin, daß die Reaktion nach dem bekannten Mechanismus der analogen Hinsberg-Thiophen-Synthese [2575] abläuft.

6.4.3. Pyrrole durch Anlagerung von Tosylmethylisocyanid an aktivierte Doppelbindungen

Eine wichtige Methode zur Darstellung von 1,2,5-unsubstituierten Pyrrol-Derivaten *(6.109.)* stellt die basenkatalysierte Anlagerung von Tosylmethylisocyanid an α,β-ungesättigte Ketone, Ester oder Nitrile dar [2451]. Für die Reaktion eignen sich u. a. Methylvinylketon, Chalkon, Acryl-, Croton- und Zimtsäureester bzw. deren entspr. Nitrile sowie Dibenzoyläthylen und Malein- (oder Fumar-)säureester. Acrolein reagiert dagegen unter Bildung eines 2-Oxazolins.

$$R'-CH=CH-COR$$

$$Tos-CH_2-N=C\,{\shortmid}$$

$$\xrightarrow[-\,TosH]{Base}$$

6.109.

$$Tos \equiv p\text{-}CH_3\text{-}C_6H_4\text{-}SO_2\text{-} \qquad (R=Me, Ph, OMe\ bzw.\ CN\ statt\ COR)$$

6.5. N – C$_4$-Cyclisierung

6.5.1. Pyrrole aus Butan-Derivaten

Aus Butan-Derivaten sind nur wenige Pyrrole dargestellt worden: 1-Phenyl- und 1-Benzyl-pyrrol sind durch Reaktion von α,α'-Dibromadipinsäuredinitril [2358] sowie 1,2,3,4-Tetrabrom-butan [2365] mit den entspr. Aminen erhalten worden. Analog lassen sich N-arylsubstituierte Pyrrole durch Reaktion von 1,2-Dibrom-3,4-epoxybutan mit *aromatischen* Aminen darstellen [2493].

6.5.2. Pyrrole aus Butadien-Derivaten

Die Cyclisierung von Butadien zu Pyrrol ist im Zusammenhang mit dessen Bildung aus Acetylen und Ammoniak untersucht worden [2090]. Die maximale Ausbeute an Pyrrol bei der Reaktion von Butadien mit Ammoniak in der Dampfphase bei 600 °C in Gegenwart eines Cadmium-Aluminium-Katalysators beträgt 6 % d. Th.; sie ist somit als präparative Methode nicht geeignet.

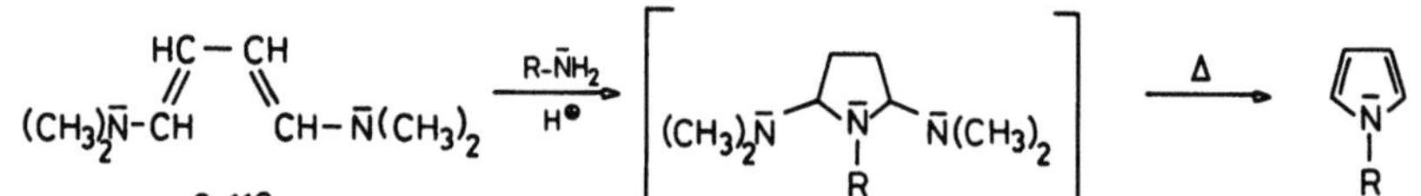

6. 110.

Bei der Reaktion von 1,4-Dijodtetraphenylbutadien mit Dinatriumanilid entsteht Pentaphenylpyrrol in nur 9proz. Ausbeute [316]. Dagegen reagiert das 1,4-bis-(Dimethylamino)-1,3-butadien *(6.110.)* bei 30 bis 90 °C mit primären Aminen glatt zu den entspr. N-substituierten Pyrrolen [733].

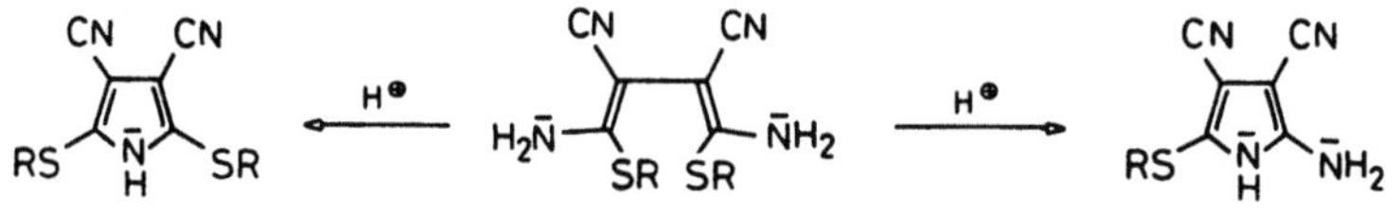

6. 113.

6. 111.

6. 112.

$R = CH_2-CH_2OH$

$R = Me, Ä$

$R = CH_2-CH_2OH$

$R = Ph$

Bei Behandlung mit Mineralsäuren cyclisieren die durch basenkatalysierte Anlagerung von Mercaptanen an Tetracyanäthan leicht zugänglichen 1,4-Diaminobutadien-Derivate *6.111.* zu 3,4-Dicyanpyrrolen. Interessanterweise hängt die Konstitution des Pyrrol-Derivats *(6.112.)* oder/und *(6.113.)* sowohl vom verwendeten Mercaptan, als auch von der Säure-Konzentration ab [1543].

6.5.3. Pyrrole aus 3,6-Dihydro-2H-1,2-oxa (bzw. thia)zin-Derivaten

Die Ringsynthese von Pyrrolen aus 1,3-Dienen gelingt auch auf indirektem Wege, und zwar durch Behandlung mit Basen (in einigen Fällen durch Chromatographie an basischem Aluminiumoxid [1332]) der entspr. Diels-Alder-Addukte von Nitroso-Verbindungen *(6.114.)* [767, 757, 1329, 1330, 1331], Sulfinylanilinen *(6.117.)* [1995] oder N-Aryl-N'-phenylsulfonylschwefel-diimiden *(6.118.)* [1394].

6.114.   6.115.   6.116.

R$_1$=Aryl oder H

6.117. Y= O
6.118. Y= N-SO$_2$-C$_6$H$_5$

6.119. R ≠ OH oder COOH

Der wesentliche Reaktionsschnitt *im erstgenannten Fall* ist die Aufspaltung des Dihydro-1,2-oxazin-Ringes zur γ-Amino-carbonyl-Verbindung *6.115.*, die spontan zum *isolierbaren* Δ^3-Pyrrolin *(6.116.)* cyclisiert [757]. Voraussetzung dafür ist eine ausreichende Acidifizierung des Protons am C-6 des Dihydrooxazin-Derivats durch 6ständige Substituenten wie R$_2$ = − COOR, − CH = CH − COOR [756], Pyridil-(π-Mangel-Heterocyclus!) [757] oder − COR [1330].

Das Vorhandensein elektronenziehender Substituenten ist dagegen weder bei der thermischen oder säurekatalysierten [1308] noch bei der photochemischen (S. 156) Umwandlung von 2-Aryl-dihydro-1,2-oxazinen *(6.114.)* in Pyrrol-Derivate erforderlich (vgl. S. 255).

Bei der Ringverengung der 3,6-Dihydro-1,2-thiazin-Derivate *6.117.* und *6.118.* zu 1-Aryl-2,5-unsubstituierten Pyrrolen *(6.119.)* handelt es sich um formal analoge Reaktionen, die jedoch vermutlich reaktionsmechanistisch anders verlaufen [1394, 1995].

6.5.4. Pyrrole aus Butadiin-Derivaten

Präparativ interessant ist die Darstellung von Pyrrol sowie 1,2- und 2,5-di- bzw. 1,2,5-tri-substituierten Pyrrolen durch die cyclisierende Kondensation von Butadiin und mono- oder disubstituierten Butadiinen mit Ammoniak und primären aliphatischen oder aromatischen Aminen in Gegenwart katalytischer Mengen Kupfer(I)-chlorid bei 140–160 °C [1467, 1468, 2105]. Ohne Katalysator entstehen unter gleichen Bedingungen Pyridin-Derivate [430]. Die Umsetzung mit Ammoniak verläuft besser mit 1-Methoxybuten-3-in anstelle des unbeständigen Butadiins. Die Ausbeute an Pyrrol beträgt 69%. Die Reaktion besteht höchstwahrscheinlich aus zwei hintereinander ablaufenden Additionen der Amino-Gruppe des freien Amins bzw. des (hypothetischen) Enamins 6.121. an die Dreifachbindungen des Butadiin-Derivats 6.120. Alicyclische α-Propargylenamine lassen sich zu 4,5,6,7-Tetrahydroindol-Derivaten cyclisieren [2104].

Tetraine mit je zwei konjugierten Dreifachbindungen führen nur dann zu *bis*-Pyrrol-Verbindungen, wenn die beiden Butadiin-Molekülteile durch eine aliphatische Kohlenstoff-Kette mit mehr als drei Methylen-Gruppen oder durch einen Benzol-Ring voneinander getrennt sind [2107].

6.5.5. Pyrrole aus α-Alkin-epoxiden

Reaktionsmechanistisch analog [1777] ist die Umsetzung von α-Alkin-epoxiden *(6.122.)* und einigen ihrer Trimethylsilyl-Derivate [1791] sowohl mit Ammoniak, primären[6] Alkyl- oder Aryl-aminen [55, 1776, 1777, 1778, 1779, 1784, 1791], als auch mit Cycloalkyl- [1130] oder Allyl-aminen [1782] sowie Glycin [1129] bei 100 bis 180 °C unter Bildung von Pyrrolen. Mit Hydrazin oder N,N-Dimethylhydrazin entstehen N-Aminopyrrole [1780]. Aus Diacetylen-epoxiden sind 4-Propinyl-pyrrole [1788, 1789], aus 3-Buten-1-inyl-epoxiden 2-Vinylpyrrol-Derivate [1776, 1777] erhältlich.

Als Nebenprodukte bei der Reaktion von α-Alkin-epoxiden mit Amino-Verbindungen lassen sich Cyclopentadien-Derivate [1785] isolieren, als Zwischenprodukte α-Amino-α'-acetylen-alkohole *6.123.*, die unter den Reaktionsbedingungen zu Pyrrolen unter Wasserabspaltung cyclisieren [1776, 1783, 1787].

6.5.6. Pyrrole aus α-Propargyl-ketonen

α-Propargyl-ketone *(6.124.)* kondensieren mit Ammoniak oder prim. Aminen unter Bildung von Pyrrol-Derivaten [1951] (vgl. S. 341). Überra-

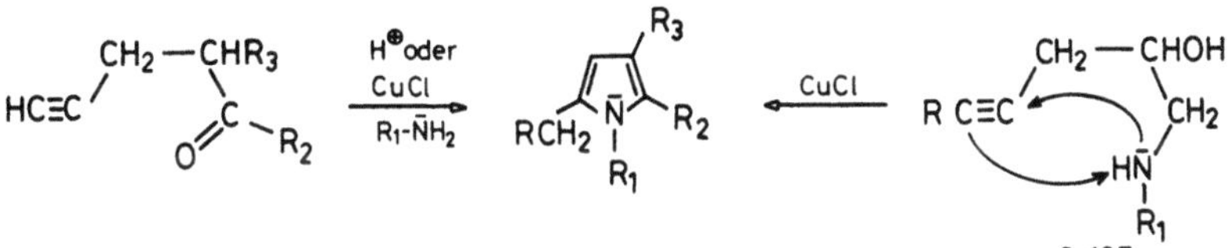

schenderweise richtet sich hierbei – sowie bei der gewissermaßen analogen Kupfer(I)-chlorid-katalysierten Cyclisierung von Aminomethyl-propargyl-carbinolen *(6.125.)* [1790] – der nucleophile Angriff der Amino-Gruppe auf das *innere* Kohlenstoffatom der Dreifachbindung (vgl. *6.121.*).

6.5.7. Pyrrole aus Allen-Derivaten

Bisher wenig untersucht ist die Bildung von Pyrrol-Derivaten aus β-Allen-aminen [662] sowie aus 1-Halogen-3-aminomethyl-allenen [1878, 2470].

---

[6] Auch sekundären [1128, 1781, 1782, 1783, 1784].

6.5.8. Pyrrole aus α,β-ungesättigten γ-Amino-ketonen

Bei sämtlichen Versuchen zur Darstellung von α,β-ungesättigten γ-Amino-ketonen *(6.126.)* durch
Oxydation der entspr. Alkohole *6.127.* [2077],
selektive Hydrierung der entspr. α,β-ungesättigten Nitro-Verbindungen *6.128.* [2132, 2133] oder durch
Reaktion von α,β-ungesättigten γ-Chlorketonen *6.129.* [2018] sowie γ-Brommethyl-chalkonen *6.130.* [1735, 1737, 1998] mit Ammoniak oder primären Aminen

sind Pyrrole – offensichtlich als Produkte der spontanen Cyclisierung der intermediär gebildeten α,β-ungesättigten γ-Amino-ketone [1998] – isoliert worden (vgl. S. 335).

Frühere Versuche [2101] mit 4-Alkyl-4-brom-1-phenyl-2-buten-1-onen ergaben vermutlich auch Pyrrole, die jedoch nicht einwandfrei charakterisiert werden konnten. α,β-ungesättigte γ-Amino-ketone sind ferner bei manchen Pyrrol-Synthesen (S. 235) sowie -Photosynthesen (S. 157) vorgeschlagen worden.

6.5.9. Pyrrole aus Butadien-Sultamen

α,β-ungesättigte Ketone des Typs *6.131.* lassen sich über die 1,3-Butadien-(1,4)-sultone *6.132.* in die entspr. Sultame *6.133.* überführen, deren Pyrolyse bei max. 300 °C Pyrrol-Derivate in guten Ausbeuten liefert [1054, 1055, 1057]. Unter anderen lassen sich 4,5,6,7-Tetrahydroindol-Derivate mit Hilfe dieser Methode synthetisieren.

6.131.   6.132.   6.133.

6.5.10. Paal-Knorr-Synthese

Die Paal-Knorr-Ringsynthese von Pyrrol besteht in der cyclisierenden Kondensation von γ-Diketonen (z. B. *6.134.*) oder γ-Dialdehyden (s. unten) mit primären Aminen oder Ammoniak. Sie stellt ein weitgehend allgemeines Verfahren zur Darstellung von Pyrrol-Derivaten dar, das mit wenigen Ausnahmen praktisch nur durch die Zugänglichkeit der Edukte beschränkt ist. Die Ausbeuten sind in der Regel gut und können

6. 134.

u. U. durch Katalyse mit Titantetrachlorid gesteigert werden [322]. Umsetzungen mit Ammoniak werden durch Zufuhr geringer Mengen Kohlendioxid begünstigt [327]. Statt Ammoniak läßt sich Formamid verwenden [2260]. Durch Reaktion mit Hydroxylamin [1291, 1922, 2027, 2222], Hydrazin [710, 1156, 1315a, 1341, 1978, 2326] oder Hydraziden [277, 707, 708, 1249, 1983, 2475] sind N-Hydroxy- (S. 336) und N-Aminopyrrol-Derivate (S. 332) zugänglich.

Tabelle 6.1. 1,4-Dicarbonyl-Verbindungen, aus denen Pyrrolderivate mittels der Paal-Knorr-Synthese dargestellt worden sind

| R_1 | $R_1-CO-CHR_2-CHR_3-CO-R_4$ | | | |
R_1	R_2	R_3	R_4	Lit.
H	H	H	H	[1026]
H	CH_3	CH_3	CH_3	[1249]
H	$COOC_2H_5$	H	CH_3	[1192a]
H[a]	$COOC_2H_5$	H	$COOC_2H_5$	[1192b]
H[b]	$COOC_2H_5$	$COOC_2H_5$	H	[1313, 1701, 1802, 1804, 2072]
H[b]	$COOC_2H_5$	$COOC_2H_5$	$COOC_2H_5$	[1646, 1802, 1804, 2072]
CH_3	H	H	CH_3	[248, 322, 327, 369, 370, 371, 374, 428, 574, 922, 1008, 1043, 1280, 1981a, 1982, 2100, 2256, 2576]
CH_3	Cl	H	CH_3	[327]
CH_3	OH	H	CH_3	[582]
CH_3	CH_3	H	CH_3	[744]
C_2H_5	H	H	C_2H_5	[327, 744]
n-C_3H_7	H	H	CH_3	[744]
CH_3	C_2H_5	H	CH_3	[744]
CH_3	CH_3	CH_3	CH_3	[327, 1089]
CH_3	H	$COOC_2H_5$	CH_3	[16, 273, 274, 436, 574, 1315a, 2326]
$C(CH_3)_3$	H	H	CH_3	[1665]
CH_3	i-C_3H_7	H	CH_3	[744]
CH_3	$CO-CH_3$	$CO-CH_3$	CH_3	[319, 2604]
$COOC_2H_5$	H	H	$COOC_2H_5$[c]	[1341]
O=⟨pyrrolidinon⟩=CH–	H	H	CH_3	[2337]
O=⟨pyrrolidinon⟩=CH–	H	CH_3	CH_3	[2337]
C_6H_5	H	H	CH_3	[370, 371, 373, 374, 1729, 1981a, 1982]
$COOC_2H_5$	$COOC_2H_5$	H	CH_3	[11, 92, 1192a, 1800]
(Pyrrol-2-yl-)	H	H	(Pyrrol-2-yl-)	[456, vgl. 451]
p-$CH_3-C_6H_4$	H	H	CH_3	[373]

CH_3	$COOC_2H_5$	$COOC_2H_5$	CH_3	[239, 274, 322, 359, 1056, 1289, 1290, 1643, 2260]
$C(CH_3)_3$	H	H	$C(CH_3)_3$	[1920, 1921]
CH_3	$CO-CH_3$	H	C_6H_5	[2210]
C_6H_5	H	$COOC_2H_5$	CH_3	[1113, 1378]
$[CH_2]_4-CN$	H	H	$[CH_2]_4CN$	[277]
C_6H_5	H	H	$[CH_2]_2-COOCH_3$	[556, 1100, vgl. 1246]
$[CH_2]_2-COOC_2H_5$	H	H	$[CH_2]_2-COOC_2H_5$	[1144, 1145]
$[CH_2]_4-COOH$	H	H	$[CH_2]_4-COOH$	[712]
C_6F_5	H	H	C_6F_5	[168]
$p\text{-}Br-C_6H_4$	H	H	$p\text{-}Br-C_6H_4$	[2100]
C_6H_5	H	H	C_6H_5	[62, 371, 877, 1333, 1722, 1759, 1982, 2100, 2576]
$COOC_2H_5$	$COOC_2H_5$	$COOC_2H_5$	$COOC_2H_5$	[2072, 2464]
C_6H_5	$CO-CH_3$	H	C_6H_5	[2210]
CH_3	C_6H_5	C_6H_5	CH_3	[327]
$p\text{-}CH_3-C_6H_4$	H	H	$p\text{-}CH_3-C_6H_4$	[2100]
(Pyrid-2-yl-)	$COOC_2H_5$	$COOC_2H_5$	(Pyrid-2-yl-)	[1049]
$C_6H_5-CH_2-CH_2$	CN	H	$CH_2-CH_2-C_6H_5$	[1063]
C_6H_5	C_6H_5	H	C_6H_5	[1391, 1637, 2300]
C_6H_5	$CO-C_6H_5$	H	C_6H_5	[2210]
$p\text{-}Cl-C_6H_4$	$p\text{-}ClC_6H_4$	H	$p\text{-}CH_3O-C_6H_4$	[1637]
C_6H_5	C_6H_5	H	$p\text{-}CH_3-C_6H_4$	[1637]
C_6H_5	C_6H_5	H	$p\text{-}CH_3O-C_6H_4$	[1637]
$3,4\text{-}(CH_2O_2)C_6H_3$	$3,4\text{-}(CH_2O_2)C_6H_3$	H	C_6H_5	[1637]
$p\text{-}(CH_3)_2N-C_6H_4$	$p\text{-}Cl-C_6H_4-$	H	C_6H_5	[1637]
(Adamant-1-yl-)	H	H	(Adamant-1-yl-)	[2234]
$3,4\text{-}(CH_2O_2)C_6H_3$	$3,4\text{-}(CH_2O_2)C_6H_3$	H	$p\text{-}CH_3OC_6H_4$	[1637]
C_6H_5	C_6H_5	H	(2-Naphthyl-)	[1637]
C_6H_5	C_6H_5	C_6H_5	C_6H_5	[1962]
$p\text{-}(CH_3)_2N-C_6H_4$	C_6H_5	H	(2-Naphthyl-)	[1637]
$p\text{-}(C_2H_5)_2N-C_6H_4$	C_6H_5	H	(2-Naphthyl-)	[1637]

[a] Als Diäthylketal.

[b] Als Diäthylacetal.

[c] $\alpha\text{-}\alpha'$-Dioxoadipinsäurealkylester liegen hauptsächlich als tautomere α,α'-Dihydroxymuconsäureester vor.

Zahlreiche z.T. pharmakologisch interessante[7] [369, 371, 372, 428, 1943, 1982, 1983, 1984, 1985, 2146, 2286, 2576] Pyrrol-Derivate sind nach der präparativ einfachen Paal-Knorr-Methode aus 1,4-Diketonen dargestellt worden (s. Tabelle 6.1.). Besonders das reaktionsfreudige Acetonylaceton, das sich nach dem von *W. S. Bishop* [248] angegebenen Verfahren quantitativ mit Mono- und Diaminen umsetzt, ist immer wieder zur Darstellung von 2,5-Dimethylpyrrolen – darunter sterisch hoch gespannten Derivaten [322, 366] – mit den verschiedensten aliphatischen, aromatischen [922, 923, 2255] oder heterocyclischen [922, 1104, 1557, 2601] N-ständigen Substituenten herangezogen worden. Durch Kondensation mit Ammoniak erhält man 2,5-Dimethylpyrrol in 81 bis 86proz. Ausbeute [2599]. Durch Umsetzung mit N-Aminophthalimid und anschließende Hydrazinolyse des Reaktionsproduktes bzw. durch Kondensation mit 1,1-disubstituierten Hydrazinen lassen sich 1-Amino-2,5-dimethylpyrrol (Gesamtausb. = 62 % d. Th.) [705] sowie einige seiner Derivate [322] darstellen.

6. 135.

Nicht nur offenkettige, sondern auch alicyclische Ketone eignen sich für die Paal-Knorr-Reaktion: 2-Acylmethyl-Derivate des Cyclopenta- und Cyclohexanons [337, 707, 708, 710, 744, 2466, 2467] sowie des Cyclohexan-1,3-dions [1953, 2233, 2235] lassen sich zu den entspr. 2,3-Polymethylenpyrrol-Derivaten (z. B. *6.135.*) umsetzen. Aus höhergliedrigen alicyclischen γ-Diketonen sind [6] (2,4)- [862], [8] (2,5)- [1672] sowie [9] (2,4)-Pyrrolophane [311] *(6.136., 6.137.* bzw. *6.138a.)* synthetisiert worden. Das Derivat *6.138b.* wurde als Vorläufer zur Totalsynthese des Metacycloprodigiosins (S. 201) dargestellt [2487].

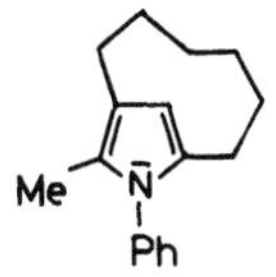

6.136.

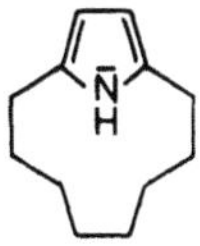

6.137.

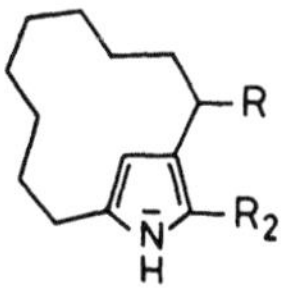

6.138. a) $R_2 = Me$ $R = H$

b) $R_2 = H$ $R = \ddot{A}$

6.139.

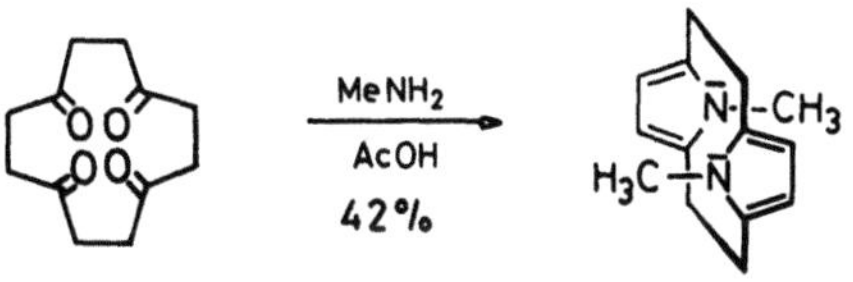

MeNH₂ / AcOH / 42%

6.140.

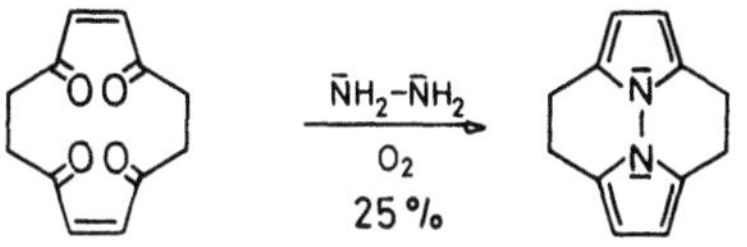

6.141.

$\bar{N}H_2-\bar{N}H_2$ / O₂ / 25%

6.142.

Ferner sind 1,4,7,10-Cyclododecatetraon *(6.139.)* [1763] und dessen 2,3,8,9-Didehydro-Derivat *6.141.* [1763] mit Methylamin bzw. Hydrazin in *6.140.* bzw. *6.142.* übergeführt worden. Laut PMR-Spektrum liegt beim ersteren die *anti*-Konfiguration der Pyrrol-Ringe vor, während *6.142.* aufgrund der endocyclischen N−N-Bindung planar sein muß.

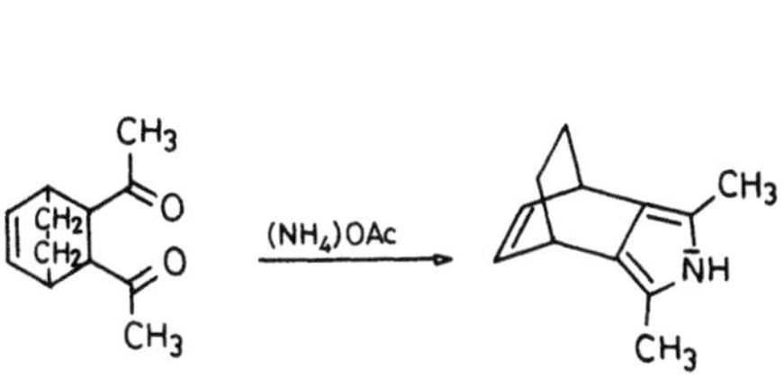

6.143.

(NH₄)OAc

6.144

Von der Leichtigkeit, mit der die Paal-Knorr-Reaktion stattfindet, überzeugen ferner nicht nur die Cyclisierung sterisch gehinderter Ketone wie 1,4-Di-*tert*-butyl- [322, 1920] und 1,4-*bis*(Adamant-1-yl)-butan-1,4-dion [2234], sondern auch die Synthese einiger sehr gespannter anellierter Pyrrol-Derivate. So lassen sich 1,2-Diacetyl-cyclohexane und -cyclohex-

4-ene in die entspr. Tetra- bzw. Dihydro-isoindol-Derivate überraschend glatt überführen [2080]. Analog reagiert 2,3-Diacetyl-bicyclo(2,2,2)-oct-5-en *(6.143.)* zum Pyrrol-Derivat *6.144.* [2081].

6.145. R = H, Me, Ph

Die Darstellung von Pyrrol aus Succindialdehyd und Ammoniak stellt einen Spezialfall der Paal-Knorr-Synthese dar [1026]. Pyrrol-Derivate mit unbesetzten α-Ring-Positionen (z. B. *6.145.* [1313]), die nach anderen Methoden meist schwer zugänglich sind (s. S. 257), werden analog aus β-Formylketonen oder aus 1,4-Dialdehyden mit freien oder verkappten (vgl. *6.149.*) Carbonyl-Gruppen erhalten (s. Tabelle 6.1.).

6.5.11. Pyrrole durch Pyrolyse von Schleimsäure-Salzen

Die herkömmliche Herstellung von Pyrrol im Laboratoriumsmaßstab besteht in der trockenen Destillation des Ammonium-Salzes der Schleimsäure [1463]. Die Ausbeute (ca. 40% d. Th.) läßt sich durch Verringerung der Destillationszeit steigern [1323]. Dieses Verfahren eignet sich sowohl zur Darstellung von mit ^{15}N angereichertem Pyrrol [155] als auch – durch Einsetzen eines Gemisches von Schleimsäure mit einem primären Amin – von zahlreichen N-substituierten Pyrrol-Derivaten [788a (dort S. 27ff.)].

6.146.

Analog – jedoch hier ohne Verlust der endständigen funktionellen Gruppen – cyclisiert das aus Zuckersäure und o-Phenylendiamin leicht zugängliche *bis*-Amidin *6.146.* unter Einwirkung von Schwefelsäure in Gegenwart von $NH_4^{\oplus}$-Ionen zum 2,5-*bis*-(Benzimidazol-2-yl)-pyrrol [2160].

6.5.12. Pyrrole aus 3,4-Dichlor-1,2,3,4-tetramethyl-cyclobuten

Zu dem Synthese-Typ, bei dem der Pyrrol-Ring aus einem C_4-Fragment durch Reaktion mit einem stickstoffhaltigen Partner geschlossen wird, gehört schließlich die glatte Umsetzung des aus Dimethylacetylen leicht – wenn auch nur in bescheidener Ausbeute – zugänglichen 3,4-Dichlor-1,2,3,4-tetramethyl-cyclobutens *(6.147.)* mit Ammoniak oder primären Aminen bei Raumtemperatur zum Tetramethylpyrrol bzw. dessen N-substituierten Derivaten [558].

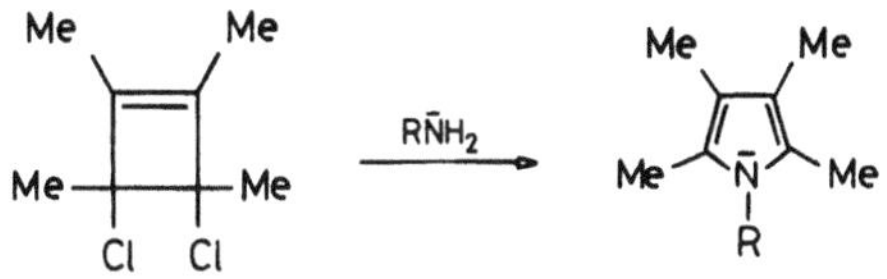

6.147.

6.6. C₄N-Cyclisierung

Zu diesem Synthese-Typ gehören außer der bereits erwähnten Cyclisierung einiger Aminomethyl-propargyl-carbinole (vgl. 6.5.5.) und α,β-ungesättigten γ-Aminoketone (vgl. 6.5.7.) sowie des Butadien-Derivats *6.111.* (S. 234) noch die säureinduzierte Cyclisierung der Dihydro- und Tetrahy-

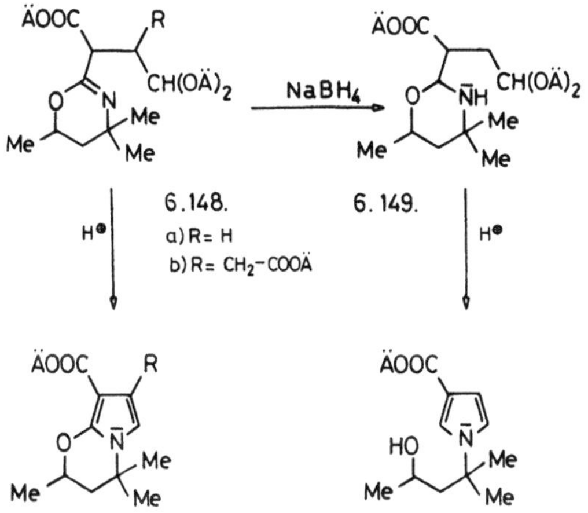

6.148.
a) R = H
b) R = CH₂–COOÄ

6.149.

dro-1,3-oxazin-Derivate *6.148.* bzw. *6.149.* [1537] und die Reduktion von β-Cyan-carbonyl-Verbindungen.

Durch katalytische Hydrierung (Raney-Nickel) von α-Cyan-γ-oxo-carbonsäureestern erhält man ein Gemisch von Pyrrol- und Pyrrolin-Derivaten, deren Mengenverhältnis zueinander druck-, temperatur- und zeitabhängig ist [1314].

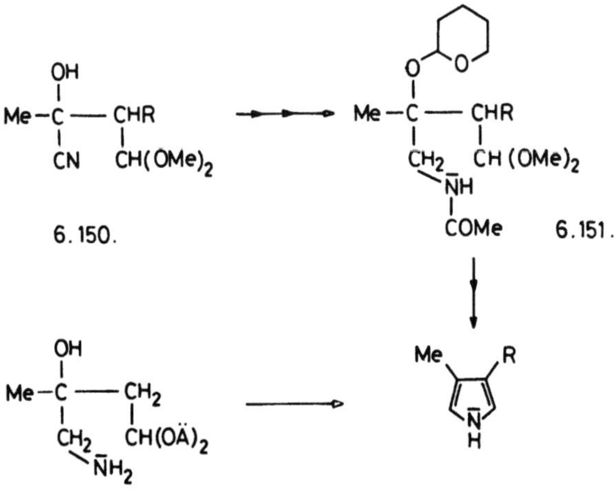

6. 150.

6.151.

6.153.

6.152.

a) R = Me

b) R = H

Ebenfalls lassen sich Cyanhydrine vom Typ *6.150.* über mehrere Stufen in die N-Acetyl-O-tetrahydropyranyl- (oder tetrahydrofuranyl-)-acetale *6.151.* überführen, die dann mittels p-Toluolsulfonsäure zu den entspr. N-acetylierten Pyrrol-Derivaten cyclisiert werden können. Durch nachträgliche Abspaltung der N-ständigen Acetyl-Schutzgruppe erhält man *direkt*, d.h. ohne Abbau α-ständiger Substituenten (vgl. S. 257) 2,5-unsubstituierte Pyrrole. Mit Hilfe dieser Methode sind *6.152a.* und das bereits früher aus dem Hydroxyaminoacetal *6.153.* dargestellte [528], schwer zugängliche (vgl. Tabelle 7.1. auf S. 268) 3-Methylpyrrol *(6.152b.)* synthetisiert worden [1839].

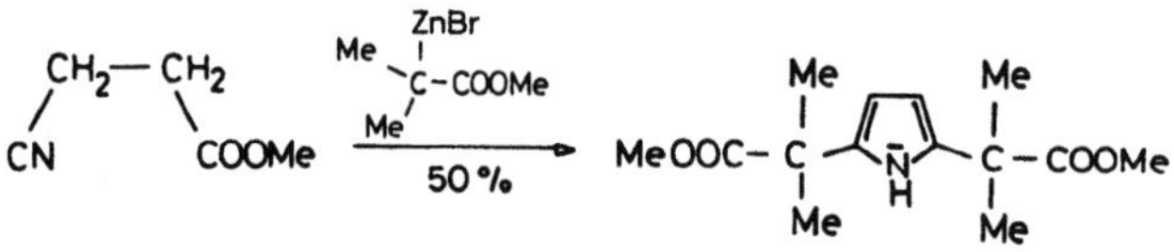

6.154.

6.155.

Bemerkenswert ist die Umsetzung von β-Cyanpropionsäure-methyl-ester *(6.154.)* mit α-Bromisobuttersäureester in Gegenwart von Zink zum Pyrrol-Derivat *6.155.* Ein plausibler Reaktionsmechanismus ist vorgeschlagen worden [1360].

6.7. Pyrrole aus heterocyclischen Edukten

6.7.1. Pyrrole aus Azetidinen

Das einzige bisher bekannte Beispiel für die Ringerweiterungsreaktion eines viergliedrigen stickstoffhaltigen Heterocyclus zum Pyrrol-Ringsystem ist die bereits erörterte Photoisomerisierung von Arylaroylazetidinen (S. 158).

6.7.2. Pyrrole aus fünfgliedrigen Heterocyclen

Man kennt dagegen eine Anzahl von Reaktionen, die a) unter Erhaltung des Kohlenstoff-Stickstoff-Gerüstes (Methode 6.7.2.1.), b) durch Austausch des Heteroatoms (Methoden 6.7.2.2. und 6.7.2.3.) oder c) durch Molekül-Umlagerung (Methoden 6.7.2.4.–6.7.2.6.) die Darstellung von Pyrrol-Derivaten aus anderen fünfgliedrigen Heterocyclen zulassen.

6.7.2.1. Dehydrierung von Pyrrolidinen und Pyrrolinen

Zu dem erstgenannten Typ gehört selbstverständlich die Dehydrierung von Pyrrolidinen und Pyrrolinen zu Pyrrol-Derivaten. Wie bereits auf S. 145 erwähnt wurde, ist die Hydrierung von Pyrrolen ein reversibler Prozeß, so daß dadurch die Möglichkeit gegeben ist, mit Hilfe von Kontaktkatalysatoren (Platin [2523], Palladium [996, 1216, 2609, 2610], Rhodium [1752] u. a. oder auch in einigen Fällen Schwefel [2495, vgl. 2004]) Pyrrolidin [996, 1752, 2524, 2610] und dessen Alkyl- oder Aryl-Derivate [18, 1167, 1955, 2609, 2611] in die entspr. Pyrrole überzuführen.

Die Dehydrierung von Pyrrolidin zum Pyrrol mit Palladium-Kohle in der Dampfphase findet über das Δ^1-Pyrrolin als Zwischenprodukt, das isoliert werden konnte, statt [860].

Obwohl die katalytische Dehydrierung von Pyrrolidinen zur Darstellung von Pyrrol-Derivaten und insbesondere Pyrrol [996] hauptsächlich technisches Interesse erlangt, läßt sie sich in einigen Fällen auch z. B. zur Überführung von Nicotin in Nicotirin [840, 2523] im Laboratoriumsmaßstab anwenden.

Substituierte Pyrrolidine und Δ^3-Pyrroline werden jedoch vorzugsweise mit Schwefel [181], Mangandioxid [563] oder Chloranil leicht zu den entspr. Pyrrolen dehydriert (vgl. S. 228).

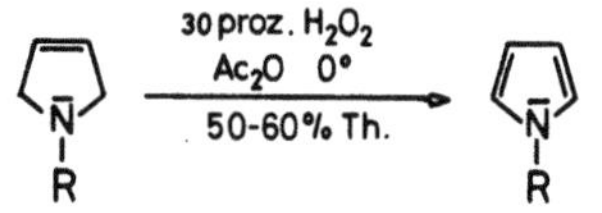

6.156.

Δ^3-Pyrroline *(6.156.)* lassen sich ferner durch Einwirkung von Essigsäureanhydrid auf die entspr. N-*alkyl*-substituierten N-Oxide [1327] oder durch Anlagerung von Brom und darauffolgende HBr-Abspaltung [1395] mit guten Ausbeuten in N-substituierte Pyrrole überführen.

6.7.2.2. Pyrrole aus Tetrahydrofuran-Derivaten

Von den Reaktionen, die unter Austausch des Heteroatoms von fünfgliedrigen Heterocyclen ablaufen, kommt der Darstellung von Pyrrolen aus Furan-Derivaten besondere Bedeutung zu.

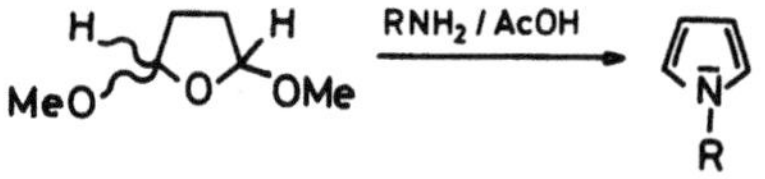

6.157.   R = H (53 %)

Ebenso wichtig wie die Knorr-Paal-Synthese von 2,5-Dialkyl- (insbesondere 2,5-Dimethyl-)-pyrrolen (S. 239) ist zur Darstellung von N-substituierten Derivaten des Pyrrols die Reaktion von 2,5-Dichlor- [984, 985] bzw. 2,5-Diacetoxy- oder 2,5-Dimethoxy-tetrahydrofuran *(6.157.)*[8] [695], das ja als cyclisches Acetal des Succindialdehyds aufzufassen ist, mit Ammoniak oder prim. Aminen. Zu den zahlreichen Amino-Verbindungen [117, 1200], die mit Dimethoxy- (oder Diäthoxy-)tetrahydrofuran zu Pyrrolen umgesetzt worden sind, zählen optisch aktive [1756, 1760], sterisch gehinderte (z. B. Triphenylmethyl- und α-Naphthyl-amin [1482]) und heterocyclische [117, 2150] Amine sowie Aminosäuren [931, 1853]. Aus N-Amino-phthalimid bzw. Tosylhydrazid sind N-Aminopyrrol [705] und dessen N-Tosyl-Derivat [1385] dargestellt worden.

---

[8] Zur Darstellung von *6.157.* aus Furan s. Lit. [364].

Mit 2,5-Dichlor-tetrahydrofuran reagieren sowohl prim. Amine als auch *Amide*, letztere unter Bildung von N-*Acylpyrrolen*. Trotz heftiger Reaktion gelang unter Verwendung von Ammoniak die Isolierung von Pyrrol nicht. Mit Hydrazin entsteht kein N-Amino-pyrrol, sondern das bis-Hydrazon des Succinaldehyds [985].

Auch *substituierte* Furane – sogar mit funktionellen Gruppen – lassen sich über die entspr. Tetrahydro-Verbindungen in Pyrrole überführen [492, 695, 817, 1864].

Durch Reaktion der Diels-Alder-Addukte von 2,5-Dihydro-2,5-dimethoxyfuran und Butadien-Derivaten mit prim. Aminen sind 4,7-Dihydro-isoindole zugänglich [1866].

6.7.2.3. Pyrrole aus Furanen

Die Darstellung von Pyrrol [1217, 1220, 1534, 1535] und seinen Derivaten [1218, 1219, 1225, 2017] durch Umsetzung von Furan *(6.158.)* und dessen Alkyl-Derivaten mit Ammoniak oder primären Aminen in der Gasphase bei hohen Temperaturen (400–600 °C) und in Gegenwart von Aluminiumoxid-Katalysatoren ist hauptsächlich von *Ju. K. Jurjew* untersucht worden. Der Methode kommt nicht nur technische Bedeutung zu (die optimale Ausbeute an Pyrrol[9] beträgt 50% d. Th. bei 400 °C [1226]), sondern sie ist sowohl zur Darstellung von 2- und 3-[13]C- sowie ^{15}N-angereicherten Pyrrolen [155] als auch von Pyrrol-Derivaten, die nach anderen Verfahren nur über mehrere Stufen zugänglich sind, oft angewandt worden.

6.158.

6.159.

Sehr leicht lassen sich 2- und insbesondere 3-Acyl-furane [874, 1475] (z. B. *6.159.* [2235]) sowie Furfural-dimethylacetal [695] und 2-(2-Cyan-2-methoxycarbonylvinyl)-furan [1379] in die entsprechenden Pyrrol-De-

---

[9] Als Nebenprodukte bei der Darstellung von Pyrrol aus Furan sind Indol, Carbazol und Pyrrocolin (≡ Indolizin) isoliert worden [2545].

rivate überführen. Mit der Bildung von 2-Acyl-pyrrolen konkurriert jedoch diejenige von 3-Hydroxypyridinen [811, 2261, 2262, 2263, 2264, 2265, 2267], die sich oft aus dem Reaktionsgemisch schwer trennen lassen [2266, 2268]. In Gegenwart von *Kationenaustauschern* reagiert Furfural mit m- oder p-Nitro-anilinen unter Bildung der entspr. N-aryl-substituierten Pyrrol-aldehyde [1794].

$$\text{6.160.} \qquad \xrightarrow[400°]{Al_2O_3} \qquad \text{6.161.}$$

n=3   43% d. Th.
n=4   62% d. Th.
n=5   14% d. Th.

Durch *intramolekulare* Reaktion von ω-(2-Furyl)-alkyl-aminen *(6.160.)* sind 1,2-Polymethylen-pyrrole *(6.161.)* [1755, 1859, 1860, 1865, 2177, 2201] erhältlich.

$$\text{6.162.} \xrightarrow{85-95\%} \text{6.163.}$$

$$\text{6.164.} \xrightarrow{85-95\%} \text{6.165.}$$

Dagegen führt die *katalysierte Hydrogenolyse* (Pt, Pd, Cu−Al u. a.) von 1-(2-Furyl)-3-amino-alkanen *(6.162.)* und *(6.164.)* bei 300 °C zu 4- (oder 5-)-Alkyl-2-propyl-pyrrolen *(6.163.)* bzw. *(6.165.)*, bei denen der 2ständige n-Propyl-Rest aus dem Furan-Ring stammt [199, 200, 201, 202, 203, 2098]. Entsprechende 1-(5-Methyl-2-furyl)-Derivate geben α-Butyl-pyrrole [2465]. Mit Raney-Nickel als Katalysator wird der Furan-Ring hydrogenolytisch teilweise abgebaut unter Bildung eines Gemisches aus den entspr. 2-Methyl-, 2-Äthyl- und 2-n-Propyl-pyrrolen [2099].

6.7.2.4. Pyrrole aus Thiophenen

Im Einklang mit der relativen Stabilität der drei fünfgliedrigen Heterocyclen Furan, Pyrrol und Thiophen gelingt die Umwandlung des letztgenannten in Pyrrol unter den für Furane angewandten Bedingungen nur in sehr geringer Ausbeute [1218]. In der Tat sind nur wenige Reaktionen bekannt, bei denen aus Thiophen-Derivaten Pyrrole dargestellt werden konnten, nämlich:

a) Photolyse von Thiophen in Gegenwart von Aminen (S. 157),

b) Anlagerung von Äthoxycarbonyl-nitren an Thiophen und 2,5-Dimethyl-thiophen unter Bildung von N-Äthoxycarbonyl-pyrrol (21 % d. Th.) bzw. dessen 2,5-Dimethyl-Derivat (18 % d. Th.) [1005] und

c) basenkatalysierte Umlagerung des 2,5-Diamino-3,4-dicyanthiophens *(6.166.)* in 5-Amino-2-mercapto-pyrrol-3,4-dinitril [1543] (vgl. S. 234).

$$\text{6.166.} \qquad \xrightarrow[\;61\%\;]{\text{10 proz. NaOH}}$$

Von größerer präparativer Bedeutung ist die Synthese von Pyrrolen durch Umlagerung von Isoxazol-Abkömmlingen:

6.7.2.5. Pyrrole aus Δ⁴-Isoxazolin-Derivaten

1-Alkyl- oder 1-Aryl-Δ⁴-Isoxazolin-Derivate des Typs *6.167.* können über eine Hetero-Cope-Umlagerung des (hypothetischen) *seco*-Zwischenproduktes *6.168.* und/oder über ein intermediär gebildetes Aziridin *6.169.* in Pyrrol-Derivate *(6.173.* bzw. *6.174.)* thermisch umlagern [2083].

In Abhängigkeit der Substituenten können entweder nur das Enamin-keton *6.172.* (Knorrsches Zwischenprodukt s. S. 212) [10, 11, 2083] oder nur das Imin-keton *6.170.* bzw. dessen Enamin-Tautomeres *6.171.* (Hantzsches Zwischenprodukt s. S. 224) [2550] oder beide nebeneinander [2083] als Zwischenprodukte auftreten.

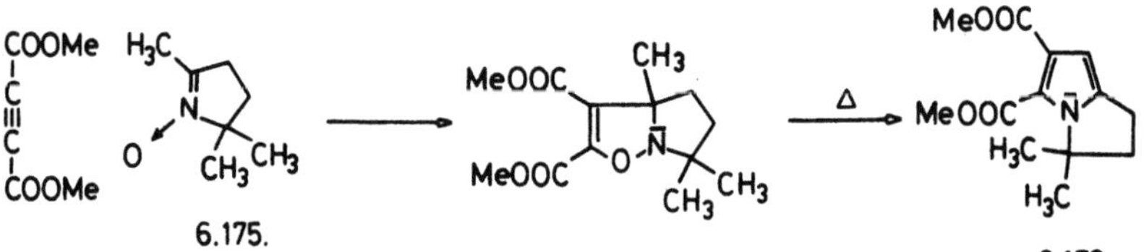

6.175.

6.176.

Die für die Synthese benötigten Δ^4-Isoxazolin-Derivate sind hauptsächlich durch 1,3-Dipolare Cycloaddition von Azomethin-oxiden (Nitronen) an Acetylen-Verbindungen zugänglich. Das cyclische Nitron *6.175.* lagert gemäß Reaktionsweg *6.168.→6.171.* in das Dihydropyrrolizin-Derivat *6.176.* um [9, 971].

6.7.2.6. Pyrrole aus Isoxazolen

Durch katalytische Hydrierung (Raney-Nickel) von Isoxazol-Derivaten (z. B. *6.177.*) sind substituierte Pyrrole erhältlich [2222, 2223]. Da unter diesen Bedingungen der Isoxazol-Ring hydrogenolytisch zu Imino-ketonen geöffnet wird [571], läuft die Reaktion sehr wahrscheinlich über

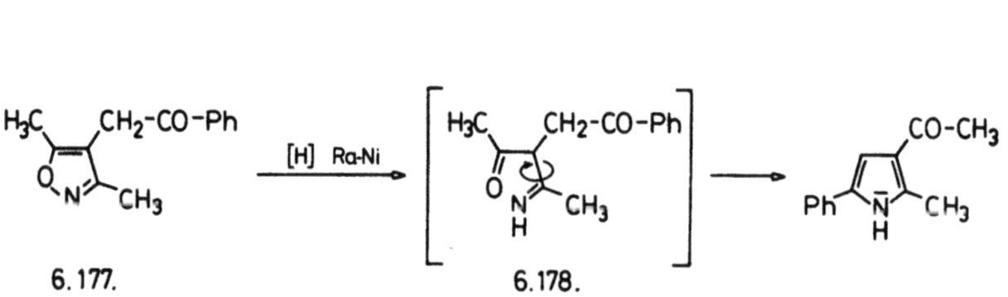

6.177.

6.178.

das Zwischenprodukt *6.178.* ab. Diese Methode ist insbesondere zur Darstellung von 3-Amino-pyrrol-Derivaten aus substituierten Acyl- oder Aroyl-isoxazol-oximen angewandt worden [2222] (vgl. S. 325).

6.7.3. Pyrrole aus sechsgliedrigen Heterocyclen

6.7.3.1. Pyrrole durch Ringverengung von 1,4-Dihydropyridin-Derivaten

Zur Darstellung von Pyrrol-Derivaten kommt keiner der bisher bekannten Ringverengungsreaktionen sechsgliedriger Heterocyclen präparative Bedeutung zu.

Die wichtigste dieser Reaktionen ist die oft beobachtete Umlagerung von 1,4-Dihydropyridin-Derivaten, wobei die *Konstitution* der Reaktionsprodukte sowohl von den Reaktionsbedingungen als auch von den Substituenten im Edukt stark abhängt [66].

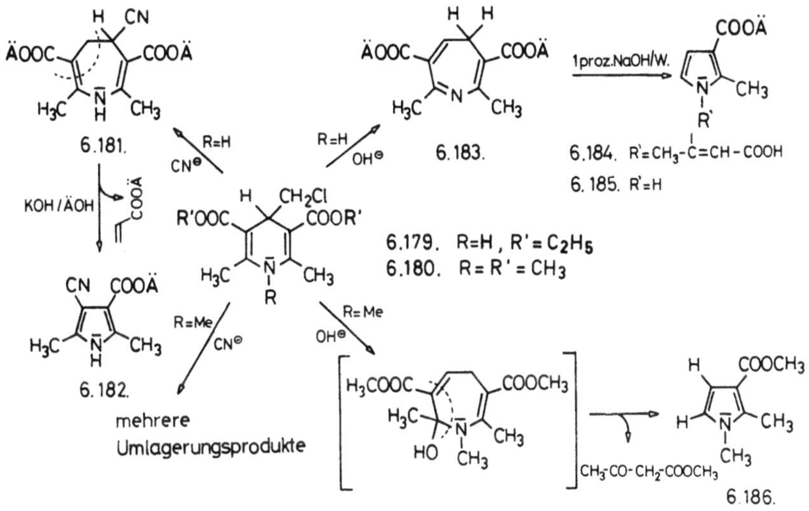

Bei der Umsetzung des 4-Chlormethyl-1,4-dihydro-2,6-dimethyl-3,5-pyridindicarbonsäurediäthylesters *(6.179.)* mit Kaliumcyanid in kochendem Äthanol beobachtete erstmalig *E. Benary* die Ringverengung zu einem Pyrrol-Derivat [206]. Die Nachuntersuchung der Reaktion ergab für die entstandene Verbindung die Konstitution *6.182.* Als Zwischenprodukt wurde der 4-Cyan-4,5-dihydro-2,7-dimethyl-azepin-3,6-dicarbonsäurediäthylester *(6.181.)* charakterisiert, der unter alkalischen Bedingungen (KOH in Äthanol unter Rückfluß) unter Abspaltung von Acrylsäureäthylester in das Pyrrol-Derivat übergeführt werden konnte [320]. Der Verlauf der Reaktion hängt jedoch hauptsächlich vom Substituenten R am Dihydropyridin-Stickstoffatom sowie vom eingesetzten Nukleophil ab. Während das N-Methyl-Homologe von *6.179.* *(6.180.)* mit Cyanid-Ionen in ein Gemisch von Umlagerungsprodukten, das kein Pyrrol enthält, übergeht, findet beim Kochen mit KOH in wäßrigem Methanol Umlagerung in das Pyrrol-Derivat *6.186.* unter Abspaltung von Acetessigester statt [459]. Unter analogen Bedingungen läßt sich aus *6.179.* das 4H-Azepin-Derivat *6.183.* isolieren, das mit verd. NaOH oder mit NH₄OH die Pyrrole *6.184.* bzw. *6.185.* liefert [85].

Thermisch (240–250°C) lassen sich 3,5-Diacetyl- [236] sowie 3,5-Diäthoxycarbonyl-1,4-dihydro-2,6-dimethyl-pyridin-4-carbonsäure und deren 1- oder/und 4-Methyl-Derivate [235] in ein Gemisch von Reaktionsprodukten umlagern, das Pyrrole bis zu 50% d. Th. (in Abhängigkeit vom verwendeten Lösungsmittel) enthält. Der Reaktionsmechanismus ist diskutiert worden [235, 237].

6.7.3.2. Pyrrole aus Azinen

Im Gegensatz zu den 1,4-Dihydropyridin-Derivaten lassen sich aromatische Pyridine selten zu Pyrrolen umsetzen:

Die Umwandlung von 2-bromsubstituierten 3-Hydroxy- [1999] oder 3-Amino-pyridinen [1066] mittels Kaliumamid in flüssigem Ammoniak sowie die lichtinduzierte Ringverengung verschiedener Pyridin-Derivate (S. 154) sind beschrieben worden.

6.187.

6.188.

Bei der *Pyrolyse* (500°C) von Triazolo[4,5-b]- und Triazolo[4,5-c]-pyridinen *(6.187.* bzw. *6.188.)* in der Gasphase bei sehr niedrigem Druck entsteht 2- bzw. 3-Pyrrolnitril in hohen Ausbeuten (95–99%). Isomerisierung beider Pyrrolnitrile findet erst bei 800°C ohne Zersetzung statt. In *jedem* Fall besteht das Gemisch aus 2/3 des *eingesetzten* Nitrils und 1/3 von dessen Isomeren [2510].

Bildung von sehr geringen Mengen Pyrrol aus Pyridin in Gegenwart von Nickel-Katalysatoren ist mehrfach beobachtet worden [2055].

Mäßige bis gute Ausbeuten an Pyrrol-Derivaten erhält man bei der Behandlung des 4,5,6-Triphenyl-3-(2H)-pyridazinthions mit Raney-Nickel W 6 [1858, vgl. 1465],
bei der Elektrolyse von 1-Methyl-3,6-diphenyl-5-tert-butylpyridazinium-jodid in saurem Medium [1447],
bei der chemischen Hydrierung (Zink-Essigsäure) einiger Pyrimidin- [1423, 2320, 2321], Pyrazin- [577] und Pyridazin-Derivate [26],
bei der kupferkatalysierten Pyrolyse von 4H-1,4-Thiazin-1,1-dioxiden [1740] sowie
bei der säurekatalysierten Umlagerung des 1-Tosyl-1,4-dihydropyrid-azins [1385].

Die Synthese von Pyrrol-Derivaten aus 3,6-Dihydro-2H-1,2-oxazinen wurde bereits auf S. 156 und S. 235 erwähnt. Ferner sind durch thermische – manchmal spontane – Zersetzung von 6H-1,2-Oxazinen [1277] sowie durch Einwirkung von Säuren auf einige 5,6-Dihydro-4H-1,2-oxazin-De-rivate *(6.189.)* [583, vgl. 2220] einige Pyrrole erhalten worden.

6.7.4. Pyrrole aus Azepin- und Diazepin-Derivaten

Die basisch katalysierte Ringverengung einiger 4H- und 4,5-Dihydro-1H-azepine zu Pyrrolen ist bereits auf S. 253 anläßlich der Umwandlung von 1,4-Dihydropyridin-Derivaten beschrieben. Bei den nachstehenden Synthesen von Pyrrolen aus siebengliedrigen Heterocyclen handelt es sich um Reaktionen, die sporadisch beobachtet worden sind und bei denen Pyrrol-Derivate in guten bis sehr guten Ausbeuten gebildet wur-den:

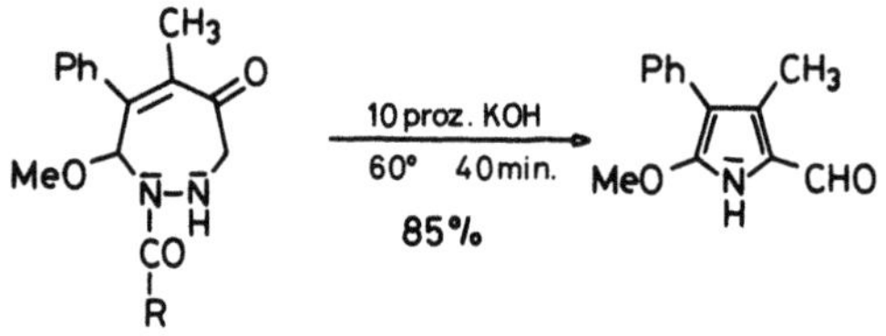

6.193. R= CH_3

6.194. R=C_6H_5

6.195.

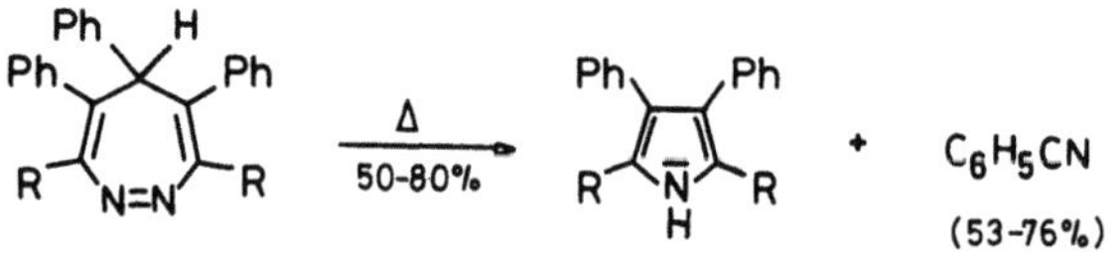

6.196.

6.197.

Hydrierung nach Wolff-Kishner-Huang-Minlon des 2,7-Diphenyl-hexahydro-4-azepinons *(6.191.)* führt zu 2-Phenyl-5-(β-phenäthyl)-pyrrol *(6.192.)* in 87proz. Ausbeute [1723].

Die 1-Acyl-1,2,3,7-tetrahydro-4H-1,2-diazepin-4-on-Derivate *6.193.* und *6.194.* gehen bei der Behandlung mit 10proz. Kalilauge zu 85% d. Th. in den Pyrrolaldehyd *6.195.* über [2547].

Bei der *thermischen* (240°C) Isomerisierung der 5H-1,2-Diazepine *6.196.* (bzw. eines Valenzisomeren derselben) entstehen unter Abspaltung von Benzonitril die Tetraarylpyrrole *6.197.* [174, 1053]. Der Reaktionsmechanismus ist nicht geklärt. Bei der Umsetzung entsteht dasjenige Pyrrol, das beide Liganden R des Diazepins enthält [1053].

7. Synthetische Methoden

Die Mannigfaltigkeit der im 6. Kapitel beschriebenen Pyrrol-Ringsynthesen erlaubt die Darstellung einer Vielzahl von Pyrrol-Derivaten, mit Ausnahme jener, deren Substituenten den jeweiligen Reaktionsbedingungen nicht standhalten oder die Bildung mehrerer Reaktionsprodukte bedingen. In der Praxis kommt es jedoch oft vor, daß der nachträgliche An- oder Abbau von Substituenten in einem geeigneten, leicht zugänglichen Pyrrol-Derivat der direkten Ringsynthese zu bevorzugen ist. Verhaltensregeln dazu können aber nicht gegeben werden, und den zweckmäßigsten Syntheseweg muß man meist aufgrund der vorhandenen Erfahrung wählen. Besonders problematisch ist die Ringsynthese von Pyrrolen mit unbesetzten Ring-Positionen, da die meisten dafür notwendigen Edukte entweder schwer zugänglich sind oder zu Nebenreaktionen neigen, welche die Ausbeuten am gewünschten Produkt verringern. Gerade solche Pyrrole sind jedoch präparativ hochinteressant, weil die meist leichte Einführung von funktionellen Gruppen durch elektrophile Substitution (S. 107) an den freien Ring-Positionen den Zugang zu neuen Derivaten eröffnet. Aus diesem Grunde sollen hier zunächst die für den *Abbau* ringständiger Substituenten zur Verfügung stehenden Methoden erörtert werden.

7.1. Abbau ringständiger Substituenten (Abb. 7.1.[1])

7.1.1. Decarboxylierung von Pyrrolcarbonsäuren

Die wichtigste, fast ausschließlich angewandte Methode zur Freisetzung von Ring-Positionen bei Pyrrol-Derivaten beruht auf der relativ leichten Decarboxylierbarkeit der Pyrrolcarbonsäuren. Diese Eigenschaft ist prä-

---

[1] Die Abb. *7.1.*, *7.2.* (S. 263), *7.3.* (S. 267), *7.4.* (S. 280), *7.5.* (S. 289) und *7.6.* (S. 305) stellen mehrere synthetische Möglichkeiten *schematisch* dar. Der Übersichtlichkeit halber sind daher außer denjenigen, die jeweils umgewandelt werden, keine anderen Substituenten angegeben, und zwar auch dann nicht, wenn diese für das Gelingen der Reaktion maßgebend sind.

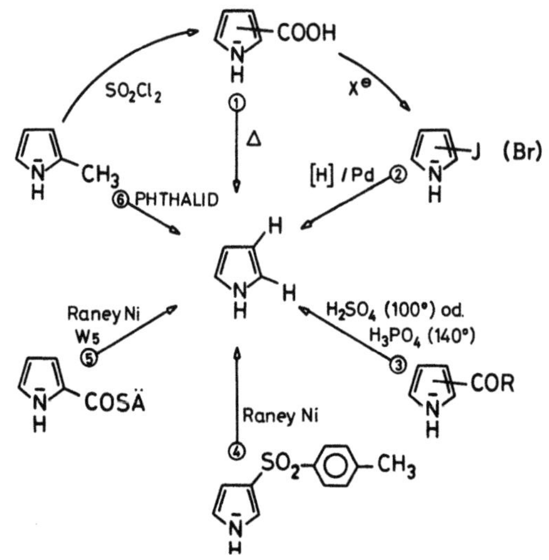

Abb. *7.1.* Möglichkeiten zum Abbau pyrrolring-ständiger Substituenten (schematisch[1]).

parativ von großer Bedeutung, da Pyrrolcarbonsäurealkyl-, tert-butyl-
und benzylester, die sich nach herkömmlichen Verfahren in die entspr.
Carbonsäuren überführen lassen (S. 308), ringsynthetisch besonders leicht
zugänglich sind.

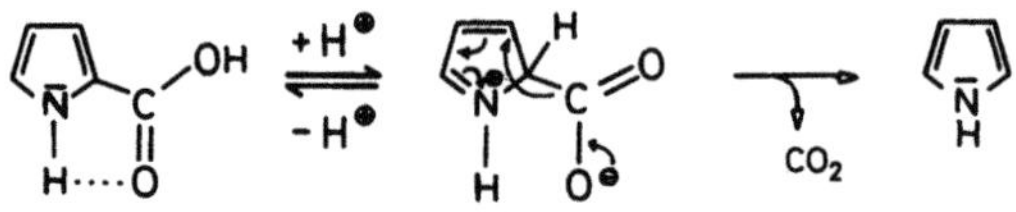

7.1.

Zahlreiche β- [2354] und insbesondere α-Pyrrolcarbonsäuren lassen
sich thermisch (oft auch schon beim Kochen in wäßrigem Medium
(z. B. [1457])) unter Protonenkatalyse decarboxylieren. Kinetische Messungen an der Pyrrol-2-carbonsäure deuten auf die Bildung des α-proto-
nierten Carboxylat-Anions *7.1.* hin [665] (vgl. S. 132), das unter Abspaltung von Kohlendioxid in das unsubstituierte Pyrrol übergeht. Allgemein
hat die Abnahme der Basizität des Pyrrol-Ringes – z. B. durch Anwesenheit mehrerer Carbonsäureester-Reste [533, 539] – eine geringere Bereitschaft für die Abspaltung freier Carboxyl-Gruppen zur Folge.

Obwohl viele Pyrrolcarbonsäuren durch trockene Destillation [1455,
1461, 2354] oder in Gegenwart eines Gemisches von Natrium- und

Kalium-acetat [1575] decarboxyliert werden können, empfiehlt es sich
meist, die Reaktion in Chinolin unter Zugabe eines Kupferchromit-Kata-
lysators [1258, 1598, 2518], in Glycerin [1456, 1460] oder in 2-Ami-
noäthanol [137, 140, 357, 471, 1148, 1700] durchzuführen. Beim letztgenannten Verfahren ist jedoch gelegentlich die Bildung von N'-(2-Hy-
droxäthyl)-pyrrolcarbonsäureamiden beobachtet worden [139, 679].

7.1.2. Enthalogenierung von Jod- und Brompyrrolen

Unter milderen Bedingungen lassen sich ringständige Carboxyl-Gruppen
entfernen, indem man sie zuerst mit
Brom [76, 533, 539] oder
Jod [114, 138, 160, 357, 543, 1282, 1283, 1602, 2298, 2498]
verdrängt und anschließend das Halogenatom mit
Kupfer in Eisessig [2195],
Kaliumborhydrid [160] bzw.
hydrogenolytisch an Raney-Nickel [1644, 2359],
Platin [357, 1153] oder vorzugsweise Palladium abspaltet. Auch Derivate
mit mehreren am Ring gebundenen Halogenatomen lassen sich enthalo-
genieren [139, 1171]; in einigen Fällen können sogar die α-ständigen
selektiv entfernt werden [728] (vgl. jedoch [76]).

7.1.3. Abspaltung ringständiger Acyl- und Alkoxycarbonyl-Gruppen

Ringständige Acyl-Gruppen (vom *Propionyl* aufwärts) lassen sich durch
Erhitzen in 33proz. Schwefelsäure bei 100°C abspalten [788a (dort
S. 35)]. Unter Verwendung von 85proz. Phosphorsäure anstelle von
Schwefelsäure findet bei 110–140°C Abspaltung sowohl von α- als auch
β-ständigen Carbonsäureester- sowie von *Acetyl*-Gruppen statt [754,
2092, 2405].

7.1.4. Phthalid-Methode

Da α-ständige Alkyl- oder Ester-Gruppen tetrasubstituierter Pyrrole
bei der Reaktion mit Phthalsäureanhydrid unter Bildung von Pyrrolphthaliden (S. 284) leicht eliminiert werden [788a (dort S. 73)], ist es
möglich, durch darauffolgende Abspaltung des Phthalsäure-Restes jene
Substituenten am Pyrrol-Ring abzubauen. Wegen der zur Bildung der
Phthalide notwendigen, ziemlich drastischen Bedingungen ist jedoch
in den meisten Fällen von diesem Verfahren abzuraten.

Üblicherweise lassen sich α-ständige *Methyl*-Gruppen durch Überführung in Carboxyl-Gruppen mittels Sulfurylchlorid (S. 306) und anschließende Decarboxylierung nach 7.1.1. bzw. 7.1.2. leichter entfernen.

Potentielle präparative Bedeutung zur Darstellung von Pyrrolen mit unbesetzten Ring-Positionen kommt schließlich zwei bisher kaum untersuchten Methoden zu, nämlich:

7.1.5. der katalytischen (Raney-Nickel)-Hydrogenolyse von p-Toluolsulfonyl-pyrrolen [1458], und

7.1.6. der unter milden Bedingungen verlaufenden Substitution von Thiolcarbonsäureester-Gruppen durch Wasserstoff mittels Raney-Nikkel-W5 [1415].

7.1.7. Abspaltung N-ständiger Substituenten

Die Abspaltung N-ständiger Substituenten kann präparativ interessant sein, und zwar besonders dann, wenn Substitution des *aciden* N-gebundenen Wasserstoffatoms (S. 131) durch eine Schutzgruppe erforderlich ist. Als solche kommen insbesondere N-ständige Methoxy- (oder Äthoxy-)carbonyl- (S. 306) und tert-Butoxycarbonyl-Gruppen [405] in Frage, da sie sich an Pyrrole über die entspr. Alkalimetall-Salze (S. 169) leicht anbringen und unter schwach alkalischen bzw. sauren Bedingungen entfernen lassen. Soll das N-geschützte Pyrrol-Derivat diesen Bedingungen standhalten, so empfiehlt es sich, durch Reaktion des entspr. Alkalimetall-Salzes mit Benzylchlormethyläther die Benzyloxymethyl-Gruppe einzuführen. Sie läßt sich hydrogenolytisch oder mittels Aluminiumchlorid unter Bildung des entspr. base-labilen N-Hydroxymethyl-pyrrol-Derivats (vgl. Fußnote 6 auf S. 113) glatt abspalten [83, 988].

Die Abspaltung eines N-ständigen 2-Phthalimido-äthyl-Restes durch Alkali – vermutlich durch Retro-Michael-Reaktion (vgl. 7.2.1.2.) – ist in einem Fall [1279] beschrieben worden.

N-ständige Benzyl- [1953, vgl. 980] oder p-Hydroxycarbonyl-phenyl-Gruppen [242] lassen sich in manchen Fällen durch Reduktion mit Natrium in Ammoniak leicht abspalten. Dagegen gelingt die Hydrogenolyse der ersteren im allgemeinen nicht [80].

N-ständige *Acyl*-Reste können zwar durch Hydrolyse [170, 988, 1953] oder besonders schonend durch Hydrierung mit Lithium-alanat [1542, s. auch 1089] leicht entfernt werden, sie sind aber meist selbst zu reaktiv, um als Schutzgruppen Anwendung zu finden. Dennoch können N-unsubstituierte Pyrrole, bei deren Darstellung manche Ringsynthesen versagen, über die entspr. N-*Acetyl*-Derivate erhalten werden (S. 232 und 246). Bei N-unsubstituierten α-Pyrrolcarbonsäuren besteht fer-

ner die Möglichkeit, durch Pyrokoll-Bildung (S. 318) den Stickstoff
zu schützen (vgl. S. 194).

7.2. Alkyl-Pyrrole

Sowohl N- als auch C-alkylsubstituierte Pyrrole sind ringsynthetisch
zugänglich (6. Kap.). Die Anzahl der Ringsynthesen, die zu Pyrrol-Derivaten mit *ausschließlich* Alkyl-Resten führen, ist jedoch wesentlich geringer,
so daß die Umwandlung anderer Substituenten in Alkyl-Gruppen bzw.
deren Einführung durch geeignete Alkylierungs-Reaktionen in vielen
Fällen unumgänglich ist. Als illustrierendes Beispiel sind die Methoden,
die zur Darstellung fast aller möglichen Methyl-Pyrrole gedient haben,
in Tabelle 7.1. zusammengefaßt.

7.2.1. N-Alkyl-Derivate

Durch Verwendung aliphatischer primärer (selten auch sekundärer) Amine lassen sich zahlreiche N-substituierte Pyrrol-Derivate ringsynthetisch
erhalten. Die *Substitution* des N-ständigen Wasserstoffatoms am Pyrrol-
Ring durch *Alkyl*-Reste ist nach folgenden Methoden möglich:

7.2.1.1. Alkylierung von Alkalimetall-pyrrolaten

Die Reaktion der Kalium- oder Thallium- [381] Salze des Pyrrols
und seiner Derivate mit Alkylhalogeniden führt zu N-alkylsubstituierten
Pyrrolen.

7. 2.   7. 3.

Überraschenderweise setzt sich jedoch 2-(3-Chlorbutyroyl)-pyrrol mit Natriumhydrid
oder Kalium-Sand nicht zum 5,6,7,8-Tetrahydro-indolizinon *7.2.*, sondern in 79proz. Ausbeute zum Cyclopropyl-pyrrol-2-yl-keton *(7.3.)* um [526].

N-*Methyl*-pyrrole können außerdem durch Umsetzung der entspr.
N-unsubstituierten Derivate mit Methyljodid in Gegenwart einer Base

(Kaliumhydroxyd oder -carbonat) [241, 2468] oder deren Alkalimetall-Salze mit Dimethylsulfat [469, 530, 537] dargestellt werden. Bei genügender Acidität des stickstoffständigen H-Atoms gelingt die N-Methylierung von Pyrrolen mit Diazomethan [1096, 2275, 2288, vgl. 2444i]. Bei der Verwendung dieses Reagenzes zur Veresterung von Carboxyl-Gruppen in Pyrrol-Derivaten kann somit Bildung der entspr. N-methylierten Produkte auftreten.

7.2.1.2. Basenkatalysierte Michael-Anlagerung an aktivierte Doppelbindungen

Unter der Einwirkung von Basen – Benzyltrimethylammoniumhydroxid (Triton B) seltener Natriumalkoholate – findet reversible [806] Michael-Addition von Pyrrol [262, 315, 400, 1755] und seinen Derivaten [400, 806, 2313] an Acrylnitril- oder auch Acrylsäureester [400] statt (vgl. 7.2.2.7.). Den dabei entstehenden N-(2-Cyanäthyl)-pyrrolen kommt insbesondere als Vorläufer des Pyrrolizins und dessen Abkömmlingen präparative Bedeutung zu (S. 281).

Analog beobachtet man die Anlagerung des Pyrrolat-Anions an die aktivierten Doppelbindungen des α-Vinylpyridins [1947] und des Triphenylvinylphosphoniumbromids [2110].

7.2.1.3. Hydrierung N-ständiger Acyl-Gruppen

N-Äthylpyrrol ist aus dem N-Acetyl-Derivat durch Hydrierung mit Lithium-alanat-Aluminiumtrichlorid in 35proz. Ausbeute dargestellt worden [1675].

7.2.2. C-Alkyl-Pyrrole (Abb. 7.2.[2])

7.2.2.1. Hydrierung ringständiger Acyl- und Carboxyl-Gruppen

Als wichtigste allgemeine Methode zur Darstellung von Pyrrol-Derivaten mit Alkyl-Seitenketten beliebiger Kohlenstoffatomzahl steht die katalytische Hydrierung an Platin [2586], Palladium [211, 1658, 1801] oder Raney-Nickel ringständiger Formyl- [678, 793, 1602, 2198] oder Acyl-Gruppen [679, 795, 1286, 2161], die nach Vilsmeier (S. 292) bzw. Friedel-Crafts (S. 282) leicht eingeführt werden können, zur Verfügung.

Allgemein werden α-ständige Acyl-Gruppen schneller hydriert als die β-ständigen.

Eine interessante, in einigen Fällen alternative Möglichkeit besteht in der katalytischen Hydrierung (Palladium) der aus *β-ständigen* Pyrrolal-

---

² s. Fußnote 1 auf S. 257.

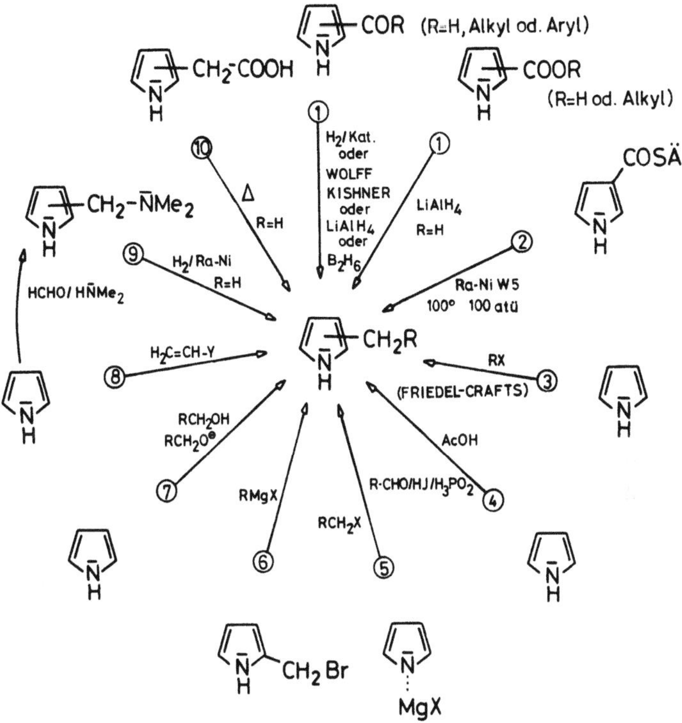

Abb. 7.2. Möglichkeiten zur Einführung von *Alkyl*-Gruppen in den Pyrrol-Ring (schematisch[2]).

dehyden durch Grignard-Reaktion erhältlichen 1-Hydroxyalkyl-Derivate zu Alkylpyrrolen [554].

Ringständige Ester-Gruppen können katalytisch zu *Methyl*-Gruppen hydriert werden. Bei den dafür erforderlichen drastischen Bedingungen findet jedoch z.T. auch Hydrierung des Pyrrol-Ringes statt (vgl. S. 145), so daß die Methode für präparative Zwecke ungeeignet ist [2161]. Dagegen stellt die *direkte* Hydrierung ringständiger Carbonsäureester- [1089, 2402] sowie Carboxyl- [2350] und Formyl-Gruppen [1089] mit Lithiumalanat ein brauchbares Verfahren zur Synthese methylsubstituierter Pyrrole dar.

Am leichtesten lassen sich freie Carboxyl-Gruppen zu Methyl-Gruppen „überhydrieren" [2346]. In Gegenwart eines großen Überschusses an Lithiumalanat (300 %) liefert die Hydrierung von Pyrrolcarbonsäureestern jedoch höhere Ausbeuten als diejenige der entspr. Carbonsäuren [1089]. Formyl- und acylsubstituierte Pyrrole werden nur z.T. zu den entspr. Hydroxymethyl- bzw. 1-Hydroxyalkyl-Derivaten hydriert. Durch Zugabe der ätherischen Lösung von Lithiumalanat *in* die Lösung des Eduktes [898, 1073, 2163] oder durch Anwendung von Natrium- oder Kaliumborhydrid [514, 680, 2036, 2163, 2196b, 2586] sowie Diboran [160] (s. unten) lassen sich jedoch die Carbinole als Hauptprodukte isolieren.

$$\text{7.4.} \qquad\qquad\qquad\qquad\qquad\qquad \text{7.5.}$$

N-substituierte Pyrrol-Carbonyl-Derivate werden mit Lithiumalanat nur bis zu den Carbinolen hydriert [657, 1089, 2083]. Dieses von den N-freien Analoga (z. B. *7.4.*) abweichende Verhalten läßt sich am plausibelsten erklären, wenn man bei der „Überhydrierungs"-Reaktion intermediäre Bildung von Azafulvenen *(7.5.)* annimmt [1089].

Ringständige Formyl- [657, 788a (dort S. 36), 900, 1461, 1981a] oder Acyl-Gruppen [798, 987, 1214, 1452] lassen sich ferner nach dem Wolff-Kishner-Verfahren in Alkyl-Substituenten überführen. Bei der Reaktion werden aber evtl. vorhandene α- und sogar β-ständige Carbonsäureester-Gruppen abgespalten. Sollen diese im Produkt erhalten bleiben, so kommt außer der katalytischen Hydrierung noch die Reduktion mit Diboran [249, 2198, 2518] in Frage.

Bromsubstituierte Pyrrolcarbonsäureester werden jedoch mit Diboran zu den entspr. Methyl-Derivaten reduziert, und zwar um so schneller, je höher die Anzahl der Bromatome ist. Verdrängung der ringständigen Bromatome findet dabei nicht statt [2199].

An den *Seitenketten* gebundene Carbonsäureester-Gruppen werden bei der Hydrierung mit Diboran etwas langsamer als die ringständigen Formyl- oder Acyl-Substituenten in Mitleidenschaft gezogen. Diese Nebenreaktion kann jedoch durch Zugabe von Essigester in das Reaktionsgemisch vermieden werden [249, 1151].

Andererseits lassen sich ringständige Alkylester-Gruppen über die entspr. Arylsulfonylhydrazide nach Wolff-Kishner zu Methyl-Gruppen reduzieren [161].

Schließlich können ringständige *2,4-Dinitrophenylester*-Gruppen mittels Diboran in Methyl-Gruppen übergeführt werden; die Umsetzung erfordert aber lange Reaktionszeiten [250].

7.2.2.2. Hydrierung von Thiolcarbonsäureestern

Im Gegensatz zu pyrrolringständigen Alkoxycarbonyl-Gruppen lassen sich Thiolcarbonsäureester-Gruppen durch Hydrierung an Raney-Nickel W-5 bei 100°C ohne Bildung von Nebenprodukten in Methyl-Reste überführen [356] (vgl. 7.2.2.1.).

7.2.2.3. Friedel-Crafts-Alkylierung

Alkylierung nach Friedel-Crafts ist zur Einführung der Methyl- [1663], Äthyl- [2401], iso-Propyl- [75, 78, 1663] und tert-Butyl- [82, 1663, 1920] -Gruppe in einige Pyrrol-Derivate angewandt worden. 2-Acetyl-, 2-Formyl- und 2-Methoxycarbonyl-Pyrrol werden bevorzugt in der 4-Stellung alkyliert (S. 121). Mit Aluminiumchlorid als Katalysator lagern sich jedoch unter den Reaktionsbedingungen sowohl der 4-Isopropyl- als auch der 4-tert-Butyl-pyrrol-2-carbonsäuremethylester in die entspr. 5-substituierten Isomere um. Die Umlagerung findet bei Verwendung von Gallium-trichlorid [78, 987] sowie bei den 2-Acetyl-, 2-Formyl- und 2-Cyan-Derivaten [75, 78, 82, 987], insbesondere bei der iso-Propylierung, nur in geringem Maße statt.

Die Einführung der tert-Butyl-Gruppe in Pyrrole, die *elektronenziehende Substituenten* tragen, gelingt auch mit tert-Butylacetat in Gegenwart einer Mineralsäure als Katalysator [2404].

7.2.2.4. „Reduktive C-Alkylierung" von Pyrrolen

Die „reduktive C-Alkylierung" von Pyrrolen mit unbesetzten α- und/oder β-Positionen besteht in deren Umsetzung bei Raumtemperatur mit einem Gemisch aus einem Aldehyd (oder Keton), Jodwasserstoffsäure und unterphosphoriger Säure in Eisessig. Unter diesen Bedingungen werden sämtliche freie Positionen alkyliert. Ringständige Ester- und Acyl-Gruppen bleiben erhalten. Arbeitet man bei 100 °C, so werden auch diese durch die jeweiligen Alkyl-Gruppen substituiert [964, 2009]. In einigen Fällen kann die Jodwasserstoffsäure durch ein Gemisch eines Reduktionsmittels (z. B. amalgamiertes Zink) und einer Mineralsäure vorteilhaft ersetzt werden.

7.2.2.5. Alkylierung von Pyrryl-Grignard-Verbindungen

Die Alkylierung von Pyrryl-magnesiumhalogeniden (S. 170) mit Alkyl- (s. Zitat [2169] und dort zit. Lit.) oder Allylhalogeniden [1082] sowie Epoxiden [1081, 1083, 1589, 2346] und Trimethylenoxid [1326] verläuft ganz allgemein mit mäßigen Ausbeuten. Sie betragen in der Regel 20–30 %, maximal 50 % der Theorie.

7.2.2.6. Alkylkettenverlängerung bei α-Methylpyrrolen

α-Methylsubstituierte Pyrrole – und Pyrromethene (!) – können über die entspr. Brommethyl-Derivate (s. S. 328) durch Reaktion mit Alkylmagnesiumhalogeniden in höhere Homologe übergeführt werden. Auch die Umsetzung eines β-Chlormethyl-Derivats ist beschrieben worden [1462].

7.2.2.7. Alkylierung mit Alkalimetall-alkoholaten

Wegen der drastischen dafür anzuwendenden Reaktionsbedingungen ist die C-Alkylierung von Alkylpyrrolen mit unbesetzten Ring-Positionen in Gegenwart von Natrium- oder Kaliumalkoholaten unter Druck bei 210–220 °C von untergeordneter präparativer Bedeutung [788a (dort S. 33)].

7.2.2.8. Anlagerung von Pyrrolen an aktivierte Doppelbindungen

Wie erwähnt (S. 123) reagieren Pyrrole mit Dienophilen oft unter Anlagerung an die aktivierte Doppelbindung anstelle der Bildung von Diels-Alder-Addukten. Unter *Säurekatalyse* (vgl. 7.2.1.2.) findet ebenfalls Michael-Addition von Pyrrol und einigen seiner Derivate, die mindestens eine α-freie Position aufweisen, an Acrylsäureester [2142, 2347], Acrylnitril [1865, 2347], 4-Vinylpyridin [102] oder α,β-ungesättigte Carbonyl-Verbindungen [343, 2355, 2496] zu C-alkylierten Derivaten statt. Im letztgenannten Fall vermögen die gebildeten Produkte mit einem zweiten Molekül des Pyrrol-Derivats zu reagieren und unter darauffolgender Oxydation in Trimethinfarbstoffe überzugehen [2355].

Zur Darstellung von C-methyl-substituierten Pyrrolen stehen noch zwei weitere Methoden zur Verfügung, nämlich:

7.2.2.9. Die katalytische Hydrierung von Pyrrol-Mannich-Basen an Raney-Nickel (s. 7.2.2.11.) [694, 1041, 1080, 2360] bzw. die Reduktion ihrer entspr. Methojodide mit Natriumborhydrid [2444g], und

7.2.2.10. Die thermische Decarboxylierung von (Pyrrol-2-yl)- [772, 1631, 1930] oder (Pyrrol-3-yl)-essigsäuren [1455, 1457]. Diese Reaktion erfolgt bei den α-Isomeren oft sehr leicht, findet dagegen bei den β-Isomeren meist nur unter drastischeren Bedingungen statt.

7.2.2.11. Pyrrol-Mannich-Basen

Da Pyrrole stark nucleophil reagieren (S. 105), vermögen sie die CH-acide Komponente bei der Kondensation mit Formaldehyd und sekundären Aminen (Mannich-Reaktion) zu ersetzen. Die Umsetzung gelang erstmalig *H. Fischer* und *C. Nenitzescu* [767] an einem β-unsubstituierten Pyrrol-Derivat. Die Reaktion ist allgemein anwendbar und außer Pyrrol [135, 1015, 1067, 1353, 1915] und dessen N-substituierten Derivaten [119, 1071, 1080] (darunter 1,2-Dihydropyrrolizine [1862]) reagieren sowohl in α- [362, 678, 679, 2518] als auch in β-Stellung freie Pyrrole [694, 767, 1041, 1080, 2377] unter Bildung von z. T. pharmakologisch interessanten [1916] Mannich-Basen[3]. Substitution am Stickstoffatom findet nicht statt [1080]. Überraschenderweise wird jedoch das 2-Acetylpyrrol nicht am Ring, sondern an der Methyl-Gruppe aminomethyliert [1532].

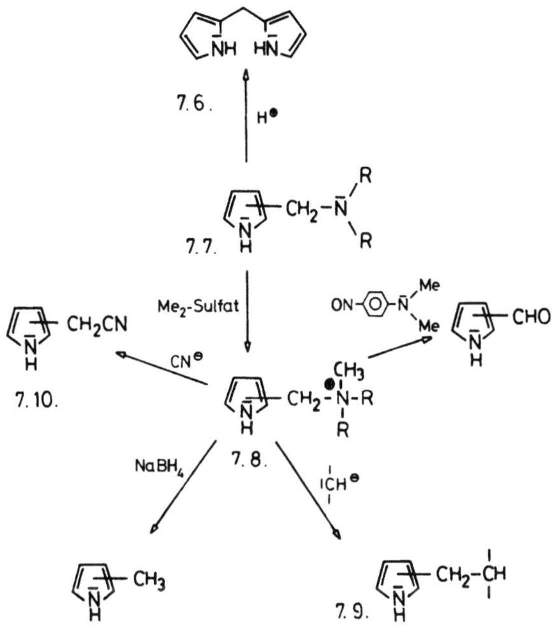

Abb. 7.3. Reaktionen der Pyrrol-Mannich-Basen (schematisch[4]).

Die Mannich-Basen der Pyrrole sind sehr reaktionsfähig (vgl. Abb. 7.3.[4]). Sie können wie sämtliche an einer funktionellen Gruppe gebundenen Pyrrylmethyl-Derivate unter Einwirkung von Säuren in Dipyrrylmethane (7.6.) übergehen. Mit 5-unsubstituierten 2-Dialkylaminomethylpyrrolen (vgl. mit Porphobilinogen auf S. 206) findet cyclische Kondensation zu Porphyrinen statt [678, 679, 2518].

---

[3] Aminomethylsubstituierte Pyrrol-Derivate können ferner sowohl durch Reaktion von α-Brommethylpyrrolen mit sek. Aminen [1727] als auch durch katalytische [1067] oder Kaliumborhydrid-Hydrierung [2322] von Pyrrolaldiminen sowie der durch Vilsmeier-Reaktion von Δ³-Pyrrolin-2-onen leicht zugänglichen 5-Halogen-dimethylaminomethylenpyrrolenine 7.68. (S. 295) oder deren entspr. Basenaustausch-Produkte [647] dargestellt werden (vgl. S. 113).

[4] s. Fußnote 1 auf S. 257.

Tabelle 7.1. Methylpyrrole

$-CH_3$	Dar-stellungs-methode	Ausb. (% d. Th.)	Smp (°C) bzw. Kp (°C/Torr)	Lit.	UV λ_{max}^{Wasser} (nm) ($\lg \varepsilon_{max}$)	IR[a] (Lit.)	PMR (Lit.)	Massensp. (Lit.)
1—	6.5.2.1.	46	114 (1 at.)	[733]	210 (3, 76) [1089, vgl. 448]	[(1089), 1185, {1334}, 1568, 2116]	[381, 1089]	[345, 988]
	6.5.10.	38–9	112–4 (1 at.)	[1930]				
	6.7.2.1.	83	–	[1167, vgl. 1955, 2611]				
	6.7.2.3.	85	–	[2017, vgl. 1222]				
	7.2.1.1.	52–58[b]	114–7 (749)	[788a (dort S. 28), vgl. 831, 1503, 2378]				
	7.2.1.1.[c]	97	–	[381]				
2—	[d]	84	147–8 (1 at.)	[1955, vgl. 1754, 1812]	208 (3, 85) [1089]	[(1089), {1358}, 2116, 2124]	[1, 3, 981, 1089, 1945]	[345, 988]
	6.5.7.	39	147 (760)	[2018]				
	6.7.2.1.	30	146–8 (749)	[2310]				
	6.7.2.2.	25[e]	45–7 (10)	[695]				
	6.7.2.3.	24[e]	–	[1218, vgl. 1226, 2169]				
	7.1.1.	–	147 (1 at.)	[204, vgl. 788a (dort S. 40), 2377]				
	7.1.1.	80	–	[2342]				
	7.2.2.1.[f]	67[g]	147–8 (740)	[382, vgl. 528, 788a (dort S. 40), 900]				
	7.2.2.1.[h]	63	146–9 (1 at.)	[1089]				
	7.2.2.10.	50	149 (1 at.)	[1631, vgl. 2169]				
3—	6.6.	38	142–3 (760)	[528]	208 (3, 77) [1089]	[(1089), {1358}, 2116, 2124]	[689, 865, 988, 1089]	[988]
	6.6.	15–16[i]	140–2 (760)	[1839]				
	7.1.1.	61[j]	–	[689, vgl. 1358, 1399,				

	7.2.2.1.[f]	44	142–4 (1 at.)	[1822 sowie 141, 788a (dort S. 41), 789] [988]				
1,2 –	7.2.1.1.	65	139–41 (760)	[1089]	210 (3, 86) [1089]	[(1089), 2116]	[1089]	–
	7.2.2.1.[f]	48	138 (1 at.)	[657, vgl. 7]				
	7.2.2.10.	97	139–40 (1 at.)	[1930, vgl. 1932]				
1,3 –	6.5.4.	–	130–1 (1 at.)	[1783]	–	–	[1786]	–
2,3 –	7.1.1.	69	65 (14)	[1821]	208 (3, 75) [1089]	[(1089), (1229), 2116]	[1, 1089]	[345]
	7.1.1.	80	72 (25)	[532, vgl. 788a (dort S. 41), 1499, 1822]				
	7.2.2.1.[h]	61	97 (65)	[1089]				
2,4 –	6.1.1.	30	62–3 (10)	[1822]	209 (3, 76) [1089, vgl. 681]	[(1089), 1777, 2116, 2124]	[1, 2, 3, 1089]	[345]
	6.5.4.	59	43 (2)	[1777]				
	6.5.7.	36	67 (13)	[2018]				
	6.7.2.3.	25	165–6 (758)	[1224]				
	6.7.2.3.	–	42–5 (5)	[202]				
	7.1.1.	57–63	160–5 (1 at.)	[790b, vgl. 532, 2342]				
2,5 –	6.5.9.	81–86	78–80 (25)	[2599, vgl. 327, 2260, 2513]	209 (3, 89) [1089, vgl. 448, 2513]	[(1089), 1185, {1334}, 2116, 2124]	[1, 1089]	[345]
	6.7.2.3.	16	165 (1 at.)	[1223]				
	6.7.2.3.	–	163–4 (1 at.)	[2099]				
	7.1.1.	80–90	167–8 (1 at.)	[2354]				
3,4 –	6.3.4.	55	–	[2226]	205 (3, 64) [1089]	[(1089), 1185, 2116]	[2, 1089]	[345]
	7.1.1.	85	–	[793, vgl. 137, 141, 357]				
	7.2.2.1.[h]	50	66–7 (16)	[1089]				
	S. 246	71	31–3	[1839]				
1,2,3 –	6.5.4.	11	62–3 (9)	[1786]	–	[(1786)]	[1786]	–
1,2,4 –	6.5.4.	90	39 (7)	[1777, vgl. 1784]	–	[1777]	[1786]	–
	6.5.7.	42	48 (13)	[2018]				

Tabelle 7.1. (Fortsetzung)

—CH_3	Dar-stellungs-methode	Ausb. (% d. Th.)	Smp (°C) bzw. Kp (°C/Torr)	Lit.	UV λ_{max}^{Wasser} (nm) (lg ε_{max})	IR[a] (Lit.)	PMR (Lit.)	Massensp. (Lit.)
	7.1.1.	–	75 (10)	[2378]				
	7.2.1.1.	72	160–5 (760)	[909, vgl. 2378]				
1,3,4 —	k	23	34 (5, 5)	[1502]	225 (3, 80)[l]	[(1502)]	–	–
1,2,5 —	6.5.3.	40	176–8 (1 at.)	[2105]	211 (3, 92) [1089, vgl. 448]	[(1089), 1185]	[981, 1089, 1759]	–
	6.5.9.	75	60 (11)	[1759, vgl. 7, 909, 2260, 2513, 2589]				
	7.1.1.	87	71–2 (12)	[1335]				
2,3,4 —	6.1.1.	28	71–2 (10)	[1822]	208 (3, 71?) [1089]	[(1089), (1229)]	[2, 1089]	[345]
	6.5.9.	39	37–9	[1249]				
	7.1.1.	90	39	[2360, vgl. 499, 1172]				
	7.2.2.1.[f]	80	39	[788a (dort S. 44), vgl. 772, 2351]				
	7.2.2.1.[h]	90	70–5 (11)	[2350, vgl. 1089]				
2,3,5 —	6.1.1.	50	75–6 (16)	[1822]	212 (3, 82) [1089]	[(1089), (1229)]	[1, 1089]	–
	6.1.1.[m]	58	72–4 (11)	[1172]				
	6.5.4.	64	45–6 (1, 5)	[1777]				
	7.1.1.	gering	75–6 (14–15)	[1315c, vgl. 788a (dort S. 44)]				
	7.2.2.1.[h]	81	78–80 (15)	[1089]				
	7.2.2.1.[n]	61	83–4 (15)	[161]				
	7.2.2.9.	10	79–80 (15)	[1080]				
	7.2.2.10.	78[o]	79–80 (15)	[1631]				
1,2,3,5 —	6.5.4.	62	62–4 (5)	[1777]	216 (3, 87) [1089]	[(1089), 1777]	[1089]	–
	7.2.1.1.	67	80–1 (16)	[1089]				

2,3,4,5 –	6.1.1.[m]	40–44	109–110	[1172, 1174]	216 (3, 76?) [1089, vgl. 1172]	[(558), (1089), (1229), [2, 558, 1089] (1567)]	–
	6.5.9.	74	110	[1089, vgl. 327]			
	6.5.11.	79	112	[558]			
	7.2.2.1.[f]	70–75	110	[788a (dort S. 45), vgl. 2351]			
	7.2.2.1.[h]	38–61	110	[2350]			
	7.2.2.4.	36–68	108–10	[964]			
	7.2.2.9.	65[p]	107–8	[1080, vgl. 2360]			
	7.2.2.10.	18[q]	111	[1631]			
1,2,3, 4,5 –	6.5.9.	66	70–0,5	[2560]	216 (3, 85) [1089, vgl. 558]	[(558), (1089)]	[558, 1089] –
	6.5.11.	67	72	[558]			

[a] { }: Spektrum abgebildet; ( ): nur Hauptabsorptionsmaxima angegeben.
[b] Bezogen auf Kalium-pyrrolat.
[c] Methylierung des Thallium-Salzes.
[d] Thermische Isomerisierung vom 1-Methylpyrrol (s. S. 142).
[e] Bezogen auf Silvan.
[f] Nach *Wolff-Kishner*.
[g] Bezogen auf Pyrrol.
[h] Mittels $LiAlH_4$.
[i] Bezogen auf β-Ketobutyraldehyd-dimethylacetal.
[j] Bezogen auf 3-Äthoxycarbonyl-4-methylpyrrol-2-carbonsäure. Bezogen auf N-Acetonylphthalimid: 32% d. Th.
[k] Hofmann-Abbau des 5-Methyl-hexahydro-4H-thieno[3,4-c]pyrrols.
[l] In Äthanol [1502].
[m] *Kleinspehn*-Variante.
[n] Kombinierte *McFadyen-Stevens*- und *Wolff-Kishner*-Verfahren.
[o] Bezogen auf α-(2,5-Dimethylpyrrol-3-yl)-essigsäureäthylester.
[p] Bezogen auf 2,5-Dimethylpyrrol.
[q] Bezogen auf 2,3,5-Trimethylpyrrol.

Von großer praktischer Bedeutung ist der Austausch des Dialkylamino-Restes durch andere funktionelle Gruppen oder sogar durch aliphatische Kohlenstoffatome. Obwohl die basisch katalysierte (Natriumamid bzw. -hydroxid)Alkylierung von N-Acyl- [1353] oder N-Formylaminomalonester [1015] mit α-Dialkylaminomethylpyrrolen (7.7.) beschrieben worden ist, wird vorzugsweise die Reaktion der durch Umsetzung der Pyrrol-Mannich-Basen mit Dimethylsulfat leicht zugänglichen entspr. Pyrrylmethyl-trialkylammonium-Salze (7.8.) mit CH-aciden Verbindungen (Malonester u.a.) zur Knüpfung von C−C-Bindungen (7.9.) an die ringständige Methylen-Gruppe angewandt [54, 211, 857, 1069, 1071, 1080, 1388].

Beide Reaktionen verlaufen höchstwahrscheinlich nach verschiedenen Mechanismen, wie die Tatsache, daß Mannich-Basen von N-substituierten Pyrrolen nur über die entspr. Methojodide reagieren, bezeugt [1080].

Mit *Cyanid-Ionen* reagieren die Methojodide der Pyrrol-Mannich-Basen unter Bildung von 2-(Pyrrolyl)-essigsäurenitrilen (7.10.) [1072, 1074, 1080, 2377], die entweder mit Lithiumalanat zu (2-Aminoäthyl)-pyrrolen hydriert [1072, 1074] oder über die entspr. Iminochloride in „Essigester"-(Alkoxycarbonylmethyl-)-Reste übergeführt werden können [2377].

Mit p-Nitrosodimethylanilin oder Hexamethylentetramin entstehen Aldehyde (S. 291).

7.3. Aryl-Pyrrole

7.3.1. Synthese

Zur Darstellung von aryl- sowie pyridyl-substituierten [1677] Pyrrol-Derivaten kommen hauptsächlich ringsynthetische Methoden in Frage (vgl. Lit. [1000, 2019] sowie Tabelle 7.2.). Insbesondere sind N-arylsubstituierte Derivate des Pyrrols oder einiger seiner Abkömmlinge durch Umsetzung von prim. aromatischen Aminen mit Dimethoxy- (od. Diäthoxy-)tetrahydrofuran (S. 248) bzw. nach der Paal-Knorr-Synthese (S. 239) leicht zugänglich. Bei Verwendung geeigneter Amine lassen sich mit Hilfe der erstgenannten Reaktion u.a. o-Amino-, o-Acetamido- und o-Hydroxycarbonylphenyl-Derivate darstellen, die durch intramolekulare Diazo-Kupplung [986], Vilsmeier- [441, 442, 883, vgl. 117] bzw. Friedel-Crafts-Reaktion [1200] in interessante tricyclische Systeme übergeführt werden können (z.B. 7.50. und 7.51. auf S. 285).

Nachträgliche Einführung des Phenyl- und β-Pyridyl-Restes in die
α-Ring-Position ist unter den Bedingungen der Gomberg-Reaktion von
N-Nitrosoacetanilid [1973] oder 3,3-Dimethyl-1-phenyl-triazen [1931]
bzw. von N-Nitroso-N-(3-pyridyl)-isobuttersäureamid [1931] mit N-
Äthoxycarbonylpyrrol beschrieben worden. Aufgrund der geringen
Reaktivität der am aromatischen Kohlenstoff gebundenen Halogenatome verläuft die Umsetzung von Kaliumpyrrolat mit Brombenzol [1833,
vgl. 2070] oder α-Chlorpyridin [703] nur in schlechten Ausbeuten. Dagegen findet bei der Reaktion von Pyrrol und seinen Derivaten mit N-Acyl-
chinolinium-, -isochinolinium- oder acridinium-Salzen leicht elektrophile
Substitution an unbesetzten α- oder β-Ring-Positionen statt [2134].

Bei folgenden spezifischen Reaktionen ist Bildung von arylsubstituierten Pyrrolen nachgewiesen worden:

7.3.1.1. Unter den Bedingungen der Pschorr-Reaktion ist durch intramolekulare Cyclisierung des aus *7.11.* zugänglichen Diazonium-Salzes – vermutlich unter intermediärer Bildung des (isolierbaren
[221, vgl. 223]) Spiro-indolins *7.12.* – das α-Aryl-pyrrol-Derivat
7.13. erhalten worden [221]. Weder das 4-Acetyl- noch das
4-Methyl-Analogon von *7.11.* liefern jedoch die dem Aryl-pyrrol
7.13. entspr. Derivate [223].

7. 11.   7. 12.   7. 13.

7.3.1.2. Bei der Reaktion des 1-Phenyltrimethinium-Salzes *7.14.* mit Natriumhydrid in Dimethylformamid entsteht 1-Methyl-2-phenyl-
pyrrol in 32proz. Ausbeute [1102].

7.14.

7.3.1.3. 3-Brom-1,2,4-triphenylpyrrol ist durch Reaktion des sog, „α-Diphenacylbromids“ *(7.15.)* mit Anilin erhalten worden [2478, 2479]. Unter gleichen Bedingungen reagiert das E-konfigurierte Epoxid *7.16.* unter Bildung des isolierbaren Zwischenproduktes *7.17.*, das erst nach Aufspaltung des Epoxid-Ringes in ein Gemisch der Pyrrol-Derivate *7.18.* und *7.19.* übergeht.

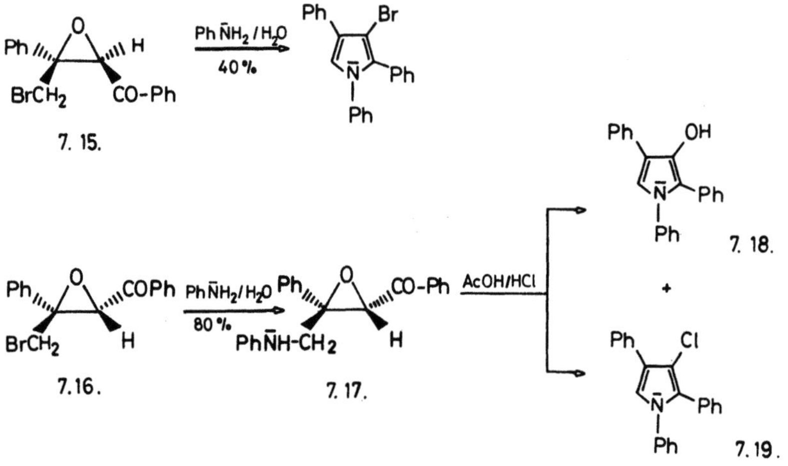

7.3.1.4. Die den Michael-Addukten *7.20.* und *7.21.* entsprechenden Oxime *7.22.* bzw. *7.23.* cyclisieren thermisch unter Verlust von Wasser und Cyanwasserstoff bzw. salpetriger Säure und Bildung von 2,3,5-Triphenyl-pyrrol [64].

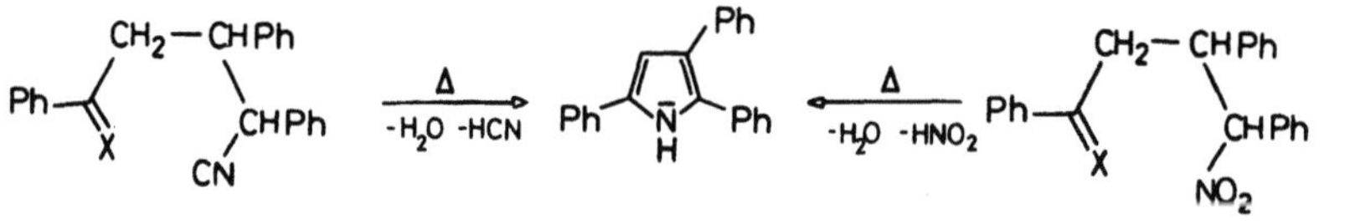

7.20. X = O
7.22. X = NOH

7.21. X = O
7.23. X = NOH

7.3.1.5. Das Cyclopropen-Derivat *7.24.* reagiert mit Phenyl-lithium bei −50 °C unter Bildung von 2,3,4,5-Tetraphenylpyrrol [317].

7.24.

7.3.1.6. Bei der Hydrierung mittels Lithiumalanat der durch Kondensation von cis-Dibenzoylstilben mit prim. Aminen leicht zugänglichen Δ^2-Pyrrolin-5-one 7.25. (vgl. S. 337) entstehen N-substituierte Tetraphenylpyrrole [1962]. Pentaphenylpyrrol (7.26., $R = C_6H_5$) läßt sich nach diesem Verfahren mit einer Gesamtausbeute von 68% gewinnen.

7.25.   7.26.

R = Me, Ph od. Aryl

7.3.1.7. Schlechtere Ausbeute (s. Tabelle 7.2.) liefert die herkömmliche Darstellungsmethode des Pentaphenylpyrrols durch Umsetzung von Tetraphenylcyclopentadienon (Tetracyclon: 7.27.) mit Nitro-

7.27.   7.28.

benzol [623]. Obwohl bei der Reaktion das Pentaphenyl-Δ^2-pyrrolin-5-on (7.25., $R = C_6H_5$) entsteht, fungiert dieses höchstwahrscheinlich nicht als Zwischenprodukt bei der Bildung des Pentaphenylpyrrols [1926].

Tabelle 7.2. Phenylpyrrole

—C_6H_5	Darstellungs-methode	Ausb. (% d. Th.)	Smp. (°C)	Lit.	UV $\lambda_{max}^{\text{Äthanol}}$ (nm) (lg ε_{max})	IR (Lit.)	PMR (Lit.)
1—	6.5.2.2.	40	60–1	[1955]	253 (4, 13) [582, vgl. 448, 1508]	[1185, 1334]	[1187]
	6.5.10.	31–56	61	[17, 61, 96, 258, 2144]			
	6.7.2.1.	80	56–8	[1955, vgl. 18]			
	6.7.2.2.	85	61–2	[985, vgl. 695]			
	6.7.2.3.	35	58	[1224]			
2—	a	35–51	128–30	[17, 61, 258, 925, 1811]	(230) (3, 90) 287 (4, 31) [1000, vgl. 697]	[998, 1180]	[2320]
	b	30	129–30	[1931, 1973]			
	c	26	131–2 (Z)	[2555]			
	6.5.7.	35	127	[2132]			
	6.5.7.	24	129	[2018]			
	6.7.2.1.	—	120–5	[713]			
1,2	6.2.2.	25	92	[2349]	—	—	—
	6.5.3.	36	92	[2105]			
2,4	6.7.2.1.	46–49	179–80	[63, vgl. 1288, 2001, 2004]	236 (4, 25) 249 (4, 28) (284) (4, 27) 305 (4, 29) [1000]	—	—
	6.7.3.2.	55	180	[583]			
	7.3.1.3.	31–33	179–80	[2478]			
2,5—	6.5.3.	73	143	[2105]	230 (4, 08) (322) (4, 42) 329 (4, 42) [1000, vgl. 1272, 1759]	—	—
	6.5.9.	90–98	142–4	[62, 1230, 1333, 1722, 1759]			
3,4—	6.4.2.	90	99	[848]	238 (4, 18) 271 (4, 04) [848]	—	—
1,2,3—	6.2.2.	—	178	[275, vgl. 68]	—	—	—

1,2,4 —	6.5.7.	95	152–3	[1735, vgl. 68]	257 (4, 50) [1735]	–	–
1,2,5 —	6.5.3.	71	229	[2105]	301 (4, 29) [1272, vgl. 1759]	–	–
	6.5.9.	85–100	231–2	[275, 1759, 2100]			
	6.7.2.1.	–	228–9	[2203]			
1,3,4 —	6.4.2.	–	150–1	[625]		–	–
2,3,4 —	6.7.3.2.	21	168	[1858]	249 (4, 35)	–	[1759]
					300 (4, 22) [1858, vgl. 1000, 1759]		
2,3,5 —	6.5.9.	–	142	[2300, vgl. 1391]	238 (4, 19)	–	[1759]
					257 (4, 15)		
					(300) (4, 31)		
					320 (4, 41) [1000, vgl. 1759]		
	6.7.3.2.	–	140	[2220]			
1,2,3,4 —	6.1.1.	75	175	[2019]	–	–	
	6.2.2.	62	175	[2349]			
1,2,3,5 —	6.1.1.	70	196	[2019]	212 (4, 40)	[2019]	–
					263 (4, 35)		
					300 (4, 30)[d]		
	6.2.2.	–	197	[491]			
	6.5.9.	–	199–201	[1391, vgl. 1560]			
2,3,4,5 —	6.1.1.	50–65	213–4	[577, 2296]	233	–	
					263		
					(304)		
					319 [1000, vgl. 2363]		
	6.4.1. (S. 230)	73	215–7	[1238]			
1,2,3,4,5 —	6.1.1.	20	277	[2019]	–	[1718]	–
	7.3.1.6.	68[e]	–	[1962]			
	7.3.1.7.	18	283	[1344, vgl. 623]			

[a] Thermische Isomerisierung vom 1-Phenylpyrrol (s. S. 142).
[b] Gomberg-Reaktion (s. S. 273).
[c] Reaktion von Pyrrol mit Dehydrobenzol.
[d] In Methanol [2019].
[e] Bezogen auf *cis*-Dibenzoylstilben.

7.3.2. Atropisomerie

Wie bereits erwähnt (S. 55), ist die mesomere Wechselwirkung zwischen dem Phenyl-Ring und dem Heterocyclus bei C-arylsubstituierten Pyrrolen größer als bei den N-substituierten. Dipolmoment- (S. 30) und elektronenspektroskopische Messungen (S. 56) deuten dennoch darauf hin, daß in Anwesenheit *ortho*-ständiger Substituenten am Phenyl-Ring und/oder α-ständiger Substituenten am Pyrrol-Ring eine nachweisbare Aufhebung der Mesomerie auftritt. Darüber hinaus ist bei N-Aryl-Derivaten, bei denen die Drehung um die C−N-Bindung durch sperrige Substituenten gehindert ist, das Vorkommen von Atropisomeren zu erwarten (vgl. S. 333). Tatsächlich sind diese sowohl durch Racematspaltung der N-Arylpyrrole *7.29.* [273, vgl. 274] und *7.30.* [436], als auch durch die Isolierung je zweier Diastereomere von geeignet substituierten p-*bis*(Pyrrol-1-yl)-benzol- [436] sowie p,p′-*bis*(Pyrrol-1-yl)-bi-phenyl-Derivaten [16] experimentell nachgewiesen worden.

7. 29.   7.30.

7.4. Acyl-pyrrole

7.4.1. N-Acyl-Derivate

Wegen der leichten N-Acylierbarkeit der Pyrrole ist die Ringsynthese der entspr. Derivate vom präparativen Standpunkt aus gesehen uninteressant. Lediglich nach drei Methoden (6.4.2.; 6.5.7. und 6.6.2.2.) sind N-Acyl-pyrrole ringsynthetisch erhalten worden (6. Kap.). Die übliche Darstellungsmethode für N-Acylpyrrole besteht in der Umsetzung von Säurechloriden mit Pyrrylkalium- [477] oder -thalliumsalzen [379]. Äußerst rasch bilden N-Silylpyrrole (S. 185) mit Acylhalogeniden die entspr. N-Acylpyrrol-Derivate [245]. N-Acetyl-pyrrol läßt sich durch Acetylierung von Pyrrol mit N-Acetylimidazol [1946] oder mit Acetanhydrid in basischem Medium (Triäthylamin) [1404] in sehr guten Ausbeuten darstellen. In Abwesenheit von Katalysatoren oder in Gegenwart von (Lewis-)-Säuren findet hauptsächlich α-C-Acylierung statt (s. 7.4.2.).

Anders verläuft die Reaktion mit Aroyl-halogeniden. Entgegen der früheren Auffassung [2343] tritt bei der Reaktion von Pyrrol und dessen Mono-, Di- und Trialkyl-Homologen mit *Benzoylchlorid* sowohl unter den Bedingungen der Schotten-Baumann-Reaktion als auch mit Triäthylamin als basischem Katalysator *zunächst* α-C-Benzoylierung ein [1155, 1182]. Da aber unter gleichen Bedingungen α-Acyl-pyrrole am Stickstoffatom benzoyliert werden können [1155], schließt sich in der Regel auch eine N-Benzoylierung an.

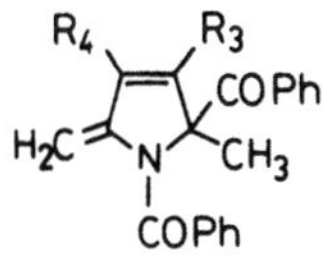

$$R_3 = R_4 = Me$$
$$R_3 = Me, \ R_4 = \ddot{A}$$
$$R_3 = R_4 = H$$

7.31.

Bei *einigen* β-Acetylpyrrolen tritt neben Ring-Benzoylierung die Bildung des Enol-benzoats an der Acetyl-Gruppe ein [2397] (vgl. S. 109, 267, 294). Dagegen reagieren Pyrrol-α-carbonsäureester nicht; die entspr. Carbonsäuren bilden mit Benzoylchlorid gemischte Anhydride [2397].

Überraschenderweise reagieren *2,5-dimethyl-substituierte* Pyrrole unter Bildung von 2-Methylen-1,5-dibenzoyl-Δ^3-pyrrolin-Derivaten *(7.31.)* [1155, 1012, 1013, 2397]. Auch beim *Pentamethylpyrrol* tritt Reaktion mit Benzoylchlorid ein [2402].

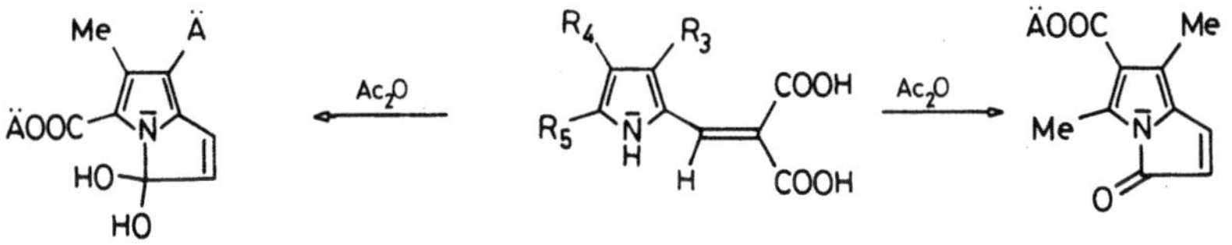

7.33.   7.32.

Bei der Behandlung der (Pyrrol-2-yl-methylen)-malonsäure und einiger ihrer Derivate mit Acetanhydrid findet *intramolekulare* N-Acylierung statt. Als Reaktionsprodukte sind das rote unsubstituierte 3H-Pyrrolizin-3-on [822] sowie dessen beide Derivate *7.32.* (rotorange) [25] und *7.33.* (gelblich) [1540] isoliert worden. Auch einige substituierte (Pyrrol-2-yl-methyl)-malonsäuren vermögen glatt zu Dihydropyrrolizin-3-onen zu cyclisieren [vgl. 1388].

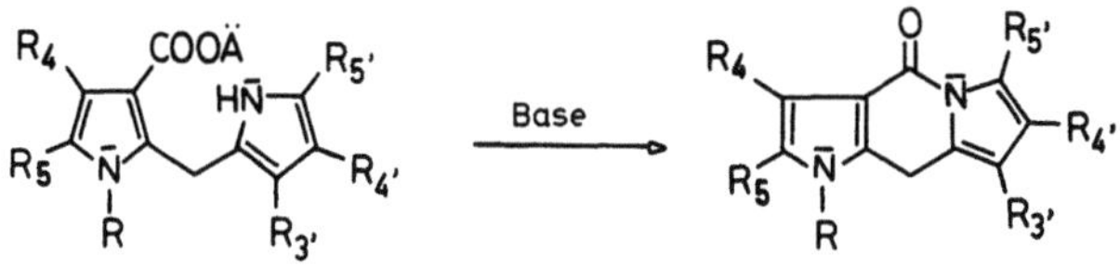

7.34. R= H oder CH_3 7.35.

Eine eigenartige intramolekulare N-Acylierungs-Reaktion von Dipyrrylmethanen des Typs *7.34.*, bei der Bipyrrolo[1,2-a:2′,3′-d]pyridin-4 (9H)-on-Derivate *(7.35.)* gebildet werden, haben *A. H. Corwin u. Mitarb.* [537, 538] beschrieben. Eine analoge Reaktion ist bei Pyrromethenen beobachtet worden [506].

7.4.2. C-Acyl-Derivate

Einige Ringsynthesen, insbesondere aber die nach Knorr (S. 210), eignen sich zur Darstellung von C-Acylpyrrolen (6. Kap.). Zur Einführung von Acyl-Gruppen kommen folgende Methoden in Betracht (vgl. Abb. *7.4.*[5]).

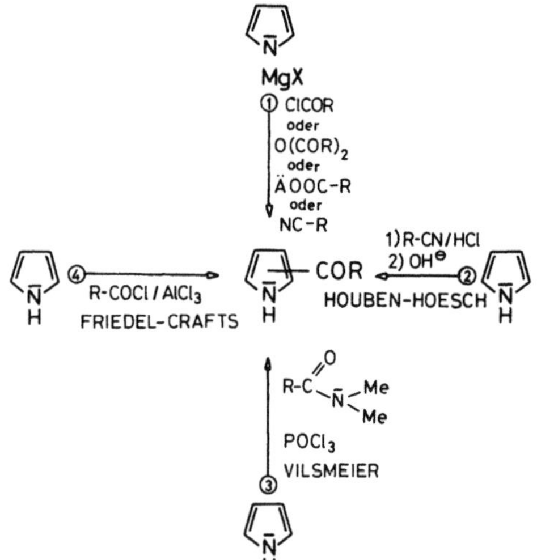

Abb. *7.4.* Möglichkeiten zur Einführung von *Acyl*-Gruppen in den Pyrrol-Ring (schematisch[5]).

---

[5] s. Fußnote 1 auf S. 257.

7.4.2.1. Acylierung von Pyrryl-Grignard-Verbindungen

Durch Einwirkung von Säurehalogeniden [1134, 1135, 1683, 1684, 1686, 1687, 1688, 1792], -anhydriden [1683, 1689, 1692], -estern [184, 2413] oder -nitrilen [257, 1452] (vgl. jedoch [415] sowie S. 173) auf Pyrryl*magnesium*halogenide (S. 170) sind zahlreiche Acylpyrrole dargestellt worden.

7.4.2.2. Houben-Hoesch-Synthese

Diese Synthese besteht in der Umsetzung von α- oder β-unsubstituierten Pyrrolen mit aliphatischen oder aromatischen Nitrilen und Salzsäure (evtl. unter Zugabe von Bortrifluorid-ätherat [516, 1755]). Die dabei primär gebildeten (manchmal jedoch schwer hydrolisierbaren [1155]) Ketimin-chlorhydrate werden nachträglich durch verdünntes Ammoniak oder Natronlauge in das entspr. Keton übergeführt [788a (dort S. 180), 2390].

Die Umsetzung mit Malonsäuredinitril führt zu Cyanacetylpyrrolen, diejenige mit Cyanameisensäureestern zu Pyrrylglyoxylsäureestern [788a (dort S. 305ff.)], die zu alkoxycarbonylmethylsubstituierten Pyrrolen („Pyrrolessigestern") katalytisch hydriert [1460] oder – nach Verseifung – zu Pyrrolaldehyden decarboxyliert (S. 291) bzw. zu Pyrrolcarbonsäuren oxydiert (S. 307) werden können.

7.36.   a) R = H
     b) R = CH$_3$
     c) R = COOH

Durch *intramolekulare* Houben-Hoesch-Reaktion des 3-(Pyrrol-1-yl)-propionitrils [400, 497, 1755] (s. S. 262) und dessen 3-Methyl-Derivats [1515] sind die entspr. Dihydro-3H-pyrrolizin-1-one *7.36a.* (Ausb. 33 bis 60 %) bzw. *7.36b.* zugänglich (vgl. S. 121). Unter gleichen Bedingungen lassen sich die 6- und 7gliedrigen Homologen von *7.36a.* aus ω-(Pyrrol-1-yl)-butyro- [497, 1755] und -valeronitril [516, 1755] in 59- bzw. 31- bis 49proz. Ausbeute darstellen.

Die Carbonsäure *7.36c.* ist dagegen durch Dieckmann-Kondensation des N-(2-Methoxycarbonyl-äthyl)-pyrrol-2,3-dicarbonsäureesters synthetisiert worden [2463].

7.4.2.3. Vilsmeier-Acylierung

Die Reaktion von Pyrrolen mit N,N-disubstituierten Carbonsäureamiden in Gegenwart von Phosphoroxychlorid führt zu den entspr. Acyl-Derivaten [95, 357, 526, 709, 910, 911, 1287, 1404].

Durch *intramolekulare* Vilsmeier-Acylierung einiger Pyrrol-Derivate sind interessante polycyclische Systeme synthetisiert worden [116, 117, 1074] (vgl. S. 272).

Aus Δ^3-Pyrrolin-2-onen sind mit Phosphoroxychlorid-Dimethylacetamid 5-Chlor-2-acetyl-pyrrole erhalten worden [1533].

7.4.2.4. Friedel-Crafts-Acylierung

Die Acylierung sowohl α- als auch β-unsubstituierter Pyrrole mit Säurechloriden, -anhydriden oder Tetraacyloxy-silanen [1227] nach Friedel-Crafts [771] ist aufgrund ihrer oft hervorragenden Ausbeuten die meist angewandte Darstellungsmethode für Acylpyrrole [79, 211, 368, 1051, 1415, 1658, 1801, 1981 b].

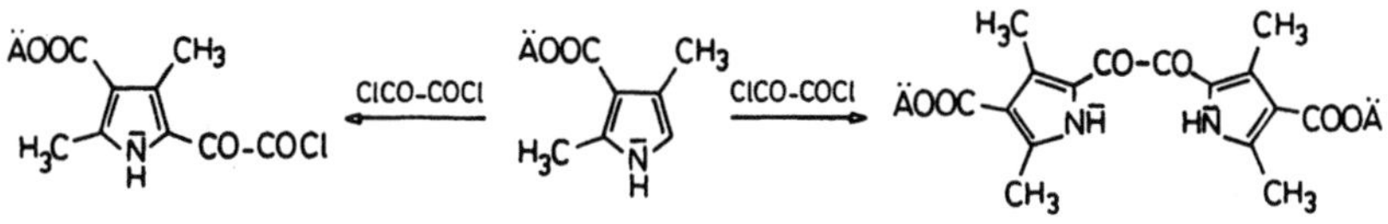

$$\text{7.38.} \quad \xleftarrow{\text{ClCO-COCl}} \quad \text{7 (Pyrrol)} \quad \xrightarrow{\text{ClCO-COCl}} \quad \text{7.37.}$$

Je nach dem Molverhältnis läßt sich *Oxalylchlorid* mit Pyrrolen zu *bis*-(Pyrrol-3-yl)- [1633] oder *bis*-(Pyrrol-2-yl)-äthandionen (z. B. 7.37.) bzw. zu den meist nicht isolierbaren Glyoxylsäurechloriden (z. B. 7.38.) umsetzen, die dann thermisch in Pyrrolcarbonsäurechloride (S. 315), oder durch Hydrolyse, Alkoholyse oder auch Umsetzung mit Aminen [103] in Glyoxylsäuren[6] bzw. deren entspr. Ester (vgl. S. 281) und Amide übergeführt werden können [103, 1633, 2275, 2394].

Die Friedel-Crafts-Acylierung von Pyrrolen wird in der Regel mit Aluminiumchlorid in Schwefelkohlenstoff, Methylen- oder Äthylenchlorid sowie Nitromethan ausgeführt. Außer Aluminiumchlorid lassen sich

---

[6] α-Pyrryl-glyoxylsäuren können (außer durch Verseifung der entspr. Ester (S. 281), die in der Regel sehr leicht eintritt) auch durch Oxydation ($KMnO_4$) der entspr. Hydroxyacetyl- [1135] oder *Acyl*-Pyrrole [788a (dort S. 305)] dargestellt werden. Durch Reaktion von α-freien Pyrrolen mit Carbonylcyanid [1478] oder von α-*Acetyl*pyrrolen mit Amylnitrit in Gegenwart von Natriumäthylat und anschließende Dehydratisierung der entstandenen Isonitrosoketone mittels Acetanhydrid sind α-Pyrryl-glyoxylnitrile zugänglich, die alkalisch in die entspr. Glyoxylsäure-Derivate übergeführt werden können [50]. Die Oxydation von Acetylpyrrolen mit Selendioxid führt dagegen zu Pyrrylglyoxylaldehyden [49, 1959, 2214].

auch andere (Lewis-)Säuren wie Perchlorsäure [214], Bortrifluoridätherat [73, 1731], Zinntetrachlorid [137, 805b, 1404, 1981b], Zinkchlorid [119] u.a. verwenden, wobei die Wahl des Katalysators in einigen Fällen [vgl. 137] eine entscheidende Rolle spielt. Magnesiumbromid [1077] und Magnesiumperchlorat [651] katalysieren ebenfalls die Acylierung von Pyrrolen mit Acylchloriden oder -anhydriden.

α-Unsubstituierte Pyrrole kann man oft ohne Zugabe eines Katalysators acylieren.

Mit Diketen [2345] (vgl. S. 127) sowie Trichloracetylchlorid [2394], Trifluoressigsäureanhydrid [494, 496, 527] oder Acetyltrifluoracetat [495] tritt spontane Reaktion ein.

Pyrrolringständige Trichloracetyl-Gruppen können mit Lauge in Pyrrolcarbonsäuren (S. 307) und Chloroform gespalten [2394], mit Zink-Eisessig zu Acetyl-Gruppen hydriert werden [788a (dort S. 187–189)].

In Gegenwart von *Acylchloriden* als Acylierungsmittel sind mehrere Folgereaktionen der vermutlich primär gebildeten α-Acylpyrrole beobachtet worden, nämlich Bildung von „Dipyrryl-chalkon"-Derivaten, Di- und Tri-pyrryl-trimethin-Farbstoffen (vgl. S. 110) sowie von ms-alkylsubstituierten Pyrromethenen [2356] (vgl. S. 115). Verwendet man *Pyrrolsäurechloride* (bzw. die entspr. Carbonsäuren oder deren tert-Butylester) mit Phosphoroxychlorid als Kondensationsmittel, so lassen sich in hohen Ausbeuten *Tripyrrylmethene* (z. B. 7.39.) isolieren [2362].

7.39.   7.40.

Im Einklang mit der Hypothese der primär stattfindenden Acylierung des eingesetzten Pyrrol-Derivats durch das Säurechlorid, lassen sich ebenfalls Pyrroketone (s. S. 286) mit Pyrrolen in Gegenwart von Phosphoroxychlorid glatt zu Tripyrrylmethenen umsetzen. 2,2',2''-Tripyrrylmethene sind außerdem durch Umsetzung von α-unsubstituierten Pyrrolen mit Oxalylchlorid [2393] (vermutlich unter Bildung des Pyrrol-carbonsäurechlorids (s. S. 282)) oder durch Oxydation von Tripyrrylmethanen (s. S. 329) mit Bleidioxid-Eisessig [800] oder Kalium-permanganat [412] zugänglich.

Säureanhydride reagieren oft mit Pyrrolen bei höherer Temperatur zu α-mono- oder α,α'-diacylierten Derivaten [484 (dort S. 4239)]. Besonders glatt verläuft die Reaktion zwischen Bernsteinsäureanhydrid und 2,4-Dimethylpyrrol [2390]. Hier, wie beim Pyrrol [1404], wirkt ein Katalysator sogar schädlich.

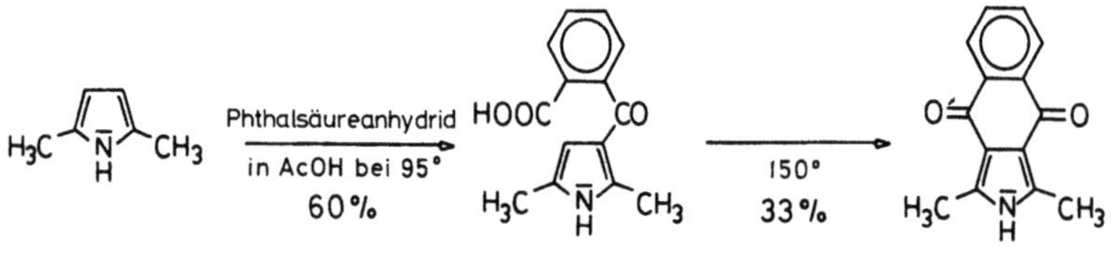

7.41.   7.42.

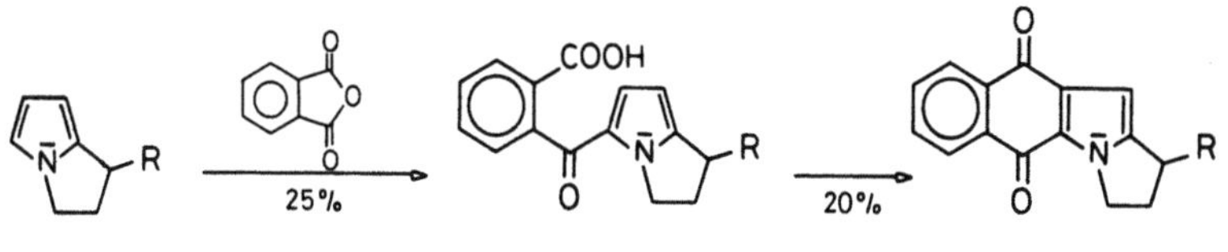

7.43.   7.44.   7.45.

Phthalsäureanhydrid reagiert mit N-freien Pyrrolen in Eisessig zu den gelben „Phthaliden", deren Konstitution 7.40. IR-spektroskopisch eindeutig aufgeklärt wurde [528]. Die Umsetzung findet nicht nur mit α-unsubstituierten, sondern auch mit C-tetrasubstituierten Pyrrolen unter Abspaltung eines der α-ständigen Substituenten (Alkyl- oder Ester-Gruppen) statt [788a (dort S. 72)]. Dagegen kondensieren unter gleichen Bedingungen β,β'-unsubstituierte 2,5-Dialkylpyrrole mit Phthalsäureanhydrid unter Bildung von Benz[f]isoindoldionen (z. B. 7.42.) [2406]. Es läßt sich nachweisen, daß die Reaktion über die entspr. β-(o-Hydroxy-carbonylbenzoyl)-pyrrole 7.41. abläuft. Unter Friedel-Crafts-Bedingungen (Aluminiumchlorid) reagiert das *N-substituierte* Pyrrol-Derivat (Di-hydropyrrolizin-Derivat) 7.43. mit Phthalsäureanhydrid über das α-acylierte Zwischenprodukt 7.44. zum Benz[f]indoldion 7.45. [401].

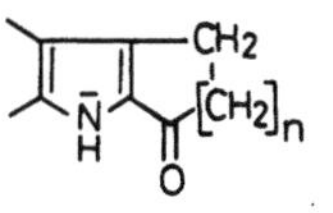

7.46. 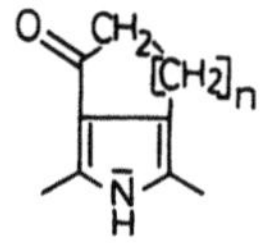   7.47.

n=1,2,3

Bei Anwendung von Polyphosphorsäure (PPS) als Katalysator findet *intramolekulare* C-Acylierung von Pyrrolen, die drei- bis fünfgliedrige Seitenketten mit endständigen Carbonsäure- [523, 1731, 2468] (vgl. S. 203) oder Alkylester-Gruppen [211, 812] tragen, unter Bildung von anellierten Pyrrolen des Typs 7.46. oder 7.47. leicht statt.

7. 48.

Bemerkenswerterweise ist bei der Cyclisierung der 2-(Pyrrol-2-yl-thio)-essigsäure Wanderung der Seitenkette unter Bildung des 2H-3H-Thieno-[3,2-b]-pyrrol-3-ons *(7.48.)*, das sich in Thieno-[3,2-b]-pyrrol leicht überführen läßt [1510], beobachtet worden (zur Konstitution des Eduktes – 2-Rhodanpyrrol – s. S. 350). Eine entspr. Umlagerung muß bei der Synthese des N-Benzyl-thieno-[3,2-b]pyrrols [1199] stattfinden. Das isomere N-Benzylthieno[2,3-b]pyrrol ist auf eindeutigem Wege dargestellt worden [1701].

7. 50.   7. 49. a) Y = COOH   7. 51.
          b) Y = COCl
          c) Y = O-COOÄ

Analog ist aus dem N-(o-Hydroxycarbonylphenyl)-pyrrol *(7.49a.)* „Fluorazon" *(7.50.)* dargestellt worden [1200], das auch aus dem Säurechlorid *7.49b.* mittels Friedel-Crafts-Katalysatoren (SnCl₄) zugänglich ist [1514, vgl. 1364].

7. 52.   7. 53.

Ebenfalls unter Friedel-Crafts-Bedingungen (Zinkchlorid bzw. Zinntetrachlorid) lassen sich der Kohlensäurediester *7.49c.* und das gemischte

Anhydrid *7.52.* in 4-Oxo-4H-pyrrolo[2,1-c]benzoxazin *(7.51.)* [119]
bzw. in das 4,5,6,7-Tetrahydroindol-4-on-*(7.53.)* [1214] überführen.

7.4.2.5. Acylpyrrole aus Pyrrolcarbonsäuren und deren Derivaten

Durch Reaktion einiger β-Pyrrolcarbonsäurechloride mit Diäthyl- oder
Dimethyl-cadmium [988] sowie durch Umsetzung der 1,3-Dimethyl-2-
pyrrolcarbonsäure mit Methyllithium [1516] und des 1-Methyl- [568]
bzw. 3-Methyl-2-pyrrolnitrils [690] mit Alkylmagnesiumhalogeniden
sind die entspr. Acyl-Derivate dargestellt worden.

Wegen der Acidität des N-ständigen Wasserstoffatoms am Pyrrol-
Ring (S. 131) liefern jedoch diese Methoden nur bei N-substituierten
oder N-geschützten Derivaten befriedigende Ausbeuten.

7.4.3. Dipyrrylketone und -thione

Sowohl die Acylierung von Pyrrolen mit N,N-disubstituierten Pyrrolami-
den nach Vilsmeier [160] (vgl. 7.4.2.3.) als auch die Reaktion von Pyrrol-
säurechloriden mit Pyrryl-Grignard-Verbindungen [788a (dort S. 361),
799, 1934] (vgl. 7.4.2.1.) oder mit Pyrrolen nach Friedel-Crafts [788a
(dort S. 361)] (vgl. 7.4.2.4.) lassen sich zur Darstellung von 2,2'- und
3,3'-Dipyrrylketonen [2362] („Pyrroketone") anwenden. Symmetrisch
substituierte Derivate – darunter die Stammverbindung *7.54.* [788a
(dort S. 366)] (vgl. jedoch Lit. [1934]) sind durch Umsetzung der Pyrrylmagnesiumhalogenide mit Phosgen präparativ einfacher zugänglich.

7. 54. X = O
7. 55. X = S

7. 56.

Mit Thiophosgen reagieren sogar Pyrrole, die mindestens eine freie
α-Ring-Position besitzen, unter Bildung von 2,2'-Dipyrrylthionen *(7.55.)*,
ohne daß eine Aktivierung der Pyrrol-Reaktivität über die Grignard-Ver-
bindung notwendig ist [502].

2,2'Dipyrrylketone sind ferner aus Dipyrrylmethanen durch Umsetzung mit Sulfurylchlorid [503, 505], oder Bleitetraacetat-Bleidioxid in Eisessig [1711], durch Oxydation

von Dipyrryl-thionen mit alkalischem Wasserstoffperoxid [502], sowie ringsynthetisch aus 2-(γ-Oxobutyroyl)pyrrolen [2345] zugänglich.

7.57.   7.58.   7.59.   7.60.

Die wenigen bisher bekannten Derivate des 2,3′-Dipyrrylketons *(7.57.)* sind ringsynthetisch dargestellt worden [2345]. Die Stammverbindung 7.57. sowie das unsubstituierte 1,2′-Dipyrrylketon *(7.58.)* gewann man durch Umsetzung von Pyrrylmagnesiumbromid mit 3-Pyrrolcarbonsäurechlorid [1934] bzw. mit N-Methoxycarbonylpyrrol [1417, vgl. 79].

1,1′-Dipyrrylketon *(7.59.)* entsteht bei der Reaktion des N-Pyrrolcarbonsäurechlorids (S. 315) mit Kalium-pyrrolat in absol. Äther [2415].

Die besonderen Eigenschaften der Carbonyl-Gruppe der Dipyrrylketone werden durch die Beteiligung der Grenzstrukturen 7.56. (X=O) am Mesomerie-Hybrid, die sowohl mit der niedrigen Valenzschwingungsfrequenz der $>$C=O-Bindung im Raman- [282] und IR-Spektrum[7] [291] als auch mit deren chemischem Verhalten im Einklang stehen, weitgehend bestimmt. Demnach stellt die Carbonyl-Gruppe der Dipyrrylketone diejenige eines vinylogen Harnstoff-Derivats dar.

Gegen das Vorliegen des Enol-Tautomeren, das die Konstitution eines meso-Hydroxy-pyrromethens haben würde, sprechen nicht nur spektroskopische Daten[8] sondern auch die Reaktivität der Dipyrrylketone. Bei dem Versuch, die Enol-Form des Dipyrrylketons und einiger seiner Alkyl-Homologen durch Acetylierung zu stabilisieren, wurden (wahrscheinlich über die entspr. N-Acetylierungs-Zwischenprodukte) 5-Methylen-dipyrrolo[1,2-c:1′,2′-f]pyrimidin-10-on-Derivate *(7.60.)* erhalten [500].

Analoge Verhältnisse gelten für 2,2′-Dipyrrylthione [502], deren α-freie Positionen jedoch nucleophiler sind als diejenigen der 2,2′-Dipyrrylketone (vgl. Zitat [499] mit Zitat [501]).

---

[7] Für das *unsubstituierte* 2,2′-Dipyrrylketon: $\tilde{\nu}_{max}^{CHCl_3}$ = 1597 cm^{-1} [1934]; für dessen Derivate: $\tilde{\nu}_{max}$ = 1522–1627 cm^{-1}, je nach Substitution [160, 500, 1711].

[8] λ_{max}^{MeOH} = 334 nm (ε_{max} = 25000 [1934] bzw. $\lambda_{max}^{CH_2Cl_2}$ = 340–370 nm, je nach Substitution [160, 500]. Pyrromethen-Salze absorbieren bei 450–500 nm.

Wie bereits erwähnt (S. 287) zeichnen sich Dipyrrylketone durch die geringe elektrophile Reaktivität ihrer Carbonyl-Gruppe aus. Von den üblichen Derivaten lassen sich lediglich bei hohen Temperaturen (ca. 160°C) und unter Druck *Hydrazone* darstellen, die ihrerseits zu Thiocarbohydrazonen und Tetrapyrrylketazinen umgesetzt werden können [788a (dort S. 364), 799].

Die katalytische Hydrierung der Carbonyl-Gruppe gelingt bei den Dipyrrylketonen nicht [160, 1711], diejenige mit Natriumborhydrid nur sehr selten. Dagegen lassen sich mit Diboran, das ja mit polarisierbaren Carbonyl-Gruppen leichter reagiert, Dipyrrylmethane in guten Ausbeuten darstellen [160]. Diese Methode ist der Hydrierung nach Clemmensen [1711] weitgehend überlegen.

Eine interessante Reaktion der Dipyrrylketone besteht in ihrer Umsetzung mit Phosgen, wobei unter spontaner Entwicklung von Kohlendioxid die Bildung von meso-Chlorpyrromethenen eintritt, die wieder zu den ursprünglichen Ketonen hydrolysiert werden können [788a (dort S. 365)].

Im Einklang mit der Mesomeren-Hybrid-Struktur der Dipyrrylketone steht ferner die durch Säuren hervorgerufene bathochrome Verschiebung des Absorptionsmaximums im Elektronenspektrum um ca. 70 nm [160, 500]. Auf die dafür verantwortliche Bildung eines Oxonium-Salzes – entspr. Grenzformeln 7.56. (X = O) – ist höchstwahrscheinlich auch der Mangel an Reaktivität freier α-Positionen[9] von Dipyrrylketonen gegenüber Elektrophilen bei säurekatalysierten Reaktionen zurückzuführen [160]. Da sehr wahrscheinlich aus demselben Grunde die Vilsmeier-Formylierung von 2,2'-Dipyrrylketonen mißlingt [499, 1711], müssen α-Formyl-Derivate durch Oxidation α-ständiger Methyl-Gruppen mit Bleitetraacetat-Bleidioxid [503] (vgl. S. 290), Sulfurylchlorid [499] (vgl. S. 290) oder vorzugsweise mit tert-Butyl-hypochlorit [160] dargestellt werden[10]. Mit den beiden letztgenannten Reagenzien können je nach Reaktionsbedingungen ein, zwei oder drei Wasserstoffatome durch Chlor substituiert werden. Mit Brom werden α-ständige Methyl-Gruppen *negativ* substituierter Dipyrrylketone in mono-Brommethyl-Gruppen übergeführt. Bei *alkyl*-substituierten Dipyrrylketonen findet jedoch Spaltung an der Carbonyl-Brücke statt [788a (dort S. 364)] (s. auch Zitat [160]). Phthalsäureanhydrid in Eisessig führt ebenfalls die Sprengung der Carbonyl-Brücke unter Bildung von Pyrrolphthaliden (S. 284) herbei [788a (dort S. 364)].

---

[9] Freie β-Positionen lassen sich nach Friedel-Crafts acylieren [788a (dort S. 362)].
[10] Neuerdings sind α-Formyldipyrrylketone durch Oxidation von 5,5'-Diformyldipyrrylmethanen mit Brom-Sulfurylchlorid zugänglich gemacht worden [503].

7.5. Pyrrol-aldehyde

7.5.1. Darstellungsmethoden

Pyrrol-aldehyde stellen aufgrund ihrer leichten Zugänglichkeit, verhältnismäßig hohen Stabilität und gleichzeitig großen Bereitschaft zu Kondensationsreaktionen die Schlüsselverbindungen zur Synthese zahlreicher Pyrrol-Derivate dar. Mit sehr wenigen Ausnahmen (S. 225, 256) kommen für ihre Darstellung ringsynthetische Verfahren nicht in Betracht. Die präparativ wichtigen Methoden zur Einführung der Formyl-Gruppe sind in Abb. 7.5. zusammengestellt[11].

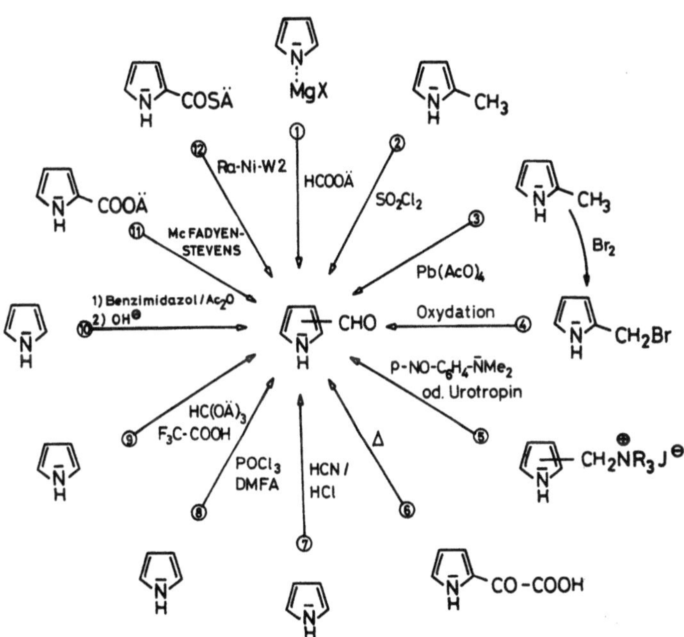

Abb. 7.5. Möglichkeiten zur Einführung von *Formyl*-Gruppen in den Pyrrol-Ring (schematisch[11]).

7.5.1.1. Formylierung von Pyrryl-Grignard-Verbindungen

Durch Umsetzung von Pyrrolyl-magnesium-halogeniden mit *Ameisensäure*estern sind einige α-Pyrrol-aldehyde hergestellt worden [1900, 2414] (vgl. Lit. [788a (dort S. 146)]).

---

[11] s. Fußnote 1 auf S. 257.

7.5.1.2. α-Pyrrol-aldehyde aus α-Dichlormethylpyrrolen

Die Chlorierung α-methyl-substituierter Pyrrole mit Sulfurylchlorid haben *H. Fischer u. Mitarb.* [775] zu einer brauchbaren Methode für die Gewinnung von Pyrrol-aldehyden ausgearbeitet. Sie eignet sich jedoch nicht zur Darstellung von Pyrrol-aldehyden mit unbesetzten Ring-Positionen, weil dort bei der Reaktion Substitution durch Chlor (S. 326) stattfindet. Bei der üblichen Durchführung der Reaktion mit zwei bis zweieinhalb Molen des Reagenzes in Äther bei 0 °C entstehen isolierbare [539] Dichlormethyl-Derivate, die beim Verkochen mit Wasser oder Alkoholen in die entspr. Aldehyde [138, 533, 1016, 1148, 1151, 1455, 1602] bzw. *Acetale* [1016] übergehen. Praktisch tritt jedoch selbst bei Anwendung stöchiometrischer Mengen Sulfurylchlorid stets auch die Bildung des Trichlor-Derivats auf, das dann bei der Hydrolyse in die entspr. Pyrrolcarbonsäure übergeht (S. 306). Darauf ist es zurückzuführen, daß die Ausbeute an Aldehyd bei dieser Reaktion sehr wechselnd und niemals quantitativ sind. Bei 2,5-dimethylsubstituierten Pyrrolen richtet sich der Angriff des Reagenzes auf *beide* Methyl-Gruppen, so daß das entstandene Produkt (je nach der Menge des zur Verfügung stehenden Sulfurylchlorids) ein Tetra- oder ein Hexachlor-methyl-Derivat und das Folgeprodukt ein Dialdehyd bzw. eine Dicarbonsäure ist [788a (dort S. 145)]. In einigen Fällen läßt sich die Ausbeute an Dichlormethyl-Derivat durch Verwendung von Chloroform als Lösungsmittel steigern [1399].

Führt man die Umsetzung mit Sulfurylchlorid in Eisessig aus, so setzt sich das gebildete Dichlormethyl-Derivat, besonders bei höherer Temperatur, bereits *während* der Reaktion mit dem Lösungsmittel unter Bildung von Pyrrolaldehyd und (wahrscheinlich) Acetylchlorid um [539].

7.5.1.3. Oxydation α-ständiger Methyl-Gruppen mit Bleitetraacetat

In Gegenwart von 2 Mol des Reagenzes lassen sich 5-methylsubstituierte Pyrrol-2-*carbonsäureester* in Eisessig bei 80–90 °C glatt in die 5-Formyl-Derivate überführen [138, 649, 2158]. Der Zusatz von Bleidioxid begünstigt die Reaktion [503].

Bei Raumtemperatur und unter Verwendung äquimolarer Mengen beider Reaktionspartner können die α-Acetoxymethyl-Derivate (vgl. S. 112) in guten Ausbeuten isoliert werden [1173, 2158].

7.5.1.4. α-Pyrrol-aldehyde aus α-Brommethylpyrrolen

α-ständige Brommethyl-Gruppen lassen sich sowohl durch direkte Oxydation mit Bleinitrat oder Chromtrioxid-Essigsäure als auch durch Umsetzung mit Anilin und darauffolgende Oxydation der erhaltenen *Anilino-*

methyl-Derivate mit Kaliumpermanganat in Aceton zu α-Pyrrol-aldehyd-anilen, die schließlich zu Pyrrolaldehyden hydrolisiert werden, in Formyl-Gruppen umwandeln [788a (dort S. 148)].

α-Pyrrolaldehyd-anile sind auch durch Reaktion α-unsubstituierter Pyrrole mit Phenylisonitril [2385] zugänglich. Man kann sie ferner durch Wasser-Abspaltung aus den bei der Reaktion von α-Brommethyl-pyrrolen mit Phenylhydroxylamin in Kollidin (d. h. unter intermediärer Bildung des entspr. Pyridinium-Derivats) erhältlichen Phenylhydroxyla-minomethylpyrrolen [2447] gewinnen.

7.5.1.5. Pyrrol-aldehyde aus Pyrrol-Mannich-Basen

Pyrrol-Mannich-Basen (s. S. 266) lassen sich in die entspr. Aldehyde überführen:
a) über die entspr. Tetraalkylammonium-Derivate durch Umsetzung mit p-Nitrosodimethylanilin und anschließende Säurehydrolyse des entstandenen N-Hydroxyaminals [2353] (vgl. Lit. [2370]!) oder
b) durch Reaktion mit Hexamethylentetramin in Eisessig (analog der Sommelet-Reaktion) [2370].

7.5.1.6. Decarboxylierung von Pyrryl-glyoxylsäuren

Glyoxylsäuren (S. 282) können durch Decarboxylierung in Pyrrolaldehy-de übergeführt werden [788a (dort S. 149), 1134].

7.5.1.7. Gattermann-Reaktion

Vor der Einführung der Vilsmeier-Haak-Reaktion in die Methodik der präparativen Pyrrol-Chemie (s. 7.5.1.8.) nahm die von *H. Fischer* und *W. Zerweck* [761] auf Pyrrole übertragene Formylierung mit wasser-freiem Cyanwasserstoff und trockener Salzsäure in ätherischer oder chloroformischer Lösung nach Gattermann die Vorrangstellung zur Synthese sowohl von α- als auch von β-Pyrrolaldehyden ein. Das bei der Umsetzung zunächst entstehende Aldiminhydrochlorid scheidet sich meist kristallin ab und wird nach Lösung in Wasser durch gelindes Erwärmen (evtl. unter Zusatz von wenig Ammoniak oder Natronlauge) hydrolysiert. Der Einsatz von HCN kann durch Verwendung von Zink-cyanid [1648] oder vorzugsweise s-Triazin [1336] umgangen werden.

Nach der Gattermann-Methode sind zahlreiche Alkyl- [1461, 1602, vgl. 788a (dort S. 154ff.)] und Arylpyrrole [45] sowie Pyrrolcarbonsäu-reester [1457, 1602, 1948] und Dipyrrylmethane [113, 1148] umgesetzt worden. Substituenten-Effekte sind oft sehr ausgeprägt (vgl. S. 121). Sind α- *und* β-unbesetzte Ring-Positionen vorhanden, so findet die Substi-tution bevorzugt an den α-Positionen statt. Pyrromethene werden nicht formyliert (vgl. S. 116), dagegen lassen sich Neoxanthobilirubinsäure (7.83. auf S. 302) und deren Analoga, die ja keine „echten" Pyrromethene sind, in die entspr. 5-Aldehyde überführen [2152].

Die wenigen bisher bekannten α-Pyrromethenaldehyde sowie deren *Methylacetale* sind durch Hydrolyse bzw. Methanolyse der entspr. Dibrommethyl-Derivate dargestellt worden [1496].

Unter den Bedingungen der Gattermann-Reaktion findet bei der Umsetzung von α-Halogenpyrrolen neben Halogen-Austausch die Verdrängung des Halogenatoms durch die Formyl-Gruppe [543] statt. Halogenpyrrolaldehyde lassen sich daher besser durch Halogenierung von Formylpyrrolen (S 328) oder aus Δ^3-Pyrrolin-2-onen (S. 295) darstellen.

7.5.1.8. Vilsmeier-Haak-Reaktion

Die Formylierungsreaktion nach Vilsmeier-Haak wurde in der Pyrrol-Reihe erstmals von *C. D. Nenitzescu* [1630] und später von *M. A. T. Rogers* [2002], *G. F. Smith* [2181] sowie *R. M. Silverstein u. Mitarb.* [2036, 2163, 2164] angewandt. Mit Hilfe dieser vielfach bewährten Methode sind außer
Pyrrol [2165] zahlreiche
alkyl- [141, 354, 379, 649, 690, 908, 909, 2036, 2172],
N-aryl- [379, 1981a] und
C-arylsubstituierte [2062] Pyrrole
sowie 1,2-Dihydropyrrolizin-Derivate [123, 1861] und
Pyrrolcarbonsäureester [101, 137, 354, 471, 514, 908, 1287, 2141] (darunter auch schwache Nukleophile wie Pyrroldicarbonsäurediäthylester [1287] und N-Äthoxycarbonylpyrrole [2378] – oder -amide [160])
in die entspr. Pyrrolaldehyde übergeführt worden.
Auch höhere Homologe des N,N-Dimethylformamids sowie Pyrrolcarbonsäureamide können zur Synthese von Acylpyrrolen (S. 282) bzw. Dipyrrylketone (S. 286) in die Vilsmeier-Reaktion eingesetzt werden.

Bei Verwendung von Butyrolactam als Amid-Komponente entstehen 2-(Pyrrol-2-yl)-Δ^1-pyrroline (z. B. *7.61.*), die an Palladium zu 2,2'-*Bipyrrolen* dehydriert werden können. Bipyrrol *(7.62.)* [1936] und einige seiner Derivate [1938] sind nach diesem Verfahren leicht zugänglich [vgl. 294]. Ringständige elektronenziehende (z.B. Ester-)Gruppen an der Pyrrol-Komponente hemmen jedoch im allgemeinen die Reaktion, so daß die entspr. (allerdings nur symmetrisch substituierten) Bipyrrol-Derivate nur noch aus α-Jodpyrrolen dargestellt werden können (S. 330).

Von den wenigen bisher bekannten Reaktionen [301], die zu Verbindungen des Typs *7.61.* führen, ist die Vilsmeier-Synthese die einzige präparativ brauchbare [125, 127]. Einige 2-(Pyrrol-2-yl)-Δ^1-pyrrolin-5-one sind ringsynthetisch [2390] oder durch Anlagerung von α-freien Pyrrolen an Δ^4-Pyrrolin-2-one [895] erhalten worden.

Ferner lassen sich Bipyrrole durch Vilsmeier-Reaktion von Δ^3-Pyrrolin-2-onen mit Pyrrolen in guten Ausbeuten *direkt* darstellen [303].

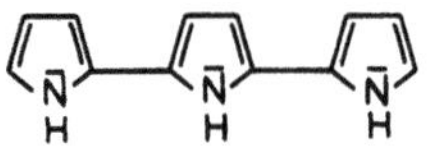

7.63.

Das 2,2'-5',2''-Terpyrrol *(7.63)* und seine Derivate sind sowohl durch die Paal-Knorr-Synthese [451] (vgl. Tabelle 6.1. auf S. 241) als auch durch katalytische Dehydrierung des „Pyrrol-Trimeren" (2,5-bis-(Pyrrol-2-yl)-pyrrolidin) [1937] (S. 134) bzw. von 5-(Δ^1-Pyrrolin-2-yl)-bipyrrolen oder 2,5-bis-(Pyrrol-2-yl)-Δ^1-pyrrolinen erhältlich. Erstere sind durch Vilsmeier-Reaktion von Pyrrolidin-2-onen mit Bipyrrolen [1937], letztere durch Vilsmeier-Reaktion von 5-(Pyrrol-2-yl)-pyrrolidin-2-onen [269, 896] oder von Δ^4-Pyrrolin-2-onen [303] mit Pyrrolen zugänglich.

Wie jeder elektrophile Angriff am Pyrrol-Ring richtet sich die Formylierungsreaktion nach Vilsmeier zunächst auf die freien α-Positionen. Sind diese besetzt, so findet die Formylierung an den β-Positionen statt. Beim Vorliegen von zwei unbesetzten Positionen erhält man mit überschüssigem Reagenz als Nebenprodukte sowohl α,β- als auch β,β'-bisher jedoch keine α,α'-Pyrrol-*dialdehyde*[12] [909, 1981a].

---

[12] Außer α-Pyrrolaldehyd (38% d. Th.) entstehen bei der Vilsmeier-Haak-Formylierung von Pyrrol mit überschüssigem Reagenz bei 130 °C – vermutlich wegen des „meta-dirigierenden" Effektes der Dimethylformimidoyl-Gruppe (vgl. S. 123) – nur 0,3% des 2,5-Diformylpyrrols (s. S. 296) neben 9% des 2,4-disubstituierten Isomeren [557].
Einige Pyrrol-2,5-dialdehyde sind mit Hilfe der Sulfurylchlorid-Reaktion (S. 290) dargestellt worden [788a (dort S. 173ff.), 793, 1643].

Alkyl-Gruppen üben in manchen Fällen einen stark ausgeprägten dirigierenden Effekt aus (S. 120). Aufgrund ihrer mangelnden Nucleophilie können Pyrromethene nach Vilsmeier nicht formyliert werden (vgl. S. 116). Aus 2,2'-Bipyrrolen werden hauptsächlich Monoformyl-Derivate erhalten [354], da die zuerst eingeführte Formimidoyl-Gruppe den benachbarten Pyrrol-Ring desaktiviert. Dipyrrylmethane verhalten sich wie Pyrrole und können unter den üblichen Bedingungen formyliert werden [1287].

Oft lassen sich anstelle der meist oxidationsempfindlichen α-freien Dipyrrylmethane die entspr. Mono- [649] oder Dicarbonsäuren [143, 354] verwenden. Säureempfindliche Dipyrrylmethan-aldehyde können mit Benzoylchlorid-Dimethylformamid statt des herkömmlichen Vilsmeier-Komplexes dargestellt werden [470, 505].

Die zahlreichen Durchführungsvarianten der Vilsmeier-Formylierung:
Zugabe von $POCl_3$ in das Gemisch Pyrrol-Dimethylformamid (DMF) ohne [114, 471] oder mit Verdünnungsmittel (Toluol [1981a] oder Äther [2172]);
Zutropfen des in Methylenchlorid [514], Äthylendichlorid [2165] oder DMF [649, 909] gelösten Pyrrols in die Lösung des Vilsmeier-Komplexes;
Anwendung von Dimethylformanilid [2002];
Zugabe der Lösung des Vilsmeier-Komplexes zu dem in DMF gelösten Pyrrol [137, 141];
Zugabe der ätherischen Lösung von Pyrrol und DMF zu der ätherischen $POCl_3$-Lösung [354] u. a.
erlauben die Reaktion praktisch unter beliebigen Löslichkeitsbedingungen des Substrats durchzuführen.

Eine neue Variante der Vilsmeier-Formylierung von Pyrrolen besteht in deren Umsetzung mit Triphenylphosphin-dibromid in DMF [220]. Bei dieser Methode beträgt die Ausbeute an Pyrrol-2-aldehyd 40% der Theorie.

$POCl_3$ / DMFA

7.64.   7.65.   7.66.

Überraschenderweise reagiert das Acetylpyrrol-Derivat 7.64. mit dem Vilsmeier-Komplex nicht an der α-freien Position, sondern an der Acetyl-

Gruppe unter Bildung der Verbindung 7.65. [2091]. Eine analoge Reaktion ist bei einigen N-substituierten 4,5,6,7-Tetrahydroindol-4-onen beobachtet worden [1954]. Daß es sich dabei aber um keine allgemeine Reaktionsweise der Acylpyrrole handelt (vgl. S. 267), zeigt u. a. die Darstellung des Pyrrolaldehyds 7.66. in 40 bis 60proz. Ausbeute durch Vilsmeier-Formylierung von 4-Acetyl-3,5-dimethylpyrrol [1171, 1578].

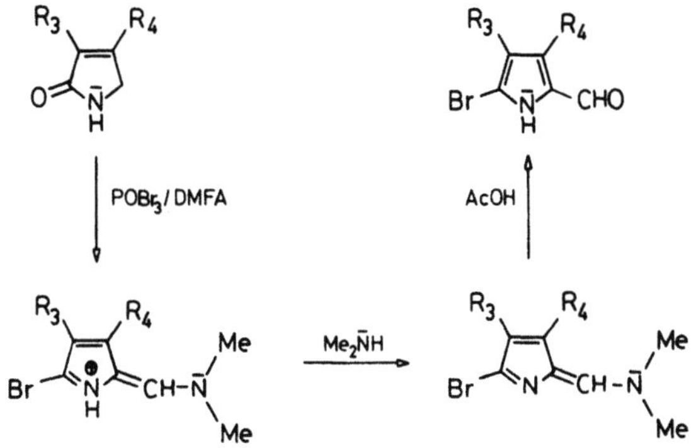

Präparativ interessant ist die Reaktion von Δ^3-Pyrrolin-2-onen mit Vilsmeier-Komplexen unter Bildung der Pyrrolenin-Salze 7.67. [646]. Die Einführung der Formimidoyl-Gruppe findet dabei vor dem Austausch des Sauerstoffatoms gegen Halogen statt [1533]. Führt man die Umsetzung unter Wasserausschluß durch, so lassen sich durch Neutralisieren des Reaktionsgemisches mit absol. Dimethylamin die 5-Halogen-2-dimethylaminomethylen-α-pyrrolenine 7.68. in sehr guten Ausbeuten isolieren. Mit schwachen Säuren (Eisessig) werden sie in die entspr. Halogenaldehyde übergeführt, die durch katalytische Hydrierung (Palladium) in Gegenwart von Natriumalkoholat quantitativ zu den 5-unsubstituierten 2-Pyrrolaldehyden enthalogeniert werden können.

7.5.1.9. Formylierung mit Orthoameisensäuretriäthylester

Sowohl α- wie β-unsubstituierte Pyrrole lassen sich mit Orthoameisensäuretriäthylester in Gegenwart von Trifluoressigsäure zu den entspr. Formyl-Derivaten in guten Ausbeuten umsetzen [507]. Auch einige Pyrrolcarbonsäure-tert.-butylester können bei 0 °C unzersetzt formyliert werden. Das Verfahren eignet sich ebenfalls zur Darstellung von α-Formyldipyrrylmethanen.

7.5.1.10. Hydrolyse von N,N-Diacetylbenzimidazolium-Addukten

Kürzlich ist die Synthese des 2,5-Diformylpyrrols durch Reaktion von Pyrrol mit Benzimidazol in Acetanhydrid und darauffolgende alkalische Hydrolyse des gebildeten Bisadduktes *7.69.* in 38proz. Gesamtausbeute beschrieben worden [213]. Dieses vermutlich verallgemeinerungsfähige Verfahren stellt gegenüber der früheren Synthese desselben Pyrrol-dialdehyds (Gesamtausbeute bezogen auf Pyrrol ca. 12%) [557] eine bessere Methode zur Einführung der Formyl-Gruppen dar.

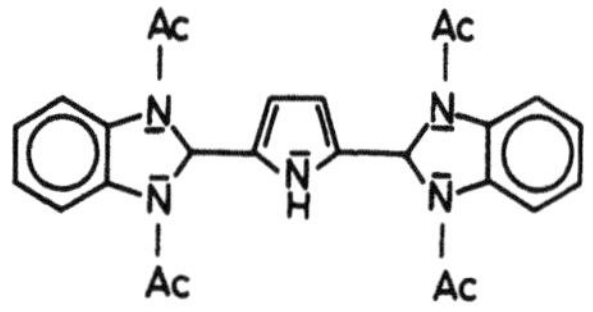

7. 69.

7.5.1.11. McFadyen-Stevens-Reaktion

Einige Pyrrolcarbonsäureester sind durch Zersetzung der entspr. Sulfonylhydrazide bei 170 °C in Äthylenglykol in Gegenwart von Natriumcarbonat zu Pyrrolaldehyden umgesetzt worden [469, 1935].

7.5.1.12. Hydrierung von Thiolcarbonsäureestern

In den Fällen, wo anstelle der Pyrrolcarbonsäureester deren Thiol-Analoga leicht zugänglich sind (s. S. 353), ist zur Darstellung der entspr. Formyl-Derivate die katalytische Hydrierung letzterer an Raney-Nickel W-2 der Methode 7.5.1.11. weitgehend überlegen [355].

7.5.1.13. Glykol-Spaltung bei Tetrahydroxybutylpyrrol-Derivaten

Eine bisher kaum untersuchte Darstellungsmöglichkeit für *2-unsubstituierte* 3-Pyrrolaldehyde besteht in der Oxydation mit Perjodsäure oder Bleitetraacetat der aus Glukosamin und 1,3-Dicarbonyl-Verbindungen leicht zugänglichen 3-Tetrahydroxybutylpyrrole (z. B. *7.70.*) [885, 886, 887, 890, 942].

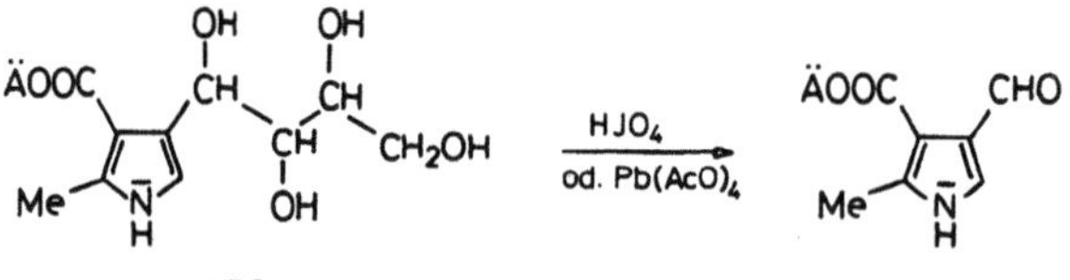

7.70.

7.5.1.14. Reimer-Tiemann-Reaktion

In der Pyrrol-Reihe kommt die Formylierung mittels Chloroform in stark alkalischem Medium praktisch nur zur Darstellung des α-Pyrrolaldehyds in Frage [163] (vgl. S. 128).

7.5.2. Eigenschaften der Pyrrolaldehyde

Bei der Mehrzahl der Pyrrolaldehyde handelt es sich um sehr kristallisationsfreudige, farblose Verbindungen, die sich durch leichte Löslichkeit in den meisten organischen Lösungsmitteln auszeichnen. Auch in heißem Wasser sind sie oft gut löslich und können daraus umkristallisiert werden.

Chemisch sondern sich die Formylpyrrole von den aliphatischen und aromatischen Aldehyden durch ihre schwere Oxydierbarkeit (Schiff-, Fehling- und Tollens-Tests verlaufen negativ) und geringe Carbonyl-Reaktivität gegenüber Nukleophilen ab. Besitzen sie freie (oder durch Hydroxycarbonyl-Gruppen substituierte) Ring-Positionen, so lassen sie sich sowohl dort halogenieren [788a (dort S. 168)][13] als auch mit Salpetersäure bei tiefer Temperatur ($-40\,°$C) nitrieren [833].

Gegenüber Basen sind Pyrrolaldehyde ebenfalls beständig. Lediglich die gekreuzte Cannizzaro-Reaktion von 1-Methylpyrrol-2-aldehyd mit Formaldehyd ist beschrieben worden [2036]. Unter gleichen Bedingungen reagiert jedoch der Pyrrol-2-aldehyd nicht [2164]. Mit HCN findet keine Cyanhydrin-Bildung statt, mit Cyanid-Ionen läßt sich zwar die gekreuzte Benzoin-Kondensation von α-Pyrrolaldehyd mit Benzaldehyd und einigen seiner Derivate durchführen [898], Selbstkondensation des ersteren gelingt aber nicht [2164]. Die Bildung von symmetrischen Pyrryl-acyloinen, die möglicherweise als Primärprodukte weitergehender Umsetzungen auftreten, ist bei einigen N-substituierte Pyrrole angenommen worden [247].

Natriumbisulfit-Addukte sind – außer demjenigen des 2-Formylpyrrols [163] – nicht bekannt. Mit wenigen Ausnahmen [84, 469, 507, 831] sind keine *aus Pyrrolaldehyden dargestellten* Acetale beschrieben worden (vgl. S. 290). Eine allgemein anwendbare Methode zur Darstellung von Pyrrol-Derivaten mit geschützter Formyl-Gruppe gibt es daher nicht. Zu diesem Zweck sind gelegentlich sowohl die Reaktion von Pyrrolaldehyden mit Girard-Reagenzien [1712], Ammoniak [812], Pyrrolidin [2197] (s. S. 123) oder Malonitril (s. unter 7.5.3.), als auch die besonders glatte Umsetzung von Thioaldehyden mit prim. Aminen

---

[13] Eine alternative Darstellungsmethode für Halogenpyrrolaldehyde ist auf S. 295 angegeben.

[2567] zu Kondensationsprodukten, aus denen die Edukte leicht wieder freigesetzt werden können, angewandt worden.

Mit Alkali-Metallen bilden Pyrrolaldehyde die entspr. Salze, die sich am Stickstoffatom alkylieren lassen.

7.71.a   7.71.b   7.72. X = H

7.73. X = Br

7.74.

Die geringe Carbonyl-Reaktivität der Formyl-Gruppe der Pyrrolaldehyde ist auf die Beteiligung der zwitterionischen Grenzformel *7.71 b.* am Mesomerie-Hybrid derselben im Grundzustand, für die zahlreiche Argumente sprechen [1079], (vgl. Zitat [1181] und dort zit. Lit.), und nicht auf das Vorliegen eines *tautomeren* Hydroxymethylenpyrrolenins *(7.72.)*, wie früher angenommen wurde, zurückzuführen. Die Enol-Form ist bisher nur bei Bromformylpyrrolen in *alkalischer* Lösung *(7.73.)* [2091] und beim Δ^3-Pyrrolin-2-on-Derivat 7.74. [1837, 1842] nachgewiesen worden [128, vgl. 637].

7.75.   7.76.

Trotz der geringeren Reaktivität pyrrol-ringständiger Formyl-Gruppen sind die üblichen Carbonyl-Derivate wie Oxime [114, 137], Hydrazone, Acyl-hydrazone [263, 670], Aldazine, Semicarbazone und Thiosemicarbazone [2538] auch in der Pyrrol-Reihe nach herkömmlichen Verfahren leicht zugänglich. Mit Ammoniak sowie primären aliphatischen [219, 1075] oder aromatischen Aminen [613, 614, 616, 1181, 2294, 2295] entstehen Aldimine, die – analog den entspr. Oximen und Aldazinen

– befähigt sind, Metall-Ionen chelatartig zu binden (vgl. 4.5.1.). Für
die aromatischen Schiffschen Basen ist die Konstitution 7.75. und nicht
diejenige des tautomeren Aminomethylen-α-pyrrolenins 7.76. nachgewiesen worden [1181].

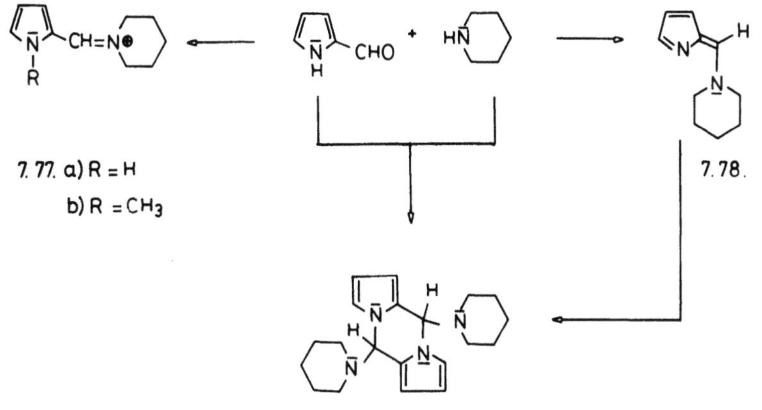

7. 77. a) R = H
       b) R = CH₃

7. 78.

7. 79.

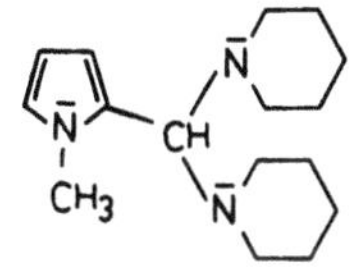

7. 80.

Durch Reaktion von Pyrrolaldehyden mit cyclischen *sekundären* Aminen (Pyrrolidin, Piperidin u. a.) erhält man die entspr. Pyrrolylmethylen-immonium-Derivate 7.77 a., die in saurem Medium als Salze isoliert
werden [2197]. In Abwesenheit von Säure erhält man aus α-Pyrrolaldehyd und Piperidin, Morpholin oder Pyrrolidin sowohl die entspr. Aminomethylen-pyrrolenine (z. B. 7.78.) [1274] als auch die *dimeren* Kondensationsprodukte (z. B. 7.79.) [1062, 1078]. Aus N-Methylpyrrolaldehyd
dagegen wurde das entspr. Dipiperidinaminal 7.80., das durch Behandlung mit Acetylchlorid in 7.77 b. übergeht, erhalten [278].

Pyrrolylmethylenimmonium-Salze sind ferner als intermediäre Produkte bei der Vilsmeier-Haak-Formylierung von Δ^3-Pyrrolin-2-onen
[646] und gelegentlich auch von Pyrrol [1273] sowie von Dipyrrylmethanen [649, 1151] und verwandten Pyrrol-Derivaten [1850] mit
Dimethylformamid-Phosphoroxychlorid, bzw. von Pyrrolen mit
N,N-Dimethylacetamid-phosphoroxychlorid [380], isoliert worden.

Durch vorsichtige Neutralisation lassen sich aus den Immonium-Salzen die dazugehörigen Basen isolieren [380, 646], die eine Reihe interessanter Reaktionen eingehen [647].

Sowohl die Immonium-Salze als auch die entspr. Basen können als Mesomerie-Hybride formuliert werden. PMR-spektroskopische Untersuchungen zeigen, daß bei den freien Basen sowohl die 6-Aryl-6-amino-2-azafulven-Struktur *7.82b.* als auch die zwitterionische *7.82a.* am Mesomerie-Hybrid beteiligt sind, während die Salze hauptsächlich durch die Konstitutionsformel *7.81a.* – wahrscheinlich auch in der angegebenen Konformation – dargestellt werden [380].

7.6. Vinylpyrrole

Zu den präparativ wichtigsten Pyrrol-Abkömmlingen, die aus Pyrrolaldehyden zugänglich sind, gehören die bereits erwähnten Pyrromethene (S. 115) sowie zahlreiche C-Vinylpyrrol-Derivate[14].

---

[14] Nur wenige N-vinylsubstituierte Pyrrole sind bekannt: N-Vinylpyrrol ist durch basenkatalysierte Anlagerung von Pyrrol an Acetylen in der Gasphase [1956, 2168] oder im Autoklaven bei 180–190 °C (Ausb. 33 %) [1956] erhältlich. N-Vinyl-, N-Propenyl- und N-(α-Styryl)-Derivate der Pyrrol-2-carbonsäure sind durch Reaktion des Kalium-Salzes dessen Methylesters mit den entspr. Alken-Oxiden dargestellt worden [525].

Unter Basenkatalyse kondensieren sowohl α- als auch β-Pyrrolalde-
hyde mit einer Vielzahl von CH-aciden Verbindungen wie

Malonsäure [25, 822, 830] und deren Estern [1352],
Arylacetonitrilen [1078],
Barbitursäure [898, 2384],
Rhodanin [1068],
Hippursäure (unter Bildung des entspr. Azlactons) [1070],
Hydantoin [1032],
Aceton [1079],
Arylmethylketonen [2419, 2420],
Nitromethan [514, 788a (dort S. 224), 1351],
Cyclopentadien [2403] sowie
1-Arylchinaldinium- [1825] und 2-Alkyl-3-methyl-isochinolinium-
Salzen [326],

unter Bildung der entspr. substituierten Vinyl-Derivate. 3,4-Diformyl-
pyrrole kondensieren mit 1,3- und 1,2-bifunktionellen CH-aciden Verbindungen unter Bildung bicyclischer Systeme mit einem isokondensierten
Pyrrolring [1328].

In Gegenwart von 85proz. *Orthophosphorsäure* können Nitropyrrolal-
dehyde, deren Alkali-Empfindlichkeit Umsetzungen in basischem Medium nicht zuläßt, mit 1-Indanonen oder 1-Tetralonen zu pharmakologisch interessanten Derivaten kondensiert werden [56].

cis-α,β-*bis*-(Pyrrol-2-yl)-acrylsäuremethylester ist in geringer Ausbeute (5% d. Th.) durch Perkin-Kondensation von Pyrrol-2-aldehyd mit
Pyrrol-2-yl-essigsäure erhalten worden [145].

Dagegen ist die Aldolkondensation des α-Formylpyrrols mit aliphatischen Aldehyden
(Acetaldehyd, Crotonaldehyd, u. a.) zu vinylogen bzw. dienylogen Pyrrolaldehyden bisher
nicht gelungen. Derartige Pyrrol-Derivate sind jedoch durch schonende alkalische Hydrolyse (mittels MgO) der Kondensationsprodukte einiger alkylsubstituierter Pyrrole mit ω-(N-
Methyl-anilino)-propenal und -pentadienal synthetisiert worden [2250]. Die Kondensation
von negativ substituierten Pyrrol-Derivaten mit den letztgenannten Aldehyden führt dagegen ausschließlich zu Dipyrryl-polymethinfarbstoffen (vgl. S. 110). Diese treten ebenfalls
bei der Reaktion von Alkylpyrrolen als Nebenprodukte auf und können durch säurekatalysierte Kondensation der entspr. polyenylogen Pyrrolaldehyde mit α- oder β-freien Pyrrolen
dargestellt werden [2250, vgl. 2370].

Die Kondensation von β-Pyrrolaldehyden mit Malonsäure in Gegenwart von Anilin oder Piperidin mit anschließender katalytischer Hydrierung (Raney-Nickel) der erhaltenen Acrylsäure-Derivate gehört zu den
herkömmlichen Methoden zur Darstellung der bei der Synthese von
natürlichen Pyrrol-Abkömmlingen unentbehrlichen 2-hydroxycarbonyl-

äthyl-substituierten Pyrrole (sog. „Pyrrolpropionsäuren") in den Fällen, wo diese ringsynthetisch nicht zugänglich sind[15].

7.83.   (P = CH_2-CH_2-COOH)   7.84.

Auch die basisch katalysierte Kondensation von α-Pyrrolaldehyden mit Δ^3-Pyrrolin-2-onen zu den gelben 5(1H)-Pyrromethenonen (z. B. Neoxanthobilirubinsäure 7.83.) stellt das zweckmäßigste Verfahren [vgl. 129] zur Darstellung dieser für die Totalsynthese von Gallenfarbstoffen (S. 189) wichtigen Edukte dar.

Mit Malonsäuredinitril oder Cyanessigester entstehen Dicyanvinyl-pyrrole 7.84. bzw. α-Cyan-β-pyrryl-acrylsäureester. Da die Reaktion in basischem Medium (10proz. NaOH) reversibel ist, stellen diese Kondensationsprodukte Pyrrol-Derivate mit geschützter Formyl-Gruppe dar [138, 788a (dort S. 225), 812, 2567], deren Brauchbarkeit jedoch durch ihre geringe Nukleophilie [139, 2172] begrenzt wird.

Im Gegensatz zu den bisher erwähnten Kondensationsprodukten der Pyrrolaldehyde neigen Vinylpyrrol-Derivate, die keine funktionellen Gruppen in der ungesättigten Seitenkette tragen, oft zur Polymerisation [vgl. 2471]. Sie sind sowohl ringsynthetisch (S. 237) als auch durch Umsetzung von Pyrrolaldehyden mit Phosphor-Yliden (s. unten) oder durch Dehydratisierung der entspr., meist unbeständigen Pyrrylcarbino-le, die aus Formyl- oder Acyl-pyrrolen durch Reaktion mit Alkylmagne-siumhalogeniden [554, 1073] bzw. durch Lithiumalanat-Hydrierung [1073] erhältlich sind, dargestellt worden.

Mit Hilfe der Wittig-Reaktion und ihrer Varianten sind α-Vinylpyrrol [1184, 1721] (das bereits früher durch Wasserabspaltung aus 2-(1-Hydro-xyäthyl)-pyrrol [1073] oder durch katalytische Dehydrierung von 2-Äthylpyrrol in der Gasphase bei 430–650 °C [2471] zugänglich war)

---

[15] Alternative Möglichkeiten bestehen in der Kondensation von Pyrrol-Mannich-Basen mit Natrium-malonat (S. 272) oder in der säurekatalysierten Reaktion von Pyrrol-Deri-vaten, die eine freie Ring-Position besitzen, mit Methoxymethylmalonester [1456] und darauffolgender Verseifung und Decarboxylierung der erhaltenen Pyrrylmethylma-lonester-Derivate.
Bemerkenswerterweise setzt sich Pyrrol mit Propiolacton bei 100 °C zu β-(Pyrrol-2-yl)-propionsäure [1024] um. Weitere Beispiele dieser Reaktion sind nicht bekannt.

sowie mehrere α-Vinyl- [822, 1184] und α-Styrylpyrrole [1184, 1188, 2131] synthetisiert worden.

Bei Verwendung von Vinyl- [2111, vgl. 313] oder Allyltriphenylphosphonium-Salzen [2112] lassen sich 3H-Pyrrolizin *(7.85.)* und einige seiner Derivate in guten Ausbeuten herstellen[16].

Bei der Umsetzung mit dem letztgenannten Reagenz tritt *primär* höchstwahrscheinlich Bildung von Pyrrol-2-yl-butadien-Derivaten ein, die in einigen Fällen *(7.87.)* als Reaktionsprodukte erhalten und nicht in Pyrrolizin-Derivate übergeführt werden können.

7.87. R = C₆H₅
7.88. R = H

---

[16] Pyrrolizin (3H-Pyrrolo[1,2-a]-pyrrol) ist erstmals von *V. Carelli u. Mitarb.* [400] aus 1,2-Dihydropyrrolizin-1-on (S. 281) dargestellt worden. PMR-Untersuchungen sprechen für das Vorliegen des 3H-Tautomeren *(7.85.)* [815]. Pyrrolizin bildet unter Abspaltung eines Protons der relativ aciden Methylen-Gruppe das resonanzstabilisierte Azapentadienyl-Anion *(7.86.)*, das am C-3 und C-5 mit gleicher Wahrscheinlichkeit reprotoniert werden kann [1699]. Aus diesem Grunde liegen die meisten unsymmetrisch substituierten Derivate als Gemisch von Konstitutionsisomeren vor [817, 2112]. Da das Pyrrolizin das „Grundgerüst" zahlreicher Alkaloide [vgl. 2463] und einiger Pheromone (S. 207) darstellt, kommt der Synthese seiner Derivate große Bedeutung zu. Mit Ausnahme einiger 1,2-Dihydropyrrolizin-1-one [399] (S. 281) sind Pyrrolizine [817], Pyrrolizin-3-one [25, 822, vgl. 1540] (s. S. 279) sowie 1,2-Dihydropyrrolizin-3-one [1388] und deren 2-Aza-Analoga [392] aus Pyrrolaldehyden synthetisiert worden (vgl. S. 230 und 252).

Das unsubstituierte *trans*-konfigurierte 2-(1,3-Butadienyl)-pyrrol *(7.88.)* ist bei der thermischen Umlagerung von 7-Azidocycloocta-1,3,5-trien in 50proz. Ausbeute erhalten worden [1337].

β-Vinylpyrrole sind für die Synthese von vinylgruppen-haltigen Porphyrinen (Proto-, Pempto-, Spirographisporphyrin u. a.) und Gallenfarbstoffen (Bilirubin, Biliverdin, u. a.) wichtig (vgl. S. 189). Sie können zwar durch Decarboxylierung der leicht zugänglichen (S. 301) β-(Pyrrol-3-yl)-acryl-säuren dargestellt werden [788a (dort S. 221)], eignen sich jedoch wegen ihrer geringen Stabilität nicht als Ausgangsverbindungen. Als Edukte werden deshalb die entspr.

(2-Aminoäthyl)- [2567],

(2-Diäthylaminoäthyl)- [166, 719, 725, 726, 1725, 1726],

(2-Äthoxycarbonylamino-äthyl)- [1111],

(2-Acetamido-äthyl)- [357, 514] oder

(2-Acetoxy-äthyl)-pyrrole [406] bzw.

(2-Äthoxy-äthyl)- [802] oder

(2-Benzyloxycarbonylamino-äthyl)-pyrrolone [1844]

verwendet, und nach vollendeter Ringsynthese der (evtl. freigesetzte) Aminoäthyl-Rest durch Hofmannschen Abbau [vgl. auch 1838, 1851] (bei Acetoxyäthyl-Derivaten durch Umwandlung in die entspr. 2-Chlor-äthyl-Analoga und darauffolgende basenkatalysierte Abspaltung von Chlorwasserstoff) in die gewünschte Vinyl-Gruppe umgewandelt.

Prinzipiell können die meisten Vinylpyrrole und deren Abkömmlinge in zwei stereoisomeren Formen vorliegen. Diese sind jedoch nur in seltenen Fällen isoliert [129, 1070] bzw. charakterisiert worden [822, 1184, 1188].

7.7. Pyrrol-carbonsäuren

7.7.1. Darstellungsmethoden

Wegen ihrer leichten Zugänglichkeit und der potentiellen Möglichkeit, sie in Pyrrole mit unbesetzten Ring-Positionen überzuführen (S. 257), spielen Pyrrolcarbonsäuren – bzw. deren Ester als Zwischenprodukte in vielen Synthesen eine wichtige Rolle. Da erstere als Produkte des oxydativen Abbaus mehrerer Naturprodukte (Melanine, Porphyrine, Gallenfarbstoffe u.a.) isoliert werden (vgl. S. 39), ist ihre Chemie eingehend untersucht worden [1660]. Sämtliche mono- und poly-C-Pyrrolcarbonsäuren sind bekannt (s. Tabelle 7.3.).

Substituierte α- und β-Pyrrol-mono- sowie -polycarbonsäureester lassen sich aufgrund der Kondensationsbereitschaft aliphatischer α-Amino-

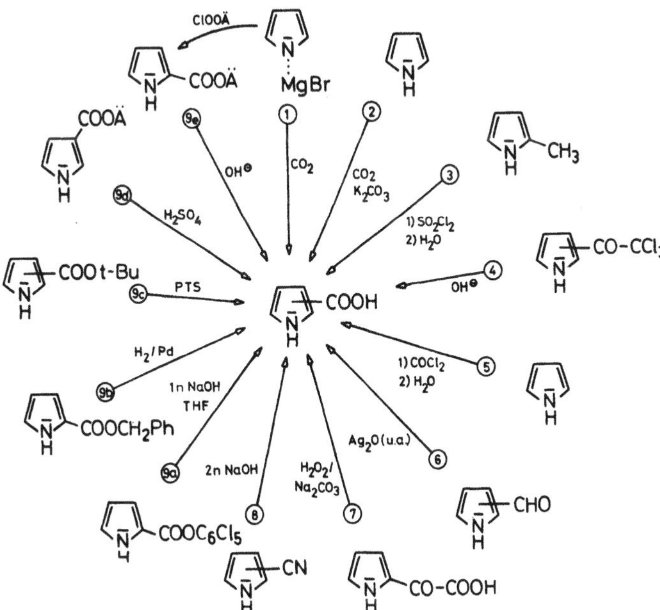

7. 89.   7.90.

β-Oxo- und -α,β-ungesättigter Carbonsäureester (s. 6. Kap.) nach den meisten ringsynthetischen Verfahren darstellen (vgl. Tabelle 7.5.).

Zu den ringsynthetischen Verfahren gehört allerdings auch die zweckmäßigste Synthese der nach anderen Methoden [1967] – vgl. auch S. 155 – schwer zugänglichen unsubstituierten Pyrrol-3-carbonsäure *(7.90.)* nach *H. Rapoport* und *C. D. Willson* [1933]. Als Edukt wird die nach *R. Kuhn* und *G. Osswald* dargestellte Pyrrolidin-3-on-dicarbonsäure *7.89.* verwendet. Analog läßt sich die Pyrrol-2,3-dicarbonsäure darstellen.

Von nicht untergeordneter präparativer Bedeutung sind jedoch auch die Methoden, welche die nachträgliche Einführung der Carboxyl- oder Alkoxy-carbonyl-Gruppe in das bereits gebildete Pyrrol-Ringsystem ermöglichen. Sie sind in Abb. 7.6. zusammengestellt[17].

Abb. 7.6. Möglichkeiten zur Einführung von *Hydroxycarbonyl*-Gruppen in den Pyrrol-Ring (schematisch[17]).

---

[17] s. Fußnote 1 auf S. 257.

7.7.1.1. Carboxylierung von Pyrrol-Metall-Derivaten

Durch Einwirkung von CO_2 oder Chlorameisensäureester auf Pyrrylmagnesiumhalogenide [1682, 1685] sowie Pyrrylkalium-Salze [475] lassen sich einige Pyrrolcarbonsäuren – darunter ^{14}C-markierte α-Pyrrolcarbonsäure [1393] bzw. deren Ester – darstellen.

Wie üblich (S. 170) erhält man durch Reaktion der Kalium-Salze[18] von Pyrrol [5, 875, 1257, 2378, 2415] und seinen Alkyl- [875, 1917, 2194, 2378], Aryl- [875], Acetyl- [1917] sowie α- [1585, 1587, 1917, 2442, 2587] und β-Alkoxycarbonyl-Derivaten [1917, 2497] mit Chlorameisensäureester die entspr. N-Carbonsäureester, während aus Pyrrylmagnesiumhalogenid ein Gemisch der 2- und 1-Pyrrolcarbonsäureester neben geringen Mengen der 1,2- und 1,3-Pyrroldicarbonsäureester gebildet wird [75, 79, 1095, 2162, 2276], worin der erste überwiegt – Ausb. ca. 25% d. Th. – [vgl. 1513 sowie 1257]. Dagegen entsteht bei der Reaktion von Pyrrylmagnesiumbromid mit Diäthylcarbonat fast ausschließlich das 1-Äthoxycarbonyl-Derivat [1416].

Pyrrol-1-carbonsäure-*tert.-butyl*-ester kann in 75proz. Ausbeute durch Reaktion von Kalium-pyrrolat mit tert.-Butylazidoformiat dargestellt werden [405].

7.7.1.2. Direkte Carboxylierung von Pyrrolen

Die Carboxylierung von Pyrrol [2097, 2179, 2435] und einigen β-substituierten Pyrrolen [2097] in wäßriger Kaliumcarbonat-Lösung unter Druck ist ein bequemes Verfahren zur Synthese der entspr. α-Carbonsäuren. Pyrrol-2-carbonsäure läßt sich nach dieser Methode in ca. 54proz. Ausbeute erhalten [2179]. Dabei handelt es sich vermutlich um einen reversiblen Prozeß, da unter den gleichen Reaktionsbedingungen Umlagerung und Disproportionierung der Kalium-Salze von Pyrrolcarbonsäuren stattfindet [1909, 1940, vgl. 2097].

7.7.1.3. α-Pyrrolcarbonsäuren und ihre Derivate aus α-Trichlormethylpyrrolen

Bei der Chlorierung α-pyrrolring-ständiger Methyl-Gruppen mit überschüssigem Sulfurylchlorid (vgl. S. 327) entstehen meist nicht isolierbare Trichlormethyl-Derivate, die nachträglich mit Wasser, Alkoholen oder Aminen in die entspr. Carbonsäuren [775, 1148, 1455], Ester [678, 795] bzw. Amide [160, 1148, 1151] übergeführt werden können. Unbesetzte Ring-Positionen werden, wie bereits erwähnt (S. 290), bei der Reaktion chloriert.

---

[18] Eigenartigerweise aber auch aus *Lithiumpyrrolat* und Chlorameisensäure*methyl*ester [1095, vgl. 2378].

Obwohl die der Umsetzung mit Sulfurylchlorid vorausgehende Monobromierung der α-ständigen Methyl-Gruppe (vgl. S. 328) in manchen Fällen vorteilhaft sein kann [514, 533, 1148, 1806], liefert in der Regel die direkte Chlorierung in Äther bei 0 °C unter Stickstoff [2518] ausgezeichnete Ergebnisse.

7.7.1.4. Alkalische Spaltung pyrrolringständiger Halogenacetyl-Gruppen

Sowohl α- als auch β-Trichlor- [2394] oder Trifluoracetylpyrrole [2198] (s. S. 283) lassen sich mit Lauge in Pyrrolcarbonsäuren und Haloform spalten. Dementsprechend sind durch basisch katalysierte *Alkoholyse* der entspr. Trichloracetyl-Derivate einige Pyrrol- sowie Dipyrrylmethan-carbonsäure*ester* dargestellt worden [148, 1023].

Kaum untersucht ist dagegen die reaktionsmechanistisch analoge Bildung von Pyrrolcarbonsäuren durch alkalische Spaltung ringständiger Pyridiniumacetyl-Gruppen [2049]. Pyridiniumacetyl-substituierte Pyrrole sind durch Behandlung der entspr. Bromacetyl-Derivate mit Pyridin zugänglich.

7.7.1.5. Chlorformylierung von Pyrrolen mit unbesetzten Ring-Positionen

Die Umsetzung von α- oder β-freien [1456] Pyrrolen mit Phosgen und die darauffolgende Umsetzung der entstandenen – meist unbeständigen – Pyrrolcarbonsäurechloride mit Wasser, Alkoholen [1460, 2141, 2194, 2275, vgl. 788a (dort S. 235)] oder Aminen [160] ist nur in seltenen Fällen zur Darstellung von Pyrrolcarbonsäuren und ihren Derivaten angewandt worden.

7.7.1.6. Oxydation von Pyrrol-aldehyden

Durch Oxydation der entspr. Aldehyde mit Silberoxid [76, 1095, 1399, 1585, 2141, 2196b, 2197], alkalischem Kaliumpermanganat [831, 1647, 1650, 2141, 2586], Bleitetraacetat [138] oder 2- bis 10proz. Schwefelsäure [47] sind einige Pyrrolcarbonsäuren leicht zugänglich.

7.7.1.7. Oxydation von Pyrryl-glyoxylsäuren

Pyrryl-glyoxylsäuren (S. 282) können durch Oxydation mit Wasserstoffperoxid in wäßriger Natriumcarbonat-Lösung in die Carbonsäuren übergeführt werden [2275].

7.7.1.8. Hydrolyse von Pyrrol-nitrilen

Die *alkalische* Hydrolyse (2 n Natronlauge) von Pyrrolnitrilen führt zu den entspr. Carbonsäuren [114, 1016].

7.7.1.9. Pyrrol-carbonsäuren aus deren Estern

Wie erwähnt (S. 257) liegt die präparative Bedeutung der Pyrrolcarbonsäureester hauptsächlich in ihrer relativ leichten Decarboxylierbarkeit unter Freisetzung der entspr. Ring-Positionen, die dann für Substitutionsreaktionen verfügbar sind. Auch die vorübergehende Blockierung reaktiver α-Stellungen nach einer der oben erwähnten Methoden und die Wieder-Eliminierung der eingeführten Carbonsäureester-Gruppe durch Verseifung und Decarboxylierung sind wichtig.

Für einige Reaktionen ist jedoch die Decarboxylierung der Pyrrolcarbonsäure nicht erforderlich. So lassen sich α-Pyrrolcarbonsäuren unter Abspaltung von Kohlendioxid nach Vilsmeier formylieren (S. 266), mit Brom oder Jod zu Halogen-Derivaten umsetzen (S. 328 bzw. 330), nach Mannich aminomethylieren [1041] oder mit Brommethylpyrrolen in Dipyrrylmethane überführen [1041] (S. 332).

In *alkalischem* Medium nimmt die Hydrolyse-Geschwindigkeit der drei Pyrrol-monocarbonsäureester in der Reihenfolge:

$$1\text{-COOÄ} \gg 2\text{-COOMe} > 3\text{-COOMe}$$

ab [1257]. Aufgrund der leichten Verseifbarkeit des N-Pyrrolcarbonsäureesters läßt sich die entspr. Säure unter schonenden Bedingungen darstellen und isolieren [2415].

Qualitativ beobachtet man die gleiche Reihenfolge bei substituierten Pyrrolcarbonsäureestern, bei denen sowohl Verseifung [788a (dort S. 235)] als auch Umesterung [537] der α-*ständigen* Ester-Gruppen bevorzugt eintritt.

7.91.   7.92.   7.93.

Setzt man nun voraus [2378], daß die Beteiligung der für einen nucleophilen Angriff an das Carbonyl-C-Atom *ungünstigen* mesomeren Strukturen 7.91. bei den 2-Pyrrolcarbonsäureestern größer ist als diejenige der entspr. Strukturen 7.92. bei den 3-Isomeren (S. 54), so läßt sich die allgemein beobachtete leichtere Verseifbarkeit der ersteren damit nicht deuten. Möglicherweise spielt die Stabilisierung durch intramolekulare Wasserstoff-Brücke des intermediär gebildeten Addukts *7.93.* beim Hydrolyse-Vorgang eine entscheidende Rolle [1257].

Wenn die aus der alkalischen Hydrolyse entstandene Natrium- bzw. Kalium-Salze der Pyrrolcarbonsäuren durch Mineralsäuren schwer zersetzbar sind, empfiehlt es sich, die Verseifung der Ester mit einer 5proz. alkoholischen Lithiumhydroxyd-Lösung vorzunehmen [2275].

Umgekehrt werden bei der Behandlung mit konzentrierter Schwefelsäure bei 40–60 °C β-ständige Carbonsäureester-Gruppen – höchstwahrscheinlich unter Bildung eines in 3-Stellung relativ stabilen (vgl. S. 99) Acylium-Ions [540] – zuerst hydrolysiert [788a (dort S. 236), 2358]. Die Selektivität dieser Reaktion ist jedoch nicht allgemein [540].

Die alkalische Hydrolyse von ringständigen Ester-Gruppen ist präparativ ungeeignet, wenn im Molekül andere ebenfalls hydrolysierbare Substituenten vorhanden sind. Sie gelingt jedoch oft selektiv bei den basenlabilen Pentachlorphenylestern [406, 560]. Auch lassen sich tert-Butyl- oder Benzylester unter milden sauren Bedingungen (p-Toluolsulfonsäure) bzw. hydrogenolytisch (vorzugsweise an Pd-Kohle) in die entspr. Säuren *selektiv* überführen.

$$\text{7.94.} \quad \xrightarrow[\text{Me}_2\text{N-Ph}]{\text{t-BuOH}} \quad \text{7.95.}$$

$$P^{Me} = CH_2\text{-}CH_2\text{-}COOCH_3$$

Sowohl α- als auch β-ständige Pyrrolcarbonsäure-tert-butylester lassen sich nach der Knorrschen Synthese darstellen [2354]. Die Schwefelsäure-katalysierte Veresterung pyrrolringständiger Hydroxycarbonyl-Gruppen mit Isobutylen ist selten angewandt worden [1108]. Benzylester sind entweder ringsynthetisch [357, 1041, 1456] oder durch Umesterung [137, 143, 357, 514, 694] zugänglich. Beim letztgenannten Verfahren werden evtl. vorhandene, nicht ringständige Carbonsäureester-Gruppen ebenfalls umgeestert [vgl. 1932], sie lassen sich jedoch *selektiv* in Alkylester zurückverwandeln [1041, 1712]. Der „gemischte" Ester *7.95.* ist aus dem Säurechlorid *7.94.* dargestellt worden [1153].

Tabelle 7.3. Pyrrolcarbonsäuren

—COOH	Dar-stellungs-methode	Ausb. (% d. Th.)	Smp (°C)	Lit.	UV $\lambda_{max}^{\text{Äthanol}}$ (nm) (lg ε_{max})	IR (Lit.)	PMR (Lit.)	R_F^a
1—	7.7.1.1.	34	118	[2144, vgl 2394]	224 (3, 68) [1095]	–	[2394]	–
	7.7.1.9.	36	95 (Z)	[2415]				
2—	S. 155	20	204–5 (Z)	[2259]	228 (3, 66) 258 (4, 10) [967, vgl. 75, 2119]	[1806, 2119]	[512]	0,89
	7.7.1.1.	68	207–8	[1095, vgl. 1257, 1513]				
	7.7.1.1.	47	180–1	[657]				
	7.7.1.2.	54	196–7 (Z)	[2179, vgl. 2435]				
	7.7.1.4.	89	–	[2198]				
	7.7.1.6.	95	207–9	[1095, vgl. 1806]				
3—	S. 155	25	147–8	[2259]	223 (3, 89) 245 (3, 71) [1933, vgl. 2119]	[1806, 2119]	–	0,80
	S. 305	60	150	[1933]				
	7.7.1.6.	75	144	[84]				
	7.7.1.9.	75	147–8	[1967]				
	7.7.1.9.[b]	–	146–7	[1646]				
2,3—	S. 305	5	220 (Z)	[1933]	241 (3, 39) 276 (3, 62) [1933, vgl. 2119]	[1806, 2119]	–	0,43

2,4 –	7.7.1.9.	–	225 (Z)	[1647, vgl. 1967, 1968]				
	6.5.9.	42	ca. 295 (Z)	[1192b]	–	[1806]	–	0.72
	7.7.1.6.	39	290 (Z)	[1806]				
	7.7.1.9.	98	260–90 (Z)	[1647]				
2,5 –	7.7.1.3.[c]	24	270 (Z)	[1806, vgl. 1647]	272 (4, 30)	[1806, 2119]	–	0,79
					280 (4, 23) [2119]			
3,4 –	7.7.1.9.	fast quant.	>250 (Z)	[1341]				
	7.7.1.9.	91	>300 (Z)	[988, vgl. 1313, 1646]	243 (3, 84)	[1806, 2119]	[988]	0,52
					259 (3, 86) [2119, vgl. 875, 988]			
2,3,4 –	7.7.1.9.[d]	80	290–7 (Z)	[875]				
	7.7.1.9.	73	>300	[1646, vgl. 1806]	279 (3, 90) [2119]	[1806, 2119]	–	0,40
2,3,5 –	7.7.1.3.[c]	43	294 (Z)	[1806, vgl. 1642]	261 (4, 01)	[1806, 2119]	–	0,36
					270 (4, 01) [2119]			
2,3,4,5 –	6.5.9.	24[e]	–	[2464, vgl. 1806]	277 (3, 88) [2119]	[1806, 2119]	–	0,49
	7.7.1.6.	42[f]	>220 (Z)	[1643]				

[a] Werte auf Whatman-Papier Nr. 1 (absteigend) Laufmittel: n-Butanol-Essigsäure-Wasser (4:1:5) [654].
[b] Verseifung des Pyrrol-3,4-dicarbonsäurediäthylesters.
[c] Und anschließende hydrogenolytische Entfernung der ringständigen Halogen-Atome.
[d] Alkalische Hydrolyse des Pyrrol-1,3,4-tricarbonsäuretrimethylesters.
[e] Bezogen auf Bernsteinsäurediäthylester.
[f] Isoliert als Kalium-Monosalz.

Tabelle 7.4. Ionisationskonstanten einiger Pyrrolcarbonsäuren

3	4	5	pK_s	°C	L. M.[a]	Lit.	2	4	5	pK_s	°C	L. M.	Lit.
H	H	NO_2	3,22	25	W	[849]							
H	NO_2	H	3,37	25	W	[849]							
H	Br	H	4,06	25	W	[849]							
H	Cl	H	4,07	25	W	[849]							
H	H	Br	4,17	25	W	[849]							
H	H	Cl	4,32	25	W	[849]							
H	H	H	$4{,}39 \pm 0{,}01$[b]	20	W	[1257]	H	H	H	$5{,}00 \pm 0{,}01$[c]	20	W	[1257]
H	Me	H	4,60	–	–	[2121]	H	Me	H	5,65	–	–	[2121]
H	i-Pr	H	4,77	–	–	[75]							
H	H	Me	4,88	25	W	[849]							
H	H	i-Pr	4,89	–	–	[75]							
H	i-Pr	i-Pr	4,97	–	–	[75]							
H	H	Me	5,00	–	–	[2121]	H	H	Me	5,35	–	–	[2121]
Me	H	H	5,10	–	–	[2121]	Me	H	H	5,80[d]	–	–	[2121]

Me	NO$_2$	Me	5,61	20	ÄW	[1518]
COOÄ	Me	COOCH$_2$Ph	5,66	25	MW	[1148]
Me	Ä	CN	6,12	20	ÄW	[1518]
Me	COMe	Me	6,17[e]	20	ÄW	[1518]
P(Me)[f]	Me	COOCH$_2$Ph	6,19	25	MW	[1148]
Me	COOÄ	Me	6,40[g]	20	ÄW	[1518]
Ä	Me	COOÄ	6,40	25	MW	[1148]
Ä	Me	COOCH$_2$Ph	6,40	25	MW	[1148]
Me	H	Me	7,01	20	ÄW	[1518]
Me	Ä	CONMe$_2$	7,03	25	MW	[1148]
Me	Me	Me	7,30	20	ÄW	[1518]
Me	Ä	Me	7,36	20	ÄW	[1518]
Me	P(Me)[f]	Me	7,92	25	MW	[1148]
Me	H	Me	7,93	25	MW	[1148]
Ä	Me	Me	8,24	25	MW	[1148]

Me	Me	NO$_2$	6,58	20	ÄW	[1518]
Me	Me	COMe	6,98	20	ÄW	[1518]
Me	Me	COOÄ	7,30	20	ÄW	[1518]
Me	Me	H	7,83	20	ÄW	[1518]

[a] Lösungsmittel: W = Wasser; ÄW = Äthanol-Wasser (1:1); MW = 2-Methoxyäthanol-Wasser (78,5:21,5, Vol.-%).

[b] Andere Werte: pK$_s$ = 4,40 [2121]; 4,45 (bei 30 °C) [1446]; 4,55 [75]; 4,50 (bei 25 °C) [849].

[c] Andere Werte: pK$_s$ = 4,95 [2121]; 5,07 [1933].

[d] Anderer Wert: pK$_s$ = 5,75 [1933].

[e] Anderer Wert: pK$_s$ = 6,98 (bei 25 °C) [1148].

[f] P(Me) = CH$_2$—CH$_2$—COOCH$_3$.

[g] Anderer Wert: pK$_s$ = 7,11 (bei 25 °C) [1148].

7.7.2. Eigenschaften der Pyrrol-carbonsäuren und Darstellung ihrer Derivate

Pyrrolcarbonsäuren, insbesondere aber ihre Ester, sind meist kristallisationsfreudige Verbindungen. Mit der Einführung der Säure- bzw. Ester-Funktion – sowie anderer elektronenziehender Gruppen (z. B. Acyl-Reste) – gewinnt das Pyrrol-Molekül allgemein an Stabilität.

Vermutlich infolge der Stabilisierung des Carboxylat-Anions durch intramolekulare Wasserstoffbrückenbildung sind in der Regel α-Pyrrolcarbonsäuren stärkere Säuren als die entspr. substituierten β-Isomere (s. Tabelle 7.4.). Die pK_s-Werte der Derivate beider Typen stehen in linearer Beziehung zu den Hammetschen σ-Parameter der ringständigen Substituenten [849, 1245, 1518].

Wegen ihrer Empfindlichkeit gegenüber Mineralsäuren werden Pyrrolcarbonsäuren nur dann mit Alkoholen verestert, wenn sie durch stark elektronenziehende Substituenten stabilisiert sind (z. B. Lit. [1599, 1969], vgl. Zitat [1286]). Zweckmäßiger ist die Umsetzung mit Diazomethan oder Dimethylsulfat [539], obwohl bei NH-aciden Derivaten gleichzeitig N-Methylierung stattfinden kann (vgl. S. 262). Pyrrolcarbonsäuren können auch mit Methyljodid in Gegenwart von Silberoxid oder Kaliumcarbonat in ihre Methylester übergeführt werden [1095, 2435].

Zur Darstellung von Estern höherer Alkohole ist es vorteilhaft, diese mit den leicht zugänglichen gemischten Pyrrolcarbonsäureanhydriden des Ameisensäureesters (z. B. 7.96.) zu acylieren [2500], oder von den entspr. Trichloracetyl-Derivaten auszugehen [1023] (s. S. 307).

Hydrazide, die mit Natriumnitrit nach dem üblichen Verfahren in die entspr. *Pyrrolcarbonsäureazide* übergeführt werden können, sind durch Umsetzung von Pyrrolcarbonsäureestern mit Hydrazinhydrat leicht zugänglich [469, 795, 1808, 1935].

Aus Pyrrol-3,4-dicarbonsäureestern sind sowohl die entspr. *Dihydrazide* [1193] als auch 1,2,3,4-Tetrahydro-pyrrolo[3,4-d]-pyridazin-1,4-dione (z. B. 7.97.) erhalten worden [920, 2129, vgl. 1193].

Pyrrolcarbonsäurechloride kann man durch Chlorierung der entspr. Säuren mit Thionylchlorid [160, 2358] oder Phosphorpentachlorid

[1016, 2415] sowie durch Umsetzung von α- oder β-unsubstituierten Pyrrolen mit Phosgen (S. 307) darstellen. Unter milden Bedingungen findet die Umsetzung der *Alkalimetall-Salze* der Pyrrolcarbonsäuren mit Oxalychlorid statt [988, 1934]. Allerdings läßt sich mit Hilfe dieser Methode das verhältnismäßig stabile α-Pyrrolcarbonsäurechlorid *(7.98.)* in höherer Ausbeute als das β-Isomere darstellen. Dafür ist sehr wahrscheinlich die größere Reaktivität des benachbarten Ringkohlenstoffatoms beim letzteren verantwortlich [1934].

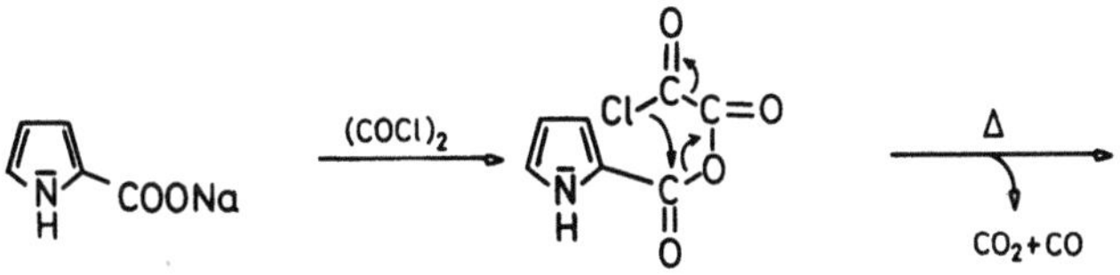

$$7.98.$$

Einige Pyrrolcarbonsäurechloride sind durch thermische Decarbonylierung von Pyrrolyl-glyoxylsäurechloriden (S. 282) [2394] oder durch Umsetzung der entspr. Säuren [1456] bzw. tert-Butylester [2356] mit *Acetylchlorid* erhalten worden.

Carbonsäurechloride der Pyrrol-Reihe lassen sich wegen der leichten Decarboxylierbarkeit der Pyrrolcarbonsäuren unter den herkömmlichen Chlorierungsbedingungen nicht immer darstellen, und wegen ihrer geringen Stabilität – insbesondere gegen Feuchtigkeit – nur in wenigen Fällen [160] isolieren.

Als rohe Reaktionsprodukte sind jedoch sowohl das N-Chlorcarbonylpyrrol [2415] als auch zahlreiche C-Pyrrolcarbonsäurechloride mit Alkoholen zu Estern (S. 307) bzw. mit Ammoniak [1016, 2415], sek. Aminen [160] oder α-Aminosäuren [1017, 2415] zu den entspr. Amiden oft umgesetzt worden [788a (dort S. 313)].

Pyrrolcarbonsäurechloride sind außerdem als Acylierungsmittel für Benzol und seine Homologen unter Friedel-Crafts-Bedingungen [305, 988, 1666] sowie für Pyrrole und deren Grignard-Verbindungen zur Synthese von Pyrrylketonen (S. 286) und Pyrokollen [160] (s. unten) verwendet worden.

Die Einführung der Carbamoyl-Gruppe gelingt sowohl bei α- als auch β-unsubstituierten Pyrrolen durch Reaktion mit Carbamidsäurechlorid ohne Zugabe eines Katalysators [2348].

Ferner lassen sich Pyrrolcarbonsäureester und -amide sowie einige nach herkömmlichen Methoden schwer zugängliche Pyrrolcarbonsäure-Derivate, nämlich Thiolester, Dithioester, Thioamide und Amidinium-

Tabelle 7.5. Pyrrolcarbonsäuremethylester

—COOCH$_3$	Dar-stellungs-methode	Ausb. (% d. Th.)	Smp (°C) bzw. Kp (°C/Torr)	Lit.	UV $\lambda_{max}^{\text{Äthanol}}$ (lg ε_{max})	IR (Lit.)	PMR (Lit.)
1 —	7.7.1.1.[a]	84	168–70 (760)	[5, vgl. 875, 1095, 1416]	228 (3, 85) [1095, vgl. 875]	[1185]	[1187]
2 —	6.5.2.2.	85	74	[756, 1329]	234 (3, 72)	[8, 1180]	[75, 78, 756, 1416]
					266 (4, 21) [75]		
	6.7.2.3.	11	75–6	[695]			
	7.7.1.1.[b]	25[c]	72–3	[75, vgl. 79, 1095, 2276]			
			115–20 (12)				
	7.7.1.4.	88	69–70	[1023, vgl. 148]			
	[d]	95	72–3	[1095, vgl. 657]			
3 —	6.1.1.	~1	88–9	[1968, vgl. 1967]	224 (3, 90)	—	[79, 981]
					247 (3, 72) [1933, vgl. 2122]		
	6.4.3.	33	86–7	[2451]			
	[d]	90	86–7	[1933, vgl. 1646, 1967]			
	[e]	84	86–7	[79]			
1,2 —	7.7.1.1.	13	37–40	[1095, vgl. 79, 2162]	235 (3, 61)	—	—
			145 (28)		263 (3, 61) [1095]		
1,3 —	7.7.1.1.	2	142–3	[75, 79]	208 (4, 37)	—	—
					233 (4, 08) [75]		
2,3 —	[d]	quant.	72–3	[1647, vgl. 1933]	242 (3, 41)	—	—
					278 (3, 65) [1933, vgl. 2122]		
2,4 —	[d]	—	126–7	[1647]	267[f]	—	—

2,5—	6.5.9.	95	77–8[g]	[1341]	273 (4, 30) 282 (4, 25) [1096, vgl. 2122]	—	—
	[d]	98	128–30	[1096]			
	[d]	–	129–30	[1647]			
3,4—	6.4.3.	60	243–5	[2451]	209 (4, 12) 253 (3, 87) [681, vgl. 875, 988, 2122]	—	[988]
	6.5.9.	49	153–5[g]	[1313]			
	[e]	92	244–5	[5, vgl. 875]			
	[h]	–	245–6	[1646]			
1,3,4—	S. 125	40–44	67–9	[5, 875, 988]	251 (3, 99)[i]	—	[875, 988]
2,3,4—	6.5.9.	–	72–5[g]	[1646]	264 (4, 15) [1646, vgl. 2122]	—	—
	[h]	–	97–8	[1646]			
2,3,5—	[h]	44	130–1	[1642]	224 (4, 41) 270 (4, 23) [1642, vgl. 2122]	[1643]	—
2,3,4,5—	[h]	–	124–5	[1643]	–	[1643]	—

[a] Analog läßt sich der Äthylester darstellen [1257, 1416, 2378, 2415], s. auch S. 251.
[b] Analog läßt sich der Äthylester darstellen [1523, 2378] (vgl. Fußnote[c]).
[c] Neben anderen Pyrrolmono- und -dicarbonsäureestern (s. S. 306).
[d] Durch Veresterung der entspr. Pyrrolcarbonsäure mit Diazomethan.
[e] Durch schonende Verseifung des entspr. N-Methoxycarbonyl-Derivats.
[f] In Wasser [2122].
[g] Äthylester.
[h] Durch säurekatalysierte Veresterung der entspr. Pyrrolcarbonsäure mit Methanol.
[i] In Methanol [875, vgl. 988].

7. 99.   7. 100.

Salze aus Pyrrolyl-thioformamidinium-Salzen *7.99.* leicht darstellen [1030].

Einige am Amid-N-Atom substituierte α-Pyrrolcarbonsäureamide sind durch Reaktion von Pyrrol und dessen *Alkyl*-Homologen mit Phenyl- oder Benzyl-isocyanat [2344] sowie mit Trichloracetyl- [2183] und Äthoxycarbonyl-isocyanat [1750] leicht zugänglich. Pyrrol-1,2-dicarbonsäureimid ist durch thermische Cyclisierung von *7.100.* erhalten worden [1750].

Carbonsäure*anilide* von Pyrrolen, die ringständige Ester-Gruppen tragen, lassen sich durch Umsetzung der entspr. Grignard-Verbindungen mit Phenylisocyanat darstellen [2378]. Unsubstituiertes Pyrrylmagnesiumbromid reagiert unter Bildung eines Gemisches der 1- und 2-Pyrrolcarbonsäureanilide im Verhältnis 4 zu 1. Das reine 1-substituierte Isomere sowie das N′-Äthoxycarbonyl-pyrrol-1-carbonsäureamid sind aus Kaliumpyrrolat und Phenyl- [1746, vgl. 1390] bzw. Äthoxycarbonylisocyanat [1750] erhältlich.

7. 101.   7. 102.

Interessant ist schließlich das Verhalten der Pyrrolcarbonsäuren unter dem Einfluß von Essigsäureanhydrid:

N-unsubstituierte α-Pyrrolcarbonsäuren werden beim Erhitzen in bimolekulare Kondensationsprodukte – Derivate des sog. „Pyrokolls" (5H,10H-Dipyrrolo[1,2-a:1′,2′-d]-pyrazin-5,10-dion: *7.101.* – übergeführt [788a (dort S. 236), vgl. 1025, 160].

Im Falle der 4,5-Dimethylpyrrol-2-carbonsäure führt jedoch die intermolekulare Wasserabspaltung zum *intensiv farbigen* 4,8-Dihydro-benzo[1,2-b:4,5-b′]dipyrrol-4,8-dion-Derivat *7.102.* [1823]. Analoge Verbindungen sind als Produkte der thermischen Zersetzung des intramolekularen Anhydrids der 1-Phenyl-2,3-pyrroldicarbonsäure vermutet worden [422].

N-substituierte 2,3- [1114] und 3,4-Pyrrol*dicarbonsäuren* [422, 988, 1666] lassen sich mit Acetanhydrid, Acetylchlorid oder Dicyclohexylcarbodiimid [988] in die entspr. *intramolekularen* Anhydride überführen.

7.8. Pyrrol-carbonsäurenitrile

7.8.1. Ringsynthese

Substituierte α-Pyrrolnitrile sind aus Aminocyanessigester [1284] oder vorzugsweise Aminomalonsäuredinitril [2175] (S. 216) sowie durch Kondensation von α-Diketonen mit *bis*-(Cyanmethyl)aminen [625] (S. 232) zugänglich.

Einige β-Pyrrolnitrile sind nach der Paal-Knorr-Reaktion [1063] (S. 241) und nach der Benaryschen Variante der Hantzsch-Synthese [2241] (S. 225) sowie durch Ringkontraktion von 4-Cyan-4,5-dihydroazepin-Derivaten [320] (S. 253), Anlagerung von ω-Diazoacetophenonen oder Diazoessigester an Alkylidenmalonsäuredinitrile [724] (vgl. Abb. *7.157.* auf S. 335) und bei der Reaktion des Kondensationsproduktes von Dihydromucondinitril und Oxalsäureester *7.103.* mit aromatischen oder aliphatischen Aminen sowie mit Ammoniak [1114, 2463] erhalten worden.

Durch Verseifung und Decarboxylierung von *7.104.* (R = H) läßt sich 3-Cyanpyrrol in 42proz. Ausbeute gewinnen [1258].

7.107.   7.108.

Aus Tetracyanäthylen *(7.105.)* mit Brom in *Aceton* [1543] bzw. aus o-Tetracyandithiin *(7.107.)* mit Natriumazid [2166] sind ringsynthetisch das 3,4-Dicyanpyrrol-Derivat *7.106.* und das als Tetramethylammonium-Salz isolierbare Tetracyanpyrrol *7.108.* dargestellt worden.

7.8.2. Einführung der Cyano-Gruppe

In manchen Fällen gelingt die Einführung der Nitril-Gruppe in den Pyrrol-Ring durch säurekatalysierte Anlagerung α-unsubstituierter Pyrrole an Phenylcyanat und anschließende alkalische Hydrolyse der gebildeten Pyrrolimidsäureester-hydrochloride [1500] oder durch Substitution an unbesetzten α- oder β-Ring-Positionen mittels Äthoxycarbonyliminotriphenylphosphoran *(7.109.→7.110.)* [336].

7.109.   7.110.

Allgemein lassen sich Pyrrolcarbonsäurenitrile durch Dehydratisierung von Pyrrolcarbonsäureamiden mit P_4O_{10} [1016] sowie aus Pyrrolaldoximen durch photokatalysierte Wasserabspaltung [1090] bzw. mittels Phosphoroxychlorid in Dimethylformamid [114] oder Acetanhydrid [74, 140, 239, 690, 788a (dort S. 209), 1016, 1148] darstellen.

Mit Hilfe der letztgenannten Methode ist α-Cyanpyrrol, das vorzugsweise jedoch durch Reaktion von Pyrrylmagnesiumbromid mit Äthylthiocyanat (Ausb. = 50%) zugänglich ist [1416], in 61proz. Ausbeute dargestellt worden [74]. Als Nebenprodukte lassen sich 2-Acetamidocarbonylpyrrol und 1-Acetyl-2-pyrrolcarbonsäurenitril isolieren [81].

N-Cyanpyrrol entsteht bei der Umsetzung von Kalium-pyrrolat mit Chlorcyan [484].

7.9. Nitropyrrole

Zwischen $+20$ und $-50\,°C$ läßt sich *Pyrrol* mit Salpetersäure in *Acetanhydrid* als einzigem in Frage kommendem Lösungsmittel [521] – wobei Acetylnitrat als Nitrierungsagens fungiert – ohne schwerwiegende Zersetzung mononitrieren [73, 830, 1598, 1965, 2042]. Das Reaktionsgemisch besteht aus 2- und 3-Nitropyrrol in einem von der Temperatur kaum abhängigen Verhältnis von ca. 4 zu 1 [521]. In Gegenwart überschüssiger Salpetersäure werden 2,5- und 2,4-Dinitropyrrol, letzteres als Hauptprodukt, isoliert [1965, 2042, vgl. 2271].

7.111.   7.112.

Reines 3-Nitropyrrol *(7.112.)* ist nach der Methode von *W. J. Hale* und *W. V. Hoyt* [1007] aus dem ringsynthetisch dargestellten 3-Nitro-2-pyrrolcarbonsäureäthylester *(7.111.)*[19] durch Verseifung und Decarboxylierung (mit Kupferchromit in Chinolin) in ca. 24proz. Gesamtausbeute [vgl. 1598] zugänglich. Bei der Nitrierung von Pyrrol mit Amylnitrat in alkalischem Medium, die in manchen Sammelwerken als Darstellungsmethode für das 3-Nitropyrrol angegeben ist, entsteht lediglich 2-Nitropyrrol in sehr geringer Ausbeute (ca. 1 % d. Th.) [1598].

1-Alkyl- und 1,2-Dialkyl-Derivate des bisher unbekannten 3,4-Dinitropyrrols sind durch Reaktion des Dikalium-Salzes von 2,3,3-Trinitropropionaldehyd *(7.113.)* mit aliphatischen Aldehyden und *primären Aminen* erhalten worden [1669, 1670, 1671].

Ebenfalls unter Bildung von Gemischen der entspr. α- und β-Nitro-Derivate, deren Mengenverhältnis zueinander hauptsächlich vom N-

7.113.

---

[19] Der Pyrrolcarbonsäureester *7.111.* ist die Ausgangsverbindung zur Totalsynthese des Netropsins (S. 196).

ständigen Substituenten abhängt, reagieren N-Methyl- [73, 831, 2042], N-Benzyl- [80, 2271], N-Phenyl- [617] sowie N-Acetyl- und N-Methoxy-carbonyl-pyrrol [1599] mit Acetylnitrat. Verwendet man ein Gemisch von Salpeter- und Schwefelsäure anstelle von Acetylnitrat, so wird das 1-Phenylpyrrol ausschließlich in der *para*-Stellung des Phenyl-Ringes nitriert [617]. Mit Salpetersäure der Dichte 1.40 in Eisessig werden dagegen Polyarylpyrrole am Heterocyclus nitriert [2212].

Die Nitrierung des 2-*Methyl*-pyrrols bei $-50\,°C$ führt in geringer Ausbeute (14%) zu einem Gemisch der 5- und 3-Nitro-Derivate im Verhältnis 6 zu 1 [2196a].

Bei den α-negativ-substituierten Derivaten des Pyrrols kompensiert gewissermaßen der „meta-dirigierende" Effekt des Substituenten (Acyl- [899, 2455], Acetyl- [830, 1599, 1965], Formyl- [830, 833, 1599], Cyan- [74], Carboxy- [1599] oder Methoxycarbonyl [1599, 1965]) die allgemein höhere Reaktivität der 5-Ring-Position (S. 121), so daß die 4- und 5-Nitrierungsprodukte in annähernd gleichen Anteilen entstehen. Bei den entspr. Derivaten des N-*Methyl*-pyrrols findet jedoch bevorzugt Angriff in 4-Stellung statt [74, 831]. 3-Acetyl-, 3-Carboxy- und 3-Methoxycarbonyl-pyrrol [vgl. 1968] werden dagegen ausschließlich in 5-Stellung nitriert [1599].

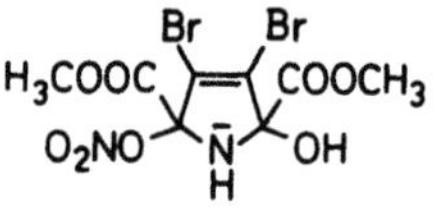

$$\begin{array}{c}
\text{Br}\qquad\text{Br}\\
\text{H}_3\text{COOC}\diagup\!\!=\!\!\diagdown\text{COOCH}_3\\
\text{O}_2\text{NO}\diagdown\underset{\underset{\text{H}}{|}}{\text{N}}\diagup\text{OH}
\end{array}$$

7.114.

Verdrängung von ringständigen Substituenten bei der Nitrierung von mono- und polysubstituierten Pyrrolen ist oft beobachtet worden [762, 1966, 1968, 2195] (vgl. Zitat [1965] und dort zit. Lit.). Besonders die Umsetzung von Jodpyrrolen mit konz. Salpetersäure ist zur Gewinnung von Nitropyrrolen weitgehend verallgemeinerungsfähig, wenn diese noch mindestens einen elektronenziehenden Substituenten als stabilisierende Gruppe besitzen [2375].

Es ist bemerkenswert, daß bei der Einwirkung von Salpetersäure auf den 3,4-Dibrompyrrol-2,5-dicarbonsäuredimethylester ein Produkt mit der Bruttoformel $C_8H_8Br_2N_2O_8$ entsteht, dem die mutmaßliche Konstitution *7.114.* zugeordnet worden ist [1971, 1972]. Demnach tritt bei der Reaktion 1,4-Addition von Salpetersäure und anschließende Oxidation vom Nitrit- zum Nitratester ein.

Eine allgemein gültige *relative* Verdrängbarkeit verschiedener Substituenten läßt sich anhand der bisher vorhandenen experimentellen Daten

nicht angeben. Laut *I. J. Rinkes* [1970] werden die *α-ständigen* Substituenten:

$$-COOH> -CO-CH_3 > J > CO-C_6H_5$$

mit abnehmender Leichtigkeit durch die Nitro-Gruppe substituiert, während sich aus den Ergebnissen von *H. Fischer* [762] bei der Nitrierung
von *tetrasubstituierten* Pyrrolen mit konz. Salpetersäure nachstehende
Reihenfolge der Verdrängbarkeit durch die Nitro-Gruppe ergibt:

$$-CO-CH_3 \text{ (oder } -CHO)> -COOH> -CH_3> -COOC_2H_5.$$

Überraschenderweise werden sowohl α- als auch β-ständige *Methyl*-
Gruppen höchstwahrscheinlich durch Oxydation in Carboxy-Gruppen
[vgl. 2195] übergeführt.

Die Einführung der Nitro-Gruppe in den Pyrrol-Ring gelingt manchmal auch mittels *iso*-Amylnitrit in *Äther*, wobei als Zwischenprodukte
Nitrosopyrrole entstehen [38, 2300] (vgl. S. 324).

Intramolekulare *nukleophile* (!) Substitution α-ständiger *Nitro*-Grup-
pen ist bei der Cyclisierung der leicht zugänglichen 5-*Acyl*-1-(2-hydroxy-
äthyl)-2-nitropyrrole *7.115.* zu 5-Acyl-2,3-dihydropyrrolo[2,1-b]oxazol-
Derivaten *(7.116.)* beobachtet worden [2455].

Die Reaktionsbereitschaft der Nitropyrrole gegenüber *Nukleophilen* wird weiterhin durch die basenkatalysierte Kondensation des N-Methyl-2-nitropyrrols *(7.117.)* mit aryl- oder hetaryl-substituierten Acetonitrilen unter Bildung der Δ^3-Pyrrolin-2-on-oxim-Derivate (z.B. *7.118.* bzw. *7.119.*) belegt [832].

Allgemein zeichnen sich Nitropyrrole durch die Acidität des stickstoffständigen H-Atoms (Tabelle 3.4. auf S.130) und die damit zusammenhängende leichte Salzbildung aus [1670, 2041].

7. 120.   7. 121.a   7. 121.b

Die entsprechenden Anionen (z. B. *7.121 a.*) sind mesomer mit denjenigen der aci-Form der Nitro-Gruppe *(7.121b.)* [1670]. Bei den konjugierten Säuren deuten jedoch Elektronen- [1670] und PMR-Spektren [1588] auf das Vorliegen der Nitro-Form *(7.120.)* sowohl von α- als auch β-nitrosubstituierten Pyrrolen hin.

Die Hydratationswärme des 2-Nitropyrrols bei 21–22 °C beträgt 1,6 ± 0,1 kcal/Mol [190].

Zahlreiche kristallisierte N-substituierte Dinitropyrrole sind polymorph [1355, 1941].

7.10. Nitrosopyrrole

Die Nitrosierung von Pyrrolen gelingt in einigen Fällen mittels Natriumnitrit in Schwefelsäure bei 0 °C [548, 782]. Zweckmäßiger läßt sich die Nitroso-Gruppe sowohl in die α- [2001] als auch in die β-Stellung [43, 788a (dort S. 104), 1335, 2210, 2213, 2300, vgl. 2224] mit *iso*-Amylnitrit in Gegenwart von Natriumäthylat einführen. Dabei entstehen, meist in guter Ausbeute, die Natrium-Salze der entsprechenden (vermutlich in der Hydroximino-(Isonitroso-)pyrrolenin-Form *(7.123.)* vorliegenden (s. unten)) Nitrosopyrrole, aus denen diese – sofern es sich um phenylsubstituierte Derivate handelt – mit Mineralsäuren freigesetzt werden können.

7.122.   7.123.   7.124.

7.126.   7.125.

Allgemein findet jedoch bei der Behandlung von β-Nitrosopyrrolen mit Säuren Ringaufspaltung statt, wobei die vermutlich primär entstandenen Triketonmonoxime *7.125.* unter den Reaktionsbedingungen in 3-Acyl-isoxazol-Derivate *(7.126.)* übergehen [34, 37, 43, 2213] (vgl. S. 252). In Gegenwart von Hydrazin- [44], Semicarbazid- [33] oder Hydroxylamin-hydrochlorid [33, 41, 43] lassen sich Derivate von *7.125.* oder/und *7.126.* isolieren (vgl. auch Lit. [2213]). Mit dem letztgenannten Reagenz reagieren α-Nitrosopyrrole ebenfalls unter Ring-Aufspaltung, wobei aber Derivate des 6-Oxo-1,2-oxazins entstehen [42, 722].

In alkalischem oder neutralem Medium werden dagegen β-Nitrosopyrrole mit Hydroxylamin [27] oder Hydrazin [28] lediglich zu den entspr. Amino-Derivaten reduziert.

Zwischenprodukte der Reduktion von Nitroso- zu Aminopyrrolen sind selten isoliert und nicht zufriedenstellend charakterisiert worden: Durch Reaktion von 3-Nitroso-2,5-diphenylpyrrol mit Kupferpulver in Eisessig erhält man ein Reduktionsprodukt, das als Azoxipyrrol-Derivat formuliert worden ist [39]. Bei der Behandlung des relativ säurestabileren 3-Nitroso-2,4,5-triphenylpyrrols mit Hydrazin in *saurem* Medium entstehen neben anderen Produkten [28, 29] zwei isomere 3-Hydroxylamino-2,4,5-triphenylpyrrole vom Smp. 178 °C bzw. 168 °C [30, 31]. Beide lassen sich in besseren Ausbeuten durch Reduktion mittels Metall-Ionen (Fe(II), Cu(I), u. a.) darstellen [32]. Das tieferschmelzende Isomere ist ebenfalls durch Oxydation des 3-Amino-2,4,5-triphenylpyrrols in *saurem* – jedoch nicht in alkalischem [36] – Medium zugänglich [35].

Aufgrund ihres sonderbaren chemischen Verhaltens werden Nitrosopyrrole, besonders in der älteren Literatur, meist als Hydroximinopyrrolenine (= Isonitrosopyrrole: *7.123.*) formuliert. Die bisher veröffentlichten PMR-spektroskopischen Daten [2224] deuten jedoch – zumindest beim 3- und 4-Nitroso-2-methyl-5-phenylpyrrol – auf das Vorliegen der Nitroso-Form *7.122.* hin.

Auch bei der phosphorpentachlorid-induzierten Ringerweiterung von β-Nitrosopyrrolen zu Pyrimidin-Derivaten *(7.124.)* [40] handelt es sich nicht um eine Beckmann-Umlagerung der Tautomere *7.123.*, da sie unter Ringaufspaltung stattfindet [51].

7.127.   7.128.

Die α-Nitroso-Derivate (z. B. *7.127.*) reagieren mit α-unsubstituierten Pyrrolen analog Pyrrolaldehyden zu *meso*-Azapyrromethenen *(7.128.)*, die zur Bildung von Metall-Chelaten befähigt sind [2001] (vgl. S. 180).

7.11. Halogenpyrrole

7.11.1. Darstellungsmethoden

Durch Einwirkung von Halogenen – elementarem Chlor, Brom oder Jod-Kaliumjodid-Lösung – auf Pyrrol in sehr verdünnten Lösungen lassen sich lediglich C-tetrahalogensubstituierte Derivate, von denen nur das *Tetrajodpyrrol* [vgl. 2375] hinreichend stabil gegenüber Luft und Licht ist, isolieren [788a (dort S. 75)]. Mono-, Di- und Trihalogen-Derivate des Pyrrols sind meist sehr unbeständig und zersetzen schnell an der Luft. 3,4-Dichlorpyrrol ist aus dem 5-Methyl-pyrrol-2-carbonsäureester durch Chlorierung und Abbau der α-ständigen Substituenten dargestellt worden [799, 1605, vgl. 668].

In *alkalischem* Medium wirken sowohl Chlor als auch Brom gleichzeitig oxydativ auf Pyrrol ein. Man isoliert Dichlor- bzw. Dibrommaleinimid. In Gegenwart von – mindestens einem – elektronenziehenden Substituenten sind dagegen unvollständig halogenierte Pyrrole durchaus stabil und leicht zugänglich.

Zur Einführung von Chloratomen in den Pyrrol-Ring bietet sich das Sulfurylchlorid als vorzüglich geeignetes Mittel an. Die Reaktion läßt sich durch Schwefelmonochlorid katalysieren. In einigen Fällen werden jedoch durch Chlorierung mit tert.-Butylhypochlorit in Tetrachlorkohlenstoff höhere Ausbeuten erzielt [1506] (vgl. Lit. [160, 514]).

Sind im Molekül auch α-*ständige* Methyl-Gruppen vorhanden, so findet *nach* der Ringchlorierung *sukzessive* Substitution der Methyl-Wasserstoffatome statt [vgl. 1605, 2141]. In ätherischer Lösung entstehen nacheinander Chlormethyl-, Dichlormethyl- (S. 290) und Trichlormethyl-Derivate (S. 306). Ob und wie Verunreinigungen im Äther (Wasser,

7. 129.

Peroxide u. a.) und seine Vorbehandlung auf den Reaktionsverlauf bei Chlorierungen mit Sulfurylchlorid in diesem Lösungsmittel von Einfluß sind, ist unbekannt [1455]. Die Reaktion verläuft aller Wahrscheinlichkeit nach radikalisch [1605] und findet *ausschließlich* (vermutlich aufgrund der Mesomerie-Stabilisierung des freien Radikals *7.129.* (?)) an α-*ständigen* Methyl-Gruppen statt[20].

Bei der einzigen in der früheren Literatur zitierten Ausnahme (Umsetzung des Knorrschen Pyrrols *7.130.* mit 6 Mol Sulfurylchlorid zum *bis*-(Trichlormethyl)-Derivat [775]) handelt es sich in Wirklichkeit um das Hexachlor-Δ^1-pyrrolin *7.131.* [1505, 2409].

In 5-Stellung freie, 2-methylsubstituierte Pyrrole werden mit Sulfurylchlorid zu *Pyrromethenen* umgesetzt (vgl. S. 332).

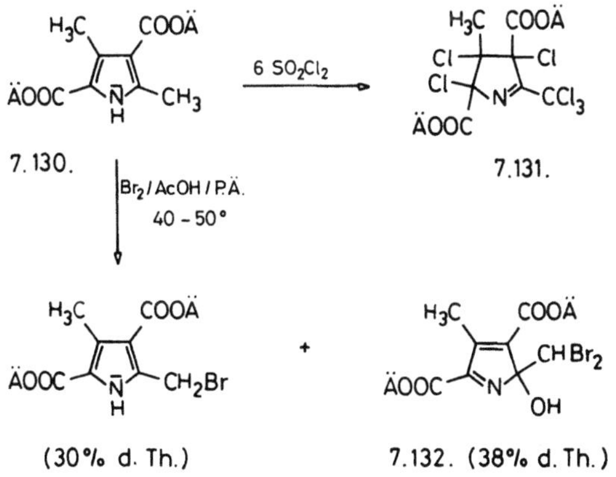

7. 130.   6 SO_2Cl_2 7. 131.

Br₂ / AcOH / P. Ä.
40 – 50°

(30% d. Th.)   7. 132. (38% d. Th.)

---

[20] β-Chlormethylsubstituierte Pyrrol-Derivate sind bisher nur durch Umsetzung der entspr. β-freien Pyrrole mit Chlormethylmethyläther [1338] oder mit Formaldehyd-Chlorwasserstoff in Eisessig [1462] sowie durch Reaktion von β-Hydroxymethyl-pyrrolen mit Thionylchlorid [356] erhalten worden (vgl. Fußnote 22 auf S. 328).

Ringbromierte Pyrrol-Derivate lassen sich durch Umsetzung der entspr. α- oder β-unsubstituierten Verbindungen mit Brom, Brom-Dioxan [2312] oder N-Bromsuccinimid [404] darstellen. Ringständige Carboxy- (S. 259), Acyl- sowie Sulfonsäure- [2367, 2380] Gruppen können durch Brom verdrängt werden, dagegen hält die Formyl-Gruppe der Einwirkung von Brom [76, 788a (dort S. 85)] und Jod [114, 728] in der Regel[21] stand. Durch Bromierung des Pyrrol-2-aldehyds und dessen N-Methyl-Homologen in Gegenwart von Aluminiumchlorid erhält man je nach dem verwendeten Molverhältnis fast ausschließlich die entspr. Mono-, Di- oder Tribrom-Derivate in ausgezeichneten Ausbeuten [1166]. *Monosubstitution* findet dabei nur in der 4-Stellung statt (vgl. S. 123).

α-Ständige Methyl-Gruppen lassen sich mit Brom – besonders unter Einwirkung von Licht [1602, 2298] – glatt in Brommethyl-Gruppen umwandeln [694, 1041, 1148, 1462]. Eine entspr. Umsetzung β-ständiger Methyl-Gruppen ist bisher niemals beobachtet worden[22]. Im Gegensatz zu der analogen Reaktion mit Sulfurylchlorid (s. oben) findet hier fast ausnahmslos[23] nur *Mono*-Substitution statt [2380]. Ein interessantes Nebenprodukt, das bei der Bromierung des Knorrschen Pyrrols *7.130.* in beträchtlicher Ausbeute entsteht, wurde von *A. Treibs* und *H. Bader* als 2H-Pyrrol-Derivat *7.132.* charakterisiert [2380].

Sind sowohl eine α-Methyl-Gruppe als auch eine α-unsubstituierte Ringstellung vorhanden, so findet bei der Bromierungs-Reaktion sekundäre Umsetzung zu *Pyrromethenen* statt, die oft als Perbromide anfallen [780].

Da die Substitution an der unbesetzten Ring-Position *schneller* als Bromierung der Methyl-Gruppe eintritt [536, vgl. jedoch 1497], lassen sich unter geeigneten experimentellen Bedingungen die α-Brom-α'-methylpyrrole (z.B. *7.134.*) isolieren [536, 2380]. Pyrromethene *(7.136.)* entstehen dann durch Reaktion des ringbromierten Pyrrols *7.134.* mit dessen (unfaßbaren) Brommethyl-Derivat *7.135.* [536]. Nachträgliche Bromierung der α-ständigen Methyl-Gruppe von *7.136.* unter Bildung von *7.137.* ist unter den angewandten Reaktionsbedingungen möglich.

Der Reaktionsverlauf wird dadurch kompliziert, daß Pyrromethene unter den Reaktionsbedingungen imstande sind, α-freie Pyrrole (z.B. *7.133.*) – die im Reaktionsgemisch durch *Disproportionierung* (s. unten) von *7.134.* mit dem bei der Bromierung gebildeten

---

[21] Einige wenige Ausnahmen sind bekannt (vgl. Lit. [533, 788a (dort S. 85)]).

[22] Die Mitteilung über die Einführung einer Brommethyl-Gruppe in die β-Position des 3,5-Dimethylpyrrol-2-carbonsäure-äthylesters durch Umsetzung mit Monobrom- oder Dibrommalonsäure [803] mußte später revidiert werden [804]. Bei der Reaktion findet lediglich Bromierung an der unbesetzten Ring-Position statt.

[23] Vgl. jedoch Lit. [788a (dort S. 87)].

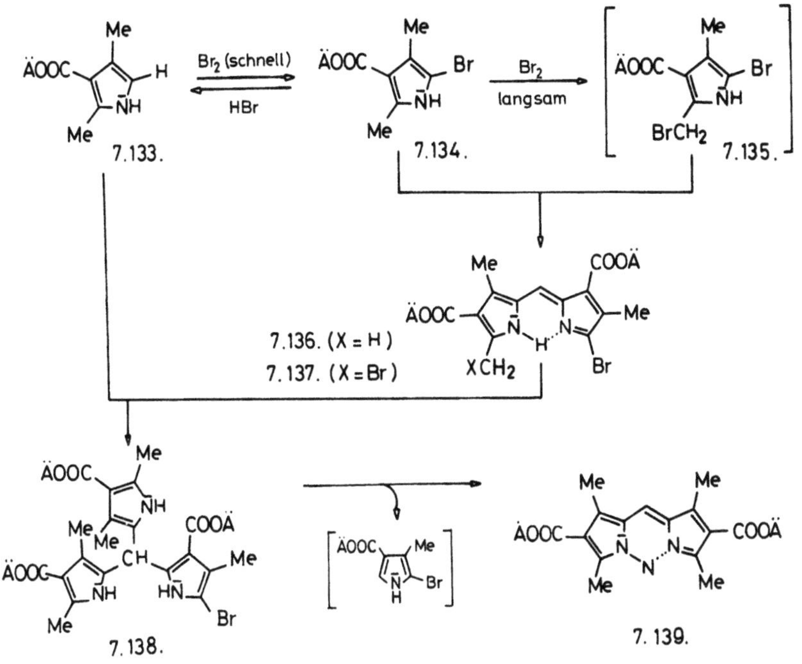

Bromwasserstoff vorhanden sein können – an die exocyclische Doppelbindung unter Bildung von Tripyrrylmethanen *(7.138.)* zu addieren [544, 1732]. Durch anschließende Eliminierung *eines* der drei Pyrrol-Ringe von *7.138.* können Pyrromethene unerwarteter Konstitution (z. B. *7.139.*) als Reaktionsprodukte entstehen. Bildung eines *Tri*-pyrren-hydrobromids (möglicherweise *7.140.*) ist in einem Fall [2380] beobachtet worden.

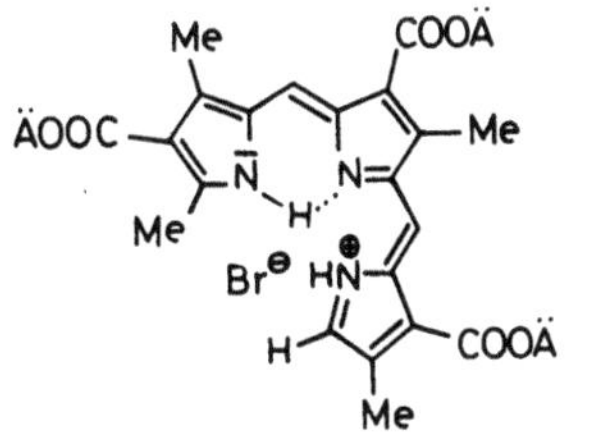

Jod reagiert mit α- oder β-unsubstituierten Pyrrol-Derivaten unter milden Bedingungen zu den entspr. mono- (oder poly-)jodsubstituierten Verbindungen. Auch Dipyrrylmethane mit freien β-Positionen können ohne Oxydation zu Pyrromethenen jodiert werden [2375]. Im Einklang mit den auf S. 121 angegebenen Prinzipien der elektrophilen Substitution reagiert das 2-Acetylpyrrol unter Bildung des entspr. 4,5-Dijod-Derivats [1969].

Pyrrolcarbonsäuren reagieren unter Verdrängung der Carboxy-Gruppe (S. 259). Auch an den sehr reaktionsfähigen Alkylpyrrolen gelingt die Jodierung unter kontrollierten Bedingungen [2375].

Die elektrophile Substitution durch Jod am Pyrrol-Ring ist kinetisch untersucht und der Reaktionsmechanismus diskutiert worden [630]. Unbesetzte α-Ring-Positionen sind ca. 25mal reaktiver als β-Positionen. Eine N-ständige Methyl-Gruppe erhöht die Reaktivität um 8 bis 15%. Die wichtigsten Eigenschaften der Jodpyrrole sind zusammengefaßt worden [2375].

7.11.2. Eigenschaften der Halogenpyrrole

Pyrrolring-ständige Halogenatome sind im allgemeinen sehr wenig reaktionsfähig. Lediglich die hydrogenolytische Abspaltung von Brom oder Jod (S. 259) sowie die Substitution von Jod gegen die Nitro-Gruppe (S. 322) sind von präparativem Interesse.

Brompyrrole oder Brompyrrolcarbonsäuren können mit Jod in Gegenwart von Silberoxid *ohne Verdrängung* des Bromatoms reagieren [1282]. Im übrigen lassen sich ringständige Bromatome gegen Cyan-Gruppen mittels Kupfer(I)-cyanid schwer [76] (vgl. Lit. [543]) gegen Hydroxy- oder Alkoxy-Gruppen nur in Sonderfällen (S. 342) substituieren. Letztere Austausch-Reaktion gelingt dagegen allgemein bei Pyrromethenen mit Methylat- oder Acetat-Ionen unter Bildung der entspr. Methoxy- bzw. Acetoxy-Derivate [vgl. 788b (dort S. 110ff.)].

7.141. R = H
7.142. R = CH₃

7.143.

α-Brom- [2497] und α-jodsubstituierte [176, 968, 2498] Pyrrolcarbonsäureester-Derivate können durch Erhitzen mit Kupferpulver in *2,2'-Bipyrrole* (z. B. *7.141.*) übergeführt werden. Die Bildung von Terpyrrol-Abkömmlingen (vgl. S. 293) ist gelegentlich beobachtet worden [176, 972]. β-Ständige Halogenatome sind für die Reaktion weniger geeignet.

Lediglich das 3,3'-Bipyrrol-Derivat *7.143.* ist bisher synthetisiert worden [969].

$$\text{7.144.} \quad R_3 = H \qquad Y = \overset{\oplus}{N}H_3 \; Cl^{\ominus} \qquad\qquad \text{7.145.} \; R_3 = H \qquad R = H$$

$$\text{7.146.} \quad R_3 = COO\ddot{A} \qquad Y = -NO \qquad\qquad\qquad \text{7.147.} \; R_3 = COO\ddot{A} \quad R = \ddot{A}$$

Bipyrrole sind in der älteren Literatur nur sporadisch beschrieben worden und wurden meist lediglich aufgrund der Daten der Verbrennungsanalysen charakterisiert (s. Zitat [2497] und dort zit. Lit.). Außer der eben erwähnten Ullmannschen Synthese sind 2,2'-Bipyrrol-Derivate durch Vilsmeier-Reaktion von Δ^3-Pyrrolin-2-onen mit Pyrrolen (S. 293), durch Oxydation (Bleitetraacetat) von 2-freien 3-Alkoxypyrrolen [177] sowie durch katalytische Dehydrierung von Pyrrolidin- [1935] oder Pyrrolinpyrrolen (S. 292) zugänglich. Die einzigen bisher bekannten 2,3'-Bipyrrole *7.145.* [1311] und *7.147.* [419] sind aus *7.144.* bzw. *7.146.* ringsynthetisch dargestellt worden. Elektronen-, IR- und PMR-spektroskopische [969] sowie chemische [354, 648] Eigenschaften der 2,2'-Bipyrrole sind von *A. W. Johnson u. Mitarb.* untersucht worden. Von Bedeutung ist die Tatsache, daß bei 5,5'-unsubstituierten Bipyrrolen der elektrophile Angriff (z.B. durch Pyrrolaldehyde, s. auch [711], oder durch das Vilsmeier-Reagenz) meist nur an einer der beiden freien α-Positionen stattfindet. Das Bipyrrol-Derivat *7.142.* weist Atropisomerie auf und konnte über das Brucin-Salz der entspr. Carbonsäure in Enantiomere gespalten werden [2498].

Jodpyrrole reagieren weder mit Natriumamid noch mit Grignard- oder Lithium-Verbindungen. In saurem Medium findet dagegen Umsetzung mit Aldehyden (zu Pyrromethenen) [2375], mit Diazonium-Salzen [2370, 2375], Salpetersäure sowie Halogenwasserstoffsäuren unter Abspaltung des ringständigen Halogenatoms leicht statt.

Halogenwasserstoffsäuren (außer Flußsäure) tauschen das jeweilige ringständige Halogenatom gegen *leichtere* aus [543, 2375]. Bei der Reaktion wird offensichtlich das ringständige Halogenatom als *Kation* abgespalten [543]. Ebenso bei der *Disproportionierung* zwischen Halogenpyrrolen und den entsprechenden oder *schwereren* Halogenwasserstoffsäuren [536, 630, 2375] (Abb. *7.148.*).

Im Gegensatz zu den ringgebundenen lassen sich Halogenatome der Chlor- oder Brommethyl-Gruppen sehr leicht *nucleophil* substituieren. Wie bereits erwähnt (S. 111) ist für dieses Verhalten wahrscheinlich die Bildung des mesomeriestabilisierten Azafulven-Kations durch heterolytische Abspaltung des Halogenatoms verantwortlich zu machen.

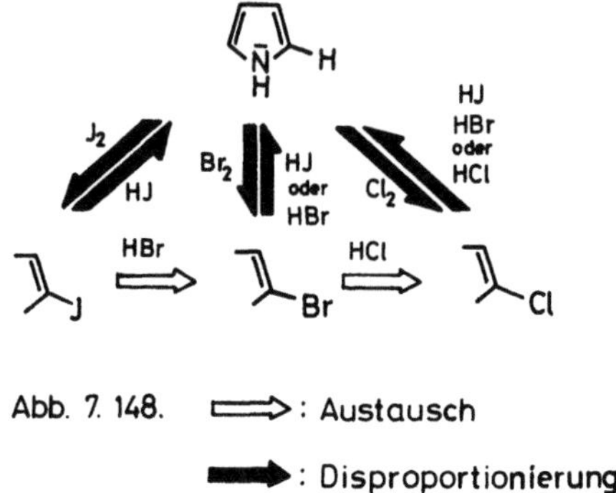

Abb. 7. 148.   ⟹ : Austausch

■➤ : Disproportionierung

Durch Reaktion mit Alkoholen, Natriumazid oder Pyridin u. a. können Halogenmethyl-Gruppen in Alkoxy- [763], Azido- [2400] bzw. Pyridinium-Gruppen [1041] übergeführt werden. Aus 2-Brommethyl-Derivaten lassen sich mit flüssigem Ammoniak die entspr. 2-Aminomethyl-Verbindungen darstellen [2377]. Durch Einleiten von Ammoniak in die Methylenchlorid-Lösungen werden jedoch *tris*-(Pyrrol-2-yl-methyl)-amine isoliert [2400].

α-Halogenmethylsubstituierte Pyrrole reagieren mit α- oder β-freien Pyrrolen (bzw. deren entspr. Carbonsäuren) unter Bildung von Dipyrryl-methanen (S. 112). Analog setzen sich α-Dichlormethyl- und α-Trichlor-methyl-pyrrole mit Pyrrolcarbonsäuren zu Pyrromethenen bzw. zu *meso*chlorsubstituierten Pyrromethenen um [718].

7.12. Aminopyrrole

7.12.1. N-Aminopyrrole

Bei der Reaktion von 1,4-Dicarbonyl-Verbindungen sowie einigen *cis*-Di-benzoyläthylen-Derivaten [1978, vgl. 1961] mit Hydrazin konkurriert die Bildung von 1,2-Dihydropyridazinen (bzw. 1,2-Pyridazinen) mit derje-nigen von 1-Aminopyrrolen [1156, 1341, 1978, 2326]. Obwohl in saurem Medium – analog der Paal-Knorr-Synthese (S. 239) – hauptsächlich letztere entstehen, sind 1-Aminopyrrole durch Reaktion mit
N-Aroyl- [729, 1603, 2578],
N-tert-Butyloxycarbonyl- [404],
N-Benzyloxycarbonyl- [1720],
N-Phthalimido- [705, 818] und
N-Tosyl-hydrazin [1385] sowie
Semicarbazid [252, 2221],
Thiosemicarbazid und Aminoguanidin [224]

besser zugänglich. N-Ureidopyrrole sind ferner durch basenkatalysierte Kondensation der Semicarbazone von α-Halogenketonen mit 1,3-Dicarbonyl-Verbindungen erhalten worden [2219].

N-Aminopyrrole entstehen auch durch Reaktion von α-Alkin-epoxiden mit Hydrazin oder N,N-Dimethylhydrazin [1780] (S. 237).

Die N-Aminierung von Pyrrol-Derivaten gelingt durch Reaktion der entspr. Natrium-Salze mit O-(2,4,6-Trimethylbenzoyl)-hydroxylamin [404].

Im Gegensatz zu den äußerst labilen unsubstituierten 2- und 3-Aminopyrrolen, die nur als Amidino-Derivate in geringen Ausbeuten isoliert werden konnten [347, vgl. 1808], ist das 1-Aminopyrrol in reinem Zustand darstellbar [705, 818]. Es reagiert mit 1,3-Dicarbonyl-Verbindungen in guten Ausbeuten zu 3-Azaindolizin-Derivaten [819] und mit Acetessigester oder 2-Alkoxycarbonyl-cycloalkanonen zu den entspr. N-(Pyrrol-1-yl-amino)-enaminen [2620]. Allgemein gleicht die Reaktivität N-ständiger Amino-Gruppen bei Pyrrolen derjenigen von N,N-disubstituierten Hydrazinen: Mit salpetriger Säure werden sie entfernt [348, 1978], mit N-Bromsuccinimid ist das 1-Amino-2,5-diphenylpyrrol zum *Tetrazen*-Derivat *7.149.* oxydiert worden [404], mit Aldehyden bilden 1-Aminopyrrole leicht die entspr. Azomethine [1978, 2326], und mit 1,4-Dicarbonyl-Verbindungen lassen sie sich in 1,1'-Bipyrrole überführen [435, 818]. Letztere weisen bei vollständiger Besetzung der vier α-Positionen Atropisomerie auf (vgl. S. 331). Das 1,1'-Bipyrrol-Derivat *7.150.* läßt sich in Enantiomere zerlegen [435].

7.12.2. C-Aminopyrrole und Derivate

Einige substituierte α-Aminopyrrole sind aus aliphatischen Nitrilen ringsynthetisch dargestellt worden, und zwar:

1. durch Cyclisierung der aus Oxymethylen-bernsteinsäurenitril und primären Aminen leicht zugänglichen N-substituierten Aminomethylen-bernsteinsäurenitrile der allgemeinen Formel *7.151.* unter Einwirkung von Alkalimetallalkoholaten [977],

7. 151.

2. durch Umsetzung von Tetracyanäthan mit Bromwasserstoff, Natriumhydrogensulfit [1543] (vgl. S. 234) oder Hydrazin-hydrat [619] zu *7.152., 7.153.* bzw. *7.154.*,

7. 152. R = Br
7. 153. R = SO_3Na

7. 154.

3. durch Reaktion von Malonsäuredinitril mit α-Aminoketonen *(7.155.)* [906], und

7. 155.

4. durch Anlagerung von Diazocarbonyl-Verbindungen *(7.156.)* an Alkylidenmalonsäuredinitrile (darunter Cyclohexylidenmalonsäuredini-tril) in Gegenwart einer Base [724].

Die Addukte *7.157.* lassen sich leicht zu Pyrrolo[1,2-b]-as-triazinen cyclisieren bzw. durch Transhydrazonierung in die entspr. 1,2-Diamino-3-cyanpyrrol-Derivate überführen.

7. 156. 7. 157.

7.158.

Das β-Aminopyrrol *7.158.* ist durch Cyclisierung des α-Amino-β-aminomethyl-chalkons synthetisiert worden [2003].

Allgemeiner anwendbar sind die Synthesen von α- sowie β-Aminopyrrolen durch katalytische Hydrierung der entspr. Nitroso- [1335, 2001] (vgl. S. 325), Nitro- [347, 2505] oder Diazo-Derivate [788a (dort S. 111)]. Einige β-Acylaminopyrrole [529, 2215] sowie α-Pyrrolurethane (darunter deren sauerstoff-empfindliche Alkyl-Derivate [2409]) sind durch Beckmann- oder Curtius-Umlagerung der entspr. Pyrrol-oxime bzw. -carbonsäureazide dargestellt worden.

Obwohl die funktionelle Gruppe mancher α-Aminopyrrole geringe charakteristische Reaktivität aufweist [795], sprechen spektroskopische Daten und chemisches Verhalten sowohl bei den α- [979] als auch β-Isomeren im Gegensatz zu den „Hydroxypyrrolen" (S. 337) für das Vorliegen der Amino-Form. So ist *6.112.* (R = Äthyl auf S. 234) befähigt, mit Orthoameisensäuretriäthylester das entspr. N′-Äthoxymethylen-Derivat [2299] sowie *7.154.* mit Aldehyden Triazomethine und mit 1,2- oder 1,3-Dicarbonyl-Verbindungen Pyrrolotriazine bzw. -triazepine zu bilden [619]. Ebenfalls reagieren α-Aminopyrrole mit 1,3-Dicarbonyl-Verbindungen zu Pyrrolo[1,2-a]pyrimidin-Derivaten [2274].

7. 161. 7. 159. 7. 160.

Arylazopyrrole sind – wie bereits auf S. 37 erwähnt – durch Kupplung von Pyrrolen mit diazotierten aromatischen Aminen zugänglich. Pyrroldiazonium-Salze sind bisher nur in β-Position bekannt [48, 914, 1335, 1560, 2300]. Die Konstitution *7.159.* ist IR-spektroskopisch belegt [1334]. Bei den N-unsubstituierten Derivaten sind Kupplungsreaktionen wegen der leichten Bildung der stabilen *Diazopyrrole,* deren Konstitution *7.160.* im Einklang mit IR-spektroskopischen Messungen steht [1334], sogar in schwach basischem Medium erschwert. Sie sind dennoch mit β-Naphthol [2300] und in einem Fall [1335] mit Pyrrolen unter Bildung von 3,3′-Azopyrrolen [z. B. *7.161.)* beschrieben worden. α-Diazopyrrole lassen sich sowohl durch Oxydation der entspr. Nitroso-Derivate mit Stickoxid als auch durch Umsetzung von α-unsubstituierten Pyrrolen mit überschüssiger salpetriger Säure darstellen [2301]. 2,2′-Azopyrrol *(7.162.)* ist durch Reaktion von Pyrrylmagnesiumbromid mit p-Toluolsulfonsäureazid – wahrscheinlich über die intermediäre Bildung von 2-Diazopyrrol – erhalten worden [2597].

7.162.

7.13. Hydroxypyrrole

7.13.1. N-Hydroxypyrrole

N-Hydroxypyrrole sind OH-acide Verbindungen [2216, 2217]. Sie lassen sich mit Zink-Eisessig in die entspr. N-unsubstituierten Derivate überführen [253, 1922]. Zu ihrer Darstellung kommen bisher nur ringsynthetische Methoden in Frage:

1. Die Umsetzung von 1,4-Diketonen mit Hydroxylamin unter den Bedingungen der Paal-Knorrschen Synthese (S. 239) führt zu den entspr. N-Hydroxypyrrol-Derivaten [1291, 1922, 2027, 2222].

7.163.   7.164.

Bemerkenswerterweise reagiert *cis*-Dibenzoylstilben mit Hydroxylamin unter (formaler) Anlagerung von Wasserstoff zu 1-Hydroxy-tetraphenylpyrrol [1976][24]. Die Umsetzung verläuft vermutlich über ein dem cyclischen Nitron *7.163.* [253, 254] analoges Zwischenprodukt. Das Nitron *7.163.* läßt sich isolieren und mit Acetanhydrid in das 1,3-Diacetoxypyrrol *7.164.* glatt überführen [254].

2. Wahrscheinlich findet die Ringsynthese von N-Hydroxypyrrolen nach der erstgenannten Methode unter intermediärer Bildung der 1,4-Diketon-monoxime statt. Diese *(7.167.)* sind auf unabhängigem Wege, nämlich durch Kondensation von α-Halogen-ketoximen *(7.165.)* mit den Enolaten von β-Dicarbonyl-Verbindungen *(7.166.)* zugänglich und lassen sich unter Säure-Katalyse in die entspr. N-Hydroxypyrrole *(7.168.)* überführen [1922, 2216, 2217, 2218].

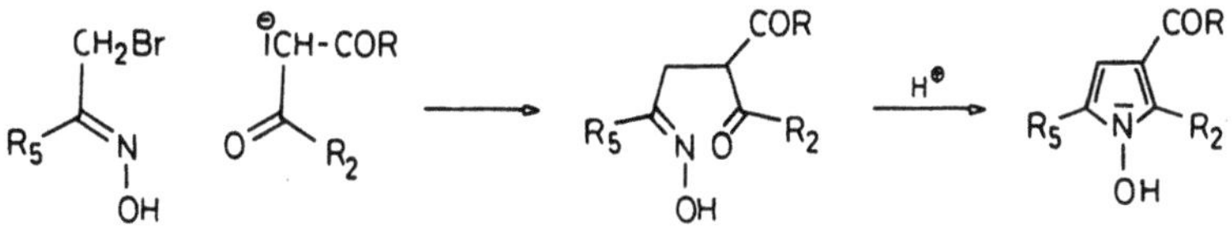

R = OAlkyl od. Alkyl

7.13.2. α-„Hydroxypyrrole"

7.13.2.1. Konstitution der α-„Hydroxypyrrole"

α-„Hydroxypyrrole" sind grundsätzlich als Pyrrolin-2-one (Pyrrolone) zu formulieren [975, 1835] (vgl. Zitat [126] und dort zit. Lit.). Ob es sich dabei um Derivate des Δ^3- *(7.169.)* oder des Δ^4-Pyrrolin-2-ons *(7.170.)* handelt, hängt hauptsächlich von den Substituenten ab und muß in jedem Fall mit Hilfe chemischer oder spektroskopischer Methoden aufgeklärt werden. Die Bevorzugung der Oxo-Tautomere sowohl bei den 2- als auch 3-„Hydroxypyrrolen" (vgl. S. 347) wird durch halbempirische SCF-LCAO-MO-Berechnungen belegt [276]. Δ^3-Pyrrolin-2-one sollten demnach als solche vorliegen, während sich Hydroxy- und Keto-Form bei den Δ^4-Isomeren in Abwesenheit von Substituenten-Effekten energetisch nur geringfügig voneinander unterscheiden.

Von der unsubstituierten Grundverbindung – sowie von ihrem N-Äthoxy-carbonyl-Derivat – lassen sich beide Konstitutionsisomere

---

[24] Eine analoge Reaktion ist bei der Umsetzung von *cis*-Dibenzoylstilben mit Phenylhydrazin zu 1-Anilino-tetraphenylpyrrol beobachtet worden [1961].

7.169.   7.170.   7.171.   7.172.

7.173.   7.174.   7.175.   7.176. (R=NHCOPh)

7.177. (R=H)

7.178.   7.179.   7.180. (R=H,Ph)   7.181.

(7.169. und 7.170.) isolieren [303]. PMR-spektroskopisch kann jedoch ein tautomeres Gleichgewicht zwischen *7.169.* und *7.170.* nachgewiesen werden [1591].

Im allgemeinen wird jedoch ein Isomeres bevorzugt, wobei in der Regel 4-Äthoxycarbonyl (oder Acyl-)-pyrrolin-2-one (z. B. *7.171.*) als Δ^4-[975, 976], während 4-alkylsubstituierte Pyrrolin-2-one (z. B. *7.172.*) als Δ^3-Derivate vorkommen [126]. Die Δ^3-Struktur ist ebenfalls für die Pyrrolin-2-one *7.173.* (durch oxydativen Abbau) [555], *7.174.* [303], *7.175.* [2547] und *7.176.* [674] (PMR-) sowie *7.177.* (Elektronen- und PMR-) [1593, 1594] und *7.178.* (IR-spektroskopisch) [1929] nachgewiesen worden. Dagegen sind die Pyrrolin-2-on-Derivate *7.179.* [1928] und *7.180.* [341] aufgrund chemischer Umsetzungen [2106] sowie *7.181.* aufgrund der für Enamide charakteristischen Eigenschaft, Wasser reversibel zu addieren [2102] als Δ^4-Isomere formuliert worden [2103].

Ein brauchbares Kriterium zur Unterscheidung von Δ^3- und Δ^4-isomeren 3,5-*unsubstituierten* Pyrrolin-2-onen beruht auf den verschiedenen chemischen Verschiebungen der entspr. Methylenprotonen im Kernresonanzspektrum ($\delta_{CDCl_3} = 4,0–4,3$ ppm für Δ^3-, $\delta_{CDCl_3} = 3,1–3,4$ ppm für Δ^4-Derivate) [303].

7.13.2.2. Darstellungsmethoden

Mit Ausnahme der präparativ interessanten Oxydation von α-freien Pyrrolen mit Wasserstoffperoxid-Pyridin (S. 342) kommen zur Darstellung von Pyrrolin-2-onen hauptsächlich ringsynthetische Methoden in Frage:

1. Sowohl γ-Ketonitrile [1929] oder -amide [309, 1929] unter Säurekatalyse als auch γ-Ketocarbonsäuren [70, 110] und deren -ester [157, 2031] sowie Butenolide [1418, 1442, 1929, 2147] durch Reaktion mit Ammoniak oder prim. Aminen lassen sich leicht zu den entspr. Pyrrolin-2-onen cyclisieren. Die damit verwandte Darstellung von 4-Äthoxycarbonyl-Δ^4-pyrrolin-2-onen *(7.184.)* durch Umsetzung von Acylbernsteinsäureestern *(7.182a.)* mit Ammoniak oder prim. aliphatischen oder aromatischen [1793] Aminen wurde erstmalig von *W. O. Emery* beschrieben [702]. Die Reaktion verläuft über die *isolierbaren* β-Aminocrotonsäure-Derivate *7.183.*, die wahrscheinlich auch bei der Bildung von 3-Carboxymethyl- oder 3-(1-Carboxyäthyl)-Δ^4-Pyrrolin-2-onen *(7.186.)* aus substituierten β-Aminocrotonsäureestern (oder -Nitrilen) und Malein- bzw. Citraconsäureanhydriden [22, 1634] intermediär auftreten [1994].

Statt der Ester können Acylbernsteinsäure*mono*amide *(7.182b.)* eingesetzt werden [431]. Je nach Reaktionsbedingungen konkurriert in *beiden* Fällen die Bildung eines Acyl-succinimids *(7.185.)* [431, 901]. Aus Formyl-bernsteinsäureestern sind 5-unsubstituierte 4-Alkoxycarbonyl-Δ^4-pyrrolin-2-one zugänglich [511, 975].

2. Einige 3,4-dialkylsubstituierte Δ^3-Pyrrolin-2-one *(7.188.)* sind aus alkylierten Acetessigestern und deren Homologen über die entspr. Cyanhydrine *(7.187.)* in guten Ausbeuten zugänglich [1835, 1838].

3. Die intramolekulare Ketol-Kondensation von α-Acylaminoketonen *(7.189.)* führt ebenfalls zu Pyrrolin-2-onen [1237, 2547]. – Bemer-

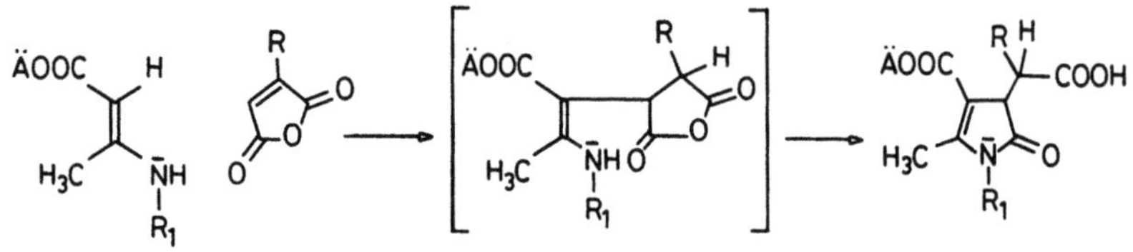

7.186. (R = H, Me)

kenswerterweise erhält man durch Cyclisierung von N-Alkoxalyl-β-anili-
nopropionsäuren *(7.190.)* mit Alkoxalylchlorid oder Acetanhydrid in

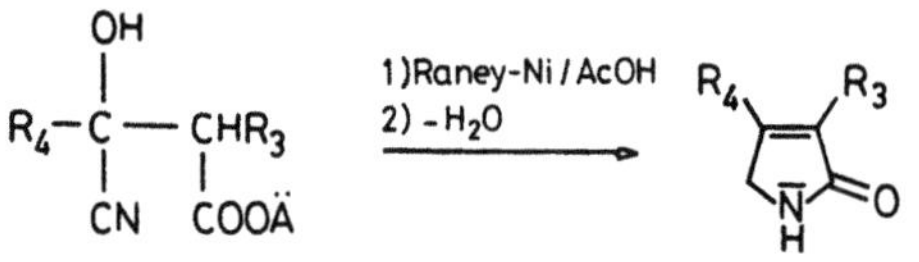

7.187.   7.188.

Pyridin N-phenylsubstituierte 3-Alkoxy- (statt Hydroxy-!) Δ^3-pyrrolin-2-
on-4-carbonsäuren *7.191.* [2202].

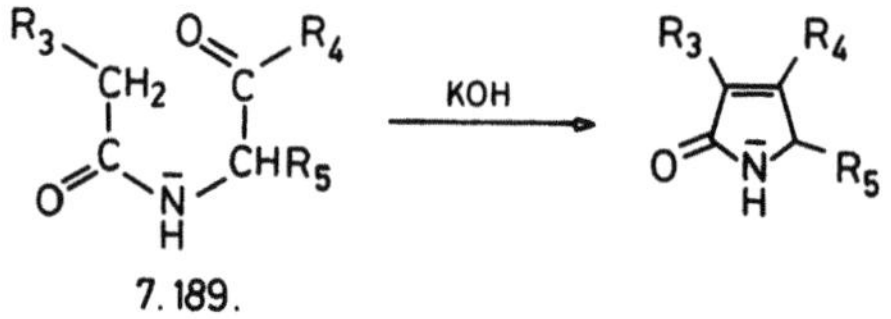

7.189.

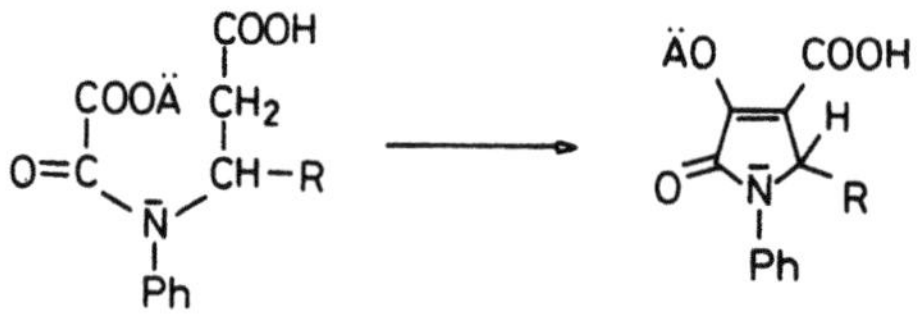

7.190.   7.191.

4. Durch hohe Gesamtausbeuten, bezogen auf die Ausgangsstoffe,
zeichnet sich die Cyclisierung der leicht zugänglichen Phosphonsäure-
ester des Typs *7.192.* zu alkylsubstituierten Δ^3-Pyrrolin-2-onen aus [1847,
2239].

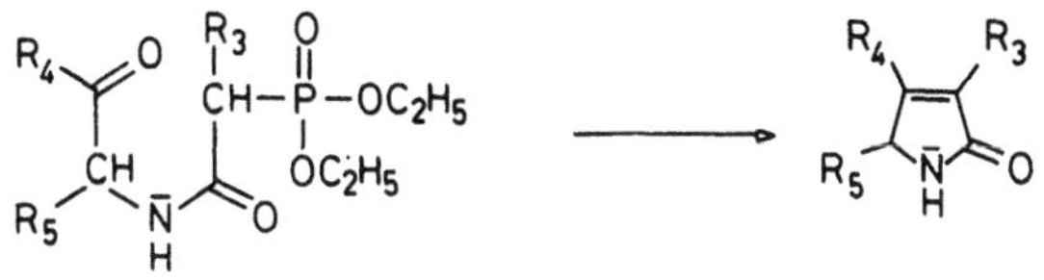

7.192.

5. Formale Analogie zu der Pyrrol-Ringsynthese nach *O. Piloty* (S. 227) besteht bei der Kondensation von N-Acyl-N,N'-dimethylhydrazinen mit Ketonen zu Pyrrolin-2-on-Derivaten (z. B. *7.193.*) [852].

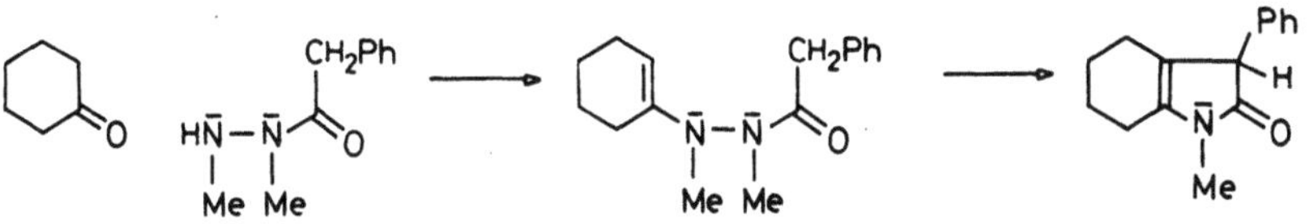

7.193.

6. Bei der alkalisch katalysierten Cyclisierung von 4-Pentyncarbonsäureamiden *(7.194.)* entstehen ebenfalls Pyrrolin-2-one [2102, 2103] (vgl. S. 237).

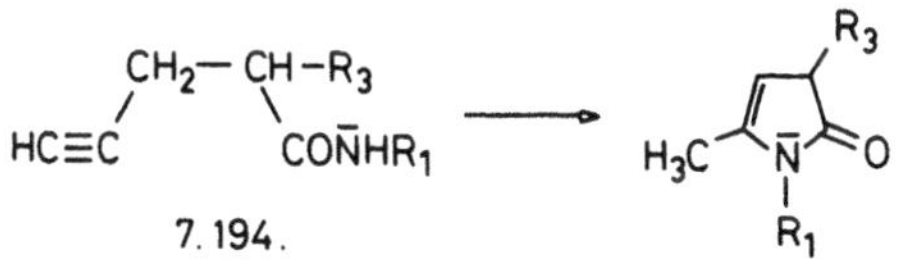

7.194.

7. Einige N-Acetyl-3-cyan-Δ^3-pyrrolin-2-one *(7.195.)* sind durch Kondensation von α-Acetamidoketonen mit Cyanessigester dargestellt worden [912].

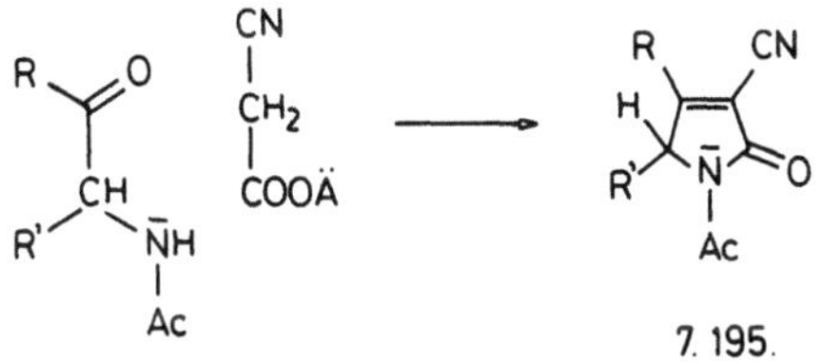

7.195.

8. Schließlich sei die Thermolyse von Äthyl-azidoformiat in *Furan* erwähnt, bei der als einziges Produkt (24proz. Ausb.) das als Δ^3-Isomeres

charakterisierte N-Äthoxycarbonyl-pyrrolin-2-on *(7.196.)* [303] isoliert
wurde [1005].

$$7.196.$$

Neben den ringsynthetischen Verfahren kommen zur Darstellung
von Pyrrolin-2-onen noch folgende Methoden in Betracht:

9. Die Oxydation mit Wasserstoffperoxid in Pyridin von Pyrrol-Derivaten, bei denen eine [126, 785, 787] oder beide [126, 792, 802, 1110,
1834] α-Positionen unbesetzt sind (s. S. 151). In Anwesenheit ungleicher
Substituenten an den β-Positionen wird im letztgenannten Fall sowie
bei der Oxydation von 5-unsubstituierten Pyrrol-2-aldehyden [1110]
ein Gemisch der beiden möglichen konstitutionsisomeren Pyrrolin-2-one
gebildet [1110, 1834].

10. Der Austausch ringständiger Bromatome gegen Hydroxy- (oder
Alkoxy-)Gruppen, der bemerkenswerterweise nur bei α-Pyrrolcarbonsäuren – nicht aber bei den entspr. Estern – stattfindet [2157]. Überraschenderweise liefert die 5-Brom-4-äthyl-3-methylpyrrol-2-carbonsäure
ein Gemisch der beiden Konstitutionsisomeren *7.197a.* und *7.197b.*
[1110].

$$7.197.a \qquad 7.197.b$$

11. Die Umsetzung von Succinimiden mit Grignard-, Reformatzky-
oder Wittig-Reagenzen.

Zur Reaktion mit Grignard-Verbindungen eignen sich nur N-alkylsubstituierte Imide.
Bei der Destillation der mit Phenyl- [467] oder Methylmagnesiumbromid erhaltenen
Hydroxylactame *7.198.* tritt Wasserabspaltung unter Bildung der als Δ⁴-Isomere formulierten [1438, 1442] Pyrrolin-2-one *(7.199.)* ein.
N-freie als auch N-aryl- oder N-benzylsubstituierte Imide erleiden vermutlich in der
zwangsläufig auftretenden Zwischenstufe *7.198.* [vgl. 110] Ringöffnung zu γ-Ketoamiden
(7.200.) [466]. Bekanntlich [821] stehen diese in tautomerem Gleichgewicht mit *7.198.*

Bei der Reaktion sowohl von N-substituierten als auch N-freien
Succinimiden mit Äthoxyacetylen-magnesiumbromid [814],
mit Äthoxycarbonylmethyl-zinkbromid nach *Reformatzky* [820, 1439,
1541] oder

mit Äthoxycarbonylmethylen- bzw. Cyanmethylen-triphenylphosphoran
nach Wittig [820, 823]
werden ausnahmslos die Pyrrolidin-2-on-Isomere mit exocyclischer Doppelbindung des Typs *7.201.* [vgl. 699] erhalten [110]. Dies gilt auch
für den „Pyrrol-2,5-diessigsäureäthyl- (od. -methyl)-ester" und dessen
N-Methyl-Derivat, die in zwei isolierbaren, durch verschiedene spektroskopische Eigenschaften charakterisierten [816, 823, 2608] tautomeren
Formen *(7.202.* und *7.203.)* vorkommen. Überraschenderweise liegt das
tautomere Gleichgewicht sowohl bei der freien N-Methyl-Dicarbonsäure
[816] als auch bei den entsprechenden Nitrilen [823] völlig zugunsten
von *7.202.* verschoben.

7.13.2.3. Reaktivität der Pyrrolin-2-one

Die durch spektroskopische Methoden nachgewiesene Lactam-Struktur
der 2-„Hydroxypyrrole" wird durch manche ihrer Reaktionen bestätigt.

Diazomethan wirkt nicht auf sie ein, wie beim Vorliegen der enolischen Hydroxyl-Gruppe zu erwarten wäre. Mit Ehrlich-Reagenz (S. 35) geben sie intensiv gelbe Kondensationsprodukte (Benzyliden-Derivate [417]), während echte Pyrrole eine *rote* Farbreaktion zeigen. Darüber hinaus vermögen 5-unsubstituierte Δ^3-Pyrrolin-2-one mit Formaldehyd [1840], Ameisensäureester [1837], Glyoxylsäure [642], Aceton [271] sowie mit den verschiedensten aromatischen [1835, 1837, 1838] oder pyrrolischen Aldehyden (im letztgenannten Fall unter Bildung von 5(1H)-pyrromethenonen (z. B. *7.83.* auf S. 302) [635, 647, 1834, 1835, 1841, 1844, 1845]) in *alkalischem* Medium am Methylen-C-Atom zu reagieren, während Pyrrole stets sauer kondensiert werden (S. 115).

In saurem Medium reagieren Nukleophile – u. a. Pyrrole (S. 150) – mit Δ^3-Pyrrolin-2-onen – höchstwahrscheinlich über die *enamidartigen* Δ^4-Isomere – unter Bildung von 5-substituierten Butyrolactamen [272, 895].

7.204.   DMF / POCl₃   7.205.

Bei Anwendung der Vilsmeier-Reaktion auf Pyrrolin-2-one lassen sich Halogen-formylpyrrole gewinnen. Aus Δ^4-Pyrrolin-2-onen (z. B. *7.204.*) entstehen 3-Formyl-2-halogenpyrrole *(7.205.)* [1533, 2106], aus alkylsubstituierten Δ^3-Pyrrolin-2-onen 5-Halogen-2-pyrrolaldehyde in sehr guten Ausbeuten [646, 2091] (s. S. 295).

3,4-Alkylsubstituierte Δ^3-Pyrrolin-2-one reagieren ebenfalls als *Nukleophile* bei der Kondensation mit *7.68.* (S. 295) zu 5′-Halogen-5(1H)-pyrromethenonen [647] sowie bei der Reaktion mit Benzoylchlorid-Pyridin unter Bildung von mono- und *bis*-(4-Pyridyl)-pyrrolen [597].

Chlorierungsmittel (Phosphor-tri- und -pentachlorid sowie -oxychlorid) führen arylsubstituierte Pyrrolin-2-one in die entspr. α-Chlorpyrrole über [68, 70].

Die Tatsache, daß 2-„Hydroxypyrrole" als Pyrrolinon-Tautomere vorliegen, schließt die Möglichkeit nicht aus, daß unter dem Einfluß geeigneter Reagenzien Derivate der Oxypyrrol-Form gebildet werden können. Mit Essigsäureanhydrid in Gegenwart von Pyridin oder konz. Schwefelsäure, die bekanntlich die Enolisierung begünstigen, können 2-Acetoxy-pyrrol-Derivate dargestellt werden [976, vgl. 637], die sich mit Alkali leicht wieder verseifen lassen. Die Einwirkung von Diazomethan/ Bortrifluoridätherat [2547] sowie Diäthyl- (oder Dimethyl-)sulfat bzw.

Triäthyloxonium-tetrafluorborat (Meerweinsches Reagenz) führt die Δ^3-Pyrrolin-2-one in die entspr. meist luftempfindlichen 2-Alkoxypyrrole[25] (z. B. *7.206.*) über [1836, 1837, 1839].

Die Abspaltung der Äther-Gruppe unter Rückbildung des Ausgangsmaterials ist mit methylalkoholischem HCl möglich [2157]. Ihre *redukti-ve* Entfernung mit Diboran findet vermutlich unter *intramolekularer* Hydrid-Wanderung statt und stellt eine präparativ interessante Methode zur Darstellung von α,α'-unsubstituierten Pyrrolen (z. B. *7.207.*) aus Pyrrolin-2-onen dar [1839].

Analog zu den Δ^4-Pyrrolin-3-onen (S. 349) zeichnen sich Aryl-Δ^4- sowie Pyrrol-2-yl-Δ^5-pyrrolin-2-one durch ihre Fähigkeit aus, durch Oxydation isoindigoide Farbstoffe des Typs *7.208.* zu bilden [2390]. Als Oxydationsprodukte einiger Δ^3-Pyrrolin-2-one sind 5,5'-bis(Δ^3-Pyrrolin-2-one) (vgl. Konstitutionsformel *3.165.* auf S. 152) isoliert worden [637, 1980]. Zur letztgenannten Verbindungsklasse gehört vermutlich auch das Produkt der katalytischen Hydrierung des [$\Delta^{2,2'}$-Bi-Δ^3-pyrrolin]-5,5'-dions *7.209.* [2159].

---

[25] Einige 2-Alkoxypyrrole sind durch Alkoholyse von 5-Brompyrrol-2-*carbonsäuren* dargestellt worden [2157] (S. 342).

7.13.3. β-„Hydroxypyrrole"

7.13.3.1. Darstellungsmethoden

Zur Darstellung von β-„Hydroxypyrrolen" kommen praktisch nur ringsynthetische Methoden in Frage. Bei sämtlichen Verfahren, ausgenommen die Benarysche Kondensation von β-Aminocroton- (od. acryl-)säureestern *(7.210.)* mit Chloracetylchlorid [205, 207], geht man von α-Aminocarbonsäure-Derivaten aus:

Die vielfach bewährte [179, 469] Synthese nach *A. Treibs* und *A. Ohorodnik* [2368] besteht in der Dieckmann-Cyclisierung der aus β-Ketocarbonsäureestern und Glycin leicht zugänglichen Ketimine – bzw. deren tautomeren Enamine (S. 220).

7.210.

$R = H, CH_3$

7.211.   − 2 H →   7.212.

Bei der von *R. Kuhn* und *G. Osswald* [1346] erstmalig beschriebenen Michael-Anlagerung von Äthoxycarbonylglycinester (als Natrium-Salz) an α,β-ungesättigte Carbonsäureester entstehen 1,4-Dialkoxycarbonylpyrrolidin-3-on-Derivate (z. B. *7.89.* auf S. 305) [vgl. 1934], deren Säure-Hydrolyse und Decarboxylierung zu 1-Äthoxycarbonyl-pyrrolidin-3-onen (z. B. *7.211.*) führt, die schließlich mit Dichlordicyan-p-benzochinon in die entspr. Pyrrolin-3-on-Derivate *(7.212.)* übergeführt werden können [2594]. Bei Verwendung von Äthoxymethylenmalonester ist die nachträgliche Dehydrierung nicht notwendig. Die Anlagerung verläuft jedoch *nicht regiospezifisch*, so daß ein Gemisch von 3- und 2-Pyrrolinonen gebildet wird [1935].

Auch durch Addition von N-freien oder N-substituierten α-Aminosäuren an Inamine *(7.213.)* [863] sowie durch Reaktion von Sarkosin

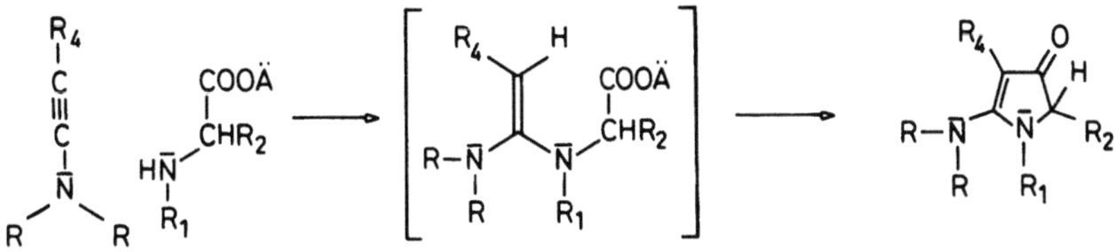

7.213.   7.214.

mit Allennitrilen *(7.215.)* [1244] sind einige 2-Dialkylamino- *(7.214.)* bzw. 3-Cyan-Δ^2-pyrrolin-4-on-Derivate *(7.216.)* dargestellt worden.

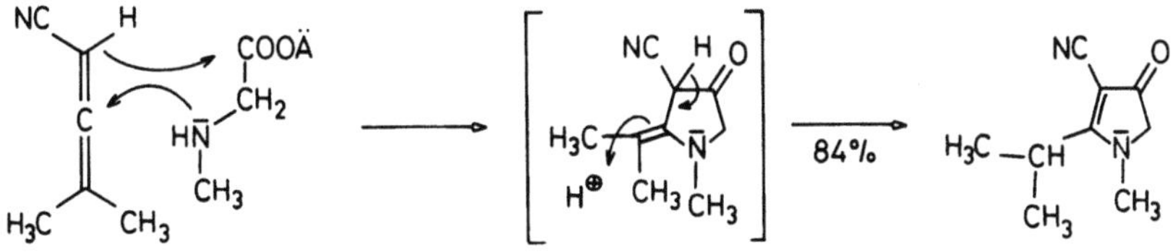

7.215.   84%   7.216.

7.13.3.2. Konstitution der β-„Hydroxypyrrole"

Bei der Formulierung der Reaktionsprodukte *6.46.* (S. 218) und *6.55.* (S. 220) sowie *6.54.* (S. 220), *7.212.*, *7.214.* und *7.216.* als 3-Hydroxy-pyrrol- bzw. Δ^2-Pyrrolin-4-on-Derivate sind die bisher allerdings nur unvollständig bekannten Beziehungen zwischen der Lage des tautomeren Gleichgewichtes und der Substitution am Heterocyclus berücksichtigt worden. Zusammenfassend läßt sich aus den zur Verfügung stehenden, meist spektroskopischen, experimentellen Daten folgendes feststellen:

1. Alkylsubstituierte 3-„Hydroxypyrrole" *(7.217.)* haben die Konstitution eines Δ^2-Pyrrolin-4-ons *(7.218a.)* mit zwitterionischem Anteil *(7.218b.)* [179, 2369], wie es bei vinylogen Amiden üblich ist. Sie absorbieren bei $\lambda_{max} = 315$ nm (in Methanol).

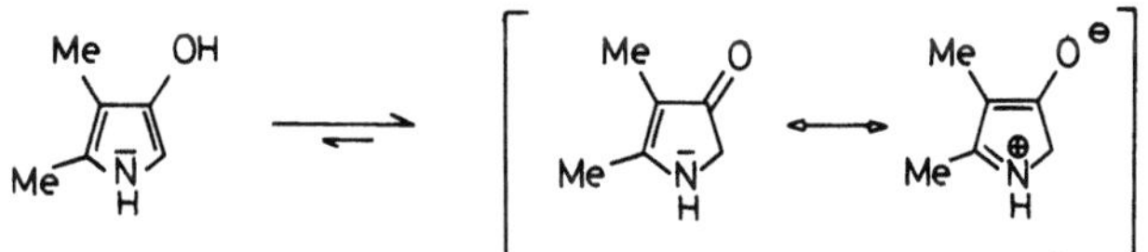

7.217.   7.218.a   7.218.b

2. 4-Carboxy- oder Alkoxycarbonyl-3-„Hydroxypyrrole" (z.B. 6.54. auf S. 220) liegen ebenfalls hauptsächlich in der 4-Oxo-Δ^2-pyrrolin-Form vor [130, 582]. Die Elektronenspektren (in Äthanol) weisen zwei Absorptionsmaxima bei 240–248 und 290–325 nm auf. Ausnahmen zu dieser Regel sind die 3-Hydroxypyrrol-4-carbonsäuren (bzw. -ester), die entweder

a) N-arylsubstituiert sind, aber beide α-Stellungen unbesetzt haben [582], oder

b) zusätzlich eine 2-ständige Acyl- oder Ester-Gruppe tragen [131]. Beide liegen in der Regel als Hydroxypyrrole vor.

3. 2-Äthoxycarbonyl-3-hydroxypyrrole (z.B. 6.46. auf S. 218) liegen ausschließlich in der OH-Form vor [469] (λ_{max} (in Äthanol)$=266$ bis 278 nm). Ebenso das 2,5-Diäthoxycarbonyl-3,4-dihydroxypyrrol [848] sowie dessen N-Äthyl- [672] und N-Phenyl- [625, 1176] Derivate. Beim ersten zeichnet sich die C_3-C_4-Bindung durch hohen Doppelbindungscharakter aus [2472].

Eine plausible Erklärung für die Abhängigkeit des tautomeren Gleichgewichtes bei den 3-„Hydroxypyrrolen" von der Lage der Carboxyl-Gruppe geben R. *Chong* und P. S. *Clezy* an [469].

7.13.3.3. Reaktivität der β-„Hydroxypyrrole"

β-„Hydroxypyrrole" geben keine der charakteristischen Keton-Reaktionen, denn sogar beim Vorliegen der Oxo-pyrrolin-Form gleicht ihre Carbonylfunktion derjenigen eines *vinylogen Amids*. Sie reagieren jedoch nur zum Teil als Hydroxy-Verbindungen. Die Derivate, *die in der Hydroxy-Form vorliegen*, lassen sich mit Diazomethan [848, 1935] oder Dimethylsulfat [207, 469, 582] in die entsprechenden Methyl-, mit Benzylchlorid in die Benzyläther [178] überführen, aus denen mit Aluminium- [1346] oder Bortribromid [177] bzw. hydrogenolytisch die Hydroxypyrrole regeneriert werden können. Die OH-Gruppe kann ebenfalls acyliert werden [582].

Alkylsubstituierte Δ^2-Pyrrolin-4-one zeichnen sich durch leichte Protonierbarkeit der Methylen-H-Atome aus. Sie vermögen – im Gegensatz zu Pyrrolen ohne Hydroxy-Gruppen – sowohl mit aromatischen Aldehyden [180] als auch mit Formylpyrrolen [179, 1609] sowie Oxalsäuredi-

7. 219.

äthylester [788a (dort S. 306)] oder Glyoxal [180] in *neutralem* oder *basischem* Medium zu kondensieren.

Mit Phosphoroxychlorid-Pyridin lassen sich aus den Pyrrolin-3-onen β-Chlorpyrrole darstellen [2594].

Unter anderen Reaktionen der β-Hydroxypyrrole [vgl. 2369, 131] sei schließlich die in jüngster Zeit von *H. Bauer* eingehend untersuchte Oxydation (mit Jod, Kaliumcyanoferrat(III), Eisen(III)-chlorid, Bleitetraacetat u. a.) zu indigoiden Farbstoffen des Typs *7.219.* [131, 176, 177, 178, 179, 1346, 2369] erwähnt.

Unter analogen Bedingungen bilden 5-substituierte 3-*Alkoxypyrrole* (*7.220.)* Bipyrrole (*7.221.),* 3-Alkoxypyrrol-5-carbonsäuren dagegen Derivate des Dehydro-2,2′:5′,2″:5″2‴-Quaterpyrrols (*7.222.)* [177].

7.14. Schwefel- und selenhaltige Pyrrole

Pyrrol-Derivate mit ringständigen funktionellen Gruppen, die mindestens ein Schwefelatom enthalten, bilden eine heterogene, bisher kaum systematisch untersuchte Gruppe von Verbindungen, die mit Ausnahme der auf S. 286ff. bereits erwähnten Dipyrrylthione der Übersichtlichkeit halber im vorliegenden Abschnitt zusammen behandelt werden. Einige dieser Derivate stellen aufgrund ihrer besonderen Reaktivität wichtige Zwischenprodukte in der präparativen Pyrrol-Chemie dar (vgl. Lit. [2566, 2567] sowie S. 123, 260, 264 und 296).

7.14.1. Rhodan-Derivate[26]

Pyrrol [1510, 1700] und einige seiner Derivate [1700, 2185, 2187] sind durch Umsetzung mit Dirhodan – reaktionsträgere Derivate mit Rhodanchlorid [1700, 1701] – in die entspr. Pyrrolyl-thiocyanate übergeführt worden[27]. Aus Pyrrol ist auch das Dirhodanpyrrol erhalten worden [2185]. Sowohl PMR-spektroskopisch [982, 983] als auch chemisch [1700] ließ sich beweisen, daß es sich beim Monorhodanpyrrol um das α-substituierte Produkt 7.223. handelt und somit, daß das Dirhodanpyrrol nicht die irrtümlich revidierte [2187], sondern die früher angegebene [2185] Konstitution des 2,5-Dirhodan-Derivats besitzt (vgl. S. 285).

7.223.

7.14.2. Pyrryl-mercaptane und -thioäther

Pyrryl-thiole sind allgemein nicht beständig. Ihre Darstellung aus Rhodanpyrrolen durch Hydrierung mit Zink-Eisessig [1881] oder Natriumborhydrid [1701] ist zwar beschrieben, sie wurden jedoch nicht als solche isoliert. In der älteren Literatur ist lediglich der 3,5-Dimethyl-4-mercaptopyrrol-2-carbonsäureäthylester erwähnt [vgl. 788a (dort S. 144)].

7.224.   7.225.

Außer dem Umlagerungsprodukt von 2,5-Diamino-3,4-dicyanthiophen 6.166. (S. 251) [1543] sind einige α-Mercaptopyrrole (z. B. 7.225.) erst kürzlich bei der alkalischen Hydrolyse der durch Oxydation von Thio-

---

[26] Entspr. Selen-Analoga, nämlich Selencyan- [23, 449, 450], Arylselen- [375, 450], Acetylselen- [450] sowie Pyrryldiselen-pyrrol-Derivate [449] sind ebenfalls bekannt.

[27] Sogar sehr verdünnte Rhodanpyrrol-Lösungen greifen die Haut unter Bildung dunkelroter Flecken und bei höheren Konzentrationen unter Hervorrufen von Brennen und Juckreiz an [1510].

harnstoff mit Halogenen (oder H_2O_2) in Gegenwart von Pyrrolen leicht zugänglichen S-Pyrrolyl-isothiouronium-Salze *(7.224.)* [1029] dargestellt worden [1031].

Bei Einwirkung von überschüssigem Halogen- oder auch Luftsauerstoff – isoliert man statt der primär gebildeten Mercaptopyrrole die entspr. *bis*-(Pyrrol-3-yl)- [2565] oder *bis*-(Pyrrol-2-yl)-bisulfide [1029] (vgl. 7.14.3.).

Alkyl- und Arylthiopyrrole[28] sind durch Umsetzung von Rhodanpyrrolen (s. 7.14.1.) mit einer Base (KOH) in Gegenwart genügend reaktiver Alkylhalogenide [1199, 1510, 1700] bzw. durch Oxydation von aromatischen und heterocyclischen Thiolen in Anwesenheit von α- oder β-unsubstituierten Pyrrolen [222] sowie durch Reaktion dieser mit Phenyl- (oder o-Nitrophenyl-)schwefelchlorid [788a (dort S. 144)] zugänglich.

7.14.3. Pyrrylmono- und -bisulfide[28]

Einige 5,5'-Diformyl-*bis*-(pyrrol-2-yl)-sulfide *(7.226.,* $R_5 =$ CHO) lassen sich durch Umsetzung von 5-Halogen-2-dimethylaminomethylen-2H-pyrrolen *(7.68.* auf S. 295) mit Schwefel in CS_2-Dimethylsulfoxid darstellen [647]. Allgemein erhält man symmetrisch substituierte *bis*-Pyrryl-sulfide (z. B. *7.226.*) durch Oxydation von Thiolessigsäure in Gegenwart von α- oder β-unsubstituierten Pyrrolen [222], oder durch Reaktion solcher Pyrrole mit Schwefeldichlorid [323, 788a (dort S. 328)]. Die Umsetzung letzterer mit Schwefel*mono*chlorid führt dagegen zu *bis*-Pyrryl-disulfiden (z. B. *7.227.*) [788a (dort S. 328)], die außerdem durch Jod-Oxydation von Pyrrylthiolen zugänglich sind [1543] (vgl. 7.14.2.).

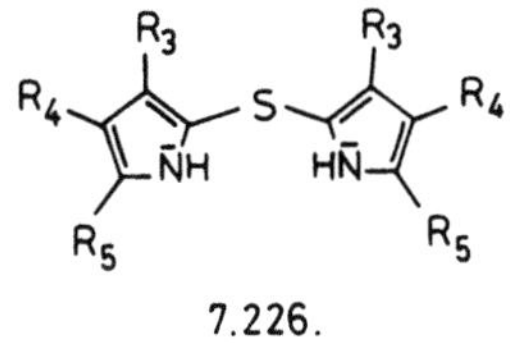

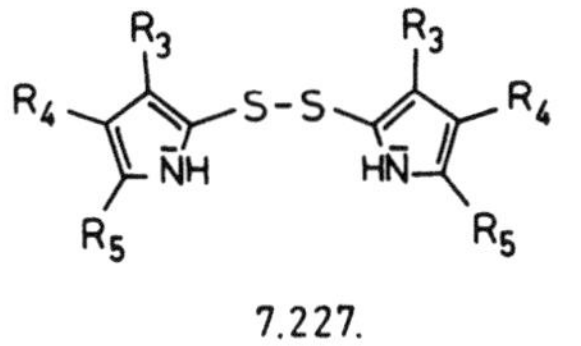

7.14.4. Pyrryl-sulfoxide und -sulfone

Durch Oxydation der Rhodanpyrrole (s. 7.14.1.) mit Wasserstoffperoxid in Aceton (auch in wäßr. Essigsäure) oder in Eisessig werden Pyrryl-alkyl-

---

[28] s. Fußnote 26 auf S. 350.

sulfoxide bzw. -sulfone erhalten. Erstere können mit Lithiumalanat in Alkylthiopyrrole übergeführt werden [1700].

Pyrrolyl-aryl-sulfone sind unter analogen Bedingungen durch Oxydation von Arylthiopyrrolen zugänglich [222].

N-Arylsulfonylpyrrole sind aus Kaliumpyrrolat durch Reaktion mit Arylsulfonylchloriden [1108, 1749] oder ringsynthetisch [1259] dargestellt worden.

7.14.5. Pyrrol-sulfonsäuren

Pyrrol [2303] und seine Alkyl- [2304, 2305], Acetyl- [2306], Chlor- [2307] und Phenylazo-Derivate [2307] lassen sich mit Pyridin-Schwefeltrioxid in die entspr. Sulfonsäuren, die als Barium-Salze isoliert werden, überführen. Negativ substituierte Pyrrole können mit Chlorsulfonsäure [1881], Oleum oder sogar konz. Schwefelsäure in die entspr. Pyrrolsulfonsäuren übergeführt werden.

Pyrrolring-ständige Sulfonsäure-Gruppen sind gegen Säurehydrolyse stabil, sie werden aber durch elektrophile Reagenzien leicht substituiert [2380, vgl. 2367].

7.14.6. Pyrrol-sulfinsäuren

Ein Vertreter der α-Pyrrolsulfinsäuren, das Anilid *7.228.*, ist durch Reaktion des entspr. Brommagnesyl-Derivats mit Thionylanilin dargestellt worden [2378].

7.228.

7.14.7. Pyrrol-thioaldehyde

Unter sehr milden Bedingungen können α-Pyrrol-thioaldehyde durch Spaltung von Pyrrolaldiminen mit Schwefelwasserstoff dargestellt werden [2566, 2567]. β-Formylpyrrole lassen sich im allgemeinen in die entspr. Thioaldehyde direkt überführen [788a (dort S. 176)].

7.14.8. Pyrrol-thiolcarbonsäuren

Pyrrol-2-thiolcarbonsäureester erhält man in 56proz. Ausbeute aus Pyrrylmagnesiumbromid und Chlorthiolameisensäureäthylester [1415]. *Substituierte* α- oder β-Pyrrolthiolcarbonsäureester lassen sich ringsynthetisch nach *L. Knorr* [355, 356], durch Reaktion der entspr. Pyrrolcarbonsäurechloride mit Alkylthiolen [988], durch S-Methylierung und anschließende saure Hydrolyse von Pyrrolthiocarbonsäureaniliden [355] (s. 7.14.10.) oder aus Pyrrolylthioformamidinium-Salzen [1030] darstellen.

Da ringständige Alkylthiocarbonyl-Gruppen durch katalytische Hydrierung sowohl entfernt (S. 260) als auch in Methyl- (S. 264), Hydroxymethyl- (S. 113) oder Formyl-Gruppen (S. 296) übergeführt werden können, kommt den Pyrrolthiolcarbonsäureestern präparative Bedeutung zu.

7.14.9. Pyrrol-dithiocarbonsäuren

Pyrrol-N-dithiocarbonsäure ist durch Reaktion von Schwefelkohlenstoff mit Kaliumpyrrolat [1693] oder mit Pyrrol in Gegenwart 40proz. Natronlauge [2314] erhältlich. Unter analogen Bedingungen (CS_2 und wäßr. NaOH-Lösung) lassen sich einige Pyrrol-Derivate sowohl in die entspr. α- [2396] als auch N-Dithiocarbonsäuren [2314] überführen. Letztere wurden als Kupfer(II)-Komplexe isoliert. Negativ substituierte α-Pyrroldithiocarbonsäuren sind durch Reaktion von Schwefelkohlenstoff mit Pyrrol-Grignard-Verbindungen [2396] oder mit Pyrrol-Derivaten, die eine unbesetzte α- oder β-Ring-Position aufweisen, unter Friedel-Crafts-Bedingungen erhalten worden [2399].

Die meisten Pyrroldithiocarbonsäuren sind sauerstoff-empfindlich, sie bilden – so wie ihre Ester – mit zahlreichen Schwermetallen Komplexe [2314, 2396]. Mit Dimethylsulfat und Alkali oder vorzugsweise mit Diazomethan lassen sie sich in die entspr. Methylester überführen [2396].

Pyrroldithiocarbonsäureester sind aus Pyrrolyl-thioformamidinium-Salzen zugänglich [1030] (s. S. 315). Pyrrol-2-dithiocarbonsäureäthylester ist durch Reaktion von Pyrrylmagnesiumbromid mit Trithiodiäthylcarbonat dargestellt worden [1416].

7.14.10. Pyrrol-thiocarbonsäureamide

Analog der Umsetzung mit Phenylisocyanat (vgl. S. 318) reagieren Pyrrol und dessen Homologe mit *Phenylisothiocyanat* unter Bildung von α- (bzw. β-, bei besetzten α-Ring-Positionen) Pyrrolthiocarbonsäureaniliden

[353, 2276]. Mit Kaliumpyrrolat entsteht das N-Pyrrolyl-thiocarbonsäureanilid [1747] (vgl. S. 318), mit Pyrrylmagnesiumbromid ein Gemisch der 1- und 2-Isomere im Verhältnis 3 zu 1 [1747].

N,N-Dimethyl-pyrrol-2-thiocarbonsäureamid ist durch Umsetzung von Pyrrylmagnesiumbromid mit Dimethylthiocarbamoylchlorid dargestellt worden [1416]. Pyrrolthiocarbonsäureamide sind ferner aus den entspr. Sauerstoff-Analoga durch Reaktion mit Phosphorpentasulfid [2276] sowie aus Pyrrolyl-thioformamidinium-Salzen [1030] (s. S. 315) zugänglich.

Literaturverzeichnis

1. *Abraham, R. J., H. J. Bernstein:* Canad. J. Chem. *37*, 1056 (1959).
2. *Abraham, R. J., E. Bullock, S. S. Mitra:* Canad. J. Chem. *37*, 1859 (1959).
3. *Abraham, R. J., H. J. Bernstein:* Canad. J. Chem. *39*, 905 (1971).
4. *Acheson, R. M., A. R. Hands, J. M. Vernon:* Proc. Chem. Soc. *1961*, 164.
5. *Acheson, R. M., J. M. Vernon:* J. Chem. Soc. *1961*, 457.
6. *Acheson, R. M., J. M. Vernon:* J. Chem. Soc. *1962*, 1148.
7. *Acheson, R. M., J. M. Vernon:* J. Chem. Soc. *1963*, 1008.
8. *Acheson, R. M.:* J. Chem. Soc. *1965*, 2630.
9. *Acheson, R. M., A. S. Bailey, I. A. Selby:* Chem. Commun. *1966*, 835.
10. *Adachi, I., H. Kano:* Chem. Pharm. Bull. *17*, 2201 (1969).
11. *Adachi, I., K. Harada, H. Kano:* Tetrahedron Lett. *1969*, 4875.
12. *Adam, W., A. Grimison:* Theoret. chim. Acta 7, 342 (1967).
13. *Adam, W., A. Grimison, G. Rodriguez:* Tetrahedron 23, 2513 (1967).
14. *Adam, W., A. Grimison, G. Rodriguez:* J. Chem. Physics 50, 645 (1969).
15. *Adams, O. W., R. L. Miller:* Theoret. chim. Acta 12, 151 (1968).
16. *Adams, R., R. M. Joyce, Jr.:* J. Amer. Chem. Soc. 60, 1491 (1938).
17. *Adkins, H., H. L. Coonradt:* J. Amer. Chem. Soc. 63, 1563 (1941).
18. *Adkins, H., L. G. Lundsted:* J. Amer. Chem. Soc. 71, 2964 (1949).
19. *Adler, A. D., F. R. Longo, W. Shergalis:* J. Amer. Chem. Soc. 86, 3145 (1964).
20. *Adler, A. D., F. R. Longo, J. D. Finarelli, J. Goldmacher, J. Assour, L. Korsakoff:* J. Org. Chem. *32*, 476 (1967) und dort zitierte Literatur.
21. *Adler, A. D., L. Sklar, F. R. Longo, J. D. Finarelli, M. G. Finarelli:* J. Heterocycl. Chem. 5, 669 (1968).
22. *Agbalyan, S. G., L. A. Nersesyan:* Arm. Khim. Zhur. 22, 40 (1969).
23. *Agenäs, L.-B., B. Lindgren:* Arkiv Kemi 28, 145 (1968).
24. *Agenäs, L.-B., B. Lindgren:* Arkiv Kemi 29, 479 (1968).
25. *Agosta, W. C.:* J. Amer. Chem. Soc. 82, 2258 (1960).
26. *Aiello, E.:* Atti Accad. Sci., Lett. Arti Palermo, Parte I, 27, 465 (1966–1967), Pub. 1968.
27. *Ajello, T.:* Gazz. chim. ital. 65, 176 (1935).
28. *Ajello, T., S. Gianferrara:* Gazz. chim. ital. 66, 228 (1936).
29. *Ajello, T., S. Gianferrara:* Gazz. chim. ital. 66, 598 (1936).
30. *Ajello, T.:* Gazz. chim. ital. 66, 608 (1936).
31. *Ajello, T.:* Gazz. chim. ital. 66, 616 (1936).
32. *Ajello, T.:* Gazz. chim. ital. 66, 624 (1936).
33. *Ajello, T.:* Gazz. chim. ital. 67, 55 (1937).
34. *Ajello, T.:* Gazz. chim. ital. 67, 728 (1937).
35. *Ajello, T.:* Gazz. chim. ital. 68, 602 (1938).
36. *Ajello, T., G. Sigilló:* Gazz. chim. ital. 68, 681 (1938).
37. *Ajello, T., S. Cusmano:* Gazz. chim. ital. 69, 207 (1939).
38. *Ajello, T.:* Gazz. chim. ital. 69, 315 (1939).
39. *Ajello, T.:* Gazz. chim. ital. 69, 453 (1939).
40. *Ajello, T.:* Gazz. chim. ital. 69, 460 (1939).

41. *Ajello, T., S. Cusmano:* Gazz. chim. ital. *70*, 127 (1940).
42. *Ajello, T., S. Cusmano:* Gazz. chim. ital. *70*, 512 (1940).
43. *Ajello, T., C. Petronici:* Gazz. chim. ital. *72*, 333 (1942).
44. *Ajello, T., A. Miraglia, R. Torcetta:* Gazz. chim. ital. *77*, 525 (1947).
45. *Ajello, T., G. Pappalardo:* Gazz. chim. ital. *81*, 282 (1951).
46. *Ajello, T., S. Giambrone:* Bull. Sci. Fac. Chim. Ind. Bologna *11*, 93 (1953).
47. *Ajello, T., S. Giambrone:* Ricerca Sci. *23*, 2233 (1953).
48. *Ajello, T., S. Giambrone:* Ricerca Sci. *24*, 49 (1954).
49. *Ajello, T., V. Sprio, P. Madonia:* Gazz. chim. ital. *87*, 11 (1957).
50. *Ajello, T., V. Sprio:* Gazz. chim. ital. *89*, 2526 (1959).
51. *Ajello, T., L. Giammanco:* Gazz. chim. ital. *99*, 690 (1969).
52. *Ajiska, M., K. Kariyone, K. Jomon, H. Yazawa, K. Arima:* Agr. Biol. Chem. (Tokyo) *33*, 294 (1969).
53. *Albert, A.:* Chemie der Heterocyclen (Übers. v. F. Arndt), S. 257. Weinheim/Bergstr.: Verlag Chemie GmbH. 1962.
54. *Albertson, N. F.:* J. Amer. Chem. Soc. *70*, 669 (1948).
55. *Al'Bitskaya, V. M., E. M. Blyakhman, A. A. Petrov:* Zhur. Obshch. Khim. *30*, 2267 (1960) [C. A. *55*, 9375 (1961)].
56. *Albrecht, R., E. Schröder:* Liebigs Ann. Chem. *736*, 110 (1970).
57. *Albuquerque, E. X., J. W. Daly, N. Witkop:* Science *172*, 995 (1971).
58. *Alexander, E. R., A. B. Herrick, T. M. Roder:* J. Amer. Chem. Soc. *72*, 2760 (1950).
59. *Alikhan, A., S. Rodmar, R. A. Hoffman:* Acta Chem. Scand. *21*, 63 (1967).
60. *Alkaitis, A., M. Calvin:* Chem. Commun. *1968*, 292.
61. *Allen, C. F. H., M. R. Gilbert, D. M. Young:* J. Org. Chem. *2*, 227 (1937).
62. *Allen, C. F. H., D. M. Young, M. R. Gilbert:* J. Org. Chem. *2*, 235 (1937).
63. *Allen, C. F. H., C. V. Wilson:* Org. syntheses *27*, 33 (1947) (sowie Col. Vol. III, S. 358. New York: J. Wiley & Sons, Inc. 1955).
64. *Allen, C. F. H.:* Canad. J. Chem. *42*, 696 (1964).
65. *Allerhand, A., P. von R. Schleyer:* J. Amer. Chem. Soc. *85*, 371 (1963).
66. *Allgrove, R. C., L. A. Cort, J. A. Elvidge, U. Eisner:* J. Chem. Soc. (C) *1971*, 434.
67. *Almenningen, A., O. Bastiansen, M. Traetterberg:* Acta chem. Scand. *12*, 1221 (1958).
68. *Almström, G. K.:* Liebigs Ann. Chem. *400*, 131 (1913).
69. *Almström, G. K.:* Liebigs Ann. Chem. *409*, 291 (1915).
70. *Almström, G. K.:* Liebigs Ann. Chem. *411*, 350 (1916).
71. *Altman, L. J., M. F. Semmelhack, R. B. Hornby, J. C. Vederas:* Chem. Commun. *1968*, 686.
72. *Anderson, A., M. V. Shimanskaya:* Latv. PSR Zinat. Akad. Vestis, Kim. Ser. *1967*, 685 [C. A. *68*, 92767 (1968)].
73. *Anderson, H. J.:* Canad. J. Chem. *35*, 21 (1957).
74. *Anderson, H. J.:* Canad. J. Chem. *37*, 2053 (1959).
75. *Anderson, H. J., L. C. Hopkins:* Canad. J. Chem. *42*, 1279 (1964).
76. *Anderson, H. J., Shu-Fan Lee:* Canad. J. Chem. *43*, 409 (1965) (vgl. ebenda *45*, 99 (1967)).
77. *Anderson, H. J.:* Canad. J. Chem. *43*, 2387 (1965).
78. *Anderson, H. J., L. C. Hopkins:* Canad. J. Chem. *44*, 1831 (1966).
79. *Anderson, H. J., C. W. Huang:* Canad. J. Chem. *45*, 897 (1967).
80. *Anderson, H. J., S. J. Griffiths:* Canad. J. Chem. *45*, 2227 (1967).
81. *Anderson, H. J.:* Canad. J. Chem. *46*, 798 (1968).
82. *Anderson, H. J., C. W. Huang:* Canad. J. Chem. *48*, 1550 (1970).
83. *Anderson, H. J., J. K. Groves:* Tetrahedron Lett. *1971*, 3165.
84. *Anderson, H. J., H. Nagy:* Canad. J. Chem. *59*, 1961 (1972).
85. *Anderson, M., A. W. Johnson:* J. Chem. Soc. *1965*, 2411.

86. *Anderson, T.:* Trans. Roy. Soc. Edinburgh *21*, IV. Teil, 571 (1857).
87. *Anderson, T.:* Liebigs Ann. Chem. *105*, 349ff. (1958).
88. *Andrews, J. S., A. H. Corwin, A. G. Sharp:* J. Amer. Chem. Soc. *72*, 491 (1950).
89. *Andrews, L. H., S. M. McElvain* J. Amer. Chem. Soc. *51*, 887 (1929).
90. *Andrisano, R., G. Pappalardo:* Gazz. chim. ital. *85*, 1430 (1955).
91. *Angeli, A.:* Atti R. Accad. Lincei, Rom [5] *24 II*, 3 (1915).
92. *Angeli, A., L. Alessandri:* Gazz. chim. ital. *46 II*, 283 (1916).
93. *Angeli, A., A. Pieroni:* Gazz. chim. ital. *49 I*, 154 (1919).
94. *Angeli, A., C. Lutri:* Gazz. chim. ital. *50*, 128 (1920).
95. *Anthony, W. C.:* J. Org. Chem. *25*, 2049 (1960).
96. *Arbuzov, Yu. A., M. M. Garburg:* Izvest. Akad. Nauk SSSR Otdel. Khim. Nauk *1952*, 556.
97. *Arcamone, F., S. Penco, P. Orezzi, V. Nicolella, A. Pirelli:* Nature *203*, 1064 (1964).
98. *Arcamone, F., P. G. Orezzi, W. Barbieri, V. Nicolella, S. Penco:* Gazz. chim. ital. *97*, 1097 (1967).
99. *Arcamone, F., S. Penco, F. Delle Monache:* Gazz. chim. ital. *99*, 620 (1969).
100. *Arcamone, F., V. Nicolella, S. Penco, S. Redaelli:* Gazz. chim. ital. *99*, 632 (1969).
101. *Archibald, J. L., D. M. Walker, K. B. Shaw, A. Markovac, S. F. MacDonald:* Canad. J. Chem. *44*, 345 (1966).
102. *Archibald, J. L.:* J. Heterocycl. Chem. *3*, 409 (1966).
103. *Archibald, J. L., M. E. Freed:* J. Heterocycl. Chem. *4*, 335 (1967).
104. *Archibald, J. L., M. E. Freed* (American Home Prod. Corp.) U. S. 3.458.515 (1969) [C. A. *71*, 81414 (1969)].
105. *Arima, K., H. Imanaka, M. Kosaka, A. Fukada, G. Tamura:* Agr. Biol. Chem. (Tokyo) *28*, 575 (1964).
106. *Arima, K., H. Imanaka, M. Kosaka, A. Fukuda, G. Tamura:* J. Antibiot. (Tokyo), Ser. A *18*, 201 (1965).
107. *Arima, K., G. Tamura, H. Imanaka, M. Kosaka, A. Fukada* (Fujisawa Pharmaceutical Co., Ltd.) Japan 7838 ('66) [C. A. *65*, 13662 (1966)].
108. *Arima, K., G. Tamura, H. Imanaka, M. Kosaka, A. Fukuda* (Fujisawa Pharmaceutical Co., Ltd.) Japan 21.750 ('67) [C. A. *68*, 38175 (1968)].
109. *Arlinger, L., K.-I. Dahlqvist, S. Forsén:* Acta Chem. Scand. *24*, 672 (1970).
110. *Armarego, W. L. F.:* J. Chem. Soc. (C) *1969*, 986.
111. *Arnett, E. M.,* in: *S. G. Cohen, A. Streitwieser, Jr., R. W. Taft,* Progress in physical organic chemistry, Bd. 1, S. 223. New York: Interscience Publ. 1963.
112. *Arnold, W., H. Dreizler, H. D. Rudolph:* Z. Naturforsch. *23a*, 301 (1968).
113. *Arsenault, G. P., E. Bullock, S. F. MacDonald:* J. Amer. Chem. Soc. *82*, 4384 (1960).
114. *Arsenault, G. P., S. F. MacDonald:* Canad. J. Chem. *39*, 2043 (1961).
115. *Artico, M., V. Nacci, G. Filacchioni, F. Chimenti:* Ann. chim. (Rom) *58*, 1370 (1968).
116. *Artico, M., G. de Martino, R. Giuliano, S. Massa, G. C. Porretta:* Il Farmaco (Ed. Sci.) *24*, 980 (1969).
117. *Artico, M., R. Giuliano, S. Vomero:* Il Farmaco (Ed. Sci.) *25*, 331 (1970).
118. *Artico, M., G. Filacchioni, V. Nacci, F. Chimenti, M. C. Giardina:* Il Farmaco (Ed. Sci.) *25*, 651 (1970).
119. *Artico, M., G. C. Porretta, G. de Martino:* J. Heterocycl. Chem. *8*, 283 (1971).
120. *Artico, M., V. Nacci, G. Filacchioni, F. Chimenti:* Il Farmaco (Ed. Sci.) *26*, 411 (1971).
121. *Artusi, G. C., L. Chierici:* Ann. chim. (Rom) *56*, 358 (1966).
122. *Ashby, B. A.:* J. Organomet. Chem. *5*, 405 (1966).
123. *Astakhova, L. N., I. M. Skvortsov, A. A. Ponomarev:* Zhur. Obshch. Khim. *34*, 2410 (1964).
124. *Aston, J. G., G. Szasz, H. W. Wooley, F. G. Brickwedde:* J. Chem. Physics *14*, 67 (1946).

125. *Atkinson, J. H., R. Grigg, A. W. Johnson:* J. Chem. Soc. *1964,* 893.

126. *Atkinson, J. H., R. S. Atkinson, A. W. Johnson:* J. Chem. Soc. *1964,* 5999.

127. *Atkinson, J. H., A. W. Johnson:* J. Chem. Soc. *1965,* 2614.

128. *Atkinson, J. H., R. S. Atkinson, A. W. Johnson:* J. Chem. Soc. (C) *1966,* 40.

129. *Atkinson, J. H., A. W. Johnson, W. Raudenbusch:* J. Chem. Soc. *1966,* 1155.

130. *Atkinson, R. S., E. Bullock:* Canad. J. Chem. *41,* 625 (1963).

131. *Atkinson, R. S., E. Bullock:* Canad. J. Chem. *42,* 1524 (1964).

132. *Aussems, C., S. Jaspers, G. Leroy, F. van Remoortere:* Bull. Soc. Chim. Belg. *78,* 407 (1969).

133. *Auterhoff, H., W. Huth:* Arch. Pharm. (Weinheim) *304,* 288 (1971).

134. *Baba, H., I. Omura, K. Higasi:* Bull. Chem. Soc. Japan *29,* 521 (1956).

135. *Bachman, G. B., L. V. Heisey:* J. Amer. Chem. Soc. *68,* 2496 (1946).

136. *Badger, G. M., R. L. N. Harris, R. A. Jones, J. M. Sasse:* J. Chem. Soc. *1962,* 4329.

137. *Badger, G. M., A. D. Ward:* Aust. J. Chem. *17,* 649 (1964).

138. *Badger, G. M., R. L. N. Harris, R. A. Jones:* Austral. J. Chem. *17,* 987 (1964).

139. *Badger, G. M., R. L. N. Harris, R. A. Jones:* Austral. J. Chem. *17,* 1002 (1964).

140. *Badger, G. M., R. L. N. Harris, R. A. Jones:* Austral. J. Chem. *17,* 1013 (1964).

141. *Badger, G. M., R. L. N. Harris, R. A. Jones:* Austral. J. Chem. *17,* 1022 (1964).

142. *Badger, G. M., R. A. Jones, R. L. Laslett:* Austral. J. Chem. *17,* 1028 (1964) und dort zitierte Literatur.

143. *Badger, G. M., R. A. Jones, R. L. Laslett:* Austral. J. Chem. *17,* 1157 (1964).

144. *Badger, G. M., J. A. Elix, G. E. Lewis:* Austral. J. Chem. *20,* 1777 (1967).

145. *Badger, G. M., G. E. Lewis, U. P. Singh:* Austral. J. Chem. *20,* 2785 (1967).

146. *Baeyer, A., H. Emmerling:* Chem. Ber. *3,* 514 (1870).

147. *Bayley, D. M., R. E. Johnson:* Tetrahedron Lett. *1970,* 3555.

148. *Bailey, D. M., R. E. Johnson, N. F. Albertson:* Org. Synth. *51,* 100 (1971).

149. *Bailey, J.:* Ind. Chim. Belge Spec. No. *32,* 90 (1967).

150. *Bailey, K., A. H. Rees:* Canad. J. Chem. *48,* 2257 (1970).

151. *Bailey, P. S., H. O. Colomb, Jr.:* J. Amer. Chem. Soc. *79,* 4238 (1957).

152. *Baird, N. C., M. J. S. Dewar, R. Sustmann:* J. Chem. Physics *50,* 1275 (1969).

153. *Bak, B.:* Acta Chem. Scand. *9,* 1355 (1955).

154. *Bak, B., D. Christensen, L. Hansen, J. Rastrup-Andersen:* J. Chem. Physics *24,* 720 (1956).

155. *Bak, B., T. Pedersen, G. O. Soerensen:* Acta Chem. Scand. *18,* 275 (1964).

156. *Baker, A. D., D. Betteridge, N. R. Kemp, R. E. Kirby:* Analyt. Chem. *42,* 1064 (1970).

157. *Baker, B. R., R. E. Schaub, J. H. Williams:* J. Org. Chem. *17,* 116 (1952).

158. *Baker, F. S., R. E. Busby, M. Iqbal, J. Parrick, C. J. G. Shaw:* Chem. Ind. (London) *1969,* 1344.

159. *Balandin, A. A., M. L. Khudekel', V. V. Patrikeev:* Zhur. Obshch. Khim. *31,* 1416 (1961).

160. *Ballantine, J. A., A. H. Jackson, G. W. Kenner, G. McGillivray:* Tetrahedron, Suppl. No. 7, 241 (1966).

161. *Baltazzi, E.:* Compt. Rend. *254,* 702 (1962).

162. *Baltazzi, E., L. I. Krimen:* Chem. Rev. *63,* 511 (1963).

163. *Bamberger, E., G. Djierdjian:* Chem. Ber. *33,* 536 (1900).

164. *Bamfield, P., A. W. Johnson, J. Leng:* J. Chem. Soc. *1965,* 7001.

165. *Bamfield, P., R. L. N. Harris, A. W. Johnson, I. T. Kay, K. W. Shelton:* J. Chem. Soc. (C) *1966,* 1436.

166. *Bamfield, P., R. Grigg, A. W. Johnson, R. W. Kenyon:* J. Chem. Soc. (C) *1968,* 1259.

167. *Bansal, R. C., A. W. McCulloch, A. G. McInnes:* Canad. J. Chem. *48*, 1472 (1970).
168. *Barkhash, V. A., O. I. Andreevskaya, N. N. Vorozhtsoy, Jr.:* Dokl. Akad. Nauk SSSR *166*, 1343 (1966).
169. *Barlow, M. G., R. N. Haszeldine, R. Hubbard:* J. Chem. Soc. (C) *1971*, 90.
170. *Barthel, J., G. Schmeer:* Z. physik. Chem., Neue Folge *71*, 102 (1970).
171. *Bartholomew, R. F., J. M. Tedder:* J. Chem. Soc. (C) *1968*, 1601.
172. *Bartok, W., D. D. Rosenfeld, A. Schriesheim:* J. Org. Chem. *28*, 410 (1963).
173. *Bates, C. A., W. S. Moore, K. J. Standley, K. W. H. Stevens:* Proc. phys. Soc. *79*, 73 (1962).
174. *Battiste, M. A., T. J. Barton:* Tetrahedron Lett. *1967*, 1227.
175. *Battiste, M. A., J. H. M. Hill:* Tetrahedron Lett. *1968*, 5541.
176. *Bauer, H.:* Chem. Ber. *100*, 1704 (1967).
177. *Bauer, H.:* Chem. Ber. *101*, 1286 (1968).
178. *Bauer, H.:* Angew. Chem. *80*, 758 (1968).
179. *Bauer, H.:* Liebigs Ann. Chem. *736*, 1 (1970).
180. *Bauer, H.:* Chem. Ber. *104*, 259 (1971).
181. *Bauer, V. J., S. R. Safir:* J. Med. Chem. *15*, 440 (1972).
182. *Bayer, H. O., H. Gotthardt, R. Huisgen:* Chem. Ber. *103*, 2356 (1970).
183. *Bean, G. P.:* Ph. D. Thesis. Pennsylvania State University 1956. Diss. Abstr. University Ann Arbor, Mich. *16*, 1324 (1956).
184. *Bean, G. P.:* J. Heterocycl. Chem. *2*, 473 (1965).
185. *Bean, G. P.:* Analyt. Chem. *37*, 756 (1965).
186. *Bean, G. P.:* J. Org. Chem. *32*, 228 (1967).
187. *Bean, G. P.:* J. Chem. Soc. (D) *1971*, 421.
188. *Becher, H. J.:* Z. anorg. allg. Chem. *289*, 262 (1957).
189. *Beitchman, S.:* Ph. D. Diss. Chemistry Department, University of Pennsylvania, 1967.
190. *Belikov, V. M., S. G. Mairanavskii, E. N. Safonova, S. S. Novikov:* Izvest. Akad. Nauk SSSR, Otdel. Khim. Nauk *1958*, 1488.
191. *Bellamy, L. J., H. E. Hallam, R. L.Williams:* Trans. Faraday Soc. *54*, 1120 (1958).
192. *Bellamy, L. J.:* Spectr. Acta *13*, 236 (1958).
193. *Bellamy, L. J.:* Spectr. Acta *14*, 192 (1959).
194. *Bellamy, L. J., H. E. Hallam:* Trans. Faraday Soc. *55*, 220 (1959).
195. *Bellamy, L. J., R. J. Pace:* Spectr. Acta *19*, 1831 (1963).
196. *Bellas, M., D. Bryce-Smith, A. Gilbert:* Chem. Commun. *1967*, 263.
197. *Bellut, H., R. Köster:* Liebigs Ann. Chem. *738*, 86 (1970).
198. *Belozerskaja, L. P., G. S. Denisov, I. F. Tupicyn:* Teoret. Eksper. Khim. *6*, 408 (1970).
199. *Bel'skii, I. F.:* Izv. Akad. Nauk SSSR, Otdel. Khim. Nauk *1962*, 1077.
200. *Bel'skii, I. F.:* Zhur. Obshch. Khim. *32*, 2905 (1962).
201. *Bel'skii, I. F.:* Zhur. Obshch. Khim. *32*, 2908 (1962).
202. *Bel'skii, I. F., N. I. Shuikin, G. E. Skobtsova:* Izv. Akad. Nauk SSSR, Ser. Khim. *1964*, 1118.
203. *Bel'skii, I. F., N. I. Shuikin, G. E. Skobtsova:* Probl. Organ. Sinteza, Akad. Nauk SSSR, Otdel. Obsch. i. Tekhn. Khim. *1965*, 186 [C. A. *64*, 9666 (1966)].
204. *Benary, E.:* Chem. Ber. *44*, 493 (1911).
205. *Benary, E., B. Silbermann:* Chem. Ber. *46*, 1363 (1913).
206. *Benary, E.:* Chem. Ber. *53*, 2218 (1920).
207. *Benary, E., R. Konrad:* Chem. Ber. *56 B*, 44 (1923).
208. *Benazet, F., C. Cosar, P. Ganter, L. Julou, P. Populaire, L. Guillaume:* Compt. Rend., Ser. D *263*, 609 (1966).
209. *Bender, C. O., R. Bonnett:* J. Chem. Soc. (C) *1968*, 2526.
210. *Bender, C. O., R. Bonnett:* J. Chem. Soc. (C) *1968*, 3036.

211. *Berger, J. G., S. R. Teller, I. J. Pachter:* J. Org. Chem. *35,* 3122 (1970).

212. *Berger, J. G., K. Schoen:* J. Heterocycl. Chem. *9,* 419 (1972) und dort zitierte Literatur.

213. *Bergman, J.:* Tetrahedron Lett. *1972,* 4723.

214. *Berlin, A. A.:* J. Gen. Chem. (U.S.S.R.) *14,* 438 (1944).

215. *Bernard-Houplain, M. C., C. Sandorfy:* Canad. J. Chem. *51,* 1075 (1973).

216. *Bertin, D. M., M. Gomel, N. Lumbroso-Bader:* Compt. Rend. *258,* 2301 (1964).

217. *Bertin, D. M., H. Lumbroso:* Compt. Rend. (C) *263,* 181 (1966).

218. *Bertin, D. M., M. Farnier, H. Lumbroso:* Compt. Rend. *274,* 462 (1972).

219. *Bertrand, J. A., C. E. Kirkwood:* Inorg. Chim. Acta 6, 248 (1972).

220. *Bestmann, H. J., J. Lienert, L. Mott:* Liebigs Ann. Chem. *718,* 24 (1968).

221. *Beveridge, S., J. L. Huppatz,* Austral. J. Chem. *23,* 781 (1970).

222. *Beveridge, S., R. L. N. Harris:* Austral. J. Chem. *24,* 1229 (1971).

223. *Beveridge, S., J. L. Huppatz:* Austral. J. Chem. *25,* 1341 (1972).

224. *Beyer, H., T. Pyl, C.-E. Völcker:* Liebigs Ann. Chem. *638,* 150 (1960).

225. *Bhatnagar, V. M., S. Frijiwarer:* Chem. Ind. (London) *1962,* 1471.

226. *Bhatnagar, V. M., J. A. R. Cloutier:* Canad. J. Chem. *40,* 1708 (1962).

227. *Bhatnagar, V. M.:* Def. Sci. J. (N. Delhi) *14,* 157 (1964).

228. *Bhatnagar, V. M.:* Current Sci. (India) *33,* 488 (1964).

229. *Bhatnagar, V. M., H. Nakajima:* Chim. Anal. (Paris) *49,* 206 (1967).

230. *Bhatnagar, V. M.:* Chim. Anal. (Paris) *49,* 563 (1967).

231. *Bhatnagar, V. M.:* Z. anorg. allg. Chem. *363,* 318 (1968).

232. *Bhatnagar, V. M.:* Experientia *24,* 319 (1968).

233. *Bhatnagar, V. M.:* Z. anorg. allg. Chem. *370,* 110 (1969).

234. *Biarge, J. F., J. M. Orza, M. Rico, J. Morcillo:* Anales Real Soc. Fis. Quim. *57 A,* 117 (1961).

235. *Biellmann, J. F., H. J. Callot:* Tetrahedron *26,* 4809 (1970).

236. *Biellmann, J. F., M. P. Goeldner:* Tetrahedron *27,* 1789 (1971).

237. *Biellmann, J. F., M. P. Goeldner:* Tetrahedron *27,* 2957 (1971).

238. *Billingsley II, F. P., J. E. Bloor:* Theoret. chim. Acta *11,* 325 (1968).

239. *Bilton, J. A., R. P. Linstead, J. M. Wright:* J. Chem. Soc. *1937,* 922.

240. *Binns, F., R. F. Chapman, N. C. Robson, G. A. Swan, A. Waggott:* J. Chem. Soc. (C) *1970,* 1128.

241. *Birch, A. J., P. Hodge, R. W. Rickards, R. Takeda, T. R. Watson:* J. Chem. Soc. *1964,* 2641.

242. *Birch, A. J., R. W. Rickards, K. J. S. Stapleford:* Austral. J. Chem. *22,* 1321 (1969).

243. *Birchall, G. R., C. G. Hughes, A. H. Rees:* Tetrahedron Lett. *1970,* 4879.

244. *Birchall, G. R., A. H. Rees:* Canad. J. Chem. *49,* 919 (1971).

245. *Birkofer, L., P. Richter, A. Ritter:* Chem. Ber. *93,* 2804 (1960).

246. *Bisagni, E., J.-P. Marquet, J. André-Lousfert, A. Cheutin, F. Feinte:* Bull. Soc. Chim. France *1967,* 2796.

247. *Bisagni, E., J.-P. Marquet, J. André-Lousfert:* Bull. Soc. Chim. France *1968,* 637.

248. *Bishop, W. S.:* J. Amer. Chem. Soc. *67,* 2261 (1945).

249. *Biswas, K. M., A. H. Jackson:* Tetrahedron *24,* 1145 (1968)

250. *Biswas, K. M., A. H. Jackson:* J. Chem. Soc. (C) *1970,* 1667.

251. *Black, P. J., R. D. Brown, M. L. Heffernan:* Austral. J. Chem. *20,* 1305, 1325 (1967).

252. *Blaise, E. E.:* Compt. Rend. *172,* 221 (1921).

253. *Blatt, A. H.:* J. Amer. Chem. Soc. *56,* 2774 (1934).

254. *Blatt, A. H.:* J. Amer. Chem. Soc. *58,* 590 (1936).

255. *Blicke, F. F., E. S. Blake:* J. Amer. Chem. Soc. *52,* 235 (1930).

256. *Blicke, F. F., E. S. Blake:* J. Amer. Chem. Soc. *53,* 1015 (1931).

257. *Blicke, F. F., J. A. Faust, J. E. Gearien, R. J. Warzynski:* J. Amer. Chem. Soc. 65, 2465 (1943).
258. *Blicke, F. F., J. L. Powers:* J. Amer. Chem. Soc. 66, 304 (1944).
259. *Blicke, F. F., R. J. Warzynski, J. A. Faust, J. E. Gearien:* J. Amer. Chem. Soc. 66, 1675 (1944).
260. *Blinder, S. M., M. L. Peller, N. W. Lord, L. C. Aamodt, N. S. Ivanchukov:* J. Chem. Physics 36, 540 (1962).
261. *Bloor, J. E., D. L. Breen:* J. Amer. Chem. Soc. 89, 6835 (1967).
262. *Blume, R. C., H. G. Lindwall:* J. Org. Chem. 10, 255 (1945).
263. *Bobarević, B., M. Deželić, V. Jovanović-Kapetanovic:* Glasnik Drustva Hemicara Tehnol. SR Bosne Hercegovine No. 11, 79 (1962) [C. A. 61, 3055 (1964)].
264. *Bobarević, B., M. Deželić, V. Jovanović:* Glasnik Hemicara Tehnol. Bosne Hercegovine 13–14, 47 (1965) [C. A. 65, 37 (1966)].
265. *Bobbitt, J. M., C. P. Dutta:* Chem. Commun. 1968, 1429.
266. *Bocchi, O.:* Gazz. chim. ital. 30 I, 89 (1900).
267. *Bocchi, V., L. Chierici, G. P. Gardini:* Tetrahedron 23, 737 (1967).
268. *Bocchi, V., G. P. Gardini:* Org. Prep. Proced. 1, 271 (1969).
269. *Bocchi, V., G. P. Gardini:* Org. Prep. Proced. 2, 65 (1970).
270. *Bocchi, V., L. Chierici, G. P. Gardini, R. Mondelli:* Tetrahedron 26, 4073 (1970).
271. *Bocchi, V., G. P. Gardini:* Tetrahedron Lett. 1971, 211.
272. *Bocchi, V., G. P. Gardini, M. Pinza:* Il Farmaco (Ed. Sci.) 26, 429 (1971).
273. *Bock, L. H., R. Adams:* J. Amer. Chem. Soc. 53, 374 (1931).
274. *Bock, L. H., R. Adams:* J. Amer. Chem. Soc. 53, 3519 (1931).
275. *Bodforss, S.:* Chem. Ber. 64, 1111 (1931).
276. *Bodor, N., M. J. S. Dewar, A. J. Harget:* J. Amer. Chem. Soc. 92, 2929 (1970).
277. *Böhme, H., H. J. Bohn, I. Henning, A. Scharf:* Liebigs Ann. Chem. 642, 49 (1961).
278. *Böhme, H., G. Auterhoff:* Chem. Ber. 104, 2013 (1971).
279. *Bogorad, L.:* J. Biol. Chem. 233, a) 501, b) 510, c) 516 (1958).
280. *Bogorad, L. in L. P. Vernon, G. R. Seely:* The Chlorophylls, Kap. 15. New York: Academic Press 1966.
281. *Bonino, G. B., R. Manzoni-Ansidei, P. Pratesi:* Z. physikal. Chem. 22 B, 21 (1933).
282. *Bonino, G. B., R. Manzoni-Ansidei, P. Pratesi:* Z. physikal. Chem. 25 B, 348 (1934).
283. *Bonino, G. B., G. Scaramelli:* Ricerca Sci. 6 II, 1 (1935).
284. *Bonino, G. B., G. Scaramelli:* Ricerca Sci. 6 II, 111 (1935).
285. *Bonino, G. B., G. Scaramelli:* Chem. Ber. 75 B, 1948 (1942).
286. *Bonino, G. B., R. Manzoni-Ansidei:* Chem. Ber. 76, 553 (1943).
287. *Bonino, G. B.:* Pontif. Acad. Sci. Acta 9, 65 (1945).
288. *Bonino, G. B., P. Mirone:* Atti Accad. Nazl. Lincei, Rend. Classe Sci. Fis. Mat. Nat. 17, 167 (1954).
289. *Bonino, G. B., A. M. Marinangeli:* Atti Accad. Nazl. Lincei, Rend. Classe Sci. Fis. Mat. Nat. 19, 222 (1955).
290. *Bonino, G. B., A. M. Marinangeli:* Atti Accad. Nazl. Lincei, Rend. Classe Sci. Fis. Mat. Nat. 19, 393 (1955).
291. *Bonino, G. B., P. Mirone:* Atti Accad. Nazl. Lincei, Rend. Classe Sci. Fis. Mat. Nat. 21, 242 (1956).
292. *Bonino, G. B., P. Mirone:* Atti Accad. Nazl. Lincei, Rend. Classe Sci. Fis. Mat. Nat. 23, 198 (1958).
293. *Bonnett, R., J. D. White:* J. Chem. Soc. 1963, 1648.
294. *Bonnett, R., K. S. Chan, I. A. D. Gale:* Canad. J. Chem. 42, 1073 (1964).
295. *Bonnett, R., I. A. D. Gale, G. F. Stephenson:* J. Chem. Soc. 1965, 1518.
296. *Bonnett, R., M. J. Dimsdale, G. F. Stephenson:* Chem. Commun. 1968, 1121.
297. *Bonnett, R., M. B. Hursthouse, S. Neidle:* J. Chem. Soc. (Perkin II) 1972, 902.
298. *Bonnett, R., M. B. Hursthouse, S. Neidle:* J. Chem. Soc. (Perkin II) 1972, 1335.

299. *Booker, H., L. K. Evans, A. E. Gillam:* J. Chem. Soc. *1940*, 1453.

300. *Booth, H., A. W. Johnson, E. Markham, R. Price:* J. Chem. Soc. *1959*, 1587.

301. *Booth, H., A. W. Johnson, F. Johnson:* J. Chem. Soc. *1962*, 98.

302. *Booth, H., A. W. Johnson, F. Johnson, R. A. Langdale-Smith:* J. Chem. Soc. *1963*, 650.

303. *Bordner, J., H. Rapoport:* J. Org. Chem. *30*, 3824 (1965).

304. *Borrows, E. T., D. O. Holland, J. Kenyon:* J. Chem. Soc. *1946*, 1083.

305. *Borsche, W., A. Klein:* Liebigs Ann. Chem. *548*, 64 (1941).

306. *Boryu, S. I.:* Mikrobiologiya *26*, 464 (1957) [C. A. *52*, 7432 (1958)].

307. *Bose, M., N. Das, N. Chatterjee:* J. Mol. Spectry. *18*, 32 (1965).

308. *Boyd, G. V.:* Chem. Commun. *1968*, 1410.

309. *Boyd, G. V., K. Heatherington:* Chem. Commun. *1971*, 346.

310. *Boyer, J. H., W. E. Krueger, R. Modler:* Tetrahedron Lett. *1968*, 5979.

311. *Bradamante Pagani, S., A. Marchesini, G. Pagani:* Chim. Ind. (Milan) *53*, 267 (1971).

312. *Bradley, D. C., K. J. Chivers:* J. Chem. Soc. (A) *1968*, 1967.

313. *Brandänge, S., C. Lundin:* Acta chem. Scand. *25*, 2447 (1971).

314. *Braunholtz, J. T., E. A. V. Ebsworth, F. G. Mann, N. Sheppard:* J. Chem. Soc. *1958*, 2780.

315. *Braunholtz, J. T., K. B. Mallion, F. G. Mann:* J. Chem. Soc. *1962*, 4346.

316. *Braye, E. H., W. Huebel, I.* Caplier: J. Amer. Chem. Soc. *83*, 4406 (1961).

317. *Breslow, R., R. Boikess, M. Battiste:* Tetrahedron Lett. *1960*, 42.

318. *Bricout, J., R. Viani, F. Müggler-Chavan, J. P. Marion, D. Reymond, R. H. Egli:* Helv. chim. Acta *50*, 1517 (1967).

319. *Bright, B.:* J. Amer. Chem. Soc. *79*, 3200 (1957).

320. *Brignell, P. J., E. Bullock, U. Eisner, B. Gregory, A. W. Johnson, H. Williams:* J. Chem. Soc. *1963*, 4819.

321. *Brits, R. J. N., M. J. de Vries, H. G. Raubenheimer:* J. S. Afr. Chem. Inst. *21*, 183 (1968).

322. *Broadbent, H. S., W. S. Burnham, R. K. Olsen, R. M. Sheeley:* J. Heterocycl. Chem. *5*, 757 (1968).

323. *Broadhurst, M. J., R. Grigg:* J. Chem. Soc. (D) *1970*, 807.

324. *Brockman, P. E., C. H. Gray:* Biochem. J. *54*, 22 (1953).

325. *Brodasky, T. F.:* J. Gas Chromatogr. *5*, 311 (1967).

326. *Brooker, L. G. S., F. L. White:* J. Amer. Chem. Soc. *73*, 1094 (1951).

327. *Brooks, L. A., M. Markarian:* (Sprangue Spec. Co) U. S. 2.417.046 (1947) [C. A. *41*, 3821 (1947)].

328. *Brown, R. D.:* Quart. Rev. (London) *6*, 63 (1952).

329. *Brown, R. D.:* Austral. J. Chem. *8*, 100 (1955).

330. *Brown, R. D., B. A. W. Coller:* Austral. J. Chem. *12*, 152 (1959).

331. *Brown, R. D., M. L. Heffernan:* Austral. J. Chem. *12*, 319 (1959).

332. *Brown, R. D., M. L. Heffernan:* Austral. J. Chem. *12*, 330 (1959).

333. *Brown, R. D., B. A. W. Coller, M. L. Heffernan:* Tetrahedron *18*, 343 (1962).

334. *Brown, R. D., B. A. W. Coller:* Theoret. chim. Acta *7*, 259 (1967).

335. *Brown, W. H., B. J. Hutchinson, M. H. MacKinnon:* Canad. J. Chem. *49*, 1017 (1971).

336. *vor der Brück, D., A. Tapia, R. Riechel, H. Plieninger:* Angew. Chem. *80*, 397 (1968).

337. *Bruni, P.:* Ann. chim. (Rom) *57*, 376 (1967).

338. *Brunings, K. J., A. H. Corwin:* J. Amer. Chem. Soc. *64*, 593 (1942).

339. *Brunings, K. J., A. H. Corwin:* J. Amer. Chem. Soc. *66*, 337 (1944).

340. *Bryce-Smith, D.:* Pure Appl. Chem. *16*, 47 (1968).

341. *Buchta, E., E. Schefczik:* Angew. Chem. *69*, 307 (1957).

342. *Buchta, E., H. Schamberger:* Chem. Ber. *92*, 1363 (1959).

343. *Buchta, E., C. Huhn:* Liebigs Ann. Chem. *695*, 42 (1966).

344. *Buckingham, A. D., B. Harris, R. J. W. LeFèvre:* J. Chem. Soc. *1953*, 1626.
345. *Budzikiewicz, H., C. Djerassi, A. H. Jackson, G. W. Kenner, D. J. Newman, J. M. Wilson:* J. Chem. Soc. *1964*, 1949.
346. *Budzikiewicz, H., C. Djerassi, D. H. Williams:* Mass Spectrometry of organic compounds, S. 596ff. San Francisco: Holden-Day, Inc. 1967.
347. *Büchi, G., J. A. Raleigh:* J. Org. Chem. *36*, 873 (1971).
348. *Bülow, C., E. Klemann:* Chem. Ber. *40*, 4749 (1907).
349. *Bürger, H., K. Burczyk:* Z. anorg. allg. Chem. *381*, 176 (1971).
350. *Bullock, E., A. W. Johnson, E. Markham, K. B. Shaw:* J. Chem. Soc. *1958*, 1430.
351. *Bullock, E.:* Canad. J. Chem. *36*, 1686 (1958).
352. *Bullock, E.:* Canad. J. Chem. *36*, 1744 (1958).
353. *Bullock, E., R. J. Abraham:* Canad. J. Chem. *37*, 1391 (1959).
354. *Bullock, E., R. Grigg, A. W. Johnson, J. W. F. Wasley:* J. Chem. Soc. *1963*, 2326.
355. *Bullock, E., T.-S. Chen, C. E. Loader:* Canad. J. Chem. *44*, 1007 (1966).
356. *Bullock, E., T.-S. Chen, C. E. Loader, A. E. Wells:* Canad. J. Chem. *48*, 1651 (1970).
357. *Burbidge, P. A., G. L. Collier, A. H. Jackson, G. W. Kenner:* J. Chem. Soc. (B) *1967*, 930.
358. *Burckhalter, J. H., J. H. Short:* J. Org. Chem. *23*, 1278 (1958).
359. *Burckhardt, H., G. Pietsch:* J. prakt. Chem. *17*, 213 (1962).
360. *Burgada, R.:* Bull. Soc. Chim. France *1971*, 136.
361. *Burgada, R., D. Bernard:* Compt. Rend. *273*, 164 (1971).
362. *Burke, W. J., G. N. Hammer:* J. Amer. Chem. Soc. *76*, 1294 (1954).
363. *Burkholder, P. R., R. M. Pfister, F. M. Leitz:* Appl. Microbiol. *14*, 649 (1966).
364. *Burness, D. M.:* Org. Synth. *40*, 29 (1960).
365. *Burnham, B. F., in D. M. Greenberg:* Metabolic Pathways, Band III, S. 403, 3. Aufl. New York: Academic Press 1969.
366. *Burnham, W. S.:* Ph. D. Thesis. Brigham Young University, Provo, Utah 1969. Diss. Abstr. University Ann Arbor, Mich. *29*, 4088 (1969).
367. *Buswell, A. M., J. R. Downing, W. H. Rodebush:* J. Amer. Chem. Soc. *61*, 3252 (1939).
368. *Buu-Hoi, N. P.:* J. Chem. Soc. *1949*, 2882.
369. *Buu-Hoi, N. P., N. D. Xuong:* J. Org. Chem. *20*, 850 (1955) und dort zitierte Literatur.
370. *Buu-Hoi, N. P., R. Rips, R. Cavier:* J. Med. Pharm. Chem. *1*, 23 (1959).
371. *Buu-Hoi, N. P., R. Rips, R. Cavier:* J. Med. Pharm. Chem. *1*, 319 (1959).
372. *Buu-Hoi, N. P., R. Rips, R. Cavier:* J. Med. Pharm. Chem. *2*, 335 (1960).
373. *Buu-Hoi, N. P., R. Rips, C. Derappe:* J. Med. Pharm. Chem. *5*, 1357 (1962).
374. *Buu-Hoi, N. P., R. Rips, C. Derappe:* Bull. Soc. Chim. France *1965*, 3456.

375. *Caccia-Bava, A. M., L. Chierici:* Bull. chim. farm. *89*, 397 (1950).
376. *Cagnoli, N.:* Ann. chim. (Rom) *48*, 839 (1958).
377. *Callander, D. D., P. L. Coe, J. C. Tatlow:* Chem. Commun. *1966*, 143.
378. *Callander, D. D., P. L. Coe, J. C. Tatlow, A. J. Uff:* Tetrahedron *25*, 25 (1969).
379. *Candy, C. F., R. A. Jones, P. H. Wright:* J. Chem. Soc. (C) *1970*, 2563.
380. *Candy, C. F., R. A. Jones:* J. Chem. Soc. (B) *1971*, 1405.
381. *Candy, C. F., R. A. Jones:* J. Org. Chem. *36*, 3993 (1971).
382. *Cantor, P. A., R. Lancaster, C. A. VanderWerf:* J. Org. Chem. *21*, 918 (1956).
383. *Cantor, P. A., C. A. VanderWerf:* J. Amer. Chem. Soc. *80*, 970 (1958).
384. *Cantrell, T. S.:* J. Chem. Soc., Chem. Commun. *1972*, 155.
385. *Cappellina, F., A. Drusiani:* Gazz. chim. ital. *84*, 939 (1954).
386. *Cappellina, F., V. Lorenzelli:* Atti Accad. Sci. Ist. Bologna, Classe Sci. Fis. *11*, No. 5, 124 (1958).
387. *Cappellina, F.:* Ann. chim. (Rom) *48*, 535 (1958).

388. *Cappellina, F., V. Lorenzelli:* Ann. chim. (Rom) *48*, 893 (1958).
389. *Cappellina, F., V. Lorenzelli:* Ann. chim. (Rom) *48*, 902 (1958).
390. *Cappellina, F., A. M. Drusiani:* Ricerca sci. *30*, Suppl. No. 5, 297 (1960).
391. *Cappellina, F., L. Pederzini:* Coll. Czechoslov. Chem. Comm. *25*, 3344 (1960).
392. *Capuano, L., M. Welter:* Chem. Ber. *101*, 3671 (1968).
393. *Capuano, S., L. Giammanco:* Gazz. chim. ital. *82*, 183 (1952).
394. *Capuano, S., L. Giammanco:* Gazz. chim. ital. *85*, 217 (1955).
395. *Capuano, S., L. Giammanco:* Gazz. chim. ital. *86*, 119 (1956).
396. *Capuano, S., L. Giammanco:* Gazz. chim. ital. *87*, 857 (1957).
397. *Carbó, R.:* Afinidad *25*, 203 (1968).
398. *Carbó, R., S. Fraga:* Anales de Fisica *65*, 365 (1969).
399. *Carelli, V., M. Cardellini, F. Morlacchi:* Ann. chim. (Rom) *51*, 595 (1961).
400. *Carelli, V., M. Cardellini, F. Morlacchi:* Ann. chim. (Rom) *53*, 309 (1963).
401. *Carelli, V., M. Cardellini, F. Morlacchi:* Tetrahedron Lett. *1967*, 765.
402. *Carles, P.:* Compt. Rend. *254*, 677 (1962).
403. *Carpentieri, M., L. Porro, G. Del Re:* Int. J. Quantum Chem. *2*, 807 (1968).
404. *Carpino, L. A.:* J. Org. Chem. *30*, 736 (1965).
405. *Carpino, L. A., D. E. Barr:* J. Org. Chem. *31*, 764 (1966).
406. *Carr, R. P., A. H. Jackson, G. W. Kenner, G. S. Sach:* J. Chem. Soc. (C) *1971*, 487.
407. *Carrá, S., S. Polezzo:* Gazz. chim. ital. *88*, 1103 (1958).
408. *Carson, J. R., D. N. McKinstry, S. Wong:* J. Med. Chem. *14*, 646 (1971).
409. *Casnati, G., A. Pochini:* Chim. Ind. (Milano) *48*, 262 (1966).
410. *Castellucci, N. C., M. Kato, H. Zenda, S. Masamune:* Chem. Commun. *1967*, 473.
411. *Castro, A. J., A. H. Corwin, F. J. Waxham, A. L. Beilby:* J. Org. Chem. *24*, 455 (1959).
412. *Castro, A. J., A. H. Corwin, J. F. Deck, P. E. Wei:* J. Org. Chem. *24*, 1437 (1959).
413. *Castro, A. J., J. P. Marsh, Jr., B. T. Nakata:* J. Org. Chem. *28*, 1943 (1963).
414. *Castro, A. J., J. R. Lowell, Jr., J. P. Marsh, Jr.:* J. Heterocycl. Chem. *1*, 207 (1964).
415. *Castro, A. J., J. F. Deck, N. C. Ling, J. P. Marsh, Jr., G. E. Means:* J. Org. Chem. *30*, 344 (1965).
416. *Castro, A. J., G. R. Gale, G. E. Means, G. Tertzakian:* J. Med. Chem. *10*, 29 (1967).
417. *Castro, A. J., G. Tertzakian, B. T. Nakata, D. A. Brose:* Tetrahedron *23*, 4499 (1967) und dort zitierte Literatur.
418. *Castro, A. J., W. G. Duncan, A. K. Leong:* J. Amer. Chem. Soc. *91*, 4304 (1969).
419. *Castro, A. J., D. D. Giannini, W. F. Greenlee:* J. Org. Chem. *35*, 2815 (1970).
420. *Cauquis, G., M. Geniés:* Bull. Soc. Chim. France *1967*, 3220.
421. *Cauquis, G., B. Divisia, G. Reverdy:* Bull. Soc. Chim. France *1971*, 3031.
422. *Cava, M. P., L. Bravo:* Tetrahedron Lett. *1970*, 4631.
423. *Cavier, R., R. Rips, M. J. Notteghem:* Therapie *16*, 991 (1961).
424. *Chadwick, D. J., G. D. Meakins:* J. Chem. Soc. (D) *1970*, 637.
425. *Chakravorty, A., R. H. Holm:* Inorg. Chem. *3*, 1521 (1964).
426. *Chakravorty, A., K. C. Kalia, T. S. Kannan:* Inorg. Chem. *5*, 1623 (1966).
427. *Chakravorty, A., T. S. Kannan:* J. Inorg. Nucl. Chem. *29*, 1691 (1967).
428. *Chakravorti, S. S., B. Bhattacharya, U. P. Basu:* Indian J. Chem. *5*, 24 (1967).
429. *Chalaye, M.:* Compt. Rend. Ser. B. *263*, 1227 (1966).
430. *Chalk, A. J.:* Tetrahedron Lett. *1972*, 3487.
431. *Champion, J.:* Ann. chim. (Paris) *9*, 649 (1954).
432. *Chandra, P., A. Götz, A. Wacker, M. A. Verini, A. M. Casazza, A. Fioretti, F. Arcamone, M. Ghione:* FEBS Lett. *16*, 249 (1971).
433. *Chandra, P., F. Zunino, A. Götz, A. Wacker, D. Gericke, A. Di Marco, A. M. Casazza, F. Giuliani:* FEBS Lett. *21*, 154 (1972).

434. *Chandra, P., A. Götz, A. Wacker, M. A. Verini, A. M. Casazza, A. Fioretti, F. Arcamone, M. Ghione:* FEBS Lett. *19*, 327 (1972).
435. *Chang, C., R. Adams:* J. Amer. Chem. Soc. *53*, 2353 (1931).
436. *Chang, C., R. Adams:* J. Amer. Chem. Soc. *56*, 2089 (1934).
437. *Chapelle, J.-P., J. Elguero, R. Jacquier, G. Tarrago:* Bull. Soc. Chim. France *1969*, 4464.
438. *Chapelle, J.-P., J. Elguero, R. Jacquier, G. Tarrago:* Bull. Soc. Chim. France *1970*, 3147.
439. *Chapelle, J.-P., J. Elguero, R. Jacquier, G. Tarrago:* Bull. Soc. Chim. France *1971*, 280.
440. *Chapman, R. A., M. W. Roomi, T. C. Morton, D. T. Krajcarski, S. F. MacDonald:* Canad. J. Chem. *49*, 3544 (1971).
441. *Cheeseman, G. W. H., B. Tuck:* J. Chem. Soc. (C) *1966*, 852.
442. *Cheeseman, G. W. H., M. Rafiq:* J. Chem. Soc. (C) *1971*, 2732.
443. *Chen, H. J., L. E. Hakka, R. L. Hinman, A. J. Kresge, E. B. Whipple:* J. Amer. Chem. Soc. *93*, 5102 (1971).
444. *Chen, T.-Y.:* Bull. Chem. Soc. Japan *41*, 2540 (1968).
445. *Cheng, D. C-H., J. C. McCoubrey, D. G. Phillips:* Trans. Faraday Soc. *58*, 224 (1962).
446. *Chenon, M. T., N. Lumbroso-Bader:* Compt. Rend. (C) *266*, 293 (1968).
447. *Chiang, Y., E. B. Whipple:* J. Amer. Chem. Soc. *85*, 2763 (1963).
448. *Chiang, Y., R. L. Hinman, S. Theodoropulos, E. B. Whipple:* Tetrahedron *23*, 745 (1967).
449. *Chierici, L.:* Il Farmaco (Ed. Sci.) 7, 618 (1952).
450. *Chierici, L.:* Il Farmaco (Ed. Sci.) *8*, 156 (1953).
451. *Chierici, L., G. Serventi:* Gazz. chim. ital. *90*, 23 (1960) (vgl. *L. Chierici, G. P. Gardini:* Boll. Sci. Fac. Chim. Ind. Bologna *23*, 223 (1965)!).
452. *Chierici, L., G. C. Artusi:* Ann. chim. (Rom) *53*, 1633 (1963).
453. *Chierici, L., G. C. Artusi:* Ann. chim. (Rom) *53*, 1644 (1963).
454. *Chierici, L., G. Scapini:* Ric. Sci., Rend. Sez. A 6, 164 (1964).
455. *Chierici, L., M. Perani:* Ric. Sci., Rend. Sez. A 6, 168 (1964).
456. *Chierici, L., G. C. Artusi:* Ric. Sci., Rend. Sez. A 6, 170 (1964).
457. *Chierici, L., G. P. Gardini:* Tetrahedron *22*, 53 (1966).
458. *Chierici, L., G. Scapini:* J. Gas Chromatogr. *4*, 416 (1966).
459. *Childs, R. F., A. W. Johnson:* J. Chem. Soc. (C) *1966*, 1950.
460. *Chiorboli, P.:* Atti Accad. Nazl. Lincei, Rend. Classe Sci. Fis., Mat. Nat. [8], *12*, 713 (1952).
461. *Chiorboli, P., P. Manaresi:* Gazz. chim. ital. *83*, 114 (1953).
462. *Chiorboli, P., P. Manaresi:* Gazz. chim. ital. *84*, 248 (1954).
463. *Chiorboli, P., P. Manaresi:* Gazz. chim. ital. *84*, 269 (1954) und dort zitierte Literatur.
464. *Chiorboli, P., G. Morisi:* Gazz. chim. ital. *84*, 1066 (1954).
465. *Chiorboli, P., A. Rastelli, F. Momicchioli:* Theoret. chim. Acta 5, 1 (1966).
466. *Chiron, R., Y. Graff:* Bull. Soc. Chim. France *1970*, 575.
467. *Chiron, R., Y. Graff:* Bull. Soc. Chim. France *1971*, 2145.
468. *Chojnowski, J.:* Bull. Acad. Pol. Sci., Ser. Sci. Chim. *18*, 309 (1970) [C. A. *73*, 130514 (1970)].
469. *Chong, R., P. S. Clezy:* Aust. J. Chem. *20*, 935 (1967).
470. *Chong, R., P. S. Clezy, A. J. Liepa, A. W. Nichol:* Aust. J. Chem. *22*, 229 (1969).
471. *Chu, E. J., T. C. Chu:* J. Org. Chem. *19*, 266 (1954).
472. *Ciamician, G., M. Dennstedt:* Chem. Ber. *14*, 1153 (1881).
473. *Ciamician, G., M. Dennstedt:* Chem. Ber. *15*, 1172 (1882).
474. *Ciamician, G., M. Dennstedt:* Chem. Ber. *15*, 1831 (1882).
475. *Ciamician, G., M. Dennstedt:* Chem. Ber. *15*, 2579 (1882).

476. *Ciamician, G., M. Dennstedt:* Chem. Ber. *16*, 1536 (1883).
477. *Ciamician, G.:* Chem. Ber. *16*, 2348 (1883).
478. *Ciamician, G., M. Dennstedt:* Chem. Ber. *17*, 2944 (1884).
479. *Ciamician, G., P. Silber:* Chem. Ber. *18*, 721 (1885).
480. *Ciamician, G., P. Magnaghi:* Chem. Ber. *18*, 1828 (1885).
481. *Ciamician, G., P. Silber:* Chem. Ber. *20*, 191 (1887).
482. *Ciamician, G., P. Silber:* Chem. Ber. *20*, 698 (1887).
483. *Ciamician, G.:* Chem. Ber. *34*, 3952 (1901).
484. *Ciamician, G.:* Chem. Ber. *37*, 4200 (1904).
485. *Ciamician, G., P. Silber:* Chem. Ber. *45*, 1842 (1912).
486. *Cionga, E.:* Compt. Rend. *200*, 780 (1935).
487. *Ciusa, R., G. Grillo:* Gazz. chim. ital. *57*, 323 (1927).
488. *Clark, D. T.:* Tetrahedron *24*, 4689 (1968).
489. *Clarke, D. A., R. Grigg, R. L. N. Harris, A. W. Johnson, I. T. Kay, K. W. Shelton:* J. Chem. Soc. (C) *1967*, 1648.
490. *Clarke, R. E., J. H. Weber:* J. Inorg. Nucl. Chem. *30*, 1837 (1968).
491. *Clarke, R. W. L., A. Lapworth:* J. Chem. Soc. *91*, 694 (1907).
492. *Clauson-Kaas, N., Z. Tyle:* Acta Chem. Scand. *6*, 667 (1952).
493. *Clementi, E., H. Clementi, D. R. Davis:* J. Chem. Physics *46*, 4725 (1967).
494. *Clementi, S., G. Marino:* Tetrahedron *25*, 4599 (1969).
495. *Clementi, S., G. Marino:* Gazz. chim. ital. *100*, 556 (1970).
496. *Clementi, S., G. Marino:* J. Chem. Soc. (Perkin II) *1972*, 71.
497. *Clemo, G. R., G. R. Ramage:* J. Chem. Soc. *1931*, 49.
498. *Clemo, G. R., T. P. Metcalfe:* J. Chem. Soc. *1936*, 606.
499. *Clezy, P. S., A. W. Nichol:* Austral. J. Chem. *11*, 1835 (1965).
500. *Clezy, P. S., A. W. Nichol:* Austral. J. Chem. *18*, 1977 (1965).
501. *Clezy, P. S., G. A. Smythe:* Chem. Commun. *1968*, 127.
502. *Clezy, P. S., G. A. Smythe:* Austral. J. Chem. *22*, 239 (1969).
503. *Clezy, P. S., A. J. Liepa, A. W. Nichol, G. A. Smythe:* Austral. J. Chem. *23*, 589 (1970).
504. *Clezy, P. S., A. J. Liepa:* Austral. J. Chem. *23*, 2443 (1970).
505. *Clezy, P. S., A. J. Liepa:* Austral. J. Chem. *23*, 2461 (1970).
506. *Clezy, P. S., A. J. Liepa:* Austral. J. Chem. *24*, 1933 (1971).
507. *Clezy, P. S., C. J. R. Fookes, A. J. Liepa:* Austral. J. Chem. *25*, 1979 (1972).
508. *Closs, G. L., G. M. Schwartz:* J. Org. Chem. *26*, 2609 (1961).
509. *Coates, G. E., L. E. Sutton:* J. Chem. Soc. *1948*, 1187.
510. *Coe, P. L., A. J. Uff:* Tetrahedron *27*, 4065 (1971).
511. *Cohen, A.:* J. Chem. Soc. *1950*, 3005.
512. *Cohen, A. D., K. A. McLauchlan:* Disc. Faraday Soc. *34*, 132 (1962).
513. *Coleman, K. J., C. S. Davies, N. J. Gogan:* Chem. Commun. *1970*, 1414.
514. *Collier, G. L., A. H. Jackson, G. W. Kenner:* J. Chem. Soc. (C) *1967*, 66.
515. *Collin, J.:* Canad. J. Chem. *37*, 1053 (1959).
516. *Collington, E. W., G. Jones:* J. Chem. Soc. (C) *1969*, 1028.
517. *Conant, J. B., B. F. Chow:* J. Amer. Chem. Soc. *55*, 3475 (1933).
518. *Cook, A. G.:* Enamines: Synthesis, structure, and reactions, S. 118. New York: Marcel Dekker, Inc. 1969.
519. *Cook, A. H., J. R. Majer:* J. Chem. Soc. *1944*, 482.
520. *Cook, A. H., J. R. Majer:* J. Chem. Soc. *1944*, 488.
521. *Cooksey, A. R., K. J. Morgan, D. P. Morrey:* Tetrahedron *26*, 5101 (1970).
522. *Cookson, G. H.:* J. Chem. Soc. *1953*, 2789.
523. *Cookson, G. H., C. Rimington:* Biochem. J. *57*, 476 (1954).
524. *Cooper, A. R., C. W. P. Crowne, P. G. Farrell:* Trans. Faraday Soc. *62*, 18 (1966).
525. *Cooper, G., W. J. Irwin, D. L. Wheeler:* Tetrahedron Lett. *1971*, 4321.

526. *Cooper, G. H.:* J. Org. Chem. *36,* 2897 (1971).
527. *Cooper, W. D.:* J. Org. Chem. *23,* 1382 (1958).
528. *Cornforth, J. W., M. E. Firth:* J. Chem. Soc. *1958,* 1091.
529. *Cornforth, J. W.:* J. Chem. Soc. *1958,* 1174.
530. *Corwin, A. H., W. M. Quattlebaum, Jr.:* J. Amer. Chem. Soc. *58,* 1081 (1936).
531. *Corwin, A. H., J. S. Andrews:* a) J. Amer. Chem. Soc. *58,* 1086 (1936); b) ebenda *59,* 1973 (1937).
532. *Corwin, A. H., R. H. Krieble:* J. Amer. Chem. Soc. *63,* 1829 (1941).
533. *Corwin, A. H., W. A. Bailey, Jr., P. Viohl:* J. Amer. Chem. Soc. *64,* 1267 (1942).
534. *Corwin, A. H., R. C. Ellingson:* J. Amer. Chem. Soc. *64,* 2098 (1942).
535. *Corwin, A. H., K. J. Brunings:* J. Amer. Chem. Soc. *64,* 2106 (1942).
536. *Corwin, A. H., P. Viohl:* J. Amer. Chem. Soc. *66,* 1137 (1944).
537. *Corwin, A. H., R. C. Ellingson:* J. Amer. Chem. Soc. *66,* 1146 (1944).
538. *Corwin, A. H., S. R. Buc:* J. Amer. Chem. Soc. *66,* 1151 (1944).
539. *Corwin, A. H., J. L. Straughn:* J. Amer. Chem. Soc. *70,* 1416 (1948).
540. *Corwin, A. H., J. L. Straughn:* J. Amer. Chem. Soc. *70,* 2968 (1948).
541. *Corwin, A. H.,* in *R. C. Elderfield:* Heterocyclic compounds, 1. Band, S. 277ff. New York: J. Wiley & Sons, Inc. 1950.
542. *Corwin, A. H., E. C. Coolidge:* J. Amer. Chem. Soc. *74,* 5196 (1952).
543. *Corwin, A. H., G. G. Kleinspehn:* J. Amer. Chem. Soc. *75,* 2098 (1953).
544. *Corwin, A. H., K. W. Doak:* J. Amer. Chem. Soc. *77,* 464 (1955).
545. *Corwin, A. H., M. H. Melville:* J. Amer. Chem. Soc. *77,* 2755 (1955).
546. *Corwin, A. H., A. B. Chivvis, C. B. Storm:* J. Org. Chem. *29,* 3702 (1964).
547. *Cosar, C., L. Ninet, S. Pinnert-Sindico, J. Preud'Homme:* Compt. Rend. *234,* 1498 (1952).
548. *Cosulich, D. B.* (American Cyanamid Co.) U. S. 2.805.227 (1957) [C. A. *52,* 3866 (1958)].
549. *Cotton, F. A., B. G. DeBoer, J. R. Pipal:* J. Inorg. Chem. *9,* 783 (1970).
550. *Cottrell, T. L.:* The strength of chemical bonds. London: Butterworths Scientific Publ. 1954.
551. *Couture, A., A. Lablache-Combier:* Tetrahedron *27,* 1059 (1971).
552. *Cowley, E. G., J. R. Partington:* J. Chem. Soc. *1933,* 1259.
553. *Cox, J. D.:* Tetrahedron *19,* 1175 (1963).
554. *Cox, M. T., A. H. Jackson, G. W. Kenner:* J. Chem. Soc. (C) *1971,* 1974.
555. *Cram, D. J., O. Theander, H. Jager, M. K. Stanfield:* J. Amer. Chem. Soc. *85,* 1430 (1963).
556. *Creger, P. L.:* (Parke Davis & Co.) U. S. 3.246.010 (1966) [C. A. *64,* 19561 (1966)].
557. *Cresp, T. M., M. V. Sargent:* J. C. S. Chem. Commun. *1972,* 807.
558. *Criegee, R., M. Krieger:* Chem. Ber. *98,* 387 (1965).
559. *Crook, P. J., A. H. Jackson, G. W. Kenner:* Liebigs Ann. Chem. *748,* 26 (1971).
560. *Crook, P. J., A. H. Jackson, G. W. Kenner:* J. Chem. Soc. (C) *1971,* 474.
561. *Cruege, F., P. Pineau, J. Lascombe:* J. Chim. Phys. *64,* 1161 (1967).
562. *Cruz-Camarillo, R., A. A. Sanchez-Zuñiga:* Nature *218,* 567 (1968).
563. *Culvenor, C. C. J., J. A. Edgar, L. W. Smith, H. J. Tweeddale:* Austral. J. Chem. *23,* 1853, 1869 (1970).
564. *Cumper, C. W. N.:* Trans. Faraday Soc. *54,* 1266 (1958).
565. *Cumper, C. W. N., J. W. M. Wood:* J. Chem. Soc. (B) *1971,* 1811.
566. *Curnutte, B., Jr.:* Ph. D. Thesis Ohio State University, Columbus Diss. Abstr. University Ann Arbor, Mich. *20,* 2852 (1960).
567. *Cushley, R. J., D. R. Anderson, S. R. Lipsky, R. J. Sykes, H. H. Wasserman:* J. Amer. Chem. Soc. *93,* 6284 (1971).
568. *Cuvigny, T., H. Normant:* Compt. Rend. (C) *265,* 245 (1967).

569. *Dahl, J. P., A. E. Hansen:* Theor. Chim. Acta *1*, 199 (1963).

570. *Dahlqvist, K.-I., S. Forsén:* J. Phys. Chem. *73*, 4124 (1969).

571. *D'Alcontres, G. S.:* Gazz. chim. ital. *80*, 441 (1950).

572. *Dales, R. P.:* Nature *217*, 553 (1968).

573. *Dalton, L. K., T. Teitei:* Austral. J. Chem. *21*, 2053 (1968).

574. *Dann, O., W. Dimmling:* Chem. Ber. *86*, 1383 (1953).

575. *d'A Rocha Gonsalves, A. M., G. W. Kenner, K. M. Smith:* Tetrahedron Lett. *1972*, 2203, sowie J. Chem. Soc. (Perkin I) 1973, 2471.

576. *Datta-Gupta, N., T. J. Bardos:* J. Heterocycl. Chem. *3*, 495 (1966).

577. *Davidson, D.:* J. Org. Chem. *3*, 361 (1938).

578. *Davies, D. G., P. Hodge:* Tetrahedron Lett. *1970*, 1673.

579. *Davies, D. W.:* Chem. Commun. *1965*, 258.

580. *Davies, D. W., W. C. Mackrodt:* Chem. Commun. *1967*, 1226.

581. *Davies, W. A. M., A. R. Pinder, I. G. Morris:* Tetrahedron *18*, 405 (1962).

582. *Davoll, J.:* J. Chem. Soc. *1953*, 3802.

583. *Deady, L. W.:* Tetrahedron *23*, 3505 (1967).

584. *Decoret, C., B. Tinland:* Austral. J. Chem. *24*, 2679 (1971).

585. *Deich, A. Ya., M. G. Voronkov:* Latrijas PSR Zinatnu Akad. Vestis, Kim. Ser. *1966*, 39 [C. A. *65*, 8731 (1966)].

586. *Del Bene, J., H. H. Jaffé:* J. Chem. Physics *48*, 4050 (1968).

587. *Del Re, G., R. Scarpati:* Rend. Accad. Sci. Fis. Mat. *27*, 512 (1960).

588. *Del Re, G., R. Scarpati:* Rend. Accad. Sci. Fis. Mat. *31*, 88 (1964).

589. *DeMayo, P., S. T. Reid:* Chem. Ind. (London) *1962*, 1576.

590. *Dennstedt, M., J. Zimmermann:* Chem. Ber. *18*, 3316 (1885).

591. *Dennstedt, M., J. Zimmermann:* Chem. Ber. *21*, 1478 (1888).

592. *Dennstedt, M.:* Chem. Ber. *22*, 1920 (1889).

593. *Dennstedt, M., F. Voigtländer:* Chem. Ber. *27*, 476 (1894).

594. *Denyer, R. L., A. Gilchrist, J. A. Pegg, J. Smith, T. E. Tomlinson, L. E. Sutton:* J. Chem. Soc. *1955*, 3889.

595. *Derrick, P. J., L. Åsbrink, O. Edqvist, B.-Ö. Jonsson, E. Lindholm:* Int. J. Mass Spectrom. Ion Phys. *6*, 191 (1971).

596. *Derrick, P. J., L. Åsbrink, O. Edqvist, E. Lindholm:* Spectrochim. Acta *27 A*, 2525 (1971).

597. *Deubel, H., D. Wolkenstein, H. Jokisch, T. Messerschmitt, S. Brodka, H. v. Dobeneck:* Chem. Ber. *104*, 705 (1971).

598. *Devanneaux, J., J.-F. Labarre:* J. Chim. Phys. Physicochim. Biol. *66*, 1780 (1969).

599. *Devine, L. F., C. R. Hagerman:* Appl. Microbiol. *19*, 329 (1970).

600. *De Vries Robles, H.:* Rec. Trav. Chim. *58*, 111 (1939).

601. *Dewar, M. J. S.:* Trans. Faraday Soc. *42*, 764 (1946).

602. *Dewar, M. J. S., G. J. Gleicher:* J. Chem. Physics *44*, 759 (1966).

603. *Dewar, M. J. S.:* The molecular orbital theory of organic chemistry. New York: McGraw-Hill Book Co. 1969.

604. *Dewar, M. J. S., T. Morita:* J. Amer. Chem. Soc. *91*, 796 (1969).

605. *Dewar, M. J. S., A. J. Harget, N. Trinajstić:* J. Amer. Chem. Soc. *91*, 6321 (1969).

606. *Dewar, M. J. S., N. Trinajstić:* Theoret. chim. Acta *17*, 235 (1970).

607. *Dezelić, M.:* Liebigs Ann. Chem. *520*, 290 (1935).

608. *Dezelić, M.:* Bull. Soc. Roy. Yougoslav. *8*, 145 (1937) [C. A. *33*, 578 (1939)].

609. *Dezelić, M.:* Trans. Faraday Soc. *33*, 713 (1937).

610. *Dezelić, M., B. Belia:* Bull. Soc. Roy. Yougoslav. *9*, 151 (1938) [C. A. *32*, 8867 (1938)].

611. *Dezelić, M., B. Belia:* Liebigs Ann. Chem. *535*, 291 (1938).

612. *Dezelić, M.:* Rad. Hrvat. Akad. *271*, 21 (1941) [C. A. *33*, 5898 (1939)].

613. *Dezelić, M., G. Dolibić:* Bull. Soc. Chim. Rep. Popul. Bosnie-Herzégovine 6, 11 (1957) [C. A. *52*, 10054 (1958)].

614. *Dezelić, M., B. Bobarević:* Bull. Soc. Chim. Rep. Pop. Bosnie-Herzégovine 7, 5 (1958) [C. A. *54*, 14227 (1960)].

615. *Dezelić, M., A. Lacković, M. Trkovnik:* Croat. Chem. Acta *32*, 31 (1960) [C. A. *54*, 13902 (1960)].

616. *Dezelić, M., K. Gron-Dursun:* Glasnik Hemicara Tehnol. Bosne Hercegovine *13–14*, 37 (1965) [C. A. *64*, 19836 (1966)].

617. *Dhont, J., J. P. Wibaut:* Rec. Trav. Chim. *62*, 177 (1943).

618. *Dhont, J., J. P. Wibaut:* Rec. Trav. Chim. *63*, 81 (1944).

619. *Dickinson, C. L., W. J. Middleton, V. A. Engelhardt:* J. Org. Chem. *27*, 2470 (1962).

620. *Diels, O., K. Alder, D. Winter:* Liebigs Ann. Chem. *486*, 211 (1931).

621. *Diels, O., K. Alder, H. Winckler:* Liebigs Ann. Chem. *490*, 267 (1931).

622. *Diels, O., K. Alder, H. Winckler, E. Petersen:* Liebigs Ann. Chem. *498*, 1 (1932).

623. *Dilthey, W., G. Hurtig, H. Passing:* J. prakt. Chem. [2] *156*, 27 (1940).

624. *Dimitrov, D. P., A. Boyanoff, T. A. Todorov:* Z. Naturforsch. *25b*, 46 (1970).

625. *Dimroth, K., U. Pintschovius:* Liebigs Ann. Chem. *639*, 102 (1961).

626. *Dinneen, G. U., W. D. Bickel:* Ind. Engng. Chem. *43*, 1604 (1951).

627. *Dischler, B., E. Englert:* Z. Naturforsch. *16a*, 1180 (1961).

628. *Dischler, B.:* Z. Naturforsch. *19a*, 887 (1964).

629. *Dischler, B.:* Z. Naturforsch. *20a*, 888 (1965).

630. *Doak, K. W., A. H. Corwin:* J. Amer. Chem. Soc. *71*, 159 (1949); vgl. ebenda 4165.

631. *v. Dobeneck, H.:* Hoppe-Seyler's Z. Physiol. Chem. *269*, 268 (1941).

632. *v. Dobeneck, H.:* Hoppe-Seyler's Z. Physiol. Chem. *270*, 223 (1941).

633. *v. Dobeneck, H.:* Hoppe-Seyler's Z. Physiol. Chem. *275*, 1 (1942).

634. *v. Dobeneck, H., E. Klötzer:* Hoppe-Seyler's Z. Physiol. Chem. *316*, 78 (1959).

635. *v. Dobeneck, H., W. Graf, W. Ettel:* Hoppe-Seyler's Z. Physiol. Chem. *329*, 168 (1962).

636. *v. Dobeneck, H., E. Hägel, W. Graf:* Hoppe-Seyler's Z. Physiol. Chem. *329*, 182 (1962).

637. *v. Dobeneck, H., E. Brunner:* Hoppe-Seyler's Z. Physiol. Chem. *340*, 200 (1965).

638. *v. Dobeneck, H., E. Hägel, F. Schnierle, E. Brunner:* Hoppe-Seyler's Z. Physiol. Chem. *341*, 27 (1965).

639. *v. Dobeneck, H., E. Brunner:* Hoppe-Seyler's Z. Physiol. Chem. *341*, 157 (1965).

640. *v. Dobeneck, H.:* Z. klin. Chem. u. klin. Biochem. *4*, 137 (1966) und dort zitierte Literatur.

641. *v. Dobeneck, H., C. U. Deffner, E. Brunner:* Hoppe-Seyler's Z. Physiol. Chem. *343*, 218 (1966).

642. *v. Dobeneck, H., F. Schnierle:* Chem. Ber. *100*, 647 (1967).

643. *v. Dobeneck, H., E. Brunner, U. Deffner:* Z. Naturforsch. *22b*, 1005 (1967).

644. *v. Dobeneck, H., F. Schnierle:* Liebigs Ann. Chem. *711*, 135 (1968).

645. *v. Dobeneck, H., E. Brunner:* Z. klin. Chem. u. klin. Biochem. *7*, 113 (1969) und dort zitierte Literatur.

646. *v. Dobeneck, H., T. Messerschmitt:* Liebigs Ann. Chem. *751*, 32 (1971).

647. *v. Dobeneck, H., T. Messerschmitt, E. Brunner, U. Wunderer:* Liebigs Ann. Chem. *751*, 40 (1971).

648. *Dolphin, D., R. Grigg, A. W. Johnson, J. Leng:* J. Chem. Soc. *1965*, 1460.

649. *Dolphin, D., R. L. N. Harris, J. L. Huppatz, A. W. Johnson, I. T. Kay:* J. Chem. Soc. (C) *1966*, 30.

650. *Dolphin, D.:* J. Heterocycl. Chem. *7*, 275 (1970).

651. *Dorofeenko, G. N., A. P. Kucherenko, N. V. Prokof'eva:* Zhur. Obshch. Khim. *33*, 586 (1963).

652. *Dorval, P., J. Lauransan, J.-J. Péron, P. Saumagne:* J. Mol. Struct. *2*, 73 (1968).

653. *Dos Santos, J., F. Cruege, P. Pineau:* J. Chim. Phys. Physicochim. Biol. *67*, 826 (1970).
654. *Dovinola, V.:* Rend. Accad. Sci. Fis. Mat. *27*, 94 (1960).
655. *Downing, R. S., F. L. Urbach:* J. Amer. Chem. Soc. *91*, 5977 (1969).
656. *Downing, R. S., F. L. Urbach:* J. Amer. Chem. Soc. *92*, 5861 (1970).
657. *Doyle, F. P., M. D. Metha, G. S. Sach, J. L. Pearson:* J. Chem. Soc. *1958*, 4458.
658. *Drago, R. S., J. T. Kwon, R. D. Archer:* J. Amer. Chem. Soc. *80*, 2667 (1958).
659. *Dresel, E. I. B., J. E. Falk:* Nature *172*, 1185 (1953).
660. *Duffield, A. M., R. Beugelmans, H. Budzikiewicz, D. A. Lightner, D. H. Williams, C. Djerassi:* J. Amer. Chem. Soc. *87*, 805 (1965).
661. *Dufraisse, Ch., G. Rio, A. Ranjon:* Compt. Rend. (C) *265*, 310 (1967).
662. *Dulcère, J.-P., M. Santelli, M. Bertrand:* Compt. Rend. *271*, 585 (1970).
663. *Duma, R. J., J. F. Warner:* Appl. Microbiol. *18*, 404 (1969).
664. *Dunlop, A. P., C. D. Hurd:* J. Org. Chem. *15*, 1160 (1950).
665. *Dunn, G. E., G. K. Lee, K. J. Gordon:* Canad. J. Chem. *49*, 1032 (1971).
666. *Dunn, G. L.* (Smith Kline & French Lab.) Belg. 655.986 (1965) [C. A. *65*, 3887 (1966)].
667. *Durham, D. G., A. H. Rees:* Canad. J. Chem. *49*, 136 (1971).
668. *Durham, D. G., C. G. Hughes, A. H. Rees:* Canad. J. Chem. *50*, 3223 (1972).
669. *Durst, T., J. F. King:* Canad. J. Chem. *44*, 1869 (1966).
670. *Dursun, K., M. Dezelić:* Glas. Hem. Tehnol. Bosne Hercegovine *15*, 109 (1967) [C. A. *70*, 57564 (1969)].
671. *Dursun, K., M. Dezelić:* Glas. Hem. Tehnol. Bosne Hercegovine *16*, 87 (1968) [C. A. *72*, 38245 (1970)].

672. *Eastman, R. H., R. M. Wagner:* J. Amer. Chem. Soc. *71*, 4089 (1949).
673. *Eaton, D. R., E. A. Lalancette:* J. Chem. Physics *41*, 3534 (1964).
674. *Eby, J. M., J. A. Moore:* J. Org. Chem. *32*, 1346 (1967).
675. *Edgar, J. A., C. C. J. Culvenor, L. W. Smith:* Experientia *27*, 761 (1971).
676. *Ehrenson, S.:* J. Phys. Chem. *66*, 706 (1962).
677. *Ehrhart, G., I. Hennig:* Chem. Ber. *89*, 1568 (1956).
678. *Eisner, U., R. P. Linstead, E. A. Parkes, E. Stephen:* J. Chem. Soc. *1956*, 1655.
679. *Eisner, U., A. Lichtarowicz, R. P. Linstead:* J. Chem. Soc. *1957*, 733.
680. *Eisner, U.:* J. Chem. Soc. *1957*, 854.
681. *Eisner, U., P. H. Gore:* J. Chem. Soc. *1958*, 922.
682. *Eisner, U., R. L. Erskine:* J. Chem. Soc. *1958*, 971.
683. *Eland, J. H. D.:* Int. J. Mass Spectrom. Ion Phys. *2*, 471 (1969).
684. *Elander, R. P., J. A. Mabe, R. L. Hamill, M. Gorman:* Appl. Microbiol. *16*, 753 (1968).
685. *Elander, R. P., J. A. Mabe, R. L. Hamill, M. Gorman:* Folia Microbiol. (Prag) *16*, 156 (1971) [C. A. *75*, 72810 (1971)].
686. *Elder, M., B. R. Penfold:* J. Chem. Soc. (A) *1969*, 2556.
687. *Eletr, S.:* Mol. Phys. *18*, 119 (1970).
688. *Eley, D. D., D. I. Spivey:* Trans. Faraday Soc. *58*, 405 (1962).
689. *Elguero, J., R. Jacquier, B. Shimizu:* Bull. Soc. Chim. France *1967*, 2996.
690. *Elguero, J., R. Jacquier, B. Shimizu:* Bull. Soc. Chim. France *1969*, 2823.
691. *Elguero, J., R. Jacquier, S. Mondon:* Bull. Soc. Chim. France *1970*, 1346.
692. *Elguero, J., R. Jacquier, B. Shimizu:* Bull. Soc. Chim. France *1970*, 1585.
693. *Elix, J. A., M. V. Sargent:* J. Chem. Soc. (C) *1967*, 1718.
694. *Ellis, J., A. H. Jackson, A. C. Jain, G. W. Kenner:* J. Chem. Soc. *1964*, 1935.
695. *Elming, N., N. Clauson-Kaas:* Acta Chem. Scand. *6*, 867 (1952).
696. *Eloranta, J. K.:* Z. Naturforsch. *25a*, 1296 (1970).
697. *Elpern, B., F. C. Nachod:* J. Amer. Chem. Soc. *72*, 3379 (1950).

698. *Elsom, L. F., R. A. Jones:* J. Chem. Soc. (B) *1970*, 79.

699. *Elvidge, J. A., J. S. Fitt, R. P. Linstead:* J. Chem. Soc. *1956*, 235.

700. *Elvidge, J. A., L. M. Jackman:* J. Chem. Soc. *1961*, 859.

701. *Elvidge, J. A.:* Chem. Commun. *1965*, 160.

702. *Emery, W. O.:* Liebigs Ann. Chem. *260*, 137 (1890).

703. *Emmert, B., F. Brandl:* Chem. Ber. *60 B*, 2211 (1927).

704. *Emmert, B., K. Diehl, F. Gollwetzer:* Chem. Ber. *62 B*, 1733 (1929).

705. *Epton, R.:* Chem. Ind. (London) *1965*, 425.

706. *Erdmann, E., H. Erdmann:* Chem. Ber. *32*, 1218 (1899).

707. *Ermili, A., R. Giuliano, P. Tafaro:* Ann. chim. (Rom) *53*, 1778 (1963).

708. *Ermili, A., R. Giuliano, G. Lupoli:* Ann. chim. (Rom) *53*, 1788 (1963).

709. *Ermili, A., A. J. Castro, P. A. Westfall:* J. Org. Chem. *30*, 339 (1965).

710. *Ermili, A., G. Bartolotta:* Ann. chim. (Rom) *56*, 131 (1966).

711. *Ermili, A., A. J. Castro:* J. Heterocycl. Chem. *3*, 521 (1966).

712. *Ernest, I.:* Coll. Czechoslov. Chem. Commun. *19*, 1179 (1954).

713. *Evanguelidou, E. K., W. E. McEwen:* J. Org. Chem. *31*, 4110 (1966).

714. *Evans, D. F.:* J. Chem. Soc. *1953*, 345.

715. *Evans, G. G.:* J. Amer. Chem. Soc. *1951*, 5230.

716. *Evleth, E. M.:* J. Chem. Physics *46*, 4151 (1967).

717. *Evleth, E. M.:* J. Amer. Chem. Soc. *89*, 6445 (1967).

718. *Evstigneeva, R. P., L. I. Arkhipova, N. A. Preobrazhenskii:* Zhur. Obshch. Khim. *31*, 2972 (1961).

719. *Evstigneeva, R. P., A. M. Fargali, T. A. Lubkova, I. N. Khandii, N. A. Preobrazhenskii:* Sintez. Prirodn. Soedin., ikh Analogov i Fragmentor, Akad. Nauk SSSR, Otd. Obshch. i Tekhn. Khim. *1965*, 216 [C. A. *65*, 3880 (1966)].

720. *Evstigneeva, R. P., A. F. Mironov, M. Shiller, V. N. Guryshev, N. A. Preobrazhenskii:* Sintez Prirodn. Soedin., ikh Analogov i Fragmentor, Akad. Nauk SSSR, Otd. Obshch. i Tekhn. Khim. *1965*, 223 [C. A. *65*, 2198 (1966)].

721. *Evstigneeva, R. P., V. N. Gurysev, A. F. Mironov, G. Ja. Volodarskaja:* Zhur. Obshch. Khim. *39*, 2558 (1969).

722. *Fabra, I.:* Ann. chim. (Rom) *50*, 1640 (1961).

723. *Falk, J. E.:* Porphyrins and metalloporphyrins. Amsterdam: Elsevier Publ. Co. 1964.

724. *Fanghänel, E., K. Gewald, K. Pütsch, K. Wagner:* J. prakt. Chem. *311*, 388 (1969).

725. *Fargali, A. M., R. P. Evstigneeva, I. N. Khandii, N. A. Preobrazhenskii:* Zhur. Obshch. Khim. *34*, 893 (1964).

726. *Fargali, A. M., R. P. Evstigneeva, N. A. Preobrazhenskii:* Zhur. Obshch. Khim. *34*, 898 (1964).

727. *Farge, D., M. N. Messer* (Rhone-Poulenc S. A.) S. African 68 00, 809 [C. A. *70*, 87825 (1969)].

728. *Farnier, M., P. Fournari:* Compt. Rend. (C) *273*, 919 (1971).

729. *Fatutta, S.:* Gazz. chim. ital. *90*, 1645 (1960).

730. *Fauquembergue, R., L. Raczy, E. Constant:* Compt. Rend. (C) *264*, 1213 (1967).

731. *Fayer, M. D., C. B. Harris:* Inorg. Chem. *8*, 2792 (1969).

732. *Fedorko, J., S. Katz, H. Allnoch:* Appl. Microbiol. *18*, 869 (1969).

733. *Fegley, M. F., N. M. Bortnick, C. H. McKeever:* J. Amer. Chem. Soc. *79*, 4144 (1957).

734. *Feist, F.:* Chem. Ber. *35*, 1537 (1902).

735. *Feist, F., B. Widmer, R. Dubusc:* Chem. Ber. *35*, 1545 (1902).

736. *Feist, F., E. Stenger:* Chem. Ber. *35*, 1558 (1902).

737. *Felix, A. M., L. B. Czyzewski, D. P. Winter, R. I. Fryer:* J. Med. Chem. *12*, 384 (1969).

738. *Feofilowa, E. P.:* Usp. Mikrobiol. *5*, 147 (1968).
739. *Ferguson, J., B. O. West:* J. Chem. Soc. (A) *1966*, 1565.
740. *Ferguson, J., B. O. West:* J. Chem. Soc. (A) *1966*, 1569.
741. *Ferguson, L. N., J. C. Nandi:* J. Chem. Educ. *42*, 529 (1965).
742. *Ferguson, J. E., C. A. Ramsay:* J. Chem. Soc. *1965*, 5222.
743. *Fessenden, R., D. F. Crowe:* J. Org. Chem. *25*, 598 (1960).
744. *Fétizon, M., P. Barager:* Compt. Rend. *236*, 1428 (1953).
745. *Fétizon, M., H. Fritel, J. Levisalles, P. Baranger:* Compt. Rend. *242*, 2014 (1956).
746. *Fetz, E., Ch. Tamm:* Helv. Chim. Acta *49*, 349 (1966).
747. *Fialkovskaya, O. V.:* Acta Physicochim. U.S.S.R. *9*, 215 (1938).
748. *Fialkovskaya, O. V.:* J. Phys. Chem. (U.S.S.R.) *11*, 533 (1938).
749. *Filippovich, E. I., T. A. Palagina, G. S. Postnikova, R. P. Evstigneeva, N. A. Preobrazhenskii:* Khim. Geterots. Soedin. *1965*, 734.
750. *Filippovich, E. I., R. P. Evstigneeva, N. A. Preobrazhenskii:* Zhur. Obshch. Khim. *30*, 3253 (1960).
751. *Filippovich, E. I., R. P. Evstigneeva, N. A. Preobazhenskii:* Zhur. Obshch. Khim. *31*, 2968 (1961).
752. *Filippovich, E. I., V. N. Luzgina, R. P. Evstigneeva, N. A. Preobrazhenskii:* Zhur. Obshch. Khim. *33*, 2130 (1963).
753. *Findlay, S. P.:* J. Org. Chem. *21*, 644 (1956) und dort zitierte Literatur.
754. *Finizo, M., K. Schoen:* Il Farmaco (Ed. Sci.) *27*, 621 (1972).
755. *Finlay, A. C., F. A. Hochstein, B. A. Sobin, F. X. Murphy:* J. Amer. Chem. Soc. *73*, 341 (1951).
756. *Firl, J., G. Kresze:* Chem. Ber. *99*, 3695 (1966).
757. *Firl, J.:* Chem. Ber. *101*, 218 (1968).
758. *Fischer, E., F. Gerlach:* Chem. Ber. *45*, 2453 (1912).
759. *Fischer, H.:* Chem. Ber. *48*, 401 (1915) und dort zitierte Literatur.
760. *Fischer, H., M. Kaan:* Hoppe-Seyler's Z. Physiol. Chem. *120*, 267 (1922).
761. *Fischer, H., W. Zerweck:* Chem. Ber. *55*, 1942 (1922).
762. *Fischer, H., W. Zerweck:* Chem. Ber. *55*, 1949 (1922).
763. *Fischer, H., H. Scheyer:* Liebigs Ann. Chem. *434*, 237 (1923).
764. *Fischer, H., M. Schubert:* Chem. Ber. *56*, 1202 (1923).
765. *Fischer, H., H. Scheyer:* Liebigs Ann. Chem. *439*, 185 (1924).
766. *Fischer, H., M. Schubert:* Chem. Ber. *57*, 610 (1924).
767. *Fischer, H., C. Nenitzescu:* Liebigs Ann. Chem. *443*, 113 (1925).
768. *Fischer, H., R. Müller:* Hoppe-Seyler's Z. Physiol. Chem. *148*, 155 (1925).
769. *Fischer, H., O. Wiedemann:* Hoppe-Seyler's Z. Physiol. Chem. *155*, 59 (1926).
770. *Fischer, H., J. Klarer:* Liebigs Ann. Chem. *447*, 60 (1926).
771. *Fischer, H., F. Schubert:* Hoppe-Seyler's Z. Physiol. Chem. *155*, 99 (1926).
772. *Fischer, H., B. Walach:* Liebigs Ann. Chem. *450*, 109 (1926).
773. *Fischer, H., P. Halbig, B. Walach:* Liebigs Ann. Chem. *452*, 268 (1927).
774. *Fischer, H., A. Treibs, P. Halbig, B. Walach:* Liebigs Ann. Chem. *457*, 247 (1927).
775. *Fischer, H., E. Sturm, H. Friedrich:* Liebigs Ann. Chem. *461*, 244 (1928).
776. *Fischer, H., H. Friedrich, W. Lamatsch, K. Morgenroth:* Liebigs Ann. Chem. *466*, 147 (1928).
777. *Fischer, H., H. Beller, A. Stern:* Chem. Ber. *61*, 1074 (1928).
778. *Fischer, H., A. Treibs, G. Hummel:* Hoppe-Seyler's Z. Physiol. Chem. *185*, 42 (1929) (vgl. *W. Rüdiger, W. Klose:* Tetrahedron Lett. *1966*, 5893).
779. *Fischer, H., K. Zeile:* Liebigs Ann. Chem. *468*, 98 (1929).
780. *Fischer, H., E. Baumann, H. J. Riedl:* Liebigs Ann. Chem. *475*, 205 (1929).
781. *Fischer, H., R. Siebert:* Liebigs Ann. Chem. *483*, 1 (1930).
782. *Fischer, H., K. Zeile:* Liebigs Ann. Chem. *483*, 251 (1930).
783. *Fischer, H., M. Goldschmidt, W. Nüssler:* Liebigs Ann. Chem. *486*, 15 (1931).

784. *Fischer, H., H. Beyer, E. Zaucker:* Liebigs Ann. Chem. *486,* 55 (1931).

785. *Fischer, H., T. Yoshioka, P. Hartmann:* Hoppe-Seyler's Z. Physiol. Chem. *212,* 146 (1932).

786. *Fischer, H., P. Hartmann, H.-J. Riedl:* Liebigs Ann. Chem. *494,* 246 (1932).

787. *Fischer, H., P. Hartmann:* Hoppe-Seyler's Z. Physiol. Chem. *226,* 116 (1934).

788. *Fischer, H., H. Orth:* Die Chemie des Pyrrols. Leipzig: Akademische Verlagsgesellschaft mbH. a) 1. Band 1934, b) 2. Band, 1. Hälfte 1937. Nachdruck: New York: Johnson Reprint Corp. 1968.

789. *Fischer, H., W. Rose:* Liebigs Ann. Chem. *519,* 1 (1935), dort S. 22.

790. *Fischer, H.:* a) Org. Synth. *15,* 17 (1935) (vgl. ebenda *17,* 96 (1937), b) ebenda *15,* 20 (1935), sowie Col. Vol. II, S. 202 bzw. 217. New York: J. Wiley & Sons. Inc. 1943.

791. *Fischer, H.:* Org. Synth. *17,* 48 (1937) (sowie Col. Vol. II, S. 198. New York: J. Wiley & Sons, Inc. 1943).

792. *Fischer, H., W. Lautsch:* Liebigs Ann. Chem. *528,* 273 (1937).

793. *Fischer, H., H. Höfelmann:* Liebigs Ann. Chem. *533,* 216 (1937).

794. *Fischer, H., H. Höfelmann:* Hoppe-Seyler's Z. Physiol. Chem. *251,* 218 (1938).

795. *Fischer, H., H. Guggemos, A. Schäfer:* Liebigs Ann. Chem. *540,* 30 (1939).

796. *Fischer, H., H. v. Dobeneck:* Hoppe-Seyler's Z. Physiol. Chem. *263,* 125 (1940).

797. *Fischer, H., F. Endermann:* Hoppe-Seyler's Z. Physiol. Chem. *269,* 59 (1941).

798. *Fischer, H.:* Org. Synth. *21,* 67 (1941) (sowie Col. Vol. III, S. 513. New York: J. Wiley & Sons, Inc. 1955).

799. *Fischer, H., K. Gangl:* Hoppe-Seyler's Z. Physiol. Chem. *267,* 188 (1941).

800. *Fischer, H., K. Gangl:* Hoppe-Seyler's Z. Physiol. Chem. *267,* 201 (1941).

801. *Fischer, H., H. Gademann:* Liebigs Ann. Chem. *550,* 196 (1942).

802. *Fischer, H., H. Plieninger:* Hoppe-Seyler's Z. Physiol. Chem. *274,* 231 (1942).

803. *Fischer, H., W. Neumann, J. Hirschbeck:* Hoppe-Seyler's Z. Physiol. Chem. *279,* 1 (1943).

804. *Fischer, H., H. Loewe:* Hoppe-Seyler's Z. Physiol. Chem. *280,* 64 (1944).

805. *Fischer, H., E. Fink:* a) Hoppe-Seyler's Z. Physiol. Chem. *280,* 123 (1944); b) ebenda *283,* 152 (1948).

806. *Fischer, H., H. Loewe:* Liebigs Ann. Chem. *615,* 124 (1958).

807. *Fischer, H., A. Treibs, E. Zaucker:* Chem. Ber. *92,* 2026 (1959).

808. *Fischer-Hjalmars, I.:* Pure Appl. Chem. *11,* 571 (1965).

809. *Fischer-Hjalmars, I., M. Sundbom:* Acta Chem. Scand. *22,* 607 (1968).

810. *Fischer, O., E. Hepp:* Chem. Ber. *19,* 2251 (1886).

811. *Fischer, B. E., J. E. Hodge:* J. Org. Chem. *29,* 776 (1964).

812. *Flaugh, M. E., H. Rapoport:* J. Amer. Chem. Soc. *90,* 6877 (1968).

813. *Fletcher, H.:* Tetrahedron *22,* 2481 (1966).

814. *Flitsch, W., V. v. Weissenborn:* Chem. Ber. *99,* 3444 (1966).

815. *Flitsch, W., R. Heidhues, H. Paulsen:* Tetrahedron Lett. *1968,* 1181.

816. *Flitsch, W., H. Peters:* Tetrahedron Lett. *1968,* 1475.

817. *Flitsch, W., R. Heidhues:* Chem. Ber. *101,* 3843 (1968).

818. *Flitsch, W., U. Krämer, H. Zimmermann:* Chem. Ber. *102,* 3268 (1969).

819. *Flitsch, W., U. Krämer:* Liebigs Ann. Chem. *735,* 35 (1970).

820. *Flitsch, W., H. Peters:* Chem. Ber. *103,* 805 (1970).

821. *Flitsch, W.:* Chem. Ber. *103,* 3205 (1970).

822. *Flitsch, W., U. Neumann:* Chem. Ber. *104,* 2170 (1971).

823. *Flitsch, W., B. Müter:* Chem. Ber. *104,* 2847 (1971).

824. *Flurry, R. L., Jr., E. W. Stout, J. J. Bell:* Theoret. Chim. Acta *8,* 203 (1967).

825. *Flurry, R. L., Jr., J. J. Bell:* Theoret. Chim. Acta *10,* 1 (1968).

826. *Foldes, A., C. Sandorfy:* Canad. J. Chem. *48,* 2197 (1970).

827. *Forel, M.-T., J.-P. Leicknam, M.-L. Josien:* J. Chim. Phys. *57,* 1103 (1960).

828. *Forenza, S., L. Minale, R. Riccio, E. Fattorusso:* Chem. Commun. *1971*, 1129.
829. *Fournari, P., M. Person, G. Watelle-Marion:* Compt. Rend. *253*, 1059 (1961).
830. *Fournari, P., J. Tirouflet:* Bull. Soc. Chim. France *1963*, 484.
831. *Fournari, P.:* Bull. Soc. Chim. France *1963*, 488.
832. *Fournari, P., T. Marey:* Bull. Soc. Chim. France *1968*, 3223.
833. *Fournary, P., M. Farnier, C. Fournier:* Bull. Soc. Chim. France *1972*, 283.
834. *Fowler, F. W.:* J. Chem. Soc. (D) *1969*, 1359.
835. *Fowler, F. W.:* Angew. Chem. *83*, 147 (1971).
836. *Fowler, F. W.:* Angew. Chem. *83*, 148 (1971).
837. *Franc, J.:* J. Chromatogr. *3*, 317 (1960).
838. *Franck, R. W., J. Auerbach:* J. Org. Chem. *36*, 31 (1971).
839. *François, H.:* Bull. Soc. Chim. France *1962*, 515.
840. *Frank, R. L., R. W. Holley, D. M. Wikholm:* J. Amer. Chem. Soc. *64*, 2835 (1942).
841. *Franklin, E. C.:* J. Phys. Chem. *24*, 81 (1920).
842. *Franklin, J. L.:* J. Amer. Chem. Soc. *72*, 4278 (1950).
843. *Freymann, M., R. Freymann:* J. Phys. Rad. *7*, 476 (1936).
844. *Freymann, M.:* Compt. Rend. *205*, 852 (1937).
845. *Freymann, M.:* Ann. Chim. (Paris) *11*, 11 (1939).
846. *Freymann, M., R. Freymann:* Compt. Rend. *248*, 677 (1959).
847. *Friary, R. J., R. W. Franck, J. F. Tobin:* Chem. Commun. *1970*, 283.
848. *Friedman, M.:* J. Org. Chem. *30*, 859 (1965).
849. *Fringuelli, F., G. Marino, G. Savelli:* Tetrahedron *25*, 5815 (1969).
850. *Frisch, K. C., R. M. Kary:* J. Org. Chem. *21*, 931 (1956).
851. *Fritz, H., P. Uhrhan:* Liebigs Ann. Chem. *744*, 81 (1971).
852. *Fritz, H., P. Uhrhan:* Tetrahedron Lett. *1971*, 4183.
853. *Fromm, F.:* Mikrochemie *17*, 141 (1935).
854. *Fromm, F.:* J. Amer. Chem. Soc. *66*, 1227 (1944).
855. *Fromm, F.:* J. Amer. Chem. Soc. *67*, 2050 (1945).
856. *Fromm, F., R. Wilhelm, E. J. McGrady:* Proc. Penn. Acad. Sci. *30*, 108 (1956).
857. *Frydman, B., S. Reil, M. E. Despuy, H. Rapoport:* J. Amer. Chem. Soc. *91*, 2338 (1969); ebenda *92*, 1810 (1970).
858. *Frydman, B., S. Reil, A. Valasinas, R. B. Frydman, H. Rapoport:* J. Amer. Chem. Soc. *93*, 2738 (1971).
859. *Frydman, R. B., S. Reil, B. Frydman:* Biochemistry *10*, 1154 (1971).
860. *Fuhlhage, D. W., C. A. VanDerWerf:* J. Amer. Chem. Soc. *80*, 6249 (1958).
861. Fujisawa Pharmaceutical Co., Ltd., Neth. Appl. 6.503.853 (1965) [C. A. *65*, 18434 (1966)].
862. *Fujita, S., T. Kawaguti, H. Nozaki:* Tetrahedron Lett. *1971*, 1119.
863. *Fuks, R., H. G. Viehe:* Tetrahedron *25*, 5721 (1969).
864. *Fukui, H., S. Shimokawa, J. Sohma:* Molec. Phys. *18*, 217 (1970).
865. *Fukui, H., S. Shimokawa, J. Sohma, T. Iwadare, N. Esumi:* J. Mol. Spectry. *39*, 521 (1971).
866. *Fukui, K., T. Yonezawa, C. Nagata, H. Shingu:* J. Chem. Physics *22*, 1433 (1954).
867. *Furlenmeier, A., A. J. Schocher, H. Spiegelberg, B. P. Vaterlaus, A. D. Batcho, J. Berger, O. Keller, B. Pecherer* (F. Hoffmann-La Roche u. Co., A.-G.) Swiss 467, 799 (1969) [C. A. *71*, 39352 (1969)].
868. *Furst, M., H. Kallmann, F. H. Brown:* J. Chem. Physics *26*, 1321 (1957).
869. *Fuson, N., M.-L. Josien:* J. Chem. Physics *20*, 1043 (1952).
870. *Fuson, N., M.-L. Josien, R. L. Powell, E. Utterback:* J. Chem. Physics *20*, 145 (1952).
871. *Fuson, N., M.-L. Josien:* J. phys. Rad. *15*, 652 (1954).
872. *Fuson, N., P. Pineau, M.-L. Josien:* Hydrogen Bonding Papers Symposium Ljubljana 1957 (Pub. 1959), S. 169.

873. *Fuson, N., P. Pineau, M.-L. Josien:* J. Chim. Phys. *55*, 454 (1958).
874. *Fuson, R. C., C. L. Fleming, R. Johnson:* J. Amer. Chem. Soc. *60*, 1994 (1938).

875. *Gabel, N. W.:* J. Org. Chem. *27*, 301 (1962).
876. *Gabel, N. W.:* J. Heterocycl. Chem. *4*, 627 (1967).
877. *Gabel, N. W.:* J. Med. Chem. *11*, 403 (1968).
878. *Gagnaire, D., R. Ramasseul, A. Rassat:* Bull. Soc. Chim. France *1970*, 415.
879. *Galasso, V., G. De Alti:* Tetrahedron *27*, 4947 (1971).
880. *Galbraith, A., T. Small, R. A. Barnes, V. Boekelheide:* J. Amer. Chem. Soc. *83*, 453 (1961).
881. *Gambacorta, A., R. Nicoletti, M. L. Forcellese:* Tetrahedron *27*, 985 (1971).
882. *Gandhi, R. P., V. K. Chadha:* Indian J. Chem. *9*, 305 (1971).
883. *Garcia, E. E., J. G. Riley, R. I. Fryer:* J. Org. Chem. *33*, 1359 (1968).
884. *Garcia, E. E., L. E. Benjamin, R. I. Fryer:* Chem. Comm. *1973*, 78.
885. *Garcia González, F., R. de Castro Brzezicki:* Anales Real Soc. Esp. Fis. Quim. *46 B*, a) 68; b) 73 (1950).
886. *Garcia González, F., A. Gómez Sánchez, J. Gasch Gómez:* Anales Real Soc. Esp. Fis. Quim. *54 B*, 513 (1958).
887. *Garcia González, F., A. Gómez-Sánchez, J. Gasch Gómez:* Anales Real. Soc. Esp. Fis. Quim. *54 B*, 519 (1958).
888. *Garcia González, F., J. Gasch, J. Bello:* Rev. Esp. Fisiol. *16*, Suppl. 1, 255 (1960).
889. *Garcia González, F., J. Gasch, J. Bello Gutierrez, A. Gómez-Sánchez:* Anales Real. Soc. Esp. Fis. Quim. *57 B*, 383 (1961).
890. *Garcia González, F., A. Gómez-Sánchez, M. I. Goni del Rey:* Anales Real. Soc. Esp. Fis. Quim. *60 B*, 579 (1964).
891. *Garcia González, F., J. Fernández-Bolanos, E. Alcudia:* Anales de Quimica *67*, 383 (1971).
892. *Garcia González, F., A. Gómez-Sánchez, M. Gómez Guillén, M. Tena:* Anales de Quimica *67*, 389 (1971).
893. *Garcia González, F., J. Fernández-Bolanos, F. Alcudia:* Anales de Quimica *68*, 571 (1972).
894. *Gardini, G. P.:* Ateneo Parmense, Sez. 1, Suppl. *39*, a) 7; b) 27 (1968).
895. *Gardini, G. P., V. Bocchi, M. Pinza:* Ateneo Parmense, Sez. 1, Suppl. *39*, 16 (1968).
896. *Gardini, G. P., V. Bocchi:* Ateneo Parmense, Sez. 1, Suppl. *39*, 22 (1968).
897. *Gardini, G. P., V. Bocchi:* Gazz. chim. ital. *102*, 91 (1972).
898. *Gardner, T. S., E. Wenis, J. Lee:* J. Org. Chem. *23*, 823 (1958).
899. *Gardner, T. S., E. Wenis, J. Lee:* J. Org. Chem. *24*, 570 (1959).
900. *Gassman, P. G., A. Fentiman:* J. Org. Chem. *32*, 2388 (1967).
901. *Gault, H., J. Champion:* Compt. Rend. *232*, 851 (1951).
902. *Gerber, N. N.:* Appl. Microbiol. *18*, 1 (1969).
903. *Gerber, N. N.:* Tetrahedron Lett. *1970*, 809.
904. *Gerber, N. N.:* J. Antibiot. *24*, 636 (1971).
905. *Gerrans, G. C., J. Harley-Mason:* J. Chem. Soc. *1964*, 2202.
906. *Gewald, K.:* Z. Chem. *1*, 349 (1961).
907. *Gighi, E., G. Scaramelli:* Boll. Sci. Facultá Chim. Ind. Univ. Bologna *4*, 83 (1943).
908. *Ghigi, E., A. Drusiani:* Atti Accad. Sci. Inst. Bologna, Classe Sci. Fis. 4 *11*, No. 3, 16 (1956).
909. *Ghigi, E., A. Drusiani:* Atti Accad. Sci. Inst. Bologna, Classe Sci. Fis. 4 *11*, 14 (1957).
910. *Ghigi, E., A. Drusiani:* Atti Accad. Sci. Inst. Bologna, Classe Sci. Fis. Rend [XI], *5*, 56 (1957–1958).
911. *Ghigi, E., A. M. Drusiani:* Atti Accad. Sci. Inst. Bologna, Classe Sci. Fis. Rend. *251*, 5 (1961–62).

912. *Ghosh, T. N., S. Dutta:* J. Indian. Chem. Soc. *32*, 791 (1955).

913. *Giambrone, S., V. Sprio:* Boll. Sci. Fac. Chim. Ind. Bologna *11*, 99 (1953).

914. *Giambrone, S., J. Fabra:* Ann. chim. (Rom) *50*, 237 (1960).

915. *Gianturco, M. A., A. S. Giammarino, P. Friedel, V. Flanagan:* Tetrahedron *20*, 2951 (1964).

916. *Giavarini, R., M. Gomel:* Compt. Rend. (C) *267*, 1 (1968).

917. *Gibson, K. D., A. Neuberger, J. J. Scott:* Biochem. J. *61*, 618 (1955).

918. *Giessner-Prettre, C., B. Pullman:* Compt. Rend. *261*, 2521 (1965).

919. *Giessner-Prettre, C., A. Pullman:* Theoret. Chim. Acta *11*, 159 (1968).

920. *Gillis, B. T., J. C. Valentour:* J. Heterocycl. Chem. *8*, 13 (1971).

921. *Gilman, H., L. L. Heck:* J. Amer. Chem. Soc. *52*, 4949 (1930).

922. *Gilman, H., C. G. Stuckwisch, J. F. Nobis:* J. Amer. Chem. Soc. *68*, 326 (1946).

923. *Gilman, H., L. Fullhart:* J. Amer. Chem. Soc. *68*, 978 (1946).

924. *Giridhar, V., W. E. McEwen:* J. Heterocycl. Chem. *8*, 121 (1971).

925. *Gitsels, H. P. L., J. P. Wibaut:* Rec. Trav. Chim. *59*, 1093 (1940).

926. *Gitsels, H. P. L., J. P. Wibaut:* Rec. Trav. Chim. *60*, 50 (1941).

927. *Gjøs, N., S. Gronowitz:* Acta Chem. Scand. *25*, 2596 (1971).

928. *Glaser, F., H. Rüland:* Chem.-Ing.-Tech. *29*, 772 (1957).

929. *Gleghorn, J. T.:* J. Chem. Soc. (Perkin II) *1972*, 479.

930. *Glidewell, C., D. W. H. Rankin:* J. Chem. Soc. (A) *1970*, 279.

931. *Gloede, J., K. Poduska, H. Gross, J. Rudinger:* Coll. Czech. Chem. Comm. *33*, 1307 (1968).

932. *Goldberg, A.,* in *T. W. Goodwin:* Porphyrins and related compounds, S. 35. London: Academic Press 1968.

933. *Goldschmidt, M. C., R. P. Williams:* J. Bacteriol. *96*, 609 (1968).

934. *Goldstein, J. H., G. S. Reddy:* J. Chem. Physics *36*, 2644 (1962).

935. *Golovnya, R. V., G. A. Mironov, I. L. Zhuravleva:* Zhur. Anal. Khim. *22*, 797 (1967).

936. *Gomel, M., P. Pineau:* Compt. Rend. *252*, 2870 (1961).

937. *Gomel, M., H. Lumbroso:* Compt. Rend. *252*, 3039 (1961).

938. *Gomel, M., H. Lumbroso:* Bull. Soc. Chim. France *1962*, 2200.

939. *Gomel, M., H. Lumbroso:* Bull. Soc. Chim. France *1962*, 2206.

940. *Gomel, M., H. Lumbroso:* Bull. Soc. Chim. France *1962*, 2212.

941. *Gomel, M.:* Compt. Rend. *261*, 403 (1965).

942. *Gómez-Sánchez, A., F. Garcia-González, J. Gasch-Gómez:* Rev. Esp. Fisiol. *14*, 277 (1958).

943. *Gómez-Sánchez, A., J. Gasch-Gómez:* Anales Real. Soc. Esp. Fis. Quim. *54 B*, 753 (1958).

944. *Gómez-Sánchez, A., J. Gasch-Gómez:* Anales Real. Soc. Esp. Fis. Quim. *59 B*, 131 (1963).

945. *Gómez-Sánchez, A., L. Rey Romero, F. Garcia González:* Anales Real. Soc. Esp. Fis. Quim. *60 B*, 505 (1964).

946. *Gómez-Sánchez, A., O. Cert Ventulá:* Carbohyd. Res. *17*, 275 (1971).

947. *Gompper, R., R. Weiß:* Angew. Chem. *80*, 277 (1968).

948. *Goosen, A.:* J. Chem. Soc. *1963*, 3067.

949. *Gordee, R. S., T. R. Matthews:* Antimicrob. Agents Chemother. *1967*, 378.

950. *Gordee, R. S., T. R. Matthews:* Appl. Microbiol. *17*, 690 (1969).

951. *Gordy, W., S. C. Stanford:* J. Amer. Chem. Soc. *62*, 497 (1940).

952. *Gorman, M., D. H. Lively:* Antibiotics 2, 433 (1967).

953. *Gorman, M., R. L. Hamill, R. P. Elander, J. Mabe:* Biochem. Biophys. Res. Commun. *31*, 294 (1968).

954. *Gossauer, A., W. Hirsch:* Tetrahedron Lett. *1973*, 1451.

955. *Gosteli, J.:* Helv. chim. Acta *55*, 451 (1972).

956. *Gotthardt, H., H. Huisgen:* Chem. Ber. *103*, 2625 (1970).

957. *Gotthardt, H., R. Huisgen, H. O. Bayer:* J. Amer. Chem. Soc. *92*, 4340 (1970).
958. *Grammaticakis, P.:* Compt. Rend. (C) *272*, 1574 (1971).
959. *Granick, S., L. Bogorad:* J. Amer. Chem. Soc. *75*, 3610 (1953).
960. *Granick, S., D. Mauzerall,* in *D. M. Greenberg:* Metabolic pathways, Band II, S. 525, 2. Aufl. New York: Academic Press 1961.
961. *Grasshof, H.:* Chem. Ber. *84*, 916 (1951).
962. *Gray, C. H.:* The bile pigments. London: Methuen & Co. Ltd. 1953.
963. *Greenley, R. Z., M. L. Nielsen, L. Parts:* J. Org. Chem. *29*, 1009 (1964).
964. *Gregorovich, B. V., K. S. Y. Liang, D. M. Clugston, S. F. MacDonald:* Canad. J. Chem. *46*, 3291 (1968).
965. *Gribble, G. W., N. R. Easton, Jr., J. T. Eaton:* Tetrahedron Lett. *1970*, 1075.
966. *Griffin, C. E., R. Obrycki:* J. Org. Chem. *29*, 3090 (1964).
967. *Griffin, C. E., R. P. Peller, K. R. Martin, J. A. Peters:* J. Org. Chem. *30*, 97 (1965).
968. *Grigg, R., A. W. Johnson, J. W. F. Wasley:* J. Chem. Soc. *1963*, 359.
969. *Grigg, R., A. W. Johnson:* J. Chem. Soc. *1964*, 3315.
970. *Grigg, R.:* J. Chem. Soc. *1965*, 5149.
971. *Grigg, R.:* Chem. Commun. *1966*, 607.
972. *Grigg, R., J. A. Knight, M. V. Sargent:* J. Chem. Soc. (C) *1966*, 976.
973. *Grigg, R., A. W. Johnson, M. Roche:* J. Chem. Soc. (C) *1970*, 1928.
974. *Gritter, R. G., R. G. Chriss:* J. Org. Chem. *29*, 1163 (1964).
975. *Grob, C. A., P. Ankli:* Helv. chim. Acta *32*, 2010 (1949).
976. *Grob, C. A., P. Ankli:* Helv. chim. Acta *32*, 2023 (1949).
977. *Grob, C. A., P. Ankli:* Helv. chim. Acta *33*, 273 (1950).
978. *Grob, C. A., K. Camenisch:* Helv. chim. Acta *36*, 49 (1953).
979. *Grob, C. A., H. Utzinger:* Helv. chim. Acta *37*, 1256 (1954).
980. *Grob, C. A., H. P. Schad:* Helv. chim. Acta *38*, 1121 (1955).
981. *Gronowitz, S., A.-B. Hörnfeldt, B. Gestblom, R. A. Hoffman:* Arkiv Kemi *18*, 133 (1961).
982. *Gronowitz, S., A.-B. Hörnfeldt, B. Gestblom, R. A. Hoffman:* Arkiv Kemi *18*, 151 (1961).
983. *Gronowitz, S., A.-B. Hörnfeldt, B. Gestblom, R. A. Hoffman:* J. Org. Chem. *26*, 2615 (1961).
984. *Gross, H.:* Chem. Ber. *95*, 83 (1962).
985. *Gross, H.:* Chem. Ber. *95*, 2270 (1962).
986. *Gross, H., J. Gloede:* Angew. Chem. *75*, 376 (1963).
987. *Groves, J. K., H. J. Anderson, H. Nagy:* Canad. J. Chem. *49*, 2427 (1971).
988. *Groves, J. K., N. E. Cundasawmy, H. J. Anderson:* Canad. J. Chem. *51*, 1089 (1973).
989. *Gründler, W.:* Monatsh. Chem. *101*, 1354 (1970).
990. *Grunberg, E., R. Cleeland, E. Titsworth:* Antimicrob. Agents Chemother. *1966*, 397.
991. *Guest, G. H., W. D. McFarlane:* Canad. J. Research *17b*, 133 (1939).
992. *Guibé, L., E. A. C. Lucken:* Mol. Phys. *14*, 73 (1968).
993. *Gurinovich, I. F.:* Zhur. Prikl. Spektrosk. *6*, 657 (1967).
994. *Gur'yanova, E. N., L. A. Yanovskaya, A. P. Terent'ev:* Zhur. Fiz. Khim. *25*, 897 (1951).
995. *Gutowsky, H. S., C. H. Holm:* J. Chem. Physics *25*, 1228 (1956).
996. *Guyer, P., D. Fritze* (Cilag-Chemie A.-G.) Fr. 1.579.449 (1969) [C. A. *72*, 121356 (1970)].
997. *Guy, R. W., R. A. Jones:* Austral. J. Chem. *18*, 363 (1965).
998. *Guy, R. W., R. A. Jones:* Spectrochim. Acta *21*, 1011 (1965).
999. *Guy, R. W., R. A. Jones:* Austral. J. Chem. *19*, 107 (1966).
1000. *Guy, R. W., R. A. Jones:* Austral. J. Chem. *19*, 1871 (1966).
1001. *Gyoerffy, E.:* Compt. Rend. *232*, 515 (1951).

1002. *Ha, T.-K., C. T. O'Konski:* Z. Naturforsch. *25 a,* 1509 (1970).

1003. *Häfelinger, G.:* Chem. Ber. *103,* 2902 (1970).

1004. *Härri, E., W. Loeffler, H. P. Sigg, H. Stähelin, Ch. Stoll, Ch. Tamm, D. Wiesinger:* Helv. chim. Acta *45,* 839 (1962).

1005. *Hafner, K., W. Kaiser:* Tetrahedron Lett. *1964,* 2185.

1006. *Hafner, K., K. Pfaiffer:* Tetrahedron Lett. *1968,* 4311.

1007. *Hale, W. J., W. V. Hoyt:* J. Amer. Chem. Soc. *37,* 2538 (1915).

1008. *Haley, C. A. C., P. Maitland:* J. Chem. Soc. *1951,* 3155.

1009. *Hamano, H., H. F. Hameka:* Tetrahedron *18,* 985 (1962).

1010. *Hamill, R. L., R. Elander, J. Mabe, M. Gorman:* Antimicrob. Agents Chemother. *1967,* 388.

1011. *Hamill, R. L., H. R. Sullivan, M. Gorman:* Appl. Microbiol. *18,* 310 (1969).

1012. *Hamill, R. L., R. P. Elander, J. A. Mabe, M. Gorman:* Appl. Microbiol. *19,* 721 (1970).

1013. *Hammett, L. P.:* Physical organic chemistry, S. 267. New York: McGraw-Hill Book Co., Inc. 1940.

1014. *Hammond, H. A.:* Theoret. Chim. Acta *18,* 239 (1970).

1015. *Hanck, A., W. Kutscher:* Hoppe-Seyler's Z. Physiol. Chem. *338,* 272 (1964).

1016. *Hanck, A.:* Chem. Ber. *101,* 2280 (1968).

1017. *Hanck, A., A. Schreiner:* Hoppe-Seyler's Z. Physiol. Chem. *351,* 90 (1970).

1018. *Hanessian, S., J. S. Kaltenbronn:* J. Amer. Chem. Soc. *88,* 4509 (1966).

1019. *Hantzsch, A.:* Chem. Ber. *23,* 1474 (1890).

1020. *Happe, J. A.:* J. Phys. Chem. *65,* 72 (1961).

1021. *Harashima, K., N. Tsuchida, T. Tanaka, J. Nagatsu:* Agr. Biol. Chem. (Tokyo) *31,* 481 (1967).

1022. *Harbuck, J. W., H. Rapoport:* J. Org. Chem. *36,* 853 (1971).

1023. *Harbuck, J. W., H. Rapoport:* J. Org. Chem. *37,* 3618 (1972).

1024. *Harley-Mason, J.:* J. Chem. Soc. *1952,* 2433.

1025. *Harrell, B., A. H. Corwin:* J. Amer. Chem. Soc. *78,* 3135 (1956).

1026. *Harries, C.:* Chem. Ber. *34,* 1488 (1901).

1027. *Harris, R. L. N., A. W. Johnson, I. T. Kay:* J. Chem. Soc. (C) *1966,* 22.

1028. *Harris, R. L. N., A. W. Johnson, I. T. Kay:* Quart. Rev. *20,* 211 (1966).

1029. *Harris, R. L. N.:* Austral. J. Chem. *23,* 1199 (1970).

1030. *Harris, R. L. N.:* Tetrahedron Lett. *1970,* 5217.

1031. *Harris, R. L. N.:* Austral. J. Chem. *25,* 985 (1972).

1032. *Harvey, D. G.:* J. Chem. Soc. *1950,* 1638.

1033. *Hashimoto, M., K. Hattori:* Bull. Chem. Soc. Japan *39,* 410 (1966).

1034. *Hashimoto, M., K. Hattori:* Chem. Pharm. Bull. (Tokyo) *14,* 1314 (1966).

1035. *Hashimoto, M., K. Hattori:* Chem. Pharm. Bull. (Tokyo) *16,* 1144 (1968).

1036. *Hauptmann, S., H. Blume, G. Hartmann, D. Haendel, P. Franke:* Z. Chem. *6,* 107 (1966).

1037. *Hauptmann, S., M. Martin:* Z. Chem. *8,* 333 (1968).

1038. *Hauptmann, S., M. Weißenfels, M. Scholz, E.-M. Werner, H.-J. Köhler, J. Weisflog:* Tetrahedron Lett. *1968,* 1317.

1039. *Hauptmann, S., M. Weißenfels, E.-M. Werner, J. Weisflog:* Z. Chem. *9,* 22 (1969).

1040. *Hayashi, T., K. Maeda:* Bull. Chem. Soc. Japan *35,* 2058 (1962).

1041. *Hayes, A., G. W. Kenner, N. R. Williams:* J. Chem. Soc. *1958,* 3779.

1042. *Hayes, A., A. H. Jackson, J. M. Judge, G. W. Kenner:* J. Chem. Soc. *1965,* 4385.

1043. *Hazlewood, S. J., G. K. Hughes, F. Lions, K. J. Baldick, J. W. Cornforth, J. N. Graves, J. J. Maunsell, T. Wilkinson, A. J. Birch, R. H. Harradence, S. S. Gilchrist, F. H. Monaghan, L. E. A. Wright:* J. Proc. Roy. Soc. N. S. Wales *71,* 92 (1937).

1044. *Hearn, W. R., R. E. Worthington, R. C. Burgus, R. H. Williams:* Biochem. Biophys. Res. Commun. *17,* 517 (1964).

1045. *Hearn, W. R., J. Medina-Castro, M. K. Elson:* Nature 220, 170 (1968).

1046. *Hearn, W. R., M. K. Elson, R. H. Williams, J. Medina-Castro:* J. Org. Chem. 35, 142 (1970).

1047. *Heckman, R. C.:* J. Mol. Spectry. 2, 27 (1958).

1048. *Heidrich, D., M. Scholz:* Monatsh. Chem. 98, 264 (1967).

1049. *Hein, F., F. Melichar:* Pharmazie 9, 455 (1954).

1050. *Hein, F., U. Beierlein:* Pharm. Zentralhalle 96, 401 (1957).

1051. *Heine, H. W., R. Peavy, A. J. Durbetaki:* J. Org. Chem. 31, 3924 (1966).

1052. *Heine, H. W., A. Smith, III, J. D. Bower:* J. Org. Chem. 33, 1097 (1968).

1053. *Heinrichts, G., H. Krapf, B. Schröder, A. Steigel, T. Troll, J. Sauer:* Tetrahedron Lett. 1970, 1617.

1054. *Helferich, B., R. Dhein, K. Geist, H. Jünger, D. Wiehle:* Liebigs Ann. Chem. 646, 45 (1961).

1055. *Helferich, B., W. Klebert:* Liebigs Ann. Chem. 657, 79 (1962).

1056. *Helferich, B., G. Pietsch:* J. prakt. Chem. [4] 17, 213 (1962).

1057. *Helferich, B., I. Zeid:* J. prakt. Chem. 38, 40 (1968).

1058. *Helm, R. V., W. J. Lanum, G. L. Cook, J. S. Ball:* J. Phys. Chem. 62, 858 (1958).

1059. *Hendrickson, J. B., R. Rees, J. F. Templeton:* J. Amer. Chem. Soc. 86, 107 (1964).

1060. *Henecka, H.:* Chemie der Beta-dicarbonylverbindungen, S. 378. Berlin–Göttingen–Heidelberg: Springer 1950.

1061. *Hennig, H., R. Daute:* Z. Chem. 9, 275 (1969).

1062. *Hensel, H. R.:* Chem. Ber. 99, 868 (1966).

1063. *Henze, H. R., J. H. Shown, Jr.:* J. Amer. Chem. Soc. 69, 1662 (1947).

1064. *Herbison-Evans, D., R. E. Richards:* Mol. Phys. 8, 19 (1964).

1065. *Hermann, R. B.:* Int. J. Quantum Chem. 2, 165 (1968).

1066. *den Hertog, H. J., R. J. Martens, H.-C. van der Plas, J. Bon:* Tetrahedron Lett. 1966, 4325.

1067. *Herz, W., K. Dittmer, S. J. Cristol:* J. Amer. Chem. Soc. 69, 1698 (1947).

1068. *Herz, W., K. Dittmer:* J. Amer. Chem. Soc. 70, 503 (1948).

1069. *Herz, W., K. Dittmer, S. J. Cristol:* J. Amer. Chem. Soc. 70, 504 (1948).

1070. *Herz, W.:* J. Amer. Chem. Soc. 71, 3982 (1949).

1071. *Herz, W., J. L. Rogers:* J. Amer. Chem. Soc. 73, 4921 (1951).

1072. *Herz, W.:* J. Amer. Chem. Soc. 75, 483 (1953).

1073. *Herz, W., C. F. Courtney:* J. Amer. Chem. Soc. 76, 576 (1954).

1074. *Herz, W., S. Tocker:* J. Amer. Chem. Soc. 77, 6353 (1955).

1075. *Herz, W., S. Tocker:* J. Amer. Chem. Soc. 77, 6355 (1955).

1076. *Herz, W., D. S. Raden, D. R. K. Murty:* J. Org. Chem. 21, 896 (1956).

1077. *Herz, W.:* J. Org. Chem. 22, 1260 (1957).

1078. *Herz, W., J. Brasch:* J. Org. Chem. 23, 711 (1958).

1079. *Herz, W., J. Brasch:* J. Org. Chem. 23, 1513 (1958) und dort zitierte Literatur.

1080. *Herz, W., R. L. Settine:* J. Org. Chem. 24, 201 (1959).

1081. *Heß, K.:* Chem. Ber. 46, 3113 (1913).

1082. *Heß, K.:* Chem. Ber. 46, 3125 (1913).

1083. *Heß, K., F. Merck, C. Uibrig:* Chem. Ber. 48, 1886 (1915).

1084. *Hetzer, H. B., R. G. Bates, R. A. Robinson:* J. Phys. Chem. 67, 1124 (1963).

1085. *Hill, J. H. M., M. A. Battiste:* Tetrahedron Lett. 1968, 5537.

1086. *Hill, R. D., G. D. Meakis:* J. Chem. Soc. 1958, 760.

1087. *Hind, R. K., E. McLaughlin, A. R. Ubbelohde:* Trans. Faraday Soc. 56, 331 (1960).

1088. *Hine, J., J. M. van der Veen:* J. Amer. Chem. Soc. 81, 6446 (1959).

1089. *Hinman, R. L., S. Theodoropulos:* J. Org. Chem. 28, 3052 (1963).

1090. *Hiraoka, H.:* Chem. Commun. 1970, 1306.

1091. *Hiraoka, H.:* Chem. Commun. 1971, 1610.

1092. *Hirota, F., S. Nagakura:* Bull. Chem. Soc. Japan 43, 1010 (1970).

1093. *Hissel, J.:* Bull. Soc. Roy. Sci. Liège *21*, 457 (1952).

1094. *Hobbs, C. F., C. K. McMillin, E. P. Papadopoulos, C. A. Van der Werf:* J. Amer. Chem. Soc. *84*, 43 (1962).

1095. *Hodge, P., R. W. Rickards:* J. Chem. Soc. *1963*, 2543.

1096. *Hodge, P., R. W. Rickards:* J. Chem. Soc. *1965*, 459.

1097. *Höft, E., A. R. Katritzky, M. R. Nesbit:* Tetrahedron Lett. *1967*, 3041.

1098. *Höft, E., A. R. Katritzky, M. R. Nesbit:* Tetrahedron Lett. *1968*, 2028.

1099. F. Hoffmann-La Roche & Co. A.-G.: Belg. 665.237 (1966) [C. A. *65*, 11304 (1966)].

1100. *Holdsworth, M. G., F. Lions:* J. Proc. Roy. Soc. N. S. Wales *70*, 431 (1937).

1101. *Holm, R. H., A. Chakravorty, L. J. Theriot:* Inorg. Chem. *5*, 625 (1966).

1102. *Holý, A., Z. Arnold:* Coll. Czech. Chem. Comm. *30*, 346 (1965).

1103. *Horák, M., V. Bazant, V. Chvalovský:* Coll. Czech. Chem. Comm. *25*, 2822 (1960).

1104. *Hori, I., M. Igarashi:* Bull. Chem. Soc. Japan *44*, 2856 (1971).

1105. *Horváth, G., A. I. Kiss:* Spectrochim. Acta *23 A*, 921 (1967).

1106. *Hubbard, R., C. Rimington:* Biochem. J. *46*, 220 (1950).

1107. *Hudson, C. B., A. V. Robertson:* Tetrahedron Lett. *1967*, 4015.

1108. *Hudson, C. B., A. V. Robertson, W. R. J. Simpson:* Austral. J. Chem. *21*, 769 (1968).

1109. *Hückel, W., J. Datow, E. Simmersbach:* Z. physikal. Chem. *A 186*, 166 (1940).

1110. *Hüni, A., F. Franck:* Hoppe-Seyler's Z. Physiol. Chem. *282*, 96 (1947).

1111. *Hüni, A., F. Franck:* Hoppe-Seyler's Z. Physiol. Chem. *282*, 244 (1947).

1112. *Huggins, C. M., G. C. Pimentel:* J. Phys. Chem. *60*, 1615 (1956).

1113. *Hughes, G. K., F. Lions, J. J. Maunsell, T. Wilkinson:* J. Proc. Roy. Soc. N. S. Wales *71*, 406 (1938).

1114. *Huisgen, R., E. Laschtuva:* Chem. Ber. *93*, 65 (1960).

1115. *Huisgen, R., H. Stangl, H. J. Sturm, H. Wagenhofer:* Angew. Chem. *74*, 31 (1962).

1116. *Huisgen, R., W. Scheer, H. Huber:* J. Amer. Chem. Soc. *89*, 1753 (1967).

1117. *Huisgen, R.:* Helv. Chim. Acta *50*, 2421 (1967).

1118. *Huisgen, R., H. Gotthardt, H. O. Bayer:* Chem. Ber. *103*, 2368 (1970).

1119. *Huisgen, R., H. Gotthardt, H. O. Bayer, F. C. Schaefer:* Chem. Ber. *103*, 2611 (1970).

1120. *Hunt, R., S. T. Reid:* J. Chem. Soc. (Perkin I) *1972*, 2527.

1121. *Huntress, E. H., T. E. Lesslie, W. M. Hearon:* J. Amer. Chem. Soc. *78*, 419 (1956).

1122. *Huong, P.-V., J. Lascombe, M.-L. Josien:* J. Chim. Phys. *58*, 694 (1961).

1123. *Huong, P.-V.:* Rev. Inst. Franc. Petrole Ann. Combust. Liq. *18*, 1 (1963).

1124. *Huong, P.-V., J. C. Lassegues:* Spectrochim. Acta *26 A*, 269 (1970).

1125. *Hush, N. S., J. R. Yandle:* Chem. Phys. Lett. *1*, 493 (1967).

1126. *Huttner, G., O. S. Mills:* Chem. Ber. *105*, 301 (1972).

1127. *Illari, G.:* Gazz. chim. ital. *67*, 434 (1937).

1128. *Ilomets, T.:* Zhur. Obshch. Khim. *30*, 1190 (1960).

1129. *Ilomets, T., Y. Karask:* Uch. Zap. Tartusk. Gos. Univ. *127*, 111 (1962) [C. A. *60*, 10629 (1964)].

1130. *Ilomets, T., V. Kask:* Uch. Zap. Tartusk. Gos. Univ. *127*, 134 (1962) [C. A. *60*, 10629 (1964)].

1131. *Imanaka, H., M. Kousaka, G. Tamura, K. Arima:* J. Antibiot. (Tokyo), Ser. A *18*, 205 (1965).

1132. *Imanaka, H., M. Kousaka, G. Tamura, K. Arima:* J. Antibiot. (Tokyo), Ser. A *18*, 207 (1965).

1133. *Ingold, C. K.:* J. Chem. Soc. *1933*, 1120.

1134. *Ingraffia, F.:* Gazz. chim. ital. *64*, 778 (1934).

1135. *Ingraffia, F.:* Gazz. chim. ital. *64*, 784 (1934).

1136. *Inhoffen, H. H., J. W. Buchler, P. Jäger* in *L. Zechmeister:* Fortschr. Chem. org. Naturst. *26*, 284 (1968). Wien: Springer.

1137. *Ioffe, S. L., A. A. Lyashenko, O. P. Shitov, V. V. Negrebetskii:* Khim. Geterots. Soied. 7, 1056 (1971).

1138. *Irvine, D. G., W. Bayne, H. Miyashita, J. R. Majer:* Nature (London) *224*, 811 (1969).

1139. *Irvine, D. G., W. Bayne, J. R. Majer:* J. Chromatogr. *48*, 334 (1970).

1140. *Irwin, W. J., D. L. Wheeler:* Tetrahedron *28*, 1113 (1972).

1141. *Ishikawa, M., C. Kaneko, I. Yokoe, S. Yamada:* Tetrahedron *25*, 295 (1969).

1142. *Issleib, K., A. Brack:* Z. anorg. allg. Chem. *292*, 245 (1957).

1143. *Issleib, K., G. Bätz:* Z. anorg. allg. Chem. *369*, 83 (1969).

1144. *Iwakura, Y., K. Hayashi:* Yûki Gôsei Kagaku Kyôkaishi *15*, 463 (1957) [C. A. *51*, 17881 (1957)].

1145. *Iwakura, Y., K. Nagakubo, K. Hayashi, M. Skamoto:* Kôgyô Kagaku Zasshi *60*, 706 (1957) [C. A. *53*, 11343 (1959)].

1146. *Iwamoto, T., T. Nakano, M. Morita, T. Miyoshi, T. Miyamoto, Y. Sasaki:* Inorg. Chim. Acta *2*, 313 (1968).

1147. *Jackson, A. H., S. F. MacDonald:* Canad. J. Chem. *35*, 715 (1957).

1148. *Jackson, A. H., G. W. Kenner, D. Warburton:* J. Chem. Soc. *1965*, 1328.

1149. *Jackson, A. H., G. W. Kenner, H. Budzikiewicz, C. Djerassi, J. M. Wilson:* Tetrahedron *23*, 603 (1967).

1150. *Jackson, A. H., G. W. Kenner, J. Wass:* a) Chem. Commun. *1967*, 1027; b) J. Chem. Soc. (Perkin I) *1972*, 1475.

1151. *Jackson, A. H., G. W. Kenner, G. S. Sach:* J. Chem. Soc. (C) *1967*, 2045.

1152. *Jackson, A. H., G. W. Kenner, G. McGillivray, K. M. Smith:* J. Chem. Soc. (C) *1968*, 294.

1153. *Jackson, A. H., G. W. Kenner, K. M. Smith:* J. Chem. Soc. (C) *1971*, 502.

1154. *Jackson, A. H., K. M. Smith* in *J. ApSimon:* The total synthesis of natural products, 1. Band, S. 144–278. New York: J. Wiley & Sons, Inc. 1973.

1155. *Jacob, K., A. Treibs, M. W. Roomi:* Liebigs Ann. Chem. *724*, 137 (1969).

1156. *Jacobs, T. L.,* in *R. C. Elderfield:* Heterocyclic compounds, Bd. 6, S. 104. New York: J. Wiley & Sons, Inc. 1957.

1157. *Jacobson, I. A., Jr., H. H. Heady, G. U. Dinneen:* J. Phys. Chem. *62*, 1563 (1958).

1158. *Jacobson, I. A., Jr., H. B. Jensen:* J. Phys. Chem. *66*, 1245 (1962).

1159. *Jacobson, I. A., Jr., H. B. Jensen:* J. Phys. Chem. *68*, 3068 (1964).

1160. *Jain, A. C., G. W. Kenner:* J. Chem. Soc. *1959*, 185.

1161. *James, D. S., P. E. Fanta:* J. Org. Chem. *27*, 3346 (1962).

1162. *Jannelli, L., P. G. Orsini:* Rend. Accad. Sci. Fis. Mat. [4] *26*, 246 (1959).

1163. *Jannelli, L., R. A. Nicolaus:* Gazz. chim. ital. *89*, 1457 (1959).

1164. *Jannelli, L., P. G. Orsini:* Gazz. chim. ital. *89*, 1467 (1959).

1165. *Janssen, A. G., E. R. Schierz, R. van Meter, J. S. Ball:* J. Amer. Chem. Soc. *73*, 4040 (1951).

1166. *Jaureguiberry, C., M.-C. Fournie-Zaluski, J.-P. Chevallier, B. Roques:* Compt. Rend. (C) *273*, 276 (1971).

1167. *Jeffers, F. G.* (Imperial Chem. Ind. Ltd.) Brit. 832.855 (1960) [C. A. *55*, 567 (1961)].

1168. *Jeffreys, R. A., E. B. Knott:* J. Chem. Soc. *1951*, 1028.

1169. *Jennings, A. L., Jr., J. E. Boggs:* J. Org. Chem. *29*, 2065 (1964).

1170. *Joeckle, R., E. Lemperle, R. Mecke:* Z. Naturforsch. *22a*, 395, 755 (1967).

1171. *Joh, Y.:* Seikagaku *33*, 787 (1961) [C. A. *57*, 11143 (1962)].

1172. *Johnson, A. W., E. Markham, R. Price, K. B. Shaw:* J. Chem. Soc. *1958*, 4254.

1173. *Johnson, A. W., I. T. Kay, E. Markham, R. Price, K. B. Shaw:* J. Chem. Soc. *1959*, 3416.

1174. *Johnson, A. W., R. Price:* Org. Synth. *42*, 92 (1962). New York: J. Wiley & Sons, Inc.

1175. *Johnson, A. W., I. T. Kay:* J. Chem. Soc. *1965*, 1620.
1176. *Johnson, T. B., R. Bengis:* Proc. Am. Chem. Soc. *33*, 745 (1911).
1177. *Jones, C. J., J. A. McCleverty:* J. Chem. Soc. (A) *1971*, 38.
1178. *Jones, C. J., J. A. McCleverty:* J. Chem. Soc. (A) *1971*, 1052.
1179. *Jones, N. D., J. C. Cheng:* J. Antibiot. (Tokyo) *21*, 451 (1968).
1180. *Jones, R. A.:* Austral. J. Chem. *16*, 93 (1963).
1181. *Jones, R. A.:* Austral. J. Chem. *17*, 894 (1964).
1182. *Jones, R. A., R. L. Laslett:* Austral. J. Chem. *17*, 1056 (1964).
1183. *Jones, R. A., A. G. Moritz:* Spectrochim. Acta *21*, 295 (1965).
1184. *Jones, R. A., J. A. Lindner:* Austral. J. Chem. *18*, 875 (1965).
1185. *Jones, R. A.:* Austral. J. Chem. *19*, 289 (1966).
1186. *Jones, R. A.:* Spectr. Acta *23 A*, 2211 (1967).
1187. *Jones, R. A., T. Mc L. Spotswood, P. Cheuychit:* Tetrahedron *23*, 4469 (1967).
1188. *Jones, R. A., T. Pojarlieva, R. J. Head:* Tetrahedron *24*, 2013 (1968).
1189. *Jones, R. A., P. H. Wright:* Tetrahedron Lett. *1968*, 5495.
1190. *Jones, R. A.:* Angew. Chem. *81*, 1006 (1969).
1191. *Jones, R. A.:* Advan. Heterocycl. Chem. *11*, 383 (1970).
1192. *Jones, R. G.:* J. Amer. Chem. Soc. *77*, a) 4069, b) 4074 (1955).
1193. *Jones, R. G.:* J. Amer. Chem. Soc. *78*, 159 (1956).
1194. *Jones, R. L.:* Austral. J. Chem. *16*, 93 (1963).
1195. *Jones, R. L., C. W. Rees:* J. Chem. Soc. (C) *1969*, 2249.
1196. *Jones, R. L., C. W. Rees:* J. Chem. Soc. (C) *1969*, 2255.
1197. *de Jong, M., J. P. Wibaut:* Rec. Trav. Chim. *49*, 237 (1930).
1198. *Joop, N., H. Zimmermann:* Z. Elektrochem. *66*, 440 (1962).
1199. *Josey, A. D., R. J. Tuite, H. R. Snyder:* J. Amer. Chem. Soc. *82*, 1597 (1960).
1200. *Josey, A. D., E. L. Jenner:* J. Org. Chem. *27*, 2466 (1962).
1201. *Joshi, K. K., P. L. Pauson:* Proc. Chem. Soc. *1962*, 326.
1202. *Joshi, K. K., P. L. Pauson, A. R. Qazi, W. H. Stubbs:* J. Organomet. Chem. *1*, 471 (1964).
1203. *Josien, M.-L., N. Fuson:* J. Chem. Physics *22*, 1169 (1954).
1204. *Josien, M.-L., N. Fuson:* J. Chem. Physics *22*, 1264 (1954).
1205. *Josien, M.-L., M. Paty, P. Pineau:* Compt. Rend. *241*, 199 (1955).
1206. *Josien, M.-L., N. Fuson:* J. Chem. Physics *24*, 1261 (1956).
1207. *Josien, M.-L., G. Sourisseau:* Hydrogen Bonding, Papers Symposium, Ljubljana 1957 (Pub. 1959), S. 129.
1208. *Josien, M.-L., J. La Scombe:* Coll. Intern. Centre Natl. Res. Sci. (Paris) *77*, 137 (1959).
1209. *Julg, A., P. Carles:* J. Chim. Phys. *59*, 852 (1962).
1210. *Julg, A., P. Carles:* Theoret. Chim. Acta 7, 103 (1967).
1211. *Julia, M., N. Joseph:* Compt. Rend. *243*, 961 (1956).
1212. *Julia, M., N. Preau-Joseph:* Compt. Rend. *257*, 1115 (1963).
1213. *Julia, M., N. Preau-Joseph:* Bull. Soc. Chim. France *1967*, 4348.
1214. *Julia, M., Y. R. Pascal:* Chim. Thérapeut *5*, 279 (1970).
1215. *Jung, A.:* Method. Phys. Anal. *6*, 54 (1970).
1216. *Jurjew, Ju. K., F. F. Schen'yan:* J. Gen. Chem. (U.S.S.R.) 4, 1258 (1934).
1217. *Jurjew, Ju. K.:* Chem. Ber. *69 B*, 440 (1936).
1218. *Jurjew, Ju. K.:* Chem. Ber. *69 B*, 1002 (1936).
1219. *Jurjew, Ju. K.:* Chem. Ber. *69 B*, 1944 (1936).
1220. *Jurjew, Ju. K., P. M. Rakitin:* Chem. Ber. *69 B*, 2492 (1936).
1221. *Jurjew, Ju. K.:* Zhur. Obshch. Khim. *8*, 116 (1938).
1222. *Jurjew, Ju. K.:* Zhur. Obshch. Khim. *8*, 1934 (1938).
1223. *Jurjew, Ju. K., V. A. Tronowa, N. A. L'Vova, Z. Ya. Bukschpan:* Zhur. Obshch. Khim. *11*, 1128 (1941).

1224. *Jurjew, Ju. K., E. G. Vendel'shtein:* Zhur. Obshch. Khim. *21*, 259 (1951).
1225. *Jurjew, Ju. K., G. Ja. Kondrat'ewa, A. I. Kartashewskii:* Zhur. Obshch. Khim. *22*, 513 (1952).
1226. *Jurjew, Ju. K.:* Voprosy I spol'zovan. Pentozansoderzhashchego Syr'ya, Trudy Vsesoyuz. Soveshchaniya, Riga 1955 (Pub. 1958), 405 [C. A. *53*, 14078 (1959)].
1227. *Jurjew, Ju. K., G. B. Elyakow:* Zhur. Obshch. Khim. *26*, 2350 (1956).

1228. *Kaluza, G. A., F. Martin:* J. Gas Chromatogr. *5*, 562 (1967).
1229. *Kanaoka, Y., Y. Ban, T. Oishi, O. Yonemitsu, M. Terashima, T. Kimura, M. Nakagawa:* Chem. Pharm. Bull. (Tokyo) *8*, 294 (1960).
1230. *Kapf, S., C. Paal:* Chem. Ber. *21*, 3053 (1888).
1231. *Kaplan, S. A.:* J. Pharm. Sci. *59*, 309 (1970).
1232. *Karabatsos, G. J., F. M. Vane:* J. Amer. Chem. Soc. *85*, 3886 (1963).
1233. *Karmas, G.:* (Ortho Pharm. Corp.) U. S. 3.151.121 (1964) [C. A. *62*, 527 (1965)]; U. S. 3.156.699 (1964) [C. A. *62*, 6461 (1965)]; U. S. 3.256.279 (1966) [C. A. *65*, 7144 (1966)]; U. S. 3.256.295 (1966) [C. A. *65*, 12173 (1966)]; U. S. 3.268.558 (1966) [C. A. *65*, 16942 (1966)].
1234. *Karr, A. E.* (F. Hoffmann-La Roche & Co., A.-G.) Ger. Offen. 1.905.328 (1969) [C. A. *72*, 11385 (1970)].
1235. *Karrer, P., A. P. Smirnoff:* Helv. chim. Acta *5*, 832 (1922).
1236. *Katekar, G. F., A. G. Moritz:* Austral. J. Chem. *22*, 1199 (1969).
1237. *Kato, T., M. Sato, T. Yoshida:* Chem. Pharm. Bull. *19*, 292 (1971).
1238. *Kauffmann, T., H. Berg, E. Köppelmann:* Angew. Chem. *82*, 396 (1970).
1239. *Kaupp, G., J. Perreten, R. Leute, H. Prinzbach:* Chem. Ber. *103*, 2288 (1970).
1240. *Kawaguchi, H., H. Tsukiura, M. Okanishi, T. Miyaki, T. Ohmori, K. Fujisawa, H. Koshiyama:* J. Antibiot. (Tokyo) Ser. A *18*, 1 (1965).
1241. *Kawaguchi, H., T. Naito, H. Tsukiura:* J. Antibiot. (Tokyo) Ser. A *18*, 11 (1965).
1242. *Kawaguchi, H., T. Miyaki, H. Tsukiura:* J. Antibiot. (Tokyo) Ser. A *18*, 220 (1965).
1243. *Kawana, M., S. Emoto:* Bull. Chem. Soc. Japan *42*, 3539 (1969).
1244. *Kay, I. T., N. Punja:* J. Chem. Soc. (C) *1970*, 2409.
1245. *Kazanskaya, L. V., T. A. Melent'eva, M. Berezovskii:* Zhur. Obshch. Khim. *38*, 2020 (1968).
1246. *Kehrer, E. A.:* Chem. Ber. *34*, 1263 (1901).
1247. *Keil, J. G., I. R. Hooper, J. C. Godfrey et al.:* Antimicrob. Ag. Chemother. *1968*, 120; ebenda *1969*, 200.
1248. *Keil, J. G., I. R. Hooper, J. C. Godfrey et al.:* J. Antibiot. *21*, 551 (1968).
1249. *Keller-Schierlein, W., M. L. Mihailović, V. Prelog:* Helv. chim. Acta *41*, 220 (1958).
1250. *Kellogg, R. M., T. J. van Bergen, H. Wynberg:* Tetrahedron Lett. *1969*, 5211.
1251. *Kellogg, R. M.:* Tetrahedron Lett. *1972*, 1429 und dort zitierte Literatur.
1252. *Kelly, R. B., D. J. Whittingham, K. Wiesner:* Canad. J. Chem. *29*, 905 (1951).
1253. *Kenner, G. W., K. M. Smith, J. F. Unsworth:* Chem. Comm. *1973*, 43.
1254. *Kenworthy, J. G., J. Myatt, P. F. Todd:* J. Chem. Soc. (B) *1970*, 791.
1255. *Kerr, V. N., F. Newton Hayes, D. G. Ott:* Int. J. Appl. Rad. Isot. *1*, 284 (1957).
1256. *Khan, M. K. A., K. J. Morgan:* J. Chem. Soc. *1964*, 2579.
1257. *Khan, M. K. A., K. J. Morgan:* Tetrahedron *21*, 2197 (1965).
1258. *Khan, M. K. A., K. J. Morgan, D. P. Morrey:* Tetrahedron *22*, 2095 (1966).
1259. *Khayat, M. A. R., F. S. Al-Isa:* Tetrahedron Lett. *1970*, 1351.
1260. *Khetan, S. K., J. G. Hiriyakkanavar, M. V. George:* Tetrahedron *24*, 1567 (1968).
1261. *Khetan, S. K., M. V. George:* Tetrahedron *25*, 527 (1969).
1262. *Khokhlova, Yu. M., L. N. Sergeeva, N. S. Vul'fson, V. I. Zaretskii, V. G. Zaikin, V. I. Sheichenko, A. S. Khokhlov:* Khim. Prirod. Soedin. *4*, 307 (1968).
1263. *Khrapov, V. V., V. I. Gol'danskii, A. K. Prokof'ev, R. G. Kostyanovskii:* Zhur. Obshch. Khim. *37*, 3 (1967).

1264. *Khvostenko, V. I., I. I. Furlei, A. N. Kost, V. A. Budylin, L. G. Yudin:* Dokl. Akad. Nauk SSSR *189*, 817 (1969).

1265. *Kier, L. B.:* Tetrahedron Lett. *1965*, 3273.

1266. *Kim, Y. C.:* Canad. J. Chem. *47*, 3259 (1969).

1267. *King, F. E., G. D. Paterson:* J. Chem. Soc. *1936*, 400.

1268. *King, F. E., J. R. Marshall, P. Smith:* J. Chem. Soc. *1951*, 239.

1269. *King, R. B., M. B. Bisnette:* Inorg. Chem. *3*, 796 (1964).

1270. *King, R. B., A. Efraty:* J. Organomet. Chem. *20*, 264 (1969).

1271. *King, R. B., A. Efraty:* Org. Mass Spectrom. *3*, 1227 (1970).

1272. *King, S. M., C. R. Bauer, R. E. Lutz:* J. Amer. Chem. Soc. *73*, 2253 (1951).

1273. *Kira, M. A., A. Bruckner-Wilhelms:* Acta Chim. Acad. Sci. Hungaricae *56*, 47 (1968) [C. A. *69*, 86888 (1968)].

1274. *Kira, M. A., A. Bruckner-Wilhelms, F. Ruff, J. Borsy:* Acta Chim. Acad. Sci. Hungaricae *56*, 189 (1968) [C. A. *69*, 86743 (1968)].

1275. *Kitzing, R., R. Fuchs, M. Joyeux, H. Prinzbach:* Helv. chim. Acta *51*, 888 (1968).

1276. *Klages, F.:* Chem. Ber. *82*, 358 (1949).

1277. *Klamann, D., M. Fligge, P. Weyerstahl, J. Kratzer:* Chem. Ber. *99*, 556 (1966).

1278. *Klamann, D., P. Weyerstahl, H. Dujmovits:* Liebigs Ann. Chem. *714*, 76 (1968).

1279. *Klamerth, O.:* Chem. Ber. *84*, 254 (1951).

1280. *Klamerth, O., W. Kutscher:* Chem. Ber. *85*, 444 (1952).

1281. *Klasinc, L., N. Trinajstić:* Tetrahedron *27*, 4045 (1971).

1282. *Kleinspehn, G. G., A. H. Corwin:* J. Amer. Chem. Soc. *75*, 5295 (1953).

1283. *Kleinspehn, G. G., A. H. Corwin:* J. Amer. Chem. Soc. *76*, 5641 (1954).

1284. *Kleinspehn, G. G.:* J. Amer. Chem. Soc. *77*, 1546 (1955).

1285. *Kleinspehn, G. G., A. H. Corwin:* J. Org. Chem. *25*, 1048 (1960).

1286. *Kleinspehn, G. G., A. H. Corwin:* J. Amer. Chem. Soc. *82*, 2750 (1960).

1287. *Kleinspehn, G. G., A. E. Briod:* J. Org. Chem. *26*, 1652 (1961).

1288. *Kloetzel, M. C., J. L. Pinkus, R. M. Washburn:* J. Amer. Chem. Soc. *79*, 4222 (1957).

1289. *Knorr, L.:* Chem. Ber. *17*, 2863 (1884).

1290. *Knorr, L.:* Chem. Ber. *18*, 299, 1558 (1885).

1291. *Knorr, L.:* Liebigs Ann. Chem. *236*, 290 (1886).

1292. *Knorr, L., P. Rabe:* Chem. Ber. *34*, 3491 (1901).

1293. *Knorr, L., H. Lange:* Chem. Ber. *35*, 2998 (1902).

1294. *Knorr, L., K. Hess:* Chem. Ber. *45*, 2626 (1912).

1295. *Knorr, R., R. Huisgen:* Chem. Ber. *103*, 2598 (1970).

1296. *Kochanski, E., J. M. Lehn, B. Levy:* Chem. Phys. Lett. *4*, 75 (1969).

1297. *Kochi, Y., K. Nakamura:* Bitamin *39*, 113 (1969) [C. A. *70*, 71119 (1969)].

1298. *Kochi, Y., K. Nakamura, S. Ueoka:* Bitamin *40*, 161 (1969) [C. A. *71*, 124838 (1969)].

1299. *Kochi, Y., K. Nakamura, S. Ueoka:* Bitamin *40*, 166 (1969) [C. A. *71*, 124839 (1969)].

1300. *Kochi, Y., Y. Kaneda:* Bitamin *41*, 240 (1970) [C. A. *73*, 28958 (1970)].

1301. *Köster, R., H. Bellut, S. Hattori:* Liebigs Ann. Chem. *720*, 1 (1968).

1302. *Köster, R., H. Bellut, S. Hattori, L. Weber:* Liebigs Ann. Chem. *720*, 32 (1968).

1303. *Köttnitz, M.:* J. prakt. Chem. *6*, 136 (1873).

1304. *Kofod, H., L. E. Sutton, J. Jackson:* J. Chem. Soc. *1952*, 1467.

1305. *Kofron, W. G., F. B. Kirby, C. R. Hauser:* J. Org. Chem. *28*, 873 (1963).

1306. *Koizumi, M., T. Titani:* Bull. Chem. Soc. Japan *13*, 85 (1938).

1307. *Koizumi, M., T. Titani:* Bull. Chem. Soc. Japan *13*, 298 (1938).

1308. *Kojima, S.:* Kogyo Kagaku Zasshi *62*, 1260 (1959) [C. A. *57*, 8563 (1962)].

1309. *Komendantov, M. I., I. K. Krjuckova, I. N. Domnin:* Zhur. Org. Chim. *6*, 631 (1970).

1310. *Kondo, H., S. Ohno, S. Irie:* J. pharm. Soc. Japan *57*, 404 (1937) [C. A. *33*, 2135 (1939)].
1311. *Kondo, H., S. Ohno:* J. pharm. Soc. Japan *71*, 693 (1951) [C. A. *46*, 8086 (1952)].
1312. *Kondratov, V. K.:* Zhur. Fiz. Khim. *42*, 1597 (1968).
1313. *Kornfeld, E. C., R. G. Jones:* J. Org. Chem. *19*, 1671 (1954).
1314. *Korte, F., K. Trautner:* Chem. Ber. *95*, 307 (1962).
1315. *Korschun, G.:* Chem. Ber. *37*, a) 2183; b) 2196 (1904), c) ebenda *38*, 1125 (1905).
1316. *Korschun, G., C. Roll:* Bull. Soc. chim. France [4] *33*, 55 (1923).
1317. *Korschun, G., C. Roll:* Bull. Soc. chim. France [4] *37*, 130 (1925).
1318. *Korschun, G., C. Roll.:* Bull. Soc. chim. France [4] *43*, a) 1075; b) 1077; c) 1082; d) 1084; e) 1085 (1928).
1319. *Kost, A. N., I. I. Grandberg:* Zhur. Obshch. Khim. *26*, 565 (1956).
1320. *Kostyanovskii, R. G., A. K. Prokof'ev:* Izv. Akad. Nauk SSSR, Ser. Khim *1965*, 175.
1321. *Kostyanovskii, R. G., A. K. Prokof'ev:* Dokl. Akad. Nauk SSSR *164*, 1054 (1965).
1322. *Kostyanovskii, R. G., A. K. Prokof'ev:* Izv. Akad. Nauk SSSR, Ser. Khim. *1967*, 473.
1323. *Kotinskii, E. S., V. S. Bogomolov:* Ukrain. Khem. Zhur. *8*, 304 (1933).
1324. *Kraft, E.*, Dissertation, Universität Würzburg 1902.
1325. *Kramling, R. W., E. L. Wagner:* Theoret. chim. Acta *15*, 43 (1969).
1326. *Kray, L. R., M. G. Reinecke:* J. Org. Chem. *32*, 225 (1967).
1327. *Kreher, R., H. Pawelczyk:* Angew. Chem. *76*, 536 (1964).
1328. *Kreher, R., G. Vogt:* Angew. Chem. *82*, 958 (1970).
1329. *Kresze, G., J. Firl:* Angew. Chem. *76*, 439 (1964).
1330. *Kresze, G., H. Braun:* Tetrahedron Lett. *1969*, 1743.
1331. *Kresze, G., J. Firl, H. Braun:* Tetrahedron *25*, 4481 (1969).
1332. *Kresze, G., H. Saitner, J. Firl, W. Kosbahn:* Tetrahedron *27*, 1941 (1971).
1333. *Kreutzberger, A., P. A. Kalter:* J. Org. Chem. *25*, 554 (1960).
1334. *Kreutzberger, A., P. A. Kalter:* J. Phys. Chem. *65*, 624 (1961).
1335. *Kreutzberger, A., P. A. Kalter:* J. Org. Chem. *26*, 3790 (1961).
1336. *Kreutzberger, A.:* Arch. Pharm. *302*, 828 (1969).
1337. *Kröner, M.:* Chem. Ber. *100*, 3162 (1967).
1338. *Küster, W.:* Hoppe-Seyler's Z. Physiol. Chem. *121*, 135 (1922).
1339. *Küster, W., W. Maag:* Chem. Ber. *56*, 55 (1923).
1340. *Kuhn, L. P., G. G. Kleinspehn:* J. Org. Chem. *28*, 721 (1963).
1341. *Kuhn, R., K. Dury:* Liebigs Ann. Chem. *571*, 44 (1951).
1342. *Kuhn, R., H. Kainer:* Liebigs Ann. Chem. *578*, 226 (1952).
1343. *Kuhn, R., H. Kainer:* Liebigs Ann. Chem. *578*, 227 (1952).
1344. *Kuhn, R., H. Kainer:* Chem. Ber. *85*, 498 (1952).
1345. *Kuhn, R., H. Kainer:* Biochem. Biophys. Acta *12*, 325 (1953).
1346. *Kuhn, R., G. Osswald:* Chem. Ber. *89*, 1423 (1956).
1347. *Kumada, S., M. Hitomi, N. Watanabe, J. Mori, K. Katsukawa:* Yakugaku Kenkyu *39*, 121 (1968) [C. A. *70*, 36371 (1969)].
1348. *Kumler, P. L., O. Buchardt:* Chem. Commun. *1968*, 1321.
1349. *Kunii, T. L., H. Kuroda:* Theoret. chim. Acta *11*, 97 (1968).
1350. *Kuser, P., E. F. Frauenfelder, C. H. Eugster:* Helv. chim. Acta *54*, 969 (1971).
1351. *Kutscher, W., O. Klamerth:* Hoppe-Seyler's Z. Physiol. Chem. *286*, 190 (1951).
1352. *Kutscher, W., O. Klamerth:* Hoppe-Seyler's Z. Physiol. Chem. *289*, 229 (1952).
1353. *Kutscher, W., O. Klamerth:* Chem. Ber. *86*, 352 (1953).
1354. *Kutscher, W., G. Kaluza:* Chem. Ber. *99*, 3712 (1966).
1355. *Kuznetsova, N. P.:* Zhur. Fiz. Khim. *37*, 2001 (1963).

1356. *Lablache-Combier, A., M.-A. Remy:* Bull. Soc. chim. France *1971,* 679.

1357. *Lambowitz, A. M., C. W. Slayman:* J. Bacteriol. *112,* 1020 (1972).

1358. *Lancaster, R. E., Jr., C. A. Van der Werf:* J. Org. Chem. *23,* 1208 (1958).

1359. *Lang, R. P.:* J. Amer. Chem. Soc. *84,* 4438 (1962).

1360. *Lapin, H., A. Horeau:* Bull. Soc. chim. France *1960,* 1703.

1361. *Larsen, E. M., G. A. Terry:* J. Amer. Chem. Soc. *73,* 500 (1951).

1362. *Larson, H. O., T.-C. Ooi, A. K. Q. Siu, K. H. Hollenbeak, F. L. Cue:* Tetrahedron *25,* 4005 (1969).

1363. *Lascelles, J.:* Tetrapyrrole biosynthesis and its regulation. New York: W. A. Benjamin, Inc. 1964.

1364. *Laschtuvka, E., R. Huisgen:* Chem. Ber. *93,* 81 (1960).

1365. *Lassegues, J.-C., P. V. Huong:* Method. Phys. Anal. *5,* 69 (1969).

1366. *Lauransan, J., P. Pineau, J. Lascombe:* J. Chim. Phys. *63,* 635 (1966).

1367. *Laurence, C., B. Wojtkowiak:* Compt. Rend. (C) *264,* 1216 (1967).

1368. *Laurent, P.:* Ann. chim. (Paris) *10,* 397 (1938).

1369. *Lauria, F., V. Vechietti, I. de Carneri:* Il Farmaco (Ed. Sci.) *22,* 479 (1967).

1370. *Lautie, A., A. Novak:* J. chim. phys. et phys.-chem. biol. *69,* 1332 (1972).

1371. *Lautie, A., A. Novak:* J. Chem. Physics *56,* 2479 (1972).

1372. *Laviron, E., J. Tirouflet:* Advan. Polarogr., Proc. Intern. Congr. 2nd, Cambridge, Engl. *2,* 727 (1960).

1373. *Leary, J. D., J. M. Bobbitt, A. Rother, A. E. Schwarting:* Chem. Ind. (London) *1964,* 283.

1374. *Lebas, J.-M., M.-L. Josien:* Bull. Soc. Chim. France *1957,* 251.

1375. *Lecat, M.:* Ann. Soc. sci. Bruxelles [1], *61,*73 (1947).

1376. *Lecomte, J.:* Bull. Soc. Chim. France *1946,* 415.

1377. *Ledaal, T.:* Tetrahedron Lett. *1966,* 1653.

1378. *Lederer, L., C. Paal:* Chem. Ber. *18,* 2591 (1885).

1379. *Leditschke, H.:* Chem. Ber. *85,* 483 (1952).

1380. *Le Fèvre, C. G., R. J. W. Le Fèvre, B. P. Rao, M. R. Smith:* J. Chem. Soc. *1959,* 1188.

1381. *Le Fèvre, R. J. W., D. S. N. Murthy:* Austral. J. Chem. *19,* 1321 (1966).

1382. *Le Fèvre, R. J. W., D. V. Radford, G. L. D. Ritchie, P. Stiles:* J. Chem. Soc. (B) *1968,* 148.

1383. *Leicester, J., J. K. Bradley, R. G. Burr:* Chem. Ind. (London) *1962,* 208.

1384. *Leicknam, J. P., J. Lascombe, N. Fuson, M.-L. Josien:* Bull. Soc. Chim. France *1959,* 1516.

1385. *Lemal, D. M., T. W. Rave:* Tetrahedron *19,* 1119 (1963).

1386. *Lemal, D. M., S. D. McGregor:* J. Amer. Chem. Soc. *88,* 1335 (1966).

1387. *Lemberg, R., J. W. Legge:* Hematin compounds and bile pigments. New York: Interscience Publ., Inc. 1949.

1388. *Leonard, N. J., E. H. Burk, Jr.:* J. Amer. Chem. Soc. *72,* 2543 (1950).

1389. *Leroy, G.:* J. Chim. Phys. *60,* 1270 (1963).

1390. *Lesiak, T.:* Roczniki Chemii *45,* 1755 (1971).

1391. *Lespagnol, A., J. M. Dumont, J. Mercier, Mme. Etzensperger:* Bull. Soc. Pharm. Lille *1955,* No. 1, 87.

1392. *Letellier, G., L. P. Bouthillier:* Canad. J. Biochem. and Physiol. *34,* 1123 (1956).

1393. *Letellier, G., L. P. Bouthillier:* Canad. J. Biochem. and Physiol. *35,* 811 (1957).

1394. *Levchenko, E. S., Ya. G. Bal'on:* Zhur. Organ. Khim. *1,* 305 (1965).

1395. *Levchenko, E. S., Ya. G. Bal'on:* Zhur. Organ. Khim. *3,* 1509 (1967).

1396. *Levi, G.:* Compt. Rend. (B) *263,* 493 (1966).

1397. *Lewis, S. M., W. A. Corpe:* Appl. Microbiol. *12,* 13 (1964).

1398. *Libert, M., C. Caullet:* Bull. Soc. Chim. France *1971,* a) 1947; b) 2367.

1399. *Lichtenwald, H.:* Hoppe-Seyler's Z. Physiol. Chem. *273,* 118 (1942).

1400. *Lightner, D. A., L. K. Low:* J. Heterocycl. Chem. *9,* 167 (1972).
1401. *Lightner, D. A., G. B. Quistad:* Angew. Chem. *84,* 216 (1972).
1402. *Lilie, J.:* Z. Naturforsch. *26b,* 197 (1971).
1403. *Lin, W.-C.:* J. Chinese Chem. Soc. Ser. II *2,* 105 (1955).
1404. *Linda, P., G. Marino:* Ric. Sci. *37,* 424 (1967).
1405. *Linda, P., G. Marino:* J. Chem. Soc. (B) *1968,* 392.
1406. *Linda, P., G. Marino, S. Pignataro:* J. Chem. Soc. (B) *1971,* 1585.
1407. *Linnell, R. H.:* J. Chem. Physics *21,* 179 (1953).
1408. *Linnell, R. H., S. Umar:* Arch. Biochem. Biophys. *57,* 264 (1955).
1409. *Linnell, R. H., M. Aldo, F. Raab:* J. Chem. Physics *36,* 1401 (1962).
1410. *Linnell, R. H.:* J. Chem. Physics *41,* 3274 (1964).
1411. *Lippmaa, E., A. Olivson, J. Past:* Eesti NSV Teaduste Akad. Toimotised, Fuusik.-Mat. ja Tehnikateaduste Seer. *14,* 473 (1965) [C. A. *64,* 7552 (1966)].
1412. *Lippmaa, E., M. Mägi, S. S. Novikov, L. I. Khmelnitski, A. S. Prihodko, O. V. Lebedev, L. V. Epishina:* Org. Magn. Resonance 4, a) 153; b) 197 (1972).
1413. *Lively, D. H., M. Gorman, M. E. Haney, J. A. Mabe:* Antimicrob. Agents Chemother. *1966,* 462.
1414. *Lloyd, D., D. R. Marshall:* Angew. Chem. *84,* 447 (1972).
1415. *Loader, C. E., H. J. Anderson:* Tetrahedron *25,* 3879 (1969).
1416. *Loader, C. E., H. J. Anderson:* Canad. J. Chem. *49,* 45 (1971).
1417. *Loader, C. E., H. J. Anderson:* Canad. J. Chem. *49,* 1064 (1971).
1418. *Löffler, A., F. Norris, W. Taub, K. L. Svanholt, A. S. Dreiding:* Helv. Chim. Acta *53,* 403 (1970).
1419. *Lofthus, A.:* Mol. Phys. *2,* 367 (1959).
1420. *Loisel, J., V. Lorenzelli:* Spectr. Acta *23 A,* 2903 (1967).
1421. *Lombardi, N., P. M. de Santamaria, R. C. D. de Carnevale Bonino:* Rev. Soc. Quim. Mex. *11,* 148 (1967).
1422. *Longo, F. R., M. G. Finarelli, J. B. Kim:* J. Heterocycl. Chem. *6,* 927 (1969).
1423. *Longridge, J. L., T. W. Thompson:* J. Chem. Soc. (C) *1970,* 1658.
1424. *Longuet-Higgins, H. C., C. A. Coulson:* Trans. Faraday Soc. *43,* 87 (1947).
1425. *Lord, R. C., F. A. Miller:* J. Chem. Physics *10,* 328 (1942).
1426. *Lorenzelli, V., F. Cappellina:* Ann. chim. (Rom) *48,* 866 (1958).
1427. *Lorenzelli, V., A. Alemagna:* Compt. Rend. *257,* 2977 (1963).
1428. *Lorenzelli, V., G. Randi:* Atti Accad. Nazl. Lincei, Rend. Classe Sci. Fis. Mat. Nat. *36,* 646 (1964).
1429. *Lotti, B., O. Vezzosi:* Il. Farmaco (Ed. Sci.) *27,* 317 (1972).
1430. *Lovell, F. M.:* J. Amer. Chem. Soc. *88,* 4510 (1966).
1431. *Low, L. K., D. A. Lightner:* Chem. Commun. *1972,* 116.
1432. *Lown, J. W., T. W. Maloney, G. Dallas:* Canad. J. Chem. *48,* 584 (1970).
1433. *Lown, J. W., K. Matsumoto:* Canad. J. Chem. *48,* 2215 (1970).
1434. *Lown, J. W., K. Matsumoto:* Canad. J. Chem. *48,* 3399 (1970).
1435. *Luck, W. A. P.:* Naturwiss. *52,* 25, 49 (1965).
1436. *Luck, W. A. P.:* Naturwiss. *54,* 601 (1967).
1437. *Luijten, J. G. A., G. J. M. van der Kerk:* Rec. Trav. Chim. *82,* 1181 (1963).
1438. *Lukeš, R.:* Coll. Czech. Chem. Commun. *1,* 119 (1929).
1439. *Lukeš, R.:* Coll. Czech. Chem. Commun. *4,* 81 (1932).
1440. *Lukeš, R., J. Trojánek:* Coll. Czech. Chem. Commun. *18,* 648 (1953).
1441. *Lukeš, R., J. Plešek, J. Trojánek:* Coll. Czech. Chem. Commun. *24,* 1987 (1959).
1442. *Lukeš, R., Z. Linhartová:* Coll. Czech. Chem. Commun. *25,* 502 (1960).
1443. *Lumbroso, H., G. Pappalardo:* Bull. Soc. Chim. France *1961,* 1131.
1444. *Lumbroso, H.:* J. Chim. Phys. *61,* 132 (1964).
1445. *Lumbroso, H., C. Carpanelli:* Bull. Soc. Chim. France *1964,* 3198.
1446. *Lumme, P. O.:* Suomen Kemistilehti *33 B,* 87 (1960) [C. A. *55,* 5104 (1961)].

1447. *Lund, H., P. Lunde:* Acta Chem. Scand. *21*, 1067 (1967).
1448. *Lutskii, A. E., E. I. Goncharova:* Zhur. Fiz. Khim. *40*, 2735 (1966).
1449. *Lutskii, A. E., E. I. Goncharova:* Zhur. Fiz. Khim. *41*, 538 (1967).
1450. *Lutz, R. E., D. W. Boykin, Jr.:* J. Org. Chem. *32*, 1179 (1967).

1451. *Ma, J. C. N., E. W. Warnhoff:* Canad. J. Chem. *43*, 1849 (1965).
1452. *McConnel, J., V. Petrow, B. Sturgeon:* J. Chem. Soc. *1953*, 3332.
1453. *McCullough, J. J., W. S. Wu:* Tetrahedron Lett. *1971*, 3951.
1454. *McCullough, J. J., W. S. Wu, C. W. Huang:* J. Chem. Soc. (Perkin II) *1972*, 370.
1455. *MacDonald, D. M., S. F. MacDonald:* Canad. J. Chem. *33*, 573 (1955).
1456. *MacDonald, S. F.:* J. Chem. Soc. *1952*, 4176.
1457. *MacDonald, S. F.:* J. Chem. Soc. *1952*, 4184.
1458. *MacDonald, S. F.:* Canad. J. Chem. *32*, 812 (1954).
1459. *MacDonald, S. F., R. J. Stedman:* Canad. J. Chem. *32*, 896 (1954).
1460. *MacDonald, S. F., R. J. Stedman:* Canad. J. Chem. *33*, 458 (1955).
1461. *MacDonald, S. F., K. H. Michl:* Canad. J. Chem. *34*, 1671 (1956).
1462. *MacDonald, S. F., A. Markovac:* Canad. J. Chem. *43*, 3247 (1965).
1463. *McElvain, S. M., K. M. Bolliger:* Org. Synth. *9*, 78 (1929) (sowie Col. Vol. I, S. 461. New York: J. Wiley & Sons, Inc. 1932).
1464. *McEwen, W. E., T. T. Yee, T.-K. Liao, A. P. Wolf:* J. Org. Chem. *32*, 1947 (1967).
1465. *McEwen, W. E., D. H. Berkebile, T.-K. Liao, Y.-S. Lin:* J. Org. Chem. *36*, 1459 (1971).
1466. *McEwen, W. K.:* J. Amer. Chem. Soc. *58*, 1124 (1936).
1467. *Machsumov, A. G., A. Safaev, N. Madichanov:* Khim. Geterots. Soedin. *1970*, 125.
1468. *Machsumov, A. G., A. Safaev, N. Madichanov:* Zhur. Org. Khim. *6*, 401 (1970).
1469. *Maciel, G. E., J. W. McIver Jr., N. S. Ostlund, J. A. Pople:* J. Amer. Chem. Soc. *92*, 4497 (1970).
1470. *McKillop, A., B. P. Swann, E. C. Taylor:* J. Amer. Chem. Soc. *93*, 4919 (1971).
1471. *McKinnon, D. M.:* Canad. J. Chem. *43*, 2628 (1965).
1472. *MacRae, E. K.:* J. Exptl. Zool. *142*, 667 (1959).
1473. *Madsen, J. Ø., S.-O. Lawesson:* Tetrahedron *24*, 3369 (1968).
1474. *Maeda, K., A. Chinone, T. Hayashi:* Bull. Chem. Soc. Japan *43*, 1431 (1970).
1475. *Magnanini, G., T. Bentivoglio:* Gazz. chim. ital. *24 I*, 433 (1894).
1476. *Magnin, P., R. Rips, B. Nicod, J. P. Ergeteau:* Ann. Sci. Univ. Besançon, Med. *6*, 105 (1962).
1477. *Magnin, P., R. Rips, J. F. Mollard:* Anesthesie, Analgesie, Reanimation *20*, 371 (1963).
1478. *Malachowski, R., J. Jankiewicz-Wasowska:* Roczniki Chem. *25*, 35 (1951) [C. A. *47*, 10483 (1953)].
1479. *Manchanda, A. H., J. Nabney, D. W. Young:* J. Chem. Soc. (C) *1968*, 615.
1480. *Mancy, D., L. Ninet, J. Preud'Homme* (Rhone-Poulenc S. A.) Ger. Offen. 1.907.556 (1969) [C. A. *72*, 2153 (1970)].
1481. *Mandell, L., W. A. Blanchard:* J. Amer. Chem. Soc. *79*, 6198 (1957).
1482. *Mandell, L., J. U. Piper, C. E. Pesterfield:* J. Org. Chem. *28*, 574 (1963).
1483. *Mandell, L., E. C. Roberts:* J. Heterocycl. Chem. *2*, 479 (1965).
1484. *Mandravel, C., M. Gutul:* Rev. Chim. (Bucharest) *19*, 734 (1968) [C. A. *71*, 18607 (1969)].
1485. *Mannschreck, A., H. A. Staab, D. Wurmb-Gerlich:* Tetrahedron Lett. *1963*, 2003.
1486. *Mapstone, G. E.:* S. African Ind. Chemist *16*, No. 8, 142 (1962).
1487. *March, F. C., D. A. Couch, K. Emerson, J. E. Fergusson, W. T. Robinson:* J. Chem. Soc. (A) *1971*, 440.
1488. *Marek, B., E. Lerch:* J. Soc. Dyers Colourists *81*, 481 (1965).
1489. *Marey, T., J. Arriau:* Compt. Rend. (C) *272*, 850 (1971).

1490. *Marinangeli, A.:* Ann. chim. (Rom.) *44*, 211 (1954).

1491. *Marinangeli, A.:* Ann. chim. (Rom) *44*, 219 (1954).

1492. *Marinangeli, A.:* Ann. chim. (Rom) *44*, 880 (1954).

1493. *Marinangeli, A., C. Bonino:* Ann. chim. (Rom) *44*, 949 (1954).

1494. *Marino, G.:* J. Heterocycl. Chem. *9*, 817 (1972).

1495. *Marion, J. P., F. Müggler-Chavan, R. Viani, J. Bricout, D. Reymond, R. H. Egli:* Helv. chim. Acta *50*, 1509 (1967).

1496. *Markovac, A., S. F. MacDonald:* Canad. J. Chem. *43*, 3364 (1965).

1497. *Markovac, A., B. D. Kulakarni, K. B. Shaw, S. F. MacDonald:* Canad. J. Chem. *44*, 2329 (1966).

1498. *Marks, G. S., L. Bogorad:* Proc. Natl. Acad. Sci. U. S. *46*, 25 (1960).

1499. *Marks, G. S., D. K. Dougall, E. Bullock, S. F. MacDonald:* J. Amer. Chem. Soc. *82*, 3183 (1960).

1500. *Martin, D., S. Rackow:* Chem. Ber. *98*, 3662 (1965).

1501. *Martin, L. L., C.-J. Chang, H. G. Floss, J. A. Mabe, E. W. Hagaman, E. Wenkert:* J. Amer. Chem. Soc. *94*, 8942 (1972).

1502. *Marvel, C. S., R. M. Nowak, J. Economy:* J. Amer. Chem. Soc. *78*, 6171 (1956).

1503. *Marx, M., C. Djerassi:* J. Amer. Chem. Soc. *90*, 678 (1968).

1504. *Mataga, N.:* Bull. Chem. Soc. Japan *31*, 487 (1958).

1505. *Mathewson, J. H.:* J. Org. Chem. *28*, 2153 (1963).

1506. *Matsui, M., K. Okada:* Agr. Biol. Chem. *34*, 648 (1970).

1507. *Matsuo, T., H. Shosenji:* Bull. Chem. Soc. Japan *41*, 1068 (1968).

1508. *Matsuo, T., H. Shosenji, R. Miyamoto:* Bull. Chem. Soc. Japan *41*, 2849 (1968).

1509. *Matsuo, T., H. Shosenji:* Chem. Commun. *1969*, 501.

1510. *Matteson, D. S., H. R. Snyder:* J. Org. Chem. *22*, 1500 (1957).

1511. *Mauzerall, D.:* J. Amer. Chem. Soc. *82*, 2601 (1960).

1512. *Mauzerall, D.:* J. Amer. Chem. Soc. *82*, 2605 (1960).

1513. *Maxim, N., I. Zugravescu, I. Fulga:* Bull. Soc. Chim. France [5] *5*, 44 (1938).

1514. *Mazzola, V. J., K. F. Bernady, R. W. Franck:* J. Org. Chem. *32*, 486 (1967) und dort zitierte Literatur.

1515. *Meinwald, J., Y. C. Meinwald:* J. Amer. Chem. Soc. *88*, 1305 (1966).

1516. *Meinwald, J., H. C. J. Ottenheym:* Tetrahedron *27*, 3307 (1971).

1517. *Meinwald, J., W. R. Thompson, T. Eisner:* Tetrahedron Lett. *1971*, 3485.

1518. *Melent'eva, T. A., L. V. Kazanskaya, V. M. Berezovskii:* Dokl. Akad. Nauk SSSR *175*, 354 (1967).

1519. *Melent'eva, T. A., T. M. Filippova, L. V. Kazanskaya, I. M. Kustanovich, V. M. Berezovskii:* Zhur. Obshch. Khim. *41*, 179 (1971).

1520. *Melent'eva, T. A., L. V. Kazanskaya, V. M. Berezovskii:* Zhur. Obshch. Khim. *41*, 921 (1971).

1521. *Mellier, A., E. Gray:* Compt. Rend. (B) *265*, 45 (1967).

1522. *Mellier, A., M. Leard, E. Gray:* Compt. Rend. (B) *264*, 786 (1967).

1523. *Mellier, A.:* J. Phys. (Paris) *29*, 501 (1968).

1524. *Mellier, A.:* Compt. Rend. (B) *267*, 1335 (1968).

1525. *Mellier, A.:* J. Chim. Phys. Physicochim. Biol. *66*, 1580 (1969).

1526. *Mellier, A.:* Compt. Rend. (B) *268*, 1727 (1969).

1527. *Mellier, A.:* Compt. Rend. (B) *270*, 331 (1970).

1528. *Mellor, D. P., W. H. Lockwood:* Proc. Roy. Soc., New South Wales *74*, 141 (1940).

1529. *Menczel, S.:* Z. Physik. Chem. *125*, 161 (1927).

1530. *Mercier, F., R. Rips, M. Gavend, M. R. Gavend:* Ann. Pharm. France *19*, 753 (1961).

1531. *Mercier, F., P. Etzensperger, S. Dessaigne, J. Mercier:* Ann. Pharm. France *20*, 380 (1962).

1532. *Meshkauskaite, I., L. Urbonaite:* Tr. Pyatoi Nauchn.-Tekhn. Konf. Stud. Vysshikh Uchebn. Zavedenii Belorussk. SSR, Latv. SSR, Lit. SSR i Est. SSSR *1961,* 39 [C. A. *58,* 6794 (1963)].

1533. *Messerschmitt, T., U. v. Specht, H. v. Dobeneck:* Liebigs Ann. Chem. *751,* 50 (1971).

1534. *Mészáros, L., S. Földeák:* Acta Univ. Szegedienesis Acta Phys. et Chem. *4,* 161 (1958) [C. A. *53,* 15040 (1959)].

1535. *Mészáros, L., M. Bartok, A. S. Gilde:* Acta Univ. Szegedienesis, Acta Phys. et Chem. *13,* 121 (1967) [C. A. *69,* 35846 (1968)].

1536. *Metzger, W., H. Fischer:* Liebigs Ann. Chem. *527,* 1 (1937).

1537. *Meyers, A. I., T. A. Narwid, E. W. Collington:* J. Heterocycl. Chem. *8,* 875 (1971).

1538. *Michaeli, D., B. R. Meyers, L. Weinstein:* Antimicrob. Ag. Chemother. *1969,* 463.

1539. *Michaeli, D., B. R. Meyers, L. Weinstein:* J. Infec. Dis. *120,* 488 (1969).

1540. *Micheel, F., W. Kimpel:* Chem. Ber. *69,* 1990 (1936).

1541. *Micheel, F., H. Albers:* Liebigs Ann. Chem. *581,* 225 (1953).

1542. *Mićović, V. M., M. Lj. Mihailović:* J. Org. Chem. *18,* 1190 (1953).

1543. *Middleton, W. J., V. A. Engelhardt, B. S. Fisher:* J. Amer. Chem. Soc. *80,* 2822 (1958).

1544. *Middleton, W. J.:* J. Org. Chem. *30,* 1390 (1965).

1545. *Milazzo, G.:* Spectrochim. Acta *2,* 245 (1942).

1546. *Milazzo, G.:* Gazz. chim. ital. *74,* 152 (1944).

1547. *Milazzo, G.:* Gazz. chim. ital. *78,* 835 (1948).

1548. *Milazzo, G.:* Naturwiss. *39,* 81 (1952).

1549. *Milazzo, G.:* Experientia *8,* 259 (1952).

1550. *Milazzo, G.:* Gazz. chim. ital. *82,* 362 (1952).

1551. *Milazzo, G.:* Gazz. chim. ital. *82,* 808 (1952).

1552. *Milazzo, G.:* J. Chem. Physics *21,* 163 (1953) (vgl. J. Chem. Physics *21,* (1953)).

1553. *Milazzo, G.:* Gazz. chim. ital. *83,* 782 (1953).

1554. *Milazzo, G.:* Gazz. chim. ital. *83,* 787 (1953).

1555. *Milazzo, G., E. Miescher:* J. Phys. Rad. *15,* 401 (1954).

1556. *Miller, F. A.:* J. Amer. Chem. Soc. *64,* 1543 (1942).

1557. *Miller, L. F., R. E. Bambury:* J. Med. Chem. *13,* 1022 (1970).

1558. *Miller, R. L., P. G. Lykos, H. N. Schmeising:* J. Amer. Chem. Soc. *84,* 4623 (1962).

1559. *v. Miller, W., J. Plöchl:* Chem. Ber. *31,* 2718 (1898).

1560. *Mineo, A.:* Carriere Farm. *21,* 318 (1966).

1561. *Mingoia, Q.:* Gazz. chim. ital. *65,* 459 (1935).

1562. *Mingoia, Q.:* Boll. chim. farm. *77,* 337 (1938).

1563. *Minkin, V. I., A. F. Pozharskii, Yu. A. Ostroumov:* Khim. Geterots. Soedin. *1966,* 551.

1564. *Minkin, V. I., Yu. A. Zhdanov, A. D. Garnovskii, I. D. Sadekov:* Zhur. Fiz. Khim. *40,* 657 (1966).

1565. *Minkin, V. I., O. A. Osipov, D. Sh. Verkhovodova:* Zhur. Neorg. Khim. *11,* 2829 (1966).

1566. *Mirone, P.:* Atti Accad. Nazl. Lincei Rend., Classe Sci. Fis. Mat. Nat. *11,* 365 (1951).

1567. *Mirone, P., M. Vampiri:* Atti Accad. Nazl. Lincei Rend., Classe Sci. Fis. Mat. Nat. *12,* 405 (1952).

1568. *Mirone, P., A.-M. Drusiani:* Atti Accad. Nazl. Lincei Rend., Classe Sci. Fis. Mat. Nat. *16,* 69 (1954).

1569. *Mirone, P., C. Bonino, Jr.:* Atti Accad. Nazl. Lincei Rend., Classe Sci. Fis. Mat. Nat. *17,* 250 (1954).

1570. *Mirone, P.:* Ann. chim. (Rom) *46,* 39 (1956).

1571. *Mirone, P.:* Gazz. chim. ital. *86,* 165 (1956).

1572. *Mirone, P., G. F. Fabbri:* Gazz. chim. ital. *86,* 1079 (1956).

1573. *Mirone, P., A. M. Drusiani, V. Lorenzelli:* Ann. chim. (Rom) 46, 1217 (1956).
1574. *Mirone, P., V. Lorenzelli:* Ann. chim. (Rom) 48, 72 (1958).
1575. *Mironov, A. F., R. P. Evstigneeva, A. V. Chumachenko, N. A. Preobrazhenskii:* Zhur. Obshch. Khim. 34, 1488 (1964).
1576. *Mironov, A. F., L. D. Miroshnichenko, R. P. Evstigneeva, N. A. Preobrazhenskii:* Khim. Geterots. Soed. 1, 74 (1965).
1577. *Mironov, A. F., T. R. Ovsepyan, R. P. Evstigneeva, N. A. Preobrazhenskii:* Zhur. Obshch. Khim. 35, 324 (1965).
1578. *Mironov, A. F., V. D. Rumyantseva, G. A. Modnikova, R. P. Evstigneeva:* Zhur. Obshch. Khim. 40, 385 (1970).
1579. *Miroshnichenko, L. D., E. I. Filippovich, R. P. Evstigneeva, N. A. Preobrazhenskii:* Dokl. Akad. Nauk SSSR 134, 1100 (1960).
1580. *Miroshnichenko, L. D., R. P. Evstigneeva, E. I. Filippovich, N. A. Preobrazhenskii:* Zhur. Obshch. Khim. 31, 2975 (1961).
1581. *Miroshnichenko, L. D., R. P. Evstigneeva:* Izv. Akad. Nauk SSSR, Ser. Fiz. 27, 50 (1963).
1582. *Miroshnichenko, L. D., R. P. Evstigneeva, N. A. Preobrazhenskii:* Zhur. Obshch. Khim. 33, 2885 (1963).
1583. *Mitra, S. S.:* J. Chem. Physics 36, 3286 (1962).
1584. *Miyamoto, T., T. Iwamoto, Y. Sasaki:* J. Mol. Spectrosc. 35, 244 (1970).
1585. *Mizoguchi, T., I. Iijima:* Yakugaku Zasshi 85, 641 (1965) [C. A. 63, 9901 (1965)].
1586. *Mizuhara, Y.:* J. Org. Chem. 29, 2085 (1964).
1587. *Mizuno, C.:* Yakugaku Zasshi 77, 428 (1957) [C. A. 51, 12070 (1957)].
1588. *Moffett, R. B.:* J. Med. Chem. 11, 1251 (1968).
1589. *Moll, F., H. Thoma:* Arch. Pharm. (Weinheim) 301, 872 (1968).
1590. *Momicchioli, F., G. DelRe:* J. Chem. Soc. (B) 1969, 674.
1591. *Mondelli, R., V. Bocchi, G. P. Gardini, L. Chierici:* Org. Magn. Resonance 3, 7 (1971).
1592. *Montignie, E.:* Bull. Soc. Chim. France [4] 51, 689 (1932).
1593. *Moore, J. A., J. Binkert:* J. Amer. Chem. Soc. 81, 6029 (1959).
1594. *Moore, J. A., R. L. Wineholt, F. J. Marascia, R. W. Medeiros, F. J. Creegan:* J. Org. Chem. 32, 1353 (1967).
1595. *Morcillo, J., J. M. Orza:* Anal. Real Soc. Esp. Fis. Quim. 56 B, 231, 253 (1960).
1596. *Morelli, G., M. L. Stein:* J. Med. Pharm. Chem. 2, 79 (1960).
1597. *Morgan, E. N., E. M. Tanner:* J. Chem. Soc. 1955, 3305.
1598. *Morgan, K. J., D. P. Morrey:* Tetrahedron 22, 57 (1966).
1599. *Morgan, K. J., D. P. Morrey:* Tetrahedron 27, 245 (1971).
1600. *Morgan, L. R., R. Schunior:* J. Org. Chem. 27, 3696 (1962).
1601. *Morimoto, Y., M. Hashimoto, K. Hattori:* Tetrahedron Lett. 1968, 209.
1602. *Morsingh, F., S. F. MacDonald:* J. Amer. Chem. Soc. 82, 4377 (1960).
1603. *Mosby, W. L.:* J. Chem. Soc. 1957, 3997.
1604. *Motekaitis, R. J., A. E. Martell:* Inorganic Chem. 9, 1832 (1970).
1605. *Motekaitis, R. J., D. H. Heinert, A. E. Martell:* J. Org. Chem. 35, 2504 (1970).
1606. *Müller, G.:* J. prakt. Chem. [4] 4, 179 (1957).
1607. *Müller, G., G. Bezold:* Z. Naturforsch. 24 b, 47 (1969).
1608. *Müller, G., G. Bezold, W. Dieterle, G. Siebke:* Z. Naturforsch. 26 b, 92 (1971).
1609. *Müller, J.:* Hoppe-Seyler's Z. Physiol. Chem. 135, 108 (1924).
1610. *Mullen, P. A., M. K. Orloff:* J. Chem. Physics 51, 2276 (1969).
1611. *Muller, N., D. E. Pritchard:* J. Chem. Physics 31, 768, 1471 (1959).
1612. *Mulliken, R. S.:* J. Chem. Physics 7, 339 (1939).
1613. *Murakami, Y., K. Sakata:* Inorg. Chim. Acta 2, 273 (1968).
1614. *Murakami, Y., Y. Matsuda, K. Sakata:* Inorg. Chem. 10, 1728 (1971).
1615. *Murakami, Y., Y. Matsuda, K. Sakata:* Inorg. Chem. 10, 1734 (1971).
1616. *Murphy, P. J., T. L. Williams:* J. Med. Chem. 15, 137 (1972).

1617. *Nabih, I., E. Helmy:* J. pharm. Sci. *56,* 649 (1967).

1618. *Nagakura, S., T. Hosoya:* Bull. Chem. Soc. Japan *25,* 179 (1952).

1619. *Nagy, J., P. Hencsei:* J. Organomet. Chem. *20,* 37 (1969).

1620. *Nagy, J., P. Hencsei, E. Gergö:* Z. anorg. allg. Chem. *367,* 293 (1969).

1621. *Nagy, J., P. Hencsei:* J. Organomet. Chem. *24,* 603 (1970).

1622. *Nakajima, H.:* J. Phys. Soc. Japan *20,* 555 (1965).

1623. *Nakamura, S., H. Yonehara, H. Umezawa:* J. Antibiot. (Tokio) Ser. A *17,* 220 (1964).

1624. *Nakano, H., S. Umio, K. Kariyone, K. Tanaka, T. Kishimoto, H. Noguchi, I. Ueda, H. Nakamura, Y. Morimoto:* Tetrahedron Lett. *1966,* 737.

1625. *Nakaya, J., H. Kinoshita, S. Ono:* Nippon Kagaku Zasshi *78,* 940 (1957) [C. A. *53,* 21277 (1959)].

1626. *Nandi, D. L., K. F. Baker-Cohen, D. Shemin:* J. Biol. Chem. *243,* 1224 (1968).

1627. *Nandi, D. L., D. Shemin:* J. Biol. Chem. *243,* 1236 (1968).

1628. *Naqvi, N., Q. Fernando:* J. Org. Chem. *25,* 551 (1960).

1629. *Naya, Y., M. Kotake:* Nippon Kagaku Zasshi *89,* 1113 (1968) [C. A. *70,* 80786 (1969)].

1630. *Nenitzescu, C. D., D. Isacescu:* Bulet. Soc. Chim. Romanica *11,* 135 (1929) [C. A. *24,* 2442 (1930)].

1631. *Nenitzescu, C. D., E. Solomonica:* Chem. Ber. *64,* 1924 (1931).

1632. *Nenitzescu, C. D., I. Necsoiu, M. Zalman:* Comun. Acad. Rep. Pop. Romîne *7,* 421 (1957) [C. A. *52,* 16330 (1958)].

1633. *Nenitzescu, C. D., I. Necsoiu, M. Zalman:* Comun. Acad. Rep. Pop. Romîne *8,* 659 (1958) [C. A. *53,* 17092 (1959)].

1634. *Nersesyan, L. A., S. G. Agbalyan:* Arm. Khim. Zhur. *23,* 741 (1970).

1635. *Nesmeyanov, A. N., V. A. Sazonova, V. N. Drozd:* Dokl. Akad. Nauk SSSR *165,* 575 (1965).

1636. *Neuberger, A., J. J. Scott:* Nature *172,* 1093 (1953).

1637. *Neugebauer, W., H. R. Stumpf* (Kalle A.-G.) Ger. 1.105.714 (1959) [C. A. *56,* 8215 (1962)].

1638. *Neuner-Jehle, N.:* Tetrahedron Lett. *1968,* 2047.

1639. *Neve, R. A., R. F. Labbe, R. A. Aldrich:* J. Amer. Chem. Soc. *78,* 691 (1956).

1640. *Newmark, H. L., J. Berger:* J. Pharm. Sci. *59,* 1246 (1970).

1641. *Newmark, H. L., J. Berger, J. T. Carstensen:* J. Pharm. Sci. *59,* 1249 (1970).

1642. *Nicolaus, R. A.:* Gazz. chim. ital. *83,* 239 (1953).

1643. *Nicolaus, R. A., G. Oriente:* Gazz. chim. ital. *84,* 230 (1954).

1644. *Nicolaus, R. A., L. Mangoni:* Gazz. chim. ital. *85,* 1378 (1955).

1645. *Nicolaus, R. A., L. Mangoni:* Gazz. chim. ital. *85,* 1397 (1955).

1646. *Nicolaus, R. A., L. Mangoni:* Gazz. chim. ital. *86,* 358 (1956).

1647. *Nicolaus, R. A., L. Mangoni:* Gazz. chim. ital. *86,* 757 (1956).

1648. *Nicolaus, R. A., L. Mangoni, L. Caglioti:* Ann. chim. (Rom) *46,* 793 (1956).

1649. *Nicolaus, R. A., L. Mangoni:* Ann. chim. (Rom) *46,* 847 (1956).

1650. *Nicolaus, R. A., L. Mangoni:* Ann. chim. (Rom) *46,* 865 (1956).

1651. *Nicolaus, R. A., R. Nicoletti:* Ann. chim. (Rom) *47,* 167 (1957).

1652. *Nicolaus, R. A., L. Mangoni, R. Nicoletti:* Ann. chim. (Rom) *47,* 178 (1957).

1653. *Nicolaus, R. A., R. Nicoletti:* Ricerca sci. *27,* 1527 (1957).

1654. *Nicolaus, R. A., L. Mangoni:* Ricerca sci. *27,* 1865 (1957).

1655. *Nicolaus, R. A., A. Vitale, M. Piattelli:* Rend. Accad. Sci. Fis. Mat. [4], *25,* 220 (1958).

1656. *Nicolaus, R. A., L. Mangoni:* Ann. chim. (Rom) *48,* 400 (1958).

1657. *Nicolaus, R. A., R. Scarpati, C. Forino:* Rend. Accad. Sci. Fis. Mat. [4], *26,* 51 (1959).

1658. *Nicolaus, R. A., G. Narni, M. Pietelli, A. Vitale:* Rend. Accad. Sci. Fis. Mat. [4], *26,* 135 (1959).

1659. *Nicolaus, R. A., M. Dubini, R. Nicoletti:* Rend. Accad. Sci. Fis. Mat. *26*, 262 (1959).
1660. *Nicolaus, R. A., R. Scarpati:* Sugli acidi pirrolici. Neapel: Stabilimento Tipográfico Goglielmo Genovese 1962.
1661. *Nicoletti, R., M. L. Forcellese:* Gazz. chim. ital. *95*, 83 (1965).
1662. *Nicoletti, R., M. L. Forcellese:* Tetrahedron Lett. *1965*, 153.
1663. *Nicoletti, R., C. Germani:* Ricerca sci. *36*, 1343 (1966).
1664. *Nicoletti, R., M. L. Forcellese:* Gazz. chim. ital. *97*, 148 (1967).
1665. *Nicoletti, R., M. L. Forcellese, C. Germani:* Gazz. chim. ital. *97*, 685 (1967).
1666. *Nightingale, D. V., J. A. Gallagher:* J. Org. Chem. *24*, 501 (1959).
1667. *Nishida, M., T. Matsubara, N. Watanabe:* J. Antibiot. (Tokyo) Ser. A *18*, 211 (1965).
1668. *Nose, M., K. Arima:* J. Antibiot. (Tokyo) *22*, 135 (1969).
1669. *Novikov, S. S., V. M. Belikov:* Izvest. Akad. Nauk SSSR Otdel. Khim. Nauk *1959*, 1098.
1670. *Novikov, S. S., V. M. Belikov, Yu. P. Egorov, E. N. Safonova, L. V. Semenov:* Izvest. Akad. Nauk SSSR Otdel. Khim. Nauk *1959*, 1438.
1671. *Novikov, S. S., E. N. Safonova, V. M. Belikov:* Izvest. Akad. Nauk SSSR Otdel. Khim. Nauk *1960*, 1053.
1672. *Nozaki, H., T. Koyama, T. Mori, R. Noyori:* Tetrahedron Lett. *1968*, 2181.
1673. *Nozari, M. S., R. S. Drago:* J. Amer. Chem. Soc. *92*, 7086 (1970).
1674. *Nygaard, L., J. T. Nielsen, J. Kirchheiner, G. Maltesen, J. Rastrup-Andersen, G. O. Sørensen:* J. Mol. Struct. *3*, 491 (1969).
1675. *Nystrom, R. F., C. R. A. Berger:* J. Amer. Chem. Soc. *80*, 2896 (1958).

1676. *O'Brien, S., D. C. C. Smith:* J. Chem. Soc. *1960*, 4609 und dort zitierte Literatur.
1677. *Ochiai, E., K. Tsuda, S. Ikuma:* Chem. Ber. *68 B*, 1551 (1935).
1678. *Ochiai, E., K. Tsuda, S. Ikuma:* Chem. Ber. *68 B*, 1710 (1935).
1679. *Ochiai, E., K. Tsuda, S. Ikuma:* Chem. Ber. *69 B*, 2238 (1936).
1680. *Ochiai, E., K. Miyaki:* J. Pharm. Soc. Japan *57*, 583 (1937) [C. A. *31*, 6228 (1937)].
1681. *O'Connor, G. N., J. V. Crawford, Chi-Hua Wang:* J. Org. Chem. *30*, 4090 (1965).
1682. *Oddo, B.:* Gazz. chim. ital. *39 I*, 649 (1909).
1683. *Oddo, B.:* Chem. Ber. *43*, 1012 (1910).
1684. *Oddo, B.:* Gazz. chim. ital. *41 I*, 248 (1911).
1685. *Oddo, B., A. Moschini:* Gazz. chim. ital. *42 II*, 244 (1912).
1686. *Oddo, B., A. Moschini:* Gazz. chim. ital. *42 II*, 257 (1912).
1687. *Oddo, B., A. Moschini:* Gazz. chim. ital. *42 II*, 267 (1912).
1688. *Oddo, B., C. Dainotti:* Gazz. chim. ital. *42 I*, 716 (1912).
1689. *Oddo, B., C. Dainotti:* Gazz. chim. ital. *42 I*, 727 (1912).
1690. *Oddo, B.:* Gazz. chim. ital. *44 I*, 706 (1914).
1691. *Oddo, B.:* Chem. Ber. *47*, 2427 (1914).
1692. *Oddo, B., G. Acuto:* Gazz. chim. ital. *65*, 1029 (1935).
1693. *Oddo, B., C. Alberti:* Gazz. chim. ital. *68*, 204 (1938).
1694. *Oddo, B., F. Cambieri:* Gazz. chim. ital. *70*, 559 (1940).
1695. *Öfele, K., E. Dotzauer:* J. Organomet. Chem. *30*, 211 (1971).
1696. *Offenhauer, R. D., J. A. Brennan, R. C. Miller:* Ind. Eng. Chem. *49*, 1265 (1957).
1697. *Ogawa, S., Y. Kochi, H. Nishimura:* Eisei Shikenjo Hôkoku *76*, 21 (1958) [C. A. *53*, 16465 (1959)].
1698. *Oida, S., E. Ohki:* Chem. Pharm. Bull. *17*, 2461 (1969).
1699. *Okamura, W. H., T. J. Katz:* Tetrahedron *23*, 2941 (1967).
1700. *Olsen, R. K., H. R. Snyder:* J. Org. Chem. *28*, 3050 (1963).
1701. *Olsen, R. K., H. R. Snyder:* J. Org. Chem. *30*, 184 (1965).
1702. *O'Neill, L. A., S. M. Rybicka, T. Robey:* Chem. Ind. (London) *1962*, 1796.
1703. *Onishi, I., H. Tomita, T. Fukuzumi:* Bull. Agr. Chem. Soc. Japan *20*, 61 (1956).
1704. *Onishi, I., K. Yamamoto:* Bull. Agr. Chem. Soc. Japan *20*, 70 (1956).

1705. *Oosterhuis, A. G., J. P. Wibaut:* Rec. trav. chim. *55*, 348 (1936).

1706. *Oosterhuis, A. G., J. P. Wibaut:* Rec. trav. chim. *55*, 727 (1936).

1707. *Oosterhuis, A. G., J. P. Wibaut:* Rec. trav. chim. *55*, 729 (1936).

1708. *Orgel, L. E., T. L. Cottrell, W. Dick, L. E. Sutton:* Trans. Faraday Soc. 47, 113 (1951).

1709. *Osanova, L. K., V. B. Piskov:* Sintez Prirodn. Soedin., Ikh. Analogov i Fragmentov, Akad. Nauk SSSR, Otd. Obshch. i Tekhn. Khim. *1965*, 208 [C. A. *65*, 5432 (1966)].

1710. *Osborn, A. G., D. R. Douslin:* J. Chem. Eng. Data *13*, 534 (1968).

1711. *Osgerby, J. M., S. F. MacDonald:* Canad. J. Chem. *40*, 1585 (1962).

1712. *Osgerby, J. M., J. Pluscec, Y. C. Kim, F. Boyer, N. Stojanac, H. D. Mah, S. F. MacDonald:* Canad. J. Chem. *50*, 2652 (1972).

1713. *Osokin, D. Ya., I. N. Safin, I. A. Nuretdinov:* Dokl. Akad. Nauk SSSR *190*, 357 (1970).

1714. *Ostermayer, F., U. Renner* (J. R. Geigy, A.-G.) Ger. Offen. 2.050.999 (1971) [C. A. *75*, 48 900 (1971)].

1715. *Osugi, K.:* J. Pharm. Soc. Japan *75*, 1281 (1955) [C. A. *50*, 8596 (1956)].

1716. *O'Sullivan, P. S., J. de la Vega, H. F. Hameka:* Chem. Phys. Lett. *5*, 576 (1970).

1717. *Oswald, A. A., F. Noel:* J. Chem. Eng. Data *6*, 294 (1961).

1718. *Otting, W., H. Kainer:* Chem. Ber. *87*, 1205 (1954).

1719. *Otting, W.:* Chem. Ber. *89*, 1940 (1956).

1720. *Overberger, C. G., L. C. Palmer, B. S. Marks, N. R. Byrd:* J. Amer. Chem. Soc. *77*, 4100 (1955).

1721. *Overberger, C. G., A. Wartman, J. C. Salamone:* Org. Prep. Proced. *1*, 117 (1969).

1722. *Overberger, C. G., M. Valentine, J.-P. Anselme:* J. Amer. Chem. Soc. *91*, 687 (1969).

1723. *Overberger, C. G., J. Reichenthal, J.-P. Anselme:* J. Org. Chem. *35*, 138 (1970).

1724. *Overhoff, J.:* Rec. Trav. Chim. *59*, 741 (1940).

1725. *Ovsepyan, T. R., R. P. Evstigneeva, N. A. Preobrazhenskii:* Zhur. Obshch. Khim. *36*, 806 (1966).

1726. *Ovsepyan, T. R., K. Kanalina, R. P. Evstigneeva, N. A. Preobrazhenskii:* Arm. Khim. Zhur. *22*, 1085 (1969).

1727. *Ovsepyan, T. R., N. A. Grigoryan, A. A. Aroyan:* Arm. Khim. Zhur. *24*, 27 (1971).

1728. *Owen, A. J.:* Tetrahedron *14*, 237 (1961).

1729. *Paal, C.:* Chem. Ber. *18*, 367, 2251 (1885).

1730. *Pacault,* Ann. chim. (Paris) [12], *1*, 527 (1946).

1731. *Pachter, I. J., W. Herz* (Endo Laborat. Inc.) U. S. 3.415.843 (1968) [C. A. *70*, 68 140 (1969)].

1732. *Paden, J. H., A. H. Corwin, W. A. Bailey, Jr.:* J. Amer. Chem. Soc. *62*, 418 (1940).

1733. *Padwa, A., L. Hamilton:* Tetrahedron Lett. *1965*, 4363.

1734. *Padwa, A., L. Hamilton:* J. Heterocycl. Chem. *4*, 118 (1967).

1735. *Padwa, A., R. Gruber, D. Pashayan:* J. Org. Chem. *33*, 454 (1968).

1736. *Padwa, A., R. Gruber, D. Pashayan, M. Bursey, L. Dusold:* Tetrahedron Lett. *1968*, 3659.

1737. *Padwa, A., R. Gruber:* J. Amer. Chem. Soc. *92*, 100 (1970).

1738. *Padwa, A., R. Gruber:* J. Amer. Chem. Soc. *92*, 107 (1970).

1739. *Padwa, A., F. Albrecht, P. Singh, E. Vega:* J. Amer. Chem. Soc. *93*, 2928 (1971).

1740. *Pagani, G., S. Maiorana:* Chim. Ind. (Milan) *49*, 1194 (1967).

1741. *Page, T. F., Jr., T. Alger, D. M. Grant:* J. Amer. Chem. Soc. *87*, 5333 (1965).

1742. *Pajak, Z., F. Pellan:* Compt. Rend. *251*, 79 (1960).

1743. *Palmer, M. H., A. J. Gaskell:* Theoret. chim. Acta *23*, 52 (1971).

1744. *Palmer, M. H., A. J. Gaskell:* Theoret. chim. Acta *26*, 357 (1972).

1745. *Pandit, U. K., H. O. Huisman:* Rec. Trav. Chim. *85*, 311 (1966).

1746. *Papadopoulos, E. P., H. S. Habiby:* J. Org. Chem. *31*, 327 (1966).

1747. *Papadopoulos, E. P.:* J. Org. Chem. *31*, 3060 (1966).

1748. *Papadopoulos, E. P., K. I. Y. Tabello:* J. Org. Chem. *33*, 1299 (1968).

1749. *Papadopoulos, E. P., N. F. Haidar:* Tetrahedron Lett. *1968*, 1721.

1750. *Papadopoulos, E. P.:* J. Org. Chem. *37*, 351 (1972).

1751. *Paquette, L. A.:* Principles of modern heterocyclic chemistry, S. 110. New York: W. A. Benjamin, Inc. 1968.

1752. *Patterson, J. M., P. Drenchko:* J. Org. Chem. *24*, 878 (1959).

1753. *Patterson, J. M., J. Brasch, P. Drenchko:* J. Org. Chem. *26*, 4712 (1961).

1754. *Patterson, J. M., P. Drenchko:* J. Org. Chem. *27*, 1650 (1962).

1755. *Patterson, J. M., J. Brasch, P. Drenchko:* J. Org. Chem. *27*, 1652 (1962).

1756. *Patterson, J. M., L. T. Burka:* J. Amer. Chem. Soc. *88*, 3671 (1966).

1757. *Patterson, J. M., S. Soedigdo:* J. Org. Chem. *32*, 2969 (1967).

1758. *Patterson, J. M., A. Tsamasfyros, W. T. Smith, Jr.:* J. Heterocycl. Chem. *5*, 727 (1968).

1759. *Patterson, J. M., S. Soedigdo:* J. Org. Chem. *33*, 2057 (1968).

1760. *Patterson, J. M., L. T. Burka, M. R. Boyd:* J. Org. Chem. *33*, 4033 (1968).

1761. *Patterson, J. M., L. T. Burka:* Tetrahedron Lett. *1969*, 2215.

1762. *Patterson, J. M., R. L. Beine, M. R. Boyd:* Tetrahedron Lett. *1971*, 3923.

1763. *Paudler, W. W., E. A. Stephan:* J. Amer. Chem. Soc. *92*, 4468 (1970).

1764. *Paul, R., S. Tchelitcheff:* Bull. Soc. Chim. France *1968*, 2134.

1765. *Pauling, L., J. Sherman:* J. Chem. Physics *1*, 606 (1933).

1766. *Pauson, P. L., A. R. Qazi:* J. Organomet. Chem. *7*, 321 (1967).

1767. *Pauson, P. L., A. R. Qazi, B. W. Rockett:* J. Organomet. Chem. *7*, 325 (1967).

1768. *Penco, S., S. Redaelli, F. Arcamone:* Gazz. chim. ital. *97*, 1110 (1967).

1769. *Perchard, J.-P., M.-T. Forel, M.-L. Josien:* J. Chim. Phys. *61*, 660 (1964).

1770. *Perkampus, H. H., U. Krüger, W. Krüger:* Z. Naturforsch. *24b*, 1365 (1969).

1771. *Perrin, D. D.:* Austral. J. Chem. *17*, 484 (1964).

1772. *Perry, C. L., J. H. Weber:* J. Inorg. Nucl. Chem. *33*, 1031 (1971).

1773. *Person, M., J. Tirouflet:* Compt. Rend. *251*, 2532 (1960).

1774. *Person, M.:* Compt. Rend. *255*, 301 (1962).

1775. *Person, M.:* Bull. Soc. Chim. France *1966*, 1832.

1776. *Perveev, F. Ja., E. M. Vekshina, L. N. Surenkova:* Zhur. Obshch. Khim. *27*, 1526 (1957).

1777. *Perveev, F. Ja., E. M. Kuznetsova:* Zhur. Obshch. Khim. *28*, 2360 (1958).

1778. *Perveev, F. Ja., V. Ja. Statsevich:* Zhur. Obshch. Khim. *29*, 2132 (1959).

1779. *Perveev, F. Ja., E. Martinson:* Zhur. Obshch. Khim. *29*, 2922 (1959).

1780. *Perveev, F. Ja., V. Erschova:* Zhur. Obshch. Khim. *30*, 3554 (1960).

1781. *Perveev, F. Ja., V. Ja. Statsevich:* Zhur. Obshch. Khim. *30*, 3558 (1960).

1782. *Perveev, F. Ja., V. M. Demidova:* Zhur. Obshch. Khim. *32*, 121 (1962).

1783. *Perveev, F. Ja., V. Ja. Statsevich:* Zhur. Obshch. Khim. *32*, 2095 (1962).

1784. *Perveev, F. Ja., V. M. Demidova:* Zhur. Obshch. Khim. *34*, 3173 (1964).

1785. *Perveev, F. Ja., V. M. Demidova:* Zhur. Organ. Khim. *1*, 2244 (1965).

1786. *Perveev, F. Ja., V. Ja. Statsevich, L. P. Gavryuchenkova:* Zhur. Organ. Khim. *2*, 397 (1966).

1787. *Perveev, F. Ja., R. A. Bogatkin:* Zhur. Organ. Khim. *2*, 969 (1966).

1788. *Perveev, F. Ja., L. N. Shil'nikova, G. V. Merinova:* Zhur. Organ. Khim. *4*, 47 (1968).

1789. *Perveev, F. Ja., L. N. Shil'nikova, R. Ya. Irgal:* Zhur. Org. Khim. *5*, 1337 (1969).

1790. *Perveev, F. Ja., L. N. Gonoboblev:* Zhur. Org. Khim. *5*, 1517 (1969).

1791. *Perveev, F. Ja., N. A. Ampilogova, V. A. Timoshchuk:* Zhur. Obshch. Khim. *40*, 1545 (1970).

1792. *Pesson, M., M. Aurousseau, M. Joannic, F. Roquet:* Chim. Therapeut. *1966*, 127.

1793. *Pesson, M., D. Humbert, M. Dursin, H. Techer:* Compt. Rend. (C) *272*, 478 (1971).

1794. *Petit, R., R. Pallaud:* Compt. Rend. *258*, 230 (1964).

1795. *Petrov, A. A., N. V. Elsakov, V. B. Lebedev:* Optika i Spektr. *17*, 679 (1964).

1796. *Pfäffli, P., Ch. Tamm:* Helv. chim. Acta *52*, 1911 (1969).

1797. *Pfäffli, P., Ch. Tamm:* Helv. chim. Acta *52*, 1921 (1969).

1798. *Pfeiffer, P., T. Hesse, H. Pfitzner, W. Scholl, H. Thielert:* J. prakt. Chem. *149*, 217 (1937).

1799. *Pfluger, C. E.:* Acta Cryst. *15*, 1057 (1962).

1800. *Piattelli, M.:* Rend. Accad. Sci. Fis. Mat. (Neapel) *26*, 2 (1959).

1801. *Piattelli, M.:* Rend. Accad. Sci. Fis. Mat. (Neapel) *27*, 100 (1960).

1802. *Piattelli, M., G. di Prisco:* Rend. Accad. Sci. Fis. Mat. (Neapel) *27*, 254 (1960).

1803. *Piattelli, M.:* Tetrahedron *8*, 266 (1960).

1804. *Piattelli, M., L. Minale:* Rend. Accad. Sci. Fis. Mat. (Neapel) *27*, 283 (1960).

1805. *Piattelli, M., E. Fattorusso, S. Magno, R. A. Nicolaus:* Tetrahedron *18*, 941 (1962).

1806. *Piattelli, M., M. Adinolfi:* Rend. Accad. Sci. Fis. Mat. (Neapel) *31*, 63 (1964).

1807. *Piccinini, A.:* Gazz. chim. ital. *29 I*, 363 (1899).

1808. *Piccinini, A., L. Salmoni:* Gazz. chim. ital. *32 I*, 246 (1902).

1809. *Pickett, L. W., E. Paddock, E. Sackter:* J. Amer. Chem. Soc. *63*, 1073 (1941).

1810. *Pickett, L. W., M. E. Corning, G. M. Wieder, D. A. Semenow, J. M. Buckley:* J. Amer. Chem. Soc. *75*, 1618 (1953).

1811. *Pictet, A., P. Crépieux:* Chem. Ber. *28*, 1904 (1895).

1812. *Pictet, A.:* Chem. Ber. *37*, 2792 (1904).

1813. *Pictet, A.:* Chem. Ber. *38*, 1946 (1905).

1814. *Pieroni, A.:* Rend. Accad. Lincei *30 II*, 316 (1921).

1815. *Pieroni, A., A. Moggi:* Gazz. chim. ital. *53*, 126 (1923).

1816. *Pieroni, A.:* Rend. Accad. Lincei *32 II*, 175 (1923).

1817. *Pilar, F. L., J. R. Morris, II.:* J. Chem. Physics *34*, 389 (1961).

1818. *Piloty, O.:* Liebigs Ann. Chem. *366*, 254 (1909).

1819. *Piloty, O., E. Quitmann:* Chem. Ber. *42*, 4693 (1909).

1820. *Piloty, O.:* Chem. Ber. *43*, 489 (1910).

1821. *Piloty, O., K. Wilke:* Chem. Ber. *45*, 2586 (1912).

1822. *Piloty, O., P. Hirsch:* Liebigs Ann. Chem. *395*, 63 (1913).

1823. *Piloty, O., K. Wilke:* Chem. Ber. *46*, 1597 (1913).

1824. *Piloty, O., W. Krannich, H. Will:* Chem. Ber. *47*, 2531 (1914) (vgl. *H. Fischer, H. Ammann:* Chem. Ber. *56*, 2319 (1923)).

1825. *Pilyugin, G. T., A. P. Rud'ko, I. N. Chernyuk:* Khim. Geterots. Soedin. *1967*, 868.

1826. *Pine, L. A.:* Diss. Abstr. University Ann Arbor, Mich. *24*, 522 (1963).

1827. *Plancher, G., F. Cattadori:* Atti R. Accad. Lincei [5] *12 I*, 10 (1903) (C. Z. 1903, I, 838).

1828. *Plancher, G., F. Cattadori:* Gazz. chim. ital. *33 I*, 402 (1903).

1829. *Plancher, G., F. Cattadori:* Atti R. Accad. Lincei [5] *13 I*, 489 (1904) (C. Z. 1904, II, 305).

1830. *Plancher, G., C. Ravenna:* Atti R. Accad. Lincei [5] *14 I*, 214 (1905).

1831. *Plancher, G., U. Ponti:* Atti R. Accad. Lincei [5] *18 II*, 469 (1909).

1832. *Plancher, G., T. Zambonini:* Atti Accad. Naz. Lincei *22 II*, 712 (1913).

1833. *Plancher, G., E. Ghigi:* Gazz. chim. ital. *55*, 757 (1925).

1834. *Plieninger, H., H. Lichtenwald:* Hoppe-Seyler's Z. Physiol. Chem. *273*, 206 (1942).

1835. *Plieninger, H., M. Decker:* Liebigs Ann. Chem. *598*, 198 (1956).

1836. *Plieninger, H., H. Bauer:* Angew. Chem. *73*, 433 (1961).

1837. *Plieninger, H., H. Bauer, A. R. Katritzky, U. Lerch:* Liebigs Ann. Chem. *654*, 165 (1962).

1838. *Plieninger, H., J. Kurze:* Liebigs Ann. Chem. *680*, 60 (1964).

1839. *Plieninger, H., H. Bauer, W. Bühler, J. Kurze, U. Lerch:* Liebigs Ann. Chem. *680*, 69 (1964).

1840. *Plieninger, H., U. Lerch, A. Tapia:* Liebigs Ann. Chem. *698*, 191 (1966).

1841. *Plieninger, H., U. Lerch:* Liebigs Ann. Chem. *698,* 196 (1966).

1842. *Plieninger, H., U. Lerch, H. Sommer:* Liebigs Ann. Chem. *711,* 130 (1968).

1843. *Plieninger, H., P. Hess, J. Ruppert:* Chem. Ber. *101,* 240 (1968).

1844. *Plieninger, H., R. Steinsträsser:* Liebigs Ann. Chem. *723,* 149 (1969).

1845. *Plieninger H., J. Ruppert:* Liebigs Ann. Chem. *736,* 43 (1970).

1846. *Plieninger, H., K. Ehl, A. Tapia:* Liebigs Ann. Chem. *736,* 62 (1970).

1847. *Plieninger, H., A. Müller:* Synthesis *1970,* 586.

1848. *Plieninger, H., H. Husseini:* Synthesis *1970,* 587.

1849. *Plieninger, H., K. Stumpf:* Chem. Ber. *103,* 2562 (1970).

1850. *Plieninger, H., K. Ehl, K. Klinga:* Liebigs Ann. Chem. *743,* 112 (1971).

1851. *Plieninger, H., F. El-Barkawi, K. Ehl, R. Kohler, A. F. McDonagh:* Liebigs Ann. Chem. *758,* 195 (1972).

1852. *Pluscec, J., L. Bogorad:* Biochemistry *9,* 4736 (1970).

1853. *Poduška, K., J. Rudinger, J. Gloede, H. Gross:* Coll. Czech. Chem. Comm. *34,* 1002 (1969).

1854. *Poggi, A. R., M. Milletti:* Ann. chim. (Rom) *41,* 761 (1951).

1855. *Poggi, A. R., M. Milletti:* Ann. chim. (Rom) *42,* 619 (1952).

1856. *Poggi, A. R., M. Milletti:* Chimica (Milan) *8,* 149 (1953).

1857. *Poggi, A. R., M. Milletti:* Ann. chim. (Rom) *43,* 232 (1953).

1858. *Pollak, A., M. Tišler:* Tetrahedron Lett. *1964,* 253.

1859. *Ponomarev, A. A., N. P. Maslennikova, N. V. Alakina, A. P. Kriven'ko:* Dokl. Akad. Nauk SSSR *131,* 1355 (1960).

1860. *Ponomarev, A. A., I. M. Skvortsov, A. A. Khorkin:* Zhur. Obshch. Khim. *33,* 2687 (1963).

1861. *Ponomarev, A. A., I. M. Skvortsov, L. N. Astakhova:* Dokl. Akad. Nauk SSSR *155,* 861 (1964).

1862. *Ponomarev, A. A., L. N. Astakhova, V. I. Simontsev:* Khim. Geterots. Soedin. *1965,* 81.

1863. *Ponomarev, A. A., A. S. Chegolya, V. N. Dyukareva:* Khim. Geterots. Soedin. *1966,* 239.

1864. *Ponomarev, A. A., I. A. Markushina, A. A. Rechinskaya:* Khim. Geterots. Soedin. *1969,* 594.

1865. *Ponomarev, A. A., V. M. Levin:* Khim. Geterots. Soedin. *1969,* 939.

1866. *Ponomarev, A. A., I. A. Markushina, G. E. Marinicheva:* Khim. Geterots. Soedin. *1970,* 1443.

1867. *Ponomarev, G. V., R. P. Evstigneeva, N. A. Preobrazhenskii:* Khim. Geterots. Soedin. *1969,* 185.

1868. *Ponomarev, G. V., R. P. Evstigneeva, N. A. Preobrazhenskii:* Zhur. Org. Khim. *7,* 169 (1971).

1869. *Pople, J. A., P. Schofield:* Proc. Roy. Soc. (London) A *233,* 241 (1955).

1870. *Porter, C. R.:* J. Chem. Soc. *1938,* 368.

1871. *Porter, D. M., W. S. Brey, Jr.:* J. Physical Chem. *72,* 650 (1968).

1872. *Potakov, V. K., O. A. Yuzhakova:* Dokl. Akad. Nauk SSSR *192,* 131 (1970).

1873. *Potakov, V. K., B. A. Bazhenov:* Khim. Vys. Energ. *4,* 553 (1970) [C. A. *74,* 26604 (1971)].

1874. *Potts, H. A., G. F. Smith:* J. Chem. Soc. *1957,* 4018.

1875. *Potts, K. T., D. N. Roy:* Chem. Commun. *1968,* 1061.

1876. *Potts, K. T., U. P. Singh:* Chem. Commun. *1969,* 66.

1877. *Potts, K. T., S. Husain, S. Husain:* Chem. Commun. *1970,* 1360.

1878. *Poutsma, M. L., P. A. Ibarbia:* J. Org. Chem. *36,* 2572 (1971).

1879. *Prasad, K. S. N., R. Raper:* Nature *175,* 629 (1955).

1880. *Prasad, S., R. C. Srivastava:* Indian J. Chem. *3,* 87 (1965).

1881. *Pratesi, P.:* Gazz. chim. ital. *65,* 43 (1935).

1882. *Pratesi, P.:* Gazz. chim. ital. *65*, 658 (1935).

1883. *Pratesi, P.:* Gazz. chim. ital. *67*, 188, 199 (1937) und dort zitierte Literatur.

1884. *Pratesi, P., G. Castorina:* Gazz. chim. ital. *83*, 913 (1953) und dort zitierte Literatur.

1885. *Pratt, Y. T.,* in *R. C. Elderfield:* Heterocyclic Compounds, Band 6, S. 377. New York: John Wiley & Sons, Inc. 1957.

1886. *Preininger, V., H. Potĕšilová, F. Šantavý:* Chem. Listy *52*, 25 (1958).

1887. *Preuss, H., R. Janoschek:* J. Mol. Struct. *3*, 423 (1969).

1888. *Price, K. E., D. R. Chisholm, F. Leitner, M. Misiek:* Antimicrob. Ag. Chemother. *1969*, 209.

1889. *Price, K. E., D. R. Chisholm, J. C. Godfrey, M. Misiek, A. Gourevitch:* Appl. Microbiol. *19*, 14 (1970).

1890. *Price, W. C., A. D. Walsh:* Proc. Roy. Soc. *A 179*, 201 (1941).

1891. *Prima, A. M.:* Opt. Spektrosk., Akad. Nauk SSSR, Otd. Fiz.-Mat. Nauk, Suppl. *3*, 157 (1967).

1892. *Prinzbach, H., R. Fuchs, R. Kitzing:* Angew. Chem. *80*, 78 (1968).

1893. *Pritchard, H. O., F. H. Sumner:* Proc. Roy. Soc. (London) *235 A*, 136 (1956).

1894. *Pugmire, R. J., D. M. Grant:* J. Amer. Chem. Soc. *90*, 4232 (1968).

1895. *Pullin, J. A., R. L. Werner:* Spectrochim. Acta *21*, 1257 (1965).

1896. *Pullman, B.:* Bull. Soc. Chim. France [5], *15*, 533 (1948).

1897. *Puschendorf, B., H. Grunicke:* FEBS Lett. *4*, 355 (1969).

1898. *Puschendorf, B., H. Wolf, H. Grunicke, E. Petersen, H. Werchau:* Stud. Biophys. *24–25*, 327 (1970).

1899. *Puschendorf, B., E. Petersen, H. Wolf, H. Werchau, H. Grunicke:* Biochem. Biophys. Res. Commun. *43*, 617 (1971).

1900. *Putochin, N.:* Chem. Ber. *59 B*, 1987 (1926).

1901. *Quadri, S. M. H., R. P. Williams:* Biochim. Biophys. Acta *230*, 181 (1971).

1902. *Quattlebaum, W. M., Jr., A. H. Corwin:* J. Amer. Chem. Soc. *64*, 922 (1942).

1903. *Quilico, A.:* I Pigmenti neri animali e vegetali Pavia: Typ. Fusi 1937.

1904. *Quistad, G. B., D. A. Lightner:* J. Chem. Soc. (D) *1971*, 1099.

1905. *Quistad, G. B., D. A. Lightner:* Tetrahedron Lett. *1971*, 4417.

1906. *Raciszewski, Z., E. H. Braye:* Photochem. Photobiol. *12*, 429 (1970).

1907. *Radhakrishnan, A. N., A. Meister:* J. Biol. Chem. *226*, 559 (1957).

1908. *Radmer, R., L. Bogorad:* Biochemistry *11*, 904 (1972).

1909. *Raecke, B.:* Angew. Chem. *70*, 1 (1958).

1910. *Rahkamaa, E.:* J. Chem. Physics *48*, 531 (1968).

1911. *Rahkamaa, E.:* Z. Naturforsch. *24 a*, 2004 (1969).

1912. *Rahkamaa, E.:* Ann. Acad. Sci. Fenn., Ser. A 6, No. 354 (1970) 14 pp. [C. A. *75*, 42862 (1971)].

1913. *Rahkamaa, E.:* Mol. Phys. *19*, 727 (1970).

1914. *Raines, S.:* J. Org. Chem. *32*, 227 (1967).

1915. *Raines, S., C. A. Kovacs:* J. Heterocycl. Chem. *7*, 223 (1970).

1916. *Raines, S., C. A. Kovacs:* J. Med. Chem. *13*, 1227 (1970).

1917. *Rainey, J. L., H. Adkins:* J. Amer. Chem. Soc. *61*, 1104 (1939).

1918. *Ramart-Lucas, P., J. Hoch, J. Klein:* Compt. Rend. *232*, 336 (1951).

1919. *Ramart-Lucas, P., M. Grumez, J. Hoch, K. Klein, M. Martynoff, M. Roch:* Bull. Soc. Chim. France *1954*, 1017.

1920. *Ramasseul, R., A. Rassat:* Chem. Commun. *1965*, 453.

1921. *Ramasseul, R., A. Rassat:* Bull. Soc. Chim. France *1965*, 3136.

1922. *Ramasseul, R., A. Rassat:* Bull. Soc. Chim. France *1970*, 4330.

1923. *Ramasseul, R., A. Rassat, G. Rio, M.-J. Scholl:* Bull. Soc. Chim. France *1971*, 215.

1924. *Ramasseul, R., A. Rassat:* Tetrahedron Lett. *1972,* 1337.

1925. *Ramiah, K. V., V. V. Chalapathi:* Current Sci. (India) 35, 301 (1966).

1926. *Ranganathan, S., S. K. Kar:* Tetrahedron Lett. *1971,* 1855.

1927. *Ranjon, A.:* Bull. Soc. Chim. France *1971,* 2068.

1928. *Rao, Y. S., R. Filler:* J. Chem. Soc. *1963,* 4996.

1929. *Rao, Y. S., R. Filler:* Chem. Ind. (London) *1964,* 1862.

1930. *Rapoport, H., E. Jorgensen:* J. Org. Chem. *14,* 664 (1949).

1931. *Rapoport, H., M. Look:* J. Amer. Chem. Soc. *75,* 4605 (1953).

1932. *Rapoport, H., C. G. Christian, G. Spencer:* J. Org. Chem. *19,* 840 (1954).

1933. *Rapoport, H., C. D. Willson:* J. Org. Chem. *26,* 1102 (1961).

1934. *Rapoport, H., C. D. Willson:* J. Amer. Chem. Soc. *84,* 630 (1962).

1935. *Rapoport, H., K. G. Holden:* J. Amer. Chem. Soc. *84,* 635 (1962).

1936. *Rapoport, H., N. Castagnoli, Jr.:* J. Amer. Chem. Soc. *84,* 2178 (1962).

1937. *Rapoport, H., N. Castagnoli, Jr., K. G. Holden:* J. Org. Chem. *29,* 883 (1964).

1938. *Rapoport, H., J. Bordner:* J. Org. Chem. *29,* 2727 (1964).

1939. *Ratuský, J., F. Šorm:* Coll. Czech. Chem. Commun. *23,* 467 (1958).

1940. *Ratuský, J.:* Coll. Czech. Chem. Commun. *36,* 2831 (1971).

1941. *Ravich, G. B., B. N. Egorov:* Dokl. Akad. Nauk SSSR *122,* 250 (1958).

1942. *Ray, G. C., C. E. Smith* (Phillips Petroleum Co.) U. S. 2.905.730 (1959) [C. A. *54,* 1831 (1960)].

1943. *Raynaud, M., R. Royer, B. Bizzini, E. Bisagni:* Ann. Inst. Pasteur *92,* 618 (1957).

1944. *Rayner, J. H., H. M. Powell:* J. Chem. Soc. *1952,* 319.

1945. *Reddy, G. S., J. H. Goldstein:* J. Amer. Chem. Soc. *83,* 5020 (1961).

1946. *Reddy, G. S.:* Chem. Ind. (London) *1965,* 1426.

1947. *Reich, H. E., R. Levine:* J. Amer. Chem. Soc. *77,* 4913 (1955).

1948. *Reichstein, T.:* Helv. Chim. Acta *13,* 349 (1930).

1949. *Reichstein, T.:* Helv. Chim. Acta *15,* 1110 (1932).

1950. *Reinecke, M. G., H. W. Johnson, Jr., J. F. Sebastian:* J. Amer. Chem. Soc. *85,* 2859 (1963).

1951. *Reisch, J.:* Arch. Pharm. (Weinheim) *298,* 591 (1965).

1952. *Remers, W. A., G. J. Gibs, C. Pidacks, M. J. Weiss:* J. Org. Chem. *36,* 279 (1971).

1953. *Remers, W. A., R. H. Roth, G. J. Gibs, M. J. Weiss:* J. Org. Chem. *36,* 1232 (1971).

1954. *Remers, W. A., M. J. Weiss:* J. Org. Chem. *36,* 1241 (1971).

1955. *Reppe, W.:* Liebigs Ann. Chem. *596,* 106, 155 (1955).

1956. *Reppe, W.:* Liebigs Ann. Chem. *601,* 132 (1956).

1957. *Reynolds, E.:* J. Chem. Soc. *95,* 505 (1909).

1958. *Reynolds, E.:* J. Chem. Soc. *95,* 508 (1909).

1959. *Riccieri, F. M., F. Gualtieri, B. Babudieri:* Il Farmaco (Ed. Sci.) *20,* 707 (1965).

1960. *Rice, H. L., T. E. Londergan:* J. Amer. Chem. Soc. *77,* 4678 (1955).

1961. *Ried, W., R. Lantzsch:* Liebigs Ann. Chem. *750,* 97 (1971).

1962. *Rigaudy, J., J. Baranne-Lafont:* Bull. Soc. Chim. France *1969,* 2765.

1963. *Rijkens, F., M. J. Janssen, G. J. M. van der Kerk:* Rec. Trav. Chim. *84,* 1597 (1965).

1964. *Rimington, C., S. Krol:* Nature *175,* 630 (1955).

1965. *Rinkes, I. J.:* Rec. Trav. Chim. *53,* 1167 (1934).

1966. *Rinkes, I. J.:* Rec. Trav. Chim. *56,* 1142 (1937).

1967. *Rinkes, I. J.:* Rec. Trav. Chim. *56,* 1224 (1937).

1968. *Rinkes, I. J.:* Rec. Trav. Chim. *57,* 423 (1938).

1969. *Rinkes, I. J.:* Rec. Trav. Chim. *60,* 303 (1941).

1970. *Rinkes, I. J.:* Rec. Trav. Chim. *60,* 650 (1941).

1971. *Rinkes, I. J.:* Rec. Trav. Chim. *60,* 937 (1942).

1972. *Rinkes, I. J.:* Rec. Trav. Chim. *61,* 148 (1942).

1973. *Rinkes, I. J.:* Rec. Trav. Chim. *62,* 116 (1943).

1974. *Rio, G., A. Ranjon, O. Pouchot:* Compt. Rend. *263,* 634 (1966).
1975. *Rio, G., M.-J. Scholl:* Bull. Soc. Chim. France *1968,* 4676.
1976. *Rio, G., A. Ranjon, O. Pouchot:* Bull. Soc. Chim. France *1968,* 4679.
1977. *Rio, G., A. Ranjon, O. Pouchot, M.-J. Scholl:* Bull. Soc. Chim. France *1969,* 1667.
1978. *Rio, G., A. Lecas-Nawrocka:* Bull. Soc. Chim. France *1971,* 1723.
1979. *Rio, G., M.-J. Scholl:* Bull. Soc. Chim. France *1972,* 826.
1980. *Rio, G., D. Masure:* Bull. Soc. Chim. France *1972,* 4610.
1981. *Rips, R., N. P. Buu-Hoi:* J. Org. Chem. *24,* a) 372; b) 551 (1959).
1982. *Rips, R., C. Derappe, N. P. Buu-Hoi:* J. Org. Chem. *25,* 390 (1960).
1983. *Rips, R., A. Magnin, F. Barale, P. Magnin:* Chim. Therapeut. *3,* 445 (1968).
1984. *Rips, R., G. Boschi, M. Crucifix, M. Dupont:* Chim. Therapeut. *5,* 197 (1970).
1985. *Robelet, A., F. Erb-Debruyne, N. Bizard-Gregoire, J. Bizard:* Therapie *20,* 427 (1965).
1986. *Roberts, J. D.:* J. Amer. Chem. Soc. *78,* 4495 (1956).
1987. *Robertson, A. V., A. Witkop:* J. Amer. Chem. Soc. *84,* 1697 (1962).
1988. *Robertson, A. V., J. E. Francis, B. Witkop:* J. Amer. Chem. Soc. *84,* 1709 (1962).
1989. *Robinson, B.:* Chem. Rev. *63,* 397 (1963) und dort zitierte Literatur.
1990. *Robinson, B.:* Tetrahedron *20,* 515 (1964).
1991. *Robinson, B.:* Chem. Rev. *69,* 227 (1969).
1992. *Robinson, B.:* Chem. Rev. *69,* 785 (1969).
1993. *Robinson, G. M., R. Robinson:* J. Chem. Soc. *113,* 639 (1918).
1994. *Robson, J. H., E. Marcus:* Chem. Ind. (London) *1970,* 1022.
1995. *Roček, J.:* Coll. Czech. Chem. Commun. *19,* 275 (1954).
1996. *Roche, M., L. Pujol:* Bull. Soc. Chim. France *1970,* 273.
1997. *Roche, M., L. Pujol:* J. Chim. Phys. Physico-Chim. Biol. *68,* 465 (1971).
1998. *Rodebaugh, R. M., N. H. Cromwell:* Tetrahedron Lett. *1967,* 2859.
1999. *Roelfsema, W. A., H. J. den Hertog:* Tetrahedron Lett. *1967,* 5089.
2000. *Rogers, E. F., F. R. Koniuszy, J. Shavel, Jr., K. Folkers:* J. Amer. Chem. Soc. *70,* 3086 (1948).
2001. *Rogers, M. A. T.:* J. Chem. Soc. *1943,* 590.
2002. *Rogers, M. A. T.:* J. Chem. Soc. *1943,* 596.
2003. *Rogers, M. A. T.:* J. Chem. Soc. *1943,* 598.
2004. *Rogers, M. A. T.* (Imperial Chem. Ind. Ltd.) U.S. 2.382.916 (1945) [C. A. *40,* 904 (1946)].
2005. *Ronayne, J., D. H. Williams:* J. Chem. Soc. (B) *1967,* 540, 805.
2006. *Roncato, A.:* Arch. sci. biol. (Italy) *19,* 288 (1933).
2007. *Roomi, M. W.:* Canad. J. Chem. *47,* 1099 (1969).
2008. *Roomi, M. W.:* Experientia *26,* 7 (1970).
2009. *Roomi, M. W., S. F. MacDonald:* Canad. J. Chem. *48,* 139 (1970).
2010. *Roomi, M. W., S. F. MacDonald:* Canad. J. Chem. *48,* 1689 (1970).
2011. *Roomi, M. W., H. Dugas:* Canad. J. Chem. *48,* 2303 (1970).
2012. *Roomi, M. W.:* Tetrahedron *26,* 4243 (1970).
2013. *Roomi, M. W.:* Experientia *27,* 505 (1971).
2014. *Roomi, M. W.:* J. Chromatogr. *65,* 580 (1972).
2015. *Roomi, M. W.:* Experientia *28,* 882 (1972).
2016. *Roques, B., C. Jaureguiberry, M. C. Fournié-Zaluski, S. Combrisson:* Tetrahedron Lett. *1971,* 2693.
2017. *Rosenberg, D. S., E. Weil* (Hooker Chem. Corp.) U.S. 2.951.081 (1960) [C. A. *55,* 4532 (1961)].
2018. *Rosenmund, P., K. Grübel:* Angew. Chem. *80,* 702 (1968).
2019. *Roth, H. J., H. George, F. Assadi:* Arch. Pharm. (Weinheim) *303,* 753 (1970).
2020. *Roth, H. J., H.-E. Hagen:* Arch. Pharm. (Weinheim) *304,* 70 (1971).
2021. *Roth, H. J., H.-E. Hagen:* Arch. Pharm. (Weinheim) *304,* 73 (1971).
2022. *Roth, M. M.:* Photochem. Photobiol. *6,* 923 (1967).

2023. *Rothemund, P., H. Beyer:* Liebigs Ann. Chem. *492*, 292 (1932).

2024. *Rothemund, P.:* J. Amer. Chem. Soc. *58*, 625 (1936).

2025. *Rothemund, P., A. R. Menotti:* J. Amer. Chem. Soc. *63*, 267 (1941).

2026. *Rothemund, P., C. L. Gage:* J. Amer. Chem. Soc. *77*, 3340 (1955) und dort zitierte Literatur.

2027. *Rozantsev, E. G., A. A. Medzhidov, M. B. Neiman:* Izv. Akad. Nauk SSSR, Ser. Khim. *10*, 1876 (1963).

2028. *Ruccia, M., N. Vivona, G. Cusmano:* Tetrahedron Lett. *1972*, 4703.

2029. *Rüdiger, W.* in *L. Zechmeister:* Fortschr. Chem. org. Naturstoffe *29*, 60 (1971). Wien: Springer.

2030. *Rühlmann, K., A. Kokkali, H. Becker, H. Seefluth, U. Friedenberger:* J. Prakt. Chem. *311*, 844 (1969).

2031. *Ruggli, P., A. Maeder:* Helv. Chim. Acta *25*, 936 (1942).

2032. *Runge, F. F.:* Ann. Physik *31*, 65 (1834).

2033. *Russell, R. A., H. W. Thompson:* J. Chem. Soc. *1955*, 483.

2034. *Russell, R. A., H. W. Thompson:* Proc. Roy. Soc. *234 A*, 318 (1956).

2035. *Rylander, P. N., N. Rakoncza, D. Steele, M. Bolliger:* Engelhard Ind. Tech. Bull. *4*, 95 (1963).

2036. *Ryskiewicz, E. E., R. M. Silverstein:* J. Amer. Chem. Soc. *76*, 5802 (1954).

2037. *Sabin, J. R.:* Int. J. Quant. Chem. *2*, 31 (1968).

2038. *Saccardi, P.:* Ann. chim. applicata *25*, 157 (1935).

2039. *Sachs, P.:* Klin. Wschr. *10*, 1123 (1931).

2040. *Šáfář, M., V. Galik, S. Landa:* Coll. Czech. Chem. Commun. *37*, 819 (1972).

2041. *Safonova, E. N., V. M. Belikov, S. S. Novikov:* Izv. Akad. Nauk SSSR, Otdel. Khim. Nauk *1959*, 1130.

2042. *Safonova, E. N., V. M. Belikov, S. S. Novikov:* Izv. Akad. Nauk SSSR, Otdel. Khim. Nauk *1959*, 1307.

2043. *Sagitova, E. V., F. Kh. Tukhvatullin, A. K. Atakhodzhaev:* Opt. Spektrosk. *26*, 80 (1969).

2044. *Saitô, H., K. Nukada:* J. Amer. Chem. Soc. *93*, 1072 (1971).

2045. *Salmón, M., F. Walls:* Chem. Commun. *1969*, 63.

2046. *Sancovich, H. A., A. M. Ferramola, A. M. del C. Batlle, M. Grinstein:* Anal. Asoc. Quim. Argent. *55*, 279 (1967).

2047. *Sancovich, H. A., A. M. Ferramola, A. M. del C. Batlle, M. Grinstein:* Methods Enzymol. *17* (A), 220 (1970).

2048. *Sandor, P., A. G. B. Kovách, K. B. Horváth, G. B. Szentpétery, O. Clauder:* Arzneim.-Forsch. *20*, 29 (1970).

2049. *Sanna, G.:* Gazz. chim. ital. *72*, 357 (1942).

2050. *Santer, U. V., H. J. Vogel:* Biochim. Biophys. Acta *19*, 578 (1956).

2051. *Santhamma, V.:* Proc. Natl. Inst. Sci. India *22 A*, 204 (1956).

2052. *Santhamma, V.:* Indian J. Phys. *30*, 429 (1956).

2053. *Santhamma, V.:* Proc. Natl. Inst. Sci. India *23*, 522 (1957).

2054. *Sardiña, M. T., C. Bonino:* Bull. Sci. Fac. Chim. Ind. Bologna *12*, 155 (1954).

2055. *Sasse, W. H. F.:* J. Chem. Soc. *1959*, 3046, und dort zitierte Literatur.

2056. *Sato, S., H. Kato, M. Ohta:* Bull. Chem. Soc. Japan *40*, 2936 (1967).

2057. *Sausen, G. N., V. A. Engelhardt, W. J. Middleton:* J. Amer. Chem. Soc. *80*, 2815 (1958).

2058. *Savvin, S. B., Yu. G. Rozovskii, R. F. Propistsova, E. A. Likhonina:* Izv. Akad. Nauk SSSR, Ser. Khim. *6*, 1364 (1969).

2059. *Saxton, J. E.:* J. Chem. Soc. *1951*, 3239.

2060. *Sazonova, V. A., L. P. Sorokina:* Dokl. Akad. Nauk SSSR *105*, 993 (1955).

2061. *Sazonova, V. A., V. I. Karpov:* Zhur. Obshch. Khim. *33*, 313 (1963).

2062. *Scannell, J., Y. L. Kong:* Antimicrob. Ag. Chemother. *1969*, 139.
2063. *Scaramelli, G.:* Boll. Sci. Fac. Chim. Ind., Bologna *1940*, 49.
2064. *Scaramelli, G.:* Boll. Sci. Fac. Chim. Ind., Bologna *1940*, 59.
2065. *Scaramelli, G.:* Boll. Sci. Fac. Chim. Ind., Bologna *1940*, 239.
2066. *Scaramelli, G.:* Atti Accad. Italia, Rend. Classe Sci. Fis. Mat. Nat. [7], *1*, 471 (1940).
2067. *Scaramelli, G.:* Atti Accad. Italia, Rend. Classe Sci. Fis. Mat. Nat. [7], *1*, 575 (1940).
2068. *Scaramelli, G.:* Boll. Sci. Fac. Chim. Ind., Bologna *1941*, 99.
2069. *Scaramelli, G.:* Boll. Sci. Fac. Chim. Ind., Bologna *1942*, 205.
2070. *Scardiglia, F., J. D. Roberts:* Tetrahedron 3, 197 (1958).
2071. *Scarpati, R., R. A. Nicolaus:* Rend. Accad. Sci. Fis. Mat. (Neapel) *26*, 126 (1959).
2072. *Scarpati, R., V. Dovinola:* Rend. Accad. Sci. Fis. Mat. (Neapel) *27*, 81 (1960).
2073. *Scarpati, R., C. Santacroce:* Rend. Accad. Sci. Fis. Mat. *28*, 27 (1961).
2074. *Schaefer, T., W. G. Schneider:* J. Chem. Physics *32*, 1224 (1960).
2075. *Scharpen, L. H., V. W. Laurie:* J. Chem. Physics *43*, 2765 (1965).
2076. *Scheibe, G., H. Grieneisen:* Z. physik. Chem. B 25, 52 (1934).
2077. *Scheiner, P., O. L. Chapman, J. D. Lassila:* J. Org. Chem. *34*, 813 (1969).
2078. *Schempp, E., P. J. Bray:* J. Chem. Physics *48*, 2380 (1968).
2079. *Schempp, E., P. J. Bray:* J. Chem. Physics *48*, 2381 (1968).
2080. *Schenck, G. O.:* Chem. Ber. *80*, 226 (1947).
2081. *Schenck, G. O.:* Chem. Ber. *82*, 123 (1949).
2082. *Schilffarth, K., H. Zimmermann:* Chem. Ber. *98*, 3124 (1965).
2083. *Schmidt, G., H.-U. Stracke, E. Winterfeldt:* Chem. Ber. *103*, 3196 (1970).
2084. *Schmidt, J.:* Die Chemie des Pyrrols und seiner Derivate. Stuttgart: Enke 1904.
2085. *Schmitz, E., H. Fechner:* Org. Prep. Proced. *1*, 253 (1969).
2086. *Schmitz, E., K. Jähnisch:* Z. Chem. *11*, 458 (1971).
2087. *Schmitz, H., J. C. Godfrey:* J. Antibiot. *23*, 497 (1970).
2088. *Schmitz-Dumont, O.:* Chem. Ber. *62*, 226 (1929).
2089. *Schmitz-Dumont, O., St. Pateras:* Z. anorg. allg. Chem. *224*, 62 (1935).
2090. *Schneider, G. G., H. Bock, H. Häusser:* Chem. Ber. *70 B*, 425 (1937).
2091. *Schnierle, F., H. Reinhard, N. Dieter, E. Lippacher, H. v. Dobeneck:* Liebigs Ann. Chem. *715*, 90 (1968).
2092. *Schoen, K., M. Finizio* (Endo Lab. Inc.) U. S. 3.564.016 (1971) [C. A. *75*, 63601 (1971)].
2093. *Schofield, K.:* Hetero-aromatic nitrogen compounds. Pyrroles and pyridines. London: Butterworths 1967.
2094. *Scholz, M., D. Heidrich:* Monatsh. Chem. *98*, 254 (1967).
2095. *Scholz, M., D. Heidrich:* Monatsh. Chem. *99*, 588 (1968).
2096. *Schomaker, V., L. Pauling:* J. Amer. Chem. Soc. *61*, 1769 (1939).
2097. *Schütt, H.* (Henkel & Cie., GmbH) U. S. 2.898.344 (1959) [C. A. *54*, 17418 (1960)].
2098. *Schuikin, N. I., I. F. Bel'skii, G. E. Skobtsova:* Izv. Akad. Nauk SSSR, Otd. Khim. Nauk *1963*, 378.
2099. *Schuikin, N. I., I. F. Bel'skii, G. E. Abgaforova:* Izv. Akad. Nauk SSSR, Ser. Khim. *1965*, 163.
2100. *Schulte, K. E., F. Zinnert:* Arch. Pharm. (Weinheim) *286*, 452 (1953).
2101. *Schulte, K. E., F. Zinnert:* Arch. Pharm. (Weinheim) *288*, 60 (1955).
2102. *Schulte, K. E., J. Reisch:* Arch. Pharm. (Weinheim) *292*, 51 (1959).
2103. *Schulte, K. E., J. Reisch, R. Hobl:* Arch. Pharm. (Weinheim) *293*, 687 (1960).
2104. *Schulte, K. E., J. Reisch, H. Lang:* Chem. Ber. *96*, 1470 (1963).
2105. *Schulte, K. E., J. Reisch, H. Walker:* Chem. Ber. *98*, 98 (1965).
2106. *Schulte, K. E., J. Reisch, U. Stoess:* Angew. Chem. *77*, 1141 (1965).
2107. *Schulte, K. E., J. Reisch, H. Walker:* Arch. Pharm. (Weinheim) *299*, 1 (1966).

2108. *Schwanert, H.:* Liebigs Ann. Chem. *116*, 278 (1860).

2109. *Schwartz, S., K. Ikeda, I. M. Miller, C. J. Watson:* Science *129*, 40 (1959).

2110. *Schweizer, E. E., L. D. Smucker, R. J. Votral:* J. Org. Chem. *31*, 467 (1966).

2111. *Schweizer, E. E., K. K. Light:* J. Org. Chem. *31*, 870 (1966).

2112. *Schweizer, E. E., K. K. Light:* J. Org. Chem. *31*, 2912 (1966).

2113. *Schwetlick, K., K. Unverferth, R. Mayer:* Z. Chem. 7, 58 (1967).

2114. *Scott, A. I., C. A. Townsend, K. Okada, M. Kajiwara, R. J. Cushley:* J. Amer. Chem. Soc. *94*, 8269 (1972).

2115. *Scott, D. W., W. T. Berg, I. A. Hossenlopp, W. N. Hubbard, J. F. Messerly, S. S. Todd, D. R. Douslin, J. P. McCullough, G. Waddington:* J. Physical Chem. *71*, 2263 (1967).

2116. *Scott, D. W.:* J. Mol. Spectrosc. *37*, 77 (1971).

2117. *Scott, E. W., J. R. Johnson:* J. Amer. Chem. Soc. *54*, 2549 (1932).

2118. *Scott, J. J.:* Biochem. J. *62*, 6 P (1956).

2119. *Scrocco, M., R. Nicolaus:* Atti. Accad. Nazl. Lincei Rend., Classe Sci. Fis. Mat. Nat. [8] *20*, 795 (1956).

2120. *Scrocco, M., R. Nicolaus:* Atti. Accad. Nazl. Lincei Rend., Classe Sci. Fis. Mat. Nat. [8] *21*, 103 (1956).

2121. *Scrocco, M., R. Nicolaus:* Atti. Accad. Nazl. Lincei Rend., Classe Sci. Fis. Mat. Nat. [8] *22*, 311 (1957).

2122. *Scrocco, M., R. Nicolaus:* Atti. Accad. Nazl. Lincei Rend., Classe Sci. Fis. Mat. Nat. [8] *22*, 500 (1957).

2123. *Scrocco, M., L. Caglioti, V. Caglioti:* Atti. Accad. Nazl. Lincei Rend., Classe Sci. Fis. Mat. Nat. [8] *24*, 316 (1958).

2124. *Scrocco, M., L. Caglioti:* Atti. Accad. Nazl. Lincei Rend., Classe Sci. Fis. Mat. Nat. [8] *24*, 429 (1958).

2125. *Searles, S., M. Tamres, F. Block, L. A. Quarterman:* J. Amer. Chem. Soc. *78*, 4917 (1956).

2126. *Seebach, D.:* Chem. Ber. *96*, 2723 (1963).

2127. *Seefelder, M.:* Chem. Ber. *96*, 3243 (1963).

2128. *Seel, F., V. Sperber:* J. Organomet. Chem. *14*, 405 (1968).

2129. *Seka, R., H. Preisecker:* Monatsh. Chem. *57*, 71 (1931).

2130. *Senent, S., M. A. Herráez, J. Igea, J. Esteve:* Anal. Real Soc. Esp. Fis. Quim. *51 (B)*, 91 (1955).

2131. *Seus, E. J.:* J. Heterocycl. Chem. *2*, 318 (1965).

2132. *Severin, T., B. Brück:* Chem. Ber. *98*, 3847 (1965).

2133. *Severin, T., P. Adhikary, I. Schnabel:* Chem. Ber. *102*, 1325 (1969).

2134. *Sheinkman, A. K., A. A. Deikalo:* Khim. Geterots. Soedin. *1971*, 1654.

2135. *Shemin, D., C. S. Russell:* J. Amer. Chem. Soc. *75*, 4873 (1953).

2136. *Shemin, D.:* Vitamins and hormones, Bd. 26, S. 357. New York: Academic Press 1968.

2137. *Sheradsky, T.:* Tetrahedron Lett. *1970*, 25.

2138. *Shimokawa, S., H. Fukui, J. Sohma:* Mol. Phys. *19*, 695 (1970).

2139. *Shinohara, H., K. Honda, E. Imoto:* Nippon kagaku Zasshi *81*, 1163 (1960) [C. A. *56*, 3440 (1962)].

2140. *Shinohara, H., K. Honda, S. Misaki, E. Imoto:* Nippon Kagaku Zasshi *81*, 1740 (1960) [C. A. *56*, 3441 (1962)].

2141. *Shinohara, H., A. Sugimoto, E. Imoto:* Nippon Kagaku Zasshi *83*, 612 (1962) [C. A. *59*, 3867 (1963)].

2142. *Shinohara, H., A. Sugimoto, E. Imoto:* Nippon Kagaku Zasshi *83*, 615 (1962) [C. A. *59*, 3865 (1963)].

2143. *Shinohara, H., S. Misaki, E. Imoto:* Nippon Kagaku Zasshi *83*, 637 (1962) [C. A. *59*, 3867 (1963)].

2144. *Shirley, D. A., B. H. Gross, P. A. Roussel:* J. Org. Chem. *20*, 225 (1955).

2145. *Shizuka, H., E. Okutsu, Y. Mori, I. Tanaka:* Mol. Photochem. *1*, 135 (1969).

2146. *Short, F. W.* (Parke, Davis & Co.) Fr. 1.360.528 (1964) [C. A. *61*, 11973 (1964)].

2147. *Shostakovskii, V. M., M. Ya. Samoilova, I. F. Bel'skii:* Izv. Akad. Nauk SSSR, Ser. Khim. *1968*, 1630.

2148. *Shrimpton, D. M., G. S. Marks, L. Bogorad:* Biochim. Biophys. Acta *71*, 408 (1963).

2149. *Shvedov, V. I., A. V. Bocharnikova, A. N. Grinev:* Khim. Geterots. Soedin. *1968*, 137.

2150. *Shvedov, V. I., I. A. Kharizomenova, A. N. Grinev:* Khimiko-Farmatsevt. Zhur. *13*, 12 (1969).

2151. *Sidorov, N. K., L. P. Kalashnikova:* Opt. Spektrosk. *24*, 469 (1968).

2152. *Siedel, W.:* Hoppe-Seyler's Z. Physiol. Chem. *237*, 8 (1935).

2153. *Siedel, W., E. Meier:* Hoppe-Seyler's Z. Physiol. Chem. *242*, 101 (1936).

2154. *Siedel, W.:* Hoppe-Seyler's Z. Physiol. Chem. *245*, 257 (1937).

2155. *Siedel, W.,* in *L. Zechmeister:* Fortschr. Chem. Org. Naturst. *3*, 81 (1939). Wien: Springer.

2156. *Siedel, W., H. Möller:* Hoppe-Seyler's Z. Physiol. Chem. *264*, 64 (1940).

2157. *Siedel, W.:* Liebigs Ann. Chem. *554*, 144 (1943).

2158. *Siedel, W., F. Winkler:* Liebigs Ann. Chem. *554*, 162 (1943).

2159. *Siedel, W., F. Winkler:* Liebigs Ann. Chem. *554*, 201 (1943).

2160. *Siegrist, A. E., M. Duennenberger* (Ciba Ltd.) U. S. 2.901.480 (1959) [C. A. *55*, 1658 (1961)].

2161. *Signaigo, F. K., H. Adkins:* J. Amer. Chem. Soc. *58*, 709 (1936) und dort zitierte Literatur.

2162. *Signaigo, F. K., H. Adkins:* J. Amer. Chem. Soc. *58*, 1122 (1936).

2163. *Silverstein, R. M., E. E. Ryskiewicz, S. W. Chaikin:* J. Amer. Chem. Soc. *76*, 4485 (1954).

2164. *Silverstein, R. M., E. E. Ryskiewicz, C. Willard, R. C. Koehler:* J. Org. Chem. *20*, 668 (1955).

2165. *Silverstein, R. M., E. E. Ryskiewicz, C. Willard:* Org. Synth. *36*, 74 (1956), sowie Col. Vol. IV, S. 831. New York: J. Wiley & Sons, Inc. 1963.

2166. *Simmons, H. E.* (E. I. du Pont de Nemours & Co.) U. S. 3.221.024 (1965) [C. A. *64*, 8359 (1966)].

2167. *Simonetta, M.:* J. Chim. Phys. *49*, 68 (1952).

2168. *Sims, V. A.* (Air Reduction Co., Inc.) U. S. 3.047.583 (1962) [C. A. *58*, 509 (1963)].

2169. *Skell, P. S., G. P. Bean:* J. Amer. Chem. Soc. *84*, 4655 (1962) und dort zitierte Literatur.

2170. *Skell, P. S., G. P. Bean:* J. Amer. Chem. Soc. *84*, 4660 (1962).

2171. *Skljar, Ju. E., R. P. Evstigneeva, O. D. Saralidze, N. A. Preobrazhenskii:* Dokl. Akad. Nauk SSSR *157*, 367 (1964).

2172. *Skljar, Ju. E., R. P. Evstigneeva, N. A. Preobrazhenskii:* Zhur. Org. Khim. *1*, 167 (1965).

2173. *Skljar, Ju. E., R. P. Evstigneeva, N. A. Preobrazhenskii:* Khim. Geterots. Soedin. *1966*, 216.

2174. *Skljar, Ju. E., R. P. Evstigneeva, N. A. Preobrazhenskii:* Khim. Geterots. Soedin. *1969*, 70.

2175. *Skljar, Ju. E., R. P. Evstigneeva, N. A. Preobrazhenskii:* Zhur. Obshch. Khim. *40*, 1365 (1970).

2176. *Skljar, Ju. E., R. P. Evstigneeva, N. A. Preobrazhenskii:* Zhur. Obshch. Khim. *40*, 1877 (1970).

2177. *Skvortsov, I. M., E. A. Zadumina, A. A. Ponomarev:* Khim. Geterots. Soedin. *1965*, 864.

2178. *Skvortsov, I. M., S. A. Kolesnikov:* Khim. Geterots. Soedin. *1971*, 572.

2179. *Smissman, E. E., M. B. Graber, R. J. Winzler:* J. Am. Pharm. Assoc. *45*, 509 (1956).
2180. *Smith, E. B., H. B. Jensen:* J. Org. Chem. *32*, 3330 (1967).
2181. *Smith, G. F.:* J. Chem. Soc. *1954*, 3842.
2182. *Smith, K. M.:* Quart. Rev. *25*, 31 (1971).
2183. *Smith, L. R., A. J. Speziale, J. E. Fedder:* J. Org. Chem. *34*, 633 (1969).
2184. *Smolinsky, G., B. I. Feuer:* J. Org. Chem. *31*, 1423 (1966).
2185. *Söderbäck, E.:* Acta Chem. Scand. *8*, 1851 (1954).
2186. *Söderbäck, E.:* Acta Chem. Scand. *13*, 1221 (1959).
2187. *Söderbäck, E., S. Gronowitz, A.-B. Hörnfeldt:* Acta Chem. Scand. *15*, 227 (1961).
2188. *Sohl, W. E., R. L. Shriner:* J. Amer. Chem. Soc. *53*, 4168 (1931).
2189. *Sohl, W. E., R. L. Shriner:* J. Amer. Chem. Soc. *55*, 3828 (1933).
2190. *Sohler, A., R. Beck, J. J. Noval:* Nature (London) *228*, 1318 (1970).
2191. *Sohma, J., S. Shimokawa:* Chem. Instrum. *1*, 33 (1968).
2192. *Solony, N., F. W. Birss, J. B. Greenshields:* Canad. J. Chem. *43*, 1569 (1965).
2193. *Sonn, A.:* Chem. Ber. *68*, 148 (1935); ebenda *72 B*, 2150 (1939).
2194. *Sonnet, P. E.:* Science *156*, 1759 (1967).
2195. *Sonnet, P. E.:* Chem. Ind. (London) *1970*, 156.
2196. *Sonnet, P. E.:* J. Heterocycl. Chem. *7*, a) 399; b) 1101 (1970).
2197. *Sonnet, P. E.:* J. Org. Chem. *36*, 1005 (1971); ebenda *37*, 925 (1972).
2198. *Sonnet, P. E.:* J. Med. Chem. *15*, 97 (1972).
2199. *Sonnet, P. E.:* J. Heterocycl. Chem. *9*, 1395 (1972).
2200. *Šorm, F.:* Coll. Czech. Chem. Commun. *12*, 245 (1947).
2201. *Šorm, F., E. Arnold:* Coll. Czech. Chem. Commun. *12*, 467 (1947).
2202. *Southwick, P. L., L. L. Seivard:* J. Amer. Chem. Soc. *71*, 2532 (1949).
2203. *Southwick, P. L., D. I. Sapper, L. A. Pursglove:* J. Amer. Chem. Soc. *72*, 4940 (1950).
2204. *Späth, E., P. Kainrath:* Chem. Ber. *71*, 1276 (1938).
2205. *Spence, G. G., E. C. Taylor, O. Buchardt:* Chem. Rev. *70*, 231 (1970).
2206. *Spica, M., F. Angelico:* Gazz. chim. ital. *29*, 49 (1899).
2207. *Sprenger, H.-E., W. Ziegenbein:* Angew. Chem. *80*, 541 (1968).
2208. *Sprio, V.:* Gazz. chim. ital. *85*, 569 (1955).
2209. *Sprio, V., P. Madonia:* Gazz. chim. ital. *85*, 965 (1955).
2210. *Sprio, V.:* Gazz. chim. ital. *86*, 95 (1956).
2211. *Sprio, V., P. Madonia:* Gazz. chim. ital. *86*, 101 (1956).
2212. *Sprio, V., I. Fabra:* Ann. chim. (Rom) *46*, 263 (1956).
2213. *Sprio, V., I. Fabra:* Gazz. chim. ital. *86*, 1059 (1956).
2214. *Sprio, V., P. Madonia:* Gazz. chim. ital. *87*, 171 (1957).
2215. *Sprio, V., P. Madonia, R. Caronia:* Ann. chim. (Rom) *49*, 169 (1959).
2216. *Sprio, V., G. C. Vaccaro:* Ann. chim. (Rom) *49*, 2075 (1959).
2217. *Sprio, V., P. Madonia:* Ann. chim. (Rom) *50*, 1627 (1960).
2218. *Sprio, V., I. Fabra:* Ann. chim. (Rom) *50*, 1635 (1960).
2219. *Sprio, V., P. Madonia:* Ann. chim. (Rom) *50*, a) 1791; b) 1827 (1960).
2220. *Sprio, V., I. Fabra:* Ann. chim. (Rom) *51*, 135 (1961).
2221. *Sprio, V.:* Ann. chim. (Rom) *55*, 301 (1965).
2222. *Sprio, V., E. Ajello:* Ann. chim. (Rom) *56*, 858 (1966).
2223. *Sprio, V., S. Plescia, O. Migliara:* Ann. chim. (Rom) *61*, 271 (1971).
2224. *Sprio, V., E. Ajello, S. Petruso:* Ann. chim. (Rom) *61*, 546 (1971).
2225. *Stackelberg, M. V.:* Z. Anorg. Chem. *253*, 136 (1947).
2226. *Stapfer, C. H., R. W. D'Andrea:* J. Heterocycl. Chem. *7*, 651 (1970).
2227. *Starkova, O. I., E. Paulans, V. A. Slavinskaya, D. Kreile:* Latv. PSR Zinat. Akad. Vestis, Khim. Ser. *1970*, 436 [C. A. *74*, 9451 (1971)].
2228. *Stedman, R. J., S. F. MacDonald:* Canad. J. Chem. *33*, 468 (1955).

2229. *Stella, A. M., V. E. Parera, E. B. C. Llambias, A. M. del C. Batlle:* Biochim. Biophys. Acta *252*, 481 (1971).

2230. *Stern, A., G. Klebs:* Liebigs Ann. Chem. *500*, 91 (1932).

2231. *Stern, A., H. Molvig:* Z. physikal. Chem. A *175*, 38 (1935).

2232. *Sternhell, S.:* Quart. Rev. *23*, 236 (1969).

2233. *Stetter, H., E. Siehnhold:* Chem. Ber. *88*, 271 (1955).

2234. *Stetter, H., E. Rauscher:* Chem. Ber. *93*, 2054 (1960).

2235. *Stetter, H., R. Lauterbach:* Liebigs Ann. Chem. *655*, 20 (1962).

2236. *Stevens, T. S.,* in *E. H. Rodd:* Chemistry of carbon compounds, 4. Band, Teil A, S. 28ff. Amsterdam: Elsevier Publ. Co. 1957.

2237. *Stoll, A. P., F. Troxler:* Helv. chim. Acta *51*, 1864 (1968).

2238. *Stoll, M., M. Winter, F. Gautschi, I. Flament, B. Willhalm:* Helv. chim. Acta *50*, 628 (1967).

2239. *Stork, G., R. Matthews:* J. Chem. Soc. (D) *1970*, 445.

2240. *Story, P. R., J. A. Alford, W. C. Ray, J. R. Burgess:* J. Amer. Chem. Soc. *93*, 3046 (1971).

2241. *Strain, W. H.:* Liebigs Ann. Chem. *499*, 40 (1932).

2242. *Streith, J., C. Sigwalt:* Tetrahedron Lett. *1966*, 1347.

2243. *Streith, J., H. K. Darrah, M. Weil:* Tetrahedron Lett. *1966*, 5555.

2244. *Streith, J., B. Danner, C. Sigwalt:* Chem. Commun. *1967*, 979.

2245. *Streith, J., J.-M. Cassal:* Compt. Rend. (C) *264*, 1307 (1967).

2246. *Streith, J., A. Blind, J.-M. Cassal, C. Sigwalt:* Bull. Soc. Chim. France *1969*, 948.

2247. *Streith, J., C. Sigwalt:* Bull. Soc. chim. France *1970*, 1157.

2248. *Streitwieser, A., Jr.:* J. Amer. Chem. Soc. *82*, 4123 (1960).

2249. *Streitwieser, A., Jr.:* Molecular orbital theory for organic chemists. New York: J. Wiley & Sons, Inc. 1961.

2250. *Strell, M., F. Kreis:* Chem. Ber. *87*, 1011 (1954).

2251. *Strell, M., A. Kalojanoff, L. Brem-Rupp:* Chem. Ber. *87*, 1019 (1954).

2252. *Strell, M., A. Kalojanoff:* Chem. Ber. *87*, 1025 (1954).

2253. *Strell, M., A. Zocher, E. Kopp:* Chem. Ber. *90*, 1798 (1957).

2254. *Strohbusch, F., H. Zimmermann:* Ber. Bunsen Ges. *71*, 567 (1967).

2255. *Subba, N. V., K. S. Rao, C. V. Ratnam:* Proc. Indian Acad. Sci. Sect. A *73*, 59 (1971).

2256. *Subba-Rao, N. V., K. S. Rao, C. V. Ratnam:* Current Sci. (Indien) *34*, 403 (1965).

2257. *Sucrow, W., G. Chondromatidis:* Chem. Ber. *103*, 1759 (1970).

2258. *Süs, O., M. Glos, K. Möller, H.-D. Eberhardt:* Liebigs Ann. Chem. *583*, 150 (1953).

2259. *Süs, O., K. Möller:* Liebigs Ann. Chem. *593*, 91 (1955).

2260. *Sugimoto, N.:* J. Pharm. Soc. Japan *64*, 192 (1944) [C. A. *45*, 2862 (1951)].

2261. *Sugisawa, H., K. Aso:* Chem. Ind. (London) *1958*, 887.

2262. *Sugisawa, H., K. Aso:* Tôhoku J. Agr. Res. *10*, 137 (1959) [C. A. *54*, 11015 (1960)].

2263. *Sugisawa, H., K. Aso:* Nippon Nogei Kogaku Kaishi *33*, 259 (1959) [C. A. *59*, 8695 (1963)].

2264. *Sugisawa, H., H. Sugiyama, K. Aso:* Tôhoku J. Agr. Res. *10*, 409 (1959) [C. A. *54*, 21083 (1960).

2265. *Sugisawa, H.:* Tôhoku J. Agr. Res. *11*, 389 (1960) [C. A. *55*, 19917 (1961)].

2266. *Sugisawa, H.:* Tôhoku J. Agr. Res. *11*, 397 (1960) [C. A. *55*, 19918 (1961)].

2267. *Sugisawa, H., H. Sugiyama, K. Aso:* Tôhoku J. Agr. Res. *12*, 245 (1961) [C. A. *57*, 16535 (1962)].

2268. *Sugisawa, H., K. Aso:* Chem. Ind. (London) *1961*, 781.

2269. *Suhr, H.:* Anwendungen der kernmagnetischen Resonanz in der organischen Chemie, S. 157. Berlin–Heidelberg–New York: Springer 1965.

2270. *Suhr, H.:* J. Mol. Struct. *1*, 295 (1968).

2271. *Sunder, S., C. DeWitt Blanton, Jr.:* J. Chem. Eng. Data *15*, 592 (1970).

2272. *Sutter, D. H., W. H. Flygare:* J. Amer. Chem. Soc. *91*, 6895 (1969).

2273. *Sutton, L. E.:* Trans. Faraday Soc. *30*, 789 (1934).

2274. *Švedov, V. I., I. A. Charizomenova, L. B. Altuchova, A. N. Grinev:* Khim. Geteros. Soedin. *1970*, 428.

2275. *Swan, G. A., A. Waggott:* J. Chem. Soc. (C) *1970*, 285.

2276. *Sycheva, T. P., Z. A. Pankina, M. N. Shchukina:* Zhur. Obshch. Khim. *33*, 3654 (1963).

2277. *Szarvas, P., J. Emri, B. Györi:* Acta Chim. Acad. Sci. Hung. *64*, 203 (1970).

2278. *Szarvas, P., B. Györi, J. Emri:* Acta Chim. Acad. Sci. Hung. *70*, 1 (1971).

2279. *Szczepaniak, K., A. Tramer:* J. Phys. Chem. *71*, 3035 (1967).

2280. *Szentpétery, G. R., K. M. Nyomárkay, S. Sárkány, K. B. Horváth:* Pharmazie *18*, 816 (1963).

2281. *Szutka, A., J. K. Thomas, S. Gordon, E. J. Hart:* J. Physical Chem. *69*, 289 (1965).

2282. *Taddeini, L., I. T. Kay, C. J. Watson:* Clin. Chim. Acta 7, 890 (1962).

2283. *Taggart, M., G. H. Richter:* J. Amer. Chem. Soc. *56*, 1385 (1934).

2284. *Tai, J. C., N. L. Allinger:* Theoret. Chim. Acta *15*, 133 (1969).

2285. *Tait, G. H.,* in *T. W. Goodwin:* Porphyrins and related compounds, S. 19. London: Academic Press 1968.

2286. *Takahashi, T., H. Sugimoto:* (Eisai Co. Ltd.) Japan 12.727 (1971) [C. A. *75*, 88654 (1971)].

2287. *Takeda, R.:* Hakko Kogaku Zasshi *36*, 281 (1958) [C. A. *53*, 8279 (1959)].

2288. *Takeda, R.:* J. Amer. Chem. Soc. *80*, 4749 (1958).

2289. *Takeda, R.:* Bull. Agr. Chem. Soc. Japan *23*, 126 (1959).

2290. *Takeda, R.:* Bull. Agr. Chem. Soc. Japan *23*, 165 (1959).

2291. *Tamura, Y., S. Kato, M. Ikeda:* Chem. Ind. (London) *1971*, 767.

2292. *Tanaka, K., K. Kariyone, S. Umio:* Chem. Pharm. Bull. (Tokyo) *17*, 611 (1969).

2293. *Tanaka, K., Y. Iizuka, N. Yoshida, K. Tomita, H. Masuda:* Experientia *28*, 937 (1972).

2294. *Tanaka, T., O. Yamauchi:* Chem. Pharm. Bull. *9*, 588 (1961).

2295. *Tanaka, T., O. Yamauchi:* Chem. Pharm. Bull. *10*, 435 (1962).

2296. *Tanaseichuk, B. S., S. L. Vlasova, A. N. Sunin, V. E. Gavrilov:* Zhur. Org. Khim. *5*, 144 (1969).

2297. *Tanaseichuk, B. S., S. L. Vlasova, E. N. Morozov:* Zhur. Org. Khim. *7*, 1264 (1971).

2298. *Tarlton, E. J., S. F. MacDonald, E. Baltazzi:* J. Amer. Chem. Soc. *82*, 4389 (1960).

2299. *Taylor, E. C., R. W. Hendess:* J. Amer. Chem. Soc. *87*, 1994 (1965).

2300. *Tedder, J. M., B. Webster:* J. Chem. Soc. *1960*, 3270.

2301. *Tedder, J. M., B. Webster:* J. Chem. Soc. *1962*, 1638.

2302. *Teotino, U., D. Della Bella* (Whitefin Holding S. A.) S. African 6702, 732 (1967) [C. A. *70*, 57637 (1969)].

2303. *Terent'ev, A. P., M. A. Shadkhina:* Compr. Rend. Acad. Sci. U.R.S.S. *55*, 227 (1947).

2304. *Terent'ev, A. P., L. A. Yanovskaya:* Zhur. Obshch. Khim. *19*, 538 (1949).

2305. *Terent'ev, A. P., L. A. Yanovskaya:* Zhur. Obshch. Khim. *19*, 1365 (1949).

2306. *Terent'ev, A. P., L. A. Yanovskaya:* Zhur. Obshch. Khim. *19*, 2118 (1949).

2307. *Terent'ev, A. P., L. A. Yanovskaya:* Zhur. Obshch. Khim. *21*, 281 (1951).

2308. *Terent'ev, A. P., A. N. Makarova:* J. Gen. Chem. U.S.S.R. *21*, 295 (1951).

2309. *Terent'ev, A. P., L. A. Yanovskaya, Ev. A. Terent'eva:* J. Gen. Chem. U.S.S.R. *22*, 921 (1952).

2310. *Terent'ev, A. P., M. A. Volodina:* Dokl. Akad. Nauk S.S.S.R. *88*, 845 (1953).

2311. *Terent'ev, A. P., L. A. Yanovskaya:* Usp. Khim. *23*, 697 (1954).

2312. *Terent'ev, A. P., L. I. Belen'kii, L. A. Yanovskaya:* Zhur. Obshch. Khim. *24*, 1265 (1954).

2313. *Terent'ev, A. P., A. N. Kost:* Zhur. Obshch. Khim. *27*, 262 (1957).

2314. *Terent'ev, A. P., V. V. Rode, M. A. Volodina:* Nauch Doklady Vyssheishkoly, Khim. i Khim. Tekhnol. *1959*, 129 [C. A. *54*, 527 (1960)].

2315. *Terry, W. G., A. H. Jackson, G. W. Kenner, G. Kornis:* J. Chem. Soc. *1965*, 4389.

2316. *Thiele, K.-H., M. Bendull:* Z. anorg. allg. Chem. *379*, 199 (1970).

2317. *Thomas, D. W., A. E. Martell:* J. Amer. Chem. Soc. *78*, 1335 (1956).

2318. *Thompson, H. W., R. J. L. Popplewell:* Z. Elektrochem. Ber. Bunsenges. physik. Chem. *64*, 746 (1960).

2319. *Thompson, R. B., J. A. Chenicek, L. W. Druge, F. Symon:* Ind. Eng. Chem. *43*, 935 (1951).

2320. *Thompson, T. W.:* Chem. Commun. *1968*, 532.

2321. *Thompson, T. W.* (Imperial Chemical Ind. Ltd.) Brit. 1.228.301 (1971) [C. A. *75*, 35726 (1971)].

2322. *Tilford, C. H., W. J. Hudak, R. E. Lewis:* J. Med. Chem. *14*, 328 (1971).

2323. *Tille, D.:* Z. Naturforsch. *25 b*, 1358 (1970).

2324. *Tille, D.:* Z. anorg. allg. Chem. *384*, 136 (1971).

2325. *Timmermans, J., Hennaut-Roland:* J. Chim. Phys. *52*, 223 (1955).

2326. *Timoshevskaya, N. M.:* Trudy Khar'kov Politekh. Inst. *4*, 73 (1954) [C. A. *52*, 7279 (1958)].

2327. *Tipson, R. S.:* J. Amer. Pharm. Assoc. *34*, 190 (1945).

2328. *Tipton, G., C. H. Gray:* J. Chromatogr. *59*, 29 (1971).

2329. *Tirouflet, J., E. Laviron:* Ricerca Sci., Suppl. *4*, 189 (1959).

2330. *Tirouflet, J., P. Fournari:* Compt. Rend. *248*, 1182 (1959).

2331. *Tirouflet, J., M. Person:* Ricerca Sci. *30*, Suppl. No. *5*, 269 (1960).

2332. *Tirouflet, J., P. Fournari:* Bull. Soc. Chim. France *1963*, 1651.

2333. *Toi, B., S. Akabori:* Bull. Chem. Soc. Japan *12*, 316 (1937).

2334. *Tomita, K., N. Yoshida:* Tetrahedron Lett. *1971*, 1169.

2335. *Tomita, K., N. Yoshida:* Bull. Chem. Soc. Japan *45*, 3160 (1972).

2336. *Tori, K., T. Nakagawa:* J. Phys. Chem. *68*, 3163 (1964).

2337. *Traverso, G., A. Barco, G. P. Pollini, M. Anastasia, V. Sticchi, D. Pirillo:* Il Farmaco, (Ed. Sci.) *24*, 946 (1969).

2338. *Treibs, A., P. Dieter:* Liebigs Ann. Chem. *513*, 65 (1934).

2339. *Treibs, A., D. Dinelli:* Liebigs Ann. Chem. *517*, 152 (1935) und dort zitierte Literatur.

2340. *Treibs, A., D. Dinelli:* Liebigs Ann. Chem. *517*, 170 (1935).

2341. *Treibs, A.:* Liebigs Ann. Chem. *524*, 285 (1936).

2342. *Treibs, A., R. Schmidt:* Liebigs Ann. Chem. *577*, 105 (1952).

2343. *Treibs, A., K.-H. Michl:* Liebigs Ann. Chem. *577*, 115 (1952).

2344. *Treibs, A., W. Ott:* Liebigs Ann. Chem. *577*, 119 (1952).

2345. *Treibs, A., K.-H. Michl:* Liebigs Ann. Chem. *577*, 129 (1952).

2346. *Treibs, A., H. Scherer:* Liebigs Ann. Chem. *577*, 139 (1952).

2347. *Treibs, A., K.-H. Michl:* Liebigs Ann. Chem. *589*, 163 (1954).

2348. *Treibs, A., R. Derra:* Liebigs Ann. Chem. *589*, 174 (1954).

2349. *Treibs, A., R. Derra:* Liebigs Ann. Chem. *589*, 176 (1954).

2350. *Treibs, A., H. Derra-Scherer:* Liebigs Ann. Chem. *589*, 188 (1954).

2351. *Treibs, A., H. Derra-Scherer:* Liebigs Ann. Chem. *589*, 196 (1954).

2352. *Treibs, A., E. Herrmann:* Liebigs Ann. Chem. *589*, 207 (1954).

2353. *Treibs, A., G. Fritz:* Angew. Chem. *66*, 562 (1954).

2354. *Treibs, A., K. Hintermeier:* Chem. Ber. *87*, 1167 (1954).

2355. *Treibs, A., E. Herrmann:* Liebigs Ann. Chem. *592*, 1 (1955).

2356. *Treibs, A., K. Hintermeier:* Liebigs Ann. Chem. *592*, 11 (1955).

2357. *Treibs, A., E. Herrmann:* Hoppe-Seyler's Z. Physiol. Chem. *299*, 168 (1955).

2358. *Treibs, A., F. Neumayr:* Chem. Ber. *90*, 76 (1957).

2359. *Treibs, A., R. Schmidt, R. Zinsmeister:* Chem. Ber. *90*, 79 (1957).

2360. *Treibs, A., R. Zinsmeister:* Chem. Ber. *90*, 87 (1957).

2361. *Treibs, A., E. Herrmann, E. Meissner, A. Kuhn:* Liebigs Ann. Chem. *602*, 153 (1957).
2362. *Treibs, A., K. Hintermeier:* Liebigs Ann. Chem. *605*, 35 (1957).
2363. *Treibs, A., H. G. Kolm:* Liebigs Ann. Chem. *606*, 166 (1957).
2364. *Treibs, A., F. Reitsam:* Chem. Ber. *90*, 777 (1957).
2365. *Treibs, A., O. Hitzler:* Chem. Ber. *90*, 787 (1957).
2366. *Treibs, A., A. Kuhn:* Chem. Ber. *90*, 1691 (1957).
2367. *Treibs, A., H. Bader:* Chem. Ber. *91*, 2615 (1958) und dort zitierte Literatur.
2368. *Treibs, A., A. Ohorodnik:* Liebigs Ann. Chem. *611*, 139 (1958).
2369. *Treibs, A., A. Ohorodnik:* Liebigs Ann. Chem. *611*, 149 (1958).
2370. *Treibs, A., G. Fritz:* Liebigs Ann. Chem. *611*, 162 (1958).
2371. *Treibs, A., F. Reitsam:* Liebigs Ann. Chem. *611*, 194 (1958).
2372. *Treibs, A., F. Reitsam:* Liebigs Ann. Chem. *611*, 205 (1958).
2373. *Treibs, A., E. Herrmann, E. Meissner:* Liebigs Ann. Chem. *612*, 229 (1958).
2374. *Treibs, A., W. Seifert:* Liebigs Ann. Chem. *612*, 242 (1958).
2375. *Treibs, A., H. G. Kolm:* Liebigs Ann. Chem. *614*, 176 (1958).
2376. *Treibs, A., H. G. Kolm:* Liebigs Ann. Chem. *614*, 199 (1958).
2377. *Treibs, A., W. Ott:* Liebigs Ann. Chem. *615*, 137 (1958).
2378. *Treibs, A., A. Dietl:* Liebigs Ann. Chem. *619*, 80 (1958).
2379. *Treibs, A., R. Zimmer-Galler:* Liebigs Ann. Chem. *627*, 166 (1959).
2380. *Treibs, A., H. Bader:* Liebigs Ann. Chem. *627*, 182 (1959).
2381. *Treibs, A., R. Zimmer-Galler:* Hoppe-Seyler's Z. Physiol. Chem. *318*, 12 (1960).
2382. *Treibs, A., R. Zimmer-Galler:* Chem. Ber. *93*, 2539 (1960).
2383. *Treibs, A., R. Zimmer-Galler:* Chem. Ber. *93*, 2542 (1960).
2384. *Treibs, A., R. Zimmer-Galler:* Chem. Ber. *93*, 2547 (1960).
2385. *Treibs, A., A. Dietl:* Chem. Ber. *94*, 298 (1961) und dort zitierte Literatur.
2386. *Treibs, A., M. Fligge:* Liebigs Ann. Chem. *652*, 176 (1962).
2387. *Treibs, A.:* Rev. Acad. Rep. Pop. Roum. 7, 1345 (1962).
2388. *Treibs, A., R. Zimmer-Galler:* Liebigs Ann. Chem. *664*, 140 (1963).
2389. *Treibs, A., K. Jacob:* Liebigs Ann. Chem. *699*, 153 (1966).
2390. *Treibs, A., K. Jacob, A. Dietl:* Liebigs Ann. Chem. *702*, 112 (1967).
2391. *Treibs, A., K. Jacob:* Liebigs Ann. Chem. *712*, 123 (1968).
2392. *Treibs, A., N. Häberle:* Liebigs Ann. Chem. *718*, 183 (1968).
2393. *Treibs, A., F.-H. Kreuzer:* Liebigs Ann. Chem. *718*, 208 (1968).
2394. *Treibs, A., F.-H. Kreuzer:* Liebigs Ann. Chem. *721*, 105 (1969).
2395. *Treibs, A., F.-H. Kreuzer:* Liebigs Ann. Chem. *721*, 116 (1969).
2396. *Treibs, A.:* Liebigs Ann. Chem. *723*, 129 (1969).
2397. *Treibs, A., K. Jacob:* Liebigs Ann. Chem. *733*, 27 (1970).
2398. *Treibs, A., F.-H. Kreuzer, N. Häberle:* Liebigs Ann. Chem. *733*, 37 (1970).
2399. *Treibs, A., R. Friess:* Liebigs Ann. Chem. *737*, 173 (1970).
2400. *Treibs, A., K. Jacob:* Liebigs Ann. Chem. *737*, 176 (1970).
2401. *Treibs, A., R. Friess:* Liebigs Ann. Chem. *737*, 179 (1970).
2402. *Treibs, A., K. Jacob, R. Tribollet:* Liebigs Ann. Chem. *739*, 27 (1970).
2403. *Treibs, A., N. Häberle:* Liebigs Ann. Chem. *739*, 220 (1970).
2404. *Treibs, A., L. Schulze:* Liebigs Ann. Chem. *739*, 222 (1970).
2405. *Treibs, A., L. Schulze:* Liebigs Ann. Chem. *739*, 225 (1970).
2406. *Treibs, A., K. Jacob:* Liebigs Ann. Chem. *740*, 196 (1970).
2407. *Treibs, A., K. Jacob, R. Tribollet:* Liebigs Ann. Chem. *741*, 101 (1970).
2408. *Treibs, A., K. Jacob, F.-H. Kreuzer, R. Tribollet:* Liebigs Ann. Chem. *742*, 107 (1970).
2409. *Treibs, A., D. Grimm:* Liebigs Ann. Chem. *752*, 44 (1971).
2410. *Tripathi, R. K., D. Gottlieb:* J. Bacteriol. *100*, 310 (1969).
2411. *Troxler, F., A. P. Stoll, P. Niklaus:* Helv. Chim. Acta *51*, 1870 (1968).
2412. *Tsang, J. C., D. M. Kallvy:* Trans. Ill. State Acad. Sci. *64*, 22 (1971).

2413. *Tschelinzeff, W., A. Terentjeff:* Chem. Ber. *47*, 2647 (1914).
2414. *Tschelinzeff, W., A. Terentjeff:* Chem. Ber. *47*, 2652 (1914).
2415. *Tschelinzeff, W., B. Maxoroff:* Chem. Ber. *60*, 194 (1927).
2416. *Tsubomura, H., R. S. Mulliken:* J. Amer. Chem. Soc. *82*, 5966 (1960).
2417. *Tsuge, O., M. Tashiro, K. Hokama, K. Yamada:* Kogyo Kagaku Zasshi *71*, 1667 (1968) [C. A. *70*, 37587 (1969)].
2418. *Tsuge, O., K. Hokama, H. Watanabe:* Kogyo Kagaku Zasshi *72*, 1107 (1969) [C. A. *71*, 81264 (1969)].
2419. *Tsukerman, S. V., V. P. Izvekov, V. F. Lavrushin:* Khim. Geterots. Soedin. *1965*, 527.
2420. *Tsukerman, S. V., V. P. Izvekov, V. F. Lavrushin:* Khim. Geterots. Soedin. *1966*, 387.
2421. *Tsukerman, S. V., V. P. Izvekov, V. F. Lavrushin:* Khim. Geterots. Soedin. Sb. 1 Azotsoderzhashchie Geterots. *1967*, 9.
2422. *Tsukerman, S. V., V. P. Izvekov, V. F. Lavrushin:* Khim. Geterots. Soedin. *1968*, 823.
2423. *Tsukerman, S. V., V. P. Izvekov, Yu. S. Rozym, V. F. Lavrushin:* Khim. Geterots. Soedin. *1968*, 1011.
2424. *Tsukerman, S. V., V. P. Izvekov, V. F. Lavrushin:* Zhur. Fiz. Khim. *42*, 2159 (1968).
2425. *Tsukerman, S. V., V. P. Izvekov, V. F. Lavrushin, Yu. S. Rozum:* Khim. Geterots. Soedin. *1969*, 513.
2426. *Tucker, S. W., S. Walker:* Trans. Faraday Soc. *62*, 2690 (1966).
2427. *Tucker, S. W., S. Walker:* J. Chem. Physics *74*, 1270 (1970).
2428. *Tumlinson, J. H., R. M. Silverstein, J. C. Moser, R. G. Brownlee, J. M. Ruth:* Nature *234*, 348 (1971).
2429. *Tumlinson, J. H., J. C. Moser, R. M. Silverstein, R. G. Brownlee, J. M. Ruth:* J. Insect Physiol. *18*, 809 (1972).
2430. *Tuomikoski, P.:* J. Chem. Physics *20*, 1054 (1952).
2431. *Tuomikoski, P.:* J. Phys. Rad. *15*, 318 (1954).
2432. *Tuomikoski, P.:* J. Chem. Physics *22*, 2096 (1954).
2433. *Tuomikoski, P.:* J. Phys. Rad. *16*, 347 (1955).
2434. *Tuomikoski, P.:* Mikrochimica Acta *1955*, 505.
2435. *Turilli, O., M. Gandino:* Ann. chim. (Rom) *53*, 1687 (1963).
2436. *Turner, D. L.:* J. Amer. Chem. Soc. *70*, 3961 (1948).
2437. *Turner, D. W.:* Advanc. Phys. Org. Chem. *4*, 31 (1966).
2438. *Turro, N. J., S. S. Edelson, J. R. Williams, T. R. Darling, W. B. Hammond:* J. Amer. Chem. Soc. *91*, 2283 (1969).
2439. *Tyutyulkov, N., I. Bakyrdzhiev:* Compt. Rend. Acad. Bulgare Sci. *12*, 133 (1959).
2440. *Tyutyulkov, N., F. Dietz:* Izv. Otd. Khim. Nauki, Bulg. Akad. Nauk *2*, 55 (1969) [C. A. *71*, 94922 (1969)].

2441. *Umezawa, H., M. Hamada, T. Takita, H. Naganawa* (Microbiochemical Research Foundation) Japan 15.675 (1971) [C. A. *75*, 87081 (1971)].
2442. *Umio, S., C. Mizuno:* Yakugaku Zasshi *77*, 421 (1957) [C. A. *51*, 12069 (1957)].
2443. *Umio, S., K. Kariyone* (Fujisawa Pharm. Co., Ltd.) Japan 14.699 (1968) [C. A. *70*, 87560 (1969)].
2444. *Umio, S., K. Kariyone, K. Tanaka et al.:* Chem. Pharm. Bull. (Tokyo) *17*, a) 559; b) 567; c) 576; d) 582; e) 588; f) 596; g) 605; h) 611; i) 616; j) 622 (1969).
2445. *Umio, S., K. Kariyone, K. Tanaka, T. Kishimoto, H. Nakamura, M. Nishida:* Chem. Pharm. Bull. (Tokyo) *18*, 1414 (1970).
2446. *Utsumi, Y., A. Furusaki, Y. Tomiie:* Bull. Chem. Soc. Japan *43*, 2640 (1970).
2447. *Utzinger, G. E.:* Liebigs Ann. Chem. *556*, 50 (1944).

2448. *Valesini, G. A., E. Magni:* Ricerca Sci. *30,* 2132 (1960).

2449. *Vanags, G.:* Zhur. Anal. Khim. *9,* 217 (1954).

2450. *Van der Wal, B., G. Sipma, D. K. Kettenes, A. T. J. Semper:* Rec. Trav. Chim. *87,* 238 (1968).

2451. *van Leusen, A. M., H. Siderius, B. E. Hoogenboom, D. van Leusen:* Tetrahedron Lett. *1972,* 5337.

2452. *Van Tamelen, E. E., D. M. White, I. C. Kogon, A. D. G. Powell:* J. Amer. Chem. Soc. *78,* 2157 (1956).

2453. *Van Tamelen, E. E., A. D. G. Powell:* Chem. Ind. (London) *1957,* 365.

2454. Varian Associates, High-resolution Nuclear Magnetic Resonance, Spectra Catalog, 1. Band, No. 55. Palo Alto, California 1962.

2455. *Vecchietti, V., E. Dradi, F. Lauria:* J. Chem. Soc. (C) *1971,* 2554.

2456. *Verkhovodova, D. Sh., O. A. Osipov, V. I. Minkin:* Zhur. Neorg. Khim. *14,* 947 (1969).

2457. *Vernet, G.:* Compt. Rend. (D) *266,* 18 (1968).

2458. *Vernin, G., H. J.-M. Dou, J. Metzger:* Bull. Soc. Chim. France *1972,* 1173.

2459. *Vestling, C. S., J. R. Downing:* J. Amer. Chem. Soc. *61,* 3511 (1939).

2460. *Veyret, M., M. Gomel:* Compt. Rend. *258,* 4506 (1964).

2461. *Vilkov, L. V., P. A. Akishin, V. M. Presnyakova:* Zhur. Strukt. Khim. *3,* 5 (1962).

2462. *Vinogradov, S. N., R. H. Linnell:* J. Chem. Physics *23,* 93 (1955).

2463. *Viscontini, M., H. Gillhof-Schaufelberger:* Helv. Chim. Acta *54,* 449 (1971).

2464. *Vitale, A., M. Piattelli, R. A. Nicolaus:* Rend. Accad. Sci. Fis. Mat. [4] *26,* 267 (1959).

2465. *Vol'nova, Z. K., I. F. Bel'skii:* Izv. Akad. Nauk SSSR, Ser. Khim. *1968,* 210.

2466. *Volodina, M. A., V. G. Mishina, A. P. Terent'ev, G. V. Kiryushkina:* Zhur. Obshch. Khim. *32,* 1922 (1962).

2467. *Volodina, M. A., V. G. Mishina, E. A. Pronina, A. P. Terent'ev:* Zhur. Obshch. Khim. *33,* 3295 (1963).

2468. *Volz, H., B. Meßner:* Tetrahedron Lett. *1969,* 4111.

2469. *Voronkov, M. G., A. Ya. Deich:* Latvijas PSR Zinatnu Akad. Vestis, Kim. Ser. *1965,* 689 [C. A. *65,* 635 (1966)].

2470. *Voskanyan, E. S., M. V. Mavrov, V. F. Kucherov:* Izv. Akad. Nauk SSSR, Ser. Khim. *1968,* 1836.

2471. *Wagner, C. R.* (Phillips Petroleum Co.) U. S. 2.393.132 (1946) [C. A. *40,* 2472 (1946).

2472. *Wåhlstam, H.:* Arkiv Kemi *11,* 251 (1957).

2473. *Waldenström, J., B. Vahlquist:* Hoppe-Seyler's Z. Physiol. Chem. *260,* 189 (1939).

2474. *Waller, C. W., C. F. Wolf, W. J. Stein, B. L. Hutchings:* J. Amer. Chem. Soc. *79,* 1265 (1957).

2475. *Walsh, E. O.:* J. Chem. Soc. *1942,* 726.

2476. *Walter, L. A., P. Margolis:* J. Med. Chem. *10,* 498 (1967).

2477. *Warnick, G. R., B. F. Burnham:* J. Biol. Chem. *246,* 6880 (1971).

2478. *Wasserman, H. H., J. B. Brous:* J. Org. Chem. *19,* 515 (1954).

2479. *Wasserman, H. H., J. B. Brous:* J. Amer. Chem. Soc. *76,* 5811 (1954).

2480. *Wasserman, H. H., J. E. McKeon, L. Smith, P. Forgione:* J. Amer. Chem. Soc. *82,* 506 (1960).

2481. *Wasserman, H. H., A. Liberles:* J. Amer. Chem. Soc. *82,* 2086 (1960).

2482. *Wasserman, H. H., J. E. McKeon, L. A. Smith, P. Forgione:* Tetrahedron, Suppl. *8,* 647 (1966).

2483. *Wasserman, H. H., G. C. Rodgers, Jr., D. D. Keith:* Chem. Commun. *1966,* 825.

2484. *Wasserman, H. H., D. J. Friedland, D. A. Morrison:* Tetrahedron Lett. *1968,* 641.

2485. *Wasserman, H. H., A. H. Miller:* Chem. Commun. *1969,* 199.

2486. *Wasserman, H. H., G. C. Rodgers, D. D. Keith:* J. Amer. Chem. Soc. *91*, 1263 (1969).
2487. *Wasserman, H. H., D. D. Keith, J. Nadelson:* J. Amer. Chem. Soc. *91*, 1264 (1969).
2488. *Wasserman, H. H., D. T. Bailey:* Chem. Commun. *1970*, 107.
2489. *Wasserman, H. H.:* Ann. N. Y. Acad. Sci. *171* (Art. 1), 108 (1970).
2490. *Watanabe, K.:* J. Antibiotics (Tokyo), Ser. A, *9*, 102 (1956).
2491. *Watanabe, K., T. Nakayama, J. Mottl:* J. Quant. Spectrosc. Radiat. Transfer *2*, 369 (1962).
2492. *Watanabe, N., T. Nakai, K. Iwanami, T. Fujii, N. Nakahara:* Yakukaku Kenkyu *39*, 132 (1968) [C. A. *70*, 36372 (1969)].
2493. *Watts, R., F. C. Pennington:* Proc. Iowa Acad. Sci. *71*, 179 (1964).
2494. *Wawschinek, O., E. Weiss:* Mikrochim. Ichnoanal. Acta *1964*, 690.
2495. *Wawzonek, S., G. R. Hansen:* J. Org. Chem. *31*, 3580 (1966).
2496. *Webb, I. D., G. T. Borcherdt:* J. Amer. Chem. Soc. *73*, 752 (1951).
2497. *Webb, J. L. A., R. R. Threlkeld:* J. Org. Chem. *18*, 1406 (1953).
2498. *Webb, J. L. A.:* J. Org. Chem. *18*, 1413 (1953).
2499. *Weber, J. H.:* Inorg. Chem. *6*, 258 (1967).
2500. *Wehrli, H., O. Jeger* (J. R. Geigy, A.-G.) Ger. Offen. 2.029.169 (1970) [C. A. *74*, 88229 (1971)].
2501. *Weigert, F. J., J. D. Roberts:* J. Amer. Chem. Soc. *90*, 3543 (1968).
2502. *Weinberg, N. L., E. A. Brown:* J. Org. Chem. *31*, 4054 (1966).
2503. *Weisbecker, A.:* J. Chim. Phys. *63*, 838 (1966).
2504. *Weiss, M. J., J. S. Webb, J. M. Smith, Jr.:* J. Amer. Chem. Soc. *79*, 1265 (1957).
2505. *Weiss, M. J., J. S. Webb, J. M. Smith, Jr.:* J. Amer. Chem. Soc. *79*, 1266 (1957).
2506. *Weiss, R., R. Gompper:* Tetrahedron Lett. *1970*, 481.
2507. *Weissler, A.:* J. Amer. Chem. Soc. *71*, 419 (1949).
2508. *Weitz, E., F. Schmidt:* J. prakt. Chem. *158*, 211 (1941).
2509. *Wenschuh, E., G. Mehner:* Z. Chem. *10*, 73 (1970).
2510. *Wentrup, C., W. D. Crow:* Tetrahedron *26*, 3965 (1970).
2511. *Westall, R. G.:* Nature *170*, 614 (1952).
2512. *Wheland, G. W., L. Pauling:* J. Amer. Chem. Soc. *57*, 2086 (1935).
2513. *Whipple, E. B., Y. Chiang, R. L. Hinman:* J. Amer. Chem. Soc. *85*, 26 (1963).
2514. *Whipple, E. B., Y. Chiang:* J. Chem. Physics *40*, 713 (1964).
2515. *Whitaker, W. D.* (Fa. Hoffmann-La Roche & Co., A.-G.) Brit. 1.114.468 (1968) [C. A. *69*, 67671 (1968)].
2516. *White, E. P.:* J. Chem. Soc. *1964*, 5243.
2517. *White, J. D.:* Chem. Commun. *1966*, 711.
2518. *Whitlock, H. W., R. Hanauer:* J. Org. Chem. *33*, 2169 (1968).
2519. *Whitlock, H. W., D. H. Buchanann:* Tetrahedron Lett. *1969*, 3711.
2520. *Whitnack, G. C., G. Soli:* J. Electroanal. Chem. *12*, 60 (1966).
2521. *Wibaut, J. P., E. Dingemanse:* Rec. Trav. Chim. *42*, 1033 (1923).
2522. *Wibaut, J. P.:* Rec. Trav. Chim. *45*, 657 (1926).
2523. *Wibaut, J. P., J. Overhoff:* Rec. Trav. Chim. *47*, 935 (1928).
2524. *Wibaut, J. P., C. C. Molster, H. Kauffmann, A. M. Lenssen:* Rec. Trav. Chim. *49*, 1127 (1930).
2525. *Wibaut, J. P., J. Th. Hackmann:* Rec. Trav. Chim. *51*, 1157 (1932).
2526. *Wibaut, J. P., A. G. Oosterhuis:* Rec. Trav. Chim. *52*, 941 (1933).
2527. *Wibaut, J. P., H. P. L. Gitsels:* Rec. Trav. Chim. *57*, 755 (1938).
2528. *Wibaut, J. P., J. Dhont:* Rec. Trav. Chim. *62*, 272 (1943).
2529. *Wibaut, J. P., A. R. Guljé:* Proc. Koninkl. Nederland. Akad. Wetenschap *54B*, 330 (1951) [C. A. *47*, 6934 (1953)].
2530. *Wibaut, J. P., H. C. Beyerman:* Rec. Trav. Chim. *70*, 977 (1951).
2531. *Wibaut, J. P.:* Advan. Chem. Ser. *21*, 153 (1959).

2532. *Wibaut, J. P.:* Konink. Ned. Akad. Wetenschap. Verslag Gewone Vergader. Afdel. Nat. *74*, 38 (1965) [C. A. *63*, 11306 (1965)].
2533. *Wibaut, J. P.:* Konink. Ned. Akad. Wetenschap. Proc. Ser. *B68*, 117 (1965) [C. A. *63*, 13188 (1965)].
2534. *Wiegand, G. E., V. J. Bauer, S. R. Safir:* J. Med. Chem. *14*, 214 (1971).
2535. *Wiesner, K., Z. Valenta, J. A. Findlay:* Tetrahedron Lett. *1967*, 221.
2536. *Wilcox, W. S., J. H. Goldstein:* J. Chem. Physics *20*, 1656 (1952).
2537. *Wildfeuer, M. E.:* Diss. Abstr. University Ann Arbor, Mich. *24*, 3090 (1964).
2538. *Wiles, D. M., T. Suprunchuk:* J. Med. Chem. *14*, 252 (1971).
2539. *Williams, R. P., W. R. Hearn:* Antibiotics *2*, 410, 449 (1967).
2540. *Williams, R. P., C. L. Gott, S. M. H. Qadri, R. H. Scott:* J. Bacteriol. *106*, 438 (1971).
2541. *Williams, R. P., C. L. Gott, S. M. H. Qadri:* J. Bacteriol. *106*, 444 (1971).
2542. *Willstätter, R., Y. Asahina:* Liebigs Ann. Chem. *385*, 188 (1911).
2543. *Willstätter, R., D. Hatt:* Chem. Ber. *45*, 1477 (1912).
2544. *Willstätter, R., E. Waldschmidt-Leitz:* Chem. Ber. *54*, 113 (1921).
2545. *Wilson, C. L.:* J. Chem. Soc. *1945*, 63.
2546. *Wimette, H. J., R. H. Linnell:* J. Phys. Chem. *66*, 546 (1962).
2547. *Wineholt, R. L., E. Wyss, J. A. Moore:* J. Org. Chem. *31*, 48 (1966).
2548. *Winterfeldt, E.:* Chem. Ber. *97*, 1952 (1964).
2549. *Winterfeldt, E., H.-J. Dillinger:* Chem. Ber. *99*, 1558 (1966).
2550. *Winterfeldt, E., W. Krohn, H.-U. Stracke:* Chem. Ber. *102*, 2346 (1969).
2551. *Witanowski, M., L. Stefaniak, H. Januszewski, Z. Grabowski, G. A. Webb:* Tetrahedron *28*, 637 (1972).
2552. *With, T. K.:* Bile pigments. New York: Academic Press. Inc. 1968.
2553. *Witkop, B.:* Experientia *27*, 1121 (1971).
2554. *Wittig, G., W. Behnisch:* Chem. Ber. *91*, 2358 (1958).
2555. *Wittig, G., B. Reichel:* Chem. Ber. *96*, 2851 (1963).
2556. *Wolf, G., C. R. A. Berger:* J. Biol. Chem. *230*, 231 (1958).
2557. *Woller, P. B., N. H. Cromwell:* J. Org. Chem. *35*, 888 (1970).
2558. *Wolthuis, E., D. Van Der Jagt, S. Mels, A. De Boer:* J. Org. Chem. *30*, 190 (1965).
2559. *Wolthuis, E., A. De Boer:* J. Org. Chem. *30*, 3225 (1965).
2560. *Wolthuis, E., W. Cady, R. Roon, B. Weidenaar:* J. Org. Chem. *31*, 2009 (1966).
2561. *Wong, D. T., J. M. Airall:* J. Antibiot. *23*, 55 (1970).
2562. *Wong, D. T., J.-S. Horng, R. S. Gordee:* J. Bacteriol. *106*, 168 (1971).
2563. *Wong, J. L., M. H. Ritchie:* J. Chem. Soc. (D) *1970*, 142.
2564. *Wong, J. L., M. H. Ritchie, C. M. Gladstone:* J. Chem. Soc. (D) *1971*, 1093.
2565. *Woodbridge, R. G., 3rd., G. Dougherty:* J. Amer. Chem. Soc. *72*, 4320 (1950).
2566. *Woodward, R. B., W. A. Ayer, J. M. Beaton, F. Bickelhaupt, R. Bonnett, P. Buchschacher, G. L. Closs, H. Dutler, J. Hannah, F. P. Hauck, S. Itô, A. Langemann, E. LeGoff, W. Leimgruber, W. Lwowski, J. Sauer, Z. Valenta, H. Volz:* J. Amer. Chem. Soc. *82*, 3800 (1960).
2567. *Woodward, R. B.:* Angew. Chem. *72*, 651 (1960).
2568. *Woźnicki, W., B. Żurawski:* Acta Phys. Pol. *31*, 95 (1967).
2569. *Wrede, F., O. Hettche:* Chem. Ber. *62*, 2678 (1929).
2570. *Wrede, F., A. Rothhaas:* Hoppe-Seyler's Z. Physiol. Chem. *219*, 267 (1933).
2571. *Wrede, F., A. Rothhaas:* Hoppe-Seyler's Z. Physiol. Chem. *226*, 95 (1934).
2572. *Wu, E. C., J. Heicklen:* J. Amer. Chem. Soc. *93*, 3432 (1971).
2573. *Wulf, O. R., U. Liddel:* J. Amer. Chem. Soc. *57*, 1464 (1935).
2574. *Wynberg, H.:* Chem. Rev. *60*, 169 (1960).
2575. *Wynberg, H., H. J. Kooreman:* J. Amer. Chem. Soc. *87*, 1739 (1965).

2576. *Xuong, N. D., N. T. Thu-Cuc, N. P. Buu-Hoi:* Bull. Soc. Chim. France *1958*, 221.

2577. *Yagil, G.:* Tetrahedron *23,* 2855 (1967).
2578. *Yale, H. L., K. Losee, J. Martins, M. Holsing, F. M. Perry, J. Bernstein:* J. Amer. Chem. Soc. *75,* 1933 (1953).
2579. *Yamada, S., K. Yamanouchi:* Bull. Chem. Soc. Japan *43,* 2663 (1970).
2580. *Yamaguchi, M., Y. Mori, N. Nishimura:* Wakayama Med. Rep. *11,* 119 (1966).
2581. *Yamaguchi, M., S. Matsukawa, A. Ura, M. Koyama, T. Imura, N. Nishimura:* Wakayama Med. Rep. *13,* 169 (1969).
2582. *Yamamoto, K., T. Hattori, K. Kariyone:* J. Pharm. Soc. Japan *75,* 1219 (1955) [C. A. *50,* 8597 (1956)].
2583. *Yamamoto, K., K. Kariyone:* J. Pharm. Soc. Japan *75,* 1222 (1955) [C. A. *50,* 8597 (1956)].
2584. *Yamamoto, K., H. Tsujii:* J. Pharm. Soc. Japan *75,* 1226 (1955) [C. A. *50,* 8598 (1956)].
2585. *Yamamoto, K., H. Kimura:* J. Pharm. Soc. Japan *76,* 482 (1956) [C. A. *51,* 365 (1957)].
2586. *Yamamoto, K.:* J. Pharm. Soc. Japan *76,* 485 (1956) [C. A. *51,* 366 (1957)].
2587. *Yamamoto, K.:* J. Pharm. Soc. Japan *76,* 922 (1956) [C. A. *51,* 2735 (1957)].
2588. *Yamasaki, H., T. Moriyama:* Biochim. Biophys. Acta *227,* 698 (1971).
2589. *Yanovskaya, L. A.:* Akad. Nauk S.S.S.R. Inst. Org. Khim. Sintezy Org. Soedinenii Sbornik I *1950,* 148.
2590. *Yates, K., J. B. Stevens, A. R. Katritzky:* Canad. J. Chem. *42,* 1957 (1964).
2591. *Yeh, K.-N., R. H. Barker:* Inorg. Chem. *6,* 830 (1967).
2592. *Yonezawa, T., I. Morishima, M. Fujii:* Bull. Chem. Soc. Japan *39,* 2110 (1966).
2593. *Yoshida, S.:* Can. J. Biochem. Physiol. *40,* 1019 (1962).
2594. *Yoshida, N.:* Yakugaku Zasshi *86,* 158 (1966) [C. A. *64,* 15822 (1966)].
2595. *Yoshida, Z., E. Osawa:* J. Amer. Chem. Soc. *88,* 4019 (1966).
2596. *Yoshida, Z., T. Kobayashi:* Tetrahedron *26,* 267 (1970).
2597. *Yoshida, Z., H. Hashimoto, S. Yoneda:* J. Chem. Soc. (D) *1971,* 1344.
2598. *Yoshida, Z., T. Kobayashi, H. Yamada:* Bull. Chem. Soc. Japan *45,* 313 (1972).
2599. *Young, D. M., C. F. H. Allen:* Org. Synth. *16,* 25 (1936), sowie Col. Vol. II, S. 219. New York: J. Wiley & Sons, Inc. 1943.
2600. *Young, D. V., H. R. Snyder:* J. Amer. Chem. Soc. *83,* 3160 (1961).
2601. *Youssefyeh, R. D., A. Kalmus:* J. Heterocycl. Chem. *8,* 33 (1971).
2602. *Yuan, H.-C.:* Chemistry (Taipei) *1960,* 149.

2603. *Zanetti, C. U.:* Chem. Ber. *22,* 2515 (1889).
2604. *Zanetti, C. U.:* Gazz. chim. ital. *23 II,* 300 (1893).
2605. *Zatsepina, N. N., Yu. L. Kaminskii, I. F. Tupitsyn:* Reakts. Sposobnost Org. Soedin. *6,* 753 (1969) [C. A. *72,* 89503 (1970)].
2606. *Zatsepina, N. N., I. F. Tupitsyn, Yu. L. Kaminskii, N. S. Kolodina:* Reakts. Sposobnost Org. Soedin. *6,* 766 (1969) [C. A. *72,* 131736 (1970)].
2607. *Zav'yalov, S. I., N. I. Aronova, I. F. Mustafaeva:* Izw. Akad. Nauk SSSR, Ser. Khim. *1972,* 1674.
2608. *Zeile, K., H. H. Hübner:* Enzymologia *29,* 114 (1965).
2609. *Zelinsky, N. D., J. K. Jurjew:* Chem. Ber. *62 B,* 2589 (1929).
2610. *Zelinsky, N. D., J. K. Jurjew:* Chem. Ber. *64 B,* 101 (1931).
2611. *Zellner, R. J.* (Ansul Chem. Co.) U. S. 3.008.965 (1961) [C. A. *57,* 5895 (1962)].
2612. *Zeshyulinskii, B. M.:* Zhur. Fiz. chim. *24,* 1442 (1950).
2613. *Zhungietu, G. I., F. N. Chukrii:* Zhur. Vses. Khim. Obshch. *15,* 586 (1970).
2614. *Zimmer, C., B. Puschendorf, H. Grunicke, P. Chandra, H. Venner:* Europ. J. Biochem. *21,* 269 (1971).
2615. *Zimmer, C., K. E. Reinert, H. Thrum, U. Waehnert, G. Loeber:* J. Mol. Biol. *58,* 329 (1971).

2616. *Zimmermann, H., H. Geisenfelder:* Z. Elektrochem. *65*, 368 (1961).
2617. *Zimmermann, H.:* Angew. Chem. *76*, 1 (1964).
2618. *Zuman, P.:* Ricerca Sci. *30*, Suppl. No. 5, 229 (1960).
2619. *Zumwalt, L. R., R. M. Badger:* J. Chem. Physics 7, 629 (1939).
2620. *Zupah, M., B. Stanovnik, M. Tisler:* J. Heterocycl. Chem. 8, 1 (1971).
2621. *Zurawski, B.:* Bull. Acad. Pol. Sci., Ser. Sci., Math., Astron. Phys. *14*, 401 (1966).

Sachverzeichnis

Kursive Seitenzahlen beziehen sich auf die Fußnoten, Nummern in Klammern auf die Formelbilder.

Organische Chemie in Einzeldarstellungen

Herausgeber: H. Bredereck; K. Hafner; E. Müller

2. Band: **E. Clar: Aromatische Kohlenwasserstoffe. Polycyclische Systeme**
Mit einem Geleitwort von J.W. Code
2. verbesserte Aufl. 138 Abb. XXII, 481 Seiten. 1952.
DM 69,–; US $28.20   ISBN 3-540-01647-3

4. Band: **H. Henecka: Chemie der Beta-Dicarbonyl-Verbindungen**
10 Abb. VI, 409 Seiten. 1950. Geb. DM 52,60; US $21.50
ISBN 3-540-01488-8

5. Band: **G. Schramm: Die Biochemie der Viren**
67 Abb. VIII, 276 Seiten. 1954. DM 40,–; US $16.40
ISBN 3-540-01834-4

7. Band: **H. Meier: Die Photochemie der organischen Farbstoffe**
168 Abb. XVI, 471 Seiten. 1963. DM 87,–; US $35.50
ISBN 3-540-03034-4

8. Band: **H. Suhr: Anwendungen der kernmagnetischen Resonanz in der organischen Chemie**
123 Abb. VIII, 424 Seiten. 1965. DM 75,–; US $30.60
ISBN 3-540-03380-7

9. Band: **E. Schmitz: Dreiringe mit zwei Heteroatomen. Oxaziridine. Diaziridine. Cyclische Diazoverbindungen**
5 Abb. XII, 179 Seiten. 1967. DM 64,–; US $26.20
ISBN 3-540-03946-5

10. Band: **J. Falbe: Synthesen mit Kohlenmonoxyd**
20 Abb. VIII, 212 Seiten. 1967. DM 53,–; US $21.70
ISBN 3-540-03947-3

11. Band: **K.D. Gundermann: Chemilumineszenz organischer Verbindungen Ergebnisse und Probleme**
33 Abb. VII, 174 Seiten. 1968. Geb. DM 53,–; US $21.70
ISBN 3-540-04295-4

12. Band: **K. Scheffler; H.B. Stegmann: Elektronenspinresonanz Grundlagen und Anwendung in der organischen Chemie**
145 Abb. VIII, 506 Seiten. 1970. Geb. DM 120,–; US $49.00
ISBN 3-540-04984-3

13. Band: **Ch. Grundmann; P. Grünanger: The Nitrile Oxides. Versatile Tools of Theoretical and Preparative Chemistry**
1 fig. VIII, 242 pages. 1971. Cloth DM 98,–; US $40.00
ISBN 3-540-05226-7

Springer-Verlag Berlin Heidelberg New York
München Johannesburg London Madrid New Delhi Paris
Rio de Janeiro Sydney Tokyo Utrecht Wien

M. Schlosser:
Struktur und Reaktivität polarer Organometalle

Eine Einführung in die Chemie organischer Alkali- und Erda.kalimetall-Verbindungen

Von Professor Dr. Manfred Schlosser, Institut de Chimie Organique de l'Université Lausanne.

29 Abbildungen. XI, 187 Seiten. 1973
(Organische Chemie in Einzeldarstellungen,
Bd. 14) . Gebunden DM 78,–; US $ 31.90

Preisänderungen vorbehalten

Bitte Prospekt anfordern

„Mit Organometallen ist nichts unmöglich — aber auch nichts voraussagbar", so lautet, auf einen knappen Nenner gebracht, ein verbreitetes Vorurteil.

Damit will der Autor aufräumen. Er zeigt, daß alles mit rechten Dingen zugeht. Da wird zunächst die Struktur organometallischer Verbindungen — im Kristall und in Lösung — unter die Lupe genommen und als Folge des unbefriedigten Koordinationsstrebens des Metalls begreiflich gemacht. Die mangelnde „Sympathie" zwischen den Bindungspartnern Metall und Kohlenstoff vermag auch die vielen eigenartigen Solvationsphänomene und das Streben zur Ionenpaar-Bildung zu erklären. Danach werden ausführlich die sterischen, induktiven und mesomeren Effekte behandelt, die über die Basizität eines Organometalls und somit dessen „chemisches Potential" entscheiden. Darauf baut dann die abschließende, umfassende Diskussion des reaktiven Verhaltens organometallischer Verbindungen auf. Besonders eindrucksvoll ist das Schlußkapitel, worin gezeigt wird, wie detaillierte mechanistische Kenntnisse das Instrumentarium organometallischer Reaktionen vollendet zu beherrschen erlauben.

Springer-Verlag
Berlin Heidelberg New York

MIX
Papier aus verantwortungsvollen Quellen
Paper from responsible sources
FSC® C105338

If you have any concerns about our products,
you can contact us on
ProductSafety@springernature.com

In case Publisher is established outside the EU,
the EU authorized representative is:
Springer Nature Customer Service Center GmbH
Europaplatz 3, 69115 Heidelberg, Germany

Printed by Libri Plureos GmbH
in Hamburg, Germany